数学教育学的当代重建

郑毓信◎著

华东师范大学出版社
·上海·

图书在版编目(CIP)数据

数学教育学的当代重建/郑毓信著. —上海:华东师范大学出版社,2024. — ISBN 978-7-5760-5018-9

Ⅰ. O1-4

中国国家版本馆 CIP 数据核字第 202459Y2U1 号

数学教育学的当代重建

SHUXUE JIAOYUXUE DE DANGDAI CHONGJIAN

著　　者　郑毓信
项目编辑　平　萍
责任编辑　李文革
责任校对　张梦迪　时东明
装帧设计　卢晓红

出版发行　华东师范大学出版社
社　　址　上海市中山北路 3663 号　邮编 200062
网　　址　www.ecnupress.com.cn
电　　话　021-60821666　行政传真 021-62572105
客服电话　021-62865537　门市(邮购)电话 021-62869887
地　　址　上海市中山北路 3663 号华东师范大学校内先锋路口
网　　店　http://hdsdcbs.tmall.com

印 刷 者　上海中华商务联合印刷有限公司
开　　本　787 毫米×1092 毫米　1/16
印　　张　32.5
字　　数　513 千字
版　　次　2024 年 8 月第 1 版
印　　次　2024 年 8 月第 1 次
书　　号　ISBN 978-7-5760-5018-9
定　　价　139.00 元

出 版 人　王　焰

(如发现本版图书有印订质量问题,请寄回本社客服中心调换或电话 021-62865537 联系)

作者自述：

从《文选》到《总论》

从1961年进入江苏师范学院数学系接受大学教育起，更由于毕业后自己曾在一所普通中学(南京市梅园中学)担任数学教师达13年之久，可以说从此就与数学教育结下了不解之缘。从1978年起自己又开始了一段新的学习生涯，即进入南京大学哲学系攻读硕士学位，毕业后一直在南京大学哲学系工作，最终获得的职称也是哲学教授，从而，按照一般的专业划分，自己就不能被看成真正的数学教育工作者。

的确，自己所从事的学术研究应当说都有较强的哲学味，有不少工作更可被直接归属于哲学研究的范围，从而也就与数学教育有一定距离。但这又是我在这方面的一个基本认识：哲学研究应当立足现实，关注现实，很好地发挥理论研究对于实际工作的指导与促进作用。又由于自己所从事的主要是数学哲学与科学哲学的研究，因此，即使在转向了哲学以后，也仍然保持着对于数学教育的特别关注。

具体地说，如果说"数学方法论的研究与实践"正是自己在20世纪80年代的主要工作方向，那么，从90年代开始就可说对于数学教育特别是这方面的整体发展情况有了更多的关注和了解。特别是从1991年起对美国罗格斯(Rutgers)大学数学教育研究所为期一年的学术访问更为自己重新转向数学教育提供了重要的契机，因为，当时正值美国新一轮数学课程改革("课标运动")的启动阶段，自己在这方面得到了美国著名数学教育家戴维斯(R. Davis)教授的直接帮助。

也正因此，尽管自己在哲学领域的工作一直没有中断，在相关领域还可说做出了一些较有影响的工作，包括在国外一流期刊发表了多篇文章，还曾应邀在国外多所著名大学或研究院所做学术演讲，但数学教育又可说在自己的学术生涯中占据了越来越重要的位置。具体地说，在自己已发表的500多篇学术文章与30多部学术著作中，数学教育占据了最大的比例。而且，在最近20多年中，对于我国自2001年正式启动的新一轮数学课程改革的特别关注更可说占据了中心的地位。

在此还应特别提及作为《当代中国数学教育名家文选》首批出版的4部著作之一的《郑毓信数学教育文选》(华东师范大学出版社，2021)。因为，正是这一文选的编辑为自己提供了集中展示在数学教育领域中工作的很好契机，并促使自己对这方面的已有工作做出认真的回顾与总结。

具体地说，就自己在数学教育领域中的工作而言，应当说涉及多个不同的方面，包括数学教育哲学的理论建设、数学方法论的理论研究与教学实践、数学教育国际进展的综合分析、中国数学教育教学传统的界定与建设、新一轮数学课程改革的理论审视、数学教师的专业成长等，但又正如笔者在《文选》的“前言”中所指出的，这又可被看成所有这些工作的共同聚焦点，即希望能为数学教育学的理论建设奠定必要的基础。

也正是在这样的意义上，现在的这一著作就可被看成先前工作的自然发展，即以先前的工作为基础实际完成“数学教育学的当代重建”这样一项任务。

之所以将相关工作命名为“数学教育学的当代重建”，而不是“数学教育学的理论建设”，则是因为我国在20世纪90年代曾有过不少以建立数学教育学的系统理论为主要目标的研究工作，还曾出版过多部直接命名为《数学教育学》的著作。这也就是指，强调“数学教育学的当代重建”就是为了清楚地表明这一著作与先前工作有很大的不同，并可说具有鲜明的时代特征，即不仅集中反映了国际数学教育领域在这些年中取得的重要理论进展，如“数学教育的社会-文化研究”、建构主义的“现代复兴”及其历史演变、“(数学)问题解决”的现代研究、数学教育的国际比较研究及其启示等，关于这一方面整体发展趋势的综合分析也为进一步的独立研究提供了重要背景，特别是，我们可从中获得哪些启示和教训。

再者，这也是这一著作的又一重要特点，即对于我国数学教育现实情况，特别是新一轮数学课程改革的特别关注。这事实上也是自己从2001年起的一个自觉定位,即希望能从理论角度对促进我国数学教育事业的健康发展发挥一定作用。也正因此,自己在这些年中对数学教育的实际情况给予了更多关注,包括与一线教师的广泛接触,不仅认真阅读他们的文章和著作,还直接进入课堂聆听各种类型的数学课。当然,这些工作也促使笔者更深入地思考理论研究如何才能对实际工作发挥更加积极的作用。总之,这正是自己在实际从事数学教育学的当代重建时所采取的又一基本立场,即对于实际工作的高度关注,并希望很好地发挥理论研究对于实际工作的促进作用,特别是有益于广大一线教师的成长。

笔者在这方面有这样一个基本看法:数学教育学的当代重建必须"突出基本问题,坚持辩证立场"。具体地说,不同于对于各种最新研究成果或理论思想的简单介绍,这一工作采取的是围绕数学教育基本问题展开分析研究这样一个路径。正如数学教学中对于"问题引领"的强调,笔者希望这一路径也能促进读者积极进行思考,而不是始终处于单纯地学习这样一个被动的地位。再者,强调辩证思想的指导则清楚地体现了相关研究的"中国特色",特别是,我们如何能在工作中表现出更大的自觉性,而不是盲目地去追随潮流,并能有效地防止与纠正各种可能的片面性认识与简单化做法,特别是,决不要因为错误的理论导向而对实际工作造成严重的消极影响。

综上可见,"数学教育学的当代重建"不仅具有重要的现实意义,也具有重要的理论意义,特别是,具有鲜明中国特色的数学教育学系统理论的建立更可被看成中国数学教育工作者对于数学教育这一人类共同事业的重要贡献。显然,这一立场与曾一度盛行的这样一种观点也构成了直接的对立,即认为我们应以西方为范例进行数学教育改革。恰恰相反,这即可被看成"文化自信"和"文化自觉"的具体体现,还包括这样一个重要的认识,即我们应当通过自己的工作很好地承担起数学教育所应承担的社会责任和文化使命。

最后,笔者又愿特别引用北京大学中文系陈平原教授的一段论述,因为,尽管后者主要是就"阅读"立论的,但仍然很好地表达了笔者为什么要撰写这样一部著作的主要原因:"读书这个行为意味着你没有完全认同这个现世和现实,你还有追求,还在奋斗,还有不满,还在寻求另一种可能性,另一种生活方式。"("阅读的边界与效用",《教育研究与评论》,2023 年第 8 期,第 100 页)进而,这则可被看成笔者所追求的一个更高境界:“在你的读者的脑袋里点明一盏灯,激发他们从全新的视角看问题;或在你读者的心灵深处触动某种情感,让他们产生更加强烈的感受或采取不同的行动。”(弗里德曼,《谢谢您迟到——以慢制胜,破题未来格局》,湖南科学技术出版社,2018,第10页)

笔者并愿借此机会表达对于华东师范大学出版社诸位同仁特别是李文革先生的深切感谢,感谢他们在这些年中给予自己的巨大信任与一贯支持,从而才使得自己在这方面的诸多愿望能够逐一地得到实现!

郑毓信

2024年春节于南京

目 录

导言：

数学教育学当代重建的必要性与基本路径

为什么要提出“数学教育学的当代重建”这样一个任务？什么又可被看成“数学教育学当代重建”的基本路径？作为全书的“导言”，将首先对这两个问题做出具体说明，由此读者也可对本书的主要内容与安排方式有大致的了解。

一、为什么应当重视数学教育学的当代重建？

这里所说的“重建”，当然是相对于这方面的已有工作特别是中国学者20世纪八九十年代在这一方面从事的各项工作而言的。事实上我们还可看到不少直接命名为“数学教育学”的著作，如曹才翰、蔡金法的《数学教育学概论》(江苏教育出版社，1989)，张奠宙等的《数学教育学》(江西教育出版社，1991)，等等。更重要的是，这是人们在当时的一项共识，即认为应将“数学学习论”“数学教学论”和“数学课程论”(简称“三论”)看成数学教育学的主要内容。以下就首先对我们为什么应当超越这一框架从事数学教育学的理论建设做出具体说明，然后再从更一般的角度指明加强理论研究的重要性，这直接涉及了这一方面工作应当坚持的基本立场。

1. 已有工作的局限性

将“三论”看成数学教育学的主要内容有一定合理性，特别是，这很好地体现了数学教育的理论研究应当为实际教育教学工作服务这样一个基本立场，更可被看成对于这方面早期传统的很好继承与必要发展。具体地说，数学教育领域中的早期研究应当说主要集中于教材、教法的研究。但是，为了更好地促进教学，特别是找出成功与失败的原因，我们显然应当超出“教什么”和“如何教”的范围，并密切联系“学生是如何学习数学的”进行分析研究，即不仅应当知其然，也应知其所以然。再者，我们显然也应超出各个具体内容的教学并从整体上对数学课程做出设计安排,从而也就直接涉及了"数学课程论"的研究。在此我们还应特别提及这样一点:相对于"数学教学论"与"数学学习论"而言,"数学课程论"还可说具有更强的规范性质,特别是,我们应通过课程的科学设计防止这样一些现象的出现,即或是将课程变成了个人理念或某些素朴想法的"实验室",更甚至蜕变成了教师的"个人秀",或是因为完全违背认识特别是学生认识发展的规律而造成教学活动的失败。特别是,尽管师生都做出了很大努力,却仍然未能帮助学生很好地掌握数学的基础知识和基本技能。综上可见,将"数学学习论""数学教学论"和"数学课程论"看成数学教育学的主要内容确有很大的合理性。

进而,这或许也可被看成现实中我们为什么会经常听到这样一个主张的主要原因,即数学教师应当很好地"了解数学、了解学生、了解教学",特别是,我们不应满足于自身具有较高的数学素养,也不应满足于对一般性教学方法和教学原理的很好了解,而应进一步弄清如何才能帮助学生真正地学好数学。而这也就意味着我们仅仅在上述三个方面具备必要的知识还是不够的,而还应当高度重视综合应用的能力,特别是,应由一般性的教学理论和学习理论转向"数学教学论"和"数学学习论",由单纯的"了解数学"转向从教育和教学的角度对此做出新的分析思考,包括我们又如何能够使得课程的设计符合学生认识发展的规律,即具有较强的科学性,并能很好地落实数学教育的主要目标。

当然,在明确做出上述肯定的同时,我们也应清楚地认识主要围绕"三论"从事数学教育学理论建设的局限性:

第一,作为数学教育学的理论研究,我们当然应当特别重视数学教育目标的分析与界定,并应将此看成"三论"与其他各个方面研究的共同基础,包括以此为依据对相关方面各个具体主张的合理性做出必要判断。

由此可见,这就应被看成将数学教育学简单等同于"三论"这一做法的一个明显弊病,即未能对于"数学教育目标"予以足够的重视。

由以下事实读者即可对上述结论有更清楚的认识:这是 20 世纪 90 年代起在世界范围内普遍开展的新一轮数学教育改革运动("课标运动")的一个重要特点,即对于数学教育目标的高度重视,特别是,我们如何能跳出数学并从更广泛的角度对此做出深入的分析。对此例如由在这方面具有重要影响的《美国学校数学课程和评价标准》就可清楚地看出:这一文件首先依据人类社会由工业社会向信息社会的过渡指明数学教育应当很好地实现如下的“社会目标”:(1)具有良好数学素养的劳动者;(2)终身学习;(3)机会人人均等;(4)明智的选民。其次,这又可被看成上述目标的核心,即应使所有学生都能具有较高的数学素养,而这事实上也就意味着由“社会目标”向“具体目标”的过渡,也即我们应当帮助学生很好地实现以下的目标,这构成了这一文件全部主张的共同基础:(1)学会认识数学的价值;(2)对自己的数学能力具有信心;(3)具有数学地解决问题的能力;(4)学会数学地交流;(5)学会数学地推理。(NCTM, *Curriculum and Evaluation Standards for School Mathematics*, 1989, p. 3 - 6)

再者,对于数学教育目标的重视事实上也可被看成我国数学教育工作者在20世纪90年代特别是2000年以后出版的大多数论著的共同特点,从而就与先前主要集中于“三论”的做法表现出了明显区别。例如,在各个版本的“数学课程标准”中关于“(数学)课程目标”的论述显然都占据了特别重要的位置。

第二,相对于平行地去论及“三论”,即将此看成三个相对独立的成分而言,我们应十分重视这三者之间所存在的重要联系。

具体地说,尽管这三者具有不同的关注点,但它们又都同时涉及了“教师”“学生”和“数学”这样三个要素。例如,正如前面所提及的,无论是“数学教学论”或是“数学学习论”的研究,显然都应特别重视数学教学和数学学习相对于一般教学和学习的特殊性,又由于这直接涉及了数学教学和学习的具体内容,从而自然也就与“数学课程论”的研究具有直接的联系。再者,作为“数学学习论”的研究,我们所关注的显然应是“教师指导下的数学学习”,而非一般意义上的学生自学,从而自然也就应当特别重视学生的“学”与教师的“教”之间的关系,特别是,应从后一角度深入地揭示数学学习活动的本质。当然,我们也可从相反方向对于数学教学与数学学习之间的关系做出进一步的分析:由于教师的教主要是为了促进学生的学,特别是很好地落实数学教育的主要目标,因此,我们也就应当从后一角度对教学工作的有效性做出更加深入的分析,特别是,我们应高度重视教学工作的长期效应,而不应仅仅着眼于各种短期的、表面的效果。最后,为了很好地发挥课程对于教学活动的规范作用,数学课程的设计显然也离不开对于数学教学与学习活动基本性质与主要特征的很好了解，这直接关系到了“课程”设计如何能够很好地承担起这样一个责任，即在充分发挥规范作用以外，也能为学生的学习特别是教师的教学提供必要的支持与服务。

综上可见，无论是“数学教学论”“数学学习论”或是“数学课程论”的研究，都应采取综合的观点，而不应将它们绝对地分割开来，我们更应很好地突出数学教学与学习活动的基本性质与主要特征。

正如前面所提及的，从同一角度我们也可对于“了解数学、了解教学、了解学生”这一主张有更深入的认识。特别是，我们不应满足于三方面知识的简单积累，而应更加注重教学工作的实践性与综合性质，即应当更深入地了解学生对于各个具体数学知识和技能的掌握是如何得到实现的，教师应当如何进行教学才能起到促进和指导作用，教学中又应注意防止与纠正哪些可能的错误或片面性认识，我们还应针对具体的教学内容、对象与环境认真地思考如何进行教学才能很好地落实相应的教育目标。

第三，“三论”也不应被看成已经包括了所有与数学教育教学活动密切相关的方面。具体地说，除去已提及的数学教育目标的分析以外，笔者以为，我们也应将“教师的专业成长”看成数学教育学又一重要的内容，因为，归根结底地说，一切教育教学目标都需通过教师的工作才能真正得到落实，并在很大程度上取决于教师的专业水准。

2. 认识的必要发展

除去上面已提到的不足之处，我们还应清楚地认识到这样一点：从上世纪八九十年代起已有三四十个年头过去了，因此，无论是“三论”的分析或是数学教育学的整体建构，显然都有发展与深化的必要。

在此还应特别强调这样一点：这是数学教育领域20世纪90年代以来的一个重要发展趋势，即研究领域的不断扩展。例如，“社会-文化研究”的兴起就可被看成具有特别重要的影响：从宏观的层面看，这主要涉及了整体性的社会-文化环境，包括相应“共同体”对于教师教学与学生学习活动的重要影响；从微观的层面看，我们则又应当特别提及所谓的“课堂文化研究”，因为，这清楚地表明教师和学生所具有的各种观念和信念对于他们的教学和学习活动也有重要影响,尽管当事者本人未必对此具有清醒的认识。应当强调的是,相关研究为我们深入认识数学学习和教学活动的本质提供了重要启示,从而自然就应引起我们的高度重视。

具体地说,按照传统的认识,我们可将“教师”“学生”与“数学”看成“数学教学三角形”的三个顶点。与此相对照,从“社会-文化”的角度进行分析,我们则应当对此做出必要的扩展和修改,即应当将所说的三角形置于“社会-文化”这一更大的范围之中。(如图 1)就我们当前的论题而言,这显然也就从又一角度更清楚地表明了积极从事“数学教育学当代重建”的必要性,特别是,除去内容的必要扩展,我们也应高度重视对于国际上最新研究成果和整体发展趋势的学习和了解,包括如何能通过引入新的研究视角以及相应的综合分析不断发展我们对于数学教育各个基本问题的认识。

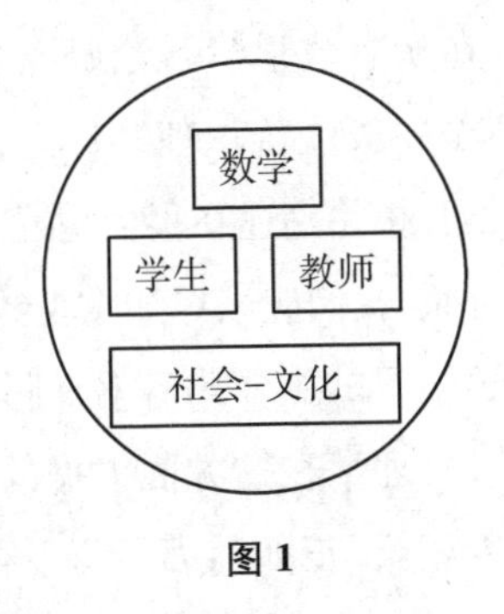

图 1

在笔者看来,这事实上也可被看成国际数学委员会时任秘书长尼斯(Mogens Niss,丹麦)在论及数学教育研究未来发展时所提出的以下意见给予我们的主要启示:在过去 30 年中,数学教育研究的发展主要表现为领域的扩张,即致力于不遗漏掉任何对于数学的教和学可能具有重要影响的因素;但今天我们则应更加注意适当的聚焦,即对于“复杂性的合理归约”。(M. Niss, “Key Issues and Trends in Research on Mathematical Education”, *Abstracts of Plenary Lectures and Regular Lectures of ICME-9*, 2000, Japan)

应当强调的是,依据上述分析读者也可对本书的主要内容以及各部分之间的联系有整体的了解(如图 2),特别是,尽管我们仍可将“三论”看成重建后的数学教育学的主要内容,但不应将此看成完全独立的三个部分,而应更加重视这三者以及它们与其他内容之间的联系。另外,就每一部分的论述而言,不仅包含不少新的内容,在分析上也应说达到了更大深度。

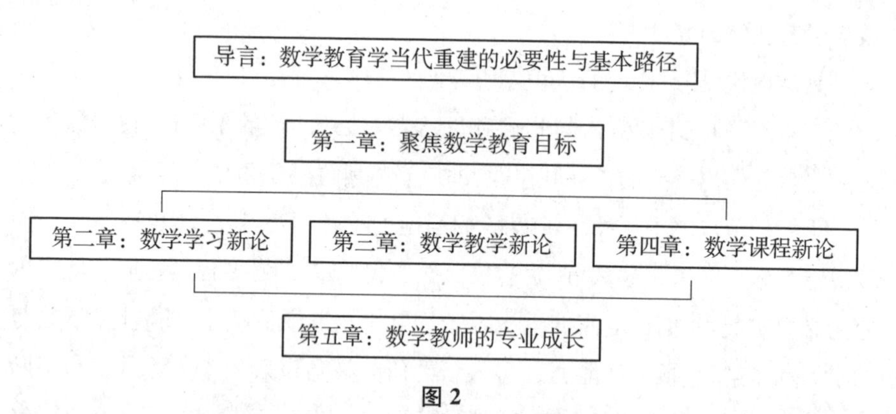

图 2

首先,这正是人们先前在从事数学学习论研究时经常采取的一个分析路径,即以一般的学习理论乃至一般性认识理论作为直接的基础。但从数学教育的角度看,这显然离题太远,相关论述在很多情况下甚至可以说不具有任何直接的指导意义。与此相对照,我们应当更加重视数学学习活动本身的研究,并应密切联系基础教育数学学习的主要内容对此做出具体分析。再者,尽管我们应当明确肯定数学学习心理学在这方面占据的重要地位,但又不应将此看成唯一的研究方向。恰恰相反,正如前面所提及的,我们也应高度重视 20 世纪八九十年代兴起的"社会-文化研究"的重要影响,包括对两者做出综合的分析。最后,相对于各种具体的研究成果而言,我们又应更加重视如何能够以此为基础并通过深入的理论分析揭示数学学习活动的本质与主要特征。

其次,作为数学教学活动的具体分析,我们显然不应满足于简单地列举出各种不同的教学方法或教学模式,而应进一步去指明什么可以被看成做好数学教学的关键,从而切实地做好"化多为少,化复杂为简单"。另外,所谓的"数学深度教学"则可被看成为我们在当前应当如何改进教学指明了主要的努力方向。再者,就总体而言,我们应特别重视关于数学教师工作具体定位与数学教学基本原则的理论分析,从而对于实际教学工作发挥更大的促进作用,特别是,能有助于一线教师在日常工作中表现出更大的自觉性。最后,考虑到教师的"教"与学生的"学"之间的重要联系,我们当然也应对各种数学学习理论的教学涵义做出具体分析。

再者,相对于如何能够建立"数学课程论"的系统理论而言,我们应更加重视对这样一个问题的分析,即应当如何更好地认识与处理课程的规范性质,或者说,我们究竟应当将何者看成数学课程的"合理定位"? 再者,相对于我们应当如何从事数学课程设计与数学教材编写的具体论述,笔者以为,我们应更加重视如何能够有助于广大一线教师对于课程与教材的理解和把握,特别是,如何能够超出具体知识内容这一"显性成分"并从更深的层面做出理解和分析。具体地说,这就直接涉及了隐藏于具体知识背后的"重要数学思想",以及各个版本"数学课程标准"一贯强调的"数学核心概念",还包括 2022 年版"新课标"所提出的"课程内容结构化"这样一个新的指导思想。总之,这一部分的论述应当很好地体现为一线教师教学服务并最终促进学生的健康成长这一基本立场。

综上所述,相信读者也可很好地理解笔者为什么要在第二章至第四章的标题中统一加上"新"这样一个字眼,即希望能够更好地突出这一工作的创新性质。

二、数学教育学当代重建的基本路径

所说的"基本路径",既是指这方面工作应当坚持的基本立场,也反映了笔者在这方面的独立思考,特别是数学教育研究相对于一般研究的不同之处,还包括这样一个具体的工作目标,即我们应当努力创建具有鲜明中国特色的数学教育学理论。

1. 研究的基本立场

先前的分析事实上已直接涉及了这一论题,以下再从更一般的角度对此做出进一步的分析。

第一,应当清楚认识加强理论建设的重要性。

对此我们将主要联系国际教育领域乃至更大范围在 20 世纪 90 年代所经历的这样一个变化,即所谓的"实践转向",做出分析论述。

具体地说,"数学教育学的当代重建"应当说主要属于理论研究的范围。与此相对照,所谓"实践转向"其核心思想则是对"实践性智慧"的突出强调,即认为就各种具有较强实践性质的工作而言,相对于唯一强调理论的学习与指导，我们应当更加重视“实践性智慧”的提升，也即应当主要致力于通过总结反思提升当事者的实践性智慧，从而将自己的工作做得更好。由于两者具有完全不同的着眼点，因此，在此也就有必要对于后一主张做出具体的分析。

首先应当肯定，片面强调理论对于实际工作的指导作用确有不少弊病，特别是，如果这被理解成“由上至下”的单向运动，并只是一味地去强调所谓的“理论创新”和“理论至上”的话，就完全忽视了理论与实际工作之间的辩证关系，包括我们应通过积极的实践对理论的真理性做出必要的检验和发展。再者，所谓的“实践性智慧”包括一般意义上的实际经验对于具体工作显然具有一定的积极意义，更具有“易学易用”这样一个明显的优点。但是，在做出上述肯定的同时，我们也应清楚地看到：如果我们未能由实际经验上升到普遍性理论，就不可能在更大范围发挥积极的作用。正因为此，作为一线工作者，我们应努力做好“教学实践的理论性反思”和“理论的实践性解读”，从而就不仅可以在更大范围发挥积极作用，也可促进理论的发展。

对于“实践性智慧”的局限性我们还可做出如下的进一步分析：正如“实践性智慧”在当代的主要倡导者舍恩(Donald Schon, 1930—1997，美国)所指出的，后者的主要特征就是“借助案例进行思考”。但是，案例的应用显然也有很大的局限性。例如，美国著名教育家、20世纪80年代以来教学和教师教育的领军人物舒尔曼(L. S. Shulman)就曾明确指出，“二十年的经验”很可能只是“二十遍一年的经验”，特别是，如果我们未能很好地做到“用具体的例子说出普遍性的道理”的话。在舒尔曼看来，这并直接涉及了理论与实践之间的辩证关系：“案例最吸引人的地方莫过于它是存在于理论与实践、想法与经验、标准的理想与可实现的现实之间的情境。”这可被看成我们做好案例分析的关键：“案例的组织与运用要深刻地、自觉地带有理论色彩。”“没有理论理解，就没有真正的案例知识。”“这种理论原理和实践叙事、普遍性和偶然性的联系就形成了专业知识。”(《实践智慧——论教学、学习与学会教学》，华东师范大学出版社，2014，第142～144页，第407、385页)

更加具体地说，如果缺乏必要的引导，人们在现实中往往会比较注意教学活动的显性方面，特别是各种操作性的成分，却没有认识到还应从更深层面进行分析研究，从而也就很可能因此忽视一些更重要的方面。例如，后者或许就可被看成“应试教育”盛行的一个重要原因,即因为人们只注意了学生的考试成绩,特别是所谓的“升学率”,却未能认真地去思考这样一个更重要的问题:什么是教育包括数学教育的主要目标,我们又应如何通过日常教学很好地落实,包括对于相关主张的真理性做出必要的检验?

最后,这显然也可被看成先前关于我们为什么应当深入开展数学教育学的理论建设包括数学教育学当代重建这一论述的一个直接结论:只有加强理论研究,我们才能将自己的教学工作做得更好,特别是,不仅知道应当如何去教,也知道为什么应当这样去教。

第二,相对于片面强调理论的指导作用,我们应更加重视理论与实际工作之间的辩证关系。

就当前的论题而言,我们应特别强调这样一点,即应当针对现实中存在的普遍性问题深入地开展研究,从而确保研究工作具有重要的现实意义。

具体地说,由于新一轮数学课程改革正是我国数学教育领域在过去20多年中最重要的事件,各个版本的“数学课程标准”更可说对这方面的实际工作具有重要的指导意义。因此,我们就应对此予以特别的关注,更应当以《义务教育数学课程标准(2022年版)》作为直接的分析对象,特别是,希望通过深入的理论分析能有助于防止与纠正各种可能的片面性认识与简单化的做法。

为了清楚地说明问题,以下还可首先针对现实中具有广泛影响的两个观点做出简要的分析:

其一,“数学是数学教育的本质”。显然,与这一观点相对照,以下的认识是更加合理的,即数学教育具有双重的性质,即所谓的数学性和教育性。我们应特别重视很好地处理这两者之间的关系,而不应片面强调其中的任何一个。

进而,除去上述的观点,这显然也是现实中我们应当注意防止与纠正的又一错误认识,即数学教育的“去数学化”。这也就如我国著名数学教育家张奠宙先生所指出的:“数学教育,自然是以‘数学’内容为核心。……可惜的是,这样的常识,近来似乎不再正确了。君不见,评论一堂课的优劣,只问教师是否创设了现实情境?学生是否自主探究?气氛是否活跃?是否分小组活动?用了多媒体没有?至于数学内容,反倒可有可无起来。……上课时发下来某些‘评课表’,居然只有‘情境过程’‘认知过程’‘因材施教’‘教学基本功’四个指标。至于数学概念是否清楚,数学论证是否合理,数学思想是否阐明,则处于次要地位,可有可无。如此釜底抽薪,数学课堂危险。""任凭'去数学化'的倾向泛滥,数学教育无异于自杀。"(《张奠宙数学教育随想集》,华东师范大学出版社,2013,第 214 页)

当然,这方面的认识又不应停留于所说的"双学科性",而应对数学教育的基本性质做出更深入的分析。在笔者看来,这并是数学教育是否已经成长为一门相对独立的专门学问的重要标志。

其二,"数学教育的现代化就是机械化",或者说,我们应将计算机技术(更一般地说,就是信息技术)的学习与应用看成促进数学教育现代发展最重要的因素。笔者的看法是:尽管我们应对技术的现代发展及其在教育领域中的应用持肯定态度,但这不应被看成促进数学教育发展的唯一要素。恰恰相反,数学教育应当同时做好以下"三个适应"才能谈得上真正的"现代化",即应当与社会的进步、数学的发展与教育科学研究的深入相适应。(详可见 4.1 节)

再者,与盲目的乐观态度相对照,对于现代技术在教育领域中的应用我们也应持更加理性的态度,即不仅应当看到它的优点,也应看到其可能的局限性,包括如何才能切实地加以避免或纠正。在笔者看来,这事实上也可被看成《关于技术的再思考》(ICME Studies 17)这一研究给予我们的一个主要启示。

总之,只有切实加强理论研究与实际工作之间的联系,特别是,能针对现实情况与需要深入地开展研究,我们才能更好地发挥理论研究对于实际工作的指导与促进作用,包括有效地防止与纠正各种可能的片面性认识与简单化做法。对此我们还将在以下联系"数学教育学当代重建的'中国特色'"做出进一步的分析。

最后,从同一角度我们显然也可更好地认识以下主张的合理性,尽管这主要只是针对课程标准的修订而言的:这方面工作应当很好地坚持"目标导向""问题导向"和"创新导向"。(详可见中华人民共和国教育部,《义务教育数学课程标准(2022 年版)》,北京师范大学出版社,2022,"前言")这也就是指,我们应当特别重视存在问题与不足之处的分析与解决,并应通过深入研究与积极创新很好地实现这样一个目标,即努力创造出既符合社会要求,又具有鲜明中国特色的数学教育学理论。

应当再次强调的是,从一线教师的角度看,这也就是指,我们应当特别重视"理论的实践性解读",包括从实践的角度对各种理论思想的合理性做出独立的分析。当然,作为问题的另一方面,我们也应十分重视提升自身的实践性智慧,特别是,应努力做好"教学实践的理论性反思(总结)"。(详可见 5.3 节)

第三,为了确保研究工作的先进性和前沿性,我们还应十分重视对于国际上最新研究成果特别是总体发展趋势的学习和了解,很好地吸取有益的成分或教训。

具体地说,注意追踪国际上的最新发展显然应当被看成研究工作"与时俱进"的一个重要涵义与基本途径。当然,对此我们又不应理解成对于时髦潮流的盲目追随,而应始终坚持自己的独立思考,特别是,应通过综合分析很好地弄清国际数学教育的总体发展趋势,包括什么可被看成相关发展给予我们的主要启示或教训。

例如,对于著名数学教育家、以色列学者斯法德(Anna Sfard)的以下论述我们就应予以特别的重视,因为,由此我们即可更清楚地认识什么是"数学教育学当代重建"应当特别重视的一些方面或问题。具体地说,按照斯法德的观点,对于数学教育的理论研究我们可以大致地划分出这样三个不同的阶段:20 世纪的 60~70 年代可称为"课程的时代"(the era of curriculum),因为,当时的研究主要集中于课程与教材的开发;其次,20 世纪的最后 20 年则可称为"学习者的时代"(the era of the learner),因为,数学学习是人们在当时的主要关注;再者,从 21 世纪起我们又可说已经进入到了"教师的时代"(the era of the teacher),因为,研究者现今对于教师的教学给予了更多的关注。(详可见 A. Sfard, "What can be more practical than good research? — On the relations between Research and Practice of Mathematics Education", *Educational Studies in Mathematics*, 2005(3), 393 - 413)

由以下实例读者可以更好地理解具有"国际视野"的重要性:这即可被看成为我们积极开展相对独立的研究提供了重要的背景和必要的借鉴,这也就是指,我们不仅可以从中获得有益的启示,也可通过对照比较对自己的已有工作做出分析评价,从而更好地弄清前进的方向,包括通过持续的努力做出高水平的研究工作。

其一,从“问题解决”到“问题引领的数学教学”。

如众所知,对于“问题引领”的特别重视正是我国数学教育领域在近一二十年中出现的一个新的发展趋势,不仅获得了数学教育工作者的普遍重视,更有不少一线教师在这方面做出了很多创造性的工作。但是,我们究竟应当如何理解这方面工作的合理性与重要性?什么又可被看成这方面工作应当特别重视的一些问题,或者说,主要的努力方向?笔者以为,以 20 世纪 80 年代在世界范围内盛行的“问题解决”这一改革运动为背景进行分析,我们就可在这方面获得直接的启示,尽管就相关思想的实际产生而言,在这两者之间应当说并没有什么直接的联系。

具体地说,即使是在当时人们就已通过总结和反思清楚地认识到了“问题解决”这一改革运动的一些不足之处,特别是,未能清楚地认识在“问题解决”与“问题提出”之间所存在的重要联系,并完全忽视了这样一个事实,即除去“问题的提出与解决”以外,我们也应将“概念的生成、分析与组织”看成“数学活动”又一基本的涵义。(详可见另文“关于‘问题解决’的再思考”,《数学传播》(中国台湾),1996 年第 4 期;或《郑毓信数学教育文选》,华东师范大学出版社,2021,第 2.4 节)。进而,从现今的角度看,我们则又应当特别强调这样一点,即对于“问题解决”的不恰当强调很容易导致这样一种错误倾向:仅仅强调了学生在学习过程中的主体地位,却未能对于教师在这一过程中所应发挥的主导作用予以足够的重视。更一般地说,这事实上也可被看成所有“学数学,做数学”这样的主张,包括对于“数学经验的积累”或“熟能生巧”的片面强调,所共有的一个弊病。

进一步说,这直接涉及了数学学习的本质:学生数学水平的提升主要依靠后天的系统学习,并主要是一个文化继承的行为,教师更应在这一过程中发挥重要的引领作用。由此可见,为了帮助学生真正地学好数学,相对于唯一强调学生的主体地位,我们就应更加重视很好地落实“双主体”这样一个思想。

进而,从同一角度我们显然也可更好地理解“问题引领”对于数学教学的特殊重要性,包括我们为什么又应将主要是由我国数学教育工作者所创造的“问题引领的数学教学”看成对于“问题解决”这一改革运动的重要发展,因为,后者为我们如何能够很好地落实上述的思想指明了基本途径。

具体地说,教师如何能够针对具体的教学内容提出适当的问题引导学生积极地进行思考和探究,集中体现了其在教学过程中的主导作用。另外,要求学生围绕问题积极进行思考和探究,而不是被动地接受各种现成的结论,则很好地体现了学生在学习过程中的主体地位。

还应强调的是,上述分析为我们应当如何做好“问题引领的数学教学”指明了两个特别重要的环节:(1)我们应当通过具体教学内容的分析提炼出相应的“核心问题”,包括针对学生的具体情况做出适当加工以使之由单纯的“有意义”变成“有意思”,从而就可更好地调动学生的学习积极性。(2)教学中我们应通过进一步的提问、追问引导学生更深入地进行思考,即应当十分重视“问题串”的设计与应用,从而不仅帮助学生很好地解决学习中遇到的各种困难,也能超出具体知识与技能的学习上升到更高的层面。(详可见 3.3 节)

最后,在笔者看来,上述工作也为我们应当如何从事理论研究提供了一个很好的范例,即我们应当切实做好理论研究与实际工作、教学与教学研究的密切结合,这也就是指,我们应将此看成促进自身认识发展包括做出高质量研究工作最重要的一条途径。

其二,从“教学方式的多样性”到“数学教学的关键”。

如众所知,这是新一轮数学课程改革在开始阶段的一个明显特征,即对于“情境设计”“动手实践”“主动探究”“合作学习”等“新的”学习方式的特别强调,对于传统的教学方式则采取了完全否定的立场。按照当时的主流观点,我们甚至更应将此看成一线教师是否具有改革意识的主要标志,从而就在一定时间内造成了“形式主义”的泛滥这样一个现象。

由于上述做法在实践中暴露出了众多弊端,从而就遭到了各方面人士的广泛批评(详可见 3.3 节),相关做法并在《义务教育数学课程标准(2011 年版)》中得到了一定的纠正。对此例如由以下一些论述就可有清楚的认识:

“认真听讲、积极思考、动手实践、自主探索、合作交流等,都是学习数学的重要方法。”

“学生获得知识,必须建立在自己思考的基础上,可以通过接受学习的方式,也可以通过自主探索等方式。”

“课程内容的组织要重视过程,处理好过程与结果的关系;……要重视直接经验,处理好直接经验与间接经验的关系。"

"教师要发挥主导作用,处理好讲授与学生自主学习的关系,……。"(中华人民共和国教育部,《义务教育数学课程标准(2011年版)》,北京师范大学出版社,2011,第2～3页、第44页)

进而,我们显然也可从同一角度去理解《义务教育数学课程标准(2022年版)》关于教学方式的这样一个论述,即"丰富教学方式",也即对于教学方式多样性的明确肯定:"改变单一讲授式教学方式,注重启发式、探究式、参与式、互动式等,探索大单元教学,积极开展跨学科的主题式学习和项目式学习等综合性教学活动。根据不同的学习任务和学习对象,选择合适的教学方式或多种方式相结合,组织开展教学。"(中华人民共和国教育部,《义务教育数学课程标准(2022年版)》,北京师范大学出版社,2022,第86页)

显然,相对于先前对于某些教学方式的片面强调,对于教学方式多元性的明确肯定代表了认识的重要进步。但是,正如任何较深入的认识都必须经历"化多为少,化复杂为简单"这样一个过程,我们在这方面的认识也不应停留于此,还应进一步去研究何者可以被看成我们做好数学教学的关键,从而对于实际教学工作发挥更直接的指导作用。

后者事实上也正是笔者在近期从事的一项研究(相关成果可见郑毓信,《数学教学的关键》,华东师范大学出版社,2023)。因为这是一项"土生土长"的研究,因此,在笔者首次接触到由美国数学教师全国理事会组织出版的《数学教育研究手册》这一重要文集时就完全没有想到这会与自己的上述研究有任何的联系。但由阅读居然发现这与文集中所收入的"K-12数学教学核心实践的研究"这样一篇文章有不少共同点,两者更在很大程度上可以被看成同一方向上的努力,从而就使笔者受到很大的鼓舞。因为,尽管所使用的词语并不相同,主要的研究结论也不一样,但这仍然可被看成清楚地表明了深入开展这方面研究工作的重要性。这也就如相关文章中所指出的:"教学中核心实践的研究是一种相对较新又很有前途的,帮助我们理解和改进教学的方式";"将教学分解为核心实践的工作已经有了很大的发展……我们觉得将数学教学研究的讨论建立在核心实践工作的基础上是富有成效的"。(雅各布斯、斯潘格勒,"K-12数学教学核心实践的研究",蔡金法主编,江春莲等译,《数学教育

研究手册》，人民教育出版社，2021，下册，203—232，第 222、221 页）

当然，我们也可由两者的对照比较对于应当如何从事相关研究获得不少有益的启示。（详可见 3.3 节）例如，在笔者看来，以下论述就清楚地表明了什么是一线教师面对相关成果所应采取的基本立场："我们建议用一种实用主义的视角看待高影响力的实践：哪些实践——在什么样的尺度下——有可能给予我们更大的动力促进针对特定受众的教和学？""数学教学需要的不仅仅是某些特定实践的熟练度，还需要考虑这些实践作用的情境——这些学生是谁以及影响学生作为学习者的身份和经验的学校制度。"（雅各布斯、斯潘格勒，"K－12 数学教学核心实践的研究"，同前，第 206、222 页）

2. 努力创建具有鲜明中国特色的数学教育学理论

数学教育的系统理论当然应当具有较大的普适性，但同时也应很好地适应本国的具体情况与实际需要，这是笔者为什么要谈及数学教育学理论的"中国特色"的主要原因，特别是，这方面的工作应当很好地坚持这样一个基本路径："突出基本问题，坚持辩证立场。"

第一，突出基本问题。

笔者以为，这即可被看成数学教育研究相对于数学包括一般自然科学研究的一个重要区别：如果说这正是后一方面工作取得进步的重要标志，即问题特别是重大问题的提出与解决，那么，数学教育的基本问题就可说具有更大的稳定性与持久性，尽管相关认识也有一个不断发展与深化的过程，但我们不应认为数学教育的各个基本问题现都已经得到了彻底的解决。

正是在这样的意义上，数学教育学就可被看成是与哲学较为接近的，因为，哲学的发展也不应被理解成相应的基本问题已经得到了彻底解决。恰恰相反，哲学的进步往往表现为采取了新的研究视角或是提出了新的值得研究的问题。当然，在哲学与数学教育之间也有重要的区别，特别是，哲学研究具有很强的批判性，新的发展就往往意味着与已有传统的决裂或固有认识的颠覆。与此相对照，数学教育的发展则显然有很强的兼容性与连续性，特别是，只有坚持围绕基本问题进行分析思考，我们才能很好地防止与纠正这样一个常见的现象，即尽管耗费了大量人力物力进行教育改革，却看不到真正的进步，乃至一讲改革就否定一切，似乎一切都要从头开始，最终却又往往只是在原地打转，停滞不前，甚至一再重复过去的错误。

在此还可特别提及这样一个事实：就国际数学教育界而言，在过去几十年中已有过多次重大的改革，但就总体而言却又经常可以看到这样一种“钟摆现象”，即似乎每隔10年左右就会出现一次反复。例如，20世纪60年代在世界范围内曾有过轰轰烈烈的“新数运动”（New Mathematics），但70年代的主要口号“回到基础”（back to basics）事实上就意味着对于“新数运动”的直接反动。再者，如果说20世纪90年代正是世界范围内以“课程标准”为主要标志的新一轮数学教育改革运动的高峰时期，那么，就美国、日本等多个国家而言，从21世纪起又都可以说已经进入了“后课改时期”。就国内新一轮的数学课程改革而言我们显然也可看到类似的现象，特别是，如果说课改初期广大一线教师曾以极大的热情投入到了改革之中，并对改革的前景充满了信心，那么，随着时间的推移，特别是由于课改暴露出了众多的问题与矛盾，乃至因此在一段时间内出现了发展的停滞，从而就使不少教师陷入了极大的困惑：这是否可以被看成一线教师的铁定命运：“期盼、失落、冲突、化解和再上路……”“当然我们可以抱怨，这些问题何以反复的出现……”（邓国俊、黄毅英等，《香港近半世纪漫漫“小学数改路”》，香港数学教育学会，2006）

但是，正如相关人士在同一文章中所指出的，“我们也可以反过来看，教育本身就是一种感染和潜移默化，如果明白这一点，也许我们走了半个世纪的温温数改路，一点也没有白费，业界就正要这种历练，一次又一次的反思、深化、在深层中成长……问题就是有否吸取历史教训，避免重蹈覆辙”。就我们当前的论题而言，这显然也就更清楚地表明了坚持围绕基本问题开展研究的重要性。

在此还应再次强调这样一点：尽管我们应当明确肯定数学教育基本问题的稳定性和持久性，但又不应将此看成始终如一、绝对不变的，而应依据教育的整体形势与认识的发展对此做出新的理解或解读，并由此很好地去确定主要的工作方向。在笔者看来，这就是保证数学教育持续发展并能不断达到新的更高水平的关键。

也正是在这样的意义上，笔者以为，这就可被看成关于数学教育研究工作的一个很好比喻：“年年岁岁花相似，岁岁年年花不同。”我们可从同一角度很好地理解关于研究工作的这样一个要求,即不仅应有较大的基础性和重要性,也应具有明显的前沿性和先进性。

第二,坚持辩证立场。

由于数学教育的各个基本问题所涉及的都是深层次的观念或认识,因此,对此往往没有绝对的"对错"可言,或者说,在大多数情况下我们都不应刻意地去寻求某种绝对性的解答,而应更加重视如何能够很好地处理各个对立面之间的辩证关系。这就是我们为什么又要特别强调"坚持辩证立场"的主要原因。

当然,对此我们不应理解为相关研究可以停留于"对立统一"等基本规律的简单应用,乃至满足于纯粹的"套话""空话",而应通过对存在问题的剖析促使人们更深入地进行思考,从而就不仅能够很好地弄清什么是现实工作中应当注意防止与纠正的各种片面性与简单化的认识,也能清楚地认识主要的努力方向,包括什么是相关工作应当坚持的基本立场。应当强调的是,这事实上也可被看成"辩证思维"与"中庸之道"的主要区别所在。

再者,从纵向的角度看,上述认识也可被看成对于中国数学教育教学传统,特别是对于对立面适度平衡的高度重视这一基本思维取向的很好继承与重要发展。(详可见另文"文化视角下的中国数学教育",《课程·教材·教法》,2002年第10期;或《郑毓信数学教育文选》,同前,第4.1节)笔者以为,这事实上也可被看成这些年的课改实践给予我们的一个重要启示或教训,即我们应当很好地发挥辩证思维的指导作用,从而才能保证数学教育事业的健康发展,特别是,才能有效防止由于指导思想的片面性或绝对化从而对于实际工作造成严重的消极影响,如将东西方的数学教育归结成简单的两极,并认为我们应以西方为范例去从事数学教育改革,对自己的传统却采取了完全否定的立场。(详可见另文"关于数学课程改革的若干深层次思考",《中学数学教学参考》,2006年第8、9期;或《郑毓信数学教育文选》,同前,第5.3节)

正如澳大利亚学者克拉克(Clark)所指出的,具有辩证特征的数学教育学理论的建立可被看成中国数学教育工作者对于数学教育这一人类共同事业的重要贡献。具体地说,以下的"两极对立"即可被看成西方乃至国际数学教育界最基本的一些理论前提,构成了"现代教育改革的关键因素":教与学、抽象与情景化、教师中心与学生中心、讲(授)与完全不讲(To Tell or Not to Tell)等等。但这事实上只是对数学教育工作者的一种束缚,所说的“两极对立”更可说是一种虚假的选择。与此相对照,这正是中国数学教育传统的重要特征,即特别重视对立面的互补与整合,如“教师权威”与“学生中心”的结合等。正因为此,西方就应努力改变“两极对立”这一传统的思维方式,并从这一角度对数学教育(乃至一般教育)最基本的一些理论前提做出认真反思与必要批判,后者并可被看成成功创建新的整合性理论与教学实践的实际开端。(David Clarke, “Finding Culture in the Mathematics Classroom: Lessons from Around the World”, Address delivered at Beijing Normal University, August, 2005)

3. 数学教育的基本问题

以下就是数学教育最基本的一些问题。就整体而言这也是与我们关于“数学教育学”主要内容的分析完全一致的。其中,关于“数学教育主要目标”和“数学教学与学习活动基本性质与主要特征”的分析应被看成是最重要的。与此相对照,我们之所以将“教学方法和模式”与“教师专业成长”这两者也包括在内,则是为了更好地发挥理论研究对于实际工作的指导意义与促进作用。

(1) 应当如何认识数学教育的主要目标,特别是,作为整体教育的有机组成成分,我们应当如何认识和处理“大教育”与数学教育之间的关系?

(2) 什么是数学学习与数学教学活动的基本性质与主要特征,它们相对于一般的学习和教学活动又有怎样的特殊性?

(3) 教学方法与教学模式是否有“好坏”的区分,在这方面是否有彻底改革的必要?什么又可被看成是做好“数学教学的关键”?我们又应努力创建一种什么样的“数学课堂文化”和“数学学习共同体”?

(4) 什么是数学教师最重要的专业能力?我们又如何能够更有效地实现自身的专业成长?

还应强调的是,尽管本书的论述主要可被看成是围绕上述基本问题展开的,但是,与简单地接受相关的结论相比,我们又应更加重视自己的独立思考,因为,只有依据相关论述积极地进行思考分析,包括必要的对照比较与再认识,我们才能取得更好的学习效果,特别是努力提高自身的理论水平。

也正是基于同一立场,以下再提及在当前具有较大影响的一些论点和问题,因为,它们中的大多数可被看成前述各个基本问题在当前的具体体现,从而就具有重要的现实意义,而且,这些观点与问题也直接涉及了数学教育的基本矛盾或各个主要的对立环节,从而,以此为背景进行分析思考也有助于我们更好地领会"突出基本问题,坚持辩证立场"的重要性。

(1) 我们是否应将所谓的"三会"("会用数学的眼光观察现实世界,会用数学的思维思考现实世界,会用数学的语言表达现实世界")看成数学教育的主要(终极)目标? 更加具体地说,我们是否应当将先前所提及的"四基""四能"等主张也包括在内,我们又是否应当特别强调数学的应用价值?

(2) 我们是否只需将"核心素养"与"深度学习"等一般性教育理论直接应用到数学教育领域之中,或者说,再加上后一方面的一些实例,就可建构起相应的数学教育理论? 特别是,我们应当如何看待"核心素养"与"数学核心概念"之间的关系?

(3) 我们是否应当将"再创造"看成学生学习数学的主要方法乃至唯一正确的方法? 更一般地说,我们是否应当让学生主要通过"做数学"(特别是"动手实践")来学习数学,包括突出强调"活动经验"的积累与"熟能生巧"? 再者,我们又应如何理解所谓的"过程教育"?

(4) 这是否可以被看成数学教师工作的合理定位:"教师是学习的组织者、引导者与合作者",特别是,我们是否应当并列地去论及这样三个定位? 再者,我们又是否应当明确提倡教师与学生在教学活动中的平等地位?

(5) 作为数学教学方法的具体分析,我们是否应当满足于对于教学方式多样性的简单肯定,还是应当进一步去研究什么可以被看成做好数学教学的关键,从而促进这方面认识的进一步深化? 对此我们又是否可以总结成若干"关键词"?

(6) 我们应当主要强调"数学深度学习"还是"数学深度教学"? 什么又可被看成"数学深度教学"的主要涵义?

(7) 为了更有效地"引发学生思考",我们是否应当特别重视"情境设置"特别是情境的真实性? 我们又是否应当积极地去提倡"生问课堂",即主要围绕学生的"真问题"去进行教学?

(8) 什么是“学科内容结构化”的主要涵义？特别是，从教学的角度看，我们是否应当特别强调不同内容的“一致性与统一性”，还是应当更加重视认识的发展性与层次性，包括通过新的学习实现更高层次的统一？

(9) 应当如何看待“学科整合”或“跨学科主题学习”等主张，或者说，应当如何处理“跨学科”与“专业化”之间的关系？

(10) 我们又应如何看待“走出课堂，走出学校”这样一个主张，乃至认定就应以传统的“学徒制”为范例对现行的教育制度做出彻底改造？

(11) 什么是“专业化”的主要涵义，对于数学教师的专业成长我们是否可以区分出若干不同的层次？什么是数学教师必须具备的基本能力？

(12) 什么又可被看成数学教师专业成长的基本途径，特别是，在积极提倡“向名师学习”和“实践中的成长”的同时我们又应特别注意哪些问题？

最后，尽管由本书的论述我们可找到关于上述各个问题包括其他一些热点问题的具体解答，由此我们也可更清楚地认识本书的理论意义和现实意义，但笔者仍然愿意再次强调这样一个建议，即希望读者能够首先对上述各个问题做出自己的思考，然后再通过阅读包括必要的对照比较做出进一步的分析思考。因为，通过这一途径，我们即可更有效地提升自己的理论水平和教研能力，而这事实上就应被看成加强学习最重要的一个目标，包括通过这一途径我们也可更有效地实现自己的专业成长，并将自己的工作做得更好！

第一章

聚焦数学教育目标

前面已经提及，数学教育目标的正确界定应当被看成这方面全部工作的直接基础。从历史的角度看，相关认识应当说有一个不断发展与深化的过程，包括一定的反复与曲折。1.1节和1.2节将首先对这一方面的具体情况包括《义务教育数学课程标准(2022年版)》的相关主张做出简要分析。1.3节则表明了笔者在这一方面的具体主张。与此相对照，1.4节从更广泛的角度对数学的教育价值进行了分析，希望能有助于读者在这方面的独立思考，而不要盲目地去接受任何一种现成的观点。

1.1　数学教育目标的历史演变

之所以要对数学教育目标的历史演变做出回顾与审思，当然是因为这十分有益于提升人们在这一方面的自觉性，特别是能够清楚地认识到这样一点：作为有组织的社会行为，数学教育应当很好地承担起自己的社会责任，培养出社会需要的人才，从而对社会发展包括全体公民素养的提升发挥积极的作用。再者，这也可被看成这方面的一个基本事实，即这方面的认识确有一个不断发展和深化的过程，从而也就更清楚地表明了加强分析研究的重要性，包括对于各种相关主张的审思，以及我们又应如何认识这一方面的整体发展趋势。

1. 从教育的“双重目标”谈起

首先，无论就一般教育目标或是数学教育目标而言，应当说一直都存在多种不同的看法，尽管其中的某种观点可能在一段时期中占据了主导的地位。

从一般教育的角度看，我们应特别提及“形式教育”与“实质教育”的对立，即我们究竟应当将何者看成教育工作的主要目标:是知识和技能的掌握,还是学生能力特别是思维能力的培养?按照"形式教育"支持者的观点,教育的主要任务不是教给学生尽可能多的知识,因为,他们在校的时间有限,从而就不可能学习太多知识,恰恰相反,教育主要应是提升学生的能力,特别是思维能力,这样就可通过自我学习不断获得新的知识。也正因此,"形式教育"的支持者往往就特别重视古代语言和数学的教学,因为,在他们看来,后者能有效地促进学生思维的发展。与此相对照,"实质教育"的倡导者们则认为教育的主要任务应是教给学生各种对于生产和生活有实用价值的知识和技能,也正因此,他们在课程的设置上往往就特别重视各门自然科学、现代语言和机械技能的学习。

更一般地说,我们又应特别提及"人本主义"与"实用主义"教育思想的长期对立,包括它们的各种现代变种。

例如,尽管由于以下两种观点并非产生于同一时代,也非同一国家,因此就不存在直接的交锋,但仍可被看成代表了关于数学教育价值两种截然不同的观点。

其一,按照古希腊著名学者柏拉图的观点,数学教育对于人特别是未来统治者的培养具有特别的重要性,即直接关系到了如何能将贵族阶层的子弟培养成身心和谐发展并能很好地履行社会职责的合格"公民"(正因为此,对此我们就可归属于"形式教育"或"人本主义教育"这样一个范围)。对此例如由柏拉图关于我们应当如何依据需要和现实情况安排贵族子弟的教育就可清楚地看出:在17～20岁受过3年的高等教育训练之后,对智力上的课程没有表现出特殊兴趣的学生,在20岁那年就必须去军营充当国家的保卫者;对于抽象思维表现出特别兴趣的学生则应在20至30岁继续深造,研究哲学、数学[包括算术、几何、天文学和声学(音乐理论)],到30岁时,修完这些课程的学生就可担任国家的各级管理者;在智力、抽象思维方面能力最强的人则应继续从事哲学、数学的基础研究,学习辩证法——哲学的最高规律,指导人类认识最高的善的思想的科学。在5年抽象的哲学教育之后,才能担任国家的要职,成为国王——"哲学王"。

正因为数学学习被认为具有特别的重要性,柏拉图在其学院门口挂上"不懂几何者不得入内”这样一个告示也就无足为奇了。另外，由以下传说我们即可看到数学的实用价值在当时遭到了完全的排斥，尽管其主角不是柏拉图而是欧几里德：有一个学生刚开始跟欧几里德学习几何学的第一个命题，就问：“学了几何学之后我会得到什么好处？”欧几里德立即叫过一个仆人，说：“给他3个钱币，因为他想在学习中获取实利。”

其二，与此相对照，对于数学实用价值的强调则可说在中国古代特别是“儒家传统”中占据了主导地位。具体地说，尽管古代中国很早就将数学列入了教育的内容，但只是被列为“六艺”之一，即认为与“礼”“乐”“射”“御”“书”一样也只是一种“实用的技艺”，对此只要够用就可以了，而不必深究。这也就如颜之推所说，“算术亦是六艺要事。自古儒士论天道，定律历者皆学通之，然可以兼明，不可以专业”。

更一般地说，这事实上也可被看成中国古代数学传统的一个重要特征，即对于“问题-算法”的特别重视，即主要集中于各种具体问题的求解，包括相应算法的学习，从而也就与古希腊推崇的“公理-演绎”这一传统构成了直接的对立。

那么，在上述两种观点中究竟何者可以被看成具有更大的真理性？要对这一问题做出解答显然需要更深入的分析研究，笔者在此则愿首先强调这样一点：这两者事实上不应被看成绝对地相互排斥、完全不可兼容，毋宁说，对此我们可以在一定的范围与程度兼收并容，包括做出适当的调和。从历史的角度看，这就是“数学教育的双重目标”。在笔者看来，后一现象的出现就清楚地表明了这样一点：教育目标的设定必须符合社会的需要，培养出社会需要的人才。

具体地说，由于大规模的机器生产正是工业社会的基本特征，因此，这就可以被看成工业社会对于教育的主要诉求，即能够培养出大批具有健壮体格、灵巧双手和简单技能（包括计算技能），从而也就能够胜任简单机械劳动的未来劳动力。正因为此，这就可被看成工业社会的教育在整体上最重要的特征，即对于大多数学生的低要求，并明显地表现出了“重技能”“抹杀个性”等相关特征。但是，除去普遍的低标准以外，现代西方社会中同时也存在另一种完全不同的教育，即“精英教育”，尽管后者所涉及的只是社会中少数的精英分子或统治阶层，而其主要特征就是教育上的高标准，包括知识和素养。

进而，上述现象在数学教育中也有直接的表现，这也就是数学教育的“双重目标”。例如，美国新一轮数学课程改革另一主要的指导性文件《人人算数》中就曾明确指出：“在历史上，美国的学校是围绕双重目标而设计的：教给大多数学生在工业或农业中终身工作所需要的基本技能，对少数精英——他们将进入高等院校并最终成为社会的上层分子——则实行彻底的教育。”

当然，所说的“双重目标”不能被看成为我们很好地解决“人本主义教育思想”与“实用主义教育思想”包括“形式教育”和“实质教育”之间的对立提供了切实可行的方案，更由于人类社会现正经历着由工业社会向信息社会的重要转变，因此，这就可被看成人们在这一方面认识发展与深化的一个重要表现，即对于“双重目标”的自觉批判，人们更明确地提出了这样一个思想：我们不应将工业时代的教育错误地用于“培养面向信息时代的儿童”，而应努力创建符合信息时代要求的新的数学教育，包括从这一角度对我们应当如何设定数学教育目标做出具体的分析。

相信读者由以下论述即可对后一主张的合理性和重要性有更清楚的认识：“21世纪的劳动力将是较少体力型、更多智力型的，较少机械的、更多电子的，较少稳定的、更多变化的。”“信息社会已经创造了一个在其中巧干比单纯苦干重要得多的世界经济。这一经济需要的是智力上适合的劳动者，即善于吸收新思想、能适应各种变化……并善于解决各种复杂问题的劳动力。”(NRC, *Everybody Counts — A Report to the Nation on the Future of Mathematics Education*, National Academy of Science, 1989, p. 11、1)

2. 由“双重目标”到“大众数学”

就数学教育而言，上述思想直接导致了这样一个新的主张，即“大众数学”(mathematics for all)，这是后者最基本的一个涵义，即“数学上普遍的高标准”，这也就是指，“原先只适用于少数人的高标准现在必须成为普遍的目标”。(NRC, *Everybody Counts — A Report to the Nation on the Future of Mathematics Education*, 同前, p. 11 - 12)

上述思想可被看成美国在20世纪90年代启动的新一轮数学教育改革运动最基本的指导思想。对此例如由《美国学校数学课程与评价标准》等指导性文件就可清楚地看出。又由于后者在世界范围内产生了广泛的影响，更直接引发了新一轮的改革浪潮，因此，人们往往就将后者统称为"课标运动"。应当指出的是，我国在 2001 年正式启动的新一轮数学课程改革事实上也应被归属于这一范围，而这主要不是因为与"教学大纲"这一传统形式不同，新一轮改革的主要指导文件也采用了"课程标准"这样一个名称，而是因为后者的主要指导思想是与"大众数学"十分一致的，对此例如 2001 年版"数学课程标准"中的以下论述就可清楚地看出，尽管其中所使用的词语略有不同：

"义务教育阶段的数学课程应突出体现基础性、普及性和发展性，使数学教育面向全体学生。实现

- 人人学有价值的数学；
- 人人都能获得必需的数学；
- 不同的人在数学上得到不同的发展。"

（中华人民共和国教育部，《全日制义务教育数学课程标准（实验稿）》，北京师范大学出版社，2001，第 1 页）

当然，无论就上述主张或是"大众数学"这一普遍性口号而言，我们都应当从理论的角度对其合理性做出进一步的分析。从国际的视角看，在这方面可以说存在两个主要的论证，对此我们可大致地归结为"数学的论证"与"教育的论证"：

第一，数学在信息社会中具有越来越重要的地位，我们甚至可将数学看成高科技的本质，从而自然就应要求未来社会的所有成员都能具有较高的数学素养。

例如，这就是《人人算数》这一美国数学课程改革的指导性文件特别强调的一点："先前只是对那些将从事科技工作的人所要求的数学上的高标准，现已成为信息社会中合格劳动者必要基础的核心成分。"（NRC, *Everybody Counts — A Report to the Nation on the Future of Mathematics Education*，同前，p. 11 - 12）在不少人士看来，我们应清楚地看到计算机技术的迅速发展和普遍应用在这一方面造成的重要变化：这极大地加强了先前业已存在的"数学化"倾向，从而，事实上我们就应将"信息时代"看成"数学化的时代"，而这当然也就更清楚地表明了坚持"数学上普遍高标准"的重要性。

第二,“社会平等性”的思考,即我们应当切实改变这样一个现象:数学教育在现代社会中事实上起到了“过滤器(筛子)”的作用。与此相对照,从社会公平的角度进行分析,我们应为每一个学生而不只是其中少数成员的未来发展提供同样的机会和必要的帮助,特别是,应使数学发挥“水泵(pump)”的作用,而不应认定一部分学生“不适于数学学习”,从而剥夺他们进一步发展的机会或权力。

例如,这事实上也就是由美国数学教师全国理事会(NCTM)制订的《美国学校数学课程与评价标准》中特别强调的一点:“以往学校实践的社会缺陷已是不能容忍的了。……数学已经成为我们社会的职业与完全参与的关键性过滤器。我们不能忍受绝大部分人口没有数学素养。平等已成为经济上的必要性问题。”(《美国学校数学课程与评价标准》,人民教育出版社,1994,第4页)这一立场并在同一组织于2000年发表的新一版“数学课程标准”,即《学校数学教育的原则和标准》中得到了进一步的强化:该文件突出强调了数学教育“6个至关重要的、根本性观点”,其中占据首位的就是“公平性原则”:“数学教育的优化要求公平——对所有的学生都有高要求并大力帮助他们学好数学”;“教育机会均等是这一宏伟目标的核心部分。所有学生,不管其个性、背景、身体如何,必须有机会学习数学,并帮助他们学好”。(《美国学校数学教育的原则和标准》,人民教育出版社,2004,第14页)

由于上述文件的发表至今已有二三十年的时间,人们已在上述方向进行了大规模的教育实践,因此,我们在此显然也就应当特别关注这样一个问题:从现今的角度看我们在上述方向究竟取得了多大进步?进而,作为反思,我们又应如何看待相关主张的真理性?以下就对此做出简要分析。

首先,我们应肯定相关认识有很大的合理性,更可被看成人们在这方面认识的重要进步。为了清楚地说明问题,建议读者可将上面的主张与以下论述做一对照比较,因为,我们在这一方面的认识显然不应停留于简单地列举出各种可能的选择,而应清楚地指明什么是这方面工作的主要努力方向,什么又是相关实践应当特别注意防止与纠正的一些现象。

具体地说,以下就是国际数学教育委员会(ICMI)在其组织的专题研究《九十年代的中小学数学》中提到的数学教育的两个“核心问题”,以及各种可

能的选择与后果(引自《国际展望:九十年代的数学教育》,上海教育出版社,1990,第76～77页、第89～90页):

问题一:数学是否应该在为大众的中小学课程中保持其核心地位?

第一种选择:

否;对每个人不能都教"真正的数学"。

后果:

(1) 数学不再处在一种特殊地位,不再是普通教育的核心的一部分。

(2) 学习尖子将学习"真正的数学"。

(3) 大多数学生将仅接触"有用的数学",即排在课程表上的物理、技术教育、经济等科目中的数学。

(4) 产生了不同学生的课程选择问题。

第二种选择:

是的;数学必须设计得能有效地教给全体学生。

后果:

(1) 数学将继续保持它在中小学课程里的中心地位。

(2) 这种新的中小学数学可能跟传统所教的数学有很大的不同。

(3) 中小学数学和高等数学间的距离将会拉大。

(4) 全体学生可望保持机会均等。

第三种选择:

是的;但也要承认,虽然教给全体学生,但未必人人教懂。

后果:

(1) 数学将保持其在中小学课程以及公众舆论中的地位。

(2) 凡有能力理解课程中的数学的学生,将有机会施展才能。

(3) 许多学生将和以前一样,经受失败和沮丧。

(4) 教师的大多数时间将浪费在将一类数学教给有些实际上已经放弃数学的学生身上。

第四种选择:

是的;但是教师将按照学生的"能力"水平或"成绩"标准教给学生不同类型的数学,或以不同的速度教同样的数学。

后果：

(1) 数学将保持它在中小学课程里的核心地位。

(2) 所在学生将有机会学习适合于个人的那种数学。

(3) 产生了不同的学生要选择不同课程的问题。

(4) 跟采用统一的课程相比，各种不同水平的课程设计以及保证相应的人力物力都会变得更为困难和昂贵。

问题二：数学在整个中学阶段都应当是必修的吗？

第一种选择：是的。

后果：

(1) 需要更多的数学教师，他们中的许多人将花时间去教那些对数学不感兴趣或者能力不强的学生，效果明显不大。

(2) 学生不会因为被允许提早中断学习数学而对目前或今后的前途带来不利影响。

(3) 社会平等将得到尊重。

(4) 如果每个年龄段的学生只教(或者说只提供)一种形式的数学，那么到中学的后期就可能暴露出学生学习数学动力不足的严重问题。

(5) 差生有一种不如旁人或失败的感觉，这种感觉将逐渐增强，一直持续到离校。

(6) 势必面临课程分流的重大问题。

第二种选择：不是。

后果：

(1) 数学教师将把时间花在教愿意学数学的学生身上。

(2) 学习动力问题在很大程度上得到解决。

(3) 差生能把自己的时间花在能够获得更大的成功和满足的活动上去。

(4) 对有些学生今后的生活将会带来不利的影响。

(5) 需要十分仔细地考虑把数学作为选修课的最佳阶段和允许学生中断数学学习的标准。

其次，在做出明确肯定的同时，我们也应清楚地看到已有工作的不足之处。事实上，对于我们应当如何理解“数学上普遍的高标准”始终存在多种不同的看法。而且,对于一些不同声音我们显然也不应简单地归结成纯粹的消极因素或干扰因素,从而采取完全不予理睬的态度,因为,只要采取积极措施,多种不同观点的存在即可对于认识的发展与深化产生积极的作用。

例如,这就是现实中经常可以听到的一个批评意见,即并非人人都需要学习很多的数学。例如,美国著名数学教育家诺丁斯(Nel Noddings)在"关于数学教学改革的反思:人人算数?"一文中就明确地强调了这样一点,即正是由于对社会不平等现象的极度反感使"大众数学"成为了时髦的口号:"许多数学工作者无疑是出于平等的考虑接受了关于数学具有特殊重要性的说法。"但在诺丁斯看来,我们应当对此做出更深入的分析,特别是,应清楚地看到所说的不平等现象不是由数学教育造成的,恰恰相反,正是社会上不平等现象的存在才使很多年轻人特别是少数民族和女性丧失了学好数学的机会。也正因此,除非任何真诚的劳动都能赢得应有的尊重和平等的待遇,我们就不能期望单纯凭借数学教育就能改变社会上的不平等现象——在诺丁斯看来,这十分清楚地表明了这样一点,即我们应对"大众数学"这一口号做出更深入的分析,特别是,我们是否真的应当积极地去提倡"数学上普遍的高标准"?

作为后一问题的具体分析,诺丁斯又进一步指出,由于社会上始终存在诸如零售商、投递员、招待员、机修工、清洁工、驾驶员等不需要任何稍微高深一点的数学知识的大量工作(尽管在有关的职业培训和择业考试中,数学很可能仍然占据重要的位置),因此,"数学上普遍的高标准"不能被看成一个正确的口号。与此相对照,我们应当根据学生的需要去进行教育:"一些学生在中学阶段可能需要(学习)形式数学……其余的大部分人则应学习实际生活中需要的数学,而不是形式的数学,另一些人可以由不那么强调证明或深入的数学理解的形式学习有更大受益……""我将帮助那些对数学有着强烈兴趣的学生学习数学家观察世界的方式,但我并不要求所有的学生'像数学家那样地思维',他们应当按照自己的目标来学会如何应用数学。"

诺丁斯还曾专门针对由于计算机的普遍使用造成的新形势进行了分析:"尽管使用计算机看上去很复杂,但对大多数人来说,这无非是过去的单调劳动的现代变种。"诺丁斯并突出地强调了这样一点:"重要的事实是,只有当学生在自己所选择的道路上起劲地工作时,他们才能真正学到东西。"与此相对照，强制性的学习则可能造成严重的消极后果，如学习兴趣和自信心的丧失，甚至更因此而发展起了某种恐惧症或智力上的伤害。

显然，诺丁斯的上述论述也有一定道理，从而就更清楚地表明了这样一点：即使面对"大众数学"此类似乎明显地具有很大合理性的口号或主张，我们仍应坚持自己的独立思考，包括必要的批判，而不应盲目地追随潮流。例如，笔者以为，这就是我们由诺丁斯的论述所应引出的一个重要结论：对于"数学上普遍的高标准"我们不应理解成数学上学得更多、更难，而应超越知识和技能并从更高层面进行分析思考，后者即是指，我们应更深入地去思考应当如何对数学教育主要目标做出具体界定。

进而，也正从同一角度进行分析，我们即可清楚认识积极提倡"三维目标"的合理性，就数学教育而言，这也就是指，除去数学基础知识和基本技能的掌握，我们还应通过具体知识内容的教学帮助学生在思维与方法等方面也有较大收获，还包括适当的情感、态度与价值观的培养。

更简要地说，我们应将数学教学的重点由具体知识和技能的掌握过渡到学生能力的培养，并应将"帮助学生逐步地学会数学地思维"看成数学教育的主要任务。

总之，上述观点的提出应被看成这方面认识又一重要的进步。但应强调的是，无论从理论或是实践的角度看，在此仍有不少问题需要我们深入地进行分析研究。

例如，著名数学家、数学教育家波利亚(George Polya, 1887—1985)的以下论述就应引起我们的特别重视，因为，这直接涉及这样一个重要的问题，即我们如何能让我们的学生在离开学校以后还能留下一些真正有用的东西：

"一个教师，他若要同样地去教他所有的学生——未来用数学和不用数学的人，那么他在教解题时应当教三分之一的数学和三分之二的常识。对学生传授有益的思维习惯和常识也许不是一件太容易的事，一个数学教师假如他在这方面取得了成绩，那么他就真正为他的学生们(无论他们以后是做什么工作的)做了好事。能为那些70%的在以后生活中不用科技数学的学生做好事当然是一件最有意义的事情。"(《数学的发现》，内蒙古人民出版社，1981，第二卷，第182页)

再者，针对“帮助学生逐步地学会数学地思维”这样一个主张，我们又应特别提及这样一个事实：数学思维只是文学思维、艺术思维、哲学思维、科学思维等多种思维形式中的一种，所有这些思维形式又都有一定的合理性和局限性。

更加具体地说，数学思维显然并非适合所有的工作和场合，甚至还可说具有一定的弊端。例如，英国著名哲学家怀特海（Alfred North Whitehead, 1861—1947）就曾明确地指出，我们不应只看到数学的“善”，也应清楚地看到数学的“恶”。具体地说，后者主要是从认识论的角度进行分析的：“讨论善与恶可能要求对经验的理解具有一定的深度，而一个单薄的模式可能阻挠预想的实现。于是，有一种微不足道的恶——一幅写生画竟能取代一幅完全的图画。”另外，“引起强烈经验的两个模式可以彼此冲突。于是，就有一种由主动的对抗所产生的、强烈的恶”。（“数学与善”，载林夏水主编，《数学哲学译文集》，知识出版社，1986，第 351～353 页）进而，依据著名（应用）数学家柔塔（G. C. Rota）与西瓦尔茨（J. Schwatz）关于数学思维主要特征的以下分析我们即可更清楚地认识数学的局限性或是“数学的恶”。具体地说，按照后者的观点，“简单性”（simpleness）、“单一性”（singleness）和“文本性”（literal-minded）也可被看成数学思维最重要的特征。然而，尽管适度的“简化”与“固化”包括一定程度上的收敛性正是认识活动的基本路径，但又只需与世界的复杂性与变化性加以对照，包括清楚地看到思维的“开放性”对于创新的特殊重要性，我们显然又应引出这样一个结论：如果缺乏足够的自觉性，数学思维的上述特性也可能造成严重的消极成果。（详可见 M. Kac & G-C. Rota & J. Schwartz, *Discrete Thoughts*, Birkhäuser, 1986。对此我们将在 2.2 节中从更广泛的角度做出进一步的分述论述）

综上可见，我们应在这方面做出更深入的分析研究，即应当很好地弄清究竟何者可以被看成数学教育的主要价值，我们又应如何对数学教育的主要目标做出具体界定？

当然，为了很好地体现理论研究的现实意义，这也应成为这方面工作的一项重要内容，即我们应当如何看待《义务教育数学课程课标（2022 年版）》在这方面的相关论述。这正是 1.2 节的具体内容。在此笔者并愿首先强调这样一点：这是这方面工作应当坚持的基本立场，即我们应当超出数学教育并从更大的范围进行分析思考。

例如，正如"导言"中所提及的，从后一角度我们即可更好地理解《美国学校数学课程与评价标准》所采取的这样一个分析路径的合理性，即首先强调了数学教育的"社会目标"，然后再以此为依据提出了数学教育的"具体目标"。当然，从更深入的角度看，上述做法仍有一定的局限性，因为，所说的"社会目标"与"具体目标"显然有较大的间距或跳跃，从而就需要我们做出更深入的分析研究。

在笔者看来，这可被看成这方面工作的最大难点，即我们应当如何处理"数学上普遍的高标准"与现实中必然存在的"个体差异"这两者之间的矛盾。因为，后者显然对于前者的可行性提出了直接的挑战。从数学教育的角度看，这也就是指，我们究竟应当如何很好地去解决现实中必然存在的"不平等现象"？

还应强调的是，在这一方面我们可看到东西方教育思想的重要差异：如果说西方特别重视学习者的个性发展，即明显地表现出了个体化的取向，那么，东方的教育就应说更加强调教育的规范性质，即表现出了明显的社会取向。显然，这也就更清楚地表明了在这一方面开展深入研究的重要性，特别是，我们如何能超越所说的两极对立并以辩证思维为指导很好地解决上述矛盾。对此我们也将在以下做出具体分析。

1.2 曲折的前进

所谓"曲折的前进"，这是笔者多年前在对新一轮数学课程改革的早期历程进行分析时使用的一个词语。具体地说，尽管主要的指导思想没有什么大的错误，但由于推进的速度过快，更在一些具体问题上表现出了明显的片面性与简单化，特别是，认为我们应以西方为范例去从事改革，对于我国在这一方面的优秀传统则采取了完全否定的态度，从而就在一定程度上造成了认识的混乱，并最终导致了学习水平的下降，从而也就无可避免地引发了人们的激烈批评，并实际上造成了发展的停滞。后者还可说延续了相当长的一段时间，而只是在2008年前后人们才又重新听到了"课程改革再出发"这样一个声音。

(详可见另文“关于数学课程改革的若干深层次思考”,《中学数学教学参考》,2006 年第 8、9 期;或《郑毓信数学教育文选》,华东师范大学出版社,2021,第 5.3 节)

在此我们还应清楚地看到这样一点:如果将视线扩展到新一轮数学课程改革在 2010 年以后的发展,特别是聚焦于 2011 年版和 2022 年版的“数学课程标准”,那么,就相关文件中关于数学教育目标的论述而言,我们也可看到一定的反复或曲折。具体地说,正如前面所指出的,2001 版“数学课程标准”中对于“三维目标”的强调应被看成这方面认识的一个重要进步,即很好地体现了这样一个基本立场:我们应当超出单纯的学科视角,特别是超越数学基础知识与基本技能的掌握,并从更广泛的角度对此做出进一步的分析研究。但是,后两版的“数学课程标准”在这一方面的论述却在很大程度上又可被看成重新回到了先前的狭窄视角。

具体地说,我们在此可首先提及 2011 年版“数学课程标准”中对于“四基”和“四能”的强调。具体地说,尽管对于相关主张在当时也有一些赞扬的声音,如“无疑,‘四基’是对‘双基’与时俱进的发展,是在数学教育目标认识上的一个进步。”(唐彩斌等,“‘四基’‘四能’给课程建设带来的影响——宋乃庆教授访谈录”,《小学教学》,2012 年第 7～8 期,第 11 页)“《标准》中将基本思想、基本活动经验与基础知识、基本技能并列为‘四基’,可以说是对课程目标全面认识的重大进展。”(张丹、白永潇,“新课标的课程目标及其变化——《义务教育数学课程标准(2011 年版)》解读(二)”,《小学教学》,2012 年第 5 期,第 5 页),但从更高的层面进行分析,特别是,考虑到数学教育作为整体性教育事业的有机组成成分显然应当很好地落实整体性的教育目标,而不应仅仅从数学的角度进行分析,上述做法相对于先前的“三维目标”就应被看成认识的一个退步。

当然,任何深入的认识都必然地有一个发展和逐步深化的过程,包括一定的反复与曲折,这也正是笔者为什么要特别强调“曲折的前进”的主要原因。进而,为了更好地发挥理论研究对于实际工作的指导意义与促进作用,我们在以下将主要围绕 2022 年版“数学课程标准”中所提出的“三会”这样一个思想对此做出进一步分析,这也就是指,我们是否应将帮助学生“逐步会用数学的眼光观察现实世界,会用数学的思维思考现实世界,会用数学的语言表达现实世界”看成数学教育的主要目标?

当然,相关分析不应是一种“就事论事”的简单分析,而应上升到应有的理论高度,这就是笔者在此为什么要首先论及“数学教育的基本性质”的主要原因。

1. 数学教育的基本性质

应当如何认识数学教育的基本性质?笔者在这方面的主要观点是:相对于“前言”中所已提及的“双专业性”,我们应当更加强调这样一个认识,即应将数学与教育学的对立统一看成数学教育的基本矛盾。进而,能否很好地处理这一矛盾又不仅可以被看成我们做好数学教育的关键,也在很大程度上决定了数学教育改革运动的成败。

例如,20 世纪 60 年代在世界范围内轰轰烈烈开展的“新数运动”就可被看成这样一个例子,即由于局限于从数学的角度进行分析,却完全忽视了数学教育的教育性质,从而就导致了这一改革运动的失败。具体地说,除去国际竞争特别是军备竞赛可以被看成为“新数运动”在欧美各国能以较大规模和力度得到开展提供了重要的外部条件,数学的现代发展特别是数学中结构主义学派的研究则更可以被看成为此提供了重要的理论基础。正如这一运动的名称所清楚表明的,其主要指导思想就是认为我们应以现代的数学思想特别是结构主义的数学观对传统的数学教育进行彻底的改造:“这里,一个主要的前提就是要像 20 世纪的数学家所理解的那样,去逐步地向学生揭示数学结构,从而使学生们进一步领会、应用和爱好数学。”(《国际展望:九十年代的数学教育》,上海教育出版社,1990,第 104 页)

显然,上述的指导思想也应说没有什么明显错误。正因为此,人们在当时就曾对于这一运动寄予了厚望。例如,作为“新数运动”的精神领袖之一,法国著名数学丢东涅(J. A. Dieudonne)就曾对“新数运动”的前景充满了信心(详可见“我们应该讲授‘新’数学吗”,《数学译林》,1980 年第 2 期)。但是,随着时间的推移,这一运动却暴露出了众多弊病,而造成这一现象的主要原因就是这一运动仅仅强调了数学教育的“数学方面”,却完全忽视了“教育方面”,即未能很好地处理上述的基本矛盾。

具体地说,这正是“新数运动”的一个明显弊病:在强调尽早引入现代数学概念的同时，却没有能够依据认识发展的规律对于这些概念相对于不同年龄学生的可接受性包括合适的教学方法等做出分析研究，这样，相关教学活动的失败就不可避免了。以下就是这方面的一个典型例子：

［例1］ “除非它们都能站起来”。

一个数学家的女儿从幼儿园放学回到了家中，父亲问她今天学到了什么？女儿高兴地回答道：“我们今天学了‘集合’。”数学家觉得对于这样一个高度抽象的概念来说女儿的年龄实在太小了，因此就关切地问道：“你懂吗？”女儿肯定地回答道：“懂！一点也不难。”“这样抽象的概念会这样容易吗？”听了女儿的回答，作为数学家的父亲仍然放不下心，因此又追问道：“你们的老师是怎么教你们的？”女儿回答道：“女老师首先让班上所有的男孩子站起来，然后告诉大家这就是男孩子的集合；其次，她又让所有的女孩子站起来，并说这是女孩子的集合；接下来，又是白人孩子的集合，黑人孩子的集合，……最后，教师问全班：‘大家是否都懂了？’她得到了肯定的答复。”

显然，这个教师采用的教学方法也没有什么问题，甚至可以说相当不错。因此，父亲决定用以下问题作为最后的检验：“那么，我们是否可以将世界上所有的匙子或土豆组成一个集合？”迟疑了一会，女儿做出了这样的回答：“不行！除非它们都能站起来！”

显然，这里的问题就在于：由于“集合”是一个高度抽象的概念，从而就完全超出了幼儿园小孩能够理解的范围。当然，我们并不应因为“新数运动”的失败就认定应当完全拒绝“集合”此类现代数学概念（包括现代数学思想）在基础数学教学中的渗透。毋宁说，这清楚地表明了加强课程设计科学性的重要性，特别是，我们应当依据学生的认知发展水平合理地去确定各个年级和学段的教学内容与教学目标。

当然，除去片面强调数学教育的“数学方面”却忽视了“教育方面”这样的错误，现实中我们也可看到相反的做法，即只是强调了数学教育的“教育方面”而未能正确反映数学的本质。例如，正如“导言”中所提及的，在我国新一轮数学课程改革的开始阶段我们就可经常看到“去数学化”的现象，又如张奠宙先生所指出的：尽管相关论述充满了美丽的词语，如“自主”“探究”“创新”“联系实际”“贴近生活”“积极主动”“愉快教育”等，但是，“任凭‘去数学化’的倾向泛滥，数学教育无异于自杀”。(《张奠宙数学教育随想集》，华东师范大学出版社，2013，第214页)

进而，这显然也更清楚地表明了坚持辩证思维的重要性，从而切实防止各种可能的片面性，乃至由一个极端走向另一极端。例如，正如“导言”中所指出的，这也可被看成一种片面性的认识，即认为我们应将数学看成数学教育的本质，从而就将数学置于了至高无上的地位。

在此笔者并愿特别强调这样一点，由于数学教育已逐渐成长为一门相对独立的专门学科，因此，上述基本矛盾的表现形式也就有所变化，即由“数学与教育的对立”转变成了“数学与数学教育的冲突”。在笔者看来，这正是美国在20世纪90年代后期围绕新一轮数学课程改革爆发的“数学战争”(Maths. War)所给予我们的主要启示。

具体地说，专业的数学教育工作者包括一线教师可被看成在美国新一轮数学课程改革中发挥了主导的作用。但是，尽管这一改革运动特别是《美国学校数学课程与评价标准》等指导性文件在最初获得了普遍好评，甚至被誉为“开创了数学教育改革的一个新阶段”和“美国数学教育史上的一个里程碑”，这种正面的评价后来却又逐渐转变成了一种失望的心态，更遭到了直接的批评。又由于正是数学家在后一方面发挥了主要作用，由此而展开的争论其涉及面和激烈程度更可说达到了空前的程度，因此，在很多人看来，我们就可将相关争论形容为“数学战争”，而其主要双方就是专业的数学教育工作者与数学家。

正如前面所指出的，这是《美国学校数学课程与评价标准》等文件采取的基本立场，即我们应当超出数学并从更广泛的角度认识改革的必要性，包括什么又应被看成改革的主要方向，从而事实上就集中地体现了“大教育”的视角。与此相对照，对于新的改革运动的批评则主要体现了数学的视角，如“大众数学是否就意味着没有数学？”(J. D. Lange语)“我所担心的是，通过使数学变得越来越易于接受，最终所得出的将并非是数学，而是什么别的东西。”(A. Cuoco语)等等。正因为此，对于所说的“数学战争”我们事实上就仍然可以归结为数学教育的“教育方面”与“数学方面”之间的对抗。进而,尽管双方展开了激烈争论,最终出现的却又可以说是一种合作的态势,这也就是指,争论双方最终都认识到了具有共同的目标,即希望能够有效地改善美国的数学教育,而且,为了实现这一目标,所需要的又是双方的合作,而不是单纯的批评指责。显然,就我们当前的论题而言,这也就更清楚地表明了很好地认识与处理数学教育基本矛盾的重要性。

例如,尽管相关工作遭到了激烈批评,在“课标运动”中发挥了主导作用的美国数学教师全国理事会仍然特别重视数学家的意见,并主动邀请对方对应当如何实施课程改革提出建议。与此相对应,尽管有不少数学家曾对“课标运动”提出了激烈批评,但美国一些主要的数学家团体仍然对促进课程改革表现出了很大的积极性,如美国数学家联合会(MAA)就为此成立了专门的组织进行研究。总之,合作的氛围已逐步取代对抗情绪占据了主导的地位。(详可见另文“千年之交的美国数学教育”,载郑毓信,《数学教育的现代发展》,江苏教育出版社,1999;或《郑毓信数学教育文选》,同前,第5.1节)

综上可见,为了保证改革运动的顺利实施,我们必须很好地处理数学教育的数学方面与教育方面之间的关系,而不应片面强调其中的任何一个方面,更不应由一个极端走向另一极端。

其次,应当强调的是,对于我国新一轮数学课程改革我们也可做出同样的分析。具体地说,就开始阶段而言,专业的数学教育工作者也可被看成发挥了主导的作用。与此相对照,就2005年前后出现的批评浪潮而言,数学家则是主要的批评者,更集中地体现了“数学的视角”。对此例如由以下的批评意见就可清楚地看出:“这个‘新课标’改革的方向有重大偏差,课程体系完全另起炉灶,在实践中已引起教学上的混乱。特别是,‘新课标’与此前许多年实行的几个数学教学大纲相比,总的水准大为降低。这个方向是错误的。”(姜伯驹,“新课标让数学课失去了什么”,《光明网》,2005年3月16日)“我觉得此时该是一个悬崖勒马的时候,就是说现在已经不是要怎么去调查。我觉得它的教学恶果其实已经很明显,只要实事求是地去调查一下的话,它的效果是很明显的。……我觉得实在是已经到了悬崖勒马的时候,因为这个灾难性的效果实际上已经很明显地显示出来了。”(伍鸿熙,“在2005年数学会数学教育工作委

员会扩大会议上的讲话”,《数学通报》,2005 年特刊,第 7 页)

再者,由于相关批评在一段时间内导致了课程改革在实际上的停滞,因此,我们显然也就应当认真地去思考究竟应当如何看待与处理课改中出现的各种问题,从而保证课程改革的顺利进行?具体地说,我们应首先对已有工作做出认真的总结与反思,包括我们如何能从国外的相关实践中吸取有益的经验和教训。但这又不能不说是这方面工作的又一严重失误,即始终未能对此予以足够的重视。事实是:由于我国新一轮数学课程改革相对于美国的“课标运动”有近 10 年的时差,因此,如果我们在改革之初就能对于国际上的相关经验与教训予以足够的重视,无疑就可极大地减轻由于认识的片面性而造成的各种错误,特别是,能更清楚地认识很好地处理数学教育基本矛盾的重要性。(详可见另文“关于数学课程改革的若干深层次思考”,同前;或《郑毓信数学教育文选》,同前,第 5.3 节)与此相对照,这显然应当被看成一种过于简单化的想法,即认为只需通过人员的简单调整,特别是由数学家取代数学教育工作者主持“数学课程标准”的修订工作就能顺利解决所存在的各种问题。

当然,相关分析也不应停留于所说的现象,而应从理论角度对于相关主张的合理性做出更深入的分析。以下就以所谓的“三会”作为直接对象做出具体分析。

2. 聚焦“三会”

如众所知,这是《义务教育数学课程标准(2022 年版)》的一个重要特点,即对于“素养导向”的突出强调,后者即是指,作为整体性教育的有机组成成分,无论是数学教育或是其他学科的教育,都应很好地落实“立德树人”这一教育的根本任务,并应将“努力提升学生的核心素养”看成实现这一目标的主要途径。进而,我们在此当然又应特别提及《义务教育数学课程标准(2022 年版)》所提出的这样一个“新论点”:我们应将帮助学生很好地做到“三会”,即“会用数学的眼光观察现实世界,会用数学的思维思考现实世界,会用数学的语言表达现实世界”,看成“数学课程要培养的学生核心素养”,也即数学教育的“总目标”。(中华人民共和国教育部,《义务教育数学课程标准(2022 年版)》,北京师范大学出版社,2022,第 5、7 页)。

具体地说,所说的“素养导向”可以被看成集中体现了“大教育”的视角,也正因此，这就可被看成是与人们在先前从事“数学课程标准”的制订或修订时所采取的以下立场直接相对立的：由于数学教育在各个学科的改革中常常处于“先行”或“试点”的地位，因此，相关人士往往就未能深切地感受到跳出自身的专业并从更大范围进行分析研究的重要性。也正是在这样的意义上，笔者以为，现今对于“素养导向”的强调就应被看成这方面认识的一个重要进步。

对此我们可从辩证的角度做出进一步的分析：为了对数学教育目标做出正确的界定，我们应特别重视“出”与“入”这样两个关键词，并很好地处理两者之间的辩证关系。具体地说，所谓的“出”，即是指我们应当超出数学教育并从更广泛的角度认识数学教育的价值，特别是，应很好地体现教育的整体性目标。与此相对照，这可被看成“入”的主要涵义，即相关认识又不应停留于这方面的一般性认识，如“核心素养”的“3 个方面、6 大要素、18 个基本要点”等等，而应针对数学教育的特殊性做出更深入的分析，特别是，应认真研究什么是数学教育对于提升学生核心素养可以而且应当发挥的主要作用，包括我们究竟又应如何理解所谓的“数学核心素养”?

那么，我们究竟是否应将“三会”看成数学教育的主要目标呢？以下就对此做出具体分析。

首先，尽管词语表达上有一定变化，但是，所谓的“三会”不能被看成一个全新的思想。因为，由简单的比较即可看出，这事实上只是对前苏联著名数学家亚历山大洛夫(A. D. Aleksandrov)关于数学主要特征的分析的简单转述，即数学的抽象性、严谨性与应用的广泛性(详可见亚历山大洛夫等，《数学——它的内容、方法和意义》，科学出版社，1958，第一章)。对此相关人士事实上也是清楚地认识到了的：“数学的眼光虽然是数学提供给人们观察世界的一种方式，但是在本质上是数学的抽象。……数学的思维在本质上就是逻辑推理……因为这样的推理是有逻辑的，因此数学具有严谨性。……还有，在现代社会，所有的学科要走向科学，就要尽可能多地使用科学工作者的语言，构建数学的模型，这使得数学形成了一个新特征，就是应用的广泛性。”(史宁中，“数学课程标准修订与核心素养”，《教育研究与评论》，2022 年第 5 期，第 23 页)

正因为此，所谓的“三会”就应说主要体现了数学的视角，即将数学家对于自身学科的看法直接推广应用到了数学教育领域。但是,正如“导言”中所已指出的,数学思维并非唯一合理的思维方式。恰恰相反,现实中存在的多种不同思维方式应当说都有一定的合理性和局限性,而且,又非人人都要用到数学或数学思维,后者更可能导致一定的消极后果,因此,我们就不应将“帮助学生逐步地学会数学地思维”看成数学教育的主要目标。显然,对于上述论证只需稍做修改,我们就可将其直接推广于“数学的眼光”和“数学的语言”。

在此笔者并愿特别提及这样一点:我们事实上不应平行地去论及“数学的思维”“数学的眼光”和“数学的语言”,而应更加强调“数学思维”在其中的核心地位。

具体地说,我们究竟应当如何理解“用数学的眼光观察现实世界”?显然,除去对于外部光刺激的直接机能反映以外,任何观察都离不开主体已有的经验或认知框架,或者说,一定的概念体系,从而事实上也就与“数学的语言”密不可分。又如爱因斯坦的以下论述所清楚表明的,这是同一对象在不同人的眼中为什么会有不同“图像”的主要原因:“人们总想以最适当的方式来画出一幅简化的和易领悟的世界图像;于是他就试图用他的这种世界体系来代替经验的世界,并来征服它。这就是画家、诗人、思辨哲学家和自然科学家所做的,他们都按照自己的方式去做。”(《爱因斯坦文集》,第一卷,商务印书馆,1976,第101页)再者,每个人所看到的又应说与他的关注点与思维方式密切相关,用更通俗的话来说,每个人看到的都是他愿意看到的,从而我们也就应当明确肯定在“数学的眼光”与“数学的思维”之间所存在的重要联系。例如,尽管以下论述主要是就教学观摩而言的,但显然也可被看成为上述论点提供了直接的论据:“从观察中学到什么取决于关注到了什么。”(雅各布斯、斯潘格勒,“K-12数学教学核心实践的研究”,载蔡金法主编,江春莲等译,《数学教育研究手册》,人民教育出版社,2021,下册,203—232,第209页)最后,在很多的情况下,我们还可明确地提出这样一个问题:“我们究竟是用眼睛在看,还是用头脑在看?”(这方面的一个实例可见第三章的例23)

再者,如果跳出主客体的绝对区分这一传统的认识框架(这应当说也是“三会”的倡导者所采取的基本立场,对此由其关于“主体”与“世界”的明确区分就可清楚地看出)进行分析,即明确肯定主体在“观察”与“表达”中发挥的重要作用，我们显然就可更清楚地看出“思维”在这方面所占据的核心地位，后者即是指，“语言”在很大程度上就可被看成“思维的外化”，这也就是指，思维不仅在很大程度上决定了我们会看到什么，也在很大程度上决定了我们要表达的内容，包括我们又会如何进行表达。

对于上述事实相关人士应当说也有一定认识：“需要说明的是，有意义的数学语言离不开数学眼光和数学思维”；“‘三会’虽然各自表述，但本质上是共为一体、不可分离的。语言的产生伴随着眼光和思维，眼光和思维能力产生亦是如此”。（孙晓天、邢佳立，“中国义务教育：基于核心素养的数学课程目标体系——孙晓天教授访谈录[四]”，《教育月刊》，2022 年第 4 期，第 10 页）那么，我们究竟为什么要平行地去提及“三会”而不是更加强调“帮助学生逐步地学会数学地思维”呢？当然，从更高的层次看，后一提法也有明显的局限性。对此我们将在以下做出进一步的分析论述。

最后，还应提及的是，“导言”中所已提到的“数学的‘恶’”事实上也是后现代主义者特别强调的一点。

具体地说，作为现代社会深入发展的一个具体表现，从 20 世纪七八十年代起就有不少西方学者从各个不同角度对现代社会、人类的现代化进程、现代科学技术、现代思想体系等做出了深入反思和批评，这也就是所谓的“后现代主义”。又由于数学特别是所谓的“数学理性”在现代文明特别是西方文明的发展过程中发挥了特别重要的作用，因此，相关学者往往就将此作为直接的分析对象，即深入地探讨了数学与“数学理性”在人们世界观、思维方式与价值观念的形成等方面是否也有一定的消极影响。

例如，尽管著名科学史学家李约瑟明确肯定了“数学精神”对于近代科学产生的重要作用，但同时也认为这直接导致了“机械的世界观”，从而就有很大的局限性：“‘新科学’或‘实验科学’的特征，是在现象中找出一些可以度量的因素，并把数学方法应用到这些量的变化规律当中去……这样，量的世界就取代了质的世界。……的确，伽利略的革命推翻了中世纪欧洲人所具有的有机的世界观（这种世界观和中国人的有某种程度的共同之处），而代之以一种实质上是机械的世界观。”（《中国科学技术史》，科学出版社，1978，第三卷，第 353 页）进而，德国著名哲学家胡塞尔（Edmund Husserl, 1859—1938）的以下分析则可说更加直截了当，并与“前言”中所提到的怀特海的观点完全一致：“以数学的方式构成的理念存有的世界开始偷偷摸摸地取代了作为唯一实在的，通过知觉实际地被给予的，被经验到并能被经验到的世界，即我们的日常生活世界。”“在几何和自然科学的数学化中，在可能的经验的开放的无限性中，我们为生活世界量体裁一件理念的衣服，即所谓客观科学的真理的衣服。……正是这件理念的衣服使我们把只是一种方法的东西当作真正的存有，而这种方法本来是为了在无限进步的过程中用科学的预言来改进原先在生活世界的实际地被经验到的和可被经验到的领域中唯一可能的粗略的预言的目的而设计出来的。这层理念的化装使得这种方法、这种公式、这种理论的本来意义成为不可理解的”。(《欧洲科学危机和超验现象学》，上海译文出版社，1988，第58页、第61～62页)

再者，法国著名科学史家亚历山大·柯伊莱(A. Koyre)的以下论述显然也有很强的批判意味：“我一直认为，近代科学打破了隔绝天与地的屏障，并且联合和统一了宇宙。而且这是对的。但正如我也说过的，它这样做的方法，是把我们的质的和感知的世界，我们在里面生活着、爱着的、死着的世界，代之以另一个量的世界，具体化了的几何世界，虽然有每一个事物的位置但却没有人的位置。于是科学的世界——现实世界——变得陌生了，并且与生命的世界完全分离，而这生命的世界是科学所无法解释的，甚至把它叫做‘主观的’世界也不能解释。”另外，德国著名哲学家、存在主义哲学最著名的代表人物之一海德格尔(M. Heidegger)更将批判的矛头直接指向了数学：“所有这一切发生在这样一个时代，在其中数学因素早已从一个世纪以来涌现出来，成为思想的基本特征并趋向明朗；按照这一对世界的自由筹划，这个时代开始走向一种新的对现实的进攻。在这里丝毫没有怀疑论，丝毫没有自我的立场和主观性……”(《海德格尔选集》，上海三联书店，1996，第871页)最后，这显然也可被看成胡塞尔以下批判的核心所在：“我们必须把新的自然观中的一个基本成分突出出来。伽利略在从几何的观点和从感性可见的和可数学化的东西的观点出发考虑世界的时候，抽象掉了作为过着人的生活的人的主体，抽象掉了一切精神的东西，一切在人的实践中所附有的文化特性。这种抽象的结果使事物成为纯粹的物体，这些物体被当作具体的实在的对象，它们的总体被认为就是世界，它们成为研究的题材。人们可以说，作为实在的自我封闭的物体世界的自然观是通过伽利略才第一次宣告产生的。随着数学化很快被视为理所当然，自我封闭的自然的因果关系的观念相应而生。在此，一切事物被认为都可一义性地和预先地另以规定。"(《欧洲科学危机与超验现象学》，同前，第71页)

在此还可特别提及所谓的"现代性"，因为，尽管看不见、摸不着，但这对于人们的思维方式、自然观和价值取向仍然具有十分重要的影响。在后现代主义者看来，这就是导致现代社会种种弊病与不正常现象的深层次原因，这也就是指，现代社会现正经历着一场与数学和"数学理性"直接相关的"文化危机"。

以下就是霍尔顿(Gerald James Holton，美国)关于"现代性"的具体分析，由此我们可清楚地认识数学或"数学理性"在"现代性"的形成过程中所发挥的重要作用，从而就应引起我们的高度重视：(1)"客观性"的崇高地位；(2)喜欢定量而不是定性的结果；(3)非人格化的、普遍性的结果；(4)基础主义，理性化而不是道德主义的思维；(5)问题取向(这是与目的取向相对立的)；(6)证明的要求；(7)相对于权威的怀疑论，寻求自主性；(8)以理性、启蒙为基础，反对把个人或物神圣化；(9)倾向于容纳相反的意见(只要它被证明)，允许争论和新的经验；(10)倾向于精英统治，知识会导致权力；(11)知识领域中存在层次：更基本的层面被用作对其他层次做出说明的根源；(12)公开声称世俗的、反形而上学和"祛魅的"；(13)喜欢进化而非停滞或非连续的变化；(14)宁可自我无意识，宁可非自反性；(15)世界主义与全球主义。(《科学与反科学》，江西教育出版社，1999，第216～217页)

当然，我们不应因此而完全否定数学与"数学理性"的积极作用，因为，所说的"恶"在很大程度上只是缺乏自觉性的一种表现，这也就是指，在此真正需要的应是这样一种态度，即我们不仅应当明确肯定数学的"善"，也应清楚地认识并切实避免数学的"恶"。

相信读者由以下实例即可对片面强调"三会"所可能造成的消极后果有更清楚的认识。

［例 2］ **“从《红楼梦》看教育”(王俊,《小学数学教师》,2019 年第 2 期)。**

这是这一文章的主要观点:“《红楼梦》中有两个重要的主角,林黛玉和薛宝钗,她们的性格分别代表着数学中两种不同的问题解决策略——‘从条件想起’和‘从问题想起’。”具体地说,“林妹妹也许并不懂得数学中那些解决问题的策略,但其实她的性格特征倾向就是习惯‘从条件想起’……宝姐姐或许也不懂得数学中那些解决问题的策略,但其实她的性格特征倾向就是善于‘从问题想起’”。“‘从条件想起’的人行为动机是出于内心真实的感受,而‘从问题想起’的人的行为动机是出于某种想要达到的目的……‘从条件想起’和‘从问题想起’出发点不一样,它们所经历的过程以及对新问题的生成影响也都是不一样的。‘从条件想起’就像林黛玉堆起的落花冢,无用,但能触及更多人的心灵;‘从问题想起’就像薛宝钗服用的冷香丸,实用,但只为解决她一个人的病症。”

现在的问题是:上述分析是否可以被看成数学的具体应用,特别是很好地体现了“用数学的眼光观察世界,用数学的思维思考世界,用数学的语言表达世界”? 更重要的是,如此观察、思考和表达世界究竟又有什么优点,还是把一个本来不很复杂的事情搞复杂了?!

在笔者看来,上述做法实在有点“数学霸凌”的味道,即将一个丰富多彩的真实世界硬行塞入了冰冷的数学樊笼之中,也即用一个缺少人味的量的世界代替了“我们的质和感知的世界,我们在里面生活着、爱着、死着的世界”。(柯伊莱语)

综上可见,我们确实不应将“三会”看成数学教育的主要目标。

3. “淡化形式,注重实质”

就《义务教育数学课程标准(2022 年版)》对于数学教育目标的论述而言,除去“三会”这一核心思想,还涉及了众多不同的概念,特别是“四基”“四能”和“核心概念”,在一些人士看来,这些概念就构成了“关于数学教育目标的一个层层递进的完整体系”:“首先,‘三会’是这个目标体系的顶层目标或终极目标。……其次,为达成‘三会’,设置了通往‘三会’或为‘三会’提供支撑的中间目标或过渡目标,称为核心素养的主要表现。……最后,第三层目标是达成核心素养主要表现的支撑目标或过渡性目标,也就是大家熟悉的‘四基’‘四能’

目标”；进而，就总体而言，这又可被看成“在全面建设社会主义现代化国家的新征程上……交出了属于数学课程的答卷……一份令人满意的答卷”。(孙晓天、邢佳立，“中国义务教育：基于核心素养的数学课程目标体系——孙晓天教授访谈录[三]、[二]”，《教育月刊》，2022年第3期、第1～2期，第10、19页)也正因此，我们就有必要从更广泛的角度对我们应当如何认识数学教育目标做出进一步的分析。

作为这方面的一个初步尝试，建议读者可以具体地去思考这样一个问题，即按照所说的结构体系我们应当如何看待“数学思维”在其中的位置，也即究竟应当将此看成“三会”的一个主要涵义，从而也就应当被归属于结构的顶层，还是应当将此看成“四基”的一个具体内容，从而也就应当被归属于底层的“支撑目标”?

进而，如果说上面所涉及的只是一个“枝节问题”，那么，我们又可进一步去思考应当如何对数学教育目标(或“课程目标”)做出更清楚的表述?

具体地说，按照先前的分析，特别是“大教育”与“数学教育”之间的层次关系，我们关于“数学教育目标(课程目标)”的论述显然应是这样一个层层推进的体系(图1-1)：

或者，如果我们认定在当前应当特别强调“素养导向”，那么，在此或许也可采取另一不同的论述方式(图1-2)：

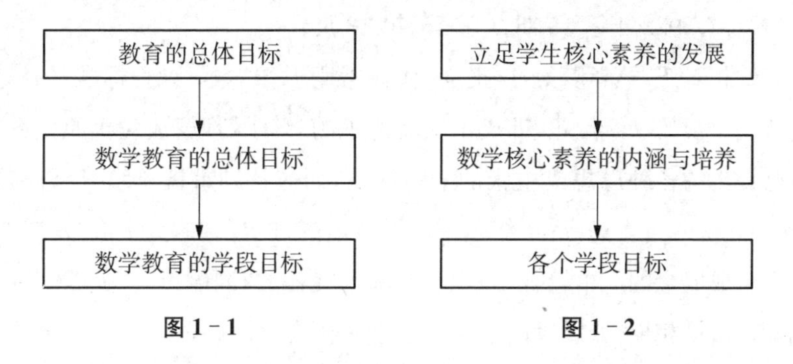

图1-1　　**图1-2**

但是，《义务教育数学课程标准(2022年版)》所采取的却是两条平行的分析路径(图1-3)，从而我们也就应当认真地去思考这样一个问题：这究竟是将问题变简单还是搞复杂了?

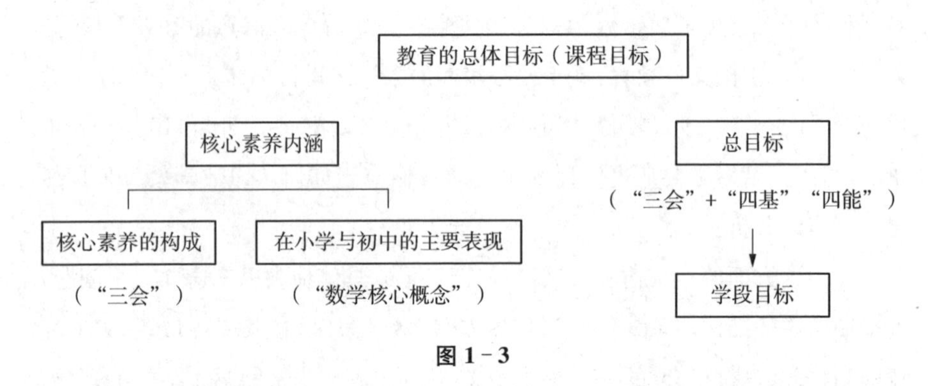

图 1-3

针对上述责疑也许有读者会提出这样的不同看法:这不就是表述的问题吗?从而就不必过于讲究!但在笔者看来,这又直接涉及了一个更重要的问题,即作为"数学课程标准"的修订我们应当如何处理继承与发展之间的关系?

具体地说,作为"数学课程标准"的再次修订,我们显然应当特别重视"继承与发展"这样一个问题,而这无疑又应被看成一个错误的认识,即认为在此所需要的只是对先前的各种主张与新的思想做出适当组合。例如,在笔者看来,以下的论述就明显地表现出了这样的倾向:"'四基'和'四能'保持不变,体现了课程标准的继承,核心素养贯穿课程标准的始终,体现了课程标准的发展。"(苏明强,"《义务教育数学课程标准(2022 年版)》变化解读与教学启示",《福建教育》,2022 年第 18 期,13—15,第 13 页)

与此相对照,笔者以为,这正是我们在实际从事"数学课程标准"的修订时应当特别重视的一个问题,即决不应将所说的"继承"理解成对于原先在这方面所已提出的各种思想或主张的全盘接受,而应特别重视总结、反思与再认识,从而才能通过发扬成绩、纠正错误取得新的进步。再者,注重"发展"也不应被理解成概念的简单组合,乃至认为借助纯粹的"词语包装"就能实现真正的创新。恰恰相反,如果我们未能对于各个概念之间的逻辑关系做出深入分析,包括必要的批判与重建,那么,由简单组合所构成的庞大体系就必然包含一定的内在矛盾,更无可避免地会造成理解上的困难,乃至起到误导的作用。

更一般地说,这显然也是任何理论研究应当特别重视的一个问题,即相关主张究竟会对实际工作产生怎样的影响，特别是，是否可能造成一定的消极后果？相信读者只需实际地去尝试一下以下工作就可对此有清楚的认识，即就某个具体内容撰写相应的教学目标，看看如何写才能符合“新课标”的要求？

以下就是后一方面的一个具体论述，即认为相关工作必须符合这样两个要求（详可见苏明强，“《义务教育数学课程标准（2022年版）》行为动词解读及教学启示”，《小学教学》，2022年第7/8期，33—36）：首先，无论所涉及的内容是什么，所撰写的教学目标都应面面俱到，至少应当包括以下六个方面：(1)基础知识目标内容；(2)基本技能目标内容；(3)基本思想目标内容；(4)基本活动经验方面；(5)数学“四能”方面；(6)核心素养方面。其次，撰写时又一定要采取“行为动词＋目标内容”这样一个方式，所使用的“行为动词”一定要与目标内容相匹配，因为，这也是“新课标”的一个具体要求，即我们不仅应对所谓的“结果目标行为动词”与“过程目标行为动词”做出清楚区分，对此又都可以区分出四个不同的水平，并应准确地界定什么是与之相匹配的“行为动词”，而不应出现“错位”的现象。例如，“基本活动经验方面：我们习惯上使用‘积累’……数学‘四能’方面：我们习惯上使用‘经历’……核心素养方面：我们习惯上使用‘发展’”。（详可见中华人民共和国教育部，《义务教育数学课程标准（2022年版）》，同前，“附录2”）

我不知道一般读者面对上述要求会有怎样的感受，但这正是笔者在这方面的基本想法，即我们如果真的将此当成了一线教师必须执行的硬性规定，那么，即使这或许尚不能被看成对人们的自由思想加上了词语的桎梏，至少也应被看成一种“新八股”，而这当然是一种错误的导向。

相信读者由以下实例即可对此有更清楚的认识，尽管其中所涉及的只是“三维目标”“四基”与“数学核心素养”。

［例3］ “比小学数学课堂教学目标更重要的是什么”（俞正强，《人民教育》，2017年第10期）。

“我是1986年参加工作的……当时的教学目标称为‘双基’，即基本知识，基本技能……

“到了2000年左右，新课程改革了……改革的显著之处在于将‘双基目标'改为'三维目标'……于是，我努力将自己的教学目标调整为'三维目标'。可是，从此我发现，写教案的时候，我已经不会写教学目标了。因为我发现每节课都有特定的基本知识、基本技能，却很难区分出每节课的思想方法。当思想方法成为教学目标的时候，发现上节课也这样，下节课也这样。更痛苦的是，实在不知道这节课的情感态度价值观与上节课有何不同……就这样迷茫了，在迷茫中努力地教学……

"到2010年，好像又修改了，三维目标还是不对。作为一个一线数学教师，很认真地接受新的'四基目标'……让我抓狂的是基本经验，不知道如何去落实……教师们看我一脸困惑的样子，告诉我：教书啊，别想那么多……

"……从2016年开始，'四基目标'好像又不大重要了，代之以'数学核心素养'。因此，讨论环节有位专家问我：'你这节课，培养了什么核心素养？'我当时就被问蒙了……尽管课上成功了，大家也认为上得挺成功的，但面对这个问题，我真的不知从何说起。"

最后，笔者以为，这也可被看成上述各个主张的共同弊病，即都未能跳出数学并从更大的范围进行分析研究。另外，在结束这一部分的论述时，笔者又愿特别引用几段相关的论述，因为，尽管它们的直接论题都不是数学课程改革，但仍可被看成清楚地指明了出现上述各种问题的根源，以及什么又可被看成解决问题的主要途径：

(1)"内行的教育家，因为专做这一项事业，眼光总注视在他的'本行'，跳不出习惯法的范围。他们筹划的改革，总不免被成见拘束住了，很不容易有根本的改革。"(胡适语)

(2)"这样一来，所谓新文化还剩下些什么呢？那将只剩下一个纯文字的世界，在这个世界中唯有意识冲突的种种胡思乱语，而思想和知识却不可想象的贫乏。"(余英时语)

(3)"淡化形式，注重实质"，特别是，"不要单纯在概念本身上下功夫"，不要把概念看成是"百分之百的不可变动、神圣不可侵犯"，而应把重点放在实质的领悟之上。(陈重穆语)

1.3　数学教育目标之深析

本节将对我们应当如何界定数学教育目标做出具体论述。笔者以为，这方面工作应当很好地体现这样两条基本原则：(1)我们不仅应当很好地把握“大教育”与数学教育之间的关系，即很好地处理“出”与“入”之间的辩证关系，而且也应很好地弄清什么是实现相关目标的主要途径；(2)我们关于数学教育目标的论述应努力做到“少而精”，即很好地落实“淡化形式，注重实质”这样一个要求，从而就可对实际教育教学工作发挥切实的指导作用。

1. 为学生思维发展而教

我们首先应清楚地认识到这样一个事实，即学校中每门基础学科的学习对于学生的成长都有一定作用，当然也有一定的局限性，正因为此，我们不可能单独依靠某一学科就能很好地落实“立德树人”这一教育的总体性目标，包括努力提升学生的核心素养，而应更加重视不同学科的合理分工与有效合作。

以下就通过横向比较对数学教育的主要目标做出具体分析：如果说语文教育的主要任务是用诗意的语言感染学生，从而培养学生的爱心，并能很好地进行表述和传递，那么，数学教育的主要任务就是用深刻的思想启迪学生，从而让学生变得更加聪明，更加乐于思考，善于思考。

借助台湾著名作家林清玄先生的以下论述我们即可对此有更清楚的认识：“今天比昨天慈悲，今天比昨天智慧，今天比昨天快乐，这就是成功。”“要通过生命不断的转弯，发现多元的样貌，而不要生活在一元的状态下。”(“幸福，是打开内心的某个开关”，《新华日报》，2014 年 9 月 17 日)具体地说，“今天比昨天慈悲”主要涉及语文教育的目标：“什么是生命里重要的事情：一是爱，能爱，能表达爱；二是美，懂美，追求美；三是情；四是义，人要有情有义；五是感动，美好的情感能被激发。”简言之，语文教育应让学生具有满满的爱心！与此相对照，这应当被看成数学教育的主要责任，即应让学生一天比一天智慧，一天比一天聪明，或者说，我们应通过数学教学努力促进学生思维的发展。

显然，后者事实上也可被看成人们的一项共识：数学常常被称为“思维的科学”，这也就是指，与其他学科相比，数学应当说更加有益于学生思维的发展。但是，我们究竟如何才能很好地实现这一目标呢？在笔者看来，这也就直接涉及了这样一些问题，即教学中我们应如何很好地去处理以下一些关系：(1)知识技能的学习与思维的发展；(2)数学地思维与“通过数学学会思维”；(3)在教师指导下进行学习与逐步地学会学习。以下就对此做出具体分析。

第一，数学教学必须超越具体知识和技能的学习深入到思维的层面。但是，我们又不应将这两者绝对地对立起来，而应更加重视数学思维在具体数学知识和技能教学过程中的渗透，即应当用思维的分析带动具体知识内容的教学，从而将数学课真正“教活、教懂、教深”，后者即是指，我们应向学生展现“活生生的”数学研究工作，而不是“死的”数学知识，并能通过这一途径帮助他们很好地理解相关内容，而不是囫囵吞枣，死记硬背，不仅能够掌握具体的数学知识和技能，也能很好地领会内在的思想方法。(详可见另著《数学方法论》，广西教育出版社，1991，“序言”)

应当强调的是，也只有通过这一途径我们才能使学生真切地感受到数学思维的力量，即很好地起到言传身教的作用。(对此我们并将在 3.3 节中做出具体的分析论述)

第二，除去由具体数学知识上升到数学思维，我们还应由具体的数学方法和策略上升到一般性的思维策略与思维品质的提升。更简要地说，应当由“帮助学生逐步地学会数学地思维”过渡到“通过数学学会思维”，即应当通过我们的教学努力提升学生的思维品质。

不难想到，所说的“过渡”很好地体现这样一个思想，即我们应当超出狭窄的专业视角，并从更广泛的角度进行分析思考。当然，作为问题的另一方面，我们又不应将“数学地思维”与“学会思维”绝对地对立起来，而应将数学思维的学习看成提升学生思维品质的重要途径，包括将后者看成数学教学的真正重点，这也就是指，相对于各种具体的方法或策略，我们应当更加重视通过数学教学努力提升学生的思维品质，特别是，能逐步地学会更清晰、更全面、更合理、更深刻地进行思考，包括努力提升学生在这一方面的自觉性。

也正因此，对于现实中经常可以听到的“帮助学生学会数学地思维”这一主张我们就不应持简单的否定态度，而应清楚地认识其局限性，即能在这一方面提出更高的要求，包括通过数学教学努力培养学生的理性精神。

在笔者看来，上面的论述也为我们应当如何理解前面所引用的波利亚的相关论述（1.1 节）提供了适当的注释，特别是，我们应如何理解他所说的“有益的思维习惯和常识”，包括我们为什么应当对此予以特别的重视。

第三，尽管我们应当明确肯定数学学习的基本性质，特别是，学生数学水平的提升主要依靠后天的学习，更离不开教师的直接指导，但又应当将此看成数学教学更高的一个目标，即帮助学生由主要在教师指导下进行学习逐步过渡到学会学习，包括善于通过同学间的合作与互动进行学习，从而真正成为学习的主人。

最后，相对于纯理论的分析，我们又应更加重视如何能在实际教学工作中很好地加以落实，我们还应始终坚持自己的独立思考，从而就不至于陷入任何一个可能的误区。例如，就这方面的具体工作而言，我们显然不应刻意地去追求相关论述如何能够更加完整、更加宏大，而应更加注重自己在这一方面的真切感受，又如何能够很好地抓住相关论述的精髓。

例如，笔者以为，这事实上就可被看成以下论述给予我们的主要启示，特别是，只要与 1.2 节中所提到的“口号堆砌式”的论述加以对照比较我们就可更清楚地认识“淡化形式，注重实质”的重要性：“我们现在备课都要写教学目标，建议大家写出教学目标以后，再往下追问一句：这个目标对学生而言有什么生命意义和价值？如果能发现教学内容的意义和价值，我们可能就会非常投入地教，因为我们不是在教知识，而是在教对学生人生有意义、有价值的东西，上课就会成为期盼；而学生一旦意识到所学内容对他们的意义和价值，就会投入地学，认真地学。”（陈大伟，“做幸福的事，就不会觉得难——关于‘观课议课与教师成长’的答问”，《教育研究与评论》，2023 年第 4 期，第 81 页）

当然，这也是我们应当始终牢记的一点，即应当跳出狭窄的专业视角，并从更大的范围思考自身工作的意义。在此笔者并愿特别强调这样一点，即作为一名教师，我们决不应忘记这样一个基本立场：教育是“善”的事业，即应当通过自己的工作努力促进每一个学生的发展。（对此我们将在 5.4 节中做出具体的分析论述）

2. 走向“深度教学”

以下再联系现实中经常可以听到的“深度教学”与“智慧教育”这样两个概

念对上面关于数学教育目标的论述做出进一步的分析说明。

第一，不同于“深度学习”，笔者在此所关注的主要是“数学深度教学”。因为，这正是笔者在这方面的一个基本看法：如果教师未能做好“深度教学”，我们的学生就不可能真正做好“深度学习”。进而，这一方面的工作又不应停留于相关的一般性论述，而应联系自身专业做出更深入的分析，即应当集中于“数学深度教学”的研究。

以下就是笔者关于“数学深度教学”的具体解读，这也是与先前我们关于数学教育目标的论述完全一致的：数学教学必须超越具体知识和技能深入到思维的层面，由具体的数学方法和策略过渡到一般性的思维策略与思维品质的提升，我们还应帮助学生由主要在教师（或书本）指导下进行学习逐步过渡到学会学习，包括善于通过同学间的合作与互动进行学习，真正成为学习的主人。（对此我们还将在第三章中联系实际教学工作做出进一步的分析论述）

第二，对于“智慧教育”的突出强调显然也是现实中经常可以听到的一个论点，如“教学不仅要教给学生知识，更要帮助学生形成智慧”。但是，除去由知识向能力的过渡以外，这里所说的“智慧”究竟还具有哪些涵义，什么又是数学教学在这方面所能发挥的重要作用？以下就以现代的人工智能研究为背景对此做出简要分析，相信读者由此也可对于我们应当如何把握数学教育目标有更清楚的认识。

具体地说，这即可被看成人工智能研究的主要目标，即希望用计算机代替人类完成各种被认为集中体现了人类智慧的工作或任务。由此可见，相关研究也直接涉及了这样一个问题，即我们应当如何对“智能”或“智慧”做出具体界定。再者，我们在此应清楚地看到这样一个事实，即有不少原先被认为是机器无法完全模仿，从而也就可以被看成很好地体现了人类特有智慧的行为，如下棋、自主学习等，后来都被证明并非绝对不可逾越的界限。那么，我们究竟应当如何对人类智慧做出具体的界定？

为此笔者并愿特别推荐这样一部在世界范围内具有重要影响的著作：《哥德尔、艾舍尔、巴赫——集异壁之大成》（侯世达，商务印书馆，1996）。因为，这正是这一著作的一个明确论点：“谁也不知道非智能行为和智能行为之间的界限在哪里。事实上，认为存在明显界限也许是愚蠢的。”但作者同时又认为，

“智能的基本能力还是确定的”。从而，我们就可以此为背景具体地去思考应当如何发展学生的智慧。当然，这也是这方面工作必须遵循的一条原则，即我们不应将学生智慧的发展与具体数学知识与技能的学习绝对地对立起来，而应更加重视如何能够通过这一途径促进学生智慧的发展。

以下就是上述著作中提到的“智能的基本能力”：

“它们是：对于情境有很灵活的反应；充分利用机遇；弄懂含糊不清或彼此矛盾的信息；认识到一个情境中什么是重要的因素，什么是次要的；在存在差异的情景之间发现它们的相似处；从那些由相似之处联系在一起的事物中找出差别；用旧的概念综合出新的概念，把它们用新的方法组合起来；提出全新的观念。”(第34～35页)

当然，以上论述不应被认为已经包含了智力的所有方面。恰恰相反，我们应当依据自己的感受和体会对此做出进一步的分析，这也正是笔者为什么要对上述八个方面(以下简称为“特征一”至“特征八”)做出进一步归类的主要原因。我们在以下还将采取联系其对立面做出分析这样一个路径，希望能有助于读者的理解与思考。

(1) 上述的“特征一”和“特征二”显然都与思维的灵活性密切相关，又由于“计算机的本性就是极不灵活”，因此，很多人工智能的研究者就将如何能够突破这种局限性看成这方面工作的首要目标。

与此相对照，这显然也可被看成人们的一项共识，即数学学习特别有益于提高人们思维的灵活性，因为，数学学习不应被等同于死记硬背、机械模仿，特别是，这也正是数学教学为什么特别重视“问题解决”或者说解题实践的主要原因。

当然，相关工作也有不少可以改进的地方，特别是，就当前而言，我们应当切实纠正这样一个错误的倾向，即“题海战术”的盛行，也即不加思考地要求学生大量地做题，做各种各样的题，包括将学生解决问题能力的提升归结为题型的辨识与方法的套用，乃至对于“题型”的细分，并要求学生牢牢地加以记忆，等等。

应当强调的是，对于“思维的灵活性”我们还应从更高层面做出进一步的分析。例如，“思维的灵活性”显然可以被看成是与“思维的刻板性”直接相对立的,而这即可被看成后者的一个惯常表现,即人们在解决问题时常常会“一条道路走到黑”,也即未能在具体采取某一方法或解题途径前认真地去思考选用某种方法或途径的合理性。而且,即使在解题过程中遇到了严重困难也未能及时做出调整,还包括尽管取得了某些结果但对解决原来的问题却毫无作用……

人们因此引出了这样一个结论:我们应当努力提高学生的元认知水平,即应当对于自身正在从事的解题活动始终保持清醒的自我意识,并能及时做出评价和调整。更一般地说,这也就是指,我们应将“元认知”看成决定人们解题能力的一个十分重要的因素。对此我们将在 2.2 节中做出具体的分析论述,在此则首先强调这样一点:从历史的角度看,这也正是人们由人工智能特别是“解题机”研究所获得的一个重要启示。

进而,从实践的角度看,我们又应特别提及这样一点,即应善于在思维的“灵活性”与“有效性(可靠性)”之间保持适度的平衡,或如侯世达所说,“在可靠性与灵活性之间走钢丝”。(《哥德尔、艾舍尔、巴赫——集异壁之大成》,同前,第 388 页)显然,就我们的论题而言,这也更清楚地表明了坚持辩证思维的重要性。

(2) 上述的“特征三”和“特征四”即可被看成与思维的清晰性有着直接的联系,或者说,清楚地表明了我们应当如何理解“思维清晰性”的具体涵义。再者,以下的常见说法则清楚地表明了数学学习与思维清晰性之间的重要联系:“这个孩子一脑袋浆糊,实在不适合学习数学。”

与此相对照,这则可被看成一个重要的“解题策略”:在从事解题活动时我们必须首先弄清题意,包括仔细区分什么是有用的信息,什么是多余的信息,我们并应将所要实现的目标牢牢记在心中,或如波利亚所说,“盯紧目标”。

进而,与上述要求相比较,以下分析则可被看成达到了更高的层次,即相对于不加区分地纠缠于各个细节,我们应当更加注重通过整体分析很好地弄清“什么是重要的因素,什么是不那么重要的”,从而彻底地纠正“胡子眉毛一把抓”这样一个做法,乃至“捡了芝麻丢了西瓜”。

另外,从同一角度我们显然也可很好地理解为什么应当特别重视“序”的分析和把握,包括“概念图”和“流程图”的应用。例如,这就正如庞加莱(Henri

Poincaré, 1854—1912,法国)所指出的:“数学证明不是演绎推理的简单并列,它是按某种次序安置演绎推理。这些元素安置的顺序比元素本身更为重要。如果我具有这种次序的感觉,也可以说这种次序的直觉,以便一眼就觉察到作为一个整体的推理,那么我已无需害怕我忘掉这些元素之一,因为它们之中的每一个都在排列中得到它的指定位置,而且不要我本人费心思记忆。”(《科学的价值》,光明日报出版社,1988,第376页)

对于“整体性把握”的具体涵义我们也将在3.3节中做出具体的分析论述。

(3) 与上述四个特征相比较,“特征五”和“特征六”可以说与日常的数学教学活动具有更加密切的联系,因为,事实上我们可将此看成数学活动包括数学学习最基本的一个形式,即如何能在存在差异的情景中发现相似之处,又如何能从那些看上去相似的事物中找出差别。

例如,前者显然即可被看成“找规律”此类活动的基本涵义,并构成了一般意义上的抽象的直接基础。另外,从同一角度我们也可更好地理解“变式理论”对于我们改进教学的重要性,特别是,我们应通过“非标准变式”和“非概念变式”的引入帮助学生很好地掌握相关概念的本质,包括通过这方面的反复实践帮助学生逐步养成这样一种习惯和能力,即善于“在存在差异的情景之间发现它们的相似处”,包括较强抽象能力的培养。

其次,无论就数学或是其他方面的学习或研究活动而言,类比联想都可以被看成具有十分广泛的应用,这更可被看成成功应用这一方法的关键,即我们不仅应当善于发现不同事物或现象的共同点或相似之处,也应善于从相似中找出不同之处,从而就可由已知的事实引出可能的结论或新的猜想,包括如何能够依据两者的差异对此做出必要的调整。显然,就当前的论题而言,所说的“求同存异”就从又一角度更清楚地表明了在“同与不同”之间所存在的辩证关系。

最后,我们显然也可将“特征五”和“特征六”与思维品质直接联系起来,后者即是指,我们应当善于用联系的观点看待事物和现象,而不应将它们看成绝对地互不相干的。进而,上述的两个“特征”则表明我们应当围绕哪些问题去进行分析思考。

应当强调的是，相关研究不仅直接关系到了思维的广度，也与思维的深度密切相关。因为，在这两者之间显然也存在相互依赖、互相促进的密切联系，特别是，只有适当地拓宽视野，我们才能达到更大的认识深度；也只有达到了更大的认识深度，我们才能更好地发现不同事物与现象之间的联系。

综上可见，这就是数学教学应当特别重视的又一方面，即“联系的观点”与思维的深刻性。

(4) 除去已提及的“同与不同”之间的辩证关系，对于前面所提到的另外两个要点我们显然也可分别围绕“变与不变”与“部分与整体”这样两个范畴做出进一步的分析。再者，从数学教学的角度看，我们又应特别重视“特殊化与一般化”之间的辩证关系。

例如，著名数学家希尔伯特(David Hilbert, 1862—1943，德国)就曾明确指出：“在解决一个数学问题时，如果我们没有获得成功，原因常常在于我们没有认识到更一般的观点，即眼下要解决的问题不过是一连串有关问题中的一个环节。”“在讨论数学问题时，我们相信特殊化比一般化起着更重要的作用。可能在大多数场合，我们寻找一个问题的答案而未能成功的原因，是在于这样的事实，即有一些比手头的问题更简单、更容易的问题没有完全解决或完全没有解决。这时，一切有赖于找出这些比较容易的问题并使用尽可能完善的方法和能够推广的概念来解决它们。这种方法是克服数学困难的最重要的杠杆之一。”(“数学问题”，载中科院自然科学史研究所数学史组、数学研究所数学史组主编，《数学史译文集》，上海科学技术出版社，1981，第63页)

另外，如果说上述引言主要涉及“问题解决”，那么，所说的“特征七”和“特征八”，即“用旧的概念综合出新的概念，把它们用新的方法组合起来”和“提出全新的观念”则与“概念的生成、分析与组织”具有密切的联系，我们应当将后者看成数学活动又一基本的形式。应当指出的是，在一些学者看来，我们可将“概念的适当组合”看成发明创造的本质。显然，由此我们也可更清楚地认识数学学习在这方面的重要作用。

综上可见，以人工智能的研究为背景进行分析确实有助于我们更清楚地认识数学学习的价值，包括数学教育目标的把握。当然，我们在此又应清楚地认识这样一点：无论人工智能研究取得了什么样的成就，即机器已能在多大程度上代替人类思维，我们都不应因此而否认积极思考、努力提升自身思维品质的重要性。再者，尽管上述分析可以被看成很好地体现了这样一个认识，即我们应当通过数学教学帮助学生逐步地学会更灵活、更清晰、更深刻、更全面地进行思考，但这也不应被看成已经穷尽了所有重要的方面。例如，除去已提及的各个方面以外，我们显然也应十分重视思维的自觉性。后者事实上也是侯世达在上述著作中特别强调的一点，即我们应将高度的自觉性看成人类思维十分重要的一个特征："人的意识有一个固有的特点，他总是能看出关于他正在做的事情的某些事实"；"某种自我意识似乎是意识的关键所在"。(同前，第50、538页)当然，我们又应对后者的具体涵义做出更深入的分析。例如，除去已提到的"元认知"以外，笔者以为，我们也应将对于"总结、反思与再认识"的高度重视看成"自我意识"又一十分重要的涵义。对此我们也将在3.4节中做出具体分析。

最后，笔者在此又愿特别提及日本著名数学家、菲尔茨奖得主广中平祐的这样一部著作：《数学与创造——广中平祐自传》(人民邮电出版社，2022)。因为，这也是他在这一著作中表达的主要观点，即我们应当很好地认识"(数学)知识的学习"与"智慧的发展"之间的关系，并将后者看成数学学习的主要目标。进而，我们又可将"灵活性""深刻性"与"强大性"看成"智慧"的主要涵义。

再者，由美国著名新闻工作者、普里策奖三度得主弗里德曼(Samuel G. Freedman)的以下论述相信读者也可在这方面获得直接的启示，特别是，我们如何能够帮助学生很好地适应由于技术的飞速发展所造成的巨大变化：

"随着流动的速度加快，它会渐渐掏空过去给我们带来安全和财富的存量知识。""你在学校里学到的那些知识，可能你还没有出学校的大门，就已经变得过时了。"我们必须"重新思考我们的学生究竟需要哪些新的技能或态度，才能找到工作、保住工作"。(《谢谢你迟到——以慢制胜，破题未来格局》，湖南科学技术出版社，2018，第115页、"导读"、第190页)

以下即是弗里德曼针对上述现实提出的一些具体对策，尽管其中没有直接提到"深度教学"这样一个概念，但这显然也是与我们关于"数学深度教学"的分析十分一致的：

(1) 我们必须牢固树立终身学习的思想，切实提高自身在这一方面的能力:“你必须知道更多,你必须更加频繁地更新知识,你必须运用知识做更多创造性的工作,而不仅仅是完成常规工作。”(第185页)

(2) 应当特别重视长时间的思考与反思:“世界变化得越快……对我们生活方方面面改变得越多,每个人就越需要放慢速度……当你按下一台机器的暂停键时,它就停止运转了。但是,当一个人给自己暂停一下的时候,他就重新开始了。你开始反思,你开始重新思考你的假设前提,你开始以一种新的角度重新设想什么是可能做到的,而且,最重要的是,你内心开始与你内心深处最坚定的信仰重新建立联系……”(“简体中文版序”)

(3) 我们还应清楚认识合作的重要性:“到了21世纪,我们大部分人将与他人一同协作,相互提供服务……我们必须意识到,工作的固有尊严来自人与人的关系,而非人与物的关系。我们必须意识到,好的工作就是与他人沟通交流,理解他们的期许与需求……”(第215页)

再者,“数学深度教学”对于中国当代社会而言显然又应被看成具有特别的重要性,即直接关系到了我们如何能够更有效地防止与纠正现代社会中所经常可以看到的各种弊病。

例如,这就是信息社会十分常见的一个现象,即知识的浅薄化、表面化、碎片化:“现代人将浮浅当作时尚,把信息当作知识,把知识当作智慧。许多人日夜在网上泡着,四处收集新闻热点,仿佛天下大事尽在心头。可是你仔细听听,却发现他嘴里没有一句是他的话。……”(辛泊平,《杂文月刊》,2008年第6期上)

再者,尽管我们应当充分肯定以下转变的意义,即现代社会已由高度统一转向了多元化,由强制的一致转向了更大的开放性,包括对“另类”在一定程度上的容忍。但是,所说的转变也有一些消极后果,特别是,有些人可以说由一个极端走向了另一极端,即表现得十分任性,甚至更可说随心所欲、肆无忌惮,但却对基本的社会规范和文化传统缺乏必要的尊重……更一般地说,就是理性精神的缺失。又由于后者正是中国传统文化特别薄弱的一个方面,因此,我们就应将理性精神的培养看成数学教育的一项重要社会责任。

3. 数学教育与“公平性原则”

以下再围绕所谓的“公平性原则”对于数学教育目标的可行性做一简要的

分析。

具体地说，正如上面所提及的，这是“课标运动”的一个重要特点，即人们已能超出数学，并从更广泛的角度从事数学教育目标的思考，并明确地提出了所谓的“公平性原则”。例如，后者就为我们应当如何理解“大众数学”这一口号提供了重要背景。

但是，由于现实中始终存在各种不平等的现象，各个学生之间更必然存在一定的个性差异，包括智力水平的高下，因此，数学教育在现实中就不仅未能有助于社会公平的实现，甚至还可说在这一方面起到了推波助澜的作用，即只是发挥了“过滤器”的作用。也正因此，这就是我们在制订数学教育目标时必须认真思考的又一问题，即如何能够解决“公平性原则”与现实中必然存在的不平等现象特别是个人之间必定存在的个性差异之间的矛盾？

还应强调的是，笼统地提倡“数学上普遍的高标准”并不能为我们很好地解决上述矛盾提供切实可行的方案。因为，无论对所说的“高标准”做出什么样的解释，如仅仅从数学的角度做出解释，还是将其他方面也考虑在内，特别是，主要致力于学生能力与思维品质的提升，这仍然是一个无法回避的事实，即相关目标的实现在不同学生的身上必然表现出一定差异，从而也就有可能进一步加剧现实中业已存在的学生两极分化的现象。

在笔者看来，这或许也就是现实中人们何以特别重视如何能使数学变得更加容易，并对大多数学生具有更大吸引力的主要原因，如对于“数学生活化”或是数学实用价值的突出强调，即希望通过这一途径能使学生更好地感受到学习数学的重要性，从而就能在这方面做出更大的努力。再者，我们显然也可将以下努力归属于同一范畴，即寄希望于数学知识结构或数学教学方法的改革，从而就可有效地降低数学学习的难度。但是，笔者以为，这恰又可被看成相关实践给予我们的重要启示，即所有这些做法都不可能取得所希望的结果，甚至可能导致数学教育水准的普遍下降。

例如，正如前面所提及的，这即可被看成美国新一轮数学教育改革运动给予我们的一个重要启示或教训：“数学不只是一种有趣的活动，尤其是，仅仅使数学变得有趣起来并不能保证数学学习一定能够获得成功，因为，数学上的成功还需要艰苦的工作。”另外，这也是实践中经常可以看到的一个现象，即为了引起学生的兴趣，教师或教材把注意力和大量的时间放到了相应的活动或情景之上，却没有能集中于相关的数学内容，而这当然是一种本末倒置。再者，"由于未能很好地区分什么是最重要的和不那么重要的，现行的数学教育表现出了'广而浅'的弊病，特别是，'大众数学'看来忽视了不同的学生有着不同的需要，一个更应避免的弊病则是将'为一切人的数学'变成了'最小公分母式的教育'"。(详可见另文"千年之交的美国数学教育"，载郑毓信，《数学教育的现代发展》，同前；或《郑毓信数学教育文选》，同前，第 5.1 节)

再者，尽管以下论述从形式上看似乎很有道理，即"人人学有价值的数学；人人都能获得必需的数学；不同的人在数学上得到不同的发展"，还包括这样一个更新的提法，即"人人都能获得良好的数学教育，不同的人在数学上得到不同的发展"，但无论从理论或是教学实践的角度看，显然又有不少问题需要我们认真地进行思考研究。例如，我们究竟应当如何理解所说的"有价值的数学"和"必需的数学"，包括所谓的"良好的数学教育"？再者，我们又应如何对学生中存在的差异做出具体判断，包括由此而决定什么是与此相适应的"不同的发展"？更重要的是，我们又如何能够切实地避免与纠正因此而导致学生之间出现"不公平的现象"？

更一般地说，这显然也就直接涉及了数学教育目标的可行性，包括我们又如何能够切实避免相关主张所可能导致的消极后果。当然，所有这一切都离不开积极的教育实践与深入的理论研究。笔者在此仅限于提出两个不很成熟的意见：

第一，相对于目标的细化与对于评价工作的强调，我们应当更加重视总体方向的把握，即如何能使所有学生都能通过数学学习有真正的收获，特别是，能为进一步的学习与将来的工作打下良好基础。显然，这也就更清楚地表明了跳出数学，并从更大范围进行分析思考的重要性，特别是，除去数学基础知识与基本技能的掌握，我们又应特别重视如何能够通过数学教学促进学生的思维发展，特别是努力提高他们的思维品质，并能由理性思维逐步走向理性精神，包括逐步地学会学习，进而，我们在这些方面又不应刻意地去追求任何一种绝对的一致性，而应致力于使所有的学生都能有所改善，有所提高。(对此我们并将在 5.4 节中做出进一步的分析论述)

再者，由于对于后者我们显然无法做出精确的量度，更不可能区分出绝对的优劣，因此，由上述分析我们也可引出这样一个结论，即相对于片面地强调"教学、学习和评价一致性"，我们应当更加重视大方向的把握，并重点关注如何能够针对学生的情况和需要采取适当的教学措施。这事实上也直接关系到了我们的下一个建议。

第二，给学生更大的选择权，包括更多的鼓励与支持，而不是一味地施加压力，乃至制造不恰当的竞争氛围。

相信读者由以下实例即可在这方面获得直接的启示，尽管按照当前的主流观点这或许应被看成一种出格的行为：

[例 4] "好的教学"的两个范例。

其一，这是青年数学家陈杲之父陈钱林的"教子经"：

"陈钱林有他冷静独立的见解。还是很小的时候，他就跟孩子说，不要追求 100 分。考 90 分不难；从 90 分到 95 分，要花一些精力；从 95 分到 100 分，要花太多精力。如果能轻松考到 90 分，说明孩子具备学习能力，不如省下时间自由学习。长此以往，孩子在知识面和自学能力上都会有更多收获。"

又，"陈杲的姐姐陈杳上初中时，有次陈钱林晚上 10 点回来，她还在写作业。学校作业多得让陈钱林很有想法，因为已经不能保证孩子 9 个小时的睡眠了，长期下去，'影响身体健康，自然人格会受影响的'。他建议女儿也像弟弟一样，找老师谈好，自主决定作业量"。也是在父亲的鼓励与支持下，女儿高考时放弃比较稳妥的浙江大学，选择了不能颁发国家承认的本科文凭的南方科技大学，4 年后，陈杳获 3 所世界名校全额奖学金，赴国外攻读博士。

其二，这是 2022 年"冬奥会"期间大火的"冰墩墩"主要设计者曹雪的亲身经历：他特别喜爱画画，对数学却始终学不进去。以下就是此人在接受媒体采访时表达的一个感受，即十分感谢他的母校南京大学附属中学为自己的成长提供了十分宽松和友善的环境：只要他安安静静地坐在教室里，不要缺课，数学课就可以完全不听，数学也可以完全不学——这时的他就将时间用在了画画之上，画同学和教师的速写，画各种静物……

但是，究竟有多少学校和教师能够做到这样一点，即有如此开放的态度，并能给学生如此多的理解与包容?!

最后,由以下实例相信读者也可在这方面获得直接的启示,包括跳出已有的认识框架并从更大范围进行分析思考:

[例5] 教育的不同样态。

这是一位中国旅法人士对于法国教育的总体印象(邹凡凡,"相信世界与人的良善",周益民,《三十人行——给孩子的人文访谈录》,中国少年儿童出版社,2020,162—170):

"比起中国,法国小学的学习轻松极了。每个班级只有一位老师,除音乐、体育以外,所有科目都由这位老师来教,这就意味着所有科目都不会太深入。家庭作业少到令我惊慌的地步,很少出现不能在半个小时内全部完成的情况,通常只要十分钟。他们好像不怕输在起跑线上,却怕毁掉孩子的童年。

"不过以下三点的确给我留下了深刻的印象,而且是比较正面的印象。

"一是他们对阅读能力的培养……法国人认为阅读的重要性怎么高估都不过分……拥有阅读能力便拥有了终身学习的能力。

"二是他们对于思辨能力的培养……除了中学阶段广泛阅读哲学思辨类哲学读物外,更基本的教育从小学一、二年级就开始了。比如被命名为'哲学作坊'的课堂训练。

"三是无所不在的审美培养。法国之所以成为整个世界美的标杆,与这种培养密不可分。"

[例6] 中美教育的最大差异。

这是几位曾先后在中美两国任教的数学教师的共同体会(引自"中国数学教育的软肋:高中空转——冯祖鸣等访谈录",《数学教学》,2007年第11期):

"人到16岁开始成人,知道自己要有人生目标,优秀生开始思考未来,这是一个人成长、成型的关键时期。中国学生却在这两年天天复习高考。""美国的优秀学生不断向上攀升,中国学生做高考题。中国高中的'空转',在最容易吸收知识、开始思考人生的年龄段,束缚于考试。更令人心焦的是,许多顶尖的中学,对'空转'现象不觉得是问题。自我感觉良好。"

综上可见,我们在这方面应当说还有很长的路要走,还有很多问题需要我们认真地研究和解决!

1.4 数学的教育价值

这是我们在设立数学教育目标时必须重视的又一问题,即很好地处理"数学所能"与"社会所需"之间的关系。进而,这也可被看成数学教育基本矛盾的具体表现,即数学教育目标的设定既应很好地反映社会的需求,还应注意其是否可以被看成正确地反映了数学的主要功能或价值。为了促进这一方面的深入思考,我们在这一节中就将对数学的教育价值做出更全面的分析,由此我们不仅可以更清楚地认识数学的性质,也有利于我们更好地把握数学教育目标,特别是,我们应如何更好地发挥数学的文化价值与德育功能,还包括我们是否应当将实际应用看成数学的主要价值,以及我们又如何能够依据学生的具体情况和需要更有针对性地开展工作。

1. 数学与艺术

这是很多数学家普遍持有的一个观点,即认为相对于将数学看成一门科学,我们更应将此看成一门艺术。以下就是一些相关的论述:

"数学是所有人类活动中最完全自主的。它是最纯的艺术。"(J. Sullivan)

"数学是一门艺术,因为它创造了显示人类精神的纯思想的形式和模式。"(H. Fehr)

"我几乎更喜欢把数学看作艺术,然后才是科学,因为数学家的活动是不断创造的……数学的严格演绎推理在这里可以比作画家的绘画技巧。就如同不具备一定的技巧就成不了好画家一样,不具备一定准确程度的推理能力就成不了数学家……(但)这些都不是最主要的因素。还有一些远比上述条件难以捉摸的素质才是造就优秀艺术家或优秀数学家的条件,其中有一个共同的素质,那就是想象力。"(M. Bocher)

"数学是创造性的艺术,因为数学家创造了美好的新概念;数学是创造性的艺术,因为数学家像艺术家一样地生活,一样地工作,一样地思索;数学是创造性的艺术,因为数学家这样对待它。"(P. Holmos)

在此我们还可特别提及当代的一位数学家洛克哈特(Paul Lockhart):他不仅同样认定数学是最纯粹的艺术,还依据这一立场对现行的数学教育体制进行了激烈批判,更为实现自己的理想放弃大学的任职转而到基层学校担任了数学教师。以下就是这位数学家的相关论述:"事实上,没有什么像数学那样梦幻及富有诗意,那样激进、具破坏力和带有奇幻色彩……数学是最纯粹的艺术,同时也最容易受到误解。"(《一个数学家的叹息——如何让孩子好奇、想学习、走进美丽的数学世界》,上海社会科学院出版社,2019,第31页)

但是,我们究竟为什么可以或者说应当将数学看成一门艺术?显然,这主要是指两者具有共同的本质,即对于工作创造性质的突出强调,从而也就直接关系到了我们应当如何认识数学的本质,包括什么又可被看成数学学习的主要价值。

为此还可特别介绍我国著名美学家宗白华先生关于中国传统艺术精髓的分析,相信读者也可由此获得一定的启示。具体地说,按照宗白华先生的观点,这主要表现于传统艺术中对于"意境"的追求:"意境是'情'与'景'(意象)的结晶品。""在一个艺术表现里情和景交融互渗,因而发掘出最深的情,一层比一层更深的情,同时也透入了最深的景,一层比一层更晶莹的景:景中全是情,情具象而为景,因而涌现了一个独特的宇宙,崭新的意象。"后者即是指,由于这是主客体的一种交融,从而"为人类增加了丰富的想象,替世界开辟了新境"。

在宗白华先生看来,各种艺术都可以被看成人类精神的"具象化、肉身化",而非外部世界的简单写照。如果借用"道"这一术语,这也就是指,正是"灿烂的'艺'赋予'道'以形象和生命,'道'给予'艺'以深度和灵魂"。这更可被看成人们提升精神境界的一个重要途径和过程:"艺术的境界,既使心灵和宇宙净化,又使心灵和宇宙深化,使人在超脱的胸襟里体味到宇宙的深境。"(宗白华,《美从何处寻》,江苏教育出版社,2005,第63~65页,第72、77页)

宗白华先生并曾借助"实"和"虚"这样一个范畴对中国传统艺术的上述特

征做了进一步的分析:"由于'粹',由于去粗存精,艺术表现里有了'虚','洗尽尘滓,独存孤迥'。由于'全',才能做到孟子所说的'充实之谓美,充实而有光辉之谓大'。'虚'和'实'辩证的统一,才能完成艺术的表现,形成艺术的美。"在宗先生看来,这直接涉及了中西艺术的重要区别:"中、西画法所表现的'境界层'根本不同,一为写实的,一为虚灵的;一为物我对立的,一为物我浑融的。""只讲'全'而不顾'粹',这就是我们现在所说的自然主义;只讲'粹'而不能反映'全',那又容易走上抽象的形式主义的道路。"当然,西洋绘画也曾经历了由古典精神向近代精神的重要转变,"然而它们的宇宙观点仍是一贯的,即'人'与'物'、'心'与'境'的对立相视"。与此不同,"中国画所写近景一树一石也是虚灵的、表象的。中国画的透视法是提神太虚,从世外鸟瞰的立场观照全整的律动的大自然,他的空间立场是在时间中徘徊移动,游目周览,集合数层与多方的视点谱成一幅超象虚灵的诗情画境"。这并是中国艺术最后的理想和最高的成就:"以追光蹑影之笔,写通天尽人之怀。"(同前,第 112～119 页,第 112、114、80、75 页)①

那么,上述分析对于我们更好地理解数学的性质又有哪些启示?

在笔者看来,这主要涉及这样一个问题,即我们应当如何看待数学创造与现实世界之间的关系。具体地说,数学显然也不应被看成客观事物与现象在人们头脑中的直接反映(镜面反射),因为,即使就最简单的数学对象,如 1、2、3 或点、线、面而言,它们都不是现实世界中的真实存在,而只是抽象思维的产物。当然,后一方面的工作也有一个"外化"的过程,只是数学家们使用的不是声音、色彩、形象等艺术语言,而是借助抽象的语言符号实现了相应的"具象化"。进而,如果说中国传统艺术讲究的是意境,即对于现实世界的超越,那么,这同样也可被看成现代数学最重要的一个特征。对此例如由现代数学中对于形式的强调就可清楚地看出。(对此我们并将在 2.1 节中做出进一步的分

---

① 上面的论述主要引自宗白华先生 1936 年发表的一篇论文:"论中西画法的渊源与基础"。他的其他一些论著则可说提供了关于古希腊艺术更加完整、深入的分析。例如,发表于 1949 年的"希腊艺术家的艺术理论"一文就明确指出:"艺术有'形式'的结构,如数量的比例(建筑)、色彩的和谐(绘画)、音律的节奏(音乐),使平凡的现实超入美境。但这'形式'里面也同时深深地启示了精神的意义、生命的境界、心灵的幽韵。"(《美从何处寻》,同前,第 207 页)

析论述)

例如,尽管宗白华先生的以下分析是就艺术而言的,即认为对于"形式"在艺术研究中的作用可以区分出三个不同的层次,这对于数学研究应当说也是同样适用的:(1)"美的形式的组织,使一片自然或人生的内容自成一独立的有机体的形象,引动我们对它能有集中的注意、深入的体验。""美的对象之第一步需要间隔。"不难想到,这大致地就相当于数学中经常提到的"模式化",包括前面提到的"外化"。(2)"美的形式之积极的作用是组织、集合、配置。一言蔽之,是构图,使片景孤境能织成一内在自足的境界,无待于外而自成一意义丰满的小宇宙,启示着宇宙人生的更深一层的真实。"从数学的角度看,这就意味由各个孤立的"模式"向整体性"结构"的过渡。(3)"形式之最后与最深的作用,就是它不只是化实相为空灵,引人精神飞越,超入美境;而尤在它能进一步引人'由美入真',探入生命节奏的核心。世界上唯有最生动的艺术形式……最能表达人类不可言、不可状之心灵姿式与生命的律动。"(宗白华,《美从何处寻》,同前,第107~108页)

当然,无论就数学创造或是艺术创造而言,我们都不应将所说的"自由性"简单理解成"任意性"。恰恰相反,正如上述引言所清楚地表明的,我们应当很好地认识"人与物""心与境"之间的辩证关系,或者更恰当地说,主客观之间的关系。

再者,正如上述引言所已表明的,这事实上也可被看成数学与艺术之间又一重要的共同点,即美学在其中占据了重要地位,我们并可通过这一途径解决"主客观"之间的矛盾或冲突。应当指出的是,在不少人士看来,我们甚至还可对"数学美"的涵义做出客观的"定义",如认定这主要地可以被归结为"对称性""简单性""统一性"和"奇异性"。当然,在做出上述断言的同时,我们又应清楚地看到:"数学家们并非纯粹地为艺术而艺术,他们对于美的感受和追求往往以数学上的考虑作为直接背景或目的,这也就是说,他们所追求的是:在极度无序的对象(关系结构)中展现极度的对称性,在极度复杂的对象中揭示极度的简单性,在极度离散的对象中发现极度的统一性,在极度平凡的对象中认识极度的奇异性。"简言之,数学中对于美的追求具有重要的方法论意义,并集中反映了数学家的以下特性:"他们永不满足于已有的成果,总是希望更深刻、更全面地认识世界。也正因此，他们总是力图由已知推出未知，并希望能将复杂的东西简化，分散、零乱的东西予以统一，也总渴望能够开拓出新的研究领域……也正是在这样的过程中，数学家们感受到了数学的美，而这事实上也就是人们认识不断发展和深化的一个过程。”（详可见另著《数学方法论入门》，浙江教育出版社，1985，2006，第三章）

进而，这显然也可被看成著名数学家、科学家庞加莱以下论述的核心所在：“数学家们非常重视他们的方法和理论是否优美，这并非华而不实的作风，那么，到底是什么使我们感到一个解答、一个证明优美呢？那就是各个部分之间的和谐、对称，恰到好处的平衡。一句话，那就是井然有序，统一协调，从而使我们对整体以及细节都能有清楚的认识和理解，而这正是产生伟大成果的地方。事实上，我们越是能一目了然地看清这个整体，就越能清楚地意识到它和相邻的对象之间的类似，从而就越有机会猜出可能的推广。我们不习惯放在一起考虑的对象之间不期而遇所产生的美，使人有一种出乎意料的感觉，这也是富有成果的，因为它为我们揭示以前没有认识到的亲缘关系。甚至方法简单而问题复杂这种对比所产生的美感也是富有成果的，因为它使我们想到产生这种对比的原因，往往使我们看到真正的原因并非偶然，要在某个预料不到的规律中才能发现。”（《科学的价值》，同前，第 363 页）

最后，又如以下论述所清楚表明的，正是通过自己的研究数学家们深切地感受到了思维的力量、精神的力量，这是我们为什么应将数学看成一门艺术的主要原因：

“一个名副其实的科学家，尤其是数学家，他在他的工作中体验到与艺术家一样的印象，他的乐趣和艺术家的乐趣具有相同的性质，是同样伟大的东西。”

“数学……是一种活动，在这种活动中，人类精神似乎从外部世界所取走的东西最少，在这种活动中，人类精神起着作用，或者似乎只是自行起着作用和按照自己的意志起作用。”

“因为数学科学是人类精神从外部借取的东西最少的创造物之一，所以它就更加有用了……它充分向我们表明，当人类精神越来越摆脱外部世界的羁绊时，它能够创造出什么东西，因此它们就愈加充分地让我们在本质上了解人

类精神。”(庞加莱,《科学的价值》,同前,第374、367页)

显然,依据上述分析我们也可更好地理解洛克哈特的以下论述,而我们之所以对此予以特别的关注,则是因为这与数学教育有更加密切的联系,特别是,数学教师应向学生传递什么样的感受,我们又为什么应当反对对于数学实际应用的片面强调:

“这就是数学的外貌和感觉。数学家的艺术就像这样:对于我们想象的创造物提出简单而直接的问题,然后制作出令人满意又美丽的解释。没有其他事物能达到如此纯粹的概念世界;如此令人着迷、充满趣味……”

应让学生“有机会享受当一个有创造力、有灵活性、心胸开放的思想家——这是真正的数学教育可能提供的东西。……数学应该被当作艺术来教的。这些世俗上认为‘有用’的特点,是不重要的副产品,会自然而然地跟着产生”。

“所有这些‘改革’最悲哀的地方,是企图‘要让数学变有趣’和‘与孩子们的生活产生关联’,你不需要让数学变得有趣——它本来就远超过你了解的有趣!它的骄傲就在于与我们的生活完全无关。这就是为什么它是如此有趣。……我们不需要把问题绕来绕去的,让数学与生活产生关联。它和其他形式的艺术用同样的方式来与生活产生关联一样:成为有意义的人类经验。”

“无论如何,重点不在数学是否具有任何实用价值……我要说的是,我们不需要以这个为基础来证实它的正当性。我们谈的是一个完全天真及愉悦的人类心智商活动——与自己心智的对话。数学不需要乏味的勤奋或技术上的借口,它超越所有的世俗考量。数学的价值在于它好玩、有趣,并带给我们很大的欢乐。”

“教学是开放与诚实的,是能分享兴奋之情的能力,是对教学的热爱。没有这些,世界上所有的教育学位都不能帮助你。”

“如果你需要方法(指‘教学方法’——注),你可能就不会是非常好的老师。如果你对你的科目没有足够的感受,可以让你能用自己的话语,自然且直觉地说出来,那么你对这个科目的了解会有多深呢?”

学生为什么不喜欢数学?“原因就在于他们自己从来没有机会去发现或发明这类东西。他们从来都没有碰到一个让他们着迷的问题,可以让他们思考,可以让他们感受挫折，可以让他们思考，可以让他们燃起渴望，渴望有解决的技巧或方法。”

“重点在于我们制作了一件事物。我们制作了美妙、令人陶醉的事物，而且我们做得津津有味。有那么个火花闪烁的瞬间，我们掀起了面纱，瞥见了永恒的纯粹美丽。这难道不是极有价值的事物吗？人类最迷人和最富想象力的艺术类型，难道不值得让我们的孩子去接触吗？”

“如果你没有兴趣探索你自己个人的想象宇宙，没有兴趣去发现和尝试了解你的发现，那么你干吗称自己为数学教师？如果你和你的学科没有亲密的关系，如果它不能感动你，让你起鸡皮疙瘩，那你必须找其他的工作做。如果你喜欢和小孩相处，你真的想要当老师，那很好——但是去教那些对你真正有意义、你能说得出名堂的学科。”(《一个数学家的叹息——如何让孩子好奇、想学习、走进美丽的数学世界》，同前，第42～43页，第47～48页，第35、150、132、57、73、61、131页)

应当指出，这事实上也是宗白华先生在以下论述中要表达的东西，尽管他所直接论及的是艺术而非数学：“艺术的目的不是在实用，乃是在纯洁的精神的快乐……艺术的源泉是一种极强烈深浓的，不可遏止的情绪，挟着超越寻常的想象能力。这种由人性最深处发生的情感，刺激着那想象能力到不可思议的强度，引导着他直觉到普通理性所不能概括的境界，在这一刹那倾间产生的复杂的感想情绪的联络组织，便成了一个艺术创作的基础。”(宗白华，《美从何处寻》，同前，第284页)

综上可见，对于数学的价值我们不应唯一归结为实际应用，而应从更高层面做出进一步的分析。具体地说，尽管以下论述所直接论及的也只是“美学态度”，相信读者也可由此在这一方面获得直接的启示：第一种是以牟利为目的的功利欲念；第二种是以谋生为目的的器物功用；第三种是超越了前两种的以审美为目的的人生情怀。(朱光潜语)当然，就数学的教育价值而言，我们又应对此作出不同的解读，以下仍然借助与艺术的对比做出进一步的说明。

具体地说，无论是艺术或是数学，应当说都涉及“境”“意”和“形”这样三个不同的方面。正因为此，这就是我们应当防止的两种错误，即或是完全拘束于对自然的“模仿”或“刻画”，或是因过分强调形式而陷入形式主义的泥潭，即未能很好地实现对于单纯“技能”的超越。进一步说，艺术和数学又都同时涉及“景”“情”和“思”这样三个方面，这是我们如何能够超越专业走向“大道”的关键，即“情”和“思”的相互渗透与整合，特别是，我们既不应因为单纯强调“理性”而忽视了“人性”，也不应因为单纯强调个人情感而忽视了自己的社会责任，因为，“一切艺术虽是趋向……于美，然而它最深最后的基础仍是在于‘真’与‘诚’”。(宗白华，《美从何处寻》，同前，第211、337、121页)

最后，相信读者由宗白华先生关于“简”与“虚”之间关系的分析即可对上面的论述有更深刻的理解，对此我们应对照数学中的“抽象”和“超越”来进行分析：

“简者简于象，非简于意。”“中国画以黑墨写于白纸或绢，其精神在抽象……练则简。简则几乎华贵，为艺术之极则矣。”

“此虚无非真虚无，乃宇宙中浑沌之原理；亦即画图中所谓生动之气韵。……中国画最重空白处。空白处并非真空，乃灵气往来生命流动之处。”

“空而后能简，简而练，则理趣横溢，而脱略形迹。然此境不易到也，必画家人格高尚，秉性坚贞，不以世俗利害营于胸中，不以时代好尚惑其心志；乃能沉潜深入万物核心，得其理趣，胸怀洒落。”(《美从何处寻》，同前，第303～304页)

由此可见，我们的数学教学确应使学生在更高层次也有一定收获，特别是思维品质与精神气质的提升，包括正确的情感态度与价值观的养成。

2. 数学教育的文化价值

首先应当提及这样一个问题：什么是“文化”？尽管对此不存在某种为人们一致接受的解答或解释，但是，基于当前讨论的目的，我们将采取关于“文化”的这样一个“定义”：这是指由某种因素（职业、居住地域、民族等）联系起来的一个群体特有的生活态度、思想方法与价值观念。这也就是指，我们在此主要是针对由某种因素联系起来的特定群体进行分析的，并集中于其成员共有的生活态度、思想方法与价值观念。

“文化”还具有两个重要的特征：(1)所说的“态度、思想方法与价值观念”在大多数情况下都不是明文的规定，而且，即使是群体的成员对此也未必具有清醒的认识，但在他们的生活或工作的方方面面乃至举手投足之中都有明显表现，并可说十分自然，而不是刻意做作的结果。(2)无论是所说的生活工作习惯或行为方式，或是更深层次的态度、思想方法与价值观念，它们的养成主要都是潜移默化的结果，即是通过在相应共同体中的生活、工作不知不觉地形成的。“不识庐山真面貌，只缘身在此山中。”这是大多数成员为什么对此缺乏清醒的自我意识，从而自然也就缺乏自觉反思的主要原因。

也正因此，人们就常常采用比较的方法从事文化的研究，特别是，这十分有益于人们对于自身文化传统的清楚认识与自觉反思。当然，这方面的工作又应切实防止这样一种错误倾向，即对于某一方面持绝对肯定的态度，对另一方面则采取全盘否定的立场。与此相对照，我们应当努力提高自身在这一方面的自觉性，特别是，能通过对照比较清楚地认识自身传统的优缺点，并能很好地吸取不同传统的优点，包括通过有针对性的工作取得更大的进步。

例如，在笔者看来，这事实上就可被看成我们与英国同行进行交流的主要意义所在。

具体地说，以下就是 2017 年英方赴上海访问交流的领队黛比·摩根(Debbie Morgan)对经由这次访问得到的收获的一个概述：“英国从与上海的交流项目中学习到的有益经验，可以用‘掌握’一词来加以描绘和概括……在观察上海的数学课堂时，让我们印象特别深刻的是：似乎所有的学生对数学学习各个阶段的不同要求都有很好的掌握。没有学生被落下。这和英国的情况截然相反。”他们并对构成“‘为了掌握而教’的有效支持策略”进行了具体分析：“精心的教学设计、增强课程连贯性、优化教材使用、变式教学、开发‘动脑筋’(指‘拓展练习’——注)栏目、发展学生对数字事实的熟练程度等。”(“英中交流项目——一项旨在提升英国成就的策略”，《小学数学教师》，2017 年第 7～8 期)

显然，从我们的角度看，外国同行通过交流获得的收获主要都可被归属于“中国数学教学传统”的范围，即是我们天天都在做的事。正因为此，这就十分清楚地表明了以下做法的错误性，即我们不仅未能对自身的数学教学传统予以足够的重视，反而采取了全盘否定的立场，并认为我们应以西方为范例从事数学教育改革，从而就像是“捧着金饭碗要饭！”进而，这也清楚地表明了加强文化研究的重要性，特别是，我们应努力提高自己在这一方面的自觉性。

以下就转向“数学文化”的直接研究。依据前面的论述我们也可对“数学文化”做出如下的“定义”:这是指人们通过实际参与各种数学活动包括数学学习所形成的特殊的行为方式、思维方式与价值观念,尽管它们的形成主要是潜移默化的过程,但却仍然对于主体的生活或工作有一定影响,甚至体现于生活与工作的方方面面。

但是,数学学习难道真有这么大的影响吗？为什么我们中的大多数人对此都没有真切的感受？为了做出清楚的说明,以下就以数学教师作为对象做出具体分析。因为,后者显然具有多年学习数学的经历,更有不少已教了多年的数学,从而,如果在他们身上都看不到所说的影响,那么,所有关于“数学文化”的论述显然就都没有任何的说服力。对此我们将主要采取对照比较的方法,即通过与语文教师的比较来进行分析。

由以下实例可以看出,语文教师与数学教师具有完全不同的“行事风格”。

[例 7] 语文教师与数学教师的不同“行事风格”。

(1) 经常参加教师培训,此类活动常常是这样安排的:这一周是语文教师,下一周是数学教师。一次碰到安排住宿的老师,笔者随口问道:“数学老师和语文老师的味道是否一样?”尽管对方不是搞教育的,她的回答却十分肯定:“数学老师和语文老师的味道完全不一样!”这当然引起了笔者的兴趣:“怎么不一样?”这位老师回答道:“语文老师很难弄,非常个性化,每个老师的要求都不一样。有的说我神经衰弱,不能和别人睡一个房间,所以千万千万给我安排个单间;有的说我一定要住向阳的房间,因为看不见阳光我会情绪低落……数学老师则很简单,来了以后只有一句话:‘是不是大家都一样?’”

(2) 两者听报告时的反应也很不一样:语文老师容易激动,愿意鼓掌,甚至会站起来鼓掌,听到激动之处更恨不得冲上来和你拥抱……数学教师则往往静静地坐在那里,比较含蓄,不太愿意鼓掌,最多露出一点微笑:“这个人讲得还不错。”

(3) 有数学教育的专家,也有语文背景的专家,大家一起在深圳听课。一堂课下来语文背景的老师三次流下了热泪;但笔者的第一反应是:“我还没有搞清楚为什么要掉泪呢!”

还是在深圳，听语文教授作题为“什么是中国语义”的报告。可以设想：如果是数学教师，一定会对“中国语义”做出明确的定义。但中文教授的做法完全不同，他举了10个例子：“推敲不定之月下门”，“闭花羞月之少女貌”……很生动，很有味道，但例子说完就没有了。我说：“你还没给定义呢！”但这恰恰是语文教学的特有韵味：语文讲究的就是比喻，从而给人留下很大的想象空间；数学讲究的却是确定性、客观性、精确性……

当然，这方面的研究不应停留于纯粹的“趣闻逸事”，而应进一步去思考这对于我们究竟有什么启示，特别是，究竟什么可以被看成数学教育的文化价值？以下就对此做出进一步的分析。为此先来看这样一个实例：

［例8］ “教学中的‘错位’现象”。

读者可以具体地设想一下：如果数学课上出现了以下现象，你会有什么看法：

“教师先在黑板上画了一个大大的圆，然后问：看着这个圆你想到了什么？”

“学生们表现出了丰富的想象力：一轮红日；十五的月亮；这是世界上最美的图形；我爱死你了……”

你觉得这是否可以被看成一堂真正的数学课，还是更像一堂语文课？

再例如，教师在数学课上提了这样一个问题：“山上有5只狼，猎人开枪打死2只，还剩下几只？”

一个学生回答道：“一只也没有剩下，因为它们是一家子，猎人打死的是父母亲，这样三个小狼就一个也活不下去了。”

显然，这个学生也是将数学课误当成了语文课。

现实中当然也可看到相反的例子：

“我们正在学习《太阳》一课，就在我进行总结的时候，一只小手高高地举了起来。是铭——一个喜欢发言却又词不达意、经常会制造点麻烦的孩子……他结结巴巴地讲：‘老师，太阳不……不是圆的……’同学们一听，哈哈大笑起来，说：‘我们天天都看到太阳，太阳怎么可能不是圆的呢？’可是铭涨红了脸，固执地坚持：‘真的，太阳真的不是圆的。我从书上看来的。’……”

现在的问题是：上述现象为什么都应被看成“错位现象”？错位现象的存在又为我们提供了什么启示？

笔者的看法：尽管不存在明确的规定，但这确又可被看成人们的一项共识：数学课和语文课具有完全不同的“味道”和行为方式，或者说，具有不同的传统，代表了不同的文化。

那么，究竟什么是数学课特有的“数学味”，这与“语文味”究竟又有什么不同？以下就借助更多实例对此做出具体说明。

［例 9］ 一堂优秀的语文课：《珍珠鸟》。

这是语文特级教师窦桂梅老师演示的一堂语文课。她在教学中有意识地突出了课文中的这样一些关键词：小脑袋、小红嘴、小红爪子……，并要求学生在朗读时努力体现“娇小玲珑、十分怕人”这样一种意境（“读出味道来”），从而成功地创设了这样一种氛围：对于小珍珠鸟的关切、爱怜……孩子们甚至不知不觉地放低了声音，整个教室静悄悄的……

听课中笔者有这样一个感受：听一堂好的语文课真是一种享受！而且，即使对外行而言，多听几堂好的语文课也可大致地体会到什么是语文课特有的“语文味”。用专业的语言说，语文主要是一种“情知教学”：教师将教材中的情感因素充分地发掘出来，从而在课堂上营造了一种强烈的情感氛围，并使学生受到强烈的感染……

当然，语文课也应让学生学到一定的知识，这并是语文教学的特殊性所在：这主要是一种“情知教学”，即以情感带动知识的学习。例如，在所说的课例中，窦桂梅老师就不断要求学生用自己的语言（或一句成语）表达自己的感受，或是要求学生对若干想象的情景（不同于书上的情景）做出具体描述……

以下则是另外一些相关的论述：“语文天生多情，天生浪漫，语文教学……有其自身的文化韵味。”“让学生对文本生‘情’，用‘情’来理解文本……用‘情’来感染学生。”现在的问题是：对于数学教学我们是否也可做出同样的论断，或者说，我们是否也可用同样的方法从事数学教学？

显然，对于后一问题我们应做否定的回答。因为，如果说语文教学是一种以情感带动知识学习的“情知教学”，那么，数学教学就是相反的情况，即主要是“以知贻情”，所涉及的情感也应说截然不同：我们所希望的是通过数学教学在学生中培养出一种新的情感。

具体地说，语文教学中所涉及的主要是人类最基本的一些情感：人世间的爱恨和冷暖，生命的短暂和崇高，社会历史进程中的神奇和悲欢……这也就是指，正如种种文学作品，其中首先吸引你的不是相应的语言表达形式，而是文字中的精神滋养，包括对大自然的关爱，对弱小的同情，对未来的希冀，对黑暗的恐惧，等等。与此相对照，我们在数学课上所希望学生养成的则是一种新的精神：它并非与生俱来，而是一种后天养成的理性精神；一种新的认识方式，即客观的研究；一种新的追求，即超越现象认识隐藏于背后的本质（是什么，为什么）；一种不同的美感，即数学美（罗素形容为“冷而严肃的美”）……

语文教学与数学教学还可说具有不同的风格：好的语文课往往充满激情，数学教学则更加提倡冷静的理性分析；语文教学往往具有鲜明的个性化倾向，数学则更加注重普遍性的知识，数学教学并必定包含“去情景、去个性和去时间”。

由以下实例读者即可对此有更好的了解，包括什么又可被看成另一种“错位”：

［例 10］　“刻骨铭心的国耻”（张小香）。

这是一堂语文课。教师组织教学时声情并茂，很有感染力，很快就将学生置于“南京大屠杀”的情境，学生整堂课都沉浸在悲情的氛围之中，有的朗读时声音颤抖哽咽，有的热泪盈眶，有的咬牙切齿……课堂气氛低沉而压抑，几乎让人窒息，教师自己也身陷其中，难以自拔：“同学们，此时此刻，我话已经说不出来了。”以致课堂出现了短时间的停滞……学生异常激动地高呼：“我要好好学习，将来制造出更先进的武器，我要替死去的 30 万中国人报仇。”……

［例 11］　买花与培养对母亲的感情。

这是新一轮课程改革开始阶段一位专家关于数学教育目标特别是所谓的

“三维目标”的具体解读:“讲到促进学生的情感、态度和价值观的发展,很多老师认为是很空泛的。有这样一个例子,讲的是去花店买花的问题:我要给妈妈买一束花,该怎么买?从表面上看,这里是教学加减运算的问题,这是一种知识和技能。但这里面还隐含着另一层含义:给妈妈买一束花,送她作生日礼物,通过学生的讨论交流,引发了对母亲的一种敬爱的感情,这就是课程标准所倡导的情感、态度和价值观。”

培养对母亲的敬爱感情当然没错,但如果将此看成数学教育的主要目标之一,显然只是对数学教育目标的一种误读。

正如前面所指出的,数学教学当然也与情感密切相关,甚至还可说同样涉及人的本性。但这又是一种不同的天性,即人类固有的好奇心、上进心:一种希望揭示世界最深刻奥秘的强烈情感。这也就如苏霍姆林斯基所指出的:“在人的心灵深处都有一种根深蒂固的需要,这就是希望感到自己是一个发现者、研究者、探索者,而儿童的精神世界里,这种需要特别强烈。”

在此还可特别引用著名科学家牛顿的以下论述,因为,这即可被看成为所说的“童心”提供了具体说明:“我不知道世人怎样看我,我只是一个在海滩上玩耍的男孩,一会儿找到一颗特别光滑的卵石,一会儿找到一只异常美丽的贝壳,就这样使自己娱乐消遣。”由此可见,这就是数学教育工作者应当切实避免的一个现象,即因为不恰当的教学使学生的童心泯灭。恰恰相反,对此我们不仅应当很好地加以保护,还应使之得到一定的发展或提升。

这是所说的“发展或提升”的主要涵义:除去已提到的目标,我们还应通过数学教学包括学生的数学学习使他们体会到一种新的、更深层次的快乐,即由智力满足带来的快乐,成功的快乐;一种新的情感,即超越世俗的平和;一种新的性格,即善于独立思考,不怕失败,勇于坚持……

也正因此,这就可被看成一种更深层次的“错位”,即完全忽视了数学教学的特殊性,而只是满足于从一般角度进行分析:

[例 12] “工厂要建造污水处理系统吗?”

这是一堂数学课,教师在教学中专门安排了“学生辩论”这样一个环节:通过明确正、反方观点，让学生通过抽签进行分组辩论，包括陈述观点和依据，以及对对方的观点进行批驳，等等。

以下则是相关教师的总结："在上课的过程中，我感受到绝大多数学生的情感都非常投入。对于辩论这种教学形式，学生比较感兴趣。应该说，在这节课中，多数学生情感参与的程度比较高，有着积极的情感体验。"

但这恰是笔者在此的主要关注：数学课上的辩论相对于一般辩论（如大学生辩论赛）是否有一定的特殊性，或者说，尽管各种辩论都有益于调动学生的参与积极性，有益于培养学生合作与交流，包括从多个角度、多个方面考虑问题的习惯与能力……但是，数学课上的辩论是否也有一些不同的特点?

具体地说，这正是数学辩论（以及数学思维）与一般辩论（一般思维）的重要区别：数学课上我们往往是首先寻找理由（包括正反两方面的理由），然后再决定自己应当采取的立场，即主要是一种理性的选择（正因为此，数学中就很少甚至从不通过辩论解决分歧）。与此相对照，在各种辩论赛中人们则往往是首先决定立场，然后再去寻找相关的理由，从而，辩论在此所发挥的就主要是修辞（劝说）的作用，人们甚至更可能以情感完全取代理性的分析。

应当指明，除去对形式的片面追求，特别是，"表面上热热闹闹，实质上却没有收获"，我们还应进一步去思考：一般性辩论是否也有一定的局限性，甚至是副作用？什么又是数学教学应当追求的境界？相信读者由以下实例即可在这方面获得一定的启示：

［例 13］ 由亲子对话引发的思考。

与儿子一起听电台的辩论节目，双方唇枪舌战，斗争激烈。我问儿子："如果让你辩论，你愿意作正方还是反方?"儿子说："我们学校也有这样的辩论。正方反方都是抽签的，抽到哪一方就得替哪一方辩论。观点不重要，重要的是会说，把对方驳倒你就赢了。"

我问他："那如果你抽到你反对的观点呢？你自己都说不服自己，怎样去说服别人……"

儿子说："如果非要我选择跟自己观点不同的辩方，那我就不参加。"

"可是你刚才说了，这是一场比赛，目的就是要击败对手，跟观点没关系。你弃权表示你已经输了。"

儿子问我："妈妈，那你是想我做个聪明的人呢，还是做个善良的人？"儿子丢了个问题给我。

我陷入了思索中，是啊，如果你为之辩论的观点让你反感、不屑，你是颠倒黑白打倒对方证明自己有多聪明呢？还是坚持自己的原则，做个诚实善良的人？你是决定做个识时务的聪明人指鹿为马？还是做个坚持原则、真诚善良的人独立在风口浪尖？也许成年人都难以明白的道理，孩子却清晰如明镜：人可以不聪明，但不可以不善良。

具体地说，这显然也是数学教育应当发挥的一个重要作用，即帮助学生逐步养成这样一种品格：敢于坚持真理，而不应轻易放弃自己观点。由以下论述可以看出，即使是小学数学教学也可在这方面发挥重要的作用：

［例 14］ 小学生的信念。

"我们所处的时代的一个主要特点是确定性的丧失，它几乎影响到人类经验的所有方面：政治、宗教、经济、艺术、对科学的理解及文明自身的前景。世界上许多国家，不管是工业化国家还是发展中国家，其社会和家庭生活模式的重新调整都会给儿童和成人留下比任何前辈更广泛的不可靠感和不确定感。对许多孩子来说，学校象征着一种在别处找不到的稳定。然而从中小学课程中，儿童认识到他们所做的大多数事情是凭个人见解来判断的，文章的质量、绘画质量或外语发音的好坏都是如此。甚至明显是以事实为基础的学科，如历史，也只得不予以深究地加以接受。只有在数学中可验证其确定性。告诉一个小学生第二次世界大战持续了10年，他会相信；告诉他两个4的和为10，就会引起争论了。孩子们借助于已有的数学能力，能知道什么是对的，什么是错的，同时还能自己验证，即使有时并没有要求他们这样做。"（ICMI研究丛书之一：《国际展望：九十年代的数学教育》，上海教育出版社，1990，第79页）

以下再针对现实情况对我们应当如何更好地发挥数学的文化价值做出进

一步的分析。

具体地说，上述关于数学文化价值的分析显然有助于我们对数学教育目标的深入认识，特别是，我们为什么应当特别重视帮助学生通过数学学习逐步地学会理性思维，并能由理性思维逐步走向理性精神，即成为真正的理性人。

这事实上也可被看成著名数学史学家克莱因(Morris Kline, 1908—1992)以下论述的核心所在："数学是一种精神，一种理性的精神。正是这种精神，激发、促进、鼓舞并驱使人类的思维得以运用到最完善的程度，亦正是这种精神，试图决定性地影响人类的物质、道德和社会生活；试图回答有关人类自身存在提出的问题；努力去理解和控制自然；尽力去探求和确立已经获得知识的最深刻的和最完美的内涵。"(M. Kline, *Mathematics in Western Culture*, George Allen and Uuwin Ltd., 1954，前言)

由历史回顾我们即可对此有更深刻的认识。

具体地说，在此可首先提及所谓的"毕达哥拉斯-柏拉图传统"，因为，这即可被看成"数学理性"的集中体现，更在西方文明的形成过程中发挥了特别重要的作用："到15世纪……毕达哥拉斯-柏拉图强调数量关系作为现实精髓的思想逐渐占据了统治地位。哥白尼、开普勒、伽利略、笛卡儿、惠更斯和牛顿实质上在这方面都是毕达哥拉斯主义者，并且在他们的著作中确立了这样的原则：科学工作的最终目标是确立定量的数学上的规律。"(克莱因，《古今数学思想》，第一册，上海科学技术出版社，1981，第251页)

再者，这也应被看成所说的传统十分重要的又一涵义：我们对于自然界的研究应是精确的、定量的，而不应是含糊的、直觉的。这是近代自然科学得以形成的一个重要条件："近代科学的历史，……就是将关于光、声、力、化学过程以及其他概念的模糊思想化归成数及量性关系的历史。"[克莱因，《西方文化中的数学》，九章出版社(中国台湾)，1995，第511页]在很多学者看来，这也清楚地表明了数学对于人们认识活动乃至理性精神形成的重要作用："自然科学具有最高度的理性，因为它是受纯数学的指导的，它是通过归纳的数学的研究而获得的结果。难道这不应成为一切真正知识的楷模吗？难道知识，如果它想成为超出自然领域之外的真正知识的话，不应以数学为楷模吗？……当然，直接从伽利略起的理论和实践的重大成功在此起了作用。从而，世界和哲学呈现出全新的面貌:世界本身必须是理性的世界,这种理性是在数学的自然中所获得的新的意义上的理性;相应地,哲学,即关于世界的普遍的科学,也必须被建筑成一种‘几何式的’统一的理性的理论。”(胡塞尔,《欧洲科学危机和超验现象学》,同前,第72页)

正如前面所提及的,我们在此还应清楚地看到这样一点:“多亏了数学,人们才能有些可以确信的东西”;“数学已经给人类带来了无可估量的心理上的满足,我们不再害怕疯狂的上帝与我们人类开冷酷无情的玩笑了”。

应当强调的是,“理性精神”又不仅涉及我们对于客观世界的认识,也与人类对于自身的认识密切相关,包括我们如何能将自身的认识能力发挥到极致。以下就是一些相关的论述:

“数学……是一种活动,在这种活动中,人类精神似乎从外部世界所取走的东西最少,在这种活动中,人类精神起着作用,或者似乎只是自行起着作用和按照自己的意志起作用。”“(正)因为数学科学是人类精神从外部借取的东西最少的创造物之一,所以它就更加有用了……它充分向我们表明,当人类精神越来越摆脱外部世界的羁绊时,它能够创造出什么东西,因此它们就愈加充分地让我们在本质上了解人类精神。”(彭加勒,《科学的价值》,同前,第374、367页)

这并是这方面特别重要的一个事实:“当数学越是退到抽象思想的更加极端区域时,它就越是在分析具体事实方面相应地获得脚踏实地的重要成长。没有比这事实更令人难忘的了。”(怀德海语。载J. Kapur主编,《数学家谈数学本质》,北京大学出版社,1989,第209页)在笔者看来,这为数学何以能在现代的自然科学研究中起到越来越大的作用提供了直接解释,即后者并不局限于“由定量到定性”这一思想的应用,还包括这样一点:正是数学为科学创造提供了必要的概念工具。“对于一个物理学家来说,数学不仅是可以用来计算现象的工具,而且是可以创造新理论的那些概念和原则的主要源泉……一个物理学家必须借助于数学来建立他的理论,因为,数学使他能比有条理的思考想象出更多的东西。”(戴森,“自然科学哲学问题丛刊”,1982年第1期,第61页)

就我们当前的论题而言,这显然也就十分清楚地表明了数学对于提高人们认识能力乃至思想解放的重要作用:“从历史上看,数学大大促进了人类思想的解放,提高与丰富了人的精神水平。数学促进人类思想解放有两个阶段,第一阶段从数学开始成为一门科学到 18 世纪中叶,在这个时期中,数学帮助人类从宗教和迷信的束缚中解放出来,从物质上、精神上进入了现代世界。第二阶段从 18 世纪末到近代,这个时期数学最突出的事件是非欧几何的发展与关于无限的研究,这些成果后来成为相对论与量子力学的数学基础。这是人类思想的一个大的解放,提高与丰富了人的精神水平。每一次新的划时代的创造成果与新的重要数学分支的出现,都大大地促进了人类思想的解放,提高与丰富了人的精神水平。""数学把理性思维发挥得淋漓尽致……数学是向两个方向生长的,一个研究宇宙规律,另一是研究自己。探索宇宙,也研究自己——所达到的理性思维的深度,从逻辑性和理性思维的角度讲,是任何其他学科所不及的。数学提供了一种思维的方法与模式,不仅仅是认识世界的工具,而实际上成为一种思维合理性的重要标准,成为一种理念、一种精神。"(郑隆炘等,"论齐民友的数学观与数学教育观",《数学教育学报》,2014 年第 4 期,第 8 页)

最后,应当强调的是,我们应将自觉反思看成"理性精神"又一重要的涵义。例如,正如前面所提及的,我们不仅应当清楚认识数学对于人类文明发展的积极作用,也应对其可能的消极作用做出自觉反思,即"数学的恶"。

正如前面所提及的,我们并应清楚认识"学会反思"对于现代人的特殊重要性:"当一个人给自己暂停一下的时候,他就重新开始了。你开始反思,你开始重新思考你的假设前提,你开始以一种新的角度重新设想什么是可能做到的,而且,最重要的是,你内心开始与你内心深处最坚定的信仰重新建立联系……"(弗里德曼,《谢谢你迟到——以慢制胜,破题未来格局》,同前,第 115 页)

又由于"理性精神"的缺失即可被看成中国文化传统的一个明显不足,因此,我们就应将学生理性精神的培养看成中国数学教育工作者的一项重要社会责任,这更直接关系到了我们国家的未来,因为,"历史已经证明,而且将继续证明,一个没有相当发达的数学的文化是注定要衰落的,一个不掌握数学作为一种文化的民族也是注定要衰落的"。(齐民友,《数学与文化》,湖南教育出版社,1991,第 12～13 页)

3. 数学:不可思议的有效性?

上面的讨论已经直接涉及了数学的应用,在笔者看来,这是我们在这方面应当坚持的基本立场:我们既不应片面强调数学的应用价值,特别是将此看成数学学习的主要意义,也应明确反对这样一种观点,即将数学的应用看成完全无足轻重,我们还应对数学何以能在现实中得到广泛应用做出更加深入的分析。

具体地说,我们在此所关注的当然不是数学在日常生活中的简单应用,对此我们事实上也无需做任何强调,因为,学生由实际生活即可对此有清楚认识。与此相对照,我们所关注的应是数学在自然科学与其他学科中的应用,特别是,所谓"数学的不可思议的有效性",即作为"思维的自由想象与创造"的数学为什么能在自然科学的研究中获得成功应用,还包括这样一个令人难以理解的事实:"当数学越是退到抽象思想的更加极端区域时,它就越是在分析具体事实方面相应地获得脚踏实地的重要成长。……它导致了这样的悖论,最极端的抽象是我们用以控制具体事实的思想的正式武器。"(怀特海语)这也就如爱因斯坦所指出的:"在这里,有一个历来都激起探索者兴趣的谜。数学既然是一种同经验无关的人类思维的产物,它怎么能够这样美妙地适合实在的客体呢?那么,是不是不要经验而只靠思维,人类的理性就能够推测到实在事物的性质呢?"(《爱因斯坦文集》,第一卷,同前,第136页)当然,数学现已超出自然科学,在社会科学等领域中也获得了广泛应用,从而就进一步凸显了对于数学的可应用性做出深入分析的必要性。

从历史的角度看,面对上述问题曾有过多种不同的解答。例如,古希腊的毕达哥拉斯学派就认定数量关系是现实的本质,从而,对于数学在各方面的应用就根本无需做出任何的解释。另外,按照康德的观点,数学可以被看成人类理性本能的集中表现:借此人类赋予自然以法则。但是,由于这些观点显然都含有唯心主义与先验论的成分,从而就不能被看成对于上述问题提供了令人满意的解答。

与此相对照,笔者以为,"数学的语言观"可被看成为此提供了合理解释,后者即是指,数学一个主要的功能就是为人们的认识特别是科学的认识活动提供了必要的语言,或者说,必要的概念框架。这事实上也是不少自然科学家特别是理论物理学家明确强调的一个观点。例如,著名物理学家玻尔(Niels Henrik David Bohr, 1885—1962)就曾指出:"数学不应该被看成以经验的积累为基础的一种特殊的知识分支,而应该被看成是普通语言的一种精确化,这种精确化给普通语言补充了适当的工具来表示一些关系,对这些关系来说普通字句是不精确的或过于纠缠的。严格说来,量子力学和量子电动力学的数学形式系统,只不过给推导关于观测的预测结果提供了计算法则。"(《原子物理学和人类知识论文续篇》,商务印书馆,1978,第73页)类似地,狄拉克(Paul A. M. Dirac, 1902—1984)也曾指出:"数学是特别适合于处理任何种类的抽象概念的工具,在这个领域内,它的力量是没有限制的。正因为这个缘故,关于新物理学的书如果不是纯粹描述实验工作的,就必须基本上是数学性的。"(《量子力学基础》,科学出版社,第Ⅴ页)再者,前面所引用的爱因斯坦的论述显然也可被看成为此提供了清楚的解释:"人们总想以最适当的方式来画出一幅简化的和易领悟的世界图像;于是他就试图用他的这种世界体系来代替经验的世界,并来征服它。这就是画家、诗人、思辨哲学家和自然科学家所做的……理论物理学家的世界图像在所有这些可能的图像中占有什么地位呢?它在描述各种关系时要求尽可能达到最高标准的严格精确性。这样的标准只有用数学语言才能做到。"(《爱因斯坦文集》,第一卷,同前,第101页)

更一般地说,这事实上也可被看成人类认识最重要的一个性质:这并非纯粹被动意义上的反映,恰恰相反,主体在其中也发挥了重要作用,因为,任何新的认识都离不开主体已有的知识和经验,任何深入的认识更必须借助一定的概念框架;又由于自然科学的研究在精确性与严密性等方面具有严格的要求,因此,数学在自然科学特别是理论科学中的应用就不可避免了。还应强调的是,由于数学是逻辑地展开的,特别是,现代数学的研究对象"不仅是已给出的,而且也是可能的量的关系和形式"(亚历山大洛夫语),或者说,各种"假设-演绎系统"(2.1节),从而就为人们"自由地"提出各种可能的假设包括概念创造提供了必要的工具。

事实上,自然科学中任何重大的理论发展,诸如爱因斯坦相对论对于牛顿力学的取代,或是量子力学的发展,都可被看成是用一种新的概念体系取代了原来的理论框架。进而,正如爱因斯坦所指出的,就现代的理论研究而言,又是数学发挥了特别重要的作用,因为,此时"逻辑基础愈来愈远离经验事实,而且我们从根本基础通向相关联的导出命题的思想路线,也不断变得愈来愈艰难,愈来愈漫长了"。正因为此,"理论科学家在探索理论时,就不得不愈来愈听从纯粹数学的、形式的考虑",这也就是指,"我们能够用纯粹数学的构造来发现概念以及把这些概念联系起来的定律,这些概念和定律是理解自然现象的钥匙"。(《爱因斯坦文集》,第一卷,同前,第372、262、316页)例如,正是数学中的波函数为描述微观粒子的状态提供了必要的概念工具;另外,量子力学的基本特征就是用几率的概念取代了原来的确定性概念;再者,由经典力学到相对论的发展则就可以被看成用"四维空间"的概念取代了牛顿的"绝对时空"与"绝对同时性"。

由此可见,没有数学就不可能有自然科学的现代发展。这也就如庞加莱所指出的:"其主要对象是研究这些空虚框架的数学分析是精神的空洞游戏吗?它给予物理学家的只不过是方便的语言,这难道不是平庸的贡献吗——严格地讲,没有这种贡献,也能够做到这样一点?甚至人们无须担心这种人为的语言可能成为设置在实在和物理学家眼睛之间的屏障吗?远非如此!没有这种语言,事物的大多数密切的类似对我们来说将会是永远地未知的。而且,我们将永远不了解世界的内在和谐。"(《科学的价值》,同前,第190页)

进而,就目前的论题而言,这显然也就更清楚地表明了这样一点:我们应将数学看成一种语言,这为数学何以能在自然科学与其他方面获得广泛应用提供了直接解释。当然,我们不应认为在数学与客观世界之间存在某种绝对的、先天的和谐,或是将数学看成人们认识活动唯一可能的语言。恰恰相反,在明确肯定数学应用价值的同时,我们也应清楚地看到这种应用的"相对性"。这也就如著名数学史学家克莱因所指出的,"就抽象的数学定理及其应用的关系而言,有一点必须牢记在心,即数学定理所论及的只是理想的情况,而它们所应用的物理环境却可能与此相差甚远,……从而,数学定理的应用就可能包含一定的误差"。这也就是指,数学的应用常常只是一种近似的应用,即必定包含一定的抽象。进而,所说的应用又往往包含尝试和调整的过程,而非一次性的成功,即主要是后天努力的结果。再者,作为人类整体文化的有机组成成分,在数学与其他自然科学之间也始终存在密切的联系,更可说是在相互联系、互相促进之中得到了共同的发展，而又正是人类的实践为此提供了必要的检验与促进因素。总之，在此我们所看到的是一种“被建立的和谐性”。（皮亚杰语）

最后，依据上述分析我们显然也可更清楚地认识到这样一点：数学的可应用性在很大程度上是由数学特别是数学思维的基本性质直接决定的，因此，我们就不应采取一种“舍本就末”的态度，即将数学的应用看成调动学生学习数学积极性的唯一要素。

另外，尽管以下论述有一定的道理，即我们应当“进一步加强综合与实践”：“综合与实践领域的教学活动，以解决实际问题为重点，以跨学科主题学习为主，以真实问题为载体，适当采取主题活动或项目学习的方式呈现。”（中国人民共和国教育部，《义务教育数学课程标准（2022 年版）》，同前，第 87～88 页）但是，我们在此又应清楚地看到这样一点：由于数学在其他学科或实践领域中的应用要求较高的数学素养，因此，从基础教育的角度看，我们就应更加注重专业的学习，对于“跨学科主题学习”等则只能适当地加以提倡，而不应将此看成主要的努力方向。事实上，学生经由物理、化学等学科的学习必然会对学好数学的重要性有清楚的认识，从而，在此真正需要的就是适当的强调，从而使之真正成为学生的自觉认识。

4. 数学的德育功能

以下再通过与“禅”的对照比较对数学的德育功能做出分析，即数学对于人们情感、态度与价值观的培养所可能产生的积极影响。

在此并可特别提及郭华教授的这样一个论述，因为，这不仅与当前的论题密切相关，更对我们如何能够跳出狭隘的专业视角，并从更广泛的角度进行分析思考也有重要的启示意义：“教学是培养人的社会活动，要以人的成长为旨归。人的所有活动都内隐着‘价值与评价’，教学活动也不例外。深度教学将教学的‘价值与评价’自觉化、明朗化，自觉帮助学生形成正确的价值观，形成有助于学生自觉发展的核心素养，自觉引导学生能够有根据地评判所遭遇到的人、事与活动。”（“深度学习的五个特征”，《人民教育》，2019 年第 6 期）

还应强调的是，这里所说的“禅”（“禅学”），不是宗教中的“禅宗”，而是指这样一种一般性的主张，即人如何能够通过自我修养达到心灵的平和与宁静。

由于社会发展的速度不断加快，现代人越来越广泛、越来越深地陷入到了焦虑和不安之中："忙乱的现代生活对于人的品质是有损害的，使人难以昂首阔步从容如云水地走向自己的道路。"（林清玄，《心的菩提》，河北教育出版社，2007，第223页）因此，对于"禅"的适度倡导也就有一定的现实意义。

另外，我们之所以要将"数学教育"与"禅"联系在一起，则是因为它们有一个重要的共同点，就是对"智慧"的强调。例如，按照诸多禅学家的观点，心灵的平和与宁静正是"大智慧"的表现，后者更可被看成"行菩萨道"六法中的最高境界。与此相对照，正如前面所指出的，这也可被看成数学教育最重要的一个功能，即有益于人们智慧的提升，让人变得更加聪明。

以下再联系辩证思维的重要性对此做出进一步的分析。

具体地说，正如人们广泛认识到了的，辩证思维对于我们更好地从事工作和生活具有十分重要的意义。例如，如果说这可被看成"创造人格"最基本的涵义，即开放、自信、灵活、专注、合作、独立思考（郑富芝语），那么，依据辩证分析我们即可获得更深刻的认识：上述六种品格事实上可以被归结为这样三个范畴，而它们的共同关键就在于我们如何能够很好地处理对立面之间的关系，即如何能在开放与自信、灵活与专注、合作与独立思考之间实现适度的平衡。

另外，从同一角度我们也可更好地认识数学的本质或特性。对此我们可借助著名作家林清玄先生的以下论述做出更加形象的表述，尽管后者所直接论及的只是自然的声音，而非数学本身："它是那样自由，却又有结构的秩序；它是那样无为，却又充满了生命的活力；它是那样单纯，却有着细腻的变化。"当然，并非所有人都能有这样的认识，而这事实上也就是"禅学"大力推崇的一个境界：我们不应永远"在对立的影子以及影子所形成的影子中生活"，而应超越对立进入一个更高的境界：一个"光明的、和谐的、圆融的、无分别的世界……使……人可以无执、任运、无碍自在、本来无一物，甚至无所住而生其心。"（林清玄，《心的菩提》，同前，第47、128页）

当然，在数学教育与"禅"之间也有重要的区别。按照禅学，所谓"提智"主要是一个开悟的过程，即"真心"的回归。例如，这正是诸多禅学家何以特别强调"认识自我，回归自我，反观自我，主掌自我"的主要原因。（林清玄，《心的菩提》，同前，第133页）与此不同，数学教育所强调的则是我们如何能够通过数学知识与技能的学习逐步地学会思维，包括由理性思维逐步走向理性精神，也正因此，数学教学就具有很强的方法论色彩，更应被归属于“理性”的范围。

由以下论述我们或许可更好地理解数学教育与“禅学”之间的区别：这是一位中学教师的“课堂语录”：“学好数学买菜可能用不上，但是它决定着你将来在哪里买菜。”（张道玉语）以下则是笔者的发挥：“学好哲学（包括“修禅”）可能决定不了你将来在哪里买菜，但会影响到你以一种什么样的心态去买菜。”

尽管存在上述差异，但在笔者看来，由禅学的相关论述我们仍可获得关于如何做好数学教育的有益启示，特别是，我们应当如何理解并很好地发挥数学教育的德育功能，从而更好地落实“立德树人”这一教育的根本目标。

但是，我们为什么又要特别强调数学教育的德育功能呢？因为，与语文等学科相比，数学的德育功能应当说更加间接、细微，而且，如果缺乏自觉性的话，就很可能在这方面陷入一定误区，对此例如不同学科在一般民众中的“心理形象”就可清楚地看出：如果说“文学巨匠”常常会给人以“飘逸潇洒”的印象，人们却往往会将“数学天才”看成“怪人”（对此不应等同于“疯子”）。由此可见，数学的德育功能就应被看成数学教育的一个短板，从而也就应当引起我们的特别重视，特别是，决不应因为强调了方法的分析与学习以及理性精神的培养，却忽视了还应从更高层面认识数学教育所应承担的责任，即如何能够更好地落实“立德树人”这一重要使命。

应当指出的是，后者事实上也是各种知识和技能的学习容易出现的一个通病：“虽然知识丰富，却反而为知识而受苦，被种种知识扯来扯去，忽左忽右，像漩涡一样旋转，于是陷入一种紧张而焦躁的状态，生活充满无谓的苦恼，……无论用任何知识，都不能凭着知识得到安身立命。”而这事实上也是“禅学”的一个基本主张：“真实的智慧是来自平常的生活”；“我们要求最高的境界，只有从自己的生活、自己的周遭来承担来觉悟才有可能”。（林清玄，《心的菩提》，同前，第127、143、196页）由此可见，我们就应将德育教育很好地贯穿、落实于日常的数学教学工作，而关键就在于切实提高自身在这一方面的自觉性。

以下就提出关于应当如何很好地发挥数学德育功能的一些具体建议，相关分析直接奠基于数学教学基本性质与主要特征的分析，即集中于什么是数学教学在这一方面所能够而且应当发挥的作用。

第一，帮助学生养成平和的心态。

按照禅学，“要提升我们对生活的观照与慧解，重要的不是去改变生活的内容，而是改造心灵与外物的对应”。这也就是指，“悟道者与一般人……过的是一样的生活”，只是“对环境的观照已经完全不一样，他能随时取得与环境的和谐，不论是秋锦的园地或瓦砾堆中都能创造泰然自若的境界”。如果我们能“以一种平坦的怀抱来生活，来观照，那生命的一切烦恼与忧伤自然灭去了”。（林清玄，《心的菩提》，同前，第187、215、92页）

当然，这不是指我们应对生活采取纯粹的消极态度，“而是要及早在心理留下一个自我的空间，也不意味着不要在人生里成功，而是要在成功时淡然，在失败时坦然”。（林清玄，《心的菩提》，同前，第77页）

显然，这对数学教学也有很强的指导意义，因为，后者正是“应试教育”“题海战术”的重灾区，从而就特别需要我们保持平和的心态，很好地做到“淡然”和“坦然”，而不应对各种考试抱有很强的得失心。

应当再次强调的是，这不是指我们在学习上可以采取纯粹的消极态度。恰恰相反，“放弃今日就没有来日，不惜今生就没有来生”，因此，我们就应切实地做好“活在当下”！（林清玄，《情的菩提》，河北教育出版社，2007，第54页）我们还应清楚地认识到这样一点：即使失败也有失败的作用，因为，只有通过失败与痛苦，我们才能获得更深刻的认识，包括这样一种人生感悟：“快乐固然是热闹温暖，悲伤则是更深刻的宁静、优美，而值得深思。”（林清玄，《心的菩提》，同前，第74页）当然，我们又应认真地去思考什么是数学学习的主要价值，从而就可真正做到以“平常心”去对待考试。

在笔者看来，这很可能也就是诸多数学家何以特别强调这样一点的主要原因，即数学十分有益于人们对于“世俗”的超越。当然，这也是“禅学”特别强调的一点：“自由自在、单纯朴素、身心柔和、流动无滞。”（林清玄，《心的菩提》，同前，第222页）

进而，从同一角度我们显然也可更好地认识到这样一点，即教学中不应过分强调数学的应用，而应更加注重通过数学学习促进人们思维的发展与理性精神的养成，包括我们如何又能够通过这一途径帮助学生逐步养成适当的心态。

例如，笔者以为，这事实上也可被看成以下论述的核心所在："无用之用，无为之为，有时更契合人的内在发展规律。只要路子走对，虽然慢，总会出效。"（胡亨康，《评课：对话的艺术》，福建人民出版社，2020，第 80 页）希望读者并能由以下论述对于数学教育在这一方面的作用有更好的认识：我们应"以明朗清澈的心情来照见这个无边的复杂世界，在一切的优美、败坏、清明、污浊之中都找到智慧"；"最好的是，在孤单与寂寞的时候，自己也能品味出那清醒明净的滋味"。（林清玄，《情的菩提》，同前，第 135、141 页）当然，在此最需要的也是高度的自觉性，即能够跳出数学过渡到人生的态度，由解题方法等"小智慧"过渡到真正的"大智慧"。（对此我们并将在以下做出进一步的分析论述）

第二，态度的从容，能从容地做事，从容地想问题。显然，这也可被看成"平和心态"的具体表现。

从教学的角度看，这直接涉及了这样一点，即我们应当努力培养学生"长时间思考"的习惯与能力，并应注意纠正这样一种常见的现象，即对于"快"的片面追求。

值得指出的是，我们可由语文教学在这方面获得直接的启示，包括更好地体会其中蕴涵的"禅意"："慢，是为自身营造的一种朴素氛围。它恬静、舒缓、悠闲，鼓励目光在书面之间停留、徘徊，鼓励逐字逐句和掩卷冥思；其实，这种长期的慢阅读，就是一种心性的熏陶和濡染：慢慢地读一本书，慢慢地做一个梦，慢慢地想一个人……从容、静气和定力，也就在长时的'慢'中渐渐养成。"（胡亨康，《评课：对话的艺术》，同前，第 200 页）

还应强调的是：数学教学不仅可以而且应当在这方面发挥重要的作用。当然，后者不是指我们在教学中应当鼓励学生漫无边际地胡思乱想，乃至长时间地陷入"发呆"这样一种状态。恰恰相反，我们应当更加关注放慢节奏以后干什么，即应当引导学生切实地做好"总结、反思和再认识"，从而促进认识的不断发展与深化。（对此我们并将在 3.4 节中做出进一步的分析论述）

在笔者看来，这或许也可被看成数学与"禅学"的又一共同点，即对于反思与再认识的高度重视："认识、回归、反观自我都是通向自己做主人的方法。"（林清玄，《心的菩提》，同前，第 133 页）当然，我们又应将不断的优化看成数学学习的本质，并应通过这一途径实现自我的不断完善："心扉的突然洞开，是来自于从容，来自于有情。"（林清玄，《情的菩提》，同前，第 41 页）

进而，从同一角度我们也可更好地理解"禅学"的一些相关主张，包括由此而获得关于如何做好数学教学和数学学习的重要启示。例如，所谓的"静观谛听"对于我们如何能够通过合作学习更有效地促进自身成长就具有特别的重要性，还包括这样一个重要的提醒："静观谛听，有独处的时候，保持灵敏。"（林清玄，《心的菩提》，同前，第 171 页）

第三，"入"与"出"。这即可被看成"从平常的生活悟道"这一思想的一个直接结论，即我们既应立足日常生活，切切实实地做好每一件事，过好每一天的生活，同时又应从"禅"或"道"的高度进行分析思考，更以"悟道"作为更高的追求。

从学科教学的角度看，这也就是指，我们既应坚持专业的分析，又应努力实现对于狭隘专业视角的必要超越。

例如，借助以下论述我们或许就可更好地认识"入"与"出"之间的辩证关系，后者既是指一般意义上的"禅修"，也包括数学教学和数学学习：

"——禅修也是如此，是一种心灵的革命，要'大破'才能'大立'，'大死'才能'大生'，要'大叩'才能'大鸣'，要'大痛苦'才会有'大解脱'。"（林清玄，《心的菩提》，同前，第 159 页）

具体地说，就数学教学而言，我们既应高度重视方法的分析和学习，又应帮助学生很好地认识到这样一点，就是不要为任何一种方法理论所束缚，并应努力做到"以正合，以奇胜"，即真正地做到"无拘无形"，真正的"自在"。（林清玄，《心的菩提》，同前，第 129 页）

应当强调的是，这事实上也就是我们为什么要通过与"禅学"的类比来认识数学德育功能的一个重要原因：这有助于我们跳出狭隘的专业视角，并从更大范围做出分析思考，从而达到更强的认识深度。

在此笔者并愿特别强调这样一点：尽管这确可被看成"初悟禅意"的重要表现，即"有个入处，见山不是山，见水不是水"，但这又应被看成"大彻大悟"的重要表现："如今得个休歇处，依旧见山只是山，见水只是水"，这可被看成我们如何能够达到后一境界的关键，即真正的"放下"（"出"）。当然，这也应被看成

“人”与“出”之间辩证关系的又一重要涵义:“不会随波逐流失去清醒,也不会被种种思维辩证的烟所障蔽。”(林清玄,《情的菩提》,同前,第53、103页)

进而,相信读者由以下论述也可在这一方面获得直接的启示:“‘禅’一字实非名相,任何众生只要在心灵上保有创意,不断地超越、提升、转化,就是在走向禅的道路上,历程上或有不同,终极目标是一致的。”“为了保有禅的精神,必须放下对于禅的固定认知;为了开发心灵的活力,必须保有最强的张力。”(林清玄,《情的菩提》,同前,第162、160页)

再者,这也可被看成“悟道”的一个重要表现,就是对于“美”的感受,乃至真正的“诗情画意”:“禅学或佛教是一种美,在人生中提升美的体验,使一个人智慧有美、慈悲有美、生活有美,语默动静无一不美,那才是走向佛道之路。”“道是美,而走向道的心情是一种诗情。”(林清玄,《心的菩提》,同前,第99页)显然,由此我们也可更好地体会到这样一点:数学家们为什么常常谈到数学的美,乃至将“美的追求”看成推动数学发展的重要动力。

在此笔者并愿再次强调这样一点:我们决不要用频繁的考试破坏这样一种美好的情感:“当我们面对人间的一朵好花,心里有美、有香、有平静、有种种动人的质地,会使我们有更洁净的心灵来面对人生。”(林清玄,《情的菩提》,同前,第201页)特别是,不应以“善”的名义行“恶”。

最后,笔者以为,也只有在上述方向做出切实的努力,我们才能真正做到不只是在教书,教数学,也是在教人,在以文“化”人。当然,这又不只是对于学生的塑造,也是一个不断重塑自我,完善自我的过程。

还应强调的是,就当前而言,我们应切实防止这样一个现象,即因为对于“教学评价”特别是对于“教学、学习和评价一致性”的强调而忽视更高层次的目标,因为,尽管后者并非直接可见、可测,但仍应被看成具有更大的重要性。再者,如果说1.3节中关于数学教育目标可行性的分析已清楚地表明了这一方面工作具有很大的难度,那么,本节的讨论则就清楚地表明数学教育可以有更大的作为,而关键仍在于我们对此是否具有足够的自觉性,并能依据学生的情况和需要有针对性地进行工作!

第二章

数学学习新论

本章所论及的“数学学习”并非一般意义上的数学学习，而是教师指导下的数学学习，而且，我们之所以关注学生的数学学习，主要也是为了促进教学，即不仅知道如何去教，也知道为什么应当这样教，由此我们还可清楚地认识相关研究与数学学习心理学的区别：相对于后一方面的具体研究，我们应当更加重视它们的教学涵义，包括从总体上对数学学习活动的主要特征与基本性质做出分析。这就是2.1节至2.5节的主要论题。另外，正如“导言”中所指出的，除去微观层面的研究，我们也应从“社会-文化”的角度对上述问题做出进一步的分析。这即是2.6节和2.7节的具体内容。本章的论述并具有较强的时代性和针对性，即不仅希望能够很好地反映国际上的最新研究成果与整体发展趋势，也能对于实际教学工作起到更大的促进作用，包括有助于新一轮数学课程改革的健康发展。

2.1 数学思维的特殊性

1. 从数学抽象谈起

这是人们公认的一个事实，即抽象性应当被看成数学或数学思维最重要的特点。对此我们应当如何理解？笔者的看法是：这不仅涉及抽象的内容，也与抽象的方法和抽象的程度密切相关。

第一，正如以下实例所表明的，这是数学与其他学科的重要区别：我们在数学中所关注的仅仅是事物或现象的量性特征，即主要集中于数量关系和空间形式的研究，而完全不考虑它们的质性内容：

［例1］ **平面图形的分类。**

这是新一轮数学课程改革开始以来小学数学新增加的一项内容。在课改初期，我们可经常看到如下的教学设计：教师首先拿出事先准备好的一些模块（图2-1），它们是用不同的材料分别制成的，如木制的、硬纸片的、塑料的；并具有不同的形状，如三角形、四边形、圆形等；还被涂成了不同的颜色，如红色、黄色、绿色等。教师要求学生对这些模块进行分类。在一般的情况下，学生往往会给出多种不同的分类方法，如按形状、按颜色，或按质材进行分类，等等，教师对学生所提出的这些分类方法往往会持肯定的态度，甚至还会鼓励学生提出更多、与已提出的方法都不同的新的分类方法。

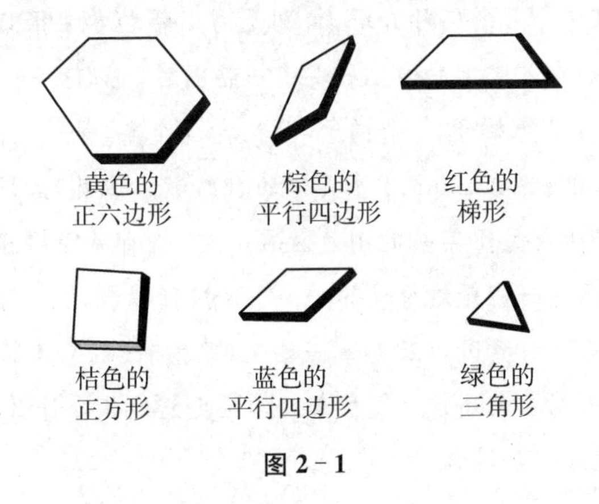

图2-1

显然，如果从所谓的"通识教育"或"整合课程"的角度进行分析，上述做法没有什么问题，我们并应明确肯定学生所提出的各种分类方法都有一定的合理性。因为，分类作为一种基本的认识方式，在日常生活或科学的认识活动中都有广泛应用，现实中我们更应依据不同的情境和需要采用多种不同的分类方法。但是，数学课毕竟不应被等同于通识课，从而，我们就应更深入地思考这样一个问题：什么是数学教学中应当提倡的分类方法？

具体地说，由于数学中所关注的仅仅是对象的量性特征，而完全不考虑它们的质的内容，因此，只有将所有三角形的模块归成一类、所有四边形的模块归成另一类……才可被认为是与数学直接相关的，而其他的一些分类方法，如按照模块的颜色或质料进行分类，就都不是数学教学的特别关注。

当然，只要我们很好地认识到了这样一点，上述内容就可被用于帮助学生了解什么是数学的视角。就当前的论题而言，这也就是指，数学具有自己特殊的抽象内容。

以下是这方面的又一实例，由此我们可清楚地看出：从小学一年级起我们就应帮助学生很好地认识数学的上述特性，因为，即使就1、2、3等最简单的自然数而言，它们的认识也与数学的抽象性有直接的联系。

［例2］ 自然数的认识。

作为小学数学学习的实际开端，特别是为了帮助学生很好地掌握各个基本的自然数，教师在课堂上向学生展现了一些图片，它们分别是摆在一起的2个苹果、3个苹果，2个橘子、3个橘子，2个梨、3个梨，等等，并希望通过适当分类能帮助学生很好地认识2、3等具体的自然数。但是，如果这时有学生提出："我觉得应将所有关于苹果的图片放在一起，所有关于橘子的图片放在一起，我们在幼儿园时一直是这样做的……"这时，任课教师应当如何做出反应？

显然，对于后一种意见以及其他一些"出乎意料"的分类方法我们都不应随意地做出肯定，而应利用这一契机帮助学生更好地领会什么是数学的视角，这主要是一个规范化的过程。

也正是在所说的意义上，我们就可将数学定义为"量的科学"。当然，对于所说的"量"的涵义我们又应做正确理解，特别是，对此不应仅仅从"度量"或定量分析的角度做出解读。恰恰相反，正如"数学是数量关系与空间形式的研究"这一论述所表明的，这也直接涉及数学抽象的方法，后者即是指，数学并非真实事物或现象的直接研究，而是以抽象思维的产物作为对象进行研究的，也正因此，数学抽象就应被看成一种建构的活动。

例如，谁曾见到过一，我们只能见到某一个人、某一棵树、某一间房，而决不会见到作为数学研究对象的真正的"一"（注意，在此不应把"一"的概念与其符号相混淆）；类似地，我们也只能见到圆形的太阳、圆形的车轮，而决不会见到作为几何研究对象的真正的“圆”(在此也应对“圆”的概念与相应的图形，如纸上画的圆，做出明确区分)。由此可见，即使就最简单的数学对象而言，也都是抽象思维的产物，尽管它们可能具有明显的直观背景，但我们不应将两者简单地等同起来。

再者，这显然也可被看成以下论述的主要意蕴:“我们运用抽象的数字，却并不打算每次都把它们同具体的对象联系起来。我们在学校中学的是抽象的乘法表，而不是男孩的数目乘上苹果的数目，或者苹果的数目乘上苹果的价钱。”“同样地，在几何中研究的，例如，是直线，而不是拉紧了的绳子。”(亚历山大洛夫等，《数学——它的内容、方法和意义》，第一卷，科学出版社，1951，第1页)还包括恩格斯的这样一个论述:“全部所谓纯粹数学都是研究抽象的。”(《自然辩证法》，人民出版社，1957，第228页)应当强调的是，由于所说的抽象包含了由特殊向一般的过渡，因此，相对于真实事物或现象的直接研究，以抽象思维的产物作为对象从事研究就有更大的普遍意义:它们所反映的已不是某一特定事物或现象的量性特征，而是一类事物或现象在量的方面的共同特性。

例如，从历史的角度看，运动物体的瞬时速度正是“导数”概念的一个重要来源。但是，后一概念与相关的微积分理论并不局限于速度的研究，而是有更普遍的意义，即可以被用于具有相同量性特征的一类问题，如电流强度就是电量对于时间的导数，曲线在某点切线的斜率就是纵坐标对于横坐标的导数，等等。

第二，正因为数学的研究对象，包括概念和命题，都具有超越特定对象的普遍意义，它们就都可以被看成是一种“模式”[对于所说的“模式”(pattern)，应与通常所说的“模型”(model)做出清楚的区分:按照我们的用法，模型从属于特定的事物或现象，从而就不具有模式那样的相对独立性和普遍意义]，我们就可以将数学看成“模式的科学”。

应当强调的是，“模式”的概念不仅适用于数学的概念与命题，对于数学的问题和方法(包括思维方法)也是同样适用的。

例如，原始意义上的“七桥问题”，即能否一次且无重复地通过哥尼斯堡的七座桥(图2-2)，就只能说是一个游戏，而不能被看成真正的数学问题。与此相对照，这一问题经由欧拉的抽象变成了一般性的“一笔画问题”(图2-3)，并通过“奇点”“偶点”等概念的引进得到了十分一般的处理，从而就获得了真正的数学意义。

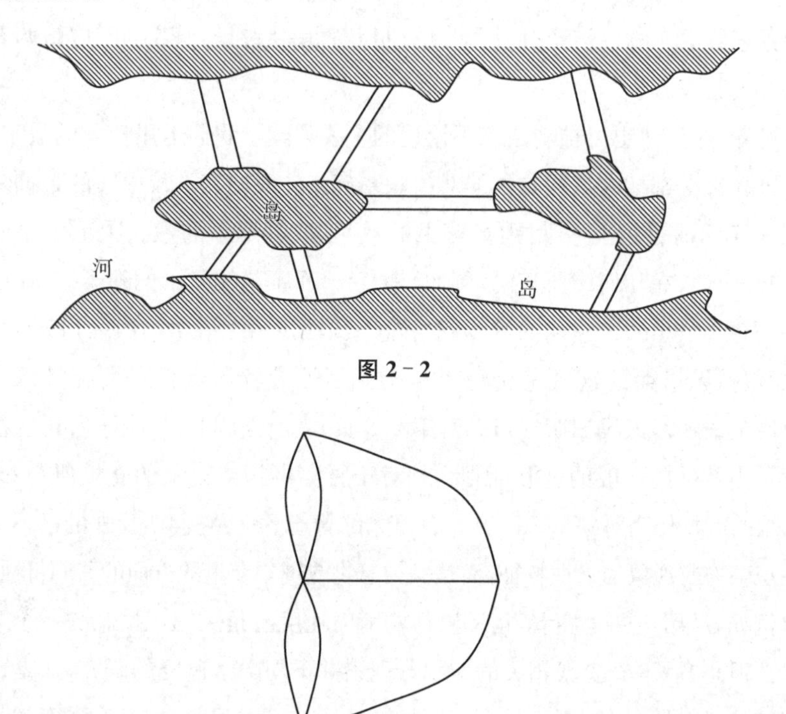

图 2－2

图 2－3

作为数学抽象方法的具体分析，我们又应特别重视它的形式特性。

(1) 数学对象是借助明确定义得到建构的。具体地说，所谓的“原始概念”借助相应的公理(组)“隐蔽地”得到了定义。例如，希尔伯特在其名著《几何基础》中给出的公理系统就可被看成关于(欧氏)几何中基本对象(点、线、面等)的“隐定义”。进而，借助已有概念我们又可对其他一些概念，即所谓的“派生概念”，做出明确的定义(“显定义”)。例如，圆就可以定义为“到定点(圆心)的距离等于定长(半径)的点的轨迹”。

(2) 在严格的数学研究中，无论所涉及的对象是否具有明显的直观意义，我们都只能依据相应定义和推理规则去进行推理，而不能求助于直观。显然，由此我们也可更好地理解“以抽象思维的产物作为直接对象”的具体涵义。

这并是数学结论为什么不能"经验地证实或证伪"的直接原因。

(3) 正因为数学对象是明确定义的产物，数学结论又是按照相关定义与规则进行推理的结果，因此，数学对象的性质就完全取决于它们的相互关系。这也就是指，数学对象的建构事实上是一种整体的建构，或者说，数学的研究对象并非各个孤立的模式，而是整体性的结构。也正因此，数学就常常被说成"结构的科学"。例如，美国著名数学家斯蒂恩(L. Steen)就曾指出："数学是模式的科学。数学家们寻求存在于数量、空间、科学、计算机乃至想象之中的模式。数学理论阐明了模式间的关系；函数和映射、算子把一类模式与另一类模式联系起来从而产生稳定的数学结构。"[L. Steen, "The Science of Patterns", *Science*, 240(1988, April), p. 616]

总之，我们应当清楚认识数学抽象的建构性质。

第三，正因为数学抽象相对于可能的现实原型是一种"重构"，从而也就意味着与真实在一定程度上的分离，这就为数学的自由创造提供了现实的可能性。这主要表现于：

(1) 模式的多样性。这不仅是指"模式"的概念适用于概念、问题、方法与理论等不同对象，也是指由同一原型可以抽象出多种不同的数学模式。这也就如著名数学家麦克莱恩(Saunders Maclane)所指出的："关于数学的本质，我们的观点可以这样提出：数学研究现实世界和人类经验各方面的各种形式模型的构造。一方面，这意味着数学不是关于某些作为基础的柏拉图式现实的直接理论，而是关于现实世界(或实在，如果存在的话)的形式方面的间接理论。另一方面，我们的观点强调数学涉及大量各种各样的模型，同一个经验事实可以用多种方法在数学中被模型化。"("数学模型"，载邓东皋等主编，《数学与文化》，北京大学出版社，1990，第113页)

例如，数学中关于"空间"的研究就可被看成这方面的一个典型例子：在数学中不仅有多种不同的空间，即使就同一空间也有多种不同的几何。这也就如亚历山大洛夫所指出的："几何的发展在所有这些方向上继续着，各种新而又新的'空间'和它们的'几何'：罗巴切夫斯基空间、射影空间、各种不同维数的欧几里德空间和其他空间，例如，四维的黎曼空间、芬斯勒空间，以及各种拓扑空间等，都成为几何研究的对象。"(《数学——它的内容、方法和意义》，第一

卷,同前,第55页)

(2) 数学抽象的间接性与层次性。前者即是指,数学抽象未必以真实事物或现象作为直接原型,也包括以已得到建构的数学模式作为"原型"的间接抽象。

例如,"一般化(弱抽象)"与"特殊化(强抽象)"就可被看成通过适当变化创造新的数学模式的重要方法(详可见3.4节),特别是,法国的布尔巴基学派就正是通过这两者的综合运用,创造出了一个无限丰富而又井然有序的数学世界。

也正是从同一角度进行分析,对于数学中所说的"一般化"与"特殊化"我们就不应理解成以物质对象为出发点的简单循环,即由"感性的具体"上升到"抽象的规定",然后又重新回到"思维中的具体",毋宁说,这清楚地表明了数学研究的创造性质。对此例如由以下关于数学抽象"自由性"的分析我们即可有清楚的认识。

再者,对于数学模式我们又可区分出一定的层次。

例如,尽管$1+2=2+1$与$a+b=b+a$都应被看成一种模式,即都有一定的普遍性,但与前者相比,后者又应说达到了更高的抽象层次。这也就如著名哲学家怀特海所指出的:"在代数中,思想上限于特定数的限制取消了。我们写'$x+y=y+x$',在这里,x和y是任何两个数。这样,对模式的强调(不同于模式所涉及的特殊实体)增强了。因此,代数在其创始时,就涉及模式研究中的巨大进展。"("数学与善",载林夏水主编,《数学哲学译文集》,知识出版社,1986,第349页)

再者,相对于各个具体的代数系统而言,"群"的概念则可被看成达到了更高的抽象层次,因为,后一概念中所说的"运算"已不只是指数的运算,如实数的加法和乘法等,也包括某些特殊的算法,如整数"按模素数P"的乘法,甚至还可指几何变换的"合成",如图形位移的合成,等等。值得指出的是,"群"的概念就可以被看成布尔巴基学派所特别强调的"代数结构"的典型例子。

(3) 我们可在一定程度上通过思维的"自由想象"创造出各种可能的数学模式。

例如,数学中的无限就可被看成思维"自由想象"的直接产物,因为,任何实践都只能停留于有限的范围,从而,以经验对象为原型的"直接观念化"就只能生成有限的概念，而为了建立无限的概念，就必须依靠思维的“自由想象”。

对此例如由哈莱的诗句我们就可有深切的感受：

“我将时间堆上时间，世界堆上世界，

将庞大的万千数字，堆积成山，

假如我从可怕的峰巅，

晕眩地再向你看，

一切数的乘方，不管乘千万遍，

还是够不着你一星半点。”

类似地，对于直线的无限延伸我们显然也不可能找到真实的例子。因此，就如一位著名数学家所指出的，如果这一“发明”可以归功于某一个人的话，后者就可自豪地声称：“我根据能摸、能扔、能摘的许多具体的物体完成了这样一个自觉的思维过程。我的后代将因为我想象出了无限的直线而感谢我，因为，借助于这样的直线去认识世界，将比没有它要方便得多。”

另外，作为“自由创造”的重要方法，我们又应特别提及公理化方法的现代发展，即由“实质公理化方法”向“形式公理化方法”的过渡。具体地说，在形式的公理系统中，公理不再是关于某个(些)特定对象的“自明真理”，而只是一种可能的假设，这也就是指，我们在此已不是由已给出的对象去建立相应的公理系统，恰恰相反，我们在形式系统中正是借助“公理”构造出了相应的对象，也正因此，所说的“形式系统”就应被看成一种“假设-演绎系统”，我们可借助这一方法“自由地”去创造各种可能的量化模式，即“自由地”从事各种可能对象的研究。

正如1.4节中所提及的，这并可被看成数学现代发展的决定性特点，即其研究对象已由已给出的量化模式过渡到了可能的量化模式。显然，这也更清楚地表明了数学创造的“自由性质”。

总之，正是数学建构的形式特性为数学的高度抽象提供了现实的可能性；反之，后者也更清楚地表明了数学抽象的建构性质。这也就如法国著名数学家、科学家庞加莱所指出的：“数学家是‘通过构造’而工作的，他们‘构造’越来越复杂的对象。”(《科学的价值》，光明日报出版社，1988，第18页)当然，在做出上述断言的同时，我们又应看到数学创造必须符合一定的法则或准则，即不应将所说的"自由性"简单理解成"随意性",特别是,应当清楚地看到数学家群体在这一方面的重要作用:就现代数学研究而言,只有为数学家群体一致接受的数学创造才能成为数学的合格成员。(对此可见另著《新数学教育哲学》,华东师范大学出版社,2015,第二章)

最后,依据上述分析我们也可更好地理解著名哲学家、儿童发展心理学家皮亚杰(Jean Piaget, 1896—1980)的相关论述,特别是,他为什么要将数学抽象称为"自反抽象",并认为对此应与一般所谓的"经验抽象"做出清楚的区分,乃至用结构的观点对全部数学做出解释。

具体地说,按照皮亚杰的观点,所谓自反抽象"就是把已发现结构中抽象出来的东西射或反射到一个新的层面上,并对此进行重新建构"。进而,尽管皮亚杰突出地强调了运演特别是"活动的内化"对于数学认识的特殊重要性,但由于这主要涉及思维中的重构,从而我们就不应仅仅"从'手工'活动的表面水平上去解释这些行为"。(多尔语)具体地说,"自反抽象"所发挥的主要是一种"图式化"(schematization,即"模式化")的作用:"动作的图式,按照其定义,是指这一动作的可以予以一般化的特征的结构群,正是这些特征决定了这一动作的可重复性和新的应用。"(F. Beth & J. Piaget, *Mathematical Epistemology and Psychology*, D. Reidel Pub., 1966, p. 282、235)"实际上活动的内化就是概念化,也就是把活动的图式转变为名副其实的概念……那么,既然活动的图式不是思维的对象而是活动的内在结构,而概念则是在表象和语言中使用的,由此可以得出结论说,活动的内化以其在高级水平上的重构成为先决条件。"(《发生认识论原理》,商务印书馆,1981,第28～29页)这也就是指,"自反抽象必然是建构性的"。

在皮亚杰看来,数学的发展就是自反抽象的反复应用,即在更高层次上对已有的东西重新进行建构,并使前者成为一个更大结构的一个部分。在皮亚杰看来,按照所说的分析数学具有无限的发展可能性:"全部数学都可以按照结构的建构来考虑,而这种建构始终是完全开放的……当数学实体从一个水平转移到另一个水平时,它们的功能会不断地改变;对这类'实体'进行的运演,反过来,又成为理论研究的对象,这个过程在一直重复下去,直到我们达到了一种结构为止,这种结构或者正在形成'更强'的结构,或者在由'更强的'结

构来予以结构化。”(《发生认识论原理》,同前,第79页)

2. 数学认识的特殊性

以下再依据数学抽象的建构性质指明数学认识与一般科学认识活动的不同之处。

具体地说,这即可被看成数学建构形式特性的一个直接结论:一旦一个数学概念得到了明确定义,即使是其创造者也必须按照其“本来面貌”对此进行研究,而不能再随意地做出改动,如将7随意地说成4与5的和,或是认定圆可以有两个圆心,等等。如果采用较为专门的术语,这也就是指,一旦数学概念得到了建构,就立即获得了相对的独立性,对此我们只能做客观研究,或者说,后者主要地应被看成一种发现的活动,而不是发明或创造,尽管数学对象只是抽象思维的一种产物。特殊地,这也正是人们何以将数学概念称为“数学对象”的主要原因。进而,又如前面所已提及的,我们在此所关注的主要是概念之间的联系,或者说,数学的整体结构,后者可说具有十分丰富的内容,因此,对于数学的研究对象我们也可形容为一个相对独立的“数学世界”,我们在数学中所做的无非是揭示数学世界的内在规律。

显然,按照这样的理解,在数学认识与一般的科学认识之间也可说存在一定的对称性(图2-4):

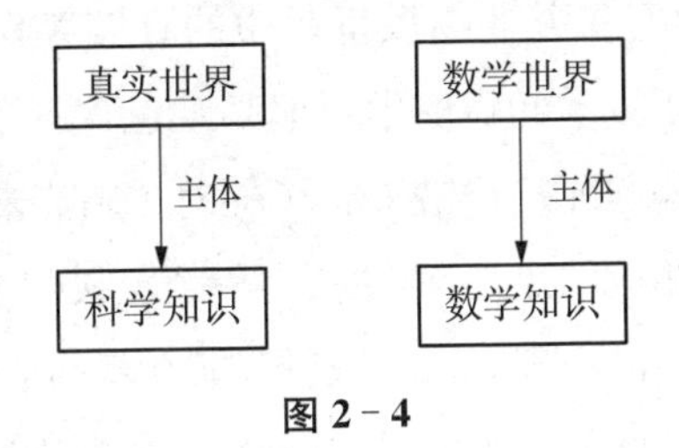

图2-4

当然,在这两者之间也存在重要的区别:科学认识以真实世界作为直接的研究对象;数学认识的对象则是抽象思维的产物。也正因此,相对于单纯地强调“发现”而言,这就是关于数学认识活动更加恰当的一个描述,即“量性模式的建构与研究”。

在不少人士看来,上面的分析具有重要的哲学意义。例如,英国著名哲学家波普尔(Karl Popper, 1902—1994)就曾以此为基础提出了“三个世界”的理论，即认为从本体论的角度看，除去主客体的传统区分，我们还应承认“世界3”的存在，而后者的主要成分就是思维的“客观内容”。[详可见另著《数学哲学的革命》，九章出版社（中国台湾），1998]

进而，正因为数学对象并非物质世界中的真实存在，因此，如果我们将考察的对象由原始的创造者转移到后来的学习者，其所首先面临的就是这样一个任务，即如何能在头脑中建构起相应的数学对象，尽管从形式上看他们所需要的似乎只是数学概念和理论的理解。这也就是指，对象的建构应当被看成“理解”的必要前提——也正是在这样的意义，后来的学习者即可被看成与相关概念或理论的最早创造者处于同样的地位。

具体地说，由于数学对象并非物质世界中的真实存在，而只是抽象思维的产物，因此，从原始创造的角度看，就必定包含这样一个过程，即我们如何能够借助明确的定义（包括“隐定义”和“显定义”）将纯主观的思维创造（mental construction）转变成客观的“思维对象”（mental entities）。进而，只有为数学家群体一致接受的创造才能真正成为数学的内在成分，而这事实上也就意味着相应对象由“思维对象”进一步演变成了“客观对象”（objective entities），这也就是指，数学对象的建构又必定包含一个“外化”的过程，尽管对此我们应与一般所谓的“物质对象”做出明确的区分。

进而，正因为数学对象并非物质世界中的真实存在，因此，与所说的“外化”相对应，后来者对于数学知识的学习就必定包含一个“内化”的过程，即如何能在头脑中重新建构起先前已被外化了的对象。当然，后者不是指我们在头脑中简单地去重复相应的定义，而主要是一个意义赋予的过程，即如何能在头脑中为此建构起适当的心理表征，特别是，能在新的成分与主体已有的知识与经验之间建立内在的联系。当然，就数学知识的最终形成而言，我们又必须再一次经历“外化”的过程。

综上可见，主体对于数学知识的掌握就只有经历积极的思维活动，特别是“内化”和“外化”包括两者之间的过渡才能很好地得到实现，而不可能由其他人代劳，更不可能由教师直接传递给学生。再者，尽管我们在以上主要是就数学知识进行分析的，但相关结论对于数学技能的学习也是同样有效的，因为，数学技能不应被理解成纯粹的操作技能，如只知道如何进行计算，却完全不去关心也不知道为什么可以这样做，而应以理解为基础，更应有一个不断改进或优化的过程，从而也就离不开“内化”与“外化”这样两种思维活动，或者说，与数学知识的学习具有同样的性质。

综上可见，在学生的数学学习与数学家的研究活动之间也存在重要的共同点，这并集中体现了数学认识活动的特殊性。当然，在这两者之间也有重要的区别。对此我们将在 2.2 节中做出具体分析。

2.2　聚焦数学学习

这是数学教育学能否成长为一个相对独立的专门学问必须经历的一个过程，即不应满足于一般性学习理论在数学教育领域的应用，而应对数学学习活动做出直接的研究。由于以下即可被看成数学活动的两个基本形式，即概念的生成、分析与组织，以及问题的提出与解决，因此，作为“数学学习论”的研究，我们自然就应对此予以特别的重视。以下就是这方面十分重要的两项成果。

1. 数学概念的心理表征

这是数学家思维与学生思维的重要共同点，即除去相关的定义以外，数学概念在人们头脑中的表征(mental representation)还包含更多的成分，如概念的动作表征、典型例子、符号表征、图像表征等。正因为此，我们就应对“概念定义(concept definition)”与“概念意象(concept image)”做出清楚的区分(这方面的一篇重要文章可见 D. Tall, & S. Vinner, “Concept images and concept definition with particular reference to limits and continuity”, *Educational Studies in Mathematics*, 1981[12], 151 - 169)。

作为这方面的进一步认识，我们还应特别提及所谓的“多元表征理论”，这是后者的主要涵义：数学概念心理表征的各个方面或成分对于概念的理解都有重要的作用，而且，与片面强调其中的某一(些)成分相比，我们应当更加重视这些成分之间的灵活转换与适当整合。

例如，美国学者莱许(R. Lesh)等人就曾借助以下图形(图 2 - 5)对人们关于数学概念的认识过程进行了具体分析：“实物操作只是数学概念发展的一个方面，其他的表述方式——如图象、书面语言、符号语言、现实情景等——同样也发挥了十分重要的作用。”(R. Lesh & M. Laudan & E. Hamilton, “Conceptual Models in Applied Mathematical Problem Solving”, *Acquisition of Mathematical Concepts and Process*, ed. by R. Lesh & M. Lauda, Academic Press, 1983)按照相关人士的认识,我们只有具备了以下条件才能被看成很好地实现了对于相关概念的理解,尽管从形式上看,其中所涉及的已不只是同一表征中的不同成分,也包括同一概念的不同表征:(1)我们应能将此概念放入不同的表征系统之中;(2)在给定的表征系统内,应能很有弹性地处理这个概念;(3)能够很精确地将此概念从一个表征系统转换到另一个表征系统。(R. Lesh & T. Post & M. Behr, “Representations and translations among representations in mathematics learning and problem solving”, *Problems of Representation in the Teaching and Learning of Mathematics*, ed. by C. Janvier, Lawrence Erlbaum Associates, 1987)

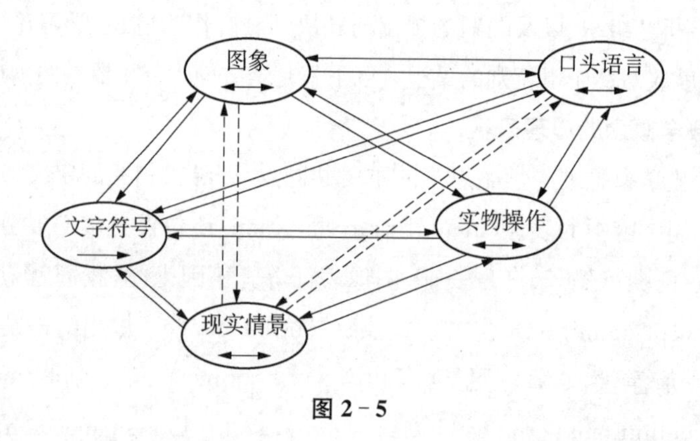

图 2-5

多元表征理论显然具有重要的教学涵义。例如,按照这一理论,我们即可更好地理解教学中为什么应当积极鼓励学生“做数学”“画数学”“说数学”,包括对不同方面做出必要的整合,如数形结合等。再者,教学中教师也应有意识地应用案例、图象、隐喻、手势(身体活动)等多种手段,这也就是指,“语言学活动、手势和身体活动、隐喻、生活经验、图象等,都应被看成数学中意义建构的重要来源。”(基兰,“关于代数的教和学的研究”,古铁雷斯,伯拉,《数学教育心理学研究手册:过去、现在与未来》,广西师范大学出版社,2009,第 24 页)

更一般地说,我们显然也可从同一角度去理解数学教育领域中的这样一个发展趋势，即对于“联系”(connection)的突出强调。当然，对于所说的“联系”我们又应做更加广义的理解，即除去同一概念的不同心理表征或是同一心理表征中的不同成分，我们还应将不同概念乃至不同学科分支或学科之间的联系也考虑在内。在一些学者看来，我们可以按照这一标准去判断相关主体是否做到了真正的理解，乃至理解的程度：数学概念的理解无非是指我们如何能将新的概念纳入主体已有的概念网络之中，即如何能够使之与主体已有的知识和经验建立广泛的联系。进而，理解不是一种全有或全无的现象，而主要是指达到的程度，后者就取决于联系的“数目”和“强度”：“如果潜在的相关的各个概念的心理表征中只有一部分建立起了联系，或是所说的联系十分脆弱，这时的理解就是很有限的；……随着网络的增长或联系由于强化的经验或网络的精致化得到了加强，这时理解就增强了。”(J. Hiebert & P. Carpenter, “Learning and Teaching with Understanding”, *Handbook of Research on Mathematical Teaching and Learning*, ed. by D. Grouws, Macmillan, 1992, p.67)

显然，依据这一分析我们也可更清楚地认识数学学习论的研究对于我们改进教学的积极意义，特别是，数学概念的教学应高度重视帮助学生建立恰当的心理表征。

由以下论述读者即可更好地理解这里所说的心理表征的“恰当性”的具体涵义：

第一，不同学科分支中的概念的心理表征往往具有不同的特征或内涵。例如，几何概念的概念意象往往包含主体对其某个(些)特例(或原型)的感性记忆[这就是所谓的“心智图像”(mental picture)，如“长方形就像一扇门”]，从而也就有很大的直观性和形象性，而且，主体对于几何性质的记忆又往往与其对于不同概念之间逻辑联系的认识密切相关。也正因此，在一些学者看来，对于几何概念的心理表征我们就可做出如下概括：这主要是由“所有相关的例子、反例、事实和关系组成的”。(S. Vinner & Hershkowitz, “Concept images and common cognitive paths in the development of some single geometrical concepts”, *Proceedings of the 4th PME International Conference*, ed. by R. Karplus, 1980)与此不同，算术和代数的概念的心理表征则往往与符号密切相关，并常常包含有对于相应计算过程(算法)的记忆。

第二，以下即可被看成"概念意象"最重要的一些特征，由此我们可更清楚地认识对"概念意象"与"概念定义"做出明确区分的重要性：

(1) 丰富性。这不仅是指个体关于数学概念的心理表征往往包含多种不同的成分，如心智图像、对于性质和过程的记忆等，也是指这并可能以多种不同的形式得到表现，如直观形象和符号表达式等。再者，个体关于某一概念的心理表征又往往包含其对于某个特例的记忆，从而也就有更多的内容，如他在过去的一些真实感受。

这并是一些学者何以谈及同一概念的不同心理表征的主要原因：即使是同一概念在同一人的头脑中也可能具有多种不同的心理表征，它们分别突出了对象的某些而不是全部的特性；再者，在不同的时刻或场合，得到"激活"的通常也只是这些不同心理表征中的某一个。

我们还可按照心理表征的不同特征对此做出进一步的区分，如具体意象、记忆意象、动觉意象、动态意象、模式意象等。其中，记忆意象指静态的视觉意象，动觉意象则表现为肌肉活动，动态意象是在心理上出现移动的视觉意象……例如，正如前面所已提及的，所谓的"图像意象"与"符号意象"就可被看成是与几何和代数(算术)的学习分别相对应的。(对此可见 D. Brown & N. Presmeg, "Types of imagery used by elemental and secondary school students in mathematics reasoning", *Proceeding of the 17th International Conference for the Psychology of Mathematics Education*, 1993)

显然，"概念意象"的丰富性与"概念定义"的贫乏性——后者仅仅是由若干词语构成的——构成了鲜明对照。

(2) 个体性。概念意象从属于各个个人，并在很大程度上是因人而异的。

显然，上述关于概念的心理表征往往与主体关于某项具体经验或感受的记忆直接相联系，这一论断即已清楚地表明了"概念意象"的个体性质。这并就是一些人士何以认为需要引入"概念的个人定义"(personal concept definition)的主要原因，特别是，由于个体对于概念的理解必定有一定的主观性，因此也就必然地有一定的差异。

容易想到，"概念意象"的个体性与"概念定义"的客观性和一义性也是直接相对立的。

(3) 相关性。"概念意象"的各个成分并非互不相关，而是有一定的联系。

例如，正如前面所提及的，这正是"多元表征理论"最重要的一个涵义。但在做出上述断言的同时，我们也应清楚地看到这样一点：对于所说的"相关性"我们不应简单地等同于"一致性"或"统一性"。恰恰相反，由于概念心理表征中的不同成分常常是从不同角度进行分析考察的结果，并代表了对象的不同性质或不同方面，从而就未必十分一致，甚至可能存在一定的矛盾。

例如，就函数概念的理解而言，学生往往将其看成是一个"输入-输出"的过程，即由给定的自变量求取相应的函数值。另外，他们关于函数概念的心智图像又往往表现为"一条光滑的、连续的曲线"，从而就体现了另一不同的观点，即将函数看成一个单一的对象。

(4) 可变性。概念意象并非某种先验的、绝对不变的东西，而是处于经常的变化之中，并与主体后天的经验和学习密切相关。

例如，正如上面所提及的，就学生对于函数的理解而言，其心智图像往往表现为"一条光滑的、连续的曲线"，这是学校数学教学的一个直接结果，因为，教师在教学中所呈现的函数往往有较大的局限性。但是，随着学习的深入，特别是，如果教师能在教学中引入适当的"反例"，上述观念("函数一定是连续的""连续函数一定可微"等)就会逐步得到纠正，其概念意象也会发生相应的变化。

显然，"概念意象"的可变性正是教学工作何以可能最重要的依据。

以下就是关于"概念定义"与"概念意象"之间区别的简要概括(详可见 D. Tall & S. Vinner, "Concept images and concept definition with particular reference to limits and continuity", 同前)：

概 念 定 义	概 念 意 象
单一性	丰富性
普遍性	个体特殊性
一致性、稳定性	分散性、变化性

第三，在这方面我们可看到学生与数学家之间的一个重要区别，这为我们应当如何更有针对性地进行概念教学指明了努力的方向。

具体地说，就学生特别是数学上不够成熟的学生而言，他们关于数学概念的心理表征往往具有以下一些特征：

(1) 模糊性。学生对于自身所具有的"概念意象"往往不具有清醒的自我意识，从而就与"概念定义"的明确性构成了直接对照。

事实上，概念意象的建立就是数学对象的"内化"过程，后者即是指，由于数学对象并非物理世界中的真实存在，因此，人们对于数学对象的认识就以其在思维中的建构也即"概念意象"的建立作为必要的前提(图 2-6)。进而，由于学习主要是一个"顺应"的过程，即主体如何能对已建立的认识做出必要调整(修正、扩展、分解和重组)以很好地适应新的环境，从而也就清楚地表明了帮助学习者对自身所具有的概念意象建立清醒的自我意识并能自觉地加以改进的重要性。

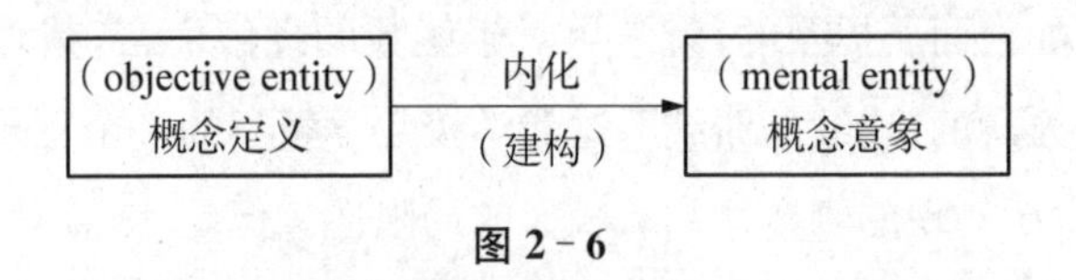

图 2-6

(2) 分散性和不一致性。在学生关于数学概念的心理表征中，各种成分往往没有构成一个有机的整体，从而也就更应被看成关于同一概念的不同心理表征。另外，在所有相关的成分中，直观形象又常常占有特别重要的地位，后者就主要是一种"素朴的直观"，即与主体的日常生活经验或主体先前关于这一概念某个特例的学习经验直接相关，却未能与相应的形式定义做出必要整合，从而也就没有能够上升到应有的理论高度。

事实上，在学生关于同一数学概念的不同心理表征之间常常存在一定的矛盾或冲突，特别是，其先前已建立的素朴认识常常是与概念的形式定义直接相抵触的。又由于在缺乏整合的情况下不同的刺激物通常只会激发"概念意象"中的某个(些)成分，更由于学生对于自身的"概念意象"往往不具有清醒的自我意识，因此，他们往往就未能清楚地认识到其中的矛盾，更不能通过适当调整自觉地消除所说的不一致性。

与此相对照，尽管数学家的“概念意象”往往具有更丰富的内容，但又应说表现出了高度的自恰性，或者说，如果其中存在一定的矛盾，数学家就会做出自觉努力予以消除或纠正。

(3) 不灵活性。在解题或新的数学学习活动中，学生往往不善于在心理表征的不同侧面（或者说，不同的心理表征）之间做出转换，从而也就不能顺利地找出对于解决所面临的问题（或完成新的学习任务）较合适的成分（心理表征）。

与此相对照，这则可被看成数学家思维的一个重要特点，即心理表征的各个侧面（或不同心理表征）之间具有较大的可转移性，特别是，好的数学工作者往往善于由概念的形式定义转移到相应的直观形象，或由直观形象转移到形式定义，这并是他们何以能在解题活动中取得较大成功的一个重要原因（对此我们将在以下做出进一步的分析）。

综上可见，这就是概念教学应当特别重视的一些问题，即应当帮助学生对自身所具有的“概念意象”建立清醒的自我意识，并能逐步学会在同一概念的不同心理表征或不同成分之间灵活地进行转换，包括对于概念的形式定义与其原先具有的直观形象和经验的必要整合，以及我们又如何能够消除其中可能存在的不一致性。

例如，按照这一论述，我们在教学中就应十分重视如何能够帮助学生以已有的直观形象和经验为基础，并通过合理的抽象建立相应的数学概念，特别是，能通过这一途径使得相应的抽象定义对其而言变得丰富和生动起来，而不再是一种空洞的“词汇游戏”（图 2-7）。与此相对照，这则是教学中应当切实避免的一个现象，即概念定义的学习并没有与学生已有的经验或知识发生实质性的联系，从而也就谈不上真正的整合，包括对于可能存在的矛盾的清醒认识与必要调整（图 2-8）。也正因此，在后继的学习中出现以下问题也就无可避免了。

其一，由于直观形象和经验具有具体性和特殊性，从而也就有一定的局限性，因此，如果我们在教学中未能帮助学生很好地实现由具体向抽象、由特殊向一般的过渡，更未能利用相关定义使学生原有的“素朴的”直观和经验上升为“精致的”直观和经验，那么，后者就很可能成为新的学习活动的障碍。

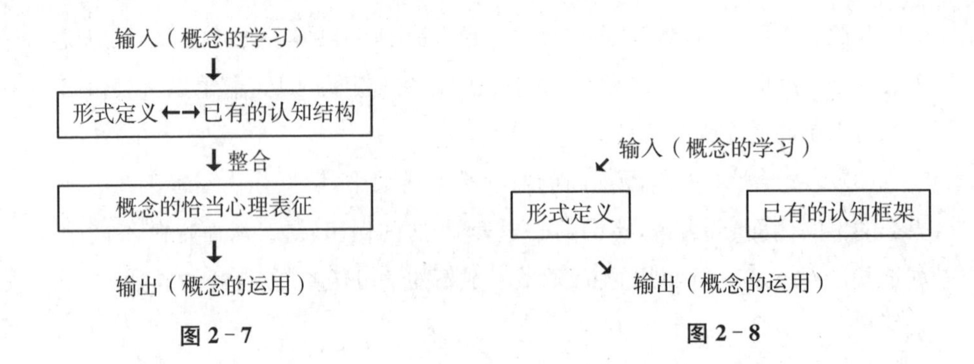

图 2－7　　图 2－8

例如，为了帮助学生较好地掌握“极限”的概念，我们应当很好地利用学生已有的知识和经验。如在对“极限”的概念进行描述时，我们就常常会用到“趋近”“接近”等日常用语(事实上，“极限”这一术语也是从自然语言中直接借用过来的)。但是，日常意义在数学中的这种渗透也可能造成消极的后果。例如，就“极限”这一概念的日常意义而言，往往包含有“不可超越”这样一个涵义(如“速度的极限”等)，因此，当我们用“趋近”“接近”等概念对数列的极限进行说明时，就容易造成这样一种错误的印象：作为过程，数列的项永远不可能与其极限相等。另外，由于学生关于数列的经验主要局限于这样的实例，即数列的各个项都是由同一个通项公式统一给出的，这并往往是所谓的“单调数列”，因此，在新的学习过程中出现以下情况也就不足为奇了，即学生认为以下的数列是两个而不是一个数列：$1, 0, \frac{1}{2}, 0, \frac{1}{3}, 0, \cdots\cdots$；再者，诸多单调数列的实例无疑也会进一步强化关于“数列的项永远不可能与其极限相等”这一错误的观念。(详可见 D. Tall & S. Vinner: “Conceptual image and conceptual definition in mathematics with particular reference to limits and continuity”, 同前)

其二，正如所谓的“灾难研究”(disaster studies)(对此例如可参见 R. Davis, *Learning Mathematics: The Cognitive Approach to Mathematics Education*, Routledge, 1984, p.349－54)所清楚表明的，这也是现实中经常可以看到的一个现象，即有很多被认为已经较好地掌握了相关概念的学生，特别是，由于他们在通常的考试中取得了较好成绩，在更深入的研究中却暴露出了严重的观念错误，而且，这些错误观念又往往是与概念的定义直接相冲突的。也正因此，美国著名数学教育家戴维斯(P. J. Davis)指出，在这些学生的头脑中所说的两个部分似乎是互不相干的，通常的考试仅仅涉及形式定义的部分，但在实际活动中学生又往往坚持自己的错误观念。

其三，从发展的眼光看，学生头脑中关于同一数学概念心理表征的不同侧面(或者说，不同的心理表征)不可能永远互不相干。又由于学生已有的素朴观念通常较为"稳定"(认识的"顽固性")，其对于概念定义的学习则往往建立在被动接受与机械记忆之上，因此，如果缺乏必要的引导，随着时间的推移，所说的"整合"(应当指出，这种整合往往是不自觉地进行的，即主体对此并不具有清醒的自我意识)就很可能在错误的方向上得到实现，这也就是指，最终出现的很可能是错误观念对于概念定义的排斥或"改造"，如由于坚持素朴的直觉而导致对于定义的错误转译，等等。

综上可见，这就是概念教学应当重视的又一问题，即我们应当帮助学生对于自身观念中的内在冲突具有清醒的认识。进而，由于学生原有的素朴观念不可能通过概念定义的学习自动地得以纠正(或者说，从记忆中被自动地"抹去")，因此，在存在不一致的情况下，我们又应特别重视如何能够帮助学生依据新的认识很好地纠正原先的错误观念(图 2 - 9)：

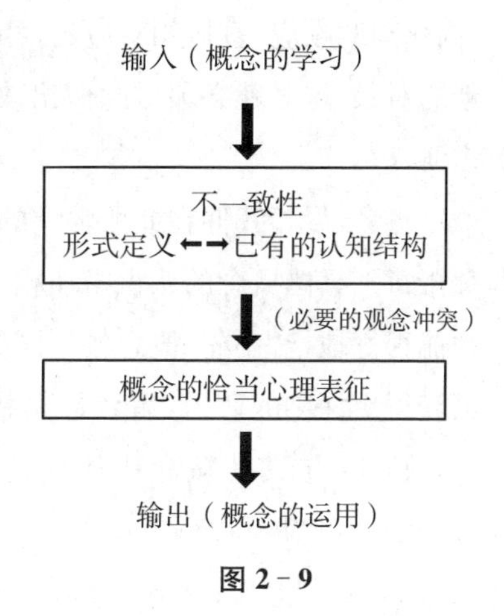

图 2 - 9

以下再对围绕"概念域"这一概念所开展的研究做出简要介绍。

具体地说，这里所说的"概念域"(conceptual field)在一定程度上即可被看成是与前面提到的"多元表征理论"十分类似的，只是其中所涉及的并非同一概念心理表征中的不同成分或是同一概念不同心理表征之间的联系，而主要是指不同概念之间的联系。例如，这就正如 G. Vergnaut 所指出的，"数学概念的意义是从多种情景中抽取出来的，而且，每一情景的分析又必须用到好几个概念，而不只是其中的某一个。正因为此，我们就必须从事概念域的学习和教学的研究,后者即是指大量情景的组合,对这些情景进行分析和处理则必须用到多种交织在一起的概念、过程与符号表达式”。(“Epistemology and Psychology of Mathematics Education”, *Mathematics and Cognition*, ed. by P. Nesher & J. Kilpatrick, ICMI Study Series, Cambridge University Press, 1990, p.23)

显然,“概念域”这一概念的提出清楚地表明了思维的整体性质。当然,对此我们不应理解成某种固定不变的结构,而是处于不断的发展和演变之中,特别是,随着认识的发展会由不完整转变成比较完整,包括不断的“分解与重组”(decomposition and recomposition)。显然,由此我们也可引出这样一个结论:对于数学认识的发展我们不应简单地理解成量的扩展,如在“概念域”中引入更多的新成分,而应当包括结构性的变化。

应当提及的是,这里所说的“分解与重组”并可被看成是与皮亚杰所说的“同化”和“顺应”直接相对应的,特别是,如果主体已有的认知结构无法“容纳”新的对象,这时就必须对此做出改变(重组)从而很好地适应新的学习活动的需要。

再者,尽管我们在此所强调的仅仅是概念之间的联系,但这显然也与我们关于每一具体概念的认识密切相关,特别是,只有经过多年的学习与反思我们才能很好地把握同一概念的不同侧面,包括它与其他概念之间的各种联系,从而获得更深刻的认识,后者即是指,“每一概念都具有一定的复杂程度,特别是,只有在与其他概念所形成的网络中才能全面地理解它”。(T. Dreyfus, “Advanced Mathematical Thinking”, *Mathematics and Cognition*, ed. by P. Nesher & J. Kilpatrick,同前,p.114)

还应强调的是,尽管所说的“概念域”主要是指内在的心理表征,从而也就是自发地得到形成的,但我们也应努力提升自身在这一方面的自觉性,从而就可在教学和学习中很好地加以应用。例如,借助“生成的观点”我们即可清楚地揭示在不同概念或结论之间所存在的重要联系。如由四边形的概念出发我们就可通过逐次加上新的条件引出梯形、平行四边形、菱形、长方形、正方形等概念。应当强调的是,我们并应注意超越纯逻辑的思考(特别是教材中所体现的逻辑线索)并从更广泛的角度进行分析。例如,我们显然也可从相反方向去

认识上面所提及的各种四边形之间的联系，从而建立具有更丰富内容的“概念网络”。（详可见第四章的例 8）

再者，除去“生成式研究”，我们也可通过“静态分析”揭示相应概念的整体性结构。例如，对于“概念网络”中的每一个结点（也即每一个概念），我们都可具体地去计算它的“入度”和“出度”，即可以导致这一概念的更“原始”的概念的个数以及可以由此而引出的概念的个数，包括由此对于相关概念的“重要性”和“基本性”做出定量的刻划。（详可见徐利治，郑毓信，《数学抽象方法与抽象度分析法》，江苏教育出版社，1990，第 3 章）

显然，上述分析也更清楚地表明了这样一点：无论是数学学习或是数学教学，我们都应十分重视“概念图”的建构与应用。

2. “数学问题解决”的现代研究

依据“问题解决”的现代研究我们即可对学生的思维特征做出进一步的分析。

具体地说，无论是数学家或是学生的解题活动，“模式识别”都应说在其中起到了很大的作用，这一做法并可说有很大的合理性，因为，这直接关系到了我们如何能够应用已有的知识和经验去解决所面临的新问题。

但就数学家和学生在这方面的具体表现而言，又应说存在很大的区别。例如，美国著名数学教育家舍费尔德（A. Schoenfeld）就曾列举了 32 个问题要求一些专业的数学家和学生对此进行归类。结果发现：数学家所给出的结果是十分一致的，其中的大部分并是按照解题的思维模式进行分类的。与此相对照，学生的分类则往往集中于问题的具体内容，从而也就与数学家的归类方式表现出了明显的区别。（详可见 A. Schoenfeld, *Mathematical Problem Solving*, Academic Press Inc., 1985, p. 265 - 9）

具体地说，尽管大多数学生都知道应当通过类比联想去解决问题，特别是，应将有待于解决的问题与已得到解决的问题联系起来加以考察，从而获得关于如何解决问题的有益启示，但他们的分析能力仍有很大的提升空间，这就是他们为什么未能依据问题内在的数学结构进行分析而往往局限于问题的事实内容的主要原因。特殊地，这也正是学生们在求解那些“事实内容”与内在数学结构不很一致的“非标准问题”时往往会表现出更大困难的主要原因。

进而，这显然也就十分清楚地表明了范例在“心理表征”中所占据的重要地位，尽管我们在此所论及的只是“问题”而非“概念”。具体地说，学生总是通过某些实例才逐步地学会了如何去求解各种各样的数学题，包括各种类型的文字应用题。然而，尽管其在新的解题活动中发挥了十分重要的作用，特别是，我们可依据“范例”对于新的问题做出模式识别从而顺利地解决新的问题，但由于所说的实例必定包含一定的“事实内容”，对此例如由各种问题的名称就可清楚地看出，如“工程问题”“水流问题”“相遇问题”等，因此，如果我们在教学中未能帮助学生很好地实现必要的抽象，即舍去问题的具体内容并集中于内在的数学结构，那么，所说的范例在新的解题活动中就可能起到误导的作用。

例如，这即可被看成以下研究给予我们的主要启示：

这是由欣思利(D. Hinsley)等人进行的一项实验：他们要求被试：(1)对一些“标准的”文字题进行分类；(2)在仅仅听到部分内容的情况下，指出问题的类别；(3)同时求解一些“标准的”和“非标准的”问题；(4)求解“无意义的”问题，它们是用某些不相干的内容取代“标准问题”中的部分内容所得到的；(5)求解包含有多余的不相干内容的问题。

结果表明，学生确实具有关于标准问题的若干模式，如工程问题、水流问题、相遇问题、比例分配问题，等等，相关知识在新问题的表征也即“问题空间”的建构过程中发挥了十分重要的作用。例如，被试常常只是听到了问题的开头部分：“一条船顺流而下……”就立即意识到自己所面临的是一个“水流问题”，并预计到必须对顺流而下与逆流而上所花费的时间(或者，在时间为常数的情况下，对所通过的路程)进行比较，从而求得水速与船在静水中的速度。另外，这显然也可被看成出现以下现象的主要原因：

尽管这是一个不包括“问题”的问题(从而就可被归属于上述的“无意义问题”)：

洛伦兹和三个同事在早上九点由贝尔法德出发，他们驾车 360 公里后抵达法兰克福，中间休息了 30 分钟。

然而，当这一“问题”被混入其他的试题之中时，大多数学生就完全没有注意到这里并没有提出任何问题，而是直接投入了“解题工作”，即由所给出的数据去计算驾车的平均速度。再者，在面对“非标准问题”时，由于归类方法的不同（如或是把它归结为“工程问题”，或是把它归结为“相遇问题”），解题者对问题中有关数据的注意也会表现出很大的差异，即只是注意到了其中的某些方面，却完全忽视其他的方面。

由此我们显然还可引出这样一个结论：在数学解题特别是算术应用题的教学中，我们应当特别重视数量关系的分析，从而帮助学生较好地实现“模式化”。例如，这显然就可被看成“应当注意题目的变式”这一主张的核心，这也就是指，“只有经常变换课题的具体情境，在不同的情境中展现同一结构关系，学生才不会被具体情境所迷惑”。

再者，从同一角度我们也可更清楚地认识以下一些做法所可能造成的消极后果，即在应用题的教学中突出强调“关键词”的分辨和记忆。具体地说，尽管后一做法或许可以在短期内取得明显效果，特别是就对付传统的考试而言（在这种考试中，考题常常局限于某些所谓的基本类型，甚至问题的表述方式也是千篇一律的），但从长远的角度看，则又必然会造成严重的消极后果。特别是，对于“关键词”的过分强调很可能会导致这样一种机械的解题程序，即在求解文字应用题时，我们甚至不需要仔细地阅读问题的全部内容，而只需：(1)圈出其中的数字；(2)找出其中的关键词，如“共有多少”“剩余多少”等（这常常处在问题的最后部分），并由此确定所需进行的运算。显然，这对于学生解题能力的提高是十分不利的。

以下再对“问题空间”的概念与相关研究做出简要介绍：这即是指“问题”在人们头脑中的心理表征，从而就是与“概念”的心理表征直接相对应的。

具体地说，所说的“问题空间”也有十分丰富的内容，如对于目标、条件的认识，有哪些可以执行的操作和相关的知识，还包括对于现有状态与目标状态之间差异的分析，等等。例如，如果一个算术题包括加法和乘法，那么，相应的数字和运算符号就构成了任务范围，解题者则应依据已有的知识和经验对此做出理解，即从长时记忆中提取关于数的大小、运算符号所代表的操作以及相应的操作规则等信息，从而形成关于问题的现有状态、目标状态、可采用的操作以及实行有关操作后可能达到的种种中间状态的整体性认识。

对于“问题空间”的整体性质我们应予以特别的重视，这也就是指，“问题空间”中所包含的各项内容不应被看成互不相干的。例如，正如上面的实验所已表明的，那些被认为是与问题的“关键词”密切相关的成分常常会得到重视，而如果某些成分被认为是与“关键词”完全无关的，则就很可能出现“视而不见”的现象。

与概念的心理表征相比，“问题空间”还可说具有更大的可变性，我们可将解题过程归结为“问题空间”的不断转换。后者即是指，解题者通过阅读问题和理解建构起了最初的“问题空间”；然后，随着“问题空间”与来自外部和长时记忆的信息的“接触”，它会不断发生变化，如变得更加丰富和更加精致；最后，问题的解决则取决于解题者最终能否成功地建构出关于所面临问题的一个合适的内在表征。从结构的角度进行分析，这也就是指，主体所建构的“问题空间”能否由最初零乱的、无组织的、有间隙的、不清楚的状态，最终转变成清楚的、完备的，并已得到了很好组织的状态，其中的各个相关成分并由此获得了确定的意义，不相干的成分则完全消失了。

还应提及的是，从功能的角度进行分析，上述分析并可被看成是与波利亚关于解题活动中思维活动性质的分析完全一致的，后者即是指，这主要地即可被看成一个“动员与组织”“辨认与回忆”“充实与重组”“分离与组合”的过程（详可见《数学的发现》，内蒙古人民出版社，1981，第二卷，第100～107页）。例如，波利亚指出，“解一道题就像建造一所房子，我们必须选择合适的材料。但光是收集材料也还不够，一堆石头毕竟还不是房子。要构造起房子或构造解，我们还必须把收集到的各个部分组织在一起使它们成为一个有意义的整体”。进而，这显然也是与我们关于“问题空间”整体性质的强调完全一致的，尽管波利亚将此称之为“组织”。再者，作为“动员”的两个主要环节，所说的“辨认和回忆”显然直接涉及主体对于问题“整体结构”的理解。最后，正如波利亚所特别强调的：“分解，重新组合，再分解，再重新组合，我们对问题的了解可能就是这样朝着一个更有希望的前景演化着”——显然，这就相当于“问题空间”的不断转换，特别是，这里所说的“组织”不只是指细节的充实，更是指内容的重新安排。

还应强调的是，数学家（“成功的解题者”）与学生（“不成功的解题者”）在这方面也存在重要的区别（对此例如可参见司马贺，《人类的认知——思维的信息加工理论》,科学出版社,1986,第124～136页)。例如,与具体的操作(如计算)相比,数学家们往往更加注重"问题空间"的建构和重组,即对于问题整体性结构的把握。例如,在实际从事定量计算前,数学家往往会首先建构起关于所面临问题的定性表征,而且,在解题的过程中他们又常常会用更抽象的形式去取代原来的"问题空间"。与此相对照,以下则是学生中经常可以看到的一个现象,即他们往往会在问题的内在表征尚不足以解决问题的情况下就着手进行繁琐的计算,甚至完全没有考虑所从事的计算是否真的有利于问题的解决,再者,他们所建构的"问题空间"也常常局限于问题的表面特征,而这可能完全无助于解题方法的发现。

应当强调的是,后一现象直接涉及这样一个事实:除去必要的知识储备与解题策略("数学启发法")的了解与应用以外,这也是决定人们解题活动能力又一十分重要的因素,即解题者"元认知"水平的高低。

具体地说,由于启发性策略的应用并不足以保证解题活动一定能够获得成功,因此,这也就清楚地表明了"自我评价和调整"的重要性,后者即是指,为了保证解题活动获得成功,我们不仅应当先行对解题活动做出整体安排,还应对解题的实际进展情况保持清醒的自我意识,并能通过自我评价及时做出必要的调整。

进而,由于所说的"评价和调整"以主体正在从事的解题活动作为直接对象,因此,与具体的解题活动相比,这就应被看成上升到了一个更高的层次。这也就是所谓的"元认知"(meta-cognition)。又如上面的分析所已表明的,我们并应将元认知水平的高低看成决定人们解题能力又一十分重要的因素。

显然,上述研究对于我们应当如何改进数学教学特别是解题教学也有重要的意义。以下就依据英国著名数学教育家斯根普(R. Skemp)的《数学学习心理学》(*The Psychology of Mathematics Learning*, Lawrence Erlbaum, 1987)对此做出进一步的说明。

具体地说,按照斯根普的观点,对于人们的思维活动我们可以区分出两个不同的层次或"指导系统",对此并可分别称为"delta－1系统"和"delta－2系统"。其中,人们对于外界环境所实施的行为(包括对于外部信息的接受)可以被看成是由"delta－1系统"指导的:它接受个体现在情境的各种信息,与某一目标情境比较，利用其已有的各种图式制定一套行动计划，将个体由现在情境转变到目标情境。如图 2 - 10 所示。

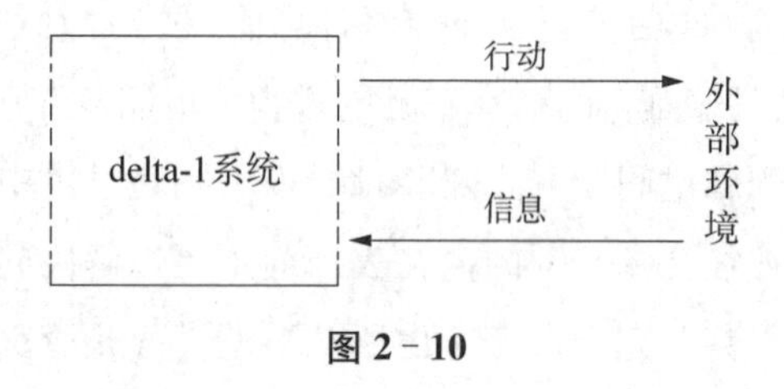

图 2 - 10

与此相对照，“delta - 2 系统的作用对象则不是外部环境，而是‘delta - 1 系统’：它帮助‘delta - 1 系统’在最大程度上发挥完美的功能。……其中包括学习过程，但不是只有学习过程。根据已有图式制定的行动计划都要经过检验，看其是否真的有效可行”。(R. Skemp, *The Psychology of Mathematics Learning*, 同前, p. 165) 显然，按照这一分析，我们就可获得关于人类思维活动更加复杂的一个模型(图 2 - 11)：

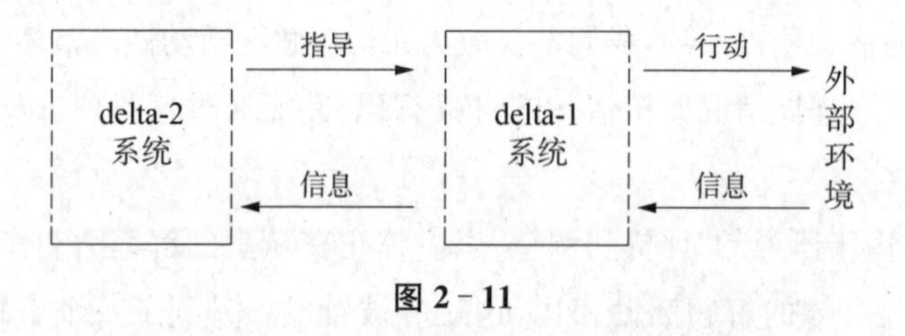

图 2 - 11

斯根普突出地强调了上述系统对于人类智慧的特殊重要性，在他看来，这可被看成人类与动物的根本区别：人类的行为主要是由目标而不是外部的刺激物决定的，特别是，人类能够应用可变的行动计划适应不同的环境，从而在各种环境中达到预期的目标。由于所说的“计划性”和“可变性”也是在“delta - 2 系统”的指导下得到实现的，从而就更清楚地表明了这样一点：高度发展的“指导系统”正是人类智慧的集中表现。

显然，按照斯根普的上述分析，我们也可更好地理解“元认知”的重要性，因为，后者即可被看成是与“delta - 2 系统”直接相对应的，又由于后者以“delta - 1 系统”作为直接的对象，因此，“delta - 2 系统”就不仅关系到了行动计划的评价和调整,也包括对于主体已有认知结构与认知策略的评价和调整。总之,我们应当清楚认识努力提高元认知水平的重要性。

笔者在此并愿特别强调这样一点:正如1.3节中所提及的,我们可以将思维的深刻性、灵活性、批判性与创造性等看成思维最重要的一些品质,包括以此为依据对人们智力或思维能力的高低做出具体评价。然而,由上述分析可以看出,思维的这些属性都与人们的元认知水平具有直接的联系,特别是,我们就更应当将对于内在思维活动(包括认知结构)是否具有清醒的自我意识,并能及时做出自我评价和调整看成思维自觉性的重要表现。

最后,这也是"问题解决"现代研究的又一重要成果,即我们应当清楚地认识观(信)念对于人们解题活动的重要影响。

具体地说,这里所说的"观(信)念"(belief),主要是指解题者的数学观、数学教育(学)观及其对于自身解题能力的认识。

例如,有不少美国数学教育家就曾从上述角度对美国学生的现状进行了调查分析。以下就是他们得出的主要结论:相当一部分甚至大多数美国学生的处境令人担忧。例如,美国著名数学教育家戴维斯教授就曾指出:"对大多数(美国)学生来说,数学学习就意味着每天准时到校,坐在教室里安安静静地听那些他既不理解也根本不感兴趣的事,每天的日程就是听讲并按教师的布置用教师指定的方法去做练习,努力记住一大堆毫无意义、零零碎碎的'知识',而唯一的理由只是因为将来的某一天他们可能会用到这些知识,尽管教师和学生对是否真的会有这样一天都持怀疑的态度。"在此要强调的是:上述处境对于学生形成正确的观(信)念也是极为不利的。恰恰相反,他们就正是通过所说的"生活方式与处境"形成了很多不正确的观念。例如,以下就是美国学生中十分普遍的一些观念(详可见 M. Lampert, "When the problem is not the question and the solution is not the answer: Mathematical knowing and teaching", *American Educational Research Journal*, 27[1990]):

只有书呆子才喜欢数学;

数学是无意义的,即与日常生活毫无联系;

学习数学的方法就是记忆和模仿,你不用去理解,也不可能真正搞懂;

教师的职责是"给予",学生的职责则是"接受";

没有学过的东西就不可能懂，只有天才才能在数学中做出发明创造；

教师所给出的每个问题都是可解的，我解不出来是因为不够聪明；

每个问题都只有唯一正确的解答；

每个问题都只有唯一正确的解题方法；

每个问题都只需花费 5～10 分钟就可解决，否则就不可能单凭自己的努力获得解决；

教师是最后的仲裁者，学生所给出的解答的对错和解题方法的“好坏”都由教师最终裁定；

数学证明只是对一些人们早已了解的东西进行检验，从而就只是一种“教学游戏”，没有任何真正的价值；

观察和实验是靠不住的，从而在数学中就没有任何地位；

猜想在数学中也没有任何地位，因为数学是完全严格的。

进而，上述观念又必然地会对学生的数学学习包括“问题解决”产生严重的消极影响。例如，舍费尔德教授就曾通过以下实例(这是美国第三次全国教育进展评估中的一个试题)对此进行过分析：

“每辆卡车可以载 36 个士兵，现有 1 128 个士兵需用卡车运送到训练营地，问需要用多少辆卡车?”

测试的结果表明：有 70%的学生正确地完成了计算，即得出了以 36 去除 1 128，商为 31，余数为 12；然而，就最终答案而言，却有 29%的学生回答道“需要 31 余 12”，另有 18%的学生的答案为“31”，只有 23% 的学生给出了“32”这一正确的解答。

对于这一结果舍费尔德分析道：“当学生回答的汽车有余数时，他们显然没有把这一问题看成真实的。他们把它看成是学校中虚构的数学问题——为了练习而杜撰的故事，而学生所需做的只是进行计算并把答数写下来……学生是从哪里学得这样的荒谬做法的? 正是在他们的数学课堂中，通过机械的练习。”

类似地，由于很多学生已通过数学学习形成了这样一种观念：“每一数学问题都是可解的，而且，就问题的求解而言，你根本无须顾及问题的意义，而只需按某种现成的算法去进行计算，并把得数写下来。”以下一些更荒谬的事例的出现也就无足为奇了：

在一次实验中(1986年)，要求97名一年级和二年级的学生解答如下的问题：

“在一条船上有26头绵羊和19头山羊，问船长的年龄是多少?”

结果有76个学生通过把26和19这两个数字相加获得了解答。

显然，上述事例也更清楚地表明了错误观念对于“问题解决”的消极影响。在此我们还可经常看到这样一种“恶性循环”：学生主要就是通过学校中的数学学习逐渐养成了所提及的各种错误观念，所形成的错误观念则又对新的数学学习包括新的解题活动产生了严重的消极影响，而新的数学学习特别是新的解题活动的失败反过来又进一步强化了学生原先的错误观念……这样不断反复，直至他们最终完全丧失了对于数学学习的兴趣和信心(乃至对整个人生的信心)。由此可见，帮助学生树立正确的观念不仅是提高学生解决问题能力十分重要的一环，也应被看成数学教育的一个重要目标。

最后，依据上述分析我们显然也可引出这样一个结论：相对于波利亚的“数学启发法”而言，“问题解决”的现代研究已取得了新的重要进展，从而我们也就可以具体地去谈及“对于波利亚的超越”。

2.3 数学学习的基本性质

与前两节不同，本节关于数学学习基本性质的分析已从学习心理学等方面的具体研究上升到了认识论这一更高的层次，尽管前者又可被看成为此提供了重要的基础。还应强调的是，对于数学学习的性质我们可从多个角度进行分析，以下就主要围绕所谓的“建构主义”以及“数学学习的文化继承性质”对此做出具体分析。

1. 从建构主义谈起

尽管对于大多数数学教育工作者包括一般教育工作者而言，都只是在20世纪80年代才第一次听到了“建构主义”这样一个词语，但这又可说在很短时间内就在教育领域中占据了主导的地位：“在今天，关心数学教育的大多数心理学家多少都可以被看成一个建构主义者。”(G. Vergnaud, “Epistemology and Psychology of Mathematics Education", *Mathematics and Cognition*, ICMI Study Series, ed. by P. Nesher & J. Kilpatrick,同前,p. 22)以下则可被看成建构主义学习观的核心:学习并非学生对于教师所授予的知识的被动接受,而主要是一个意义赋予的过程,即学习者如何能够依据自身已有的知识和经验对新学习的知识或概念做出理解或解读,从而使之对自身而言真正成为有意义的,或者说,成为整体性知识结构的一个有机组成成分。

显然,如果集中于这样一个观点,这在很大程度上可被看成是与我们先前关于数学认识活动建构性质的分析完全一致的,后者即是指,任何真正的数学认识都以主体在头脑中实际地建构出相应对象作为必要的前提,或者说,主体应当很好地实现数学对象的"内化"或重构。进而,笔者以为,建构主义之所以会在如此短的时间内获得了人们的广泛认同,主要是因为这为我们深入批判教育领域中传统的"接受说"提供了重要的思想武器。这也就如美国数学教育家诺丁斯(N. Noddings)所指出的,"建构主义的特殊力量就在于使我们对教学过程做出批判性和具有想象力的思考。相信建构主义的前提,就使得我们不再单纯地去寻找解答,而是拥有了可以借以对教学方法的可能选择做出判断的有力准则"。(N. Noddings, "Constructivism in Mathematics Education", *Constructivist Views on the Teaching and Learning of Mathematics*, ed. by R. Davis & C. Maher & N. Noddings, NCTM, 1990, p. 18)

依据以下分析读者即可清楚地认识建构主义确可被看成为我们深入认识各种教学现象提供了新的视角或立场:

(1) 对学生个体特殊性的高度重视。

按照建构主义的观点,学习是主体依据已有知识和经验进行的主动建构,由于各个学生因其个人经历与社会环境的不同必然具有不同的知识和经验,因此,从这一立场进行分析,我们就应特别重视学生认知活动的个体特殊性,并应从认知风格、学习态度、学习信念与学习动机等方面对此做出具体分析。例如,按照这一认识,我们不仅应当承认学生的学习必然有一定的"时间差",也会有一定的"路径差"。一些学者更因此而断言:每个人都是以自己的特殊方式(idiosyncratic ways)认识世界的,从而,"100 个学生就是 100 个主体,并有 100 种不同的建构"。

(2) 对学生错误的不同态度。

由于学习并非一种机械的、高度统一的行为,因此,按照建构主义的观点,对学生在学习过程中发生的错误特别是所谓的“规律性错误”,我们就应持更加理解的态度,而不应简单地予以否定,即应当努力发现其中的合理成分与积极因素。另外,我们又不应期望单纯依靠正面示范与反复练习就能有效地纠正学生的错误,毋宁说,这主要是一个自我否定与改进的过程,并以主体内在的观念冲突作为必要的前提。例如,正是基于这样的认识,一些学者提出,我们不应将学生在学习过程中产生的各种不同于“标准观念(作法)”的想法(做法)称为“错误观念(做法)”,而应正名为“替代观念(做法)”(alternative conception)。

(3) 关于“理解”的不同解释。

数学教师无疑应当帮助学生实现“理解学习”,但究竟什么是所说的“理解”的具体涵义?按照建构主义的观点,这主要地应被看成一个“意义赋予”(sense making)的过程,即如何能将新的学习内容与主体已有的知识和经验联系起来,从而使之获得确定的意义。也正因此,与传统的“理解就是对于概念或结论本质的正确把握”这样一种观点相对照,我们也就可以看到着眼点的重要转变,即由唯一强调知识的“客观意义”(这往往体现于教材中的“标准定义”)转而更加重视主体内在的思维过程。

在此笔者并愿再次强调这样一点:这可被看成建构主义的主要贡献,即为我们应当如何理解“理解学习”提供了具体解答:这主要是一种建构的活动,即是一个意义赋予的过程。由于这里所说的“理解学习”是与一般所谓的“机械学习”直接相对立的,因此,我们在此也就应当注意防止与纠正这样一种错误的认识,即将“理解学习”与“发现学习”简单地等同起来,如认为我们应将“再创造”看成学习数学的唯一正确方法。

事实上,正如美国著名认知心理学家奥苏贝尔(David Pawl Ausubel, 1918—2008)所指出的,后一认识是把两个不同的范畴,即“接受-发现”与“机械-意义”混淆起来了。这也就是指,我们不应认为“接受学习”一定是无意义的(机械的),“发现学习”也未必一定有意义,因为,这里的关键就在于相关主体能否在新的学习材料与已有的认知结构之间建立实质性的、非人为的联系,从而使之获得明确的意义，即做到真正的理解。

由于数学教学当然应当做到“理解教学”，即帮助学生实现真正的理解，因此，从这一角度进行分析，我们就可将“建构性”看成数学学习最基本的性质。这也就是指，只要我们坚持“理解”这一要求，数学学习就必定包含这样一个过程，即主体如何能够通过积极的思维活动将借助明确定义或其他形式“外化”了的对象重新“内化”，也即如何能够通过在新的学习材料与已有的认知结构之间建立联系从而使之获得确定的意义。

当然，这一过程所涉及的又不只是“同化”，还包括“顺应”，即除去已有认识结构的扩展以外，还包括后者的重构。对此我们将在以下做出进一步的分析论述。

2. 数学学习的文化继承性质

显然，上述关于数学学习建构性质的分析清楚地表明了学习者在这一过程中的主体地位。那么，我们又应如何认识教师在教学过程中的作用呢？这事实上也就直接涉及这样一个重要的问题，即我们关于数学学习基本性质的分析不应停留于所谓的“建构性”，而还应当对此做出进一步的分析。

在此我们仍可联系建构主义的历史发展做出具体说明。

具体地说，先前的分析显然表明建构主义确有一定的合理性，但是，作为问题的另一方面，我们也应看到其在理论上也有不少的问题或缺陷。对此例如我们仍可围绕所提到的三个方面做出简要分析：

(1) 尽管我们应当充分肯定学习活动的个体特殊性，但这是否就意味着学习活动根本不具有任何的规律？

(2) 尽管我们对学生的错误应当采取更加理解的态度，但是，对学生在学习过程中出现的各种观念及其采用的方法我们又是否应当做出“正确”与“错误”(“好”与“坏”)的区分？更一般地说，我们又是否应当明确肯定教学的规范性质，特别是，应十分重视对学生错误的纠正和必要的优化？

(3) 就知识的理解而言，如果只是强调了“纯主观”的解释，即认为“理解就是意义赋予”，那么，数学的概念与命题是否还具有确定的客观意义？我们又是否应当提倡对于概念与结论本质的正确理解？

再者，从理论的角度看，以下两个问题又可被看成具有更大的重要性，更直接导致了建构主义的现代演变：

(1) 我们应当如何看待“主体的主动建构”与“认识的客观基础”，即知识的主观性与客观性之间的关系？

(2) 所说的建构活动究竟是纯粹的个人行为还是相应群体的共同建构？

鉴于当前的论题，以下就集中于后一问题的分析。从历史的角度看，这可被看成促成以下转变最重要的一个因素，即“社会建构主义”逐渐取代“个人建构主义”在教育领域中占据了主导的地位。

具体地说，所谓的“个人建构主义”，其核心观点就是认为认识完全是一种个人行为，任何外部的介入都只会起到消极的干扰作用。按照某些极端的观点，我们甚至应当完全否定不同个体具有相同知识的可能性。与此相对照，“社会建构主义”则明确肯定了认识活动的社会性质。

应当强调的是，即使同样被归属于“社会建构主义”的范围，在相互之间仍然可能存在重要的观点分歧。例如，这就可被看成这方面较为激进的一种观点，即认为认识完全是一种社会行为，也即是由社会性的相互作用产生了所谓的“社会意义”(cultural meaning)，个人的认知则只是对于后者的分享——也正因此，离开了相应的共同体就根本没有任何的意义可言，或者说，相对独立意义上的个人意义建构完全不可能。显然，相对于这种绝对化的观点，以下的认识应当说更加合理，即我们应当同时肯定认识活动的个体性质与社会性质，这也就是指，个体的认识必定是在一定社会环境中进行的，并有一个交流、反思、改进、协调的过程，后者并对个体的认识活动有重要的规范作用。也正因此，我们就应将“意义赋予”看成一种文化继承的行为，这也就是指，经由个体建构产生的“个体意义”(personal sense)事实上包含了对于相应的“社会意义”的理解和继承。

为了更清楚地说明问题，在此还可提及这样一个明显的事实：任何一个个人显然都不可能单凭自身的努力建构(或者更恰当地说，“重新建构”)起全部的数学知识。毋宁说，任何人都必须首先经历一定的学习过程，而且，相对于每个“新入者”而言，数学都应被看成一种先期业已存在的东西。又由于数学(对此我们应与其“物质承载”，如各种数学书籍做出明确区分)并非物质世界中的真实存在，因此，这就是一个更加恰当的解释：“数学真理存在于个人降生于其内的文化传统之中。”(L. White 语)就我们当前的论题而言,这也就是指,数学学习主要应当被看成一种文化继承的行为,而又正是通过“新人”的不断加入,数学知识作为人类文化的有机组成成分才能够得到很好的继承与不断的发展。

还应强调的是,作为有组织的社会行为,文化的继承和发展显然更应被看成整体性教育体系最重要的一个功能,进而,学生在学校中的学习特别是课堂教学则又可以被看成在这方面发挥了特别重要的作用,除此以外,我们当然也应看到“课程标准”等指导性文件与教材等所发挥的规范性作用。正因为此,我们就应明确地引出这样一个结论:在肯定学生在学习过程中主体地位的同时,我们也应明确肯定教师在这方面的主导作用——如果采用“文化”的术语,这就是指,教师在此所发挥的主要是“文化的传承者”这样一个作用。

进而,依据上述立场我们显然也就可以清楚地看出以下一些论点的错误性:其一,对于“以学为主”的不恰当强调。因为,即使将“合作学习”也考虑在内,学生也很难单凭自身的努力很好地实现相应的目标,特别是,能超出各个具体内容的学习建立整体性的认识,以及如何又能够超越知识与技能在思维方法与价值观的养成等方面也有切实的收获。其二,尽管对于“再创造”的强调确可被看成凸显了学生在学习过程中的主体地位,但这同样也应被看成一种过于简单化的观点,这也就是指,我们不仅不应将其他形式的学习都看成无意义或是完全错误的,还应清楚地认识单纯强调学生“再创造”的局限性。在笔者看来,后者或许也就是荷兰著名数学家、数学教育家弗赖登特尔(H. Freudenthal, 1905—1990)后来何以将自己原先倡导的“再创造”改成“教师指导下的再创造”的主要原因。(对此我们并将在第三章中从教学的角度做出进一步的分析)

最后,从同一角度我们也可更好地理解皮亚杰在强调“同化”的同时为什么又要专门引入“顺应”这样一个概念,后者即是指,在对新的外来成分进行“同化”的同时,主体原有的认知框架也有一个不断发展或重构的过程,特别是,在原有的认知结构无法“容纳”新的对象的情况下,主体就应对此做出必要的变化从而使其与新的成分相适应,这也就是所谓的“顺应”。

显然,所说的“顺应”就清楚地表明了认识活动的发展性与层次性。在笔者看来,这也正是数学学习特别重要的一个特征。以下就对此做出进一步的分析论述。

3. 数学认识的发展性和层次性

基于学生认识发展的阶段性与层次性,我们应当明确提出这样一个观点,即应将优化看成学生数学学习的本质,这也就是指,尽管知识和技能的扩展或积累也应被看成学生数学水平提升十分重要的一个涵义,但是,相对于这种"横向的扩展",我们又应更加重视"纵向的发展",即如何能够帮助学生达到更高的认识层次。

对此例如由数学研究对象从"数"向"字母表达式"的过渡,或是几何学习中由各个具体结论向整体性认识的过渡就可清楚地看出。再者,正如 2.1 节中所提及的,这也正是皮亚杰何以将数学抽象说成"自反抽象"的主要原因。

我们还应将"优化"这一概念应用于数学学习的各个方面,即不只是指显性层面的各种变化,如方法的改进、结论的推广、更好的表述方法的引入等,还包括隐性层面的变化,如思维方法与思维品质的改进、观念的更新、新的品格的养成等。

显然,从上述角度我们也可清楚认识以下论点的错误性,即对于"数学经验积累"或"熟能生巧"的片面强调。更一般地说,我们不应唯一强调"由少到多,由简单到复杂",而应更加重视如何能够很好地实现"化多为少,化复杂为简单",而这事实上也就意味着相关认识已上升到了一个更高的层次。

上述关于数学学习本质的分析显然具有重要的教学涵义。对此我们也将在第三章中做出进一步的分析论述,在此首先强调这样一点:我们不应将"优化"看成学生必须服从的"硬性规定",而应努力使之成为学生的自觉行为,并应通过持续努力帮助学生在这方面养成良好的习惯与能力。

进而,从同一角度我们显然也可更清楚地认识对教学工作做出整体规划的重要性,特别是,我们应由"帮助学生逐步地学会数学地思维"过渡到"通过数学学会思维"。

这方面的工作并应遵循这样一个基本路径:习惯-兴趣-品格-精神。具体地说,由于小学教学显然应在这一方面起到奠基的作用,从而就应特别重视学生习惯和兴趣的培养,包括针对不同学段很好地确定主要的努力方向。以下就对此做出简要说明：

首先，对于刚刚开始正规学校学习的1～2年级小学生来说，数学教学的首要任务就是帮助他们较好地掌握最基本的一些数学知识和基本技能，特别是数的加减乘除。除此以外，这也应被看成这一阶段数学教学又一重要的任务，就是应当通过具体数学知识和技能的学习帮助学生初步地了解和适应数学家的思维方式与工作方式，包括若干基本的数学思想，特别是，能清楚地认识日常思维与数学思维之间所存在的重要区别。

具体地说，对于1～2年级小学生而言，数学学习就像进入了一个新的国家、一个新的文化环境："数学王国"。显然，对刚刚进入一个新的国家、一个完全陌生的环境的新入者而言，首要的任务就是很好地了解并努力适应当地的风俗习惯，包括不同的语言文字、行为方式与道德规范等。这事实上也正是我们在小学低段应当帮助学生很好地实现的一项任务，即初步了解并努力适应(习惯)数学这一新的思维方式和工作方式，这主要是一种规范化的工作。例如，例1提到的平面图形的分类显然就可被看成这方面的一个实例。

其次，3～4年级的数学教学则应将努力保持和提升学生对数学的兴趣作为一项重要的目标，并应特别重视如何能让学生在这方面具有足够的自信。因为，如果小学"中段"的教学未能很好地实现这样一个目标，那么，无论"高段"的数学教学提出了什么样的目标，也无论相关教师做了多大努力，相关目标恐怕都不容易实现。

也正是基于这样的认识，笔者就十分赞同著名特级教师吴正宪老师的这样一个主张，尽管她所使用的语言并不一样："让数学好吃又有营养。"因为，正如孙晓天教授在相关评论中所指出的，"建立在'不爱'基础上的积累，会随着考试的结束而迅速地消散；导致'不爱'的死记硬背和机械训练，能轻而易举地泯灭天赋……这就是'孩子不爱学数学怎么办'成为中国数学课程改革面临的首要问题的基本原因，让学生喜欢数学，就是数学课程改革的基本方向"。(孙晓天，"让数学'好吃又有营养'——浅析吴正宪的儿童数学教育思想"，《小学教学》，2019年第11期)

借助"数学学习就像进入了一个新的国家、一个新的文化环境"这一比喻可以更好地理解"欣赏与理解"的重要性：随着时间的推移，我们必须由"新入者”逐步转变成为“融入者”，即应当很好地认识相关传统或规定的合理性和必要性，从而就不至于始终处于“无可奈何的适应”这样一种被动的状态，乃至对此一直抱有抵触的情绪，而是能够发自内心地欣赏，从而也就能够很好地融入其中。

第三，尽管我们应将小学5～6年级看成一个新的阶段，同时也应清楚地看到这一阶段与前两个学段的联系，特别是，教师仍应在“了解与适应”和“理解与欣赏”这样两个方面做出进一步的努力，包括帮助学生逐步建立起这样一个认识：除去“由少到多，由简单到复杂”，数学的发展更有一个不断深化的过程，即“化多为少，化复杂为简单”。

当然，除去连续性和一致性以外，我们又应高度重视小学“高段”数学教学的特殊性，特别是，由于小学5～6年级的学生与先前相比不仅认知能力有了很大提高，也掌握了更多的数学知识，包括对于数学思维的一定了解，甚至更可说已积累起了一定的数学活动经验，因此，无论就新的数学知识或是思维的教学，这时就都应当让学生发挥更大的作用。特别是，就数学思维的学习而言，此时就不应满足于教师影响下的潜移默化，而应使之逐步成为学生的自觉行为，这也就是指，这一阶段的教学不应局限于教师的直接示范和必要规范，甚至也不应以“引趣”作为主要的工作目标，而应更加重视学生主体地位的落实。当然，教师也应在这方面发挥重要的引领作用，包括在思维的学习这一方面对学生提出更高的要求，特别是，我们应当引导学生由单纯的解题策略或数学思维方法的学习转向通过数学学会思维，努力提升他们的思维品质，并能在学会学习这一方面取得一定的进步。

显然，上述分析也可被看成从又一角度更清楚地表明了学生思维发展的阶段性或层次性，尽管这又应被看成这方面更重要的一项工作，即我们如何能够针对思维的发展区分出一定的阶段或层次，从而更好地发挥理论研究对于实际教学工作包括数学课程设计的指导作用。

以下就是后一方面最重要的一些研究成果，这并意味着我们已由认识论的分析重新回到了数学学习活动的具体研究：

首先，作为主要从事儿童认识发展研究的心理学家，皮亚杰认为，对于儿童的智力发展可以大致地区分出以下四个不同的阶段：(1)感知运动阶段。这是智力发展的萌芽阶段。在这一阶段，儿童依靠感觉系统和动作行为与环境直接作用。另外，在这一阶段的后期，儿童逐步开始学会使用表征符号来了解世界。(2)前运演阶段。这一阶段的儿童已具有表象思维能力，特别是，已能使用语言作为表征符号去代表某种事或物，并能依据事物的表示或自我看法进行推理，但还不能进行逻辑推理，其认识活动并具有自我中心的特点。(3)具体运演阶段。此时逻辑思维开始出现，如能够看到方法的互补性、观念的相互冲突等。但一般还只能对具体的或观察所及的事物进行运演，而不能将逻辑思考应用于抽象符号问题。这一阶段的儿童可进行多重分类、系列顺序、守恒观念及时空关系等心理运作。(4)形式运演阶段。此时儿童已能使用抽象的名词进行逻辑思维和命题演算，能用假设进行推理，将形式和内容分离，从而思维已不再局限于事物的具体内容或感知的事实，并朝着抽象思维和概念化活动的方向发展。

显然，就学生在学校中的数学学习而言，应当说主要涉及后两个阶段，对此我们并可大致地形容为由具体上升到了抽象。与此相对照，以下关于“初等数学思维”与“高层次数学思维”的区分则可说具有更强的“数学味”：它们的区别主要又可被归结为由“描述”过渡到了“定义”，由“确信”过渡到了“证明”。(详可见 *Advanced Mathematical Thinking*, ed. by D. Tall, Kluwer Academic Publishers, 1991)

其次，前面所提到的“算术思维”与“代数思维”的区别显然也可被看成对于实际教学工作有着直接的指导意义，特别是，我们不应将字母表达式的引入看成两者的主要区别，而应更加重视这样一些深层次的变化：(1)借助于符号的一般化。这也就是指，文字符号在代数中所起到的作用不只是未知数的替代物，而是为“一般化”提供了必要的工具，包括相应的物质承载。(2)符号的形式操作。我们应帮助学生很好地学会这样一种研究方式，即能够按照一定的法则对符号表达式进行纯形式的操作。从更深的层次看，这也就是指，我们应当帮助学生逐步地学会将文字符号与它们的表征物恰当地分割开来。再者，如果说所谓的“操作性观念(程序性观念)”可以被看成在算术的学习过程中占据了主导地位，即人们在此所关注的主要是如何能够通过适当的运作(计算)求得相关的结果，那么，我们就应通过代数的教学帮助学生很好地实现由“操作性观念”向“关系性观念(结构性观念)”的过渡或转变,即应当帮助学生逐步地学会用“关系性观念”分析问题与解决问题。

总之,“代数是人类智力最伟大的成果之一:应用符号去把握抽象与一般化,并为广泛领域中的情境,包括纯粹的与应用的,提供分析的工具”。(A. Schoenfeld, “Early Algebra and Mathematical Sense Making”, *Algebra in the Early Grades*, ed. by J. Kuput & D. Carraher & M. Blanton, Taylor & Francis Group, LLC, 2008, 479 - 510, p. 506)正因为此,代数的学习与算术相比就标志着人们关于数量关系的认识已上升到了一个更高的层次。

再者,如果我们将视线转向几何学习,则又应当特别提及荷兰著名数学教育家冯·希尔(van Hiele)夫妇的相关工作,即关于学生几何思维发展五个不同水平的分析(详可见 *English translation of selected writings of Dina van Hiele-Geldof and Pierre M. van Hiele*, ed. by D. Fuys & D. Geddes & R. Tischler, Brooklyn College, 1959):

水平 1:直观。学生能按照外观从整体上识别图形,这种识别活动常常依赖于具体的范例,如学生说所给的图形是长方形,因为“它看起来像是门”,这时他们并不关心各种图形的特征性质,也未能清楚地认识各种图形的性质。

水平 2:描述/分析。学生已能确定图形的特征性质,并能依据图形的性质来识别图形,但处于这一水平的学生尚不能清楚地指明两类图形之间的关系。

水平 3:抽象/关联。这时学生已能形成抽象的定义,区分概念的必要条件和充分条件,并能通过非形式化推理将图形分类,如认识到正方形可以被看成“具有某些附加性质的菱形”。但处于这一水平的学生尚不能理解逻辑推理是建立几何真理的方法,也不能组织起一系列命题来证明观察到的命题。

水平 4:形式推理。这时学生已能对公理化系统中的未定义项、定义、公理、定理做出明确区分,并能做出一系列的命题对作为“已知条件”逻辑结论的某个命题进行证明。但这时推理的对象还只是图形性质之间的关系,而非不同演绎系统之间的关系,他们也还不能清楚地认识严密性的要求。

水平 5:严密性/元数学。这时学生即使不参照模型也能以较强的严密性进行推理,这时推理的对象是形式化构造之间的关系,推理的产物则是几何公理系统的建立、详尽阐述和比较。

显然，按照上述分析，小学生的几何思维主要属于"水平2"和"水平3"，这可被看成小学几何教学的一个重要目标，即努力促成学生由"水平2"向"水平3"的过渡，其中的关键则在于我们应当帮助学生逐步学会用"联系的观点"看待问题，包括由"直观的认识"逐步过渡到概念的明确定义，并能不断提高自己的推理能力。

冯·希尔夫妇并曾明确地指出，决定学生几何思维发展水平的主要因素不是年龄或生物成熟程度，而是主要取决于教学的性质："水平在很大程度上依赖于课程。"显然，这也就清楚地表明了这一工作的现实意义。

具体地说，按照冯·希尔夫妇的观点，学生需要在教师引导下通过以下五个阶段才能达到新的发展水平：

阶段1：信息。学生开始熟悉相关的内容。教师对内容做出必要的说明，并使学生接触相关的内容。在这一阶段中教师应通过讨论了解学生是如何理解这些词语的，并通过提供信息引导学生从事有目的的行动或获得相关的认知。

阶段2：定向指导。这一阶段的教学目标是让学生主动进行探索（如折纸、测量等），从而就能接触到所希望形成的关系网络的主要联系。教师则应通过仔细安排活动引导学生从事适当的探索：这时学生所从事的是实际操作，从而教师就应选取那些目标概念和方法在其中较为明显的材料或任务。

阶段3：解释。在这一阶段学生开始清楚地认识所要学习的关系，并能用自己的语言对其做出描述。教师则应通过引导学生用自己的语言对此进行讨论从而使学生获得清晰的认识，另外，一旦学生表现出了对于学习对象的清楚认识并用自己的语言对此进行了讨论，教师就应介绍相关的数学术语。

阶段4：自由定位。现在学生遇到了需要综合应用早先阐明的概念和关系来求解的问题。教师的责任则在于选择合适的题材或几何问题，提供允许不同解法的教学，鼓励学生对所做的问题和自己的解法做出反思和说明，以及按照需要介绍相关的术语、概念或解题方法。

阶段5：整合。学生对已学到的所有知识做出总结，并将其整合到一个易于描述和应用的网络之中，数学的语言和概念被用于对这一网络做出描述。

教师则应鼓励学生对所学到的知识进行反思和巩固,并应突出强调作为巩固基础的数学结构,即应当通过将所学到的知识纳入形式数学的结构组织中从而做出适当的总结。

显然,这也更清楚地表明了这样一点:数学学习主要是一个不断优化的过程,对此我们并可区分出一定的阶段或层次,教师更应在这一方面发挥重要的引领和促进作用。

就这方面的具体工作而言,我们还应特别强调这样几点:

第一,前面所提及的各种理论,即关于学生数学认识发展不同阶段的分析都只有相对的意义。具体地说,正如诸多相关研究所清楚表明的,学生的现实表现往往与其所处的情境和所面对问题的类型等密切相关(从而,这也可被看成清楚地表明了认识活动的情境相关性。对此我们并将在 2.6 节中做出具体论述),也正因此,我们就不应将所说的发展理解成严格的单向运动。

第二,基于思维发展的阶段性或层次性,我们在教学中显然不应超越学生的发展水平提出过高的要求,特别是,不应盲目地去提倡所谓的“尽早过渡”或“绝对取代”。当然,对此我们又不应理解成固步自封。恰恰相反,我们应当积极提倡高层次思想的渗透与指导,并应依据学生的情况努力促成他们思维的发展与深化。

例如,由于学生认知水平的限制,小学数学教学就不应过分强调数学概念的准确定义和数学结论的严格证明。但后者又不应被理解成我们在教学中完全无须清楚地去指明各个概念的准确涵义,也不是指我们可以将简单的探究与归纳等同于严格的证明,乃至认为在数学中可以随意地提出各种猜想,而根本无需思考这些猜想是否真有道理,包括我们又如何能够对此做出必要的检验和说明,等等。

例如,这就可被看成“高层次思维”渗透与指导的一个很好实例,即相对于盲目地去提倡在小学阶段尽早引入某些专门的代数课程[可称为“代数提前”(algebra early)],我们应当更加重视代数思维在小学算术教学中的渗透[这就是所谓的“早期代数”(early algebra)]。

另外,从同一角度我们显然也可更好地理解苏联著名心理学家维科斯基(Лев Семёнович Выготский, 1896—1934)所提出的“邻近发展区”对于实际教

学工作的指导意义。(对此我们并将在 2.6 节中做出具体的分析论述)

第三,应当再次强调的是,我们应特别重视如何能够使得所说的优化真正成为学生的自觉行为。进而,从这一角度我们也可清楚地认识切实做好这样一项工作的重要性:"总结、反思与再认识"。笔者以为,这是数学教学在当前应当特别重视的一项工作。对此我们也将在第三章中做出具体的分析论述。

由 2.4 节和 2.5 节的论述我们即可对数学学习活动的基本性质有更清楚的认识。

2.4 基本数学思维的研究

由于算术和代数以及几何内容的学习在学校数学中占有特别重要的位置,因此,作为数学学习的专门研究,我们自然也就应当对此予以特别的重视,由相关研究我们并可更好地认识数学思维的发展性质,特别是,对于所谓的"优化"我们不应理解成单向的运动,而应做辩证的分析。

1. 算术与代数思维的对立统一

前一节中已经提到了算术思维与代数思维的区别,在此要强调的是:这两者也有很多的共同点,特别是,除去由"程序性观念"向"结构性观念"的转变,现实中也可看到相反方向上的运动,从而我们对此就应持辩证的观点。

具体地说,所谓的"凝聚",即由"过程"(process)向"对象"(entity)的转变,就可被看成算术与代数共有的一种思维形式。这也就是指,在算术和代数中,有不少概念在最初都是作为过程得到引进的,最终则又转化成了一个对象——对此我们不仅可以具体地研究它们的性质,也可以此为对象施行进一步的运算(对于所说的"运算"应做广义的理解,即未必是指具体的运算,也包括任何一种数学运作,甚至不一定要有明确的算法)。

应当提及的是,"凝聚"这一概念在数学教育领域中的出现并没有很长时间,但又正如关于"概念定义"和"概念意象"的明确区分,这事实上也可被看成数学学习研究深入发展的又一重要标志,由此我们并可更清楚地认识到这样一点:数学学习论(更一般地说,就是数学教育学)的研究决不应局限于将一般的学习理论(教育理论)直接应用于数学教育领域,而应立足实际的数学学习与教学活动深入揭示数学学习的基本性质与主要特征，这更可被看成数学教育专业化的必然要求。当然，这一论述并不应被理解成完全否定了一般性教育理论对数学教育领域中相关研究的指导与促进作用。恰恰相反，我们所反对的主要是这样一种观点，即将“数学学习论”简单等同于“一般学习论＋数学的例子”。恰恰相反，“数学学习论”（“数学教育学”）如果真有存在的必要，我们就应特别重视数学学习（和教学活动）的特殊性。

进而，由以下实例即可看出，尽管“凝聚”是一个较新的概念，但又非高不可攀，甚至可以说完全无法理解。恰恰相反，即使就小学数学教学而言，我们也可看到不少这方面的实例。

例如，加减法就其最初的涵义而言都可被看成一个“输入-输出”的过程，即我们如何能由两个加数（被减数与减数）求得它们的和（差）。然而，随着学习的深入，两者又都获得了新的意义：它们已不再仅仅被看成一个过程，而且也是一个特定的对象，我们并可具体地研究它们的性质，如交换律、结合律等。正因为此，就它们的心理表征而言，就已经历了一个“凝聚”的过程，即由一个包含多个步骤的运作过程凝聚成了单一的数学对象。再例如，有很多老师认为分数应当定义为“两个整数相除的值”，而不是“两个整数的比”，而这事实上也涉及由“过程”向“对象”的转变：作为分数的认识，我们不应停留于整数的除法这一运算的理解，而应将其直接看成一个数，对此我们可具体地实施加减乘除等运算。

由英国数学教育家道尔（D. Tall）所给出的以下实例我们即可更清楚地认识“凝聚”对于数学的特殊重要性（表 2－1）：

表 2－1

符号	过程	对象
$3+2$	加法	和
-3	减法	负数
$\frac{3}{4}$	除法	分数
$3+2X$	值的计算	代数式
$v=\frac{s}{t}$	比值	比

续 表

符号	过程	对象
$\sin A=\frac{\text{对边}}{\text{斜边}}$	三角比	三角函数
$y=f(x)$	对应值	函数
$\frac{\mathrm{d}y}{\mathrm{d}x}$	求导	导(函)数
$\int f(x)\mathrm{d}x$	求积分	原函数
$\lim(x^2-4)$	求极限	极限值
$\sum\frac{1}{n^2}$	无穷求和	数列的值
C_n^m	从 n 个元素中选 m 个元素	原集合的子集
方程 $f(x)=0$	解方程	方程的解

还应强调的是，尽管我们在小学数学的学习过程中已多次经历过由“过程”到“对象”的转变，但这只是表明这一思维过程在数学中具有基础的地位，而不应被理解成相应的思维活动十分简单。恰恰相反，由于所说的转变常常是在不自觉的情况下实现的，因此，这就清楚地表明了由“经验型”转向“理论指导下的自觉实践”的重要性，特别是，只有以相关理论指导教学，我们才能取得更好的教学效果。

以下就是这方面最重要的一个研究成果：作为“凝聚”这一思维活动的具体分析，以色列著名数学教育家斯法德(A. Sfard)提出了如下的“三阶段说”，即认为对于这一思维过程可以做出如下的细分：(1)内化(interiorization)；(2)压缩(condensation)；(3)客体化(reification or objectification)。(A. Sfard, “On the Dual Nature of Mathematical Conceptions: Reflections on Process and Object as different sides of the same coin”, *Educational Studies in Mathematics*, 22[1991])

具体地说，其中的前两个阶段，即“内化”和“压缩”可被看成由“过程”向“对象”转变的必要准备：前者是指用思维去把握原先的视觉性程序，这也就是指，我们在此已不再由前一个步骤依次实际地去启动下一个步骤，而是在头脑中建立起相应过程的整体性心理表征；后者则是指相应过程被压缩成了一个更小的单元，从而就可从整体上对此做出描述和反思，即不仅不需要实际地去实施相关运作，还可从更高的层面对整个过程的性质做出分析，如我们可以仅仅考虑整个运作的效用(input and output)，而不必具体地去涉及相应的运算过程(如 7＋2 究竟是由 2 向前数，还是由 7 向前数)，甚至不必实际地去完成相关运算(例如，这显然就是我们在考虑加法等运算的法则时实际经历的思想过程)。最后，相对于前两个阶段而言，“客体化”则代表了质的变化，即用一种新的观点去看一件熟悉的事物：原先的过程现已转变成了一个静止的对象。例如，正如前面所提及的，我们关于分数的认识就经历了这样一个转变过程。

值得指出的是，华东师范大学的李士锜教授并曾依据上述研究对数学教学中“熟能生巧”这一传统做法的合理性进行了分析，从而就可被看成为由“经验型”向“理论指导下的自觉实践”的转变提供了一个实例。

具体地说，依据上述的“三阶段说”，牢固掌握相应运作应被看成顺利实现由“过程”向“对象”转变的一个必要条件，从而就从一个角度清楚地表明了“熟能生巧”的合理性：“要形成反省，被反省的基础，就是操作过程，这种操作缺少了，后面的反省就无法落实。……所以，学生的练习是一种基础活动，是必不可少的。而且，这种活动必须是个人认知的亲身体验。学生必须亲自投入，通过信息去主动地组织现象，操纵对象，建构自己的理解。即使是看别人做，也须在思想上投入，并转化为自己的操作过程，无人可以替代。”(“熟能生巧吗?”，《数学教育学报》，1996 年第 3 期)

但在做出上述肯定的同时，我们又应看到，“熟能生巧，但并非一定生巧”。恰恰相反，现实中我们还可经常看到这样的现象(心理学家称为“功能上的固定性”)：当人们熟练地掌握了某种法则，往往就很难从另一角度进行分析思考，从而就不容易实现由“过程”向“对象”的转变。也正因此，相对于盲目地去提倡“熟能生巧”，我们应更加重视由不自觉状态向自觉行为的转变。这也就是指，尽管在很多情况下由“过程”向“对象”的转变主要表现为自发的行为，但我们不应始终停留于这样一种状态，而应努力实现由被动意义上的“熟能生巧”向“自觉学习”的重要转变。

其次，我们不应因为在算术思维与代数思维之间存在一定的共同点就否认两者之间的层次差异，毋宁说，这是从又一角度更清楚地表明了数学思维的辩证性质。相信读者由以下关于“程序性（操作性）观念”（procedural perspective）与“结构性（关系性）观念”（structural perspective）之间关系的进一步分析即可对此有更清楚的认识。

具体地说，我们在前面已对“程序性观念”与“结构性观念”的区别进行了分析，在此要强调的是，所谓的“程序性观念”即可被看成是与“过程的观点”基本一致的，就数学中对于字母（更一般地说，就是符号表达式）的使用而言，这也就是指，我们应将字母看成所要求取的未知量的直接取代，即应主要集中于如何能够通过具体计算求得相应的未知量。与此相对照，这可被看成“结构性观念”的具体体现，即我们应将字母表达式看成直接的对象，也即我们应将关注点转向式与式之间的关系，特别是，我们不仅可以对此实行加、减、乘、除等熟悉的运算，还可以此为对象引入一些新的运算，如合并同类项、因式分解、分母有理化、求导、求积分等。显然，按照后一理解，我们也就应当将符号表达式看成整体性数学结构的有机组成成分，这并就是我们为什么要将相应观点称为“结构性观念”的主要原因。

当然，学生由符号表达式的“程序性观念”向“结构性观念”的转变主要也是在一种不自觉的状态下完成的，在此我们并可清楚地看到教材与教学的影响：就字母（代数式）的引入而言，无论是教材或是实际教学中人们所采取的往往都是“程序性观念”，这也就是指，符号表达式在最初往往被看成所要求取的未知量的一种取代物，即我们只需以具体数值代入其中就可通过具体计算获得相应的“输出值”。然而，所说的符号表达式最终又演变成了直接的对象，我们并可对此实行各种运算，从而，这事实上也就包含了由“程序性观念”向“结构性观念”的重要转变，这并就是学生何以会在相应的学习过程出表现出较大困难的一个重要原因。例如，正如人们所熟知的，“列方程”历来是代数学习中的一个难点，而其根源就在于这直接关系到了我们能否逐步地学会用“结构性观念”去看待问题，即主要着眼于问题中等量关系的分析，而不是求得未知量的具体方法。例如，从这一角度进行分析，学生在学习过程中出现以下错误也就完全可以理解了，因为，这无非就是先前占据主导地位的“程序性观念”的直接表现：

$$3x=5+13=18=18\div 3=6。$$

与此相对照，如果教师在小学阶段就能有意识地帮助学生初步建立起关于“等号”的“结构性观念”，即这不仅表明“给出答案”，而主要是一种等量关系（从而，等式就不应被认为具有唯一的“方向”：左边表示应作的运算，右边则表示答案），就可为学生的进一步学习打下良好基础。例如，教师在教学中可以有意识地让学生构造出这样一些等式：先是每边都只有一个运算，如 $4+3=6+1$，$2\times 6=4\times 3$，$2\times 6=10+2$ 等；接下来是每边都有两个运算的，随后是每边都有乘法的，如 $7\times 2+3-2=5\times 2-1+6$；等等。

更一般地说，这事实上也可被看成这样一个观点的核心所在，即我们应将以下一些环节看成学生形成关于方程的“结构性观念”的关键：(1)用字母代表数；(2)等号表示左、右双方的等价性；(3)右边的项不一定是单一的数而也可能是一个代数式。由此我们并可更好地理解到这样一点：即使是小学数学教学也可在这方面发挥积极的作用。

进而，按照科利斯(K. Collies)的研究(K. Collies, *The Development of Formal Reasoning*, University of Newcastle, 1975)，就学生对于字母表达式的理解而言，我们可以大致地区分出以下 6 种不同的水平：(1)赋予特定数值的字母：从一开始就对字母赋予一个特定的值；(2)对字母不予考虑：根本忽视字母的存在，或虽然承认它的存在但不赋予其意义；(3)字母被看成一个具体的对象：认为字母是一个具体物体的速记或其本身就被看成一个具体的物体；(4)字母作为一个特定的未知量：把字母看成一个特定的但是未知的量；(5)一般化的数：把字母看成代表或至少可以取几个而不只是一个值；(6)字母作为一个变量：把字母看成代表一组未指定的值，并在两组这样的值之间存在系统的关系。显然，这不仅为学生思维发展的阶段性提供了又一实例，也为我们应当如何从事相关内容的教学与教材设计提供了直接的启示。

最后，应当强调的是，尽管我们应当帮助学生很好地实现由“程序性观念”向“结构性观念”的转变，但这又不应被看成严格意义上的单向运动，毋宁说，正如先前关于“多元表征理论”的讨论所已表明的，我们在此也应特别重视不同思维形式之间的灵活转换，一些学者并因此提出了“过程-对象性思维”这样一个概念。

具体地说，我们在教学中不仅应当帮助学生很好地实现由“过程”向“对象”以及由“程序性观念”向“结构性观念”的重要转变,即如何能够超越算术上升到代数这一更高的层次,而且也应十分重视这样一种能力的培养,即能够针对不同的情景与需要在两者间做出必要的转换。后者既是指由“过程”转向“对象”,也包括由“对象”重新回到“过程”。

例如,在求解方程时,我们显然应将相应的表达式,如 $(x+3)^2=1$,看成单一的对象,而不是一个具体的计算过程,不然的话,就会出现 $(x+3)^2=1=x^2+6x+9=1=\cdots\cdots$ 这样的错误。然而,一旦求得了方程的解,如 $x=-2$ 和 -4,作为检验,我们就应将其代入原来的方程并实行具体计算,这时所采取的则就是“过程”的观点。

正因为在“过程”和“对象”之间存在相互依赖、互相转化的辩证关系,因此,在一些学者看来,我们就应把相应的数学概念看成所谓的“过程-对象对偶体”[procept,这是由“过程”(process)和(作为对象的)“概念”(concept)这两个词语组合而成的],即是“过程”与“对象”的一种整合。(详可见 E. Gray & D. Tall, “Duality, Ambiguity and Flexibility: A Proceptual View of Simple Arithmetic”, 1992。文中并明确提到了这样一个观点:考虑到符号在相应的思维过程中也有重要的作用,因此,我们就应将符号看成“过程-对象对偶体”又一重要的组成成分,这也就是指,对于“过程-对象对偶体”我们应理解成如下的三元组合体:〈过程;对象;符号〉)

进而,对于相应的思维方式我们则可特称为“过程-对象性思维”(proceptual thinking),以下就是其最重要的一些特征:(1)“对偶性”(duality)。这就是指,在“过程”与相应的“对象”之间存在互相依赖、相互转化的辩证关系。(2)“含糊性”(ambiguity)。这集中地表现于相关符号的以下特征:它在不同的情境中既可以代表所说的运作,也可以代表经由“凝聚”生成的特定数学对象。应当强调的是,由于数学中常常会以不同符号表征同一对象,因此,对于所说的“灵活性”我们就应从更广泛的角度做出理解:这不仅是指“过程”与“对象”之间的转化,还包括不同的“过程-对象对偶体”之间的转化。例如,5 不仅是 3 与 2 的和,也是 1 与 4 的和、7 与 2 的差、1 与 5 的积,等等。(3)灵活性(flexibility)。这就是指,我们应当根据情境和需要自由地将符号看成过程或概念。

显然，这即可被看成数学思维辩证性质的又一实例。

2. 代数思维与几何思维的差异与统一

以下就转向代数思维与几何思维之间关系的分析。由于“凝聚”可被看成算术思维与代数思维的共同形式，因此，为了分析的方便，我们在以下就将把“算术思维”一并纳入“代数思维”的范围。

以下就是英国数学教育家道尔(D. Tall)关于代数思维与几何思维不同之处的分析(D. Tall, “Cognitive Growth in Elementary and Advanced Mathematical Thinking”, Plenary Lecture, Conference of PME, Recife, Brazil, 1995[6],1-4)：

第一，抽象的基础：如果说运作(manipulation)特别是具体计算构成了“凝聚”，即代数思维的直接基础，那么，对于物质对象的直接感知(perception)就可被看成人们关于几何对象认识的直接基础。

第二，正因为此，几何思维与代数思维相比就可说具有不同的性质，特别是，与“凝聚”不同，几何抽象在很大程度上可被归属于以对于物质对象的直接感知为基础的“经验抽象”(empirical abstraction)。当然，后者主要地只是就几何抽象的基本意义而言的。

第三，如果说几何思维的产物可以被看成是所谓的“感知性对象”(perceived object)，那么，代数思维的产物就应说是一种“构思性对象”(conceived object)，即表现出了更强的建构性质。

第四，几何思维与代数思维常常具有不同的“心理表征”：如果说几何思维主要表现为“图像型”(iconic)，即常常伴随有相关对象的直观表象，那么，代数思维就更加明显地表现出了与符号(进而与算法)的联系，从而也就可以被归结为所谓的“符号型”(symbolic)。

显然，按照上述分析，简单地去谈论所谓的“整合数学”，即认为可以随意地取消几何和代数之间的区分就很不恰当。

但是，作为问题的另一方面，我们又应看到，随着数学学习的深入，特别是由“初等数学思维”向“高层次数学思维”的过渡，几何思维与代数思维的区分又明显地出现了淡化的迹象，我们更可将两者统一纳入“自反抽象”这样一个范畴，这也就是指，我们在此都是以已得到建构的东西(包括活动本身)作为素材去从事新的抽象活动，而且，无论就代数或几何的学习而言，所谓的“结构性观念”又都可以被看成占据了主导的地位。

具体地说，就几何学习而言，这就涉及由冯·希尔夫妇所说的“水平三”向“水平四”的过渡。进而，这更可被看成代数与几何“统一性”的具体表现，即我们可以将所说的“水平四”和“水平五”直接应用于全部的数学领域，也即将此看成思维发展达到了一个更高层次的主要标志。

最后，由上述分析我们显然也可更好地认识理论研究的重要性，包括这样一点，即“数学学习论”应被看成在“三论”中占据了首要的位置。

具体地说，无论是数学教学大纲或是数学教材的编写，始终存在一些“老、大、难”的问题，即尽管已经争论多年但却似乎始终不能得出完全一致的意见，乃至现实中还可看到多次的反复，如我们是否应将方程等内容下放到小学？再者，对于几何和代数的学习我们究竟应当安排成两门不同的分支，还是应当采取“混合编排”的路子？

这是笔者在这方面的具体看法：这些问题之所以长期悬而未决，主要就是因为相关的理论研究尚未达到应有的深度。例如，上述的第一个问题就直接涉及算术与代数思维之间的差异，特别是，这两者应当被看成代表了两个不同的认识水平或层次。再者，本节的分析显然也与我们在几何与代数的学习中是否应当采取“混合编排”这样一种编写方式这一问题密切相关，这也就是指，我们在这方面不应采取任何一种简单化的立场，而应依据学生的认知发展水平做出适当的安排，即由适当的“分”逐步转向更高层次的“合”。

笔者衷心希望我们能够通过深入的理论研究切实改变这样一个现象，即在一些重要问题上出现多次的反复，乃至将每一次改变都说成“重要的进步”，事实上却只能说是一种“钟摆现象”，而看不到真正的进步！

2.5 学生逻辑证明与数学直觉能力的培养

如众所知，逻辑与直觉常常被说成数学研究的双翼，即认为两者对于数学研究都具有特别的重要性，相互之间并存有相辅相成的辩证关系。现在的问题是：从教育的角度看，我们是否也应十分重视学生数学证明与直觉能力的培养？进而，什么又可被看成这一方面的理论研究与教学实践给予我们的主要启示或教训？以下就对此做出概要分析。

1. 学生证明能力的培养

首先，这是人们长久以来一直具有的一项共识，即认为几何学习对学生证明能力的培养具有特别的重要性。对此我们可联系冯·希尔夫妇关于几何思维发展5个水平的分析进行理解。具体地说，这事实上也是后者明确提到的一个观点，即以证明为主要目标的几何课程至少要求学生处于"水平3"，但又只有达到了"水平4"才能被看成真正掌握了证明。再者，我们又应将"水平2"看成发展证明能力的关键性入门阶段，因为，"没有关系网络，推理是不可能的"，而且，一旦将某类图形看成性质的一个集合，我们就会进一步去思考它与其他图形之间的关系，从而也就标志着由"水平2"向"水平3"的过渡。显然，这也就清楚地表明了这样一点：尽管我们不能超越学生的认知水平将证明的学习列为小学数学教学的具体目标，但我们仍然可以而且应当为学生在这一方面的后继发展做好积极的准备。

其次，这又应被看成"证明教学"最重要的一项内容或必要前提，即我们应当帮助学生很好地认识证明的意义，也即应使得证明的学习对学生而言成为真正有意义的。这事实上也正是美国数学教育界经由"大众数学"这一改革运动所得出的一个重要结论："学校数学无疑需要证明，但关键在于我们应使学生确实感到证明是有意义的和有用的，这事实上也是数学家对于证明的认识：这是数学思维、探索和理解的基本途径。"

具体地说，我们应当帮助学生很好地认识到这样一点：证明的作用不只是为了排除疑虑，即如何能对于相关结论的可靠性做出验证，更是为了达到真正的理解，包括为进一步的发展开拓新的可能性。例如，这就正如著名数学家麦克莱恩(S. Maclane)所指出的："真正的证明并不是一个简单的形式化文件，而应该是一系列的观念与洞察。"这也就是指，数学家不计代价所追求的不只是真理，而且是显而易见的事实(triviality)。(详可见 S. Maclane, "Despite Physicists, Proof is Essential in Mathematics", *Syntheses*, 111[2], 1997, p. 152)进而，也只有从这一角度我们才能很好地理解数学家的日常工作，特别是，他们为什么会花费几十年乃至几百年的时间与精力不断地去改进某个数学定理(诸如质数分布定理)的证明,又为什么会如此重视某些著名的数学问题(诸如费马猜想)的求解,尽管后者就其自身而言似乎不能被看成具有特别的重要性。(对此并可见 G-C Rota, "The Phenomenology of Mathematical Proof", *Indiscrete Thoughts*, Birkhouser, 1997)

进而,从同一角度我们也就容易理解数学家们为什么会对数学教育改革中曾出现的"取消证明"这一极端化的做法表现出了极大愤慨。例如,美国宾夕法尼亚大学的数学教授安德鲁斯(George Andrews)在一篇题名为"什么证明死了?什么半严格数学?都是骗人的鬼话!"的文章中就明确地指出:"我迫于无奈不得不写这篇文章……我们正生活在一个教育改革蓬勃兴起的时代,许多数学教育改革的倡议者正在抨击证明的重要性并质问是否有正确的答案等等。……这种不负责任……的做法是数学的一大祸害。"(《数学译林》,1995年第2期,第151页)具体地说,这正是美国新一轮数学课程改革中经常可以看到的一个现象,即学生们往往只是满足于用实验的方法求得了具体解答,甚至连教师也只是以此作为唯一的教学目标。正是针对这样的现象,加州大学的伍鸿熙教授也曾明确地指出:"如果在解决问题的过程中总是满足于不加证明的猜测,他们很快就会忘记在猜测与证明之间的区分。"后者甚至可以说比根本不知道如何去解决问题更糟,因为,"证明正是数学的本质所在"。

显然,上述分析对我们应当如何从事"证明教学"也有重要的指导意义,包括小学阶段应当如何在这方面做出必要的引导与铺垫。例如,尽管我们在小学阶段尚不应正式地去从事证明的教学,但仍然应当帮助学生清楚地认识到这样一点:我们应对尚未得到证明的猜想与准确无误的结论做出明确区分,特别是,不应认为经由简单归纳得出的结论是完全可靠的,而应认识到必须对此做出进一步的检验,包括如何能够通过积极的交流、批评与反思做出必要的改进。

应当强调的是,这事实上也可被看成日常思维和数学思维的一个重要区别:日常论证常常建立在对于经验事实的简单归纳之上,也正因此,所得出的结论就很可能包含一定的错误。再者,新的"正例"的发现往往又被认为有助于提高结论的可信度,在日常生活中人们通常也只有在对结论存有怀疑时才会真正感受到对结论进行证明的必要性。与此相对照，对于证明的重视则可被看成数学最重要的特征之一，以下则更可以被看成“数学证明”最重要的特征：这决不应唯一地建立在经验的论据之上，也不应诉诸于权威或其他各种非理性的因素，而应是理性分析的结果，即应当是一种逻辑的论证。

当然，即使对于高中生而言，严格的逻辑证明也是一个过高的要求。因此，如何能够针对学生的实际情况进行证明教学特别是提出适当的要求就应被看成做好这一方面工作的关键。例如，在笔者看来，我们显然就可从后一角度去理解英国数学教育家梅森关于如何做好证明教学的这样一个建议：首先说服自己，然后再说服朋友，最后是说服“敌人”。

最后，还应强调的是，我们不应将学生证明能力的提升与思维的发展完全隔裂开来，或是认为在这两者之间存在绝对的先后关系。恰恰相反，证明能力的提升应当被看成思维发展十分重要的一项涵义，在两者之间并可说存在相互促进、互相制约的密切联系。

特殊地，这也是我们为什么要专门论及直觉能力培养的主要原因。

2. 学生直觉能力的培养

首先，上述关于如何培养学生证明能力的论述对于直觉能力而言也是基本成立的。例如，尽管对小学生而言谈不上真正的“数学直觉”，但我们仍然可以而且应当在这一方面做出积极的努力。

在笔者看来，我们应当从这一角度去理解新一轮数学课程改革中对于发展学生“数感”的强调。这并是笔者在这方面的一个具体体验：正是通过阅读美国数学教师全国理事会的《学校数学课程与评价标准》，自己首次接触到了“数感”(the number sense)这样一个概念，并由此而引发了这样一个想法：作为数学教育目标的具体论述，与分别列举出具体数量的分辨能力、计算能力、估算能力等这样一个做法相比较，“发展学生的数感”是更加恰当的一个表述。

为了对此做出清楚说明，我们还可以与一些相关的概念加以对照，如“语感”“方向感”“美感”“质感”……显然，这些词语都代表了一种能力，并都具有“直感”这样一种含义，即指对于事物或现象的某种属性或方面具有较大的敏感性，包括一定的鉴别(鉴赏)能力，尽管这在大多数的情况下又是说不清、道不明的，仿佛已经成为了主体的一种“本能”，一种直接的“感知”。

从同一角度进行分析，强调学生“数感”的发展显然也就有很大的合理性，因为，我们确实需要对客观事物和现象的数量方面有较大的敏感性，并能对于数的大小做出迅速的判断，包括一定的估算能力……当然，作为问题的另一方面，我们也应清楚地认识“数感”的局限性，从而，随着学生年龄的增长与学习的深入，我们就应提出更高的要求，如要求学生能够根据需要与可能对于客观事物和现象的数量方面做出精确的刻画，并能准确、迅速地进行计算，包括对于运算的合理性做出清楚的说明……

更一般地说，这也是这方面的一个基本事实，即学生的数学直觉能力同样有一个不断发展、逐步提升的过程，这并是数学教学应当很好地实现的又一目标，即帮助学生逐步发展起一种超越直接经验或者说更加精致的直觉，也即真正的“数学直觉”。

但是，我们究竟为什么应当特别重视学生直觉能力的培养？以下就是以色列学者费施拜因(E. Fitchbein)提供的解释(详可见 E Fitchbein, *Intuition in Science and Mathematics: An educational Approach*, D. Reidel, 1987)：数学直觉作为一种特殊的认知形式，在很大程度上可被看成感性知觉在更高层面上的替代物，两者都体现了人类的这样一种心理倾向，即对于可靠性(确定性，certitude)的追求。进而，正如“亲眼所见”“亲耳所闻”等词语所清楚表明的，对于某些对象或属性所说的“可靠性”可以直接建立在感性知觉之上。但是，如果所涉及的是抽象的对象，这时显然就不可能有直接的感性知觉，而数学的认识就是这样的情况。也正因此，这时我们就需要发展一种新的认知去代替感性知觉，这也就是所谓的“数学直觉”。如果采用更形象的描述，我们在此所希望的就是“用头脑去看”(to see mentally)。

由此可见，我们应将“数学直觉”看成数学概念或结论“心理意象”十分重要的一个成分，而其主要特征就代表了主体对于相关对象的一种“洞察”。又由于后者具有综合(整体)性和直接性的特征(这并是与逻辑证明的顺序性和抽象性直接相对立的)，因此就可使主体在心理上获得需要的“可靠性”，尽管后者很可能只是一种心理效应，即事实上包含一定的错误。

总之，数学直觉主要地应被看成数学中如何能够达到真正理解(或者说，更加深刻的理解)的一个重要途径，特别是，我们如何能够超越纯形式的分析与严格的逻辑证明使得相关内容对自己而言真正成为“非常直接浅显的”和“非常透彻明白的”，或者说，达到“真懂”或“彻悟”这样一个境界。(徐利治语)

以下即可被看成数学直觉最重要的一些特征：

第一，与普通的逻辑推理不同，直觉的认识应当说具有更大的直接性。例如，这就正如庞加莱所指出的，为直觉所指引的数学家不是以步步为营的方式前进的：“他们在第一次出击中就迅速达到了征服的目的。”还应强调的是，尽管直觉并非建立在严格的逻辑论证之上，但却往往伴有很强的“自信心”。这也就如波利亚所描述的那样：“一个突然产生的、展示了惊人的(处于戏剧性的重新排列之中)新因素的想法，具有一种令人难忘的重要气氛，并给人以强烈的信念。这种信念常表现为诸如‘现在我有啦！’‘我求出来了！’‘原来是这一招！’等惊叹。”

第二，与逻辑(推理)的抽象性不同，直觉常常与形象思维相联系，还具有综合的特征，后者即是指，此时呈现在人们头脑之中的是一幅整体性的“图像”，尽管其中的某些细节很可能是模糊的。

借助日常生活我们可对这里所说的“综合性”有更清楚的认识：我们常常可以立即辨认出远处的某一个人是自己熟悉的某人，尽管你无法详细地说出作为其体态特征的各个细节，但仍然具有十分确定的整体性印象。

当然，与日常体验相比，数学中的形象思维和直觉又要复杂得多，特别是，它们都已超出单纯的直观图形和感知并包含有一定的抽象成分，或者说，应被看成后者在更高抽象层面的重构。借助著名数学家阿达玛(Jacques Solomon Hadamard, 1865—1963)在其名著《数学领域中的发明心理学》中给出的以下实例我们即可对此有更清楚的认识：

［例 3］　与“存在无穷多个质数”的证明相对应的心理图像(《数学领域中的发明心理学》，江苏教育出版社，1988，第 60～63 页)。

阿达玛在此所论及的是这样一个算术定理：“存在无穷多个质数。”以下就是阿达玛头脑中所出现的与这一定理经典证明的各个步骤(假设他所证明的是存在大于 11 的质数)相对应的心智图像：

证明步骤	心智图象
(1) 列举出从2到11的所有质数,即2,3,5,7,11。	我所看到的是一个混乱的组合。
(2) 构成乘积N=2×3×5×7×11。	N是一个相当大的数,我把它想象成一个远离上述混乱组合的点。
(3) 在乘积N上加1。	我看到稍稍超出第一点的另一个点。
(4) 如果这个数不是质数,就必然有一个质因数,而它就是所要求的数。	我所看到的是介于上述混乱组合与第一点之间的某个地方。

阿达玛指出,借助于所说的心智图像,"我就可以一下子看到论证中的所有成分,把它们相互联结起来,并使之成为一个整体——一句话,达到综合的目的"。"每一个数学研究都迫使我建立这样的一个图式,它们总具有也必须具有模糊性的特点,但又并非是不可靠的。"

另外,1.3节中所提到的庞加莱关于"序"的论述显然也可被看成这方面的又一典型例子,特别是,依据这一论述我们即可对直觉的综合性有更好的认识。

第三,直觉的"不可预期性"和"不可解释性"。尽管直觉常常被认为代表了更深刻的认识,乃至对于对象本质的"洞察",但是,不仅它的出现不可预见,我们往往也不能对此做出合理的解释。

我们仍可以日常生活为例对此做出具体说明。这也是一个十分常见的现象:我们力图回忆起先前相识的某人的姓名(这是一种有意识的或者说自觉的思维活动),但却怎么也想不起来。然而,当我们转而从事其他活动或工作时,此人的姓名有时却会忽然浮现在脑海中,尽管自己也无法说清相应的思维活动是如何实现的。

更一般地说,人们普遍认为直觉的产生是无意识思维活动的结果,从而也就常常表现为思维活动的间断或跳跃,或者说,直觉的产生常常具有很大的突然性。事实上,有很多数学家都曾提到过这方面的亲身体验。例如,庞加莱就曾谈到过他是如何创立福克斯函数理论的:他曾力图为一些原先以为不存在、后来却得到了构造的新函数确定一个统一的变换,却很久未能成功。其后,在一次旅途中,当他一个脚踏在公共汽车的踏脚板上时,一个想法忽然出现在头脑之中:他孜孜以求的不就是非欧几何中的变换吗?!此时,虽然他仍然坐在车中与别人聊天,但已很有把握地感到:主要的问题已经解决了。

正因为直觉的认识常常表现为无意识的思维活动,从而也就常常是不可解释的。这就如苏联的凯德洛夫(Б. М. Кедров, 1903—1985)所指出的,"直觉作为直接的推理形式,由于自身的特点,没有可能解释自己的活动,要知道,任何这种解释都要以某种间接方式表现出结论和推理之间的环节。因此,通常意义上的解释在这里是不可能的"。再者,高斯(C. F. Gauss, 1777—1855)的以下回忆则可被看成为此提供了一个典型案例:他曾以数年时间徒劳地企图证明一个算术的定理,"最后,我获得了成功,但并非由于艰苦的努力,而是由于上帝的恩惠,就像一道忽然出现的闪光,疑团一下子被解开了,连我自己也无法说清在先前已经了解的东西与使人获得成功的东西之间是怎样联系起来的"。

当然,上述分析也清楚地表明了直觉的"易谬性"。

最后,尽管直觉的认识常常被归结为无意识的思维活动,但我们决不应将此看成是完全非理性的。毋宁说,这从一个角度清楚地表明了在自觉的思维活动与无意识的思维活动之间存在的辩证关系:(1)我们应将有意识的思维活动看成无意识思维活动的必要前提,这也就是指,只有通过自觉的思维活动,才能为无意识的思维活动提供必要的基础。正因为此,我们在数学中就不能像期待奇迹的出现那样徒劳地去等待直觉的产生,而应加强自觉的思维活动。这也就如阿达玛所指出的,"这种有意识的活动并不像人们所想的那样是无益的,正是这些活动开动了无意识的思维机器,不然的话,这一机器就永远不会运转,也不会产生任何结果"。(2)由于直觉在细节上的模糊性,更由于直觉的认识并非完全可靠,因此,数学研究不应停留于直觉,而应过渡到检验的阶段。更一般地说,只有通过自觉的思维活动由直觉产生的结论才能得到精确的表述,也才可能得到严格的检验和必要的发展。

显然,上述的分析更清楚地表明了这样一点,即我们应当明确肯定在数学直觉与逻辑分析之间存在的相互促进、互相依赖的辩证关系,特别是,这更应被看成数学教学应当努力实现的一项目标,即在培养学生逻辑推理能力的同时,也应注意发展他们的数学直觉能力,包括很好地实现两者的必要互补,以及我们又如何能够依据情境与需要在两者之间做出必要的转换。例如，我们显然就应从这一角度去理解费施拜因的以下论述：我们“应在发展逻辑推理的形式结构的同时，尽可能地发展新的、更为恰当的直觉解释”。(*Intuition in science and mathematics: An educational approach*，同前，p. 212)

再者，由于“形象思维”可以被看成对于人们发展直觉能力具有特别的重要性，因此，依据上述分析我们也可更清楚地认识努力发展学生“形象思维”的重要性，包括对后者有正确的理解，这也就是指，对此我们不应理解成一般意义上的直观图像，而应清楚地认识努力提升学生在这一方面能力的重要性，特别是，应帮助他们逐步学会“概念图”和“流程图”的应用。对此我们并将在第三章中做出进一步的分析论述。

2.6 数学学习的社会-文化研究

正如“导论”中所指出的，这是教育领域在20世纪八九十年代经历的一个重要变化，即研究领域的极大扩展，人们并对所谓的“社会-文化研究”表现出了极大的兴趣。例如，前面所提及的由“个人建构主义”向“社会建构主义”的转变就可被看成这方面的一个实例。这也就如国际数学教育委员会前任副主席安提卡所指出的：“越来越多的人认为，作为最早提出的一种理论，建构主义方法在用令人满意的手段模拟数学的学习过程方面是不充分的，因为，它没有充分地考虑到学习的社会和文化方面。”(“大学水平数学的教与学”，《数学译林》，2001年第2期)

从理论的角度看，苏联的著名心理学家维科斯基关于智力发展的研究可以被看成为这一方面的现代研究奠定了必要的基础：“社会建构主义的一个共同出发点就是维科斯基的理论，尽管不同的研究者对此做出了不同的说明。”(P. Ernest, “Social Constructivism and the Psychology of Mathematics Education”, *Constructing Mathematical Knowledge: Epistemology and Mathematics Education*, ed. by P. Ernest, The Falmer Press, 1994, p. 64) 因此，我们在此将首先对维科斯基在这一方面的主要观点做出介绍，然后再转向一般意义上的数学教育的“社会-文化研究”，包括宏观意义上的国际比较研究，以及微观意义上的“课堂文化研究”。

1. 从维科斯基的智力发展理论谈起

这是维科斯基关于儿童智力发展过程的核心观点，即认为社会环境在这一方面发挥了特别重要的作用，或者更准确地说，我们应将儿童的智力发展看成外部环境与主体相互作用的结果。这也就是指，人类在环境面前并非处于纯粹的被动地位，而是表现出了对于自然积极、能动的改造，这直接导致了人类自身行为方式的改变，包括“高级心理行为”的产生，后者并可被看成人类与动物的主要区别所在。

为了清楚地说明问题，在此首先从整体上将上述观点与皮亚杰的相关论点做一对照比较。具体地说，尽管后者也认为儿童的智力有一个后天的发展过程，并可划分为若干不同的阶段，但他采取的是“生理学的观点”，即认为这主要是由儿童的生理成熟程度决定的，从而在不同个体之间也就有很大的一致性。与此相对照，按照维科斯基的观点，儿童智力的发展应当被看成生物学因素和社会-文化因素共同作用的结果，后者与前者相比并可说具有更重要的作用，这就是我们为什么应对人们的心理行为区分出不同层次的主要原因：“儿童的发展是源于生物学基础的初等发展与社会-文化基础的高级心理功能共同作用的结果。”“高级心智功能是社会地形成的和文化地传播的。”“复杂的认知结构是一个深深扎根于个体间相互联系和社会历史之中的发展过程的产物。”（Vygotsky, *Mind in Society — The Development of Higher Psychological Processes*, Harvard University Press, 1978, p.30、46、126）

以下就是维科斯基在这方面的一些具体观点：

第一，语言（更一般地说，就是符号系统，包括语言、文字、数学符号等）对于儿童的智力发展具有特别的重要性。

首先，按照维科斯基的观点，语言的使用在人类发展中所起的作用是与工具的使用十分相似的，只是后者指向外部，即主要被用于外部世界的改造；前者则指向内部，并直接导致了自身行为模式的改变，即造成了由“刺激-反应模式”向高级心理行为的转变。

例如，维科斯基指出，借助于词语的指称功能，儿童能够支配自己的注意，从而就在感知环境中创造出了一个新的结构中心，即在一定程度上改变了“感知域”的结构。更重要的是，感知本身的性质也由于语言的介入发生了重要变化，即由素朴意义上的感知（visual perception）转变成了“语言化的感知”（verbalized perception）。例如，这就是后者的一个重要特征，即具有分析归类的功能，从而也就与前者的综合性质构成了直接的对立，这直接关系到了我们对于事物本质的认识。再者，作为“视觉-空间域”的重要补充，语言的使用也创造了一个“时间域”，即由时间上单一的感知域发展起了一系列在时间上前后相继的感知域，也即使感知域获得了动态的性质。

其次，语言本身也经历了由“行为的伴随物”到“行为的替代物”这样一个重要的转变，这对于人类智力的发展也有十分重要的影响。(1)这使人们可以很好地实现对“直接感知域”(immediate perceptual field)的超越，从而获得更大的自由。(2)这也使人们可以在事先对自己的行为做出计划，从而表现出更大的自觉性，并在很大程度上实现对于行为的自我控制。简言之，与简单的“刺激-反应模式”不同，这种“以语言为中介的行为模式”(mediated form of behavior)直接导致了高级心理行为的产生，这并是后者最重要的一个特征：这是由目标而不是刺激定向的，我们还可用可变的行动计划适应不同的环境，最终实现事先设定的目标。

最后，记忆的作用也由于语言的使用发生了重要变化。例如，维科斯基指出，对儿童来说，思维意味着回忆。然而，对青少年来说，回忆意味着思维，因为，这已不是对于过去所发生事件的简单重复，而主要是指如何发现其内在的逻辑联系，而又正是语言在这一过程中发挥了特别重要的作用。

总之，“语言在高级心理行为的组织中发挥了核心的作用”。这也就是指，“智力发展的最重要时刻，即由此而发展出人类所特有的应用性和抽象的智能，开始于说话与实际活动这两种先前完全独立的发展的聚合”。(*Mind in Society — The Development of Higher Psychological Processes*，同前，p. 23、24)进而，由于语言具有明显的社会性质，因此，在维科斯基看来，这就从一个侧面清楚地表明了社会因素在智力发展过程中的重要作用。

第二，维科斯基首创性地提出了“边缘发展区”（the zone of proximal development）这样一个概念。

具体地说，这正是维科斯基在这方面的一个重要看法，即我们应从两个方面从事儿童智力发展水平的评价，也即儿童的实际发展水平和潜在（可能的）发展水平：前者是指儿童在当前能够独立完成的；后者则是指在别人（例如教师）的帮助下或通过与同伴合作能够完成的。

按照维科斯基的分析，对于这两种发展水平之间的差距我们可称为“边缘发展区”。又由于所说的“潜在发展水平”是在社会交流（包括教学和合作）的层面上得到体现的，因此，在维科斯基看来，“边缘发展区”的概念，即由潜在向实际发展水平的转化也就清楚地表明了外部环境特别是教学活动（包括合作学习）对个人智力发展的特殊重要性：智力的发展就是“社会经验的内化”。维科斯基这样写道：“它创造了一个边缘发展区，即激发了多种只有通过与其外部环境中的其他人进行交流或同伴间的合作才能实现的内在发展过程。一旦这些过程得到了内化，它们就成为了儿童独立发展成果的组成成分。”与此相对照，离开了社会化的学习过程，“很多内在的发展就是不可能的”。也正因此，维科斯基提出：“学习是发展社会组织的人类所特有的心理功能的一个必要成分。”“这种发展的可能性正是人类与动物的一个重要区别。”（*Mind in Society — The Development of Higher Psychological Processes*，同前，p. 90、88）

更一般地说，这事实上也可被看成社会建构主义最基本的一个论点，即认为社会环境不仅应当被看成智力发展的必要条件，也决定了智力的发展方向（显然，由此我们也可清楚地认识智力发展的历史性质与文化相关性）。

维科斯基关于“边缘发展区”的思想显然具有重要的教学意义，特别是，这清楚地表明：“教学不应落后于发展。”这也就是指，我们在教学中不应只看到学生的实际发展水平，而应主要着眼于其可能的发展。维科斯基并因此提出了这样一个论点：“学习先于发展。”与此相对照，由于认为儿童智力的发展主要取决于其在生理上的成熟程度，因此，按照皮亚杰的观点，“发展先于学习”，从而也就与维科斯基的观点构成了直接的对立。

第三，上面的介绍显然表明：“内化”的概念在维科斯基的智力发展理论中占有特别重要的位置。

这首先就是指“社会经验的内化”，即由“个体间”（inter-psychological）向“个体内”（intra-psychological）的转变。维科斯基写道：“儿童文化发展中的每一个功能都出现两次,第一次是在社会的水平上,第二次是在个体的水平上,首先是在个体间,其次是在儿童自身之中。所有高级功能都产生于个体间的真实关系。"(*Mind in Society — The Development of Higher Psychological Processes*,同前,p. 57)

其次,正如先前所指出的,按照维科斯基的观点,由"个体间"向"个体内"的转化并与语言的"内化",即由"社会语言"向"内在语言"的转化密切相关,从而就从更广泛的角度指明了社会和文化的因素对人类智力发展过程的重要作用:社会语言的内化就是智力社会化的过程,即是一个文化继承的过程:"符号系统是由社会在其历史发展过程中所产生的,并是伴随着社会形成及其文化发展水平而变化的。这种文化地产生的符号系统的内化导致了行为的变化,并构成了联系个体发展不同形式(阶段)的桥梁。"(*Mind in Society — The Development of Higher Psychological Processes*,同前,p. 7)"符号的发展历史把我们引向指导行为发展的一个更加基本的规律……这一规律的核心在于:儿童在发展中开始使用在先期是由别人使用在他身上的相同的行为方式,这样,这一儿童就获得了由社会所传递给他的行为的社会形式……就其最初的使用而言,符号总是社会交流的一种方式,一种影响别人的方法;而只是在后来,它才发现了也可起到影响自身的作用。"(引自 M. Cole & Y. Engestrom, "A cultural-historical approach to distributed cognition", *Distributed Cognition, Psychological and Educational Consideration*, ed. by G. Salomon, Cambridge University Press, 1993, p. 6 - 7)总之,"社会性和历史发展起来的活动的内化是人类心理学的决定性特点"。(*Mind in Society — The Development of Higher Psychological Processes*,同前,p. 57)

最后,正因为智力发展是一个内化的过程,即必须由各个儿童在头脑中相对独立地完成,因此,这也就更清楚地表明了认识活动特别是学习活动的建构性质,后者即是指学习并非外部行为的简单重复:"儿童的发展并不像影子对于投影物体的追随那样去追随学校的教学。"毋宁说,学习只是智力发展的起点,即只是提供了进一步发展的必要基础。也正因此,维科斯基认为:"发展一定大于学习。"(详可见 *Mind in Society — The Development of Higher*

Psychological Processes，同前，p. 90－91）

前面已经提到，维科斯基的上述思想在建构主义者特别是社会建构主义者之中具有十分广泛的影响。另外，就我们当前的论题而言，这则清楚地表明了学习活动的文化继承性质，以及我们为什么又应特别重视从社会和文化的角度从事学习活动的研究。

事实上，就20世纪后期的数学教育研究而言，"社会-文化研究"可以说一直处于比较活跃的状态，后者既是指宏观意义上的国际比较研究，也包括微观意义上的"课堂文化研究"。以下就分别对此做出具体介绍。另外，我们在2.7节中还将对所谓的"教育研究的社会转向"做出进一步的分析论述。

2. 数学教育的国际比较研究

这是数学教育的国际比较研究给予我们的主要启示，即我们应当清楚地认识整体性文化传统特别是社会上的普遍性观(信)念对于教师和学生教学活动的重要影响。

以下就是这方面较有影响的两部著作：由美国学者斯蒂文森(H. Stevenson)和斯丁格勒(J. Stigler)合作完成的《学习的差距》(*The Learning Gap — why our school are failing and what we can learn from Japanese and Chinese Education*, Simon & Schuste, 1992)，以及由斯丁格勒与另一数学教育家赫伯特(J. Hiebert)合作完成的《教学的差距》(*The Teaching Gap — best ideas from the world's teachers for improving education in the classroom*, The Free Pres, 1999)。

具体地说，前一著作所采取的是文化的视角，即从家庭、教师、学校等方面对影响学生数学学习的各种因素进行了系统的分析，特别是，其中不仅涉及中、日、美三个国家中学生的不同生活方式、不同的教学组织形式，以及在教师的培养和工作情况等方面存在的种种差异，而且也涉及一些更深层次的观念和信念，如不同国家对于决定学生学习活动成败的主要因素具有十分不同的看法，在家长的期望值与对学生的支持程度等方面也有重要的差异，等等。另外，相关作者之所以采取比较研究这样一种方式，是因为通过这一途径我们即可发现一些司空见惯但又往往为我们忽视的方面或因素。(对此并可见1.4节中的相关论述)

首先,从宏观的层面看,我们即可发现美国与中国和日本社会相比存在着这样一些对学生学习活动具有重要影响的不同之处:在中国和日本,儿童入学以后,他们的学习活动构成了其全部生活的中心;但就美国学生而言,其在学校中的生活与学校外的生活却表现出了明显距离,即美国学生在课后很少从事与学业有关的活动,包括复习与练习等,家长也没有认识到应在家中为学生创造良好的学习环境。就美国家长对于子女教育的态度而言,在后者入学前后并可看到这样一个根本性的转变:美国家长通常高度重视子女的学前教育,但是,一旦子女进入了学校,他们就认为教育的重任现已唯一地落到了教师身上,从而也就与中国和日本的家长始终十分关注子女在学校中的学习包括从各个方面给予支持的情况构成了鲜明对照。

以下则是更深层次的一些区别:美国社会认为学生学习活动的成败主要取决于天赋,人们并特别重视增强儿童的自信,特别是,认为不应让儿童因经历失败而挫伤他们的自信心(从而,家长就不应对学生施加过大的压力)。进而,也正是在这种观念的指导下,美国的初等教育普遍采取了"按能力分班教学"(tracking)这样一个做法,而这在很大程度上就是放弃了对于学生普遍的高要求。在美国社会我们还可看到这样一种"奇特"的现象:"尽管美国学生在学业成绩的国际测试比较中普遍落后于中国学生和日本学生,美国家长却仍然对于儿童的表现与学校的教育情况普遍持有肯定的态度。"(《学习的差距》,第128页)正因为此,美国学校就失去了重要的改革动力。容易想到,这种关于自我的"良好感觉"并是与美国人中普遍存在的"妄自尊大"的心态直接相联系的。

其次,尽管以下一些因素直接涉及学校的管理方式与课堂教学的组织形式,事实上也反映了社会上的一些普遍观念。

(1) 正如上面所提及的,由于认为学生学习活动的成败主要取决于天赋,而不是后天的努力,因此,美国的教育就特别重视个体差异,教育也因此失去了统一的目标与要求。与此相对照,中国和日本的教育则以缩小学生间可能存在的差距作为首要的目标,后者并体现于教育的统一标准。简言之,我们在此即可看到两种不同的教育哲学:"美国学校力图满足每个学生的不同要求;而中国和日本的学校则较少注意学生间存在的个体差异,并主要集中于提高

学生的普遍水准。”(同上,第 152 页)

(2) 与中国和日本相对照,美国学校在教学组织等方面还可说表现出了明显的低效性。例如,美国教室中有很多时间没有真正用在学习上,而是用于由一个领域向另一领域的转移或是维持教学秩序等方面,从而也就与中国与日本的教学情况构成了鲜明对照。例如,以下就是相关作者对小学一年级和五年级进行调查所得出的结论:在美国,教室中真正用于教学的时间分别为 70%和 65%;在中国和日本则分别为 85%和 90%与 79%和 82%。

(3) 作为以下问题的具体分析:究竟是中国和日本以混合编班为基础的大班教学,还是美国普遍采用的“按能力分班教学”和“教师辅导下的学生自学为主”这样的教学形式更加有效?相关作者指出,两者各有一定的优缺点,特别是,我们不应对“大班教学”持简单否定的态度,因为,这在一定条件下也可能十分有效:“如果教师没有过重的负担,学生能高度集中,时间和精力又没有消耗于无效的由一种活动向另一种活动的转移或不相干的活动,大班教学就能够有效地实施。”与此相对照,这则可被看成美国教育的真实情况:“教师辅导下的学生自学”往往意味着美国学生大多数时间是在没有教师帮助的情况下孤立地进行学习的。再者,这也可被看成美国与中国和日本之间的又一重要区别:美国教师很少指导教室中的必要规范。他们认为应将时间花费在实质的教学上,如阅读、数学的教学等,却忘记了必要规范的掌握对于教学高层次技巧的有效性很可能是关键的因素。(同上,第 92 页)这也就是指,教师应使学生成为群体的合格一员,并按照共同的标准规范自己的行为。显然,后一情况的出现也与美国社会一贯标榜的“自由”有很大的关系。

(4) 美国社会并不十分重视教师教学水平的提升,因为,教学在美国社会被看成是一种艺术,即在很大程度上取决于个人的天赋,从而也就没有必要在这方面给予职前和在职教师必要的支持。更一般地说,我们还可看到两种不同的“教师形象(职业标准)”:熟练的演绎者(skilled performer),就像演员或音乐家,他们的主要工作就是有效地和创造性地演绎出指定的角色或乐曲;创造者(innovator)——按照这样的标准,仅仅演绎出一个标准的课程还不足以被看成一个好教师,甚至更应被看成缺乏创造力的表现。也正因为后一观点占据了主导的地位,因此,美国的教师通常就不愿意向有经验的教师学习,但其所谓的“创新”最终又往往表现为“标新立异”。

这也是《学习的差距》特别强调的一点：“西方人很难理解创新未必需要全新的表述，而也可以表现为深思熟虑的增添、新的解释和巧妙的修改。”(同上，第168页)显然，这也与社会上的普遍观念有着密切的关系。

再者，与中国和日本的同行相比，美国教师还可说承担了更多的工作：他们不仅需要承担更多的教学时数，并被要求同时充当家长、咨询者、心理医师等各种角色，从而就没有足够的时间和精力用于改进教学。显然，这也与前面提到的美国社会对教师工作的具体定位具有直接的关系。

与《学习的差距》不同，正如其名称所表明的，《教学的差距》主要集中于数学教学的考察，这并是相关作者在这一著作中所表达的主要观点：美国、德国和日本这三个国家就总体而言可以说存在三种不同的数学教学模式。鉴于后一论题已超出了“数学学习论”的范围，在此我们就不做具体介绍。但是，这一著作也突出地强调了教学工作的文化性质，并从后一角度对我们关于应当如何从事数学教育改革进行了具体分析，以下就对此做出简要介绍。

事实上，从文化的角度看，这也是我们面对上述结论应当想到的一个问题：像美国这样一个高度自治，从而也就有很大不一致性的国家，何以能够被归结成一个统一的教学模式？进而，所说的统一教学模式又是如何形成的，又如何能够在较长时期内保持稳定？显然，这也直接涉及教学模式的文化性质。

具体地说，这正是相关作者在这方面的一个主要论点，即认为教学主要地应被看成一种文化行为，这也就是指，教师主要是按照社会上普遍存在的观(信)念而不是培养过程中学到的教学理论进行教学的，其对于教学模式的掌握主要地也不是通过正式学习，而是长期参与实际学习的结果，即主要是一种不自觉的行为。

以下就是相关作者对于决定不同数学教学模式的“文化要素”(cultural script)的具体分析，即认为这主要涉及人们关于“数学的性质”和“学生数学学习”的认识。

具体地说，在美国，数学常常被认为是算法的简单汇集，更有61%的教师认为，对于数学学习来说最重要的就是要掌握相应的技能，数学本身则无任何乐趣可言，而且，数学学习主要是一个积累的过程，并主要依赖反复的练习，教师在这一过程中则应努力减少学生的疑虑或错误。也正因此,人们认为教师的主要责任就是将知识分解成各个互不相干的“知识点”,每个知识点的教学又主要是一个示范与练习的过程。一旦发现学生有困难教师则应立即指明正确的作法,从而尽可能地减少学生的疑虑或错误。另外,教师还应在数学以外去寻找“兴奋点”,从而调动学生的学习积极性,包括吸引学生的注意。

在日本,数学则被认为是各种概念、事实和算法所组成的整体,更有73%的教师认为,数学学习最重要的应是学会数学地思维,数学学习的最有效方法则是在解决问题的过程中学习,包括积极的探索、参与讨论、对各种解法进行比较等。又由于学习是一个复杂的过程,因此也就不可避免地包含一定的错误与反复,数学并被认为具有内在的兴趣,即存在于积极探索与成功解决问题的喜悦之中。正因为此,日本的教师就会花费很大力量去选择适当的具有挑战性的问题,并认真地组织课堂讨论,包括给出必要的指导。

相关作者并强调指出,美国的数学课程往往是零散的,并经常受到外部事件的干涉;日本的课程则是很好地组织的,即表现出了高度的协调性。两者还表现出了对于个体差异的不同看法:美国认为个体差异是教学的主要障碍,所以普遍采取了“按能力分班”这样一种教学形式;而日本则认为个体差异的存在是一件好事(具有互补性),并致力于缩小可能的差距。

以下则是相关作者关于如何改进数学教学包括教育改革的若干具体建议,由此我们也可更好地理解从文化的视角进行分析研究的重要性:

(1) 依据教学的整体性质,局部的、零星的改革(诸如唯一局限于教材的改革,或是班级大小的改变,等等)就不可能取得很大的成效。恰恰相反,现实中最终发生的往往是这样的现象,即新的改革措施逐渐被原有的系统所“同化”,而非整个体系的改革。

这是作者在这方面的一个具体认识:“教学作为一种系统在很大程度上超出了教师工作的范围,而还包括外部的教学环境、教学目标、教学资源,如教材、学生的作用、学校(课程)组织形式等。仅仅改变其中的任何一项看来都很难取得所期望的结果。”(《教学的差距》,第99、127页)这也就是指,为了取得改革的成功,需要建立一种新的体制。

(2) 依据教学的文化性质我们可清楚地认识教育改革的艰巨性,因为,这直接涉及深层次的观念和信念，包括社会上普遍存在的一些认识，而人们对此又往往缺乏清楚的认识。

进而，教学的文化性质就决定了教育改革必然是一个渐进的、积累的过程，而不应期望一下子就能取得突破："由于教学是一个深深地嵌入于整体性文化环境之中的系统，任何变化必定是小步骤的，而不可能是急剧的跳跃。"(同上，第132页)。在相关作者看来，这并是文化的普遍特性："文化活动是一种顺应性的历史演变的结果，并经由人们的共同努力而逐渐成为了一种稳定的日常程序，文化活动的变化一定是缓慢的、渐进的，并必定建立在现存的程序之上。"(同上，第121页)

相关作者并依据上述认识对美国新一轮数学课程改革的现实情况进行了分析批判：在此可以看到口号的不断更新与大肆炒作，却看不到真正的进展。特殊地，广大教师似乎已认识到了改革的必要性，并认为自己对于努力的方向也已有了清楚的认识，更有不少人(约70%)认为自己已做了切实的改变，但实际上却只是局限于某些具体的做法，从而所发生也就只是一些表面的变化，更有甚者，在此还可看到一些消极的变化，如过分依赖于计算器，所谓的"淡化"事实上蜕变成了"放弃"，等等。

(3) 相关作者提出，美国的数学教育改革应当很好地遵循以下一些原则：

原则一，应当清楚地认识改革必定是连续的、渐进的、积累的，从而就应采取长远的观点，而不应追求短期效果，我们并应充分肯定细小的变化。

原则二，改革应当集中于改进学生的学习这一根本目标。

原则三，关注教学法而不是老师。因为，教师是流动的，教学法则可能得到继承。

原则四，改进具体教学。这事实上是指应当很好地解决理论脱离教学实践的问题，特别是，应当明确肯定教学工作的创造性质："由于教学的系统和文化的性质，因此就是与情境直接相关的。"正因为此，在此就不应采取简单的"拿来主义"。恰恰相反，"只有通过在各个不同教学环境中的反复尝试与调整，新的思想才可能传播到全国"。(同上，第134页)

原则五，努力改进教师的工作，即应当很好地调动教师的积极性。

原则六，建立有效的评价、推广机制。这是小的进展能否得到推广包括得到不断积累的必要条件。

(4) 从文化的角度看,作者认为,主要问题就是应当建立一个有利于持续改革这一长期目标的文化环境:"这一文化环境应当真正重视教师所知道的、教师的学习和创造,并发展起一个能从教师的思想中获益的系统:对此进行评价、调整,并通过不断积累以形成相应的专业基础,予以分享。"(同上,第 138、130 页)

显然,上述原则不仅对我们应当如何从事教育改革具有重要的启示意义,并更清楚地表明了积极从事数学教育社会-文化研究的重要性。

最后,应当强调的是,这正是数学教育(以及一般教育)的国际比较研究所应坚持的基本立场,即我们不应期望通过比较研究就能发现最好的方法或路径,而应更加重视关于数学与数学教育的多种不同观点和视角,并能通过对照比较更好地认识自己的传统,包括认真的总结与反思,并能很好地吸取别人的经验和教训。简言之,比较研究所提供的主要是一面"镜子(mirror)",而非一个"蓝本(blueprint)"。更一般地说,这显然也可被看成文化研究的一个直接结论。

例如,在笔者看来,这也正是我们面对第一章中的例 5 这样的实例所应采取的基本立场。

3. "数学课堂文化"的研究

相对于数学教育的国际比较研究,"数学课堂文化"(The Culture of the Mathematics Classroom)的研究采取的可以说是微观的视角,因为,其关注的只是教室这样一个小环境,即以教师和学生作为直接的考察对象。当然,作为文化研究,我们在此所关注的又主要是教师和学生所具有的各种与数学教学和学习直接相关的观念和信念。这也就如尼克森(M. Nickson)所指出的,"由于文化的主要特征是涉及看不见的信念和价值观,因此,数学教室的文化在很大程度上就取决于教师和学生所具有的与学科有关的隐蔽的观念";"通过采取文化的观点,我们可以更清楚地认识教学和学习的情景中所包含的这些'看不见的成分'对数学教学的成功或失败有着怎样的影响"。(M. Nickson, "The Culture of the Mathematics Classroom: an Unknown Quantity?" *Handbook of Research on Mathematics Teaching and Learning*, ed. by D. Grouws,

Macmillan, 1992, p.102)

另外，相关研究在严格的意义上应当说已经超出了数学学习论的范围，但这事实上又可被看成从社会的视角进行分析研究的一个重要结论，即我们应当清楚地看到教师的教学对学生学习的重要影响。也正是在这样的意义上，当前的研究与前面所提到的关于美、德、日不同教学模式的研究可以说有一定的交叉，尽管两者的研究视角也存在明显的不同。

具体地说，由于教师的教学具有主导的作用，因此，作为“数学课堂文化”的研究，我们首先就应特别重视教师观(信)念的分析研究，特别是他们所具有的“数学观”和“数学教学观”。

例如，按照英国学者欧内斯特(P. Ernest)的观点，对于教师的数学观我们可大致地区分出以下三种不同的类型(详可见 P. Ernest, “The Impact of Beliefs on the Teaching of Mathematics”, paper prepared for ICME VI, Budapest, 1988)：

(1) 动态的、易谬主义的数学观。这是指把数学看成人类的一种创造性活动，从而主要地也就是一种探索的活动，并必定包含错误、尝试与改进的过程，更处于不断的发展和变化之中。

(2) 静态的、绝对主义的数学观。这是指把数学看成无可怀疑的真理的集合，这些真理并得到了很好的组织，即构成了一个高度统一且十分严密的逻辑体系。

(3) 工具主义的数学观。这是指把数学看成适用于各种不同场合的事实性结论、方法和技巧的汇集。由于这些事实、方法和技巧是为不同的目的彼此独立地发展起来的，因此，数学就不能被看成一个高度统一的整体。

除去欧内斯特，其他学者在这一方面的研究结论应当说也是比较一致的。例如，尼克森就突出地强调了“‘形式主义’的传统”与“发展的、变化的数学观”的对立，而这大致地就相当于欧内斯特所说的“静态的、绝对主义的数学观”和“动态的、易谬主义的数学观”。

当然，正如大多数研究者都已清楚认识到了的，他们所提供的又都只是一幅简化了的“图像”，后者则不只是指在所说的各种“极端”情况之间还有多种可能的“中间状态”，也是指这样一个事实：不同的数学教师可能具有完全不同的数学观念,即使是同一个教师所具有的数学观念也未必自洽。更一般地说,我们在此应清楚地看到这样一个事实:教师的“数学观”未必是一种系统的理论观点,也可能是一些素朴的认识,其持有者也未必对此具有清醒的自我认识。

另外,所谓“数学教学观”则是指教师关于应当如何从事数学教学的看法,其涉及面并可说十分广泛,例如,这就直接涉及这样一些问题:什么是数学教育的主要目标?教师在教学中应当发挥怎样的作用?学生在教学过程中又应处于什么样的地位?什么是合适的教学方法?等等。

研究者提出,对于教师的数学教学观念我们也可区分出一些不同的类型。以下就是一种可能的区分(详可见 T. Kuhs & D. Ball, *Approach to teaching Mathematics: Mapping the domains of Knowledge, Skills and Dispositions*, Michigan State University, 1986):

(1) 以学生为中心的数学教学思想,即认为数学教学应当集中于学习者对于数学知识的建构。

(2) 以内容为中心并突出强调概念理解的数学教学思想,即认为我们应当围绕教学内容组织教学,并应特别重视概念的理解,这也就是指,我们在教学中不仅应当讲清“如何”,也应讲清“为什么”。

(3) 以内容为中心并特别强调运作的数学教学思想,即认为数学教学应当特别重视学生的运作及其对各种具体数学技能(法则、算法等)的掌握。

(4) 以教学法为中心的数学教学思想。这种教学思想的主要特征是:与特定的教学内容相比,教师应当更加重视教学法,如教学环境的布置、教学环节的组织等等。

在此还应特别提及这样一点:尽管研究者可能采取了不同的研究视角或具有不同的研究重点,但这又可被看成大多数人在这一方面的一项共识,即数学观与数学教学观念相比更加重要,也即认为教师所具有的数学观在很大程度上决定了他会以什么样的方式去从事教学。

例如,主要就是在这样的意义上,法国著名数学家托姆(R. Thom)写道:“所有的数学教学法都建立在一定的数学哲学之上,尽管后者很可能只是很糟糕地界定了的,它的表述也是十分糟糕的。”(引自 M. Nickson, “The Culture of the Mathematics Classroom: an unknown Quantity?"同前,p.102)另外,英国著名数学教育家斯根普(Richard Skemp)也曾写道:"我们并不是在谈及关于同一数学的较好的和不那么好的教法。只是在经过了很长一段时期以后,我才认识到并非是这样的情况。我先前总认为数学教师都在教同样的科目,只是一些人比另一些人教得好而已。但我现在认为在'数学'这同一个名词下所教的事实上是两个不同的学科。"(引自 A. Thompson, "Teacher's Beliefs and Conceptions: a synthesis of the research", *Handbook of Research on Mathematics Teaching and Learning*, ed. by D. Grouws,同前,p.133)

上面的认识有一定的道理。因为,如果一个数学教师所具有的是"静态的、绝对主义的数学观",那么,他无疑就会倾向于把数学知识看成一种可以由教师直接传递给学生的纯客观的东西,也正因此,数学学习就不应是一种探索的活动,对于任一问题又必定存在唯一正确的解答和唯一合理的解题途径,所说的正确性和合理性并完全取决于教师的裁决。与此相对照,如果一个教师具有的是"动态的、易谬主义的数学观",那么,他在教学中就会大力提倡学生的参与,包括"问题解决"、合作学习、批判性讨论等,对学生在学习过程中产生的错误也会持比较理解的态度,包括通过师生的共同努力消除错误,而不是简单地求助于教师(或教材)的权威。

再例如,如果教师持有"形式主义的数学观",就会认为数学教学应当清楚地指明概念的内在联系。然而,如果他持有的是"工具主义的数学观",则必然地会突出强调教师的示范作用,并认为学生的职责就是记忆和模仿。

尽管我们应当明确肯定数学观对于教师教学工作的重要影响,但在笔者看来,这又不应被看成唯一的要素,因为,教师观念中还有一些相对独立的成分,它们对教师的教学也有重要的影响。

例如,正如先前关于"数学教育学"组成成分的分析,教师关于数学教育目标的认识对其教学工作也有重要的影响。事实上,笔者以为,上述关于数学观具有最大重要性的共识主要也就建立在这样一个认识之上,即认为数学教育的主要目标应是帮助学生学会数学。但是,对于后者的合理性我们事实上也应做更加深入的分析,因为,如果我们对此具有不同的认识,对于其他很多问题也就会有不同的看法。例如,如果我们认定数学教育主要地应对培养未来社会的合格公民做出自己的贡献,而这又可被看成未来社会最重要的一些特征,即"民主、开放性和技术性的不断增强",我们就会对应当如何从事数学教学具有不同的看法,如我们究竟应当如何认识"探究性活动"与"合作学习"的意义,等等。

再者,笔者以为,对于数学学习活动基本性质的认识也应被看成教师观念又一重要的内容,这相对于数学观而言显然也有较大的独立性。例如,正如2.3节中所提及的,这可被看成建构主义在数学教育(以及一般教育)领域中兴起的主要意义:这不仅促使我们重新认识教师和学生在教学活动中的地位,也从整体上对传统的教法设计理论提出了严重挑战。

最后,我们还应清楚地看到教师的数学观与实际教学活动之间的辩证关系。这也就是指,我们既应看到教师的数学观对其教学工作的重要影响,也应看到相应的教学实践无论成功或失败都会促使教师对于自己的数学观念(包括数学教学观念等)做出反思,包括必要的调整或改进。这也就如辛普逊(Simpson)所指出的:"已有的文献支持了这样一种观点,即观念影响了教室中的实践活动,教师所具有的观念在此似乎起了过滤器的作用,借此教师才能理解自己通过与学生和教学题材的相互作用获得的经验。但是,作为问题的另一方面,教师观念中很多成分又源自教室中的经验,并是由后者不断调整的,教师们正是通过与这一特定环境的相互作用,包括教学方面的各种要求与现存的问题,并经由反思对自己的观念作出评价和重组。"(A. Thompson, "Teacher's Beliefs and Conceptions: a synthesis of the research", *Handbook of Research on Mathematics Teaching and Learning*, ed. by D. Grouws, 同前, p. 138 - 139)

其次,作为"数学课堂文化"的具体研究,除去教师的观(信)念,我们当然也应十分重视学生观(信)念的研究,包括其对于学习活动的影响。在此仅仅强调这样两点:

(1) 学生的观念主要是通过学校中的学习逐步形成的(当然,我们也应清楚地看到整体性文化传统与特定环境的影响)。例如,我们显然就应从这一角度去理解波利亚的这样一个论述:"有一条绝对无误的教学法——假如教师厌烦他的课题,那么整个班级也将无例外地厌烦它。"(《数学的发现》,同前,第二

卷,第 174 页)

当然,教师的教学对学生的观念还具有更广泛的影响。例如,如果学生所面对的是"静态的、绝对主义数学观"支配的教学,他们很快也会形成这样的想法:数学就是数学课程中列举的各个科目的简单汇集,包括算术、代数、几何等;没有学过的东西就不可能会,因为,学生的职责就是接受,而不是探索或发现,从而就将自己摆到了一个完全被动的位置。

再者,这显然也可被看在这方面十分重要的一个事实,即学生的学习在很大程度上就是对自己的行动做出调整以满足教师的期望。例如,在上述的教学形式下,学生很快就会以努力给出正确解答作为主要的学习目标,并认为实现这一目标最有效的途径就是牢牢记住教师所教的方法,并通过模仿从而获得教师所希望的解答。进而,一旦形成了这样的观念,数学的实际意义就会被看成与学习完全不相干的,这并是现实中何以出现以下现象的主要原因:尽管教师(或教材中)有时会引入一些日常情景,但通常不会取得很好的效果,而这主要地不是因为所说的情景有时过于牵强,而是因为在学生看来我们所希望他们了解的数学的现实意义是与学校的数学学习完全无关的。

(2) 就观念的形成和变化而言,教师与学生之间所存在也不是严格的单向关系,即仅有教师对学生的影响,而是一种动态的、辩证的关系,两者并共同构成了"学习共同体"。例如,在笔者看来,以下事实就十分清楚地表明了师生之间的相互作用与相互限制:有时教师表现出了积极从事数学教育改革的热情,但学生们却对此采取了消极甚至是抵制的态度,从而就会对教师产生很大的负面影响。当然,我们不应因此而对学生做任何的指责,因为,这在很大程度上即可被看成更清楚地表明了观念(从更大的范围看,就是传统)的重要影响。

综上可见,教师和学生所持有的观(信)念(包括数学观和数学教学观等)在很大程度上决定了教室中的教学活动是如何进行的,特别是,这不仅直接影响到了教学方法的选择,也在很大程度上决定了教师和学生在教学活动中的具体定位,包括两者相互作用的方式,等等。也正是在这样的意义上,人们提出,我们可以论及不同的"(数学)课堂文化"。例如,这也就如尼克森所指出的:"数学教室的文化是随着其中的角色改变的。各个教室特有的文化是由以下因素决定的，即教师和学生引入其中的知识、信念、价值观等，以及这些成分对于教室中社会运作的影响。”（“The Culture of the Mathematics Classroom: an Unknown Quantity?”同前，p. 111）

进而，由上述分析我们显然也可清楚地认识积极从事“（数学）课堂文化”研究的重要性，特别是，这十分有益于教师对于自身观（信）念的自觉反思，从而就可由不自觉状态转向更加自觉的状态，包括促进观念的必要更新。这也就如辛普逊所指出的，“正是通过对自己的观念和行动的反思，教师获得了关于自己的隐蔽的假设、信念和观点，以及这些成分是如何与自己的行动相联系的更大自觉性。也正是通过反思，教师发展起了关于自己的观念、假设和行动的更大合理性，并清楚地认识到了其他的可能性。”（“Teacher's Beliefs and Conceptions: a synthesis of the research”，同前，p. 139）

当然，这也是我们应当认真思考的又一问题，即教师的观（信）念是如何形成的？显然，上述分析也已为此提供了初步的解答，特别是，正如数学教育的国际比较所已表明的，我们应当清楚地看到整体性文化传统包括教师做学生时的学习经验在这一方面的重要影响。在此笔者并愿特别强调这样一点：教师是否具有一定的研究经验对其教学工作特别是能否形成“动态的、发展的数学观”也有重要的影响。例如，我们可从后一角度更好地理解波利亚的这样一个论述：“数学教师应当具有一定的数学工作经验”；“数学教师的训练，应当在解题讲习班这种形式或在任何其他适当的形式下，向他们提供有适当水平的独立的（‘创造性’的）工作的经历”。（《数学的发现》，同前，第二卷，第168～172页）

当然，正如上面所提及的，我们又应清楚地看到实际教学工作以及作为教学对象的学生对教师的重要影响。应当强调的是，从理论的角度看，这又可被看成“课堂文化研究”的核心观点，即作为教学双方的教师与学生事实上形成了一个“学习共同体”，而后者的主要特征就是相关成员对于什么是数学与适当的教学方法等具有共同的看法，从而也就对他们在教室中的教学和学习行为（责任与权力）具有重要的约束力量，更可能直接促成或阻碍教师观念的转变。显然，就我们当前的论题而言，这也就为我们深入认识学习活动的性质与主要特征提供了一个新的重要视角。

最后,应当提及的是,除去“数学课堂文化”的研究,我们显然也可将 2.2 节中提到的“问题解决”现代研究的以下成果看成这方面的又一实例,即我们应将“观(信)念”看成决定人们解决问题能力的又一要素。当然,由此我们也可更清楚地认识到这样一点:数学教育乃至一般教育领域中“社会-文化研究”的兴起为我们在这一方面认识的发展与深化提供了重要的外部环境与促进因素。

2.7 从“情境学习理论”到“教育的社会转向”

除去各种具体的研究,我们显然也应十分重视对于教育领域中学习研究整体发展趋势的很好了解与深入分析。当然,后一方面的工作并非是指对时髦潮流的盲目追随,乃至因为缺乏独立思考而陷入各种可能的误区,而应切实增强自身的独立思考,从而才能有效地吸取启示和教训,包括很好地弄清什么是相关工作应当特别重视的一些问题。以下就围绕所谓的“情境学习理论”与“教育的社会转向”对此做出具体分析。相对于前一节的论述,本节应当说具有更强的社会学色彩,所涉及的范围也更加广泛,即由数学教育扩展到了一般教育。

1. 学习理论的现代发展

这是学习理论特别是学习心理学研究在 20 世纪六七十年代经历的一个重要变化,即认知心理学逐渐取代行为主义占据了主导的地位。其后,这一领域自 90 年代起又经历了一个新的变化,即研究领域的进一步扩展,特别是表现出了多学科的交叉与渗透,对此例如由以下诸多新词语的出现就可清楚地看出,如“情境学习”“分配认知”“生态心理学”“社会共享认知”等。再者,尽管具有不同的研究视角和重点,相关研究“大多数是以学生为中心的,关注学习活动的,注重学习情境脉络重要性的”,这也就是我们为什么将这些理论统一归结为“情境学习理论”的主要原因。在一些学者看来,后者的兴起并意味着学习理论的一次革命:“我们深信,过去的十年见证了在历史中学习理论发生的最本质与革命的变化。……我们已经进入学习理论的新世纪。”(乔纳森、兰德主编,《学习环境的理论基础》,华东师范大学出版社,2002,第 3 页)

具体地说，行为主义的基本立场认为心理学研究应当局限于外部的可见行为，并集中于“刺激-反应”这样一个模式。与此相对照，认知心理学则将研究的重点转向了内在的思维活动，即人脑对于信息的接收、加工、贮存和提取。正因为此，对于由行为主义向认知心理学的转变我们就可形容为人们的关注点“由‘外’转向了‘内’”。进而，由于对学习活动情境相关性的强调就意味着我们应将关注点转向人在特定情境中的活动，转向人与环境的相互作用与协调，因此，在所说的意义上，我们就可以说，在经历了先前的由“外”向“内”的转变以后，学习理论现又重新转向了“外”，转向了人的活动。例如，这正如威尔逊(B. Wilson)所指出的，“情境认知的突出特点是把个人认知放在更大的物理和社会的情境脉络中”。(威尔逊，“理论与实践境脉之中的情境认知”，载乔纳森、兰德主编，《学习环境的理论基础》，同前，第62～63页)

当然，所说的转变并非只是反映了兴趣的转移。恰恰相反，这在很大程度上也可被看成对于认知心理学研究不足之处的自觉纠正。这就正如威尔逊所指出的：“情境认知是不同于信息加工的另一理论。它试图纠正认知的符号计算方法的一些不足，特别是信息加工依靠储存中的规则和信息的描述，集中于有意识的推理和思维，忽视了文化的和物理的情境脉络。”进而，如果将行为主义也考虑在内，我们就可看到一种螺旋式的上升：“行为主义与情境认知的联系是明显的”；“情境认知处于心理学的边缘，就像行为主义一样，两者都避而不谈心智构念，而是重视行为和行为的情境脉络或环境”。(威尔逊，“理论与实践境脉之中的情境认知”，载乔纳森、兰德主编，《学习环境的理论基础》，同前，第56～57页)

当然，在行为主义与“情境学习理论”之间也有一些重要的区别，特别是，从教学的角度看，行为主义强调的主要是通过外部的“强化”促成学生形成我们希望他们形成的行为，从而就在很大程度上将学生置于被动的地位。与此相对照，“情境学习理论”则更加强调个体与环境之间的互动：“情境和人们所从事的活动是真正重要的。我们不能只看到情境，或者环境，也不能只看到个人：这样就破坏了恰恰是重要的现象。毕竟，真正重要的是人和环境的相互协调。”(D. Norman, “Cognition in the head and in the world: An introduction to the special issue on situated action”, *Cognitive Science*, 1993, 17[1], 1-

6)我们还应清楚地看到个体与环境之间关系的动态性与复杂性,这也就如扬(M. Young)等人在对所谓的"生态心理学"做出介绍时所指出的:"从生态心理学家的观点看,分析的单位是行动者-环境交互。问题解决……是意图驱动行动者与信息丰富的环境交互作用的结果。对于这个系统而言,数学的、线性的模式是不完整的。"("行动者作为探测者:从感知-行动系统看学习的生态心理观",载乔纳森、兰德主编,《学习环境的理论基础》,同前,第135~136页)

"情境学习理论"的倡导者并因此引进了不少新的概念,后者既不同于行为主义的"刺激-反应",也与认知心理学强调的"信息的接受、加工、贮存与提取"有很大的区别。例如,正如上面所提及的,"生态心理学"(ecological psychology)就特别强调个体(行动者)与环境之间的互动,并因此引进了"(环境的)给予"与"(个体的)效能""感知-行动系统"等概念。另外,除去"情境认知"以外,所谓的"分配认知"在"情境学习理论"中也得到了广泛应用,后者并主要涉及个体与群体以及整体性文化传统之间的关系。

再者,对于中介工具(特别是,语言)的强调也可被看成"情境学习理论"又一重要的特征。(显然,在这方面我们即可清楚地看到维科斯基的影响)这也就如乔纳森(D. H. Jonassen)所指出的:"认知心理学传统上只注重心智表征,而忽视制品或中介工具和符号……社会文化理论并不认为人类行动中没有心理因素,而是认为心理是以中介制品和文化的、组织的、历史的情境脉络为条件的。""活动系统的要素相互之间不直接作用于对方。它们的互动是由符号和工具中介的。符号和工具提供了客体之间的直接或间接交流。对交流进行历时的分析提供了活动系统如何存在和为什么这样存在的重要历史信息。……中介者描述了对活动加以限制的模式和方法的种类。"("重温活动理论:作为设计以学生为中心的框架",载乔纳森、兰德主编,《学习环境的理论基础》,同前,第100、104页)

综上所述,相对于行为主义和认知心理学,"情境学习理论"应当说具有不同的关注点和研究视角:"学习环境设计的情境认知方法更注意语言、个体和群体的活动、文化教育的意义和差异、工具,以及所有这些因素的互动。"(威尔逊,"理论与实践境脉中的情境认知",同前,第66页)进而,对于认知活动情境相关性的突出强调又可被看成"情境学习理论"最重要的一个特征。对此例如由以下的实例我们就可有清楚的认识：

［例 4］ 餐费的结算。

这是由香港中文大学黄家鸣先生给出的一个实例（“Do real world situation necessarily constitute ‘authentic’ mathematical tasks in the mathematics classroom?”）：

他与其他 10 位同事在教师餐厅共进午餐，费用由用餐者共同承担，最终送来的账单是 483 元。应当如何处置？

黄家鸣先生指出，由于情境的不同，即这究竟是现实生活中的一个真实问题，还是课堂上给出的一个应用题，人们很可能会采取不同的计算方法（估算或笔算），甚至对什么可以被看成合适的解答也会有不同的看法。具体地说，现实生活中人们往往会满足于不那么精确的解答，在课堂上则无论是教师或是学生都会感到有必要通过仔细计算去求得相应的解答：$483 \div 11 = 43\frac{10}{11}$。

［例 5］ 不同情境中的“合作”（详可见 *Multiple Perspectives on Mathematics Teaching and Learning*，ed. by J. Boaler，Ablex Pub.，p. 131－134）。

这是斯蒂文斯（R. Stevens）以由 4 个学生组成的一个小组为对象进行的一项研究，包括两次不同的活动：其一，他们被要求从事一项探索性研究，尽管后者不是直接的数学问题，但在探索的过程中却形成了一些很有意义的数学问题；又因为这些问题与学生面对的“实际问题”密切相关，学生们对此表现出了很大的兴趣，并采用了各种可能的方法积极进行求解，在这一过程中学生们也表现出了很好的合作态度。其二，教师后来在课堂上又提出了一些“指定的任务”，由于这些问题的求解会直接影响到学生的学分，此时学生主要地不是在兴趣的支持下，而只是由于分数的压力“被迫地”从事解题活动，对分数的追逐也成了他们的唯一目标——没有人再关心这些问题是否有任何的现实意义，对分数的重视也使这些学生由先前的积极合作转变成了一种较为消极的关系，包括因时间的延误而相互指责，乃至在同学间形成了某种“不平等的地位”。

在不少人士看来，我们就应当依据认知活动的情境相关性对学习的本质做出新的解读。以下就是乔纳森和兰德(Susan M. Land)通过相关观点的综合分析所引出的结论："根据本书所描述的理论，在有关学习的思考中至少应该有三个基本转变。首先，学习是意义制定过程，而不是知识的传递。第二，当代学习理论越来越关注意义制定过程的社会本质。学习就本质而言是一个社会对话过程。第三，假设的第三个基本变化与意义制定的地点有关。知识不仅存在于个体和社会协商的心智中，而且存在于个体间的话语、约束他们的社会关系、他们应用并制造的物理人工品以及他们用于制造这些人工品的理论、模型和方法之中。知识和认知活动分布于知识存在的文化与历史之中，知识是由人所运用的工具作中介的。"(乔纳森、兰德主编，《学习环境的理论基础》，同前，第 4 页)

以下再围绕本章的主题对此做出进一步的分析：

第一，按照"情境学习理论"，学生的学习活动主要应被看成一种参与的行为，即对于学习活动的直接参与，从而也就与传统的"接受说"构成了直接对照。

也正因此，"参与"这一概念在现今的教育研究中就有很高的"出镜率"。当然，我们在此所关注的主要是"数学参与"这样一个概念。例如，后者就构成了由米德尔顿等人所从事的以下研究的直接主题："数学参与的复杂性：动机、情感和社会互动"。(载蔡金法主编，江春莲等译，《数学教育研究手册》，人民教育出版社，2021，下册，98—133)

这是上述文章的主要论点：(1)"学习与参与学习发生过程是完全不可分的。"(2)"学生课堂参与的复杂性。动机、情感和社交互动三者形成了一个动态的系统，影响着学生的参与行为。"(3)"可塑因素的重要性，即教师、课程设计者或者教育部门领导者可以鼓励学生产生更深入更有效的参与。"(同上，第 98 页)

显然，这不仅明确肯定了学生在学习活动中的主体地位，也包括教师在这一过程中应发挥的主导作用，从而也就是与我们的基本教学思想十分一致的。此外，笔者以为，我们又应特别关注其关于"数学参与"复杂性的分析，特别是，这直接涉及"动机、情感和社交互动"这样三个方面，在三者之间并具有重要的相互影响。

例如，这就可被看成人们在这方面的一项共识，即为了使学生具有足够的学习动力，应当帮助他们树立明确的目标，并对学习产生足够的兴趣，这也就是指，我们应将"目标"与"兴趣"看成这方面特别重要的两个因素。进而，以下的建议则可说与数学教学的特殊性密切相关，即我们应当引导学生由"非数学性目标"(特别是，如何能够取悦教师与家长)逐步转向"数学性目标"，由"即时性兴趣"转向"长期性兴趣"，因为，只有这样，学生才可能在数学学习活动中表现出较强的毅力，后者是数学学习特别需要的。

文中还因此对所谓的"状态"与"特质"做出了明确的区分：这大致地就相当于"即时性兴趣"和"长期性兴趣"，还包括这样一个具体建议：我们应当特别重视"通过对即时性参与的影响来产生长期的影响作用"。这并是我们对所谓的"情境兴趣"与"数学应用(实用性)"所应采取的立场，这也就是指，尽管我们应当通过"情境设置"与强调数学的应用调动学生的学习积极性，但又应当更加重视培养学生对数学和数学学习本身的兴趣："我们只能……力求从身边既有的事物中创建富有成效的即时性参与。随着时间的推移，我们将会看到我们的努力是否会在提高学生的数学毅力、自我调节能力、学习、亲社会行为和积极且强烈的情感等方面取得成果。"(同上，第112、121页)

显然，依据上述分析我们也可更好地理解笔者的这样一个主张：如果说这正是低年级数学教学的一个重要任务，就是帮助学生很好地了解并努力适应数学这样一种新的思维方式和工作方式，那么，随着时间的推移，我们就应由"了解和适应"逐步转向"理解和欣赏"，即应当帮助学生很好地理解数学思维与行为方式的合理性，从而就能发自内心地欣赏，并能很好地融入其中，即真正做到喜欢数学和数学学习。

再者，这显然也可被看成上述分析的又一结论：为了更好地激发学生的学习兴趣，我们不应停留于"数学好玩"，而应帮助学生很好地认识数学学习的意义，从而就能由不自觉的潜移默化逐步转变为自觉的成长。

另外，这无疑也可被看成数学学习特殊性的直接表现，即我们应当特别重视"学习毅力"与"数学焦虑"等主题。例如，"在有关认知情感、认同感和自我效能感相互作用的研究中，数学焦虑恐怕是最常被研究的一种情感特质。许多成人的痛苦经历中都有与学校数学有关的，并且这些共同的焦虑感体验有碍于人们的数学参与（在其他学科上都没有如此让人心力交瘁的经历）”。当然，相对于纯粹的个人感受，我们又应更加重视导致“数学焦虑”的原因的分析，这也正是上述文章特别强调的一点：“数学焦虑”的形成不仅与学生的学习经历有关，也与他所处的班级、学校（包括个人在其中的身份），以及整体性的社会-文化环境密切相关。例如，从微观的层面看，家长（家庭）的压力就是特别重要的一个因素：“在数学课堂上，压力可能来自教师或其他同学的即时性情境要求，也有可能包括父母的内在期望。”“学业成绩较高的班级学生的焦虑感会提高，比起学业成绩较低的班级学生，这种焦虑感表现出更低的数学快乐感和更高的愤怒感……（但）如果不是太大的、太令人失望的或太严重的挫折感，就能被视为一种动力帮助学生重新努力学习数学（在学生重视数学上取得成功的前提下），并能使学生对成功产生强烈的满足感。”再者，“社会上普遍承认的一些信念会将数学成功归因于天生的能力或天赋，把在数学上成功的学生形容为没有吸引力的‘书呆子’；或宣扬一种刻板印象……这些信念会影响从学生的个人想法和班级社会关系方面评价和解释个体在数学上的成功”。（同上，第 114、112 页，第 115～116 页）

最后，文中所提到的“社交互动”不仅是指同学间的互动，也包括教师在这方面的重要作用：“教师是课堂参与过程中社交活动的核心，因此，教师对数学参与复杂性的理解，包括它的社会维度，对培养学生的即时性参与起着非常重要的作用。”教师并应努力帮助学生建立“什么是好的数学参与”的共识，例如，“教师可以强调‘擅长数学’的表现是：能提出好的问题，对任务有很好的理解，以及思考其他同学的方法……”这“为我们提供了一个不同于仅仅关注快速得出正确答案的能力的视角”。（同上，第 121、120 页）

显然，由上述研究我们也可更好地认识学习活动的情境相关性与社会性质，还包括这样一点，即我们应将教师的教学看成学生“学习情境”十分重要的一项涵义。值得指出的是，这事实上也是鲍勒（J. Boaler）和格里诺（J. Greeno）在“数学世界中的定位、个体与认识”一文中所给出的一个主要结论，即认为“讲授式教学（didactic teaching）”和“以讨论为主的教学（discussion-based teaching)”应当被看成两种不同的学习情境，并在很大程度上决定了学习者的性质和定位：与前者对应的是被动的、接受型的、孤立的学习者，与后者相对应的则是主动的、探索型的、合作型的学习者。显然，这与2.6节中提到的“数学课堂文化”研究的结论也是基本一致的。

第二，在明确肯定相关研究重要性的同时，我们也应注意防止各种可能的极端化和片面性认识。例如，除去上面已提及的对于“情境设置”的突出强调，以下则可被看成更加极端的一种主张，即认为我们应以传统的“学徒制”为范例对现行的教育体制做出改造。例如，巴拉布(S. Barab)等人就因此提出了“实习场”这样一个概念，并认为我们应将“实习场”的设计看成教学工作最重要的一项内容，这方面工作并应很好地落实以下一些基本原则(详可见“从实习场到实践共同体”，载乔纳森、兰德主编，《学习环境的理论基础》，同前，第30～31页)：(1)进行与专业领域相关的实践。(2)探究的所有权。即应当赋予学生真正的自主性。(3)思维技能的指导和建模。这就是指，教师应是学习和问题解决的专家，教师的工作就是通过向学生问他们应当问自己的问题来对学习和问题解决进行指导和建模。(4)反思的机会。应给个体以机会，来思考他们在做些什么，他们为什么做，甚至收集证据来评价他们行动的功效；对经验的事后反思提供了纠正错误概念与补充理解不足之处的机会。(5)困境是结构不良的：学习者面临的困境必须是不够明确的或是松散界定的，以提供足够的空间让学生能利用自己的问题框架。(6)支持学习者，而不是简化困境。这就是说，给出的问题必须是真实的问题。学生不应该从简化了的、不真实的问题开始。(7)工作是合作性的和社会性的。(8)学习的脉络具有激励性。总之，学校中的学习情境应当尽可能地接近专业实践的真实情境。

但是，尽管在这方面有一些成功案例，如通过立足实际教学活动来培养教师，但从总体上说，这又可被看成人们在这方面的一项共识，即学校的学习环境不应被简单地等同于真实的生活情境或工作环境，或者说，正是“学校”这一特殊的情境直接决定了学校学习活动的基本性质。应当指出的是，对于“学校中的学习”的特殊性巴拉布等人事实上也是认识到了的：“实习场的主要问题是它们发生在学校里，……这就导致学习情境脉络从社会生活中隔离出来。”(“从实习场到实践共同体”，同前，第33页)但在大多数学者看来，我们还应由此引出如下的进一步结论:“有些观点认为,教育者应当将类似于校外情境脉络中的活动引入课堂,或者用学徒制训练取代教学,我们的这种观点与此完全不同。……我们认为,如果向教育者建议学校应尽量在课堂上模仿或再生产校外活动,那就是一个根本性的错误。”(乔纳森等,“重温活动理论:作为设计以学生为中心的学习环境的框架”,载乔纳森、兰德主编,《学习环境的理论基础》,同前,第 164 页)

还应提及的是,相关论点并可被看成“环境决定论”的具体表现,这并是后者的主要弊病,即完全取消了学生在学习活动中的主体地位。另外,按照所说的立场,我们显然无法对学习活动中明显存在的个体差异做出合理解释。

以下则是另一种错误的认识,还可被看成具有更大的蒙蔽性,从而也就应当引起我们的更大重视:“这种表述会产生一种概念上的误导,让人觉得一些学习和思维是情境性的,一些不是这样的。”恰恰相反,“所有的学习都是情境性的。……如果学习了什么,学习的东西就会在某种途径上对于该个体有意义。如果学习确实发生了的话,就没有学习是不真实的。……只要学习发生之处,我们就可以认为学习是真实的、情境性的、有意义的。”(扬等,“行动者作为探测者:从感知-行动系统看学习的生态心理观”,同前,第 136 页)

综上可见,我们既应明确肯定认知活动的情境相关性,包括清楚地看到学校和课堂构成了一个特殊的情景,同时也应看到学生的学习不是由他所处的环境唯一决定的,而应从“内”和“外”这样两个方面对此做出更深入的分析研究,包括努力做好两者的必要互补与适当整合。

第三,如果仅仅着眼于认知活动的情境相关性,这里所说的“情境学习理论”显然可以被看成是与社会建构主义十分一致的。但在这两者之间也存在重要的区别:如果说后者主要集中于人类认知活动的分析,那么,“情境学习理论”就已超出这一范围涉及更多的方面或内容,特别是个体的“社会定位”,即学生“身份”(identity)的形成与改变。这就是人们何以将“情境学习理论”归属于“教育的社会研究”的主要原因。

在此还可首先从总体上对“文化研究”与“社会研究”的区别做一简单说明:如果说前者主要集中于人们的生活方式和工作方式,特别是隐藏于可见行为背后的观念和信念在这一方面的重要影响,那么,这就是“社会视角”的主要特征：我们在此所关注的主要是个体与相应群体之间的关系，特别是个体在群体中的不同身份或地位的形成和变化，即什么是决定所说的身份或地位的主要因素？

进而，这又可被看成上面所提及的观点的核心，即我们应当依据认知活动的情境相关性对于学习的本质做出一种新的解读，也即我们主要地应将此理解成学习者身份的形成与变化，特别是，相应主体如何由“合法的边缘参与者”逐步演变成“学习共同体”的“核心成员”。

例如，这事实上也是巴拉布等人特别强调的一点：“如果共同体希望有一个共同的文化传统，可以进行再生产这一特性是根本性的，这一特性使新来者能进入共同体中心并将共同体加以拓展。”这并是在所有的实践共同体中不断发生的过程：“学生做老师的学徒，在他们的手下工作……通过教师的眼光去看待世界，总是做一个边缘的参与者。最终，当他们自己必须去教别人时，当他们自己必须发挥老手的作用时，他们进入了一个学习的新层次，开始拓展自己作为其组成部分的共同体的思考。他们在研究和教学过程中指导新成员。他们继续学习这个过程，并且可能更重要的是，他们越来越自信于对共同体的贡献，越来越自信于在共同体的自我的感觉。在这个过程中，他们对意义进行协商和使之具体化。通过这种循环，一个实践共同体和组成该共同体的成员进行了再生产，界定了自我。”（“从实习场到实践共同体”，同前，第37页）

对于所说的“社会转向”我们并将在以下做出进一步的分析论述，在此则首先强调这样一点：我们事实上不应将认知活动与“主体身份的形成和改变”绝对地对立起来，因为，“这两者是同一过程的组成部分，在这一过程中，前者激发了其所包含的后者，对其加以塑造并赋予其意义”。（巴拉布等，“从实习场到实践共同体”，同前，第25页）

2. “教育的社会转向”之剖析

首先应当指出，尽管人们常常会统一地谈及“社会-文化研究”，但这又可被看成西方学术界的一个主流倾向，即对于“社会转向”(social turn)的突出强调，后者与前面所提及的“后现代思潮”(1.2节)具有直接的联系，即对于现代社会、人类的现代化进程、现代科学技术、现代思想体系等的深入批判。

例如，尽管所谓的“方法论重建”曾在西方的科学哲学研究中长期占据主导的地位，但从20世纪80年代起，“社会转向”就逐渐成为了这一领域中的主流倾向，对此例如由所谓的“科学知识社会学(SSK)”的兴起就可清楚地看出。(详可见另著《科学哲学十讲——大师的智慧与启示》，译林出版社，2013)

进而，从教育的角度看，这又可被看成从社会的视角进行研究的主要特征，即对于“共同体”的突出强调，并认为我们应将“身份的形成和变化”看成学习的本质，这就是指，我们在此所涉及的已不是知识的建构或能力的培养，而主要是主体的自我定位(an experience of identity)及其改变的过程(a process of becoming)。(J. Boaler 语。详可见 *Multiple Perspectives on Mathematics Teaching and Learning*, ed. by J. Boalers，同前)

正因为此，我们就应首先对“共同体”这一概念做出简要的说明：

(1) 这不仅是指在共同体的成员之间存在积极的互动，也是指对于相应规范的自觉接受，或者说，具有共享的目标和共同的信念系统。这也就如巴拉布等人所指出的，“共同体具有有意义的历史、共同的文化和历史传统。这个传统包括了共享的目标、信念系统和体现自己规范的集体故事。……当个体成为共同体的合法成员时，他们继承了这个共同的传统”。(“从实习场到实践共同体”，同前，第35页)

再者，由著名数学教育家柯比(P. Cobb)的以下论述我们即可对于什么是真正的“互动”具有更清楚的认识：这里的关键并不在于共同体的成员是否都有足够的时间表达自己的意见，每个成员又是否都表现出了对于别人意见的足够尊重，而是他们的交流究竟是“反思性、循环性和相互依赖的”，还是“线性的和纯因果性的”。(详可见 P. Cobb, “Interaction and Learning in Mathematics Classroom Situation”, *Educational Studies of Mathematics*, 1992[23], 99-122, p.99)

(2) 除去合作与分工以外，信息的共享也是共同体又一重要的特征。

例如，这就可被看成“分配(布)认知”的主要涵义：“分布认知系统要取得成功……要在系统的各要素之间以有意义的途径分享信息。”这也就是指，“交流是分布式认知的必要条件”。(贝尔等，“分布式认知：特征与设计”，乔纳森、兰德，《学习环境的理论基础》，同前，第128、118页)

进而，从同一角度我们显然也可更好地理解“情境学习理论”的倡导者们为什么会对“中介工具”予以特别的重视：“为了使个人能分享分配系统的成果，必须以外在于个体的形式对观点加以表征……更概括地说，分配认知强调利用不同的镌刻系统（inscriptional systems）来记录并在系统中发布观点。”“个体在利用制品的时候，会将制品的这些方面内化，因而，运用制品能在个体中产生认知留存。”（贝尔等，“分布式认知：特征与设计”，同前，第128页）

(3) 除去认知的视角，我们更应围绕“身份的形成与改变”去认识什么是好的“学习共同体”的主要特征，后者即是指，在此我们是否可以清楚地看到这样一个变化，即共同体的新成员由“边缘参与者”逐渐演变成了共同体的“核心成员”。正如前面所提及的，在一些人士看来，这也是“共同体”得以延续和再生的基本条件。

从历史的角度看，“共同体”的概念主要由于美国著名科学哲学家库恩（T. Kuhn）的倡导获得了人们的普遍重视。但就这一概念在教育领域中的应用而言，我们又应特别提及美国学者莱夫（J. Lave）和温格（E. Wenger）的工作。以下就是后者关于“（实践）共同体”的具体“定义”：“‘共同体’这一术语既不意味着一定要是共同在场、定义明确、相互认同的团体，也不意味着一定具有看得见的社会界线。它实际意味着在一个活动系统中的参与，参与者共享他们对于该活动系统的理解，这种理解与他们所进行的该行动、该行动在他们生活中的意义以及对所在共同体的意义有关。”进而，作为对于不同成员在共同体中地位的具体分析，莱夫和温格又提出了“核心成员”（“中心参与”）和“边缘参与者”（“边缘性参与”）这样两个概念：“边缘性参与关系到在社会世界的定位。……边缘性是一个授权的位置；作为一个人受阻于充分参与的地方，从更为广泛的整个社会的观点看，它就是一个被剥夺权利的位置。”与此相对照，“中心参与暗示着该共同体有一个中心，这个中心涉及个人在其中的位置”。他们并从这一角度对学习的本质做出了新的解释：“学习意味着成为另一个人。忽视了学习的这个方面就会忽略学习包括身份建构这个事实。”（《情景学习：合法的边缘参与》，华东师范大学出版社，2004，第45、6、17页）

显然，以上论述对于我们应当如何认识“学习共同体”具有重要的启示意义。例如，依据上述分析我们即可看出仅仅因为某些个体对于相应共同体存在严重的抵触情绪就将其排除在外是很不恰当的，这也就是指，我们不能仅仅因为某些学生在学习活动中不够积极、主动，就认定其不属于相应的学习共同体，而应给予这些“弱势个体”更多的关注和帮助，从而促使他们由“边缘参与者”逐步转变成为“核心成员”。

当然，这是这方面更重要的一个事实，即学生在“学习共同体”中的身份并非绝对不变，而是处于不断的变化之中。但是，笔者以为，我们又应进一步去思考这样一个问题：我们是否应将学习者由“合法的边缘参与者”向“核心成员”的转变看成学习的本质？

以下就是莱夫和温格在《情景学习：合法的边缘性参与》一书中采取的论证方式，即借助助产士、裁缝、海军舵手、屠夫和戒酒的酗酒者5个“学徒制”的实例指明了学习与工作实践不可分割，学习者并就是通过直接参与相应的社会实践最终实现了由“合法的边缘参与者”向共同体“核心成员”的转变。

莱夫和温格的上述观点在西方教育界中可说具有十分广泛的影响，特别是，一些学者更因此而提出了这样的论点，即认为我们应以“学徒制”为范例对传统的“学校教育”进行改造。但是，正如我们在前面所已指出的，这事实上只能被看成一种过于简单化的观点，因为，在“学校教育”（“课堂学习共同体”）与“学徒制”（“师徒实践共同体”）之间存在重要的区别。

具体地说，如果说这正是“师徒实践共同体”的重要特点，即学习活动与工作实践密不可分，也即师傅与徒弟都直接参与了相关产品的生产，那么，“课堂学习共同体”在这方面显然就有很大的不同。因为，课堂教学的主要任务之一就是帮助学生很好地掌握若干普遍性而非某一特定工作所需要的基础知识和基本技能，而且，即使我们特别重视基础知识和基本技能的应用，但由于学生主要处于课堂这一特定情境，而不是相关知识或技能的具体应用场景，因此，在此就始终存在着知识和技能的“可迁移性”这样一个问题，或者说，在学生的学习与他们未来的工作实践之间必定有一定距离。

再者，相对于“师徒实践共同体”而言，“课堂学习共同体”显然又有更大的变化性，特别是，随着学生由小学逐步升入初中、高中，相应的班级成员特别是任课老师必定有一定的变化，而且，尽管其成员不断有所变化，但在“课堂学习共同体”中占据核心地位的又始终是教师，从而也就与学徒由“边缘参与者”逐渐演变成为“核心成员”的情况有很大的不同。

还应强调的是，这事实上也是传统的教育社会学的一个基本论点：共同体中必定存在一定的权力关系，后者并必然地会受到更大的社会关系的影响，即在很大程度上体现了社会上关于共同体不同成员的实际定位。就“课堂学习共同体”而言，这也就是指，社会上关于教师与学生在教学活动中不同地位的普遍性认识在很大程度上决定了课堂中的权力关系。例如，著名教育社会学家伯恩斯坦(B. Bernstein)就曾明确地指出，学校不过是社会的一种复制：有什么样的社会就有什么样的学校，教育中的一切行为其实都是权力分配的表现。

进而，这又应被看成这方面更加深入的一个认识：“知识就是权力。”或如法国著名哲学家福柯(M. Foucault)所说：“权力和知识是直接相互蕴含的，不相应地建构一种知识领域就不可能有权力关系，不同时预设和建构权力关系也不会有任何知识。”(引自 M. Malshaw, “The pedagogical relation in postmodern times”, *Mathematics Education within Postmodern*, ed. by M. Walshaw, Information Age Publishing, 2004, p. 127)显然，依据这一论述我们也可对课堂上的权力关系做出如下进一步的分析：除非社会上关于知识的普遍性认识发生了根本性的变化，教师在“课堂学习共同体”中总是处于权力的地位，因为，教师与学生相比显然具有更多的知识。

进而，依据上述分析我们也可更清楚地认识以下观点的错误性，即认为课程改革的一个重要方向就是提倡教师与学生在教学中的平等地位。恰恰相反，正如英国著名数学教育家、数学教育文化研究的主要开拓者之一毕晓普(A. Bishop)所指出的：“教师在教室中必然地是一个制度化的权威。他通过对于协调过程的启动、指导、组织表现出了行动中的权威。”(引自 P. Cobb 等，“Constructivist, Emergent, and Socio-cultural Perspectives in the Context of Development Research”, *Classics in Mathematics Education Research*, ed. by T. Carpenter 等，NCTM, 2004, p. 212。对此并可见郑毓信、张晓贵，“学习共同体与课堂上的权力关系”，《全球教育展望》，2006 年第 3 期；或《郑毓信数学教育文选》，华东师范大学出版社，2021，第 3.6 节)另外，这事实上也可被看成教师工作专业性质的一个重要表现，即在教学中有很大的自主权。(对此例如可参见 N, Nodddings, “Professionalization and Mathematics

Teaching", *Handbook of Research of Mathematics Teaching and Learning*, ed. by D.Grouws,同前)总之,相对于盲目地去提倡教师与学生在教学中的平等地位,我们应当更加重视帮助教师在教学中很好地应用手中的权力。

再者,依据上述分析我们显然也可引出这样一个结论:由"合法的边缘参与者"向"核心成员"的转化不能被看成课堂学习的本质,那种认为应以"学徒制"为范例对于传统的课堂教学进行彻底改造的观点更是一种错误的主张。与此相对照,我们应当更加重视与学生认知水平的提高相对应的以下变化,即其如何由"不自觉的学习者"("新手学习者")逐步转变成了"自觉的学习者"("成熟的学习者"),包括将此看成教育教学工作的一项重要目标。

也正是从后一角度进行分析,笔者以为,关于认知发展的以下模型对于学生通过课堂学习所逐步实现的"身份变化"也是基本适用的:(1)"沉默和接受知识"。在这一阶段,学习主要表现为对于他人授予的知识的被动接受。(2)"主观的知识"。在这一阶段,学习仍然主要表现为对于他人所授予的知识的被动接受,但学习者已经表现出了对于他人的知识和权威的一定抵制,并更加愿意相信自己的直觉。(3)"程序的知识"。在这一阶段,学习者已不再为他人所压制,不再把他人看成无可怀疑的权威,并能按照一定的程序或标准对相关知识的可靠性做出检验。(4)"建构的认识"。在这一阶段学习者已成为了真正自治的认识者。

最后,尽管我们不应将"身份的形成和变化"看成学习的本质,但仍应清楚地认识从这一角度进行分析研究的重要性,特别是,学生的学习不仅涉及具体知识和技能的学习,也关系到了思维方法的学习与思维品质的提升,包括情感、态度与价值观的培养,或者更简要地说,一定"身份"的形成。

例如,我们显然就可从后一角度去理解以下的论述:"学生所关注的仅仅是如何能给出正确的解答,借此可以使教师与其他的重要人士感到满意,从而学生也就可以获得认同。"(T. Cabral, "Affect and Cognition in pedagogical transference", *Mathematics Education within Postmodern*, ed. by M. Walshaw,同前,p.146)进而,由上述分析我们还可引出这样一个结论:学生身份的形成在很大程度上可被看成学生的一种自我定位,而非纯粹被动的行为。

相信读者由以下事实即可对此有清楚的认识：由于在共同体的“合格成员”与学生心目中的“理想自我”之间可能有较大差距，因此，通过学习最终所发生的既可能是“自我的丧失”，也可能是主体对于相应共同体的自我疏离。例如，这就是鲍勒和格里诺通过数学学习的研究所得出的一个重要结论：在很多学生看来，传统的数学教学所要求的主要是(学生的)耐心、服从、韧性与承受挫折的能力，这并是与创造性、艺术性和人性直接相对立的——在鲍勒和格里诺看来，这就为以下事实提供了直接的解释，即在传统的教学模式下为什么有这么多的学生(特别是女生)不喜欢数学，尽管他(她)们未必是数学学习中的失败者，而只是不能接受关于“数学学习共同体合格成员”的传统定位，并更加倾向于创造性和艺术性等这样一些品质。(详可见 J. Boaler & J. Greeno, "Identity, Agency and Knowing in Mathematical World", *Multiple Perspectives on Mathematics Teaching and Learning*, ed. by J. Boaler, 同前)

在笔者看来，这也可被看成以下实例给予我们的主要启示：

[例 6] “数学，你是个坏蛋！”(引自胡典顺，“从数学知识教育到数学文化教育”，《中学数学教学参考》，2008 年第 6 期)

这是一个经由初赛、次赛、复赛等层层筛选并最终成功参加“2004 年全国高中数学联赛决赛(湖北赛区)”的考生写在试卷上的一段话：

“数学，你是个坏蛋，你害我脑细胞不知死了多少。我美好的青春年华就毁在你的手上，你总是打破别人的梦，你为什么要做个人见人恨、人做人更恨的家伙呢？如果没有你，我将笑得多灿烂呀！如果你离开我，我绝不责怪你无情。”

最后，我们还应清楚地看到这样一点：学生的“身份”是由多种因素共同决定的，从而我们在这一方面也就不应采取任何一种简单化的观点。例如，就学生的数学学习而言，我们应同时注意他们的“数学性身份”和“社会性身份”：前者是指学生通过课堂中的数学学习逐步形成的身份，在这方面我们并可清楚地看到“知识”的力量；后者则是指各个个体与生俱来以及通过家庭和社会中的生活所获得的身份。进而，学生在“数学学习共同体”中的身份则应被看成是由这两者整合而成的。

由以下实例我们则可更清楚地认识从社会的视角从事数学教育研究的意义。在一篇名为“处于支配地位和次要地位的男性对于合作学习中的互动的影响”的论文(载 *Multiple Perspectives on Mathematics Teaching and Learning*, ed. by J. Boaler, 同前, p. 165 - 6)中,澳大利亚学者巴纳斯(M. Barnes)指出,班上的男生在合作学习中事实上形成了两个不同的组群:“the Males”与“the Technophiles”,两者并具有很不相同的行为方式,后者即是成员互动的结果,并造成了不同的组群,更对整体性教室文化的建构具有重要的影响。

再者,我们还应清楚地看到学生身份的形成与变化对其未来生活和工作的重要影响。例如,主要地也正是基于这样的认识,笔者愿愿再次引用美国著名数学教育家戴维斯教授的以下论述,希望能引起广大数学教育工作者特别是一线数学教师的深思:“有不少年青人就是因为未能学好数学,从中学甚至从小学起就对自己丧失了信心,乃至放弃了人生的抱负而最终成为了社会上的廉价劳动力。”

当然,就我们当前的论题而言,这也更清楚地表明了积极从事数学教育的“社会-文化研究”的重要性。

3. 分析和建议

与前一节的分析相比,本节相对于传统意义上的学习研究显然涉及了更多的方面,正因为此,在结束这一部分的讨论时,就有必要从总体上对这样一些问题做出简要分析:什么是相关研究给予我们的主要启示,什么又是这方面研究工作应当特别重视的一些问题?

第一,这显然可以被看成相关研究给予我们的一个重要启示,即我们应当努力拓宽自身的视野,从而促进认识的发展与深化。

例如,依据前面的分析我们可更清楚地认识“合作学习”的重要性,以及我们为什么又应特别重视“数学课堂文化”与“数学学习共同体”的建设。(对此我们将在第三章中做出具体的分析论述)再者,从社会-文化的角度进行分析显然也有助于我们更好地认识数学教育的意义,并能超出数学从更大的范围认识数学教育所应承担的社会责任。特别是,我们应通过自己的教学为学生的未来发展开拓更大的可能性，而不应在不知不觉之中起到相反的作用，使学生完全丧失了对于未来的信心。

当然，这又是这方面特别重要的一个问题，即我们究竟应当如何认识数学学习的本质？在笔者看来，这正是这方面最重要的一个观点，即学生数学水平的提高主要依靠后天的系统学习，并主要是一个文化继承的行为，教师更应在这方面发挥重要的引领作用。当然，这也可被看成相关研究给予我们的一个重要启示，即我们也应清楚地认识学生在这一过程中所发挥的重要作用，而不应将他们置于完全被动的地位，这也就是指，数学学习并非单纯的文化继承，也是一个主动的意义建构的过程。

应当指出的是，后者事实上也可被看成关于学习活动的“参与式理解”(learning as participation)的核心所在，包括这与所谓的“获得性理解”(learning as acquisition)究竟有什么不同。这也就是指，我们应当清楚地认识并很好地发挥学习者在学习过程中的能动作用。(相关论述并可见 A. Sfard, “On two metaphors for learning and the dangers of choosing just one”, *Educational Researcher*, 1998[27])

第二，上述分析显然也更为清楚地表明了积极向外学习特别是很好地了解国际上最新发展动态的重要性。当然，在积极向外学习、努力拓宽视野的同时，我们又应始终坚持自己的独立思考，而不应盲目地去追随潮流。

值得指出的是，这事实上也可被看成笔者在先前所提出的“放眼世界，立足本土；注重理念，聚集改革”这一主张的核心所在，特别是，面对任一新的理论思想或主张，我们都应认真地思考这样三个问题，从而防止可能的盲目性：(1)什么是相关理论或主张的主要涵义？(2)这对于我们改进教学究竟有哪些新的启示？(3)这一理论或主张有哪些不足之处，或者说，什么是相关实践应当特别重视的一些问题？

当然，又如“导言”中所强调的，我们在总体上又应主要围绕数学教育的基本问题进行分析研究，从而促进认识的不断发展和深化。

例如，就当前的论题而言，这就是特别重视的一个问题，即我们究竟为什么应当特别重视学习，特别是应当把学生送到学校中进行系统的学习？显然，维科斯基的相关论述即可被看成为此提供了具体解答：通过这一途径我们可很好地实现这样一个目标:“学习大于发展。”当然,这里所说的“发展”主要是指学生在自然状态下的发展,而如果我们将视线转向学生通过学校中的系统学习所实现的发展,那么,我们就应更加重视维科斯基的这样一个断言:“发展一定大于学习”,或者说,应将此看成学校教育的一个主要目标,即帮助学生超出学校中学到的知识和技能而有更大的收获。

特殊地,从上述角度我们显然也可更好地理解帮助学生逐步地学会学习,即由“主要是在教师指导下进行学习”逐步转向“主动学习”的重要性。正如1.3节中所指出的,这并可被看成现代社会对于未来成员的必然要求。

第三,应当再次强调的是,我们并应很好地发挥辩证思维的指导作用。

例如,尽管我们应当充分肯定由行为主义向认知心理学的转变,以及由认知心理学转向“情境学习理论”的重要性,但又不应因此对先前的理论持完全否定的态度,而应看到它们仍然具有一定的合理性和指导意义。

例如,正如威尔逊(Wilson)等人所指出的,我们不应将行为主义与“教师中心课堂、讲授、材料的被动接受等方法和状况”直接联系起来,恰恰相反,“行为主义曾经是一次以积极学习为核心目的的改革运动……传统方法,如教师中心的课堂和讲授等,正是行为主义者所努力改革的东西”。(“理论与实践境脉中的情境认知”,乔纳森、兰德,《学习环境的理论基础》。同前,第57页)以下更可被看成行为主义对于教学工作的重要贡献:教学目标的明确界定、对于结果的高度重视、任务的恰当分解、程序化的教学方法等。更一般地说,强调教学工作的科学性显然也有很大的合理性。

再者,认知心理学的研究则清楚地表明了深入研究内在思维活动的必要性和重要性,这并直接导致了人们对于以下一些概念或方面的高度重视,这对我们改进教学也有重要的意义:感知的选择性、知识的分类、记忆的局限性、图式与认知框架在认识活动中的作用、同化与顺应、元认知等。

总之,我们既应充分肯定“情境学习理论”对我们在这一方面认识发展的积极意义,又不应因此而对行为主义与认知心理学采取完全否定的态度,而应提倡多元的视角与整合的观点。“在设计和参与学习环境的过程中,要注意不能太教条地或单一地应用任何特定的理论”;“学习环境的设计者应该努力使他们的观点更具包容性和拓展性……力求把看待整个系统的多种观点加以整

合……”(威尔逊等,“理论与实践境脉中的情境认知”,同前,第54、64页)

具体地说,我们应清楚认识在教育的“微观研究”和“宏观研究”,特别是“学习心理学研究”与“教育的社会-文化研究”之间所存在的辩证关系,而不应采取任何一种片面性的立场。

应当指出的是,这也是现实中正在出现的一个重要发展迹象。例如,美国著名数学教育家柯比就曾指出,这是他在过去十多年中实际经历的思维发展过程,即由“最初的个体主义立场转向了如何能将社会的和心理学的视角做出协调这样一种立场”。(*Multiple Perspectives on Mathematics Teaching and Learning*, ed. by J. Boaler,同前,p. 71)再者,由柯比与德国学者鲍尔斯费尔德(H. Bauersfeld)所联合承担的一项研究更可被看成这方面的一个很好范例:柯比在先前主要侧重“心理学视角”,鲍尔斯费尔德的工作则集中于“社会(互动)的模式”。然而,正是通过交流与合作,他们最终得出了这样一个共同的结论:“心理学与社会的视角都只是说出了问题的一半,在此所需要的是一个综合的途径,即在认真研究各个学生的数学解释的同时,也应清楚地看到这种活动必定是在一定的社会环境中进行的。”再例如,也正是基于同样的认识,尽管鲍勒(J. Boaler)主编的论文集主要是为了对“社会的视角”做出具体说明,但在“前言”中他也明确地强调了这样一点,在“社会的视角”与“心理学视角”之间事实上存在互补的关系——也正因此,鲍勒就将自己的这一论文集直接起名为《多视角下的数学教学》(*Multiple Perspectives on Mathematics Teaching and Learning*)。

更一般地说,这显然也是我们在面对学习研究所揭示的诸多矛盾时所应采取的基本立场,如内在的思维过程与外部的可见行为、情境的影响与学生的主体地位、学生的自治性与其对于共同体的参与、知识的学习与身份的形成等等。

按照著名数学教育家斯法德(A. Sfard)的观点,这并是我们在由理论转向实际教学工作时应当特别重视的一点:“当一个理论转换成教学上的规定时,唯我独尊就会成为成功的最大敌人。……理论上的唯我独尊和对教学的简单思维,肯定会把哪怕是最好的教育理念搞遭。”与此相对照,“当两个隐喻相互竞争并不断映证可能的缺陷时,这样就更有可能为学习者和教师提供更自由的和坚实的效果”。(A. Sfard, “On two metaphors for learning and the dangers of choosing just one”, *Educational Researchers*, 1998[27],第 10~11 页)

希望读者特别是广大一线教师也能对此予以特别的重视。

第三章

数学教学新论

数学学习论的研究对于我们改进教学显然具有重要意义，3.1 节将首先围绕建构主义与数学教育的“社会-文化研究”对学习理论的教学涵义做出简要分析。其次，以下一些论题又应被看成具有更大的重要性，即数学教学活动的基本性质和基本原则，还包括什么是数学教师工作的合理定位，这就是 3.2 节的主要论题。再者，就这方面的具体工作而言，我们显然又应对数学教学方法的改革与研究予以特别的重视，特别是，我们应超越对数学教学方法多样性的简单肯定，深入揭示什么是做好数学教学的关键，包括什么又可被看成“数学深度教学”的主要涵义。这就是 3.3 节和 3.4 节的具体论题，由此我们并可更清楚地认识数学教学研究的现实意义。

3.1 由数学学习到数学教学

这可被看成以学习理论为背景做好数学教学的一个很好实例：由于学生数学思维的发展具有发展性与层次性，因此，我们就应针对学生的实际水平去进行教学，而不应随意地拔高要求。当然，作为问题的另一方面，我们又应努力做好高层次思维（“高观点”）的渗透与指导。

再例如，依据数学思维的抽象性质我们也可清楚地认识这样一种观点的错误性，即对于“动手实践”的片面强调，还包括对于“经验积累”与“熟能生巧”的不恰当强调。应当指出的是，这事实上也可被看成皮亚杰关于数学抽象“自反性质”论述的一个直接结论：“高级数学最终归结为对于行动的思考，这些行动最初寓于人的身体世界，但是最终寓于心理活动本身，人能够在没有具体物体的情况下进行这种心理活动。”(卡拉尔、施利曼,“数学教育中日常推理的应用:实在论对意义论”,载乔纳森、兰德主编,《学习环境的理论基础》,华东师范大学出版社,2002,第163页)

由于建构主义的学习观与“社会-文化研究”分别体现了微观与宏观的视角,以下就对它们的教学涵义做出简要分析。应当强调的是,以下分析并不局限于各种具体的观点或理论,也包括新的研究视角的引入,如我们如何能够通过视角的转换发现一些值得研究的新问题。另外,这无疑也可被看成这方面的一个基本事实,即现实中关于学习和教学的研究常常不可分割地联系在一起,对此例如由所谓的“数学教育的国际比较研究”和“数学课堂文化研究”就可清楚地看出。

1. 建构主义的启示

以下首先对“建构主义的学习观”做出概述。在笔者看来,这在很大程度上就可被看成“现代学习观”的集中体现:

(1) 知识不能由教师或其他人传授给学生,而只能由每个学生依据自身已有的知识和经验主动地进行建构。

事实上,正如人们普遍认识到的,学生对于教师讲授的知识必定有一个理解或消化的过程,而这主要地就是指如何能够将此“纳入适当的图式之中”,从而获得确定的意义,这也就是指,学习者必须依据自身已有的知识和经验对新的学习内容做出自己的解释,或者说,在两者之间建立实质性的、非任意的联系。也正因此,我们就应牢牢地记住这样一点:学生所学到的往往不是教师所教的(或者说,教师所希望他们学到的),我们更不能以主观分析代替学生真实的思维活动。

例如,由以下的常见事实我们即可清楚地认识在教师与学生的认识之间存在的巨大差距:尽管教师在课堂上讲得津津有味,学生对此却毫无兴趣;又无论教师如何强调数学学习的重要性,但学生却始终认为相应的学习毫无意义。

进而,正因为学生已有的知识和经验在新的学习活动中发挥了十分重要的作用,我们就不应将学生看成一张可以任意地被涂上各种颜色的白纸,或是一个可以被任意地装进各种东西的空的容器。恰恰相反,我们应当注意研究学生已有的知识和经验在新的学习活动中的作用。再者，正因为任何真正的认识都是以主体已有的知识和经验为基础的主动建构，因此，即使学生的思想可能十分幼稚甚至是错误的，这仍应被看成具有一定的合理性，或者说，我们不应对此采取简单否定的态度，而应做出认真的努力去进行理解，从而就能有针对地采取适当措施帮助学生纠正错误或做出必要的改进。

(2) 相对于一般的认识活动，这是学习特别是数学学习活动最重要的一个特征：这主要是一个“顺应”的过程，即认知框架的不断扩展或重组，后者并是新的学习活动与主体原有的认知结构相互作用的结果。

正因为此，学习就不应被等同于知识和技能的单纯积累，而必定包含一定的质变，对此我们并可区分出一定的阶段或层次。事实上，按照皮亚杰的观点，个体认识的发展在很大程度上即可被看成人类认识整体发展在较小范围的重演或缩影，特别是，其中必定包含对错误或不恰当认识的纠正与更新，并表现出一定的阶段性。

我们还应清楚地认识“学生的发展水平”与“新的学习活动”之间的辩证关系。首先，正如维科斯基所指出的，学生的智力发展不应被看成是由其生理成熟程度唯一决定的。恰恰相反，我们应当清楚地看到学习对于学生智力发展的重要作用：“学习先于发展。”其次，考虑到正是主体已有的认知结构为新的认识活动提供了必要的框架，新的认识活动又往往会导致已有认知结构的分化、扩展与重组，我们又应对此做出如下的必要补充：“发展一定大于学习。”

最后，所说的“顺应”当然也应被看成主体的主动建构，而主体的自我反省特别是内在的观念冲突即可被看成认知结构更新的必要前提。再者，新的认知结构对于老的结构的取代往往是比较的结果，又由于这必须由各个主体相对独立地完成，从而也就更清楚地表明了这一过程的建构性质，特别是，认识的发展并非一次就能得到完成的简单过程，更不能被看成一种“即时理性”，而是往往需要经过多次的反复和深化。

(3) 这也是学生学习活动的一个重要特征：这主要是在学校这一特定的情境之中，并在教师直接指导下进行的，就其本质而言，更应被看成一种文化继承的行为。

正因为此，我们就不应将学习看成纯粹的个人行为，而应清楚地认识其社会性质，特别是，各种合理的思维方式（或较高的智力发展水平）不能单纯凭借个人的努力，如自学或主动探究，就能轻易地得到形成，我们并应清楚地看到教学活动的规范作用，更广义地说，这也就是指，适当的外部环境不仅是有效学习的必要条件，也在很大程度上决定了个体智力的发展方向。

当然，对于所说的"外部作用"我们又不应仅仅理解成教师对于学生学习的必要指导与规范，也应看到学生间的相互作用，这并是我们为什么应当特别重视好的"学习共同体"创建的主要原因，还包括这样一个重要的结论：学习并非孤立的个人行为，而是学习共同体的共同行为。

当然，在明确肯定学习活动社会性质的同时，我们又不应完全抹杀个体间必然存在的差异，更不能因此而否定学生在学习活动中的主体地位，因为，数学学习最终必须通过各个个体相对独立的思维活动才能得到完成，我们并应清楚地看到在"社会（文化）意义"与"个体意义"之间所存在的重要联系和区别。

最后，除去从"个体"与"群体"之间的关系这一角度进行分析以外，我们还应从更广泛的角度认识学习活动的社会性质，特别是，应清楚地看到整体性社会环境与文化传统对个人学习活动的重要影响，即应当将着眼点由"作为个体的学生"转移到"处于一定社会情境之中的个体"："我们必须以社会的相互作用为背景并通过具体环境的考察对教室中的学习活动作出分析。"（N. Balacheff, "Future Perspectives for Research in the Psychology of Mathematics Education", *Mathematics and Cognition*, ed. by P. Nesher & J. Kilpatrick, Cambridge University Press, 1990, p. 141）

以下再对建构主义学习观的教学涵义做出具体分析。

首先应当提及，在建构主义"现代复兴"的初期，曾出现过不少激进的观点，如认为强调知识的建构性质就意味着对于教师作用的彻底否定，或是认为应将"学生的主动探究（发现）"看成唯一合理的学习方法，将"合作学习"看成解决各种教学问题的灵丹妙药，等等。当然，随着时间的推移，这方面的认识已有了很大变化，特别是，就当前而言，这应当说已经成为人们的共识，即我们应当同时肯定学习活动的建构性质与教师在教学活动中的主导作用，特别是，无论我们采取什么样的学习方法，教师的指导作用都不可或缺。

其次，尽管建构主义现已逐步淡出了人们的视野，但无论是当年的盲目追随，或是现今的“打入冷宫”，都应被看成是缺乏自觉性的表现。恰恰相反，我们在任何时候都应坚持自己的独立思考，特别是，就当前而言，我们仍应认真地去思考建构主义对于我们改进教学究竟有哪些重要的启示？

后者事实上也是国际上一些学者在当前所从事的一项工作，即希望通过“建构主义基本原理的理性重建”更好地发挥建构主义的建设性作用。

例如，在一些学者看来，这就是建构主义对我们改进教学和研究最重要的几点启示(详可见康弗里等，“关于数学教育心理学对数学教育中建构主义30年发展的反思”，载古铁雷斯、伯拉主编，《数学教育心理学研究手册：过去、现在与未来》，广西师范大学出版社，2009)：(1)应当高度重视学生思维与能力的发展。“建构主义，比迄今为止的其他任何理论，都要强调发展和成长的重要性。”(2)应当更清楚地认识“活动(动作)”对于思维发展的重要性：“数学概念在根本上扎根于行动和活动之中。”(3)相对纯粹的个人行为，我们又应更加重视个体与群体、个体与环境之间的互动。

当然，相对于简单地去接受任何一种现成的观点，我们又应更加重视自己的独立思考。以下就对建构主义的教学涵义做出进一步的分析概括：

(1) 对于学生情况的很好了解。

由于建构主义突出强调了学生已有的知识和经验对新的学习活动的重要作用，因此，我们就应将很好地了解学生的真实情况看成教学工作的实际出发点。显然，从这一角度我们即可更好地理解美国著名认知教育心理学家奥苏贝尔的以下论述：“如果我不得不将教育心理学还原为一条原理的话，我将会说，影响学习的最重要因素是学生已经知道了什么，我们应当根据学生原有的知识状况去进行教学。”(引自吴文侃主编，《当代国外教学论流派》，福建教育出版社，1990，第207页)另外，这显然也可被看成国内诸多名师所一贯强调的以下主张的核心，即教师既应“备课”，更应“备人”。

应当强调的是，对学生情况的了解事实上也是一个建构的过程，我们并应牢牢记住这样一点：决不应以自己的主观分析代替学生的真实情况。

更一般地说，由于教学环境的分析也是我们做好教学的又一重要前提，所谓的“备课”在很大程度上就意味着教学内容的“理性重建”，因此，教师所面临的事实上就是“三重的”建构这样一个任务，这也就是指，我们应当针对具体的教学对象、教学内容和教学环境创造性地去进行教学。

(2) 帮助学生获得必要的经验和预备知识。

由于主体已有的知识和经验为新的学习活动提供了直接基础，因此，在实际从事新的教学活动前，教师就应注意帮助学生获得必要的经验和预备知识。

例如，就抽象概念的学习而言，我们就应十分重视如何能够帮助学生获得必要的直观经验，如使相应概念与学生的日常生活发生直接的联系，或是为此提供适当的实例。更一般地说，应针对具体的教学内容努力创设一个较好的“题材环境”(subject environment)。

(3) 善于在学生头脑中引发观念的不平衡或冲突。

由于打破原有的平衡正是思维优化的必要前提，即只有通过观念的不平衡或直接冲突我们才能达到新的、更高层次上的平衡，因此，教师在教学中就应十分重视如何能在学生头脑中引发所说的不平衡，如设计出这样的环境，其中学生已有的知识和能力不足以解决所面临的问题，从而就能深切地感受到新的学习的必要性，或是帮助学生清楚认识已建立的观念包含一定的内在冲突，从而也就能够自觉地去实现观念的必要更新，即通过自觉的反思与调整实现新的、更高水平上的平衡。

显然，上述分析也更清楚地表明了教师在教学活动中所应发挥的主导作用。但是，由于所说的“观念的不平衡”完全是就学生而言的，新的、更高水平上的平衡也只能依靠学生自身的努力才能实现，因此，强调教师在教学活动中的主导作用就不应被看成是与学生在学习过程中的主体地位直接相冲突的，毋宁说，我们应很好地处理这两者之间的辩证关系。

(4) 学生错误的诊断与纠正。

这事实上也应被看成以上所说的“更高水平上的平衡”的一个重要涵义，即对于已有错误的纠正。

就这方面的具体工作而言，应当再次强调这样几点：其一，对于学生的错误(特别是“规律性错误”)应当持理解的态度，即应看到学生的错误往往有一定的合理性。其二，错误的纠正并非易事，而是往往有一个较长的过程，甚至可能出现一定的反复，因为，作为整体性认知结构的有机组成成分，任何已建立的认识都不能轻易地被“抹去”，而会长期存在于人们的头脑之中。其三，学生的错误不可能单纯依靠正面示范与反复练习就能有效地得到纠正，而只能是一个自我否定的过程，又由于后者以主体的自觉反省特别是内在的观念冲突作为必要的前提，因此，为了帮助学生纠正错误，教师就应注意提供适当的外部环境以促进学生的自我反省，包括引起必要的观念冲突。例如，后者事实上就是适当提问和提供反例的一个重要作用。当然，我们在此又应特别重视对照和比较的工作。

(5) 高度重视学生的个体特殊性。

由于任何真正的认识活动都是主体的主动建构，因此，即便是同一题材内容的学习，不同个体也完全可能由于知识背景和思维方法等方面的差异呈现出不同的思维过程，即表现出明显的差异或个体特殊性。

显然，这就对我们如何很好地了解学生的真实情况提出了更高要求，即相关认识不应停留于所谓的共性，而应更深入地了解每个学生的个性。另外，我们在教学中也不应刻意地去追求某种绝对的一致性，恰恰相反，合理的教学方法应是“个体化的”，这也就是指，我们应当允许每个学生有自己的“学习节奏”，在各种思想方法或认知策略之间也有一定的“选择权”，或者说，对此并无绝对的“好、坏”可言。

(6) 努力提高学生的学习自觉性和元认知能力。

这是教学工作应当努力实现的一个更高目标。因为，一切认识最终都必须通过主体相对独立的思维活动才能得以完成，而且，学生最终又将离开学校走向社会，从而就必须学会主要依靠自身的努力特别是通过终身学习才能更好地适应未来社会的要求。进而，我们又应努力提高学生的元认知水平，从而就可在这方面表现出更大的自觉性。

例如，从上述角度进行分析，相对于教师的直接指导，我们就应更加重视如何能够帮助学生对自己所从事的学习活动始终保持清醒的自我意识，并能及时做出自我评价和必要调整。另外，我们又应注意帮助学生逐步地学会学习，如能够针对自身的特点总结出适合的学习方法和学习节奏，即实现必要的优化。

(7) 对于自身数学观和教学观念的自觉反省与必要更新。

这事实上也可被看成上述各个论点的一个共同要求，因为，它们都直接涉及教师所具有的观(信)念，特别是，我们应由传统的“接受式”学习观转向建构主义的学习观，即应当清楚地认识学习是学生的主动建构，而不是对于教师所授予的知识的被动接受。

例如，从上述角度进行分析，知识(包括专业知识和教学法知识)的学习就不应被看成教师培训工作的唯一内容，我们还应清楚地认识观(信)念的反思与必要更新对于教师改进教学特别是成功实施课程改革的重要性。因为，如果我们的教师所持有的始终是落后的、陈旧的学习观和教学观，一切改革措施显然都不可能真正得到落实，课程改革自然也就不可能获得成功。

当然，正如学生观念的更新，我们也应特别重视促进教师对自身观(信)念的自觉反省和必要更新。

最后，应当强调的是，如果将视角转向“社会建构主义”，那么，除去已提及的各点以外，我们显然还应考虑到更多的方面。又由于这主要地也可被归属于教育的“社会-文化研究”，对此我们就将在以下做出统一的分析论述。

再者，正如第二章中所提及的，在不少学者看来，这正是建构主义最重要的一个贡献，即为我们深入批判传统的教法设计理论提供了重要的思想武器，对此我们将在第四章中做出具体的分析论述。

2. “社会-文化视角”下的数学教学

什么是学习的“社会-文化研究”对于我们改进教学的主要启示？笔者以为，这主要是指我们应当努力提高自身在这方面的自觉性，即能逐步地学会从社会和文化的视角进行分析思考，特别是，“必须以社会的相互作用为背景并通过具体环境的考察对教室中的学习活动做出分析”。(N. Balacheff, “Future Perspectives for Research in the Psychology of Mathematics Education”, *Mathematics and Cognition*, ed., by P. Nesher & J. Kilpatrick, 同前, p. 141)这也就是指，我们应当清楚认识学习活动的社会性质，包括整体性文化传统与环境对于个人学习活动的重要影响，而不应将此看成单纯的个人行为。再者，“作为一门科学分支的数学教学理论从本质上说正是对我们自己、对我们在社会大框架中的地位、对我们在形成未来中所担负的责任所作的批判性思考”。

(德安布罗西奥,“数学教与学的文化框架”,载 R. Biehler 主编,《数学教育理论是一门科学》,上海教育出版社,1998,第 516 页)这也就是指,我们应当超出知识与技能的学习,并从更大范围更好地认识和承担起数学教育的社会责任。

以下就分别围绕“中国数学教育教学传统”的界定与建设、“数学课堂文化”的创建、“合作学习”的重要性与“文化自觉性”等主题对此做出具体分析,由此我们不仅可以更好地理解努力提升自身在这一方面自觉性的重要性,相关论述对我们改进教学也有明显的现实意义。

第一,正如整体性文化传统对学生的学习具有十分重要的影响,这对教师的教学也有重要的影响。进而,除去一般意义上的文化传统以外,我们又应特别重视“中国数学教育教学传统”的分析研究,因为,无论自觉与否,我们作为数学教育工作者必然地都处于这一传统之中,或者说,按照相关传统进行工作的。也正因此,我们就应特别重视对此的清楚界定,并应切实做好继承与发展的工作。容易想到,这事实上也是我们成功实施数学教育改革十分重要的一个前提或方面。

以下就是这方面的一个具体工作(详可见另文“文化视角下的中国数学教育”,《课程、教材与教法》,2002 年第 10 期;或《郑毓信数学教育文选》,华东师范大学出版社,2021,第 4. 1 节。英文稿“Mathematics Education in China: From a Cultural Perspective”已被收入 *Mathematics Education in Different Cultural Traditions: A Comparative Study of East Asia and the West*, ed. by F. Leung & K-D. Graf & F. Lopez-Real, Springer, 2006):

(1) 应当清楚地认识整体性文化传统对于数学教育和教学工作的重要影响。具体地说,这是我们在这方面应当首先思考的一个问题:我国现行的数学教育体制,包括学校的组织形式、课程设计、教学方法等,主要都是从国外(包括西方和苏联)引进的,但中国又有自己独特的文化传统,那么,在这两者之间是否存在一定的文化冲突,特别是,从发展的角度看,最终出现的究竟是我们“同化”了外来的成分,还是我们自身为外来成分逐步地“异化”了?

笔者的看法:正如中国历史上曾多次发生的外来成分逐渐为中国传统文化所同化的现象,在此所看到的主要也是一个同化的过程。显然,也只有在这样的意义上,我们才能真正谈及“中国数学教育”或“中国数学教育教学传统”。

进而，我们在实际从事后一方面的研究时又应始终坚持这样一个原则，即决不应脱离整体性的文化脉络去看待各个具体的方面或环节。例如，按照这一原则，尽管中国数学教学工作中的某些做法在形式上可能与西方采用的某些方法十分相似，如中国的"反复记忆"(repetitive memory)和"加强基本功训练"与西方所谓的"机械记忆"(rote memory)和"机械练习"(drill and practice)，等等，但我们决不应将此简单地等同起来，因为，在不同的文化脉络中它们事实上具有十分不同的涵义和作用。再者，我们又应明确肯定数学教育的文化性质和整体性质。例如，按照这一立场，即便是一个在西方十分有效的改革措施，对此我们也不能采取简单的"拿来主义"，而应认真研究其是否适合中国的社会-文化环境，或者说，应如何对此进行改造才能使之真正适合中国的情况。当然，这也应被看成数学课程改革的主要目标，即努力创建符合时代需要与中国国情的数学教育体系。

(2) 从文化的角度看，作为中国数学教育教学传统的具体分析，我们应特别重视信念和价值观等"看不见的成分"，包括一般性哲学思想与传统思维方式的影响。具体地说，我们并应特别重视这样一个素朴的辩证思想，即"一阴一阳之谓道"，因为，这事实上可被看成中国数学教育在整体上最重要的一个特征，即人们往往特别倾向于在各个对立面之间建立适当的平衡。

应当提及的是，对于中国数学教育的上述特征有不少境外学者也是清楚地认识到了的，如"与西方对于过程或结果的片面强调不同，东亚各国和地区所采取的是'过程与结果并重的态度'"；"西方学者往往注重内在的动力并认为像考试此类的外部动力对学习是有害的，但在东亚各国和地区则认为两者对于促进学生的学习都是十分必要的，从而事实上采取了'内外并重'的做法"。[F. Leung(梁贯成)，"In Search of an East Asian Identity in Mathematics Education — the Legacy of an Old Culture and the Impact of Modern Technology", ICME - 9, 2000, Japan]再者，"西方人往往将'记忆'与'理解'绝对地对立起来，即认为记忆无助于理解，并认为两者事实上是互相排斥的。但在不少中国学生看来，在这两者之间存在一种相互促进的辩证关系：理解有助于记忆，记忆能加深理解"。(D. Watkins & J. Biggs, ed., *The Chinese Learner: Cultural, Psychological and Contextual Influence*, CERC &

ACER, 1996)当然，相对于各个细节而言，我们又应更加重视中国数学教育的总体特征，包括通过对照比较清楚地指明东西方数学教育教学思想的主要区别。

例如，正如2.6节中所提及的，这就是东西方教育思想最重要的一个差异：东方特别强调教育的规范性质，即表现出了明显的社会取向；西方则特别重视学习者的个性发展，即表现出了明显的个体取向。进而，也只有从上述角度进行分析，我们才能很好地理解中国数学教学的一些具体特征，如对于“基础知识和基本技能”的突出强调，等等。

(3) 以下三点可以被看成“中国数学教学法”的主要特征：

其一，课堂教学相对于具体目标的高效率性。这首先体现于教学上的统一目标：在中国每一堂数学课都具有十分明确的目标，后者又主要集中于具体数学知识或技能的学习。其次，整个课程并是围绕所说的目标很好地组织起来的。例如，中国的数学课程通常包括“复习”“引入”“讲授”“练习”“总结”五个环节，而其中的所有细节，包括时间的分配乃至板书的设计等，都是围绕所说的目标精心安排的结果。

应当强调的是，也只有从上述角度进行分析，我们才能更好地理解相关人士关于中国数学教师的这样一个定位：“按照中国的教育思想，好的教师主要应被看成‘熟练的演绎者’，就像演员或音乐家一样，他们的主要工作是有效地和创造性地演绎出指定的角色或乐曲，而不是直接从事剧本或乐曲的写作。”

其二，教学工作的规范性与启发性。具体地说，教育的规范性决定了中国的数学教师在教学中始终处于主导的地位，而且，讲授即可被看成中国数学教学的基本形式。但是，我们不应把这种教学简单地理解成知识的传递与被动接受。恰恰相反，我们在此可清楚地看到对立面的适度平衡这一思想的重要影响。具体地说，与教师的主导地位相对照，中国的数学教学也明确肯定了学生的主体地位。另外，在实际的教学工作中，教师不仅十分注重教学的启发性，而且也十分重视如何能够促使学生积极地参与教学活动。例如，正是基于后一方面的考虑，中国的数学教学就特别讲究“设问”的艺术，即认为教师应当通过适当提问促进学生积极进行思考，而不应唯一集中于结论的“对”与“错”。

最后，作为这方面的一个相关事实，我们又应特别提及“大班教学”的现实。因为，在所说的情况下，加强教学的启发性就有利于全体学生（而不只是少数学生）都能通过课堂学习特别是教师的教学有最大的收益。简言之，这也可被看成我们如何能够很好地落实“课堂教学高效性”的一个重要手段。

其三，不同的教学理念。如众所知，中国的数学教学特别强调记忆和练习，这并体现了与西方普遍观念不同的教学理念。例如，这正如别格斯（J. Biggs）所指出的：“在西方，我们相信探索是第一位的，然后再发展相关的技能；但中国人则认为技能的发展是第一位的，后者通常则又包括了反复练习，然后才能谈得上创造。”（*The Chinese Learner: Cultural, Psychological and Contextual Influence*，同前）更一般地说，中国数学教学中对于记忆和练习的强调与深层次的理解有着直接的联系。例如，我们事实上就应从后一角度去理解中国数学教育的一些传统做法，如“温故而知新”“熟能生巧”等。这也就是指，在此所强调的并非“死记硬背”，而是“记忆”与“理解”之间的辩证关系：理解有助于记忆，记忆可以加深理解；人们所追求的也不只是运演的正确性和速度，而是希望通过反复练习促进认识的发展与深化，达到真正的理解。

(4) 上述分析表明：我们应当明确肯定中国数学教育的特色和成绩，从而在这方面采取妄自菲薄的态度就是完全错误的。当然，作为问题的另一方面，我们也应清楚地看到已有传统的不足之处。

具体地说，由于中国数学教育所追求的对立面的适度平衡并非一种静止的状态，而是一个动态的过程，因此，在实践中就必然会出现一定的偏差或错误，特别是，在考试的严重压力或其他一些特殊的情况下，中国数学教学法的上述特征更可能遭到严重扭曲，或者说，中国的数学教育工作者正是通过不断纠正偏差与错误包括新的挑战或要求从而取得了不断的进步。在此我们还应特别提及中国数学教育的这样一个现实：广大教师的教学往往依赖于以往的经验，而没有能够成为理论指导下的自觉实践，从而在实践中也就更加容易出现各种各样的偏差，甚至出现“形似而神异”的现象。也正因此，以下所提及的中国数学教学的一些不足之处就应引起我们的高度重视，因为，这些弊端是与上面所提及的中国数学教学法的各个主要特征直接相联系的，这也就是指，如果缺乏足够的自觉性，在实践中就很容易出现所说的偏差：

其一,对于教育长期目标的忽视。由于集中于具体数学知识或技能的学习这样的短期(即时)目标,数学教育的长期目标,如学生能力、情感和态度的培养等,就很容易在教学中被忽视。更一般地说,笔者以为,这也可被看成"熟练的演绎者"这一模式所固有的一种局限性。

其二,未能给学生的自由创造留下足够的空间。由于教育的规范性质,在中国的数学课堂上教师始终占据主导的地位,特别是,尽管强调了教学的启发性与学生的参与,但教师希望的又总是课程能够按照事先设计的方案顺利地进行,特别是,学生能够按照教师的思路进行思考,并能牢固掌握相应的数学知识和技巧,包括教师所希望学生掌握的数学思维方法。总的来说,这就可以被看成"大框架下的小自由",即未能给学生的主动创造(以及学生间的互动与交流)留下足够的"自由空间"。进而,如果相关教师缺乏自觉性,则更可能出现教学处于教师的绝对支配之下,学生的主动性和创造性受到严重压制的局面。例如,教学中过分强调所谓的"小步走""循序渐进"就是这样的情况。

应当指明的是,我们应清楚地看到上述现象容易导致在教育系统中出现如下的"一层卡一层"的现象:大纲(课程标准)"卡"教材——教材的编写必须"以纲为本";教材"卡"教师——教师教学必须"紧扣教材";教师"卡"学生:学生必须牢固掌握教师所授予的各项知识和技能。这样,作为最终的结果,所有有关人员,包括教师和学生,其创造性才能就都受到了严重的压制。

其三,对于学生个体差异重视不够。由于习惯于大班教学与讲授式,因此,中国的数学教师在教学中往往对个体的差异重视不够。当然,从更深入的角度看,这也可被看成过分强调教育规范性质的一个必然后果,更直接涉及这样一个更基本的问题,即我们究竟应当以何者作为教育工作的基本立足点:是先天的差异,还是努力缩小可能的差距?正如前面所提及的,这并可被看成东西方数学教育(乃至一般教育)思想的一个重要区别。

其四,数学应用意识淡薄。相对于知识的内在联系,中国数学教师对数学的应用普遍重视不够。在这一方面我们也可看到整体性文化环境的重要影响:由于中国学生普遍地较为重视学习,因此大部分教师就感受不到通过联系实际调动学生学习积极性的必要性。

综上可见,我们在此所面临的就不只是中国数学教育传统的清楚界定这样一个任务,更是一个建设和发展的过程,即我们应当通过认真的总结与反思,包括深入的理论研究与积极的教学实践逐步建立新的、更加符合时代要求和中国国情的数学教育教学理论。

第二,这可以被看成教育的"社会-文化研究"特别是"情境学习理论"最重要的一个结论,即认识活动的情境相关性。应当强调的是,除去前面已提及的"以学徒制为范例对学校教育做出彻底改造"这样一种主张,依据这一认识我们也可清楚地认识以下一些主张的错误性,如对于"走出课堂、走出校门"的片面强调,以及认为我们只需通过对"情境设置"特别是情境真实性的突出强调就可有效解决学校教育严重脱离实际的弊病。恰恰相反,我们应更加重视如何能为学生的数学学习创设一个好的学习情境,或者说,创建一个好的"数学课堂文化"。

以下就是笔者在后一方面的具体主张,即我们应当努力创建这样一种"数学课堂文化":"思维的课堂、安静的课堂、互动的课堂、理性的课堂、开放的课堂。"具体地说,强调"思维的课堂、理性的课堂、开放的课堂"可以被看成数学教育目标的具体体现,我们更应使之成为师生的共同追求,即我们如何能够通过数学学习促进学生思维的发展,真正做好"通过数学学会思维",包括由理性思维逐步走向理性精神。另外,"安静的课堂、互动的课堂"则直接涉及数学课堂应有的氛围,特别是,我们应如何通过学生和师生间的积极互动促进学生更深入地进行思考,达到更大的认识深度。

我们还应清楚地认识教师在这一方面的重要作用。

例如,如果我们认定数学教育的主要目标应是促进学生思维的发展,那么,相对于简单的"动手实践",我们在教学中显然就应更加重视如何能以"动手"促进学生积极"动脑",包括又如何能为学生的积极思考提供足够的空间、时间和适合的外部环境,特别是,能通过学生间的合作和互动达到更大的认识深度。

例如,依据上述分析我们就可清楚地认识努力做好"说理课堂"的重要性,包括让学生真正成为说理的主人:"'说理课堂'不仅是学知识,让学生知晓知识发现的背景、存在的条件以及解释客观世界的适用范围,更是激发学生自觉学习的心向，让学生通晓学习中的道理，在阅读中习得分析与理解，在思考中习得分析与体验，在交流中习得表达与协作，在审辨中习得接纳与批判，在尝试中习得想象与创作……”（罗鸣亮，“‘说理课堂’：走向未来的数学教育”，《福建教育》，2021 年第 14 期）

以下就可被看成“以动手促进动脑”的一个实例：

［例 1］“角的初步认识”教学中的“三次动手”与“三次提问”（高雅）。

这是小学二年级的一项教学内容，人教版教材中对于这一内容是这样处理的：

（1）由生活实例引出角的概念（图 3－1）：

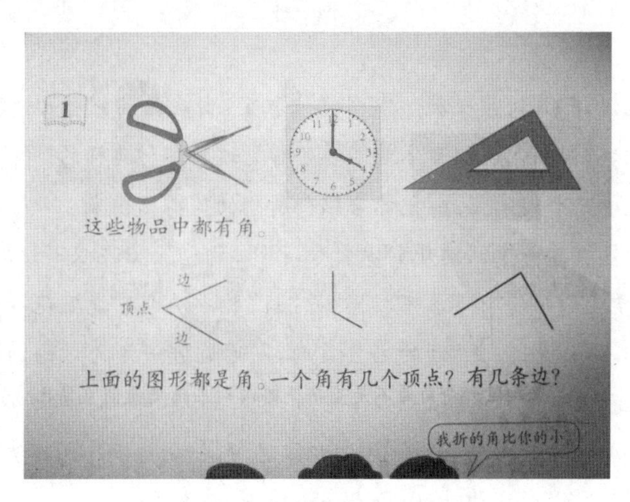

图 3－1

（2）通过各个实例（包括“正例”与“反例”）帮助学生掌握“角”的概念的本质，并切实防止各种可能的误解（图 3－2）。

现在的问题是：我们如何能够通过自己的教学促使学生积极地进行思考，特别是，能由单纯的“动手”转向积极“动脑”？

以下就是相关教师的教学设计：在笔者看来，其中的“三次动手”与“三次提问”就很好地体现了这样一个思想，即我们应当通过自己的教学特别是适当提问促进学生积极地进行思考。

图 3-2

具体地说，相关教师在教学中同样采取了“由生活实例引出‘角’的概念”这样一个做法，但在学生们具体地列举了曾见过的各种各样的“角”以后，教师又提出了这样一个新的任务：把你头脑中所想的“角”画出来。

由于教师在此并未刻意地加以引导，因此，课堂上出现以下情况就十分自然了：不仅学生所画的“角”各不相同，画“角”的方法也可说五花八门，各显神通……当然，这又是这一设计的主要目的，即通过进一步的讨论，特别是其中有哪些可以被看成真正的角，即数学中所说的“角”这样一个问题(问题 1)，我们就可引导学生由简单的“动手”转向积极思考，并能初步建立起“角”的概念，包括具体认识“角”的一些特性：角有一个顶点、两条边。

还应提及的是，由于这里的例子都是学生自己提供的，从而相对于由教材或教师直接给出各种“正例”和“反例”就显得更加亲切、自然。再者，借助这些例子我们也可更好地了解学生的真实思维。例如，恐怕大多数教师都不会想到，现实中居然有不少学生将“角”与“三角形”混为一谈。

其次，在上述基础上，教师又要求学生第二次动手去画角：由于这时学生已经初步形成了“角”的概念，因此，此时的结果与前一次相比就有了很大进步。但又正是以此为基础，教师提出了第二个问题：你们所画的“角”有什么不同？从而就将学生的注意力由角的“共同点”(“什么样的图形可以被看成数学中的'角'?")转向了"角的大小的比较"这一更深层次的思考。

最后,为了促进学生认识的发展,我们又可要求学生第三次动手去画角:"如何能够画出一个与已知角同样大小的角?"当然,这并非唯一的选择。例如,相关教师当时所采取的以下做法也是一个很好的设计,即要求学生首先对自己手中的小三角尺与教师的大三角尺上相应角的大小做出猜测,然后再实际动手加以检验——不难想象,当学生最终发现两者的大小相等时会受到怎样的震撼!以下则是另一巧妙的设计:教学中我们不只是通过旋转圆规或其他相关教具的两条边从而生成大小不同的角,也通过"拉长"两边引发学生的思考:这时角的大小是否有变化?

当然,无论课堂上采取了怎样的教学设计,我们又必须将学生的注意力引向这样一个问题:角的大小是由什么决定的?或者说,什么是相关的因素,什么因素又与角的大小完全无关?我们在教学中并应要求学生用自己的语言具体表达自己在这一方面的想法。

综上可见,尽管我们在此尚不能引入"角"的严格定义,但是,相关活动特别是围绕上述三个问题展开的讨论,仍然十分有助于学生较好地掌握"角"的概念的本质,包括这样一个事实,即"角的大小与边的长度完全无关,而是取决于'开口'的大小",从而就为将来的进一步学习,包括引入"角"的严格定义打下了良好基础。

再者,我们也应清楚认识教师示范的重要性,即应当将此看成"好的学习情境"十分重要的一个涵义。相信读者由以下实例即可在这方面获得重要启示,尽管其中所直接论及的只是"课程"而非"学习情境":

[例 2] "课程的核心"(曹勇军,"我是新的生活,大声地向你问好",朱凌燕,《成长之道——20 位名师的生命叙事》,江苏凤凰教育出版社,2023,67—92)。

"课程就像演戏,只有在舞台上演出来才叫戏,它的奥秘在舞台,灵魂在演员。我们的课程建设也同样如此。课程在哪里?课程在教学现场,在师生身上。以前,我们总认为课程在教材里,在教案里,在规划里,在作业里……这些是课程的内容,但只是构成课程的因素,甚至是碎片,不是课程的'魂'。要师生走到一起，构成一个现场，课程才能出来。在这里，知识不断得到运用，思维不断得到拓展，情感不断获得升华。课程在学生身上，又不全在学生身上；课程在教师身上，又不全在教师身上。实际上，它是特定教育情境中弥漫在师生之间的情志氛围和情意境界，看不见，摸不着，但你能明显感觉到，那种弥漫在师生之间、超载物质存在的精神力量。它改变并提升着学生的知识和经验。这是课程最核心的东西。”(第77～78页)

进而，由同一作者关于“真实的写作”的以下论述，相信读者也会对我们应当如何认识“学习情境的真实性”有更深刻的认识：

[例3] 美国“过程写作”的启示。

“一讲到真实的写作，我们马上就想到真情实感，让学生把自己的真情实感表达出来，倡导写作教学中要讲真话，反对‘假大空’。可他们(指美国教师——注)对真实写作的理解，比我们丰富——不仅是生活内容的真实，更是写作过程的真实，真实的写作，和我们讲的考场写作完全不一样。考场写作有时间和题目的限制，必须一气呵成；而真实的写作是先有一个构思，拿出初稿，然后一稿、二稿、三稿不断修改而成的。因此，过程写作把真实生活中的写作过程提炼为几个操作环节，那就是头脑风暴、选题、起草、修改、订正、展示。通过这些环节的训练，学生学会如何把原来模糊的想法变得清晰，把肤浅的思考变得深刻……写作是一个不断修改、不断完善、不断深化的过程，可惜我们从来没有把这个真实写作的过程告诉学生。……美国写作教学中也强调教师要‘下水’写作，不过他们理解的教师‘下水’跟我们不一样，不是要和学生写同题作文，而是强调教师的写作示范。教师把自己的写作过程中粗糙的初稿拿给学生看，告诉他们自己在写作过程中的挣扎、纠结、痛苦和对策，让学生获得写作的启示，从而生成自己的写作策略。”(第82～83页)

总之，相对于唯一强调“情境设置”，我们应当更加重视如何能够通过自己的教学创设这样一种“现场”：“在这里，知识不断得到运用，思维不断得到拓展，情感不断获得升华。”进而，从同一角度我们也可清楚地认识片面强调“创设真实情境”的局限性，特别是，数学学习必须“去情境”，这是“把肤浅的思考变深刻”必须经历的一个过程。

进而，依据上面的分析我们也可更好地理解这样一个论述：“一个数学教师，如果从来不懂得什么叫严谨之美，从来没有抵达过数学思想的密林，没有过对数学理性的深刻体验，那么，他的数学课自然是乏味的，甚至是令人生厌的。”（余慧娟，“教育伟大源自厚重的责任感——2008 年教育教学热点评析”，《人民教育》，2008 年第 24 期）

最后，除去直接的示范，我们还应十分重视通过自己的日常言行对学生产生潜移默化而又是十分重要的影响。

这事实上也是笔者何以认为对于数学教师可以区分出以下三个不同水平的主要原因：如果你的教学仅仅停留于知识和技能的传授，就只能说是一个“教师匠”；如果你的教学能够很好地体现数学的思维，就可以说是一个“智者”，因为，你能给人一定的智慧；如果你的教学能给学生无形的文化熏陶，特别是很好地领悟到人格的魅力与理性的力量，那么，即使你只是一个普通的中小学教师，即使你身处偏僻的山区或边远地区，你也是一个真正的大师，你的人生也将因此散发出真正的光芒！（对此我们并将在第五章中围绕教师专业成长做出进一步的分析）

由以下论述读者并可对所说的“文化熏陶”有更深刻的认识：“你的心中有你坚信的价值观，你真诚地相信它、表达它、宣扬它，并持之以恒地创造性工作，可能就是在倡导一种文化……文化是源自内心的坚守和持之以恒的耕耘，短时间内是无法被刻意创造出来的。”（王小东语）“在对学校生活进行回忆时，学生更多回忆起的是他们的教师，而不是所学过的课程。”“老师教给的知识很快就会被遗忘，但是老师最有特点的表情、最有个性的语言、最伟大的人品、做人和做事的态度，给学生留下的印象是最深刻的，影响是最长久的。教师的人格力量包含教师的正义感、公平、正直、同情心、仁慈、富有牺牲精神、严于律己、宽以待人、学识渊博、善解人意等品格，这些正是学生最最期待的。”（张思明，“给学生能照亮心灵的教育”，《人民教育》，2019 年第 11 期）

第三，依据上述关于学习并非纯粹的个人行为，而是一种群体行为这样一个论述，我们也可更清楚地认识做好“合作学习”的重要性。当然，除去“生生互动”以外，所说的“合作学习”也包括师生间的积极互动。除去教师的必要示范以外，以下还将从“启发”这一角度做出进一步的分析。

在此我们并可首先提及这样一个疑问：数学教育领域中对于“合作学习”的提倡是否与数学学习的性质有一定冲突？因为，按照通常的理解，数学可以被看成“思维的科学”，特别是，只有通过深入思考，我们才能做到对于数学知识和技能的深刻理解，而不可能有任何其他的捷径，包括由其他人适当地代劳，而这似乎就与“合作学习”构成了直接的冲突。例如，在笔者看来，我们或许就可从这一角度去理解著名特级教师曹培英老师的以下论述：“数学无可争议地是思维学科，而不是语言学科。‘听说’式数学教学盛行的现象必须引起我们的高度警醒与深刻反思。”（“小学数学问题提出的反思性实践研究[下]”，《小学数学教师》，2021 年第 6 期，第 9 页）当然，现实中所经常可以看到的以下现象也应引起我们的高度重视，即数学教学中的“合作学习”常常流于形式，也即“表面上热热闹闹，实质上却没有什么收获”，也会有这样的学生，相对于合作学习而言，更加倾向于个人学习，因为，“在别人看来是很有成效的课堂讨论对其而言只是分散了他对于数学概念与所倾向的方法的注意”。

上述疑虑当然有一定道理，但我们不应因此而否定“合作学习”在数学教学中的应用，毋宁说，这清楚地表明了深入思考这样一个问题的重要性：什么是数学教学中做好“合作学习”的关键，特别是，我们如何能通过“合作学习”促使学生更深入地进行思考？因为，由以下的分析可以看出，只要应用恰当，合作学习与个人学习相比确可有更好的效果。

就当前的论题而言，我们还应特别强调这样一点：强调“合作学习”不应被理解成完全取消了教师在教学中的指导作用，而是从另一角度对此提出了更高的要求。例如，为了防止“不必要的交流”与“无准备的交流”，我们应十分重视“交流点”的选择，即应当在学生真有问题、真有体会的地方进行交流，在实际交流前也应要求学生做好充分的准备，包括在这方面提出明确的要求，如不应简单地“说结果”“讲算法”，或是直接转述书上的说法，而应清楚地说出自己在这些方面的真实想法，包括存在的问题与困惑、相应的思维过程、对于算法背后道理的理解、自己在这方面又有哪些真切的体会和感受等等。与此相对照，如果学生事先没有认真进行思考和准备，后续的“合作学习”就成了“无源之水，无根之木"，自然就不可能有较好的效果。

总之，在实际组织学生进行交流前教师应当引导学生围绕相关问题积极进行思考，包括为他们提供充分的时间和空间。容易想到，这也正是现实中人们何以特别重视"学习单"的主要原因。当然，这又是这方面工作应当注意的一个问题，即教学中要求学生解决的问题不应太多太小，而应努力做到"少而精"，并应有足够的思维含金量。因为，不然的话，学生就会忙于应付，而不可能真正静下心来做长时间的思考，或是完全找不到深入思考的切入点。教学中我们还应十分重视如何能为学生静心思考提供合适的环境与氛围，包括帮助他们很好地进入这样一种状态，即完全沉浸于相应的学习活动。

在此我们还应针对数学学习的特殊性做出更深入的分析，特别是，我们如何能通过合作学习特别是积极的交流与互动促进学生更深入地进行思考，从而实现认识的不断发展与深化。在笔者看来，以下就是这方面工作应当特别重视的一些方面，即我们应当十分重视对学生做好"表达"与"倾听"的必要指导：

(1) 应当要求学生为"合作学习"做好充分的准备，不仅能够围绕相关问题深入进行思考，还包括如何进行表达才能收到更好的效果。

具体地说，相对于"大声地说，清楚地说"此类一般性要求，我们应当要求学生在表达前先行对自己头脑中的想法做出认真的自我梳理、审视和必要的调整，即能够很好地做到"想清楚了再讲"，还应认真地思考如何讲才能讲清楚，才能有更大的说服力和吸引力……我们还应通过这方面的长期努力帮助学生逐步养成这样一种品质：乐于参与、乐于分享……

(2) 要求学生注意倾听别人的发言，认真做好比较分析的工作。

具体地说，除去"认真地听"这一普遍性的要求，我们还应要求学生更加重视比较与分析的工作，即应当帮助学生很好地树立起这样一个认识：其他人的看法或做法为我们更深入地进行思考提供了重要背景，我们并应通过不同想法或主张包括自身原有想法的比较分析很好地实现认识的优化，包括必要的综合。我们还应通过这一途径帮助学生逐步养成这样一种品质，即头脑的开放性：乐于向别人学习，重视思维的优化……

显然，从同一角度我们也可更好地理解积极提倡观点与方法等的多元化的重要性。当然，相对于“容忍、理解与欣赏”此类一般性的要求，我们又应更加重视不同意见的分析比较，包括必要的争论。与此相对照，这应被看成“浅层教学”的一种表现，即教学中只是满足于让更多学生表达自己的想法，却没有认识到应当更加重视引导学生通过倾听、比较、分析、评论和反思实现认识的发展与深化。

在一些人士看来，我们并可依据学生在这方面的表现对于“课堂交流”区分出三个不同的层次：“表达与交流、补充与提问、质疑与辩论。”当然，这又应被看成这方面工作的主要努力方向：“我们看重学生在课堂教学中的提问、质疑、辩论，因为这是学生主动学习的重要标志，更是思考、勇于攀登、不怕失败、勇于坚持的品格。学生在这一过程中，学到的是做人的道理。”（仲广群，“数学交流：流淌在课堂教学中的曼妙交响曲”，《教育视野》，2016 年第 2 期）

总之，这是我们如何能够做好“合作学习”的关键之一，即教学中应当很好地处理“内”与“外”之间的关系：“合作交流，不仅仅‘向外’，即表现为与同学、教师共同完成学习任务，与他人分享自己的想法，还要‘向内’，即在‘说’与‘听’的过程，促使自己对学习内容的认识经历‘原来我是怎样想、怎样做的——还可以这样想、这样做——现在我是这样想、这样做的’过程，思维从平衡到失衡，再形成新的平衡，从而尝试建构对新学习内容的理解。”（贲友林，“让学生在学习中学会学习”，《小学数学教师》，2020 年第 4 期）正因为此，这一方面的教学显然也就不应满足于学生已通过合作学习顺利解决了所面对的问题，而还应当促使他们进一步去思考自己通过这一活动特别是相互合作究竟有哪些收获，包括这样一个更高层次的思考，即“合作学习”如何才能更加有效？

进而，除去“内”与“外”之间的关系以外，这也可被看成从社会的视角对“合作学习”进行分析的又一重要结论，即教学中我们还应很好地处理“个体”与“群体”之间的关系，包括从这一角度更深入地认识做好“合作学习”的重要性。

具体地说，我们在很多场合下都应将“群体”看成认识的主体，而不应局限于从“个体”的立场进行分析思考。例如，从总结和反思的角度看，我们就应由单纯的“个体反思”过渡到“群体反思”，从而很好地突破前者必然具有的局限性。进而，如果相关认识始终局限于少数成员，我们显然也不可能取得整体的进步。

另外，从同一角度我们也可更好地理解这样一个论述：真正的互动不应是“线性的和纯因果性的”，而应是“反思性、循环性和相互依赖的”。(柯比语。2.7 节)当然，对于后者我们又不应单纯从形式上进行理解，如认为我们在教学中应为所有学生提供直接发言的机会，至少是能够通过举手表达出自己对于某个主张的看法。恰恰相反，这主要是指学生在思想上的参与，特别是，我们在此能否真正看到所说的“反思性、循环性和相互依赖”，我们并应当将此看成由“个体认知”转向“群体认知”的一个重要标志。

进而，从同一角度我们显然也可更好地理解以下的建议：“课堂对话”不应成为“打乒乓式”的师生对话(叶澜语)，即每次由教师指定一位学生发言，然后教师立即对此做出指导点评。恰恰相反，我们应将课堂的评价权还给学生；教学中我们还应“让学生的思维多飞一会儿”(陈洪杰语)，即应当先呈现几位学生具有典型意义的想法，然后再通过“你都懂吗”“你能分分类吗”此类提问，引导学生在更大范围实现对话和互动。

另外，教学中我们也应给不会的人、有问题的人一定的发言机会，即应当努力做到“学生什么不会就讲什么，谁不会就给谁讲。这样……为学生与文本对话、与同学对话、与教师对话、与自己对话提供平台”。(黎书柏语)另外，这显然也是一个十分有效的教学措施，即在课堂上组织学生对解题时容易出错的地方(“易错题”)进行交流，包括明确提出这样一个要求：“聪明人会认识自己的错误，聪明人会改正自己的错误，聪明人不重复犯同样的错误，最聪明的人不重复别人的错误。”(贲友林语)在笔者看来，这也是我们如何能够很好地实现以下目标的关键：“错着错着就对了；聊着聊着就会了。”(吴正宪语)

［例 4］　与学生的“约定”。

这是北京小学长阳学校吴桂菊老师的习惯做法，即从一年级开始就鼓励学生在课堂上自由地与同学们分享“自己看到了什么，自己想到了什么，自己发现了什么，自己有什么好奇想问的”，并将此作为师生的共同约定用明显的标识写在了教室的黑板之上(图 3-3)：

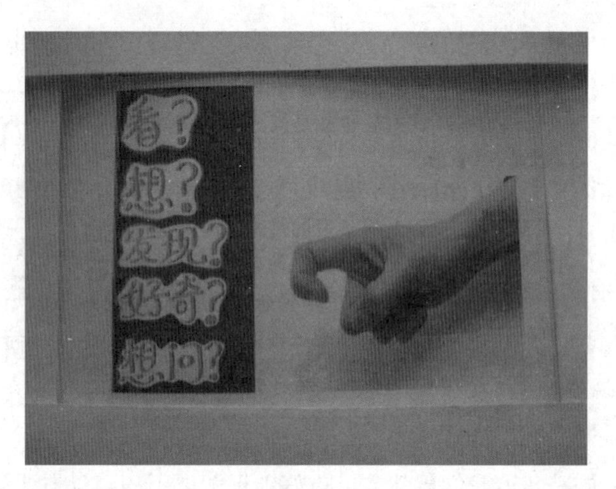

图 3-3

当然，随着学生年龄的增长，我们又应对此做出一定的调整。例如，在进入小学中段以后，这可能就是更加合适的一个“约定”，即应当鼓励学生在课堂上自由地提出以下问题：“我还有哪些不理解的地方或疑问？有什么不同的想法或做法？我又有哪些教训愿意与大家分享？我还能提出哪些问题供大家进一步思考？”

最后，正如2.7节中所提及的，在一些学者看来，这并直接涉及学习者“身份”的形成和变化，特别是，如何能由相应共同体的“边缘成员”逐步转变成为“核心成员”，即能在共同体中发挥更加重要的作用，这是未来社会合格公民必须具有的一种能力或基本素养。

值得指出的是，这事实上也可被看成以下主张的核心所在，即数学教学不仅应当注意培养学生的“学科性素养”，也应努力提升他们的“社会性素养”。(张齐华语)当然，正如“个体”与“群体”之间的辩证关系，我们也不应将“学科性素养”与“社会性素养”绝对地对立起来，而应更加注重两者的相互渗透与互相促进。再者，又只有通过不同学科的合理分工与密切配合，学生的“社会性素养”才能很好地得到养成，特别是，这应被看成数学教学的主要职责，即我们应当努力促进学生思维的发展，提升他们的思维品质，并能由“理性思维”逐步走向“理性精神”，也即能够成为真正的“理性人”，而不只是笼统意义上的“社会人”。

进而,笔者以为,这也可被看成为我们如何能够有效地改变以下现象提供了现实的可能性,即由于考试压力的不断增大,随着学生升入到更高的年级,他们的“合作意识”却不断下降,取而代之的是强烈的“竞争意识”,后者则不仅对他们的学习有一定的消极影响,也必然地会影响到他们的未来发展。

应当提及的是,我们并可从同一角度对应当帮助学生养成什么样的思维品质做出进一步的分析,后者即是指,我们既应坚持自己的独立思考,而不应随意地附和别人,轻易放弃自己的观点,同时又应始终保持头脑的开放性,即应当善于通过比较分析吸取别人意见中的合理成分,不断发展和深化自己的认识。

例如,在笔者看来,我们事实上也可从这一角度更好地理解著名学者周国平先生的以下论述,包括数学教学又应在这方面发挥什么样的作用:“怎样才能使灵魂丰富呢?欣赏艺术,欣赏大自然,情感的经历和体验,这些都很重要。除此以外……要养成过内心生活的习惯。人应该留一点时间给自己,和自己的灵魂在一起,静下来,想一想人生的问题,想一想自己的生活状态……我承认交往是一种能力,但独处是一种更重要的能力,缺乏这种能力是更大的缺陷。”(“人身上有三样东西是最宝贵的”,《新华日报》,2019 年 3 月 22 日)

最后,上述分析显然也就十分清楚地表明了这样一点:作为数学教师,我们不应满足于“平等的参与者(合作者)”和“组织者”这样一个定位,而应很好地发挥“引领者”的作用,如讨论方向的引导、结论的提炼、必要的强调等。当然,这又应被看成这方面更高的一个追求,即我们不仅应当通过持续的努力帮助学生逐步地学会合作,也应帮助他们清楚认识学会合作的重要性,从而就能通过共同努力创建出一个好的“数学学习共同体”,也即能让每个学生都能在其中发挥积极的作用,并能通过这一途径更好地实现群体的成长。

在笔者看来,我们或许应当从这一角度去理解以下的实例:

[例 5] “不可忽视‘第二个发言’现象”(贲友林,《教育研究与评论(小学教育教学)》,2023 年第 3 期)。

“课上,教师提出问题。一位学生回答后,教师又问:谁有补充发言?第二位学生起立发言。发言完毕,教师评点,接着提出下一个问题……

“这样的教学场景,我们太熟悉了。……一位学生发言之后,教师一般会有两种表现。第一种表现是,对发言的学生给予肯定与表扬,接着提出下一个问题,再邀请学生发言。第二种表现如上,即转向班上其他学生提问:还有补充发言吗?……

“对教师的两种表现做分析。第一种,一般是发言的学生将教师预设的问题答案都说出来了,于是教师就进入下一段的教学了。……第二种情况,通常是第一位发言的学生没有说‘对’、说‘清’、说‘全’预设的答案,于是教师寻找其他学生的补充发言,以期将预设答案正确、清晰、完整地呈现出来。”

这是相关作者特别强调的一点:“无论是第一种情况还是第二种情况,我们发现,课堂中第二个发言有或没有,说什么,都是教师牢牢控制着的。这样的课堂中,学生能动的学习活动未能成为中心。”作者因此提出了这样一个问题:“其他学生的补充发言,一定要等候教师指定安排吗?能否第一位学生与全班交流之后,第二位学生就主动起立接着与全班交流呢?”

显然,上述现象的出现与我们在课堂上追求的主要目标也有直接的关系,特别是,如果我们所关注的仅仅是问题的正确解决,那么,上述现象的出现就十分自然。但如果我们将“学习共同体”的塑造同样看成教学工作的一个重要目标,那么,以下的做法就应获得更大的肯定:“上述教学片段中,不仅有第二位学生发言,还有第三位、第四位……学生接着说。学生充分交流各自的想法,一个接着一个发言,表现了他们‘会说’。课堂中,学生‘会说’,‘说’的是学习过程中自己的想法。但印象更为深刻的是,学生会‘接着说’,即把自己的想法与他人的想法建立联系,从而对每位学生原有想法的成长具有建设性推动作用。课堂中,学生高质量地‘会说’,既要有话说,又要有积极主动地说的意愿。并且,相互之间的交流互动,具有循环性、生成性、反思性特征。”

显然,在所说的情况下我们看到的已不是一个个相对独立的学生,而是整体性的“学习共同体”。

最后,应当再次强调的是,上述努力又不仅直接关系到了我们如何能够帮助学生逐步地学会思维,努力提升他们的思维品质,而且也有助于他们逐步地学会做人，特别是，应当如何与人相处，如何能够有效地进行合作……

第四，除去上述各项具体工作，我们也应十分重视自身视野的拓宽，即应善于从多个不同的视角进行分析思考，因为，这十分有益于认识的深化，特别是，能更有效地防止与纠正各种可能的片面性或绝对化的认识。

以下就围绕“文化自觉”对此做出进一步的论述。

具体地说，有不少问题应当说都是我们十分熟悉的，但如果能从“文化”的角度进行分析思考，就很可能会有一些新的不同认识，特别是，能更清楚地认识很好地处理对立环节之间辩证关系的重要性。以下就是这方面两个具体的例子。

(1) 如众所知，这是数学教学特别是小学数学教学应当特别重视的一项工作，即很好地处理“日常数学”与“学校数学”之间的关系。

具体地说，我们在此应清楚地看到这样一个事实：学校中的数学学习并非学生数学知识的唯一来源，恰恰相反，他们所具有的很多数学知识都是由学校以外的生活获得的，而且，这种源于日常生活的数学(“日常数学”)往往又与学生在学校中学到的“正规数学”(“学校数学”)有很大的不同。

例如，这就是巴西学者曾从事的一项研究：一些来自贫困家庭的儿童常常在课后从事街头的叫卖工作，并在这种交易活动中表现出了熟练的计算能力。然而，同样是这些学生，他们在学校中的数学学习却又往往只是失败的记录，从而，这些儿童在数学上就可说具有两种截然不同的表现。

为此他们还专门设计了这样一个实验，即以两种不同的方式给 5 个学生同样的数学问题：第一种采取的是现场买卖的形式；在一个星期以后，再用文字题的形式要求他们解答同样的问题。结果发现：在后一种情况下学生解答的正确率大大降低，而且，他们在求解这两类问题时所使用的方法也很不相同：在前一种情况，学生采用的是口算，在后一场合，学生则采取了笔算的方法。从而，这也就更清楚地表明了这样一点：在这些儿童身上我们确可看到两种不同的数学，即“日常数学”与“学校数学”。

在相关学者看来，上述现象有很大的普遍性：“在上学以前和学校以外，世界上几乎所有儿童都发展起了一定的应用数和量的能力以及一定的推理能力，然而，所有这些‘自发的’数学能力在进入学校以后都被‘所学到的数学能力'完全取代了。"这也就是指,尽管儿童面临的是同样的事物和需要,此时他们却被要求用一种全新的方法,从而就在这些儿童的心中造成了一种心理障碍,后者并直接阻碍了他们对于学校数学的学习。进一步说,这种早期的数学学习很容易使学生丧失自信,从而对其一生产生严重的消极影响。(详可见 U. D'Ambrosio, *Socio-cultural Bases for Mathematics Education*, UNICAMP, 1985)

在一些学者看来,对于上述现象我们并可归结为"文化冲突",后者并可说具有很大的普遍性:"所有正规的数学教育都有一个文化交流的过程,在这一过程中每一儿童(与教师)并都经历了一定程度的文化冲突。"(A. Bishop, "Cultural Conflict in Mathematics Education: Developing a Research Agenda", *For the Learning of Mathematics*, 14[2], p. 16)当然,在此所需要的正是这样一种自觉性,即我们应当很好地去处理所说的"文化冲突",而不应陷入任何一种可能的盲目性或片面性。

首先,我们决不应坚持"日常数学"而放弃"学校数学",因为,"日常数学"具有很大的局限性。

具体地说,这正是"日常数学"最重要的一个特点,即不仅涉及一定的数量关系,也与各种具体的情景直接相关。正因为此,尽管这十分有益于儿童清楚认识数学与日常生活的联系,但也有很大的局限性。例如,如果始终采用口算的方式,那么,在面对较大的数量时,所说的"自发的数学能力"就会遇上困难。更重要的是,由于与具体情景直接相联系,因此,相应的数学知识和技能就不具有较大的可迁移性。例如,在一项以巴西建筑工人为对象的研究中,那些没有受过正规学校教育的施工员,在面对较熟悉的比例时一般能正确和迅速地求得图纸上某个尺寸所代表的实际数据,但如果他们所面对的是不很熟悉的比例,就会表现出很大的局限性:这时他们往往会采取"错误尝试"的方法,即希望通过归结为熟悉的情况来解决问题,但由于未能上升到一般的算法,因此,相关努力往往就以失败告终。

再者,以下研究显然也可被看成从又一角度更清楚地表明了"日常数学"的局限性:在求解文字题时,大部分未进过学校的成年人都能很好地解决"直接的问题",但如果问题的求解需要用到逆运算,解答的正确率就大大降低了,特别是，如果所涉及的数量较大，就更是这样的情况，这也就是指，如果仅仅依靠“自发的数学能力”，人们往往不善于从反面进行思考。与此相对照，通过学校学习，所说的情况就会有很大改进。（详可见 T. Carraher, “Adult mathematical skills, The effect of schooling”, Paper presented at the annual meeting of the American Educational Research Association, 1988）

综上可见，“日常数学”既有一定优点，也有很大的局限性，也正因此，面对“日常数学”与“学校数学”的冲突，我们就不应停留于“日常数学”，而应将此用作学校中数学学习的出发点和重要背景。

其次，这也是一种错误的立场，即完全否认“日常数学”的存在，或是对此采取完全否定的态度。因为，正如前面所指出的，这也会造成严重的消极后果，特别是，由于这与认知活动的建构性质构成了直接冲突，因此，就很可能成为学生在学校数学学习中的严重障碍。

与此相对照，我们应将学生通过日常生活获得的知识作为学校数学学习的出发点。也正因此，我们就应十分重视对学生文化背景的了解，在一些学者看来，我们并应将此看成数学教学的一条重要原则：“数学教学，除非建立在学生的固有文化和生活兴趣之上，否则就不可能有效。”（O. Raum 语）

应当强调的是，从更广泛的角度进行分析，上述工作并直接关系到了我们如何能够很好地落实教育的社会性目标，后者即是指，通过将源自不同文化的素材纳入到课程之中，包括对所有学生的文化背景做出正确评价，从而增强所有人的自信心，并学会尊重所有的人类文化，将有助于学生更好地适应多元文化的环境。（详可见 P. Gerdes, “Ethnomathematics and Mathematics Education”, *International Handbook of Mathematics Education*, ed. by A. Bishop, Kluwer, 1996, p. 930）

(2) 应当如何看待中小学教育之间的巨大间隔？

具体地说，这正是这方面的一个常见观点，即认为所说的差距主要是因为中学数学教学对于学生有更高的要求，更直接涉及所谓的“高层次的数学观念”（2.3 节），也正因此，我们就应努力做好“高层次数学思维”在小学数学教学中的渗透，从而帮助学生更好地适应中学的数学学习。

上述分析有一定的道理。但应强调的是，从文化的视角我们可对所说的现象有更深刻的认识，后者即是指，就现实而言，中小学的数学教学在很大程度上即可被看成体现了两种不同的文化和两种不同的价值取向。也正因此，为了消除在中小学数学教学之间所存在的巨大间隔，我们就不应唯一强调如何能使小学毕业生更好地适应中学的要求，从而将所谓的“初小衔接”看成了应由小学教师主要承担的一项责任。恰恰相反，中小学双方都应对自己的工作做出认真的总结、反思与改进，即应当通过共同的努力很好地去落实教育的整体性目标。

具体地说，正如“导言”中所已指出的，由于初中毕业生现在实行“分流”，从而就将原先只是高中毕业生才面临的考试压力前移到了初中生身上。又由于现行的教育体制未能让家长包括初中生本人对毕业后的不同去向都能有充分的信心，即深信无论是升入普遍高中或是进入职业学校都会有很好的前景，因此，所说的“分流”就使所有相关人员包括初中教师都陷入到了巨大的压力和焦虑之中。特别是，尽管这未必是一种完全自觉的选择，但是，当前的初中教育也已表现出了明显的“应试取向”，即将帮助学生在“中考”中取得较好成绩看成了唯一目标。

也正因此，现今的中小学就可被看成体现了两种不同的文化。例如，这就是江苏省新近以小学四年级学生为对象所作的一次调查的主要结论：“本次调查，江苏省小学四年级学生在自主学习、探究学习、动手实践、合作交流等方面表现良好。大多数学生有自主学习的习惯，数学课堂上有探究学习的机会，动手实践和合作交流时目标明确，且能体会到这些学习方式对数学学习的作用。”（金海月，“四年级学生数学学习方式现状调查与教学启示——基于 2020 年江苏省小学数学学业质量监测数据的分析”，《小学数学教育》，2022 年第 1/2 期）但是，上述情况在学生升入中学后却可说发生了根本性的变化：由于中学生整天忙于“刷题”，从而就根本没有时间深入进行思考；数学课上也很少会采用“合作学习”，甚至都不能为学生的自主探究和深入思考提供充分的时间；作业多且难，往往也未能很好地体现整体的分析与安排，教师则除去要求学生认真完成作业以外似乎也完全没有考虑应当如何落实学生的主体地位……更严重的是，除去考试特别是“中考”中的高分以外，初中教学似乎已不再有任何其他的追求！显然，在所说的情况下，刚刚进入中学的学生就必然地会感到极大的困惑和失落:那些原先他们已经习惯并得到充分肯定的做法现在都被轻易地放弃了,他们更没有任何机会展示与发展自己在这些方面的优点或特长……难道中小学数学教学真的是两个完全不同的世界吗?!

由此可见,这就是我们在当前应当特别重视的一个问题,即如何认识与处理中小学之间存在的文化差异,而如果我们甚至都未能清楚地认识到所说问题的存在,包括从更高层面采取适当措施加以纠正,就必然会对实际工作造成严重的后果。

更一般地说,这显然也就十分清楚地表明了这样一点,即我们应当努力提高自身的理论素养,从而在工作中表现出更大的自觉性,并将自身的教学工作做得更好!

当然,除去建构主义与"社会-文化研究"以外,我们也可依据第二章中所提及的其他一些理论对我们应当如何做好数学教学做出进一步的分析。建议读者可在这一方面做出自己的思考和总结。

3.2 教师工作的合理定位与数学教学原则

本节将对数学教学活动的基本性质做出具体分析,还包括这样两个密切相关的问题:什么是数学教师工作的合理定位,什么又可被看成数学教学的基本原则? 相关论述相对于前一节的分析可说上升到了一个更高的层面,从而对于实际教学工作也就具有更强的指导和规范作用。

1. 数学教学活动的复杂性与实践性

这是数学教学活动最重要的性质,即复杂性与实践性,这直接决定了我们为什么应当将此看成一种创造性的劳动,尽管相关论述对于这一方面的实际工作也有很强的规范作用。

具体地说,从现代教育诞生起,就存在大量关于数学教学的研究,尽管它们很可能具有不同的重点或目标,但就总体而言,又可被看成清楚地表明了数学教学活动的复杂性。

例如,这就是柯布勒(M. Koebler)与格鲁斯(D. Grows)在这方面的主要观点,即认为就西方特别是美国数学教育界对于课堂教学的认识而言,可以大致地区分出几个不同的阶段，这并清楚地表明了这一方面的认识有一个不断发展和深化的过程（M. Koebler & D. Grouws, "Mathematics Teaching Practices and their Effects", *Handbook of Research on Mathematics Teaching and Learning*, ed, by D. Grouws, Macmillan, 1991)：

(1) 由唯一注重教师个人特性（或品格）对学生的影响（图 3－4），转而更加重视教师在课堂上的教学行为对学生的影响（图 3－5）。

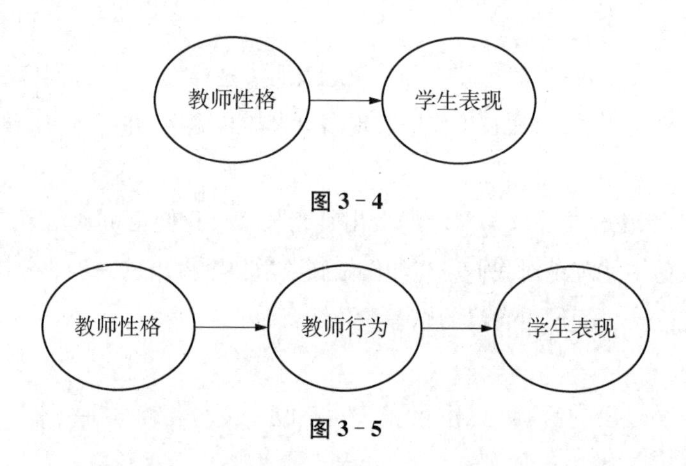

图 3－4

图 3－5

(2) 由唯一注重教师的教学行为转而更加重视师生在课堂上的互动（图 3－6）。

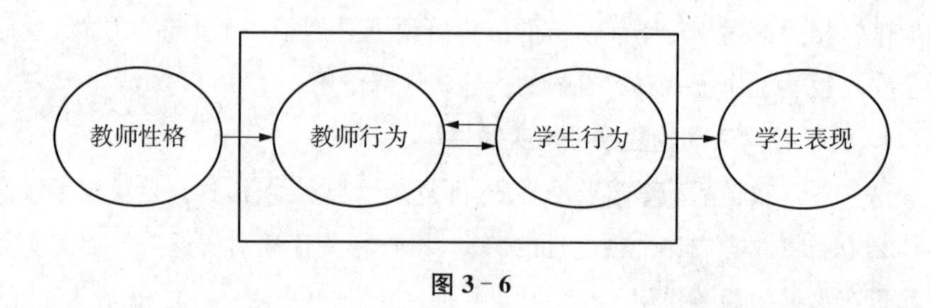

图 3－6

(3) 相对于图 3－6，图 3－7 主要反映了这样一个认识，即我们应将学生的个人特性或品格也考虑在内。另外，就教学效果而言，又应当同时注意"短期效果"和"长期效果"，不仅应当考虑认知的方面，也应考虑各种"非认知的因素"，包括情感、态度与价值观等。

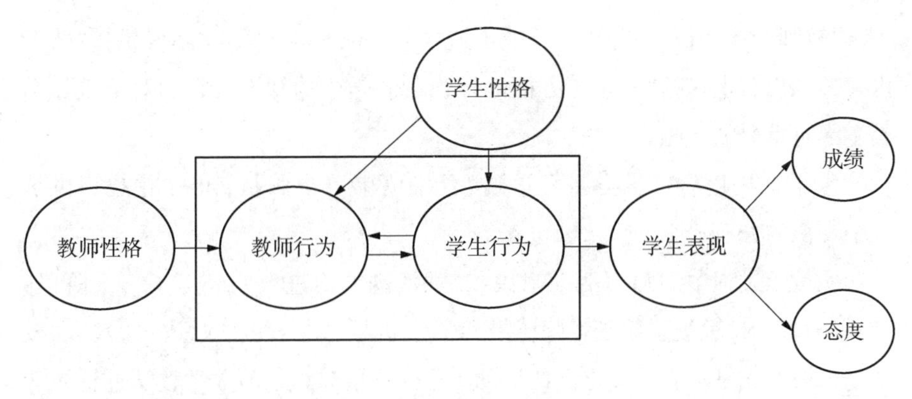

图 3-7

(4) 与上述各个示意图相比,图 3-8 更清楚地表明了教学活动的复杂性,其中并突出强调了教师的观(信)念和学生的观(信)念对于教学活动的重要影响。另外,如果说“性别”“种族”等因素主要反映了传统的“教育社会学研究”的影响,即整体性社会问题(如性别歧视、种族歧视等)对于教学的影响,那么,

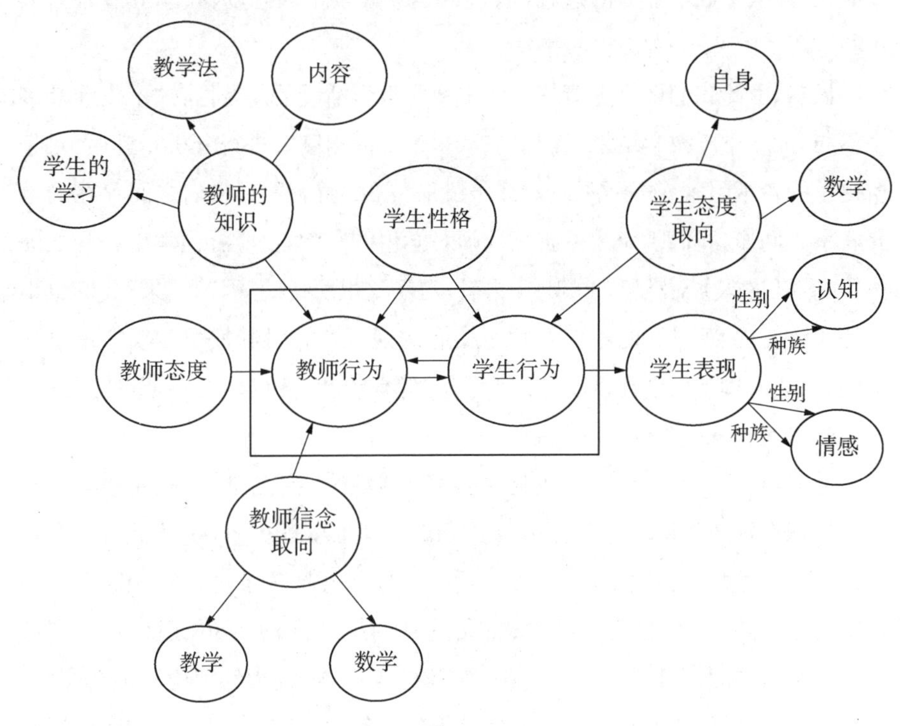

图 3-8

关于"教师专业知识"的分析则反映了这样一个现代的认识:这不仅是指"关于内容的知识",也包括"教学法方面的知识"和"学生的知识",它们对于教师的教学都有重要的影响。

曹才翰先生等在《数学教育学概论》(江苏教育出版社,1989)中也提供了一个类似的分析:

从教学过程中的师生活动来说,教学活动的演进大约经历了三个阶段:(1)数学教学过程被看成是教师传授和学生学习书本知识的过程;(2)数学教学过程被看成是学生通过自己的活动进行学习的过程;(3)数学教学过程被看成是教师的教和学生的学的双边活动。

从教学的结果看,教学过程的演变则可说经历了四个不同的阶段:(1)教学过程仅仅被看成是学生掌握知识的过程;(2)教学过程被看成是既传授数学知识,又传授技能的过程;(3)数学教学过程不仅是传授数学知识、技能的过程,而且是发展学生数学能力的过程;(4)数学教学过程不仅是传授数学知识技能、发展学生数学能力的过程,而且也是发展学生的态度、兴趣等非智力因素的过程。(第222~226页)

显然,由此我们即可更清楚地认识数学教学活动的复杂性:这不仅涉及多个不同方面,对于教学结果我们也应从多个不同角度去进行分析。进而,对于所提及的各个因素或方面不应看成彼此独立的,而应看到它们之间存在的重要联系。例如,我们既应注意研究教师对学生的影响,也应看到学生相互之间的影响,以及学生对教师的影响。再者,对于这里所说的"因"和"果"我们也不应持僵化的观点。例如,不仅教师所持有的观(信)念对其教学活动有重要的影响,后者反过来也会促使主体对自己所持有的观(信)念做出自觉的反思与必要的更新。

其次,我们之所以要特别强调数学教学活动的实践性质,则是希望有助于一线教师更好地认识理论与实际教学工作之间的辩证关系,包括努力提升自己的"实践性智慧"。例如,我们可从后一角度更好地理解这样一个论述:"情境中的需要高于规则、模式甚至标准价值观的规定。"(威尔逊、迈尔斯,"理论与实践境脉中的情境认知",乔纳森、兰德主编,《学习环境的理论基础》,同前,第77页)这也就是指,我们应当依据具体的对象、环境与教学内容创造性地进行教学，而不应机械地去应用任何一种理论或模式，我们还应通过积极的教学实践和研究不断深化自己对于各种理论的理解，从而就能更好地加以应用，包括通过这一途径对理论的真理性做出必要的检验和发展。

后者事实上也可被看成认识活动情境相关性的一个直接结论。这也就如威尔逊等人所指出的："情境认识也提供了一个以新的方式界定（课程）设计者作用的机会。设计任务被看作是互动的而不是理性地规划的。但更重要的是，设计和控制变为情境化的，处于真实学习环境的政治社会情境脉络中。学习环境的设计者和参与者不再是采用最佳的学习理论，而是重视具体情境的约束和给养。在这样的学习情境脉络中，对理论的应用较少是线性的和直接的。与任何工具一样，实践者可以发现不同理论的价值，特别是在提供了看待问题的不同视角方面的价值。……设计的情境观支持参与者和利益相关者的有价值的实践，而不管它们采用什么理论、工具或技术。"这也就是指，"好的教学不能简化为技术；好的教学来自教师的身份和完整性"。（威尔逊、迈尔斯，"理论与实践境脉中的情境认知"，同上，第78～79页）

进而，正如前面所提及的，这也更清楚地表明了积极提倡理论多元化的重要性。（2.7节）例如，这事实上也可被看成以下论述的核心所在："在教育学研究中，没有哪个单一的研究项目能够捕捉到包容万象的教育事件，而其中的教学研究课题，正处于这样一种多元化的阶段，不同的研究课题有着不同的视角、背景和出发点。"（舒尔曼语。引自易凌峰，"寻找教学研究的大策略"，载顾泠沅等，《寻找中间地带》，上海教育出版社，2003，第125页）

另外，从同一角度我们也可更清楚地认识"决策"对于教学工作的特殊重要性。在很多人士看来，这可被看成专业性工作与一般性工作的主要区别所在：就各种专业性工作而言，我们在大多数情况下都不可能单纯凭借某一现成的理论或模式就可顺利解决所面临的各种问题，而必须依据具体情况创造性地加以应用，这并主要表现为一种"及时理性"，即主要依赖主体的即时判断与独立决断。当然，由此我们也可更好地认识教学工作的复杂性：由于后者涉及多个不同的方面，包括教学对象、教学内容、教学环境等，从而就不可能被完全纳入任一固定的模式。

最后，从更深的层次进行分析，这显然也就更清楚地表明了坚持辩证立场的重要性。

例如，与2.7节中提到的“心理学视角”与“社会的视角”的必要互补相对应，按照舒尔曼(Lee S. Shulman)的观点，这也可被看成课堂教学的核心所在：“教室生活包括了两种交流和处理过程，即社会化、组织化过程与学术性、知识性过程。与之相对应，存在两种教学大纲和两种课程，一种大纲反映组织化、交互化、社会管理化方面的教室生活，反映在课程里即是隐性课程；另一种大纲反映学业任务、学校任务及班级等内容，反映在课程中即是显性课程，而教室生活中两种交流和处理过程构成了教学的核心，它决定了学校的办学目标，设定以怎样的教学目的去实现办学目标，并以双重目的主宰课程内容。它定义了教室生活的核心内容。”(引自易凌峰，“寻找教学研究的大策略”，同前，第126页)

用更通俗的语言来说，这就是指，我们应当很好地处理“规范化”与“创造性”之间的关系，即我们既应高度重视教学方法和模式的学习和研究，很好地弄清各种教学方法或教学模式的适用范围与局限性，从而就能针对具体的教学内容、教学对象和教学环境恰当地加以应用，同时又应将“无模式化”看成教学工作的更高境界，并能很好地做到“以正合，以奇胜”。

以下再对什么是数学教师工作的合理定位与数学教学工作的基本原则做出具体分析。

2. 数学教师工作的合理定位

第一，首先应当指明，对于什么是数学教师工作的合理定位存在多种不同的观点，又由于这主要反映了不同的分析视角，从而都可以被看成具有一定的合理性。

例如，这正是现代教育与古代教育的一个重要区别，即代表了一种具有明确目的且高度组织化的社会行为。进而，从这一角度进行分析，教师的主要职责就是很好地落实社会赋予自己的任务，即很好地落实教育的总体性目标。

进而，这也就是人们为什么要提出“教育共同体”这样一个概念的一个重要原因：除去教师，其中还包括教育理论研究者、教育政策制订者、教育行政管理人员、考核设计人员等多种成分。当然，这又可被看成人们在这方面的一项共识，即教师在“教育共同体”中占据了特别重要的位置，因为，无论教育的总体目标是什么，都必须通过教师的工作才能得到落实，后者更可被看作在整体性教育体制与教育对象（学生）之间发挥了中介的作用。当然，作为问题的另一方面，整体性的教育体制对教师也有重要的约束或规范作用，这并集中体现于教学大纲（“课程标准”）和教材，还包括考核制度的激励作用等。

在此还可以数学课程改革作为直接对象做出简要分析。具体地说，课程改革的成功显然需要各方面的通力合作：数学家应从专业的角度对课程内容提出自己的看法或建议；理论研究者则应根据各方面的意见特别是社会发展的需要，包括数学教育中存在的问题具体地确定课改的主要方向与指导思想；课程发展专家则应以此为依据制订数学课程的具体设置方案；考核设计人员则应积极探索与“新课程”相适应的评估方法……当然，所有这些努力最终又都必须通过教师的教学才能得到落实，这并是人们何以做出这样一个断言的主要原因：课程改革成在教师，败也在教师。

正因为此，我们就应使广大教师对改革的方向有较好的了解，并能真正成为课改的自觉参与者，包括在课程标准的修订与评审、教材的编写与评审等方面都能发挥重要的作用。这更可被看成过去的多次改革给予我们的一个重要教训：课程改革决不应成为“由上而下”的单向运动，而应切实地做好“上下结合、上下互动”。

再者，这则可被看成从文化的视角进行分析的一个直接结论：如果说数学学习主要应被看成一种文化继承的行为，那么，教师所发挥的主要就是“文化传承者”这样一个作用。当然，其中所涉及的又不只是具体的数学知识与数学技能，还包括各种“看不见的成分”，特别是数学的思维方法，以及相应的情感、态度和价值观。如果采用日本数学家、数学教育家米山国藏的语言，就是“数学的精神、思想和方法”。

也正因此，我们就应十分重视已有传统的了解、继承与发展，特别是，决不应在这方面采取任何一种片面性的立场，如对已有传统采取全盘否定的态度，并认为我们应以西方为范例去实施教育改革。

另外，如果我们主要聚焦于师生间的关系，教师显然就应很好地发挥“传道授业解惑”的作用。当然，对此我们又应依据现代的学习理论做出新的解读。例如，依据建构主义的数学学习观，以下就是教师所应发挥的一些重要作用：

(1) 教师应当成为学生学习活动的促进者，特别是，应当很好地调动学生的学习积极性，在学生遇到困难和挫折时给他们必要的支持和鼓励；在他们取得进展或做出一定成绩时则应给予适度的表扬，包括通过指明进一步的努力方向促使他们保持前进的动力。

(2) 教师还应很好地发挥"组织者"的作用。这一定位与"社会-文化的视角"有直接的联系，这就是指，我们的着眼点应由一个个单独的学生转移到"学习共同体"，教师应在这一方面发挥重要的组织作用，包括通过持续努力创建出一个好的"数学课堂文化"。

(3) 鉴于数学学习的主要目标应是促进学生思维的发展，后者主要地又应被看成一个不断优化的过程，即主要依赖于后天的系统学习，因此，教师又应很好地发挥"引领者"的作用。

显然，依据上述分析我们就可很好地理解"新课标"中关于教师工作的这样一个定位："教师是学习的组织者、引导者与合作者。"(中华人民共和国教育部，《义务教育数学课程标准(2022 年版)》，北京师范大学出版社，2022，第 3 页)当然，对于所说的"合作者"我们又应做正确的理解，特别是，应切实防止各种可能的片面性认识，如认为我们应当积极提倡教师与学生在教学过程中的平等地位。

第二，尽管上面所提及的各种观点都有一定的合理性，但也有明显的局限性，或者说，有发展和深化的必要。在此特别强调这样几点：

(1) 无论所谓的"社会定位"或是"文化传承者"，教师都不应处于完全被动的地位，而应很好地发挥自己的能动作用。

例如，正如前面所提及的，作为"文化传承者"，我们就应努力提升自身在这一方面的自觉性，即应当善于从"文化的视角"发现问题和解决问题，从而更好地承担起自己的社会责任，特别是，除去传统的继承，我们又应如何对此做出必要的发展，包括通过自己的工作对努力创建具有鲜明时代特征的中国现代文化做出应有的贡献。

再者，以上关于教师"中介作用"的分析显然也不应被看成是对教学工作创造性质的直接否定。恰恰相反，这可被看成从又一角度指明了教学工作创造性质的具体涵义：正如教学内容、教学环境和教学对象的分析，我们对于总体性教育目标与教育教学思想的认识也是一个建构的过程。正因为此，与单纯强调教师的“中介作用”相比，我们就应更加强调关于教师工作的这样一个定位，即我们应当针对具体的教学内容、教学环境和教学对象很好地落实教育的总体性目标。

进而，这显然也应被看成教师工作能动性的又一重要涵义：与第二章中所提到的学生在“学习共同体”中身份的形成与变化相类似，我们也可具体地去谈及教师在“教育共同体”中身份的形成和变化。当然，与学生的情况不同，后者主要应被看成教师的一种自我选择，即教师的一种自我定位。

例如，在新教师刚刚走上工作岗位之时，“外部（政府、学校、家长）”的要求往往与其原先关于教师工作的憧憬构成了直接的冲突，而其最终结果常常是教师因迫于压力不得不放弃自己原有的理想，即被迫采取了传统的教师定位，或是因为始终无法适应外部的要求而改行转业。（对此并可见 T. Brown & L. Jones & T. Bibby, “Identification with Mathematics in initial teacher training”, *Mathematics Education within Postmodern*, ed. by M. Walshaw, Information Age Publishing, 2004）另外，我们显然也可从同一角度对课程改革中经常可以看到的以下现象做出解释：一些教师在刚刚结束培训时往往对于改革充满了激情，但在回到教学岗位后却又很快恢复了故态。

由以下实例我们即可更清楚地认识努力提高自身在这一方面自觉性的重要性：

［例 6］ 陈立军，“陪学生遇见美好的自己”（《人民教育》，2020 年第 5 期，78—80）。

“刚毕业那会儿，哪里懂教育，只知道‘考考考，老师的法宝，分分分，学生的命根’，并将此视为教育教学的准则和方向，起早贪黑地陪读，口若悬河地灌输，苦口婆心地劝诫，整天把学生逼进题海，只为学生考个好分数……可当领导、同事的鲜花掌声涌来，却没有几个学生感恩我的付出。学生的‘冷血’让我深刻反省：我就为了赢得这一‘佳绩’吗？如果给学生的只是分数，那叫教育吗？

“因此，在教育的‘速成’与‘养成’之间我选择‘养成’，与其大量刷题，不如陪学生读一本书；在教学的‘外铄’与‘内化’之间我追求‘内化’，少强迫，多引导，让学生在自我教育中成长；在教育的‘有用’与‘无用’之间我更钟情于‘无用’，班级的审美教育、底线教育、阳光教育等活动开展贯穿每学期。我知道，教孩子三年，就要考虑孩子30年的成长与发展。”

最后，这也应被看成教师工作“能动性”的又一重要涵义，即我们不仅应当很好地完成社会赋予我们的责任，也应进一步去思考如何能够通过自己的工作促进社会的发展。应当强调的是，这并与教师的专业成长有着直接的联系。

具体地说，与学生由“不自觉的学习者”向“自觉的学习者”的转变相类似，对于教师的专业成长我们也可区分出若干不同的阶段。例如，按照帕里(W. Perry)的分析，对此即可大致地归结为以下四个阶段(详可见 W. Perry, *Forms of intellectual and ethical development in the college years: A Scheme*, Holt, Rinehart and Winston, 1970。应当指明的是，以下使用的四个“名称”并非源自直接的翻译，而是“意译”的结果)：(1)“简单的二元论者(dualism)”。处于这一阶段的教师习惯于(更恰当地说，应是“拘泥于”)用“非此即彼、非对即错”这样的两极化思维方式思考问题，如对于“好的教学方法”与“坏的教学方法”的绝对区分。在这一阶段人们又往往会通过求助于外部权威来做出相应的判断。(2)“相对主义(multiplicity)”。这是指由绝对的肯定与否定转向了相对主义，即认为所有的理论或主张都是“同样地好”或“同样地坏的”。(3)“分析性立场(relativism)”。在这一阶段人们已能认识到“相对主义”的错误性，并能依据一定的准则对各种理论或主张的好坏做出自己的判断。(4)“自觉的承诺(commitment)”。在这一阶段人们已能通过对不同理论或观点的比较与批判更深刻地认识它们的优点和局限性。

进而，又如3.1节中所提及的，这是我们应当努力实现的一个更高境界，即“对我们自己、对我们在社会大框架中的地位、对我们在形成未来中所担负的责任所作的批判性思考”。(德安布里西奥语)值得指出的是，这事实上也正是教育领域中所谓的“批判的范式”的基本立场：“批判的范式的目标就是要把知识的模式和那些限制我们的实践活动的社会条件弄清楚。持有这种观点的人的基本假设是人们可以通过思想和行动来改造自己生活于其中的社会与环境。”(T. Romberg, “Perspectives on Scholarship and Research Methods”, *Handbook of Research on Mathematics Teaching and Learning*, ed. by D. Grouws,同前,p.55)

我们还可依据德国著名学者哈贝马斯(J. Habermas)关于“技术兴趣”“实践兴趣”和“解放兴趣”的区分对此做出进一步的理解:所谓“技术兴趣”是指通过合乎规律(规则)的行为对环境加以控制的人类的基本兴趣,它指向于外在目标,是结果取向的,其核心是“控制”;“实践兴趣”则是建立在对意义的“一致性解释”的基础上,通过与环境的相互作用而理解环境的人类兴趣,它指向于行为自身的目的,是过程取向的,其核心是“理解”;“解放兴趣”是人类对“解放”和“权力赋予”的基本兴趣,它指向于自我反省和批判意识的追求,进而达到自主和责任心的形成。

当然,又如“实践兴趣”这一词语所已表明的,作为教师,我们应当特别重视按照相关认识积极地进行行动。例如,由于理性精神的缺失正是中国社会的一个明显不足,因此,我们就应在这方面做出特别的努力,即应当通过自己的教学帮助学生逐步地养成理性思维,并能由“理性思维”逐步走向“理性精神”。

(2) 在各种关于教师工作的具体定位中,我们又应特别重视围绕教师与学生的关系进行分析,因为,各种视角最终都离不开学生的培养这一最终目标,后者只有通过教师与学生间的积极互动才能得到实现。

具体地说,如果我们认定数学教育的主要目标应是促进学生思维的发展,那么,在“组织者、引领者和合作者”这三者之中,我们显然就应特别强调“引领者”这样一个定位。

这也就是指,我们关于教师与学生之间关系的分析事实上不应停留于如下的一般性分析:“有效的教学活动是学生学和教师教的统一。”(中华人民共和国教育部,《义务教育数学课程标准(2022 年版)》,同前,第 3 页)而应更加突出“思”和“引”这样两个关键词,即应当将此分别看成学生与教师在数学教学过程中应当从事的主要活动。

上述结论并可被看成是由数学学习的基本性质直接决定的:由于学生数学能力的提升主要依靠后天的系统学习,并主要是一种文化继承的行为,因此，我们就应明确肯定数学教学活动的规范性质。当然，对此我们不应理解成学生必须服从的“硬性规定”。恰恰相反，由于所说的发展或优化必须通过学生自身的努力才能得到实现，因此，我们又应特别重视教学工作的“启发性”，这也就是指，教师应当通过适当的“引领”使优化真正成为学生的自觉行为。

例如，教师应当通过直接示范与必要说明帮助学生很好地弄清努力的方向，如什么是数学的着眼点，数学中又应如何处理“情境设置”与“去情境”之间的关系，等等。更重要的是，我们又应超越特定数学知识和技能的学习使学生有更大的收获，如由局部性认识过渡到整体性认识，又如何能够通过具体知识和技能的学习在思维方法与思维品质的提升等方面也有一定的收获。

再者，除去直接的“示范”以外，教师在教学中也应通过恰当的“质疑”和“提示”很好地发挥“启发”的作用，如在学生遇到困难时，教师不应直接告诉学生解决困难的方法，而应通过适当的提问或提供相关的例子启发学生的思考，从而就能主要依靠自己的努力找到摆脱困境的方法。在学生取得进展时，又应及时给他们必要的反馈与指导，如通过引入多种不同的方法以及不同方法的比较，促使学生对已有工作做出正确评价，并能通过总结与反思认清进一步的努力方向。再者，在出现错误时，教师也不应采取简单否定的态度，并期望通过直接给出正确的做法就可有效地纠正学生的错误，而应通过适当的质疑（包括提供适当的反例）使之真正成为学生的自觉行为。

总之，教师应使相应的规范成为学生的自觉行为，即应当很好地处理“规范性”与“启发性”之间的关系。当然，我们在教学中也应十分重视学生的个体特殊性，很好地处理“规范性”与“开放性”之间的关系，特别是，应给学生的自主发展提供足够的空间和时间。

以下就是这方面的一个简单实例，特别是，只需将此与第二章的例 2 加以比较，我们就可更清楚地认识教师的适当引领对学生的思维发展，包括如何能够真正做到“深刻理解”具有特别的重要性：

［例 7］“0～9 的认识”的两个教学设计（顾志能，《爱上数学教学——顾志能教育随笔》，长江文艺出版社，2023，第 217～219 页）。

其一，师：你能用画一画、写一写等方式，表示出 5 吗？

教师组织学生自主表征,展示作品。学生有的画了5个苹果,有的画了5个梨,有的画了5朵花……

师:小朋友们真能干,用不同的方法把5表示出来了。想一想:为什么大家画的东西不一样,却都能够表示5呢?……

学生纷纷举手,有的说可以表示5个人,有的说可以表示5本书……

师:看来,大家都已经和5交上好朋友了,真了不起!

其二,还是先让学生"画"出5,展示交流。之后,教师拿出一些预先画好的作品(逐个呈现):

作品1:2个苹果、3个梨画在一起。

作品2:1个巨人、4个小朋友画在一起。

作品3:5朵品种、大小、颜色不同的花画在一起。

师:这幅画(作品1)能用5来表示吗?

有学生认为不能用5来表示,因为是两种不同的物体。经过辩论,学生最后认可虽不同,但不影响数量的表示。到了巨人和小朋友的图时,强烈的身高反差,让学生的思维再次受到"冲击"……

师:刚才大家是画出了5,你还能在自己的身边摸到5,用你的耳朵听到5吗?(展开略)

师:现在,老师要请小朋友说一说,5到底表示什么呢?

(3) 我们应注意防止与纠正各种简单化与片面性的认识。

例如,与"以'学徒制'为范例从事学校教育的改造"这样一个主张相类似,这显然也应被看成一种极端化的认识,即认为"应将教学从课堂中彻底解放出来",还包括对于教师与学生在教学过程中平等地位的不恰当提倡,等等。再例如,依据前面的分析我们显然也可更清楚地认识片面强调"学生主动探究"与"合作学习"的错误性,包括认为我们应将"再创造"看成学生学习数学的唯一正确方法。

后者事实上也可被看成历史给予我们的一个重要教训:所谓的"探究学习"在20世纪60年代的美国曾得到大力提倡,但最终又只能说是一次失败的努力。进而,尽管存在多种"外部"的原因,如资源缺乏、教师的培训工作没有跟上等等，但基本立场的错误又应被看成导致失败最重要的一个原因，即认为学生无须通过系统学习，也即已有文化的认真继承就可相对独立地做出各个重要的数学发现，并成功地建立起相应的系统理论。

最后，我们也应清楚地认识以下主张的错误性，即对于“整合课程”或“跨学科学习”的不恰当强调。在笔者看来，这事实上也可被看成数学的历史发展，特别是数学在古代中国的实际发展历史给予我们的一个重要启示或教训：如果脱离了专业学习去强调不同学科的整合，就很可能重新回到“无专业”这样一种原始的状态，而这当然不能被看成真正的进步，而只是一种倒退。与此相对照，这方面的认识必须经历这样一个辩证的发展过程，即由“专业化”逐步走向对专业化的必要超越。

3. 聚焦“数学教学原则”

对于“数学教学原则”的重视应当说集中体现了数学教学研究的规范性质。因为，按照通常的理解，这即是指“教学要取得成效必须遵守的各项基本准则，它也是教师在教学过程中实施教学最优化所必须遵循的基本要求和指导原理”。（曹才翰、蔡金法，《数学教育学概论》，同前，第 204 页）

在此还可首先提及这样一个常见的做法，即将一般意义上的“教学原则”直接移植到数学教学之中。例如，以下的六条原则主要地就可被看成是由一般的“教学原则”直接移植过来的：(1)教学的科学性原则；(2)掌握知识的自觉性原则；(3)学生的积极性原则；(4)教学的直观性原则；(5)知识的巩固性原则；(6)个别指导原则。（斯托利亚尔，《数学教育学》，人民教育出版社。类似的主张还可见奥加涅相，《中小学数学教学法》，测绘出版社）当然，一般性的教学原则对数学教学也有一定的指导意义，但是，这方面的工作显然不应停留于此，而应更加突出数学教学的特殊性。

这是未能很好地突出数学教学的特殊性容易造成的一个弊病，即相关论述“过于宽泛”。例如，在张奠宙先生等人看来，以下主张就多少表现出了这样的倾向，即将“数学教学原则”归结为这样三条：(1)严谨性与量力性相结合的原则；(2)具体和抽象相结合的原则；(3)理论与实践相结合的原则。与此相对照，以下几条则可被看成较好地体现了数学教学的特殊性：(1)现实背景与形式模型相统一的原则；(2)解题技巧与程序训练相结合的原则；(3)学生年龄特

点与数学语言表达相适应的原则。(详可见张奠宙等,《数学教育学》,江西教育出版社,1991,第21～24页)

当然,我们在此也可采取另一种论述方法,即将“数学教学原则”区分出若干不同的层次。例如,这正是曹才翰先生等在《数学教育学概论》中所采取的分析路径。(详可见第十二章第2节)具体地说,我们应将“一般性教学原理”置于最高的层次;其次,我们又应通过对数学教学活动的具体分析总结出若干主要适用于数学教学的教学原则,而将此置于较低的层次——当然,对于后者我们还可做出进一步的层次区分,对此读者由以下的分析论述即可有清楚的认识。

以下则是笔者关于我们应当如何从事这一方面工作的一些具体想法:

(1) 应当特别重视相关工作的现实意义,这也就是指,无论是纯粹的“原创”,还是简单的“移植”,我们都应特别重视相关原则是否具有很强的针对性,即能否对实际教学工作发挥重要的指导与促进作用。

例如,正是从这一角度进行分析,笔者以为,我们在当前就应特别重视由我国已故著名数学家陈重穆先生所提出的“淡化形式,注重实质”这样一条原则。因为,尽管这一口号的提出已有好几十年的时间,但是,我们在当前仍可看到对于“形式”的不恰当强调,乃至在一段时间内造成了“形式主义”的泛滥,而这当然会对实际教学工作造成严重的消极影响。对此我们并将在以下联系新一轮课程改革做出进一步的分析。

(2) 对于以下事实我们也应予以特别的重视,即上面所提到的各个“数学教学原则”在表述中都用到了“相结合”“相统一”这样一些字眼。由此可见,这也是这方面工作应当坚持的又一基本立场,即辩证思维的指导与渗透。显然,这与笔者关于我们应当如何从事“数学教育学的当代重建”的基本主张也是完全一致的。

以下就依据上述立场对“数学教学原则”做出具体的分析论述。

第一,通过新一轮数学课程改革相关实践的回顾与分析我们即可总结出数学教学必须遵循的一些基本原则(详可见另文“数学教育改革十五诫”,《数学教育学报》,2014年第3期;或《郑毓信数学教育文选》,同前,第5.7节),由此我们不仅可以更好地领会很好地发挥辩证思维指导作用的重要性,也可对

“数学教学原则”的层次性有更清楚的认识。

(1) 以下几条就可被看成较低层次的“数学教学原则”,因为,它们所论及的都是某种具体的数学教学方法:其一,数学教学决不应只讲“情境设置”,却完全不提“去情境”。其二,数学教学决不应只讲“动手实践”,却完全不提“活动的内化”,即应当以“动手”促进学生积极地“动脑”。其三,数学教学决不应只讲“合作学习”,却完全不提个人的独立思考,也不关心所说的“合作学习”究竟产生了怎样的效果。其四,数学教学决不应只提“算法的多样化”,却完全不提“必要的优化”。其五,数学教学决不应只讲“学生自主探究”,却完全不提“教师的必要指导”。其六,数学教学决不应只讲“过程”,却完全不考虑“结果”,也不能凡事都讲“过程”。

(2) 以下的总结则可说上升到了较高的层面,即从更一般的角度指明了数学教学必须遵循的若干基本原则:其一,应当明确肯定教学工作的创造性质,这也就是指,我们不应唯一地强调某些教学方法或模式,更不应以方法和模式的“新旧”代替它们的“好坏”,而应明确肯定数学教学方法与模式的多样性,并应鼓励教师针对具体情况创造性地加以应用。其二,数学教学既应明确反对“去数学化”,也应防止“数学至上”。其三,数学教学决不应因强调创新而忽视“打好基础”,也不应唯一注重基础而忽视学生创新意识的培养。

(3) 以下的论述则可被看成具有很强的针对性,即直接涉及我们应当如何去从事数学教育改革,当然,这对日常的教学工作也具有一定的指导意义:其一,应当很好地认识与处理理论与教学实践之间的辩证关系,特别是,与唯一强调“理论先行”与“专家引领”相比,我们应当更加重视教师在课程改革中的主体地位,课程改革并不可能单纯凭借“由上而下”的单向运动就能获得成功。与此相对应,一线教师也应更加重视自己的独立思考,而不应盲目地去追随潮流,并应通过积极的教学实践与认真的总结与反思努力提升自己的“实践性智慧”,包括又如何能够超越单纯的经验总结上升到更高的理论层面。其二,课程改革没有任何捷径,特别是,中国的事情绝不可能单纯依靠照搬别人的经验就能获得成功,我们更不应轻易抛弃自己的传统,或是简单地否定先前的一切。改革必定有一定的困难和曲折,正因为此,与剧烈的变革相比,我们应更加提倡“渐进式”的变化,并应高度重视总结与反思的工作,从而就可通过发扬成绩与“发现问题、解决问题”取得切实的进步。其三，我们应努力增强自身的“问题意识”，特别是，应很好地突出数学教育的各个基本问题，因为，只有这样，我们才可能通过逐步积累不断取得新的进步。

第二，以下再从另一角度对“数学教学原则”做出新的概括，与前面的总结相比，以下工作并可被看成具有更强的针对性，即从总体上指明了数学教学必须遵循的这样一条基本原则，也即我们应当很好地“了解学生，了解数学，了解教学”。

为了清楚地说明问题，以下就首先将此与弗赖登特尔（H. Freudenthal，1905—1990，荷兰）所提出的四条“数学教学原则”作一对照比较，由此我们即可更清楚地认识上述主张的具体涵义与合理性：

其一，“数学现实”原则，即我们应当针对学生的具体情况进行教学。显然，这即可被看成“了解学生”这一要求的具体体现。具体地说，我们在此应特别重视学生的个体特殊性，包括认识活动的个体性质：“每个人都有自己生活、工作和思考着的特定客观世界以及反映这个客观世界的各种数学概念、运算方法、规律和有关的数学知识结构。”（张奠宙等，《数学教育学》，同前，第 202 页）

其二，这可以被看成“数学化”原则的具体体现：“与其说是学习数学，还不如说是学习‘数学化’；与其说是学习公理系统，还不如说是学习‘公理化’；与其说是学习形式体系，还不如说是学习‘形式化’。”（同上，第 204 页）显然，这也可被看成“了解数学”这一原则的具体体现。当然，对此我们又不应仅仅从知识和技能的层面进行理解，而应将“数学的精神、思想和方法”也包括在内。

其三，所谓的“再创造”原则，即是指我们应将“主动探究”看成学生学习数学的主要方法。正如前面所指出的，对于这一主张我们应持保留和批判的态度，因为，这是与数学学习活动的基本性质直接相对立的。就我们当前的论题而言，这可被看成从反面清楚地表明了坚持“三个了解”的重要性。

其四，“严谨性”原则。按照张奠宙先生等人的解读，这即可被看成这一原则的主旨所在：“应该根据不同的阶段，不同的教学目的，提出不同的‘严谨性’要求。”（同前，第 221 页）由于所说的“严谨性”也应被看成数学十分重要的一个特点，因此，相关要求也就可以被看成“依据学生的具体情况进行教学”这一原则的具体体现，或者说，对此我们也可直接归属于“三个了解”这样一个范围。

其次，应当强调的是，相对于弗赖登特尔所提出的“四个原则”，这里所提出的“三个了解”并可说具有更丰富的涵义，而且，相对于一般性的理解，我们又应更加重视如何能够针对当前的现实情况很好地去把握它们的具体涵义：

(1) 正如前面所已提及的，我们应将“学生已经知道了什么”看成“了解学生”最基本的一个涵义。当然，我们在此也应充分考虑到学生的潜在能力，即应当帮助他们很好地实现由“现实发展”向“潜在发展”的过渡，包括为学生积极从事新的学习做好必要的准备，如帮助他们获得必要的经验和预备知识，等等。另外，我们在教学中当然也应很好地落实学生在学习过程中的主体地位。

进一步说，我们又应由单纯的“了解”进一步去思考“能为学生做些什么”，更简要地说，“我们的心中一定要有学生！”

例如，从后一角度进行分析，我国台湾地区一位小学数学教师的以下经历就应引起我们的高度重视，即我们一定不要将自己的学生教笨了！

[例 8] “女儿为什么变笨了？”[林文生、邬瑞香，《数学教育的艺术与实务》，心理出版社(中国台湾)，1999]

记得 2 年前，我女儿幼稚园大班，我儿子小学三年级，有一天带他们二人去吃每客 199 的比萨。付账时，我问儿子和女儿：妈妈一共要付多少元啊？儿子嘴巴喃喃念着：三九，二十七进二，三九，二十七进二；女儿却低着头数着手指头，一会儿，儿子喊着：“妈妈！你有没有纸和笔，我需要纸和笔来写‘进位’，否则会忘。”儿子还未算出。女儿却小声地告诉我：妈妈！你蹲下来一点，我告诉你，我知道要付多少钱了。

“哦！真的，要付多少钱？

“你拿 600 元给柜台的阿姨，她会找你 3 元。”

付完钱后，牵着女儿的手走向店外，再问：“小妹！你怎么知道给阿姨 600 元，还会找 3 元呢？”

“我用数的啊！199 再过去就是 200、400、600，三个人共要给 600 元，但是阿姨一定要再找 3 元给我们才可以，她多拿了 3 元嘛！”

以上只是“前奏”，“更精彩的”还在后面：

“最近带他们二人去吃‘色拉吧’，一人份 380 元，付账时，我问他们兄妹二人：‘算算看，要付多少元？’二人异口同声地回答：‘给我纸和笔。’‘没有纸和笔’，女儿搭腔：‘那就算不出来了。’”

这位教师感慨地说：“只差 2 年，我女儿就变成不会解题，只会计算了。”

也许有读者会感到上述例子与自己的教学有一定距离。但在笔者看来，这恰又可被看成以下实例给予我们的重要启示：尽管从形式上看我们已对“口算”予以了足够的重视，但在很多情况下却仍可能出现“使学生变笨”这样的现象。具体地说，我们应更深入地去思考“口算”的意义，包括为什么又应切实避免或纠正“口算的笔算化”这样的错误导向，从而才能切实避免类似现象的发生。

[例 9]　“请慎对‘笔算式口算’”(顾志能，《爱上数学教学——顾志能教育随笔》，同前，第 242～248 页)。

这是相关作者在文中表达的主要观点：

第一，应当正确认识口算的育人价值。

“以 56－17 的口算为例作解释。

“首先，没有计算器，不能列竖式(或没学过竖式)，学生只能在心里(即头脑中)快速地盘算如何得出结果，56－10－7，56－7－10，56－16－1，57－17－1 等，某一种方法就会在学生头脑中萌发，面对实际问题有机会采用个性化的方法解决问题，或在分享他人方法时有机会感受不同的思维方式，这就是口算对于思维培养的价值之一——训练思维的灵活性、创造性。

“其次，上述任何一种口算的算法，计算时学生都要经历较复杂的心智活动，……学生要将 56－17 的计算分解成多个小过程，要将各种信息在头脑中进行合理地拆分、拼组等，并要在短时间内完成所有步骤，口头报出正确结果。正是在这样的心智活动中，口算的另一个价值就无声地体现了——锤炼学生的判断力、注意力、瞬间记忆力等。”

第二，“平时教学中，若主动地要求学生或放任学生一味地使用‘笔算式口算'，那就把口算的重要价值给丢了——因为，'笔算式口算'，它只是按照笔算的操作程序，机械地、程式化地得出计算结果，其过程是不太需要动脑费神的，明显缺少促进人思维发展、能力提升的'营养成分'。"

特殊地，这事实上也可被看成现实中为什么会出现"女儿为什么变笨了"这一现象的一个重要原因。

当然，从发展的目光看，我们也应清楚地认识到这样一点："到了中高年级，随着计算难度的提高，如小数加减法、小数乘除法等，其口算思路和笔算思路会趋于一致，遇有口算，'笔算式'地思考，顺理成章。而至成年后，人们如果遇到口算的情况，更喜欢用'笔算式口算'，因为其'方法简单'，不用太耗脑神。"

在笔者看来，在此我们或许还应清楚地认识到这样一点：通过上述途径我们可将思想集中于更重要的问题，这事实上也正是我们在教学中为什么又要特别强调"算法化思想"的主要原因。（对于后者详可见 4.4 节）

再者，这显然也是现实中应当特别重视并很好地加以纠正的一个现象，即我们所做的一切似乎都是为了学生的好，特别是，能帮助他们在各类考试特别是升学考试中取得较好成绩，我们还可说为此付出了极大努力……但我们在此所看到的似乎只有"责任心"，而没有对于学生的真正的爱，甚至还可说是以"善"的名义在行"恶"！

(2) 这应被看成"了解数学"在当前十分重要的一个涵义，即数学教学一定要有"数学味"，并应切实防止"去数学化"这样一个错误的趋向。

进而，对于所说的"数学味"我们又不应仅从显性的层面进行理解，也应当十分重视"数学的精神、思想和方法"，包括无形的文化熏陶。

应当强调的是，这并直接关系到了数学学习的意义，特别是，我们必须更深入地去思考我们的数学教学如何能够真正有益于学生的全面发展和持续发展，特别是，能使所有学生，且不论他们将来会从事什么职业，都能由数学学习有真正的收获，后者在他们离开学校以后也能长期存在，而且能够真正地用得上。当然，这事实上也可被看成"教师心中一定要有学生"的一个直接结论，从而也就清楚地表明了这样一点：对于所说的"三个了解"我们应持综合的观点，而不应将它们绝对地分割开来。

(3) 这即可被看成"了解教学"最基本的一个涵义,即我们不仅应当十分重视各种教学方法或模式的学习,并能依据具体的教学环境、教学内容和教学对象(包括自己的个性特征)创造性地加以应用,还应很好地坚持这样一个基本立场,即在充分发挥教师在教学过程中主导作用的同时,也能很好地落实学生在学习活动中的主体地位。

例如,这事实上也可被看成以下实例给予我们的一个主要启示,即我们应当依据具体情况灵活地去应用各种教学方法:

[例 10] 究竟是"学生笨"还是"老师笨"?

这是著名小学数学特级教师俞正强老师的一个亲身经历:班上有一个女生数学学得不好,因此他就经常给她"吃小灶",即有针对性地进行个别辅导。有一次,他给这个学生讲一道数学题,可整整讲了 3 遍她还是不懂,这下俞老师可真有点失去耐心了:"讲了 3 遍还是不懂,你可真笨!"没想到学生对此却很快做出了反应(由此可见,在数学学习与思维的灵活性之间并无必然的联系):"你讲了 3 遍都没有把我讲懂,你才真正的笨!"

这两个人中究竟何人真的笨?相信以下分析即可给你一定的启示:

如众所知,中医治病以辨症为先,但是,由于号脉、看舌胎等传统辨症方法具有很大的经验性质,因此,现实中就常常会出现"对不上号"的现象,即医生所开的药有时似乎完全无效。但又恰是在这一点上我们即可看到"好中医"与"一般中医"的重要区别:前者在先前药路不对的情况下能及时加以改变,即转而采取另一全新的路子,后者则只会"一条路走到黑"……

总之,在积极从事教学方法的改革与研究的同时,我们又应切实防止"模式化"的倾向,乃至在不知不觉之中将教学这一创造性的工作变成了按照某种教条去实施的机械性劳动。恰恰相反,我们既应很好地做到"教学有法",也应清楚地认识"教无定法",并应努力做好"以正合,以奇胜"。

再者,从更高的层面进行分析,我们显然也应将此看成"了解教学"十分重要的一个涵义,即我们应当清楚地认识教学活动的复杂性与实践性。正因为此，无论是我们关于数学教学方法的各个具体建议，乃至所提及的各项“数学教学原则”，事实上都不应被看成教师必须遵循的硬性规定，我们更应明确反对“理论至上”这一传统的认识，通过积极的教学实践和深入研究切实做好“理论的实践性解读”与“教学实践的理论性反思”(5.3 节)，从而不断提升自己在这一方面的自觉性，并将自己的教学工作做得更好，包括更好地体现教学工作的创造性质。

特殊地，这也正是我们面对以下两节中关于“数学教学的关键”与“走向深度教学”的分析论述应当采取的基本立场。

3.3 数学教学的关键

1. 从新一轮数学课程改革谈起

之所以将新一轮课程改革作为直接的分析对象，是因为以此为背景进行分析可以更好地认识深入研究“数学教学的关键”的重要性。又由于后一论题相对于简单肯定数学教学方法的多样性而言代表了认识的重要进步，由此我们也可更清楚地认识深入开展数学教学论研究的重要性。

在此还可首先提及这样一个事实，由于新一轮数学课程指导性文件统一采取了“课程标准”，而不是先前一直采用的“教学大纲”这样一个形式，因此就容易造成这样一个后果，即仅仅注意了按照“课程的视角”进行论述，也即逐一地对“课程性质”“课程理念”“课程目标”“课程内容”“课程实施”等论题做出分析研究，却未能对其他一些问题特别是数学教学予以足够的重视。

例如，《义务教育数学课程标准(2022 年版)》中关于数学教学包括数学教学方法(式)的论述只是在第二章中关于“课程理念”与第六章中关于“课程实施”的论述中有所涉及，全部篇幅不到正文的 7%，从而自然就不可能达到较大的深度，相对于以下的共识则更可以说有较大的差距，即我们应将“数学课程论”“数学学习论”和“数学教学论”看成“数学教育学”的三个主要内容。在笔者看来，这或许也就是课改中为什么会在教学方法的改革与研究这方面出现多种弊病的重要原因。

首先，这是新一轮数学课程改革在开始阶段的一个重要特征，即对于教学方法改革的突出强调，并认为我们应以“情境设置”“动手实践”“合作学习”“学生主动探究”等“新的”教学方法去完全取代传统的教学方法，并将此看成了一线教师是否具有改革意识的重要标志。但是，正如先前的分析所已表明的，这一做法具有明显的局限性，特别是，如果我们缺乏自觉性，而只是盲目地去追随潮流，就很可能造成形式主义的泛滥，即在不知不觉之中将教学行为变成了一种“新八股”。对此例如由以下例子就可清楚地看出，其中之所以强调“外行”的视角，则是因为借此就可有效地避免“身在此山中，不认庐山真面貌”这样的常见弊病。

[例 11] “不妨请‘外行’来听听数学课”(易虹辉，《小学教学》，2010 年第 6 期)。

这一课例的具体内容是“用 2～6 的乘法口诀求商”。相应的教学过程大致地可以划分为这样几个片断：

[片断一]

教师出示问题：12 个桃子，每只小猴分 3 个，可以分给几只小猴？

师：谁会列式？

生：12÷3=4。

师(板书 12÷3)：12÷3 你们会算吗？

生(整齐响亮地)：会！

师：那好，请大家用三角形摆一摆。

学生摆，教师巡视，请一名学生往黑板上摆。

[插入]刘(听课的语文教师)：学生明明说出了 12÷3=4，老师为什么视而不见，不板书得数呢？

陪同者：老师只要求学生列式，没让学生说出得数，列式是列式，计算是计算。

刘：全班学生都说会算，老师为什么不让学生说说他们是怎么算的，而非要按老师的要求来摆三角形？

陪同者：可能老师认为……不能这么快说出得数，而操作很重要，所以大家都来摆一摆。

刘:这样太不自然了。

[片断二]

黑板前的孩子摆成的三角形是4堆,每堆有3个。

师:他摆得对吗?分成了几堆?

生:对!分成了4堆。

老师在算式后面接着板书得数“4”。

师:刚才我们用摆学具的方法算出了得数。请小朋友开动脑筋想一想,“12÷3”还可以怎样想?

教室里一片沉寂。

[插入]刘:还可以怎样想呢?我也不知道啊。

陪同者:还可以想乘法口诀呀!因为三四十二,所以12÷3=4。

刘(恍然大悟):哦,没想到。

[片断三]

讲解完用乘法口诀求商以后,老师又进一步追问。

师:“12÷3”还可以怎样想?

几个孩子答了一些不着边际的想法。教室里又是一片沉寂。

[插入]刘(疑惑地):还能有什么方法?

陪同者:说不准,看看教材上是怎么写的。

两人开始翻教材,只见教材上写着:第一只分3只,12−3=9;第二只分3只,9−3=6;第三只分3只,6−3=3;第四只分3只,正好分完。

生:还可以一只猴子一只猴子地分,分给一只猴子就减一个3,……

师(喜不自禁):这位小朋友真不错!

生(迟疑地):老师,我还有一种方法:3+3+3+3=12。一只猴子分到3只,2只猴子分到6只,……

师:你真聪明!也奖你一颗五角星!

[插入]刘(皱着眉头):怎么搞得这么复杂啊?

陪同者:这不是复杂,这是算法多样化。现在的计算提倡算法多样化。

刘:可我怎么觉得很牵强,把简单问题复杂化了?

［片段四］

师：请小朋友看黑板，现在有这么多种方法来算 12÷3，你最喜欢哪种方法？

生：我喜欢减法，因为它最特殊。

师：不觉得它很麻烦吗？

生：不麻烦！

师：谁再来说说，你最喜欢哪种方法？

生：我最喜欢加法。

师：为什么？

生：因为我喜欢做加法，不喜欢做乘法。

师（无奈地指着用乘法口诀求商的方法）：有没有喜欢用这种方法的？

有少部分学生响应。

师：其实，用乘法口诀求商是最简便的方法。以后我们做除法时，就用这种方法来做。

［插入］刘（很困惑地）：老师到底想问什么？学生答了，她又不满意，也不理会。

陪同者：这一环节是算法的优化，多样化以后一般都会优化。前面两个学生说的不是最优的方法，所以没办法理会。

刘：那些方法不是她自己硬"掏"出来的吗？好不容易"掏"出来的东西，这会儿又瞧不上了。他的学生可真不容易当啊！

作者的反思："她的感受很本原，很真实，……恰好击中了数学教学的积弊，惊醒了我们这些'局中人'。"

由张奠宙先生的以下论述我们即可对片面强调某些教学方法的局限性有更清楚的认识，还包括这样一点：我们绝不应放弃自身在这一方面的优良传统，并盲目地去追随时髦。（对此并可见另文"我们应当如何发展自己的传统与教学经验"，《湖南教育》，2011 年第 7、8 期；或《郑毓信数学教育文选》，同前，第 4.2 节）

在一篇题为"关于中国数学教育的特色——与国际上相应概念的对照"

(《人民教育》,2010年第2期)的文章中,张奠宙先生指出,这是我国数学教育的6个主要特征:“注重导入环节”“尝试教学”“师班互动”“解题变式演练”“提炼数学思维方法”和“熟能生巧”。张奠宙先生并就这些特征与新一论课程改革特别提倡的一些教学方法进行了对照比较:

(1) 中国的启发性“导入”与“情境设置”。

“中国数学课堂上,呈现中有许多独特的导入方式,除了现实‘情境呈现’之外,还包括‘假想模拟’‘悬念设置’‘故事陈述’‘旧课复习’‘提问诱导’‘习题评点’‘铺垫搭桥’‘比较剖析’等手段。”

对照与分析:“最近一段时间以来,我们提倡‘情境教学’是正确的,但是,人不能事事都直接经验,大量获得的是间接经验。从学生的日常生活情境出发进行数学教学,只能是启发性‘导入’的一种加强和补充,不能取消或代替‘导入’教学环节的设置。坚持‘导入新课’的教学研究,弄清它和‘情境设置’的关系,是我们的一项任务。”

(2) 中国的“尝试教学”与“(学生主动)探究、发现”。

“‘尝试’的含义是:提出自己的想法,可以对,也可以不对;可以成功,也可以失败;可以做到底,也可以中途停止。尝试,不一定要‘自己’把结果发现出来,但是却要有所设想、敢于提问、勇于试验。”

对照与分析:“‘尝试教学’的含义较广,它可以延伸为‘探究、发现’。‘尝试教学’,可以在每一节课上使用,探究、发现数学规律,则只能少量为之。‘尝试教学’,应该从理论上进一步探讨。”

(3) 中国的“师班互动”与“合作学习”。

“‘师班互动’是课堂师生互动的主要类型……中国的数学教师采用了‘设计提问’‘学生口述’‘教师引导’‘全班讨论’‘黑板书写’‘严谨表达’‘互相纠正’等措施,实现了师生之间用数学语言进行交流,和谐对接,最后形成共识的过程。这是一个具有中国特色的创造。”

对照与分析:“小班的合作学习,与大班的‘师班互动’,各有短长。不过,大班上课是中国国情所决定的,它仍然是主流。”

(4) “提炼数学思维方法”。

“数学教学中关注数学思想方法的提炼,是中国数学教育的重要特征。长期以来，我国的数学教学重视概念的理解、证明的过程、解题的思路，提倡数学知识发生过程的教学，这些都是重视数学思想方法的教学理念。”

对照与分析：“到现在为止，西方的数学教育界还没有提出能够直接与‘数学思想方法’相对应的数学教育研究领域。至于‘过程性’教学目标的提法，则比较笼统。”

由张奠宙先生的以下论述我们并可更清楚地认识在这方面做出进一步工作包括积极从事数学教育学当代重建的重要性：“经过百年发展，中国数学教育已经逐渐成熟。今天，建设具有中国特色的数学教育，是摆在我们面前的一项重要任务，我们已经有不少自己的特色，只是没有提升为理论而已。比如，我们实行新课导入，西方叫做创设情境；我们有尝试教学，西方则主张探究；我们实行师生互动，西方则主要分组合作；我们保持必要的记忆和接受式学习，西方则强调发现；我们采用变式训练，注意提炼数学思想方法，西方则偏重学生的数学活动，等等。这些与西方不尽相同的特色，很值得我们深入思考。数学教育学还是一门朝阳学科，没有像牛顿力学、相对论那样具有世界定论的理论，中国可以发出自己的声音，参与讨论。但我们既不可固步自封、夜郎自大，也不可妄自菲薄，失去自信。要努力建设有中国特色的数学教育。”(引自赵雄辉，“中国数学教育：扬弃与借鉴”，《湖南教育》，2010 年第 5 期)

其次，由于所说的弊病现时已在一定程度上得到了纠正，因此我们又应特别强调这样一点：相对于就事论事的总结，我们应当更加重视深入的理论分析，从而切实提高自身在这一方面的自觉性，因为，不然的话，尽管有些错误似乎已经得到了纠正，却很可能在新的形式下得到重现。

例如，后者事实上就可被看成 2010 年前后在国内教育领域中出现的“模式潮”给予我们的重要启示或教训。具体地说，与改革初期对于教学方法改革的突出强调不同，所说的“模式潮”从形式上看似乎代表了一个新的追求：“现在，教育教学都讲究个‘模式’。有模式，是学校改革成熟的标志，更是教师成名的旗帜。许多人对‘模式’顶礼膜拜，期盼‘把别人的玫瑰移栽到自己花园里’。”(李帆，“姜怀顺：做逆风而行的理想主义者”，《人民教育》，2012 年第 12 期)以下则可被看成“模式潮”最普遍的一些特征：“一是增加了学生(自主)学习的环节；二是教学以学生的学习为基础(教与学的顺序发生变化)；三是增加了学生议论、讨论的环节。”(余慧娟,“科学·精致·理性——对‘尝试教学法’及中国教学改革的思考”,《人民教育》,2011年第13～14期)

在此笔者并不企图对“模式潮”做出全面分析,而只是要强调这样一点:无论所面对的是教学方法还是教学模式,如果我们仅仅注意了它们的外在形式,却忽视了深入的分析研究,特别是,未能很好地弄清相关的方法或模式有哪些优点,又有哪些不足,就很可能在新的形式下重犯原有的错误。对此例如由“模式潮”中出现的以下一些做法就可清楚地看出:

(1) 应当特别重视“先学后教”这样一个顺序,这也就是指,教学中我们绝对不应违背这样一个时间顺序。

(2) 为了确保“以学为主”,我们应对每一堂课中教师的讲课时间做出硬性规定,即如不能超过10分钟或15分钟,等等。

(3) 为了切实强化“学生议论”这样一个环节,对教室中课桌的排列方式应当做出必要的调整,即应当由常见的“一行行”变为“之字形”:座位摆在教室中间,教室四周都是黑板,……

但是,只需通过简单的回顾与比较我们就可看出上述的要求只是以一种新的形式延续了先前的错误。

(1) 就教室中课桌的排列方式而言,课改初期人们也曾提出过类似的主张,即认为只有将传统的“一行行”变成按小组为单位的“一圈圈”才能很好地体现“合作学习”的思想。然后,由于后者仅仅强调了教学的外在形式,因此在实践中就很快得到了纠正。这也就是指,如果我们仅仅着眼于教室中课桌的排列方式,却未能更加关注相应的实质性问题,即教学中是否真正实现了学生间与师生间的积极互动,那么,无论相关主张在形式上是否有所变化,也即是否由先前的“一圈圈”转变到了现在的“之字形”,仍只是一种较肤浅的认识。

(2) 正如当年曾一度流行的这样一些观点:“不用多媒体就不能被看成好课”,“教学中没有‘合作学习’和‘动手实践’就不能被看成很好地体现了课改的基本理念”……这也应被看成过去这些年的课改实践给予我们的一个重要教训:任何一种形式上的硬性规定都严重违背了教学工作的创造性。具体地说,相对于教师在课堂中究竟讲了多少时间,我们显然应当更加关注教师讲了什么,后者对学生的学习究竟又产生了怎样的影响?

(3) 这无疑也应被看成教学工作创造性的又一直接结论，即我们应当针对具体的教学内容、教学对象与教学环境（以及教师的个性特征）恰当地应用各种教学方法和教学模式。显然，从同一角度进行分析，对于“先学后教”这一时间顺序的片面强调也只是给教学加上了一个新的桎梏，而不能被看成真正的进步。还应提及的是，现今得到人们普遍重视的“导学案”即可被看成对于上述片面性认识的直接反对，因为，后者就直接违背了“先学后教”这样一个顺序。更一般地说，这也就是指，与任一严格的时间顺序相对照，我们应当更加重视“学生自主学习”与“教师必要指导”的相互渗透和互相促进。

综上可见，这是我们面对任一新的教学模式都应坚持的立场：“的确，没有可以操作的模式，再好的思想、理论都无法实现，但模式不能成为束缚手脚的镣铐。”进而，在认真学习的同时，我们也应认真地去思考：“模式！模式！是解放生命还是禁锢生命？”从而切实防止因盲目追随潮流而陷入困境。

当然，除去“模式潮”以外，我们还应从更广泛的角度进行分析研究，因为，现实中还有不少这样的主张：尽管看上去十分合理，事实上却有很大的片面性。

例如，由以下论述我们即可更清楚地认识片面强调“学生自主学习”的局限性：“数学课程内容包括三个方面。第一方面是数学活动的结果，定理、公式、法则、概念，这些结果很多可以让学生去看书，去练习……只要他的基础没有缺陷，他的智力没有缺陷……达成这个目标是没有问题的……。第二方面是得到数学结果的过程。数学概念、公式是怎么来的，许多过程很重要。……对许多学生来说，最好是教师带领他们一起推导。第三个方面是在结果和过程后面的，是推导出结果的过程蕴含的数学思维方法，归纳、推理、类比这些东西教材没明确写出，要学生在老师指导下慢慢地去悟。”“有些内容，光从学生自学后的检测结果看，好像学生达标了。实际上，还是要老师讲多一点，因为有些东西光靠学生看书，达不到应有的高度……一定要老师把他拽一拽，你不拽他就上不去。”（赵雄辉，“数学课程改革中值得注意的几个方面”，《湖南教育》，2013 年第 9 期）

再者，正如对于“动手实践”的片面强调，我们也应清楚地认识以下主张的局限性，即对于“数学活动”的片面强调，也即认为我们主要地应让学生通过

"做数学"来"学数学",还包括这样一些主张,即对于"数学经验的积累"或"熟能生巧"的不恰当强调。

具体地说,除去"动手"与"动脑"之间的辩证关系以外,这显然也直接涉及数学学习的本质,特别是,学生数学水平的提升主要是一个不断优化的过程,并主要依赖于主体自觉的总结、反思与再认识。相信读者由弗赖登特尔的以下论述即可对此有更清楚的认识:

"只要儿童没能对自己的活动进行反思,他就达不到高一级的层次。"(《作为教育任务的数学》,上海教育出版社,1995,第119页)"数学化一个重要的方面就是反思自己的活动。从而促使改变看问题的角度。""数学化和反思是互相紧密联系的。事实上我认为反思存在于数学化的各个方面。"(《数学教育再探——在中国的讲学》,上海教育出版社,1999,第50、139页)

以下再对这样一种论点做出简要分析,即对于"过程"的特别强调。

首先应当肯定,数学教学不应唯一集中于结论的掌握,而应当十分重视相应的过程。因为,只有经历了相应的过程,我们才能做到真正的理解;也只有经历了相应的过程,我们才有可能对隐藏在具体知识和技能背后的思维和方法有所了解,包括真切地感受到数学的力量和美。更一般地说,这并可被看成所谓的"数学活动论"的核心所在,即我们不应将"数学"等同于数学活动的最终产物,特别是各种具体的结论与公式等,而应看到其中包含有更多的成分,如"问题""语言""方法"等,以及更深层次的"观念成分"。(详可见另著《新数学教育哲学》,华东师范大学出版社,2015,第3章)

但是,作为问题的另一方面,我们也应清楚地认识到这样一点:类似于对"数学活动"的片面强调,对于"过程"的片面强调也是一种错误的认识。后者事实上也可被看成国际上的相关实践给予我们的一个重要启示或教训,这也就是指,如果我们完全不去考虑"结果",相应的教学活动就很可能产生最差的"结果"。例如,我们显然就可从这一角度去理解以下的论述:"一门课程通过课本或教程所规定的学习目标必须得到实现。西方的引导探索学习往往是学生很快乐,但是最后学习目标没有达到,解决这一问题的方法就是使用逆向设计模式。""在逆向设计模式中,教师要从预想得到的结果开始,决定教学活动和教学设计。""带着对结果的了解来开始,意味着带着对目标的清楚理解而开始，这意味着，要知道你要去哪，以便你能更好地理解你现在在哪里，这样你迈出的步伐会一直朝向正确的方向。”（特纳，“东方的尝试学习与西方的引导探索学习”，《人民教育》，2011 年第 13～14 期）

当然，我们也应注意防止这样一种倾向，即由一个极端走向另一极端。显然，这也就更清楚地表明了坚持辩证思维指导作用的重要性。

最后，相对于单纯地防止与纠正各种片面性的认识，我们又应更加重视认识的发展与深化，这也正是我们为什么特别重视“数学教学的关键”这样一个问题的主要原因。

2. 认识的必要发展

正如“导言”所已提及的，相对于对于某些教学方法或模式的片面强调，现今对于数学教学方式多样性的明确肯定代表了认识的一个重要进步，但是，这一方面的认识又不应停留于此，而应进一步去研究什么是做好教学的关键，即应当切实地做好“化多为少，化复杂为简单”，从而更好地发挥理论研究对于实际教学工作的指导与促进作用。

正如华罗庚先生的以下论述所清楚表明的，这事实上也是任何较深入的认识必须经历的一个过程，即除去“由少到多，由简单到复杂”这样的发展，我们还应努力做好“化多为少，化复杂为简单”，尽管他所使用的词语略有不同：“‘由薄到厚’是学习、接受的过程，‘由厚到薄’是消化、提炼的过程”；“经过‘由薄到厚’和‘由厚到薄’的过程，对所学的东西做到懂，彻底懂，经过消化的懂，我们的基础就算是真正打好了”。（《华罗庚诗文集》，中国文史出版社，1986，第 186～187 页）

还应提及的是，也只有经过这一途径，我们才能切实摆脱这样一个困境：“时下，各地课改轰轰烈烈，高效课堂、智慧课堂、卓越课堂、魅力课堂、和美课堂……绚丽追风，模式、范式眼花缭乱。一线教师困惑、苦闷，越发感觉自己不会上课。”（何绪铜，“品味全国大赛，悟辨课改方向”，《小学数学教育》，2014 年第 1 期）特别是，尽管现实中我们确可看到不少所谓的“热点”，包括所谓的“创意课堂”，如让学生通过数学魔术、数学游戏、数学绘本、数学折纸和数学戏剧等来学习数学，但是，我们绝不应将“热点”当成“关键”。恰恰相反，相对于盲目地“追风”，我们应当认真地去思考相关做法是否仅仅适用于某些特定的范围或场合，还是具有更普遍的意义？更重要的是，究竟何者又可被看成做好数学的关键？

后一方面的思考并可说特别有益于新教师的成长，即如何能够较快地摆脱这样一种被动的局面，也就是觉得什么都很重要，什么都应认真地做好，却又感到头绪太多，顾不过来，从而就始终处于"忙于应付"这样一种状态，即永远的"忙、盲、茫"。

正如"导言"中所提及的，这一方面的研究可被看成是与国际上关于"数学教学核心实践"研究十分一致的，我们还可由后者获得关于如何做好这一方面工作的直接启示。

例如，以下就是相关作者关于"核心实践"的具体说明：这是"教学中经常发生的实践"，并应具有易学、易用的特点，还是"新手教师可以掌握的实践，能够让新手教师更多地了解学生和教学的实践"。（雅各布斯、斯潘格勒，"K－12数学教学核心实践的研究"，蔡金法主编，江春莲等译，《数学教育研究手册》，人民教育出版社，2021，下册，第203～232页、第222页）显然，这与我们关于应当如何从事"数学教学的关键"研究的看法也是完全一致的。

进而，相关文章还特别提到了什么是一线教师面对相关研究成果所应采取的立场："我们建议用一种实用主义的视角看待高影响力的实践：哪些实践——在什么样的尺度下——有可能给予我们更大的动力促进针对特定受众的教和学？""首要目标不是达成对核心实践的共识，而是核心实践的想法能够成为改进该领域的工具。"（同上，第206、207、222页）显然，这对我们应当如何面对"数学教学关键"这一方面的研究成果也有很大的启示，特别是，我们不应唯一强调理论的学习和应用，而应始终坚持自己的独立思考，即应当认真地去思考相关主张是否真有道理，这对于我们改进教学有哪些新的启示，什么又是相关的教学实践应当特别注意的一些问题？

最后，笔者在此还要特别强调这样一点：既然是"关键"，自然应当"少而精"。从实践的角度看，这也就是指，与单纯地"求全"相比，我们应当更加重视针对现实情况与自己的个性特征从中做出适当选择。而且，一旦选定了方向，就应坚持去做，包括密切联系教学实践积极开展新的研究，从而促进认识的不断发展与深化，并将自己的教学工作做得更好。

相信读者由以下实例即可在这方面获得直接的启示，尽管其所直接论及的只是语文教学，这也就是指，作为数学教师，我们应当认真地去思考什么是做好数学教学的关键，包括切实地做到“少而精”（对此感兴趣的读者还可参见第五章中提到的另一位语文教师刘发建老师的相关经验）：

［例 12］　支玉恒老师的语文教学。

“支玉恒老师是我国小学语文教育界的传奇人物，他半路出家，改教语文……他的学生是真正意义上的‘语文是体育老师教的’。从 1989 年执教示范课‘第一场雪’在小语界引起轰动，他的教学艺术开始在全国范围产生广泛影响。”（《教育研究与评论》，2020 年第 1 期）

以下就是支玉恒老师对自身教学思想的具体说明：

“我今天这一课的教学，教学手段非常简单…教学手法，简单到一个字——读。……整节课也就是一句话：始终都在读。

“教学过程，简单到三步：第一步，第一节课，不管用什么方式，就是让学生好好读书，没有什么别的事；第二步，让学生再读书，去感悟，就是‘去倾听作者对你说了些什么’，这是读后之思，通过‘听听作者在你耳边轻声絮语都说了什么’，让学生来思、来体会和领悟作者的思想感情。

“第三步，让学生思考‘读了文章你想说些什么’，来和作者进行心灵沟通，向作者倾诉，写出最想说的一句话，写出后让他们读，写得比较好的，让他写在黑板上。这三步中，除第三步没有读课文外，其他的两步一直在读。”

支玉恒老师并从理论角度对为什么要突出“读”这样一个环节做了如下说明：

“为什么现在提倡要多读，特别是朗读？因为朗读是最具有综合性的一种语言训练、语言实践的方式……我觉得，一个爱朗读、敢于朗读的学生，一定是热情的、开朗的、大胆的、自信的，一定是善于和乐于表现自我的。热情、开朗、自信、善于和乐于表现自我，不正是一个优秀的性格吗？”

以下就是笔者关于“数学教学的关键”的具体想法，即认为这主要包括以下三个方面：(1)数学教学中的“问题引领”；(2)整体性观念指导下的数学教学;(3)教师的示范与评论。另外,就整体而言,我们又应当特别强调这样一个思想,即教师在教学中应当很好地发挥引领的作用,从而促进学生认识的发展和深化,当然,在充分发挥主导作用的同时我们也应很好地落实学生在学习活动中的主体地位。再者,3.4 中关于"数学深度教学"的分析事实上也可被归属于"数学教学的关键"的范围,但由于后者采取的是一个不同的分析视角,因此我们对此就另辟一节以做出专门的讨论。

以下就对"数学教学的 3 个关键"做出具体分析。

3. 数学教学中的"问题引领"

数学教学为什么应当特别重视"问题引领"? 这主要可以被看成为我们很好地落实"双主体"这一指导思想提供了具体途径:教师如何能够针对具体的教学内容提出适当的问题引导学生积极地进行思考和探究,集中体现了其在教学过程中的主导作用;要求学生围绕问题积极地进行思考和探究,而不是被动地接受各种现成的结论,则很好地体现了学生在学习过程中的主体地位。

这并可被看成以下的实例给予我们的主要启示:

[例 13] "一场改变学校命运的课堂教学革命——河南省濮阳市第四中学教学改革纪实"(《人民教育》,2009 年第 6 期)。

这是 2005 年走马上任的校长孙石锁在濮阳市第四中学开展的一项教改实验。他在这方面的基本想法是:"只强调学生的主体性,课堂太'活';只强调教师的主导性,又太'死'。""我们就搞一个'半死不活'的。"

改革的道路当然并非一帆风顺。具体地说,他们曾先后尝试过"生生互动—师生互动—反馈检测"的"三段式教学改革",后来又"在'生生互动'前加上一个'学生自学'环节:一上课,先让学生自己看几分钟课本,看完了,让他们提问题,老师围绕这些问题展开教学",等等,但结果都不理想。正是通过不断的总结与反思,最终产生了以下的做法:

"学校想了个办法:让教师写'教学内容问题化教案'。""2008 年寒假,孙石锁强迫教师做了一件很'不人道'的事,让教师利用寒假写完一个学期的问题化教案。每节课只写一个问题。"

"'教学内容问题化教案'是让老师知道自己该教什么,让学生知道自己想学什么。这是三段式教学法的主线……老师和学生都应以问题为中心进行双向的互动，实现双主体的双互动。”

其次，这就是“问题引领”的主要方向，即我们应当通过适当的问题引导学生深入地进行思考，从而达到更大的认识深度，并能逐步地学会想得更清楚、更全面、更合理、更深刻，包括逐步地学会提问。

这也就是指，如果我们认定数学教师的主要责任应是“以深刻的思想启迪学生”，那么，我们就不应直接告诉学生应当如何去做，而应更加注重通过适当的提问促使学生积极地进行思考，从而很好地发挥主体的作用。进而，这一方面的思考又不应局限于帮助学生很好地掌握相应的基础知识和基本技能，还应帮助学生有更大的收获，特别是，能逐步地学会思维，学会提问，努力提高他们的思维品质。

应当提及的是，对于“问题引领”的高度重视事实上也可被看成中国数学教学传统十分重要的一个方面(3.1 节)，特别是，我们如何能使所有学生而不只是其中的少数人都能由课堂教学特别是教师的教学获得最大的收益。另外，依据上述分析我们显然也可很好地理解这样一个事实，即“问题引领”在现实中为什么会得到人们的广泛重视。例如，就小学数学而言，以下就是这方面较有影响的一些工作：黄爱华，《“大问题”教学的形与神》(江苏教育出版社，2013)；吴正宪等，《让儿童在问题中学数学》(教育科学出版社，2017)；潘小明，“用核心问题引领探究学习，培育小学生数学核心素养”(《小学数学教师》，2016 年增刊)；王文英，“核心问题的提炼与设计”(《小学数学教育》，2020 年第 10 期)；储冬生，“问题驱动教学”(《小学数学教师》，2017 年第 3 期)；顾志能，“《生问课堂》教学研究”(《小学数学教师》，2020 年增刊)；等等。显然，广泛的教学实践和教学研究也为深入的理论研究提供了直接的基础。

以下就是这方面教学工作应当特别重视的一些问题：

第一，“核心问题”的提炼与加工。

为了很好地落实学生在学习活动中的主体地位，特别是为他们的积极思考提供充分的空间，“引领性问题”显然应当少而精，这并是我们何以将此称为“核心问题”的主要原因。例如，这事实上也正是所谓的“大问题教学”特别强调的一点:“我们就想找到一种真正是以学为核心的教学,是关注学生的学习,强调给予学生大空间,呈现教育大格局的模式,于是就提出了‘大问题’教学。……大问题强调的是问题的‘质’,有一定的开放性或自由度,能够给学生的独立思考与主动探究留下充分的探究空间。”(王维花,“‘大问题’教学——一种有生命力的新型课堂”,《中小学教材教学》,2016年第1期)

由以下实例我们即可更清楚地认识突出“核心问题”的重要性,还包括这样一点,即这方面的工作应当防止“貌似神离”的现象:

[例14] 不应被提倡的“问题引领”(引自顾冷沅等,《寻找中间地带》,上海教育出版社,2003,第174~175页)。

在一次几何教学观摩中,一位教师在一堂课中共提了105个问题,数量之多连任课教师自己在事后也几乎不敢相信。但其中“记忆性问题居多(占74.3%),推理性问题次之(占21.0%),强调知识覆盖面,但极少有创造性、批判性问题”。另外,“提问后基本上没有停顿(占86.7%),不利学生思考”。

[例15] 关于韦达定理的一个教学设计。

先让学生填以下表格,然后问:你认为根与系数有什么关系?

方程	x_1	x_2	x_1+x_2	$x_1\cdot x_2$
$x^2-x-12=0$				
$x^2-6x+5=0$				
$x^2-2x-35=0$				

显然,这样的提问不仅没给学生的主动探究留下足够的空间,甚至更应被看成一种包装成“启发性提问”的直接提示,从而也就很难真正起到“问题引领”的作用。

就“核心问题”的提炼与加工而言,还应强调这样几点:

(1) 相关工作主要关系到了“知识的问题化”,即相应的知识内容是围绕什么问题展开的？再者，尽管现行的各种数学教材都已在这方面做出了很大努力，但我们仍应将“核心问题”的提炼看成备课活动最重要的内容之一，即应当通过自己的分析很好地弄清相关内容是围绕什么问题展开的，对此我们为什么应当予以特别重视？相关知识是如何得到建构的？相应的探究和研究又可能遇到哪些问题与困难，这一过程体现了什么样的思想方法？等等。

支玉恒老师的相关经验也在这方面为我们提供了重要启示，特别是，教师亲身感受的重要性：

［例 16］　支玉恒老师的“备课之道”。

“我是怎样备课的?”这是例 13 中提到的支玉恒老师的文章中的又一主题。以下就是他的回答：

“我要讲一篇课文，我便非常认真地读一遍(不读第二遍)，就把书合上，回忆这篇课文哪些地方给我留下了较深的印象。我想，只读一遍就能留下印象的，一定是作者所着力表现的东西，一定是浓墨重彩之处，也一定是文章的精妙之处。我要通过第一次的阅读就把它捕捉到……我就抓住第一遍的印象，抓住了就不放，然后再想，既然课文着意表达这些东西，那我该怎么教？用什么方法教？有了内容，方法往往迎刃而解，因为内容决定形式。”

当然，在语文与数学教学之间也有一定差异。但又正如以下论述所表明的，无论是哪一门学科的教学，都应真正成为一个探索和发现的过程：“每一个学科背后都是一个广博的领域。数学，是理性之王；语文，是精神的母体，是文化的脉搏……这里有足够多的美，足够多的智力历险，足够多的探索发展，吸引每一个学生。”“然而，一个语文教师，如果从来没有过激情，没有过诗意，没有过精神高地，他就不可能‘占据’孩子的心灵，他的‘语文’也绝不会有感染力；一个数学教师，如果从来不懂得什么叫严谨之美，从来没有抵达过数学思想的密林，没有过对数学理性的深刻体验，那么，他的数学课自然是乏味的，甚至是令人生厌的。”(余慧娟，“教育伟大源自厚重的责任感——2008 年教育教学热点评析”，《人民教育》，2008 年第 24 期)

(2) 我们并应十分重视“核心问题”对学生而言的恰当性，即应当通过“核心问题"的再加工使之由单纯的"有意义"转变为"有意思",从而就可对学生有更大的吸引力。

应当强调的是,对于所说的"有意思"我们不应简单等同于"趣味性",而应更加注重"核心问题"对于学生而言的"自然性",后者并可被看成围绕数学教育目标进行分析的一个直接结论,即我们如何能够通过数学知识和技能的教学帮助学生逐步地学会思维,包括逐步地学会提问。这也就如黄爱华老师等人所指出的:"大问题的一个核心追求是让学生不教而自会学、不提而自会问。要做到这一点,一个很关键的因素就是教师必须让学生感到问题的提出是自然的,而不是神秘的,是有迹可循的,而不是无章可依的。"(黄爱华、刘全祥,"研究大问题,构建大空间——以'圆柱体的表面积'为例谈谈大问题的教学",《小学教学》,2013 年第 3 期)

(3) 为了很好地发挥"核心问题"的引领作用,我们不仅应在教学的开始部分对此做出特别的强调,也应在课程进行的过程中不断予以强化,从而更好地起到提纲挈领的作用。再者,在复习阶段我们也应注意引导学生围绕"核心问题"对全部学习过程做出回顾和反思,从而就不仅能够很好地实现"问题的知识化",也能帮助学生更好地认识充分发挥"核心问题"的引领作用乃至学会提问的重要性。

第二,很好发挥教师的引领作用。

除去"核心问题"的再加工,很好地调动学生的学习积极性显然也可被看成现实中何以出现以下现象的重要原因,即在不少人看来,与"师问"相比我们应当更加重视由学生直接提出问题,也即应当采取"生问"这样一种教学形式。

这是笔者在这方面的基本看法:与单纯的形式相比,我们应当更加重视实质性的问题,后者即是指,我们如何能够使得预设的"核心问题"真正成为全体学生的共同关注,即愿意围绕所说的问题积极地进行思考研究。

在笔者看来,这并十分清楚地表明了教师发挥引领作用的重要性。例如,我们在教学中显然不应唯一关注情境的"真实性",也应当十分重视如何能够通过"去情境"引出相应的数学问题。进而,从同一角度我们也可对应当如何看待"生问课堂"这样一个问题做出进一步的分析:尽管我们应当充分肯定积极提倡"生问"的重要性,包括清楚地认识到这样一点,即这十分有益于提升学生提出问题的能力，但是，我们也应清楚地看到这样一个事实：正如解决问题能力的提升，学生提出问题的能力也有一个后天提升与培养的过程，教师更应在这方面发挥重要的引领作用。

在此还应特别提及这样两点：其一，即使仅仅从知识掌握的角度进行分析，指望学生独立提出相应的“核心问题”应当说也不够现实，因为，我们显然不应期望一个尚未很好地掌握甚至还可说对于相关内容缺乏基本了解的学生能准确地提出相应的“核心问题”。进而，如果将数学教育的“三维目标”也考虑在内，则显然更是这样的情况。其二，现实中学生所提的问题往往是“从众”的结果，更有很多人只是为了得到教师的表扬而进行提问，却根本没有做出认真的思考，也正因此，学生所提的问题通常就不具有很大的价值。在笔者看来，这也是我们面对课改初期曾十分流行的以下说法所应提出的一个责疑：“学生所提的一切问题都是有意义的”；还包括这样一个类似的提法，即“儿童思考起来不会离数学太远”。

当然，上述分析不是要完全否定“生问课堂”的意义，而是要强调这样一点：在所说的情况下我们仍应十分重视很好地发挥教师的引领作用。例如，在笔者看来，这就正是以下实例的主要意义所在，即面对学生提出的大量问题，教师应当通过教学将学生的注意力引向相应的“核心问题”：

［例 17］ “‘85 个问题’引领学习”（吴正宪等，《让儿童在问题中学数学》，同前，第 127～129 页）。

在学习六年级的“圆”这一单元前，王老师和学生们共同收集了生活中有关圆的现象的图片，并在此基础上鼓励大家提出自己想研究的关于圆的问题。结果，大家一共提出了 85 个问题。

圆是怎么来的？

圆的面积怎么求？可以通过正方形的面积计算出来吗？

在四维空间，圆是什么样的？

为什么圆比正方形、长方形更适合当车轮？

为什么地球是圆的，不是方的呢？

为什么自然中有许多圆形？它们是如何形成的？

如果地球是方的,地球上的引力还是平衡的吗?我们会觉得不稳吗?

如果无限倍放大圆,它会有棱角吗?

一个多边形如果有无数条边,能否变成一个圆?

世界上存在完美的圆吗?

圆周率真的永远不循环吗?它是否在几万、几亿位时开始循环?

……

面对85个问题,王老师陷入了沉思:“我该怎么办呢?是不是不顾孩子们的问题,仍然按照自己已经备好的课上呢?当然不行。可是这么多问题怎么解决呢?这个单元的学习该如何展开呢?”干脆问问学生们的想法吧。

王老师带领学生一起阅读了这些问题,并鼓励他们思考如何开展本单元的学习。没想到,学生们很快就给出了基本的学习思路,看来近六年的学习已经帮助他们积累了如何学习的经验——先分类,然后在同一类中选择有代表性的问题进行研究。于是,王老师带领学生先独立思考,然后全班交流,共同对这85个问题进行了分类。下面就是一节课后全班的分类结果。

(1) 圆周率π的理解类。比如,什么是圆周率?圆和π有什么关系?

(2) 有关宇宙和生物等的幻想类。比如,超新星是按圆形爆炸的吗?水滴在地球上自由落体时是圆的吗?在四维空间,圆是什么样的?

(3) 计算圆的周长和面积类。比如,圆的周长如何计算?圆的面积怎么求?

(4) 生活应用类。比如,为什么车轮(钟表表针的运行轨迹、团圆饭的圆桌等)的形状是圆的?

(5) 其他类,也就是圆的特点及圆与其他图形关系类。比如,圆和别的学习过的图形有什么不一样?

(6) 个性化的问题类。比如,一位学生对于“正圆”很感兴趣,提出了“能画出完全的‘正圆’吗”等多个类似的问题。

分类后,学生们从每一类中挑选了一些有代表性的问题,比如对第(4)类,学生挑选了“为什么车轮的形状是圆的”这一问题。在每一类都挑选完代表性的问题后,王老师鼓励学生进一步思考:“在本单元的学习中,我们按照什么顺序研究这些问题呢?”学生经过讨论,决定“首先研究第(4)类和第(5)类,它们是有关联的。因为在研究为什么车轮的形状是圆的过程中,就能了解圆的特征和圆与其他图形的关系;反过来,如果研究了圆的特征和圆与其他图形的关系,就能解决为什么生活中许多物体表面的形状都是圆的问题"。"然后研究第(1)类和第(3)类,它们也是可以一起研究的。""接着是第(6)类。有时间的话可以研究第(2)类。"就这样,本单元的学习线索就确定下来了。

应当指出,由相关分析我们也可清楚地认识深入研究"问题结构"的重要性,特别是,各种类型的问题("辅助性问题""拓展性问题""加工性问题"等)各有什么作用,从而就能在教学中恰当地加以应用。(对此并可见王文英,"问题结构:'核心问题统领'的关键",《小学数学教育》,2020 年第 12 期)

另外,从同一角度进行分析,我们也可看出,以下研究的主要意义不在于提供了一种新的教学模式,而是这样一个重要的思想:面对学生提出的大量问题,我们应当切实做好分析的工作,特别是"梳理问题的解决次序"与"适时解决常规问题",从而使学生的注意力集中于相应的"核心问题"。

[例 18] "'问题化学习'的基本流程"(顾俊崎,"数学课,谁来提问题——小学数学'问题化学习'的实践与思考",《小学数学教师》,2020 年第 3 期)。

1. 问题的发现与提出:(1)学生根据课题内容提出问题;(2)学生在情境中发现问题。

2. 问题的组织与聚焦:(1)梳理问题的解决次序;(2)适时解决常规问题;(3)聚焦核心问题。

3. 问题的实施与解决:(1)暴露思维过程;(2)形成问题串;(3)让学生有效追问。

4. 问题的反思与拓展。

当然,其中所提到的"问题串"的设计与应用也应被看成具有很大的重要性,对此我们并将在以下做出专门的分析。

第三,问题串的设计与应用。

正如人们所熟知的,当学生在解决问题的过程中遇到困难时,教师就应通过适当的提示、举例，包括提问给他们必要的帮助。除此以外，我们又应特别强调这样一点，即教学中我们应通过适当的追问、续问引导学生更深入地进行思考，特别是，能由知识和技能上升到思维和方法，包括由“理性思维”逐步走向“理性精神”。

简言之，除去“核心问题”的提炼，我们也应高度重视“问题串”的设计和应用，这一方面的工作并应很好地做到“浅入深出”。(吴正宪语)

这事实上也可被看成中国数学教学传统又一重要的内涵：中国的数学教师“在课堂上不仅对同一个问题的解答采取层层递进的方法，从复杂程度来说，也是层层递进的。而在美国的课堂中，即便教材设计的问题是层层递进的，不少教师也常常把这些问题处理成简单的使用同一过程的问题，从而降低了问题的认知难度”。(江春莲等，“数学教育的国际比较研究——ICME-13的第一个大会报告及其对我国小学数学教学的启示”，《小学教学》，2016年第12期)

当然，这又应被看成这方面工作应当特别重视的一个问题，即教学中我们应当如何处理“核心问题”与“问题串”之间的关系。

以下就是这方面的一些具体经验：“整体设计的开放性，细节处理的精致化”(张齐华语)；“大问题引领，小问题推进”(王致庸语)。希望读者也能通过积极的教学实践与认真的总结反思在这方面做出自己的研究，包括我们又如何能让学生在这方面发挥更大的作用。

第四，更高的追求。

前面已经提及，这应当被看成这方面工作又一重要的目标，即努力提升学生提出问题的能力。应当强调的是，这并直接关系到了我们如何能够帮助学生逐步地学会学习，即能由主要围绕教师所提的问题进行思考逐步转变为通过“自我提问”实现学习上的自我引领。再者，这显然也十分有益于学生创新能力的提升，因为，“善于提问”正是创新能力最重要的一个组成成分。

显然，从这一角度我们也可更清楚地认识加强总结反思的重要性，这就是指，在课程的结束部分我们应当引导学生围绕“核心问题”与“问题串”对全部学习过程做出回顾和反思，从而即可更清楚地认识很好地发挥“问题”的引领作用，乃至“学会提问”的重要性。

进而，这也应被看成教师引领作用十分重要的一个方面，即与单纯鼓励学生积极地提问，提出“与众不同”的问题，乃至单纯数量上的增长相比较，我们应当更加重视问题的分析、比较、评价与优化，包括很好地处理“预设”与“生成”之间的关系。

建议读者依据这一思想对以下主张做出自己的分析，即我们应当围绕学生的“真问题”进行教学，并应特别重视所谓的“裸情境”，也即“蕴含着丰富信息，但并没有明确提出待研究问题的情境”。笔者的看法是：如果缺乏教师的引导与长期的训练，即使所面对的情境十分丰富，学生恐怕仍然不容易提出适当的问题，尽管他们或许可由此获得“真正的体验”。

另外，这也是教学中应当十分重视的又一问题，即我们应当注意保护学生的提问积极性，而不要因为不恰当的回应使学生变得越来越不愿意提问。例如，如果教师在教学中经常采用所谓的“震字诀”“吓字诀”和“拖字诀”，那么，“经历多了，学生也就明白了，所以他们才会说问了也白问；所以他们才会说怕，老师要骂”。（俞正强，《种子课 2.0——如何教对数学课》，教育科学出版社，2020，第 27 页）在笔者看来，这就是现实中何以出现以下现象的重要原因：随着学生年龄的增大，他们的提问积极性却变得越来越低。

当然，相对于通过简单表扬等手段提升学生的提问积极性，我们又应更加重视提高学生在这一方面的能力，即能够逐步地学会对问题的“好坏”做出判断，并能更清楚地认识学会提问的重要性，从而就能在这方面表现出更大的自觉性。

例如，这即可被看成这方面特别重要的一个认识，即我们应当清楚认识在“问题提出”与“问题解决”之间所存在的重要联系，特别是，我们不应满足于单纯意义上的“问题解决”，而应通过提出新的问题积极地开展新的研究，从而促进认识的不断发展和深化。

再者，从同一角度我们显然也可清楚认识以下一些做法的重要性，如相关的“学习单”不应仅仅要求学生写出“我最感兴趣，认为最值得研究的问题是什么”，还应要求他们说明相关的理由。再者，这也应成为“总结与反思”的一项重要内容：“反思大家提出了哪些问题，这些问题是如何提出的，这些问题的特点是什么？”包括“在所提出的各种问题之间存在怎样的联系？”（吴正宪等，《让

儿童在问题中学数学》，同前，第 27、145、146 页）

最后，我们又应努力创建这样一个氛围：这时不仅原先设计的问题已经成为学生自己的问题，学生的关注也不再局限于原先的问题，他们所追求的更已超出了单纯意义上的“问题解答”。（Lambert 语）显然，这也意味着他们已在努力提升自身的创造能力这一方面取得了实实在在的进步！

4. 整体观念指导下的数学教学

强调整体观念的指导，主要是因为我们的教学是一节课一节课地进行的，但数学学习显然不应被等同于各种具体数学知识和技能的简单累积（这正是“碎片化教学”的主要特征），而应超越细节建构起整体性的认识，包括很好地把握知识的整体结构。应当强调的是，后者事实上也正是现实中人们何以常常将“整体性教学”与“结构化教学”联系在一起的主要原因，或者说，我们应将很好地认识知识的内在结构看成“整体性教学”十分重要的一个涵义。

再者，正如前面所提及的，无论就数学的整体发展或是个人数学水平的提升而言，主要都不应被归结成“横向的扩展”，而应更加重视“纵向的发展”，即我们如何能够通过相关内容的综合分析，包括更高层次的抽象建立更加深刻的认识——显然，这也更清楚地表明了加强整体分析的重要性，这并可被看成实现这一目标的一个重要途径，即我们应当切实地做好“消化提炼，去粗存精”，或者说，努力做好“化多为少，化复杂为简单”。

也正因此，相关论题在现实中自然就获得了人们的广泛重视。就小学数学而言，以下就是一些较有影响的工作：许卫兵，《小学数学整体结构教学》（上海教育出版社，2021）；吴玉国，“数学结构化教学中‘五学’的内涵与践行调研”（《江苏教育》，2021 年第 5 期）；戴厚祥，《生态结构化教学——小学数学教与学新路径》（南京出版社，2020）；袁晓萍，“统整式单元教学”（《小学数学教师》，2019 年第 12 期）；等等。

以下则是这方面工作应当特别重视的一些问题。

第一，“辨”与“带”。

（1）所谓“辨”，就是指我们应当跳出细节，即每一节课的具体内容，并从更大范围进行分析思考，很好地弄清什么是重要的和不那么重要的，并在教学中切实地做好“分清主次，突出重点，以主带次”。

例如,这就是我们为什么应当特别重视“教材的整体研读”的主要原因:“教学要有‘长程的眼光’,应该把教学过程的每个环节看作是这节课的一个局部,把每节课看作是整个单元或者教学阶段的一个局部,把每个教学单元或者教学阶段看作是整个小学阶段的一个局部。”“我们给教师发整套教材,让每个教师首先把整套教材的逻辑编排体系和编者的意图弄清楚……然后以章节为单位进行备课,逐步树立教师的整体观念。最后具体到每一节的备课。”(“重建课堂——广东省佛山市第九小学教学变革侧记”,《人民教育》,2011 年第 20 期)

(2) 相对于单纯的“减”,我们应更加重视“带”,即应当用重点内容带动非重点内容的教学,而不是“一放了之”。

在此还可特别提及这样一个经验:由于中小学数学教学中有不少内容是十分相似或密切相关的(这正是“螺旋式上升”的主要标志),因此,我们就应很好地确定何者可以被看成所谓的“种子课”,并应通过“种子课”的教学带动相关内容的教学,切实做好“以发展代替重复,用深刻促成简约”,而不应将它们看成互不相干的,乃至一再地重复相应的过程,实质上却没有什么提高。(俞正强语)

[例 19] “度量问题”的教学。

如众所知,“度量问题”在小学数学教学中占有十分重要的位置,并包含众多的内容。但这又可被看成这些内容的共同核心:它们主要都是围绕“度”和“量”这样两个关键词展开的。正因为此,我们就应通过整体分析很好地确定相应的“种子课”,包括认真思考应当如何从事相关内容的教学。

以下就是俞正强老师的相关分析:“以计量单位为例,在小学数学中,主要的计量单位一共有八套,这八类中,长度单位是小学生最早接触的,也是最基本的,因此,长度单位的学习在小学数学中应该具有种子特质。而在这个系列中,第一节课的《厘米的认识》无疑是最重要的,也就是本文意义的种子课。”(俞正强,《种子课——一个数学特级教师的思与行》,教育科学出版社,2013,第 18 页)

这并是后继教学应当遵循的基本原则,即不应一再重复相应的过程,而应以已学习过的内容作为新的认识活动的直接基础，我们还应通过新的学习促进学生认识的发展和深化。

具体地说，尽管具有相同的基本问题，但后者在不同情况下又可说具有不同的涵义或重点。正因为此，我们在教学中就不仅应当帮助学生很好地认识新的内容与已学过的内容之间的共同点，也应注意分析新的内容有哪些不同的特点，特别是，在各种不同的情况下我们应当采取什么样的度量单位，什么又是适合的度量方法与工具？

例如，如果说《厘米的认识》的教学应当很好地突出“度量单位的标准化”这样一个思想，那么，在后继的课程中，我们就应通过“分米”“米”与“毫米”等多个长度单位的引入帮助学生清楚地认识度量单位的相对性，即我们应当针对不同的情境与需要选择适当的度量单位。再者，后一事实显然也就十分清楚地表明了很好地掌握这样一个基本技能的重要性，即不同度量单位之间的换算。

再者，如果说在学生刚刚接触“度量问题”时教师应当很好地突出这样一个思想，即我们应当由简单的定性描述过渡到精确的定量表述，那么，随着学习的深入，我们就应帮助学生逐步建立这样一个新的认识，即我们应将较复杂的度量问题转化为已学习过的、较简单的度量问题，包括用计算代替直接的度量，这可被看成用联系的观点为指导进行分析研究的直接结果。(正是在这样的意义上，笔者以为，将所谓的“量感”列为“数学核心素养”，乃至随意地去断言“数学的本质在于度量”就很不恰当。对此我们并将在第四章做出进一步的分析)

如果说上面的例子主要涉及“以发展代替重复”，那么，下一组“关键词”则就与“用深刻促成简约”有更直接的联系。

第二，“统整”“提升”“指导”与“渗透”。

(1) 所谓的“统整”和“提升”，主要是指我们应当帮助学生由局部性认识过渡到整体性、结构性认识，包括在思想方法与情感、态度和价值观的培养等方面也有一定收获。显然，这也意味着我们已经超出单纯的“减负”走向了更高层次的“增效”。

正如前面已多次提及的，由于学生在这方面具有明显的局限性，因此，这就可被看成诸多“以学为主”的教学模式最大的局限性，或者说，这正是教师“引领作用”十分重要的一个方面。

以下就是由“局部性认识”向“整体性认识”过渡最重要的一些方面：

其一，理清发展线索，突出“核心问题”。应当强调的是，我们不仅应当很好地实现对“日常认知”的必要超越，也应防止将数学的历史发展混同于逻辑分析。

后者事实上也可被看成数学发展的一个重要特点：“数学家有这样的倾向，一旦依赖逻辑的联系能取得更快的进展，他就置实际于不顾。”（弗赖登特尔，《作为教育任务的数学》，同前，第 45 页）从教学的角度看，这也就是指，我们应当努力做好“数学史的理性（方法论）重建”。

其二，概念的综合分析，包括“核心概念”的提炼。

例如，这就可被看成例 19 和例 20 所给予我们的主要启示，即我们应将“度量”和“比较”看成小学数学教学最重要的两个概念：

[例 20] “比较”与小学数学学习。

这是俞正强老师通过小学数学学习内容的综合分析提出的又一看法：

“可以说，‘比较’这一数学思想贯穿了小学数学学习的始终，对此可简单地罗列为下列几个典型句式：

第一阶段（一、二年级）：□比□多（少）几？

第二阶段（三、四年级）：□是□的几倍[几倍多（少）几]？

第三阶段（五、六年级）：□是□的几分之几[□比□多（少）几分之几]？”（俞正强，《种子课——一个数学特级教师的思与行》，同前）

显然，由此我们也可更好地理解切实做好这样一项工作的重要性：“以发展代替重复。”

进而，从同一角度进行分析，笔者以为，我们又应特别重视“比”的概念，或者说，应当将此看成“比较”的更重要的一个涵义。

由中国旅美学者马立平博士的名著《小学数学的掌握与教学》（华东师范

大学出版社,2011),我们可以找到这方面的更多实例,包括很好地理解“知识包”这样一个概念(这与 2.2 节中提到的“概念域”是基本一致的)。更一般地说,这也就是指,我们应当注意分析不同数学概念之间的联系,而不应将它们看成完全孤立、互不相关的。

作为这一方面的具体实践,建议读者还可围绕“数的整除”对于各个相关的概念,即“因数”“倍数”“公因数”“互质数”“质数”“合数”“公倍数”等概念之间的关系做出具体分析。(相关实例并可见周卫红等,“同课异构,深度研修——以‘数的整除’复习课为例”,《吴正宪小学数学教师工作站专辑》,《小学数学教师》,2018 年增刊)

其三,重要数学思想的梳理,即与学习内容密切相关的“概念上很强大的思想”与普遍性的数学思想方法。正如马立平博士所指出的,这意味着我们达到了更大的认识深度。

例如,就“数的认识与运算”的教学而言,我们从小学低年级起就应很好地突出这样一些数学思想或数学思想方法:比较与“一一对应”;“客体化”与“结构化”的思想;优化的思想。从“中段”起又应当对“算法化思想”予以特别的重视,并应联系教学内容恰当地进行应用题的教学,从而更有效地促进学生的思维发展。最后,就小学的“高段”而言,我们又应特别强调“联系的观点”与“变化的思想”,并应帮助学生清楚地认识“总结、反思与再认识”的重要性。(详可见 4.4 节)

其四,“大道理”的剖析。不同于前面所提到的“核心问题”“核心概念”和“重要数学思想”,所说的“大道理”是指相关内容的教学应当遵循的最大的指导性原则,后者又不仅直接关系到了我们如何能够很好地做到“用深刻促成简约”,还包括我们又如何能为学生的后继学习和未来发展做好必要的准备。

以下就是小学数学教学最重要的两个“大道理”:

小学关于“数的认识与运算”的教学不仅应当很好地突出“比较”这一核心概念,从而帮助学生很好地掌握“大小”“倍数”“分数”“比”等概念,也应帮助学生初步建立起关于“数学结构”的整体性认识,特别是清楚地认识它的丰富性与层次性、开放性与统一性,并能切实做好“化多为少,化复杂为简单”,包括很好地认识数学与现实世界之间的关系。

小学几何的教学不仅应当突出“度量”这一核心概念，很好地发挥直观认知的作用，也应努力实现对“度量几何”与“直观几何”的必要超越，即应当对图形的特征性质及其相互关系的逻辑分析予以足够的重视。

(2) 所谓“指导”与“渗透”，是指我们在教学中应当很好地发挥“整体性观念”的指导作用，切实做好“以大驭小，小中见大”。

例如，依据上述分析我们即可清楚地认识单纯强调“一课研究”的局限性，或者说，这对我们应当如何上好每一节课提出了更高要求，特别是，我们不应“就课论课”，而应从更大的范围进行分析思考，很好地发挥整体观念的指导作用，包括做好高层次思想的指导与渗透。

再例如，依据上述分析我们也可对于以下的普遍性认识做出新的认识，即所谓的“新知课”为什么应当包括这样五个环节：“复习、引入、新授、练习、总结”，什么又是“复习”与“总结”的主要作用？由于相关认识也可被看成中国数学教学传统一个重要的涵义，因此，这也意味着我们已经超出单纯的继承走向了新的发展。

第三，“单元教学”的整体设计。

为了帮助学生很好地实现由局部性认识向整体性认识的过渡，除去高层次思想的渗透与指导以外，我们还应十分重视课程的整体设计，即应以章节或单元为单位做出整体的设计。

以下就是一个相关的经验：

［例 21］ “统整式单元教学”的六个要素（袁晓萍，“让数学学习成为儿童真实的探究与创造”，《小学数学教师》，2019 年第 12 期）。

(1) 单元开启课：以“陌生的情境任务”开启新单元的学习，让学生从内容、学法上“鸟瞰”整个单元，激发单元学习兴趣，进行整体架构，形成基本学法。

(2) 主题活动课：将学习内容精心设计为活动主题，学生以小组形式学习，各自担当一定的角色，共同完成某一任务或解决某一问题。

(3) 史料交流课：利用课前收集到的数学史资料，在课堂上共享学习资料，重新进行意义建构，获得对数学史料的重新认知和新的问题思考。

(4) 专题练习课：设计新颖、有趣、富有挑战性的专题性练习任务，启发学生反思练习过程和方法，变换问题角度与方式，将结论迁移运用于不同的场合，以达到更完整的认知结构。

(5) 自主整理课：指导学生有序地整理学习任务，自主地预习、复习、巩固，建立符合数学学科特点的学习习惯与整理方法。

(6) 长作业：建立在大跨度时间基础上的，能够体现知识与技能、思想与方法的综合的"长周期作业"，学生需要经历一段时间去完成。

当然，对于上述主张我们又应做出进一步分析，特别是，应很好地弄清其中所提到的各个环节的作用，包括什么又可被看成"单元整体性教学"的关键？

例如，笔者以为，尽管所谓的"单元开启课"有很大的重要性，但要真正做到"让学生从内容、学法上'鸟瞰'整个单元……进行整体架构，形成基本学法"，恐怕不容易。毋宁说，在"单元教学"的开始阶段我们应更加重视如何能够通过"核心问题的提炼与加工"激发学生的学习兴趣，包括在全部的学习过程中不断对此进行强化和提升，并应将此看成"整理和总结"十分重要的一项内容。再者，所说的"史料交流课"应当说并非不可或缺。更重要的是，如果集中于由"局部性认识"向"整体性认识"的过渡，那么，在上述 6 个环节中，"自主整理"就应被看成具有特别的重要性，当然，除去要求学生自主进行整理和总结以外，教师也应在这方面发挥重要的指导作用，特别是，应帮助学生很好地实现"以发展代替重复，用深刻促成简约"，包括由局部性认识过渡到整体性、结构化的认识。

通过与语文教学的对照读者即可对认真做好"单元整体教学"的重要性有更清楚的认识：尽管大多数文学作品都是由不同章节组合而成的，但我们显然不应将后者的研究等同于整书的理解，两者甚至可能具有十分不同的涵义。例如，我们只有通过整本书的阅读才能很好地了解什么是书中所涉及的主要事件，书中诸多人物之间究竟存在什么关系，什么又是作者通过这一著作要表达的主要思想或情感，等等。

进而，又只需将上述分析与前面提到的数学学习整体性理解的 4 个方面加以比较，我们即可更清楚地认识语文教学与数学教学的重要区别。

第四，"结构化(性)教学"之慎思。

上面已经提及，当前的论题并直接涉及"课程内容结构化"这样一个论题，对此我们将在第四章中做出具体分析，在此则仅仅强调这样一点：对于"结构化教学"这一主张我们应持慎重的态度，并切实防止各种简单化的认识，如将"结构化教学"简单等同于"整体性教学"，乃至刻意地提倡"教结构，用结构"。

例如，与"碎片化教学"的对立显然可以被看成"整体性教学"最重要的一个特征，也正因此，如果我们关于"结构化教学"的论述也只是强调了这样一点，那就只能说是一种过度简单化的认识："毋庸讳言，我们的教育正面临着一个巨大的危险因素，那就是碎片化的教与学。大量事实表明，沉溺于碎片化的学习，将会一步步摧毁学生的深度思考能力。对数学教育而言，结构化教学正是我们急需的一种应对利器。"(邱学华、张良朋，"2018 年小学数学教育特点问题探讨"，《小学教学》，2019 年第 3 期)再者，就"教结构，用结构"这一主张而言，我们显然又应首先弄清它的具体涵义，特别是，这与国际上一度十分流行的"结构主义课程论"有什么关系，包括我们又是否应当不加分析地接受这样一个结论："任何学科都能够用在智育上是诚实的方法，有效地教给任何发展阶段的任何儿童。"(布鲁纳，"教育过程"，《布鲁纳教育论著选》，人民教育出版社，1989，第 42 页)

当然，后一论题又应说涉及很多的方面。与此相对照，我们在此将集中于这样一个问题：对于所说的"结构"我们是否应从纯数学的角度进行理解，即将此理解成各种具体的"数学结构"？

具体地说，正如第二章中所提及的，对于"结构"的强调正是数学现代发展十分重要的一个特点，这相对于"模式化"而言并可说达到了更高的抽象层次，这也就是指，"结构"的概念不仅体现了整体的视角，而且已将着眼点转向了"模式之间的关系"，还具有"形式化"这样一个新的重要涵义：我们在此完全不用关心相关理论的研究对象究竟是什么，或者说具有什么样的现实背景，而应将此看成纯粹的"假设-演绎系统"。

对于所说的"形式化"我们并可联系第二章中提到的冯·希尔夫妇关于几何认识不同水平特别是"水平五"去进行理解。但这显然也就清楚地表明了这样一点：如果从纯数学的角度进行理解，“教结构，用结构”这一主张应当说已经完全超出了中小学学生的接受水平。后者事实上也可被看成20世纪60年代在世界范围内盛行的“新数运动”所给予我们的一个直接启示或教训。因为，正如第一章中所提及的，这正是这一改革运动的主要指导思想，即认为我们应当用现代的数学思想特别是结构的思想对传统的数学教育进行改造。但是，由于所说的目标完全超出了中小学生的接受水平，因此，这一改革运动最终就陷入了完全的失败。

那么，我们究竟是否应当明确提倡“结构化教学”呢？显然，这里的关键仍在于对这一概念的理解。例如，在笔者看来，以下就是较合适的一个提法：“在数学教学的过程中，一定要关注那些更加上位、更为统整、更具‘超能’的较高水平的数学思想方法、数学精神文化的培育。”因为，“当学生的结构化思维水平越来越好……他们就能将之自觉地应用到其他学科的学习领域，应用到日常生活领域，应用到人际交往领域，应用到从未有过的问题解决。若能这样，我们就可以说，他的数学素养就真正形成了，数学教育价值也真正地得以实现”。（许卫兵，《小学数学整体建构教学》，同前）显然，这与前面所提到的“分清层次，居高临下，走向深刻”这一主张也是完全一致的。

从后一角度我们并可更好地认识切实做好以下工作的重要性：由于现行的数学教材采取了“混编”的方法，因此，有不少内容之间的联系就被切断了，如各种不同的方程（组）以及方程与不等式之间的联系，各种三角形、三角形与四边形之间的联系，等等。也正因此，我们在教学中就应特别重视用“联系的观点”引导学生进行分析思考，包括对相关内容做出必要的层次区分。

再例如，从同一角度我们也可更好地认识“特殊化”与“一般化”对于数学研究与数学学习的特殊重要性：这同样涉及不同对象（包括结论和理论等）之间的联系，以及必要的层次区分。

更一般地说，我们又应帮助学生很好地认识到这样一点：相对于“横向的扩展”，我们应当更加重视“纵向的发展”，包括初步地学会“结构性思维”。

再者，从后一角度我们显然也可更好地认识以下建议的重要性：我们不仅应当在教学中很好地应用“画图”这样一个方法，也应要求学生在学习数学的过程中积极地画图：画出自己的想法，画出自己的理解……（刘善娜语）当然，相对于一般所谓的“直观图”，我们又应更加重视“流程图”与“概念图”的学习和应用，因为，借助于后者我们即可更好地认识不同对象之间的联系，包括我们又应如何对此做出必要的层次区分。

5. 教师的示范与评论

由于学生数学水平的提升主要依靠后天的系统学习，更离不开教师的直接指导，因此，这就应被看成做好数学教学的又一关键，即教师的引领。具体地说，除去已提及的“问题引领”以及由“局部性认识”向“整体性认识”的过渡以外，教师还应切实做好示范与评论的工作。

第一，这是数学教师示范作用特别重要的一个方面，即我们应当用思维的分析带动具体知识内容的教学，从而将数学课真正“教活、教懂、教深”。更加广义地说，我们应将数学思维的教学与具体知识内容的教学很好地结合起来，从而不仅帮助学生较好地掌握相关的知识和技能，而且也可通过这一途径很好地了解数学思维，即使得相应的思维过程和思想方法对学生而言真正成为“可以理解的、可以学到手和加以推广应用的”。(1.3 节)

这是笔者在这方面的一个具体想法：“数学思维方法的学习，不应求全，而应求用。”这也就是指，数学思维的研究，包括所谓的“数学方法论”，不应成为借题发挥、纸上谈兵的空洞学问，而应对实际教学工作发挥实实在在的指导和促进作用。

相对于数学发展的真实历史，上述工作可以定义为“数学史的方法论重建”，并集中体现了教学工作的创造性质，还包括我们应当如何联系教学积极地去开展教学研究。例如，如果我们在阅读教材或是实际教学的过程中发现某一内容的处理(包括教材中采取的途径、别人设计的教例，以及自己先前的教学设计)不很自然，这或许就可被看成用思维方法的分析改进教学的很好切入点。

以下就是笔者多年前在中学任教时的一个实际经历：

[例 22]　三角形内角平分线性质的证明。

所谓“三角形内角平分线的性质”，是指这样一个定理：“三角形中任何一个角的平分线分对边所得的两条线段与这个角的两边对应成比例。”教材中关

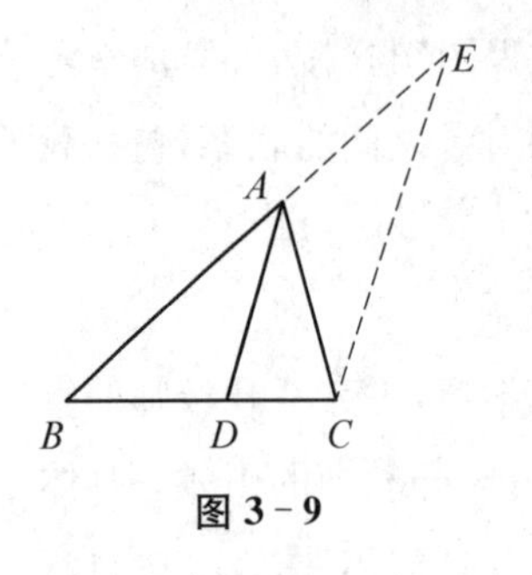

图 3-9

于这一定理的证明并不困难(图 3-9),但这恰又是我们在从事这一内容的教学时应当认真思考的一个问题:相关的证明思路是如何发现的?我们又如何能够使得这一过程对学生而言成为十分自然的?因为,就像波利亚所说的“从帽子中掏出来的兔子”,CE 这一辅助线的添加是很难想到的。

正是围绕上述问题笔者进行了长期的思考,但却始终未能得出令人满意的解答,直至有一天突然产生了这样一个想法:既然无法自然而然地引出所说的辅助线,那么,我们是否就可不添加任何辅助线而直接证明这一定理?又由于笔者在此前刚刚接触到了所谓的“面积法”,即主要通过图形面积的分析去求解问题,这样,以下思路的产生就十分自然了:

作为面积法的具体应用,我们在此即可集中考察$\triangle ABD$与$\triangle ADC$的面积的比。由于这两个三角形具有同一条高,因此,它们的面积比显然就等于$BD:DC$。另外,由于AD是角平分线,这并是角平分线的基本性质:上面任一点到两边的距离相等。由此我们也就可以立即推出:$\triangle ABD$的面积:$\triangle ADC$的面积$=AB\cdot DE:AC\cdot DF=AB:AC$。这样,相关的定理($BD:DC=AB:AC$)就得到了证明。

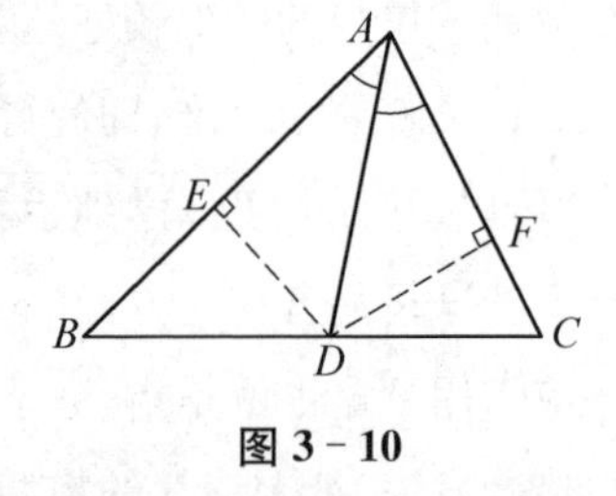

图 3-10

当然,作为教学活动,我们又不应满足于这一问题的解决,而应引导学生从更一般的角度进行分析思考,即应当由知识和技能的学习上升到思维的层面。例如,通过这一解题活动我们就可帮助学生很好地理解“面积法”的具体涵义,包括以此为背景对这一方法与传统方法做出对照比较,从而初步认识它们各自的优缺点,并在应用上实现更大的自觉性。

建议有兴趣的读者还可对以下问题做出自己的分析思考:

[例 23] “直角三角形斜边上的中线等于斜边的一半”的证明。

这是八年级的一项学习内容。由于学生在先前已经学习了“三角形的全等”和“等腰三角形的性质”等相关知识，因此，对于以下证明在理解上就不会有太大困难：

如图 3-11，在 Rt$\triangle ABC$ 中，$\angle ACB$ 是直角。在$\angle ACB$内作$\angle BCD=\angle B$，CD 与 AB 相交于点 D，可知 $DB=DC$。依据等角的余角相等，可得$\angle ACD=\angle A$，于是就有 $DA=DC$。从而就有 $DA=DB=DC$。由于 CD 正是斜边 AB 上的中线，且 $CD=\frac{1}{2}(DA+DB)=\frac{1}{2}AB$。这样，相关定理就得到了证明。

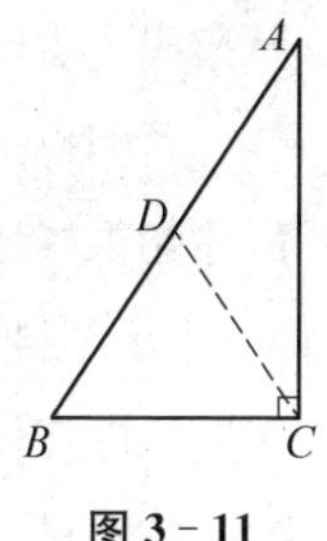

图 3-11

现在的问题是：在证明的过程中我们为什么不直接作出斜边 AB 上的中线 CD，而要把它看成按照“$\angle BCD=\angle B$”这一要求所作的另一条线呢？尽管这样作了证明就不会有任何困难，但从思维的角度看毕竟很不自然！

也正因此，我们或许就应进一步去思考能否为上述定理找出更加自然的一个证明?!

尽管“方法论的重建”十分重要，但由于教材中的大部分内容都已经过了几代人的反复推敲与加工，因此，教师实际从事这一方面工作的机会就不是很多。正因为此，我们就应更加重视另一种形式的创新，即“熟练的演绎者”，也即我们如何能够像优秀的演员或音乐家那样创造性地演绎出指定的角色或乐曲。(2.6 节)

具体地说，不同于全面的创新或“重建”，作为一线教师，我们应当更加重视如何能够通过教材的适当加工演绎出一堂精彩的数学课，如我们如何能够针对具体的教学环境和对象设计出适当的问题引导学生积极进行思考，教学中我们又如何能够很好地体现整体性观念的指导，切实做好承上启下，突出重点，逐步深入……

显然，这事实上也可被看成我们为什么应当特别重视“过程教学”的主要原因。当然，又如弗赖登特尔所指出的，“应该重复人类的学习过程，但并非按照它的实际发生过程，而是假设人们在过去就知道更多的我们现在所知道的东西，那情况会怎么发生”。(《数学教育再探——在中国的讲学》，同前，第 67

页)这也就是指,这主要地应看成一个“再创造”或“重建”的过程。

应当提及的,上述分析也为我们应当如何做好“数学史在数学教学中的渗透”指明了主要的方向,特别是,对此我们不应被理解成提出了一个新的不同要求,我们也不应认为只有在教学中加入某些新的成分,如数学家的小故事等,才能很好地实现这样一个目标。恰恰相反,由于任何一门学科的教学主要都集中于学科知识的学习,学校中所学习的各种知识又都可以看成历史的结晶,即经由文化得到传承的历史,从而也都直接涉及这样一个问题,即“我们应当如何看待历史、讲述历史”。总之,相对于将此看成一个全新的要求,我们应更加重视提高自身在这一方面的自觉性,并能在这一方面做出持续的努力,从而真正地教出精彩,很好地起到“示范”的作用。

当然,教学不应成为教师的个人秀,而应很好地服务于教育的基本目标。也正因此,教师的示范就应集中于关键的环节,而不应在细枝末节上耗费时间。除去已提及的“问题引领”与“整体性观念的指导”,我们在此还应特别强调这样两点:

(1) 思维的“外(显)化”。

为了促进学生积极地进行思维,包括通过这一途径达到真正的理解,我们应高度重视思维的“外(显)化”,包括“画数学”和“说数学”等,教师并应通过自己的示范帮助学生很好地认识到这样一点:这方面的能力也有一个不断提升的过程。

例如,对于所说的“画数学”我们就不应仅仅理解成如何能够画出与各种几何体直接相对应的直观图形,即唯一强调由抽象向具体的回归,而应将此与抽象分析很好地结合起来,也即更加关注如何能够借助于适当的图形清楚地表现出内在的思维过程与思维内容,从而就不仅有助于学生的理解,也能为进一步的分析思考提供重要的工具。正如前面所提及的,这就是现实中我们为什么应当特别重视“流程图”和“概念图”的主要原因。另外,从同一角度我们显然也可更好地理解华罗庚先生的这样一个论述:“数缺形时少直觉”,包括这里所说的为什么是“直觉”而不是“直观”。

另外,从同一角度我们显然也可更好地理解关于教师应当如何做好“板书”的以下建议,从而很好地起到“示范”的作用:我们应当“用箭头标注联系”,

用框线、星号等不同记号以及不同大小的字体等表明不同对象的层次区分……乃至很好地实现这样一个目标:"一张板书看课堂。"(许卫兵语)

再者,从"示范"的角度进行分析,我们显然也应针对学生的具体情况认真地思考课堂上应当如何讲才能真正讲清楚,既能有助于学生的理解,也能赢得学生更多的关注。再者,教学中又应如何处理学生的意见,特别是与自己不同的想法,即应当善于从学生的表达中吸取有益的成分,而不应采取漠然置之的态度。

显然,上述工作并具有超出数学学习的普遍意义,特别是,这十分有益于学生表达与倾听能力的提升,包括我们又应如何很好地处理"个体"与"群体"之间的关系。

当然,除去"画数学"和"说数学"以外,我们还应从更广泛的角度进行分析思考。例如,依据"多元表征理论"(2.2节),除去"图像"和"口头语言"以外,我们还应注意到更多的方面,包括努力做好不同方面的必要互补与适当整合。

(2)"以做促思"。

首先,我们事实上可将上面提到的"画数学"与"说数学"归结为这样一个要求,即教学中应当很好地处理"做数学"与"想数学"之间的关系,特别是,应切实地做好"以做促思",而不应"为活动而活动",乃至彻底陷入了"表面上热热闹闹,实质上却没有什么收获"这样一个误区。

例如,就低年级的数学教学而言,这直接涉及教具的应用,这并是人们何以提出"结构性实物操作"这一概念的主要原因,对此我们即可借助例24有大致的了解。与此相对照,例25中"摄像机"的应用则可被看成这方面的一个反例,因为,这对学生的思维并不具有任何促进的作用,反而可能有一定的干扰作用。

[例24] "十进制计数块"与自然数的认识。

各种学具在数学教学特别是低年级的数学教学中的应用显然也可被看成"动手实践"的一个具体形式,特别是,通过这些学具的实际操作学生即可获得必要的经验,从而就可更好地理解相关的数学概念。

但是,我们又应十分重视学具的适当性,因为,只有后者的显性特征与我们希望建立的数学关系较为一致时(这就是所谓的“结构性实物操作”),所说的实际操作,包括教师的演示,才能产生较好的效果。

例如,为了帮助学生较好地掌握十进位制记数系统,人们常常使用十进制计数块(10-base blocks)或有色的筹码。但是,由于在后一种情况下位值与筹码颜色之间的关系是随意指定的(如用黄色表示单位值1,用红色代表10,用绿色代表100等),从而筹码本身就不能提供关于它所代表的数值的任何暗示。与此相对照,十进制数块的制作明显地提示出大一点的块是较小块的十倍,从而就更加有利于学生建立对于十进位值原理的正确认识。

[例25] “用眼睛看或用头脑看?”

这是课改初期展示的一堂观摩课,其主要任务是帮助学生学会从不同方向去观察一些简单的物体(包括立方体以及用若干同样大小的立方体组成的较复杂形体),即具体地确定从正面、左面、上面等不同方向进行观察会看到什么形状的图形(正方形、长方形等)?

如果不做深入思考,人们也许会觉得这是一堂较容易的数学课:我们在课堂上只需引导学生实际进行观察就可以了。就当时的课堂教学而言,任课教师不仅精心准备了必要的教具,还先后采取了全班派代表以及以小组为单位轮流进行观察等做法。颇有特色的是,这位教师在教学中还采用了用摄像机进行验证这样一种做法——这样,一切似乎就都进行得十分顺利。

具体地说,教师在课堂上首先提出了这样一个问题:“这是一个立方体,从正面看你看到了什么?”面对这样一个问题,学生进行了实际观察,教师并不断对学生给出的解答作出评价:“好!”“非常好!”“你看得真仔细!”“你再仔细看看!”……这样,所有学生最终都得出了“我看到了一个正方形”这样一个结论。

但是,后一结论的得出真的是实际观察的结果吗?例如,如果有一个学生提出他看到的是通常所说的立体图(图3-12),你能说他看错了吗?

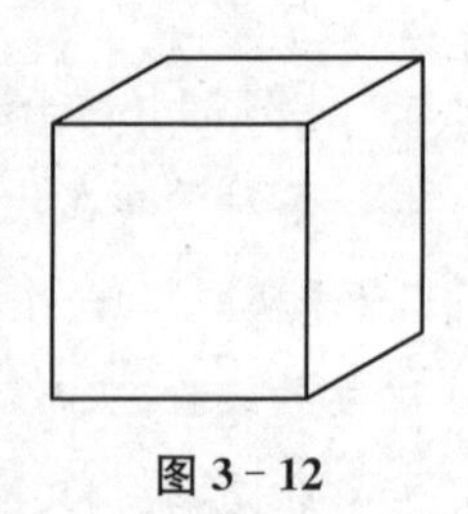

图3-12

完全可以想象,如果在教学中真的出现了上述的情况,任课教师就一定会建议道:“你再仔细看看!”甚至还可能做出如下的提示:“你再好好想想究竟什么是‘从正面看'?"但是,如果一个学生始终坚持说他怎么也看不出老师所说的正方形,而只能看到一般所说的立体图,教师又该如何处理?还是这个问题:你真的能说他是看错了吗?

至此我想有的读者也许已经有所感悟了:我们在此事实上不是真正地在看,而是在教会学生应当如何去看。这也就是说,我们在此所从事的事实上是一种规范化的活动:正是通过我们的教学,学生逐步学会了什么叫做"从正面看",或者说,究竟看到了什么样的形状才是正确的,其他的则都是不正确的。

"等一等!"也许有的读者早已忍耐不住了,"难道这不是一个客观事实吗?即立方体在长、宽、高三个方向的投影都是正方形!"是的!但这里的关键恰就在于"投影"这样两个字,因为,后者显然是一种理想化的状态(或者说,严格定义的结果),而如果我们真的用眼睛(或用摄像机)去看是很难(如果不说不可能的话)看出正方形的。从而,总的来说,我们就应引出这样一个结论:我们在此事实上不是用眼睛在看,而是用头脑在看!

由此可见,即使是"观察"这种最基本、最直截了当的活动事实上也不简单。当然,笔者提出上述思考并非是要扰乱一线教师的思想。恰恰相反,这从一个角度清楚地表明了这样一点:数学学习不应停留于实际的操作性活动(包括动手和动眼),恰恰相反,只有通过活动的"内化"我们才可能发展起一定的数学思维。另外,如果说上述分析有点"高不可攀",那么,在笔者看来,这也正是我们在制订数学课程标准时应当认真思考的一个问题,即是否应当将"投影图"这样的内容"下放"到小学数学课程之中,因为,这正是不少类似题材的共同特点:它们看似简单,事实上却一点都不简单!

当然,从更广泛的角度进行分析,我们又应将"问题解决"也包括在内,这也就是指,相关教学不应停留于各个具体问题的求解,而应由"就题论题"上升到"就题论法"和"就题论道"。对此我们并将在以下围绕"作业教学"做出专门的分析论述。

第二,由于学生数学水平的提升主要是一个不断优化的过程,后者并应成为学生的自觉行为,而不是对于外部规定的被迫服从,因此,除去必要的示范,这也是教师在教学中应当发挥的又一重要作用,即通过适当的评论帮助学生清楚地认识已有想法或做法的局限性，什么又是改进或优化的方向。

例如，从上述角度进行分析，我们在教学中就不应盲目地去提倡结论或方法的“与众不同”，包括对于“多元化”的片面提倡，而应更加注重不同主张或方法的对照比较，包括通过适当质疑帮助学生很好地实现必要的优化。当然，后者又不只是指“纠错”，而是具有更广泛的涵义，特别是，这不仅包括“显性层面”的变化，如方法的改进等，也包括“隐性层面”的改进，如观念的更新等等。

就这方面的具体工作而言，还应特别强调这样两点：

(1) 坚持理性分析，即应当帮助学生很好地认识相关主张或方法的合理性，从而不仅能够自觉地去实现相应的优化，还可通过这一途径逐步养成理性的精神。

显然，从这一角度我们也可更好地理解积极提倡“说理课堂”的重要性(3.1 节)。以下就是这方面的两个实例：

[例 26]　由“相似形”到“等积形”。

如众所知，“全等三角形”在平面几何的研究中具有特别的重要性，这并是相关结论的主要作用：只需依据三个条件(其中至少一边)我们就可推出两个三角形全等，从而求得其他的边或角。但是，尽管这一方法十分重要，但要求两个三角形至少有三条边或角(其中至少一边)对应相等，又应说是一个很强的条件，从而就未必适用于所有的场合。也正因此，我们就应进一步去思考能否通过适当地减弱条件找出更有效的方法。又由于三角形的全等可以被理解成同时满足“形状相似”和“面积相等”这样两个条件，因此，我们就可通过“两者取一”取得新的进展。

具体地说，“相似三角形”的引入即可被看成后一立场的具体体现：在此我们放弃“面积相等”，而仅仅保留了“形状相似”这样一个要求。但是，从逻辑的角度看，这也是一种可能的选择，即仅仅保留“面积相等”而放弃“形状相似”。显然，这也就十分清楚地表明了引入“等积形”这一概念的合理性。

由以下事实我们并可清楚地认识引入“等积形”这一概念的重要意义：正是围绕这一概念我国著名数学家张景中先生提出了几何研究的一个全新路径(见《平面几何新路》，四川教育出版社，1994)。

［例 27］ 未知数与条件的“不对称性”。

这是《学习与评价——数学 7 年级下册》(江苏凤凰教育出版社,2013)中的一个问题:

“有甲、乙、丙三种货物,若购甲货物 2 件、乙货物 4 件、丙货物 1 件,共需 90 元;若购甲货物 4 件、乙货物 10 件、丙货物 1 件,共需 110 元。若甲、乙、丙三种货物各购 1 件,共需多少钱?”

相信任一有一定数学知识和解题经验的人,面对这一问题都会有这样的想法:“3 个未知数,只有 2 个条件,这个题目肯定有错,即根本无法求解。”

但这恐怕不是当前的大多数学生面对此类问题时会采取的立场,因为,他们更倾向于上网去查。令人惊奇的是:这一问题在网上居然也可找到答案!当然,这又是此类网站的主要弊病,即仅仅提供了问题的解答,也即具体的解题步骤,却未能清楚地说明背后的道理。也正因此,如果我们的学生只是满足于完成作业,就不可能通过上网查解答有真正的收获。更一般地说,这也正是“就题论题”的主要弊病。

以下就是网上给出的解答:

设甲、乙、丙三种货物的单价分别为 x、y 和 z。

由题意得:$2x+4y+z=90$…………(1)

$4x+10y+z=110$　……(2)

(2)－(1) 得 $x=10-3y$……(3)

代入(2) 可得 $z=2y+70$……(4)

将(3)(4) 代入 $x+y+z$ 得 $10-3y+y+2y+70=80$。

但是,明明是不可解的一个问题,最终为什么又能顺利地得到解决呢? 显然,如果我们着眼于通过解决问题帮助学生逐步地学会思维,那么这就是我们应当深入思考的一个问题。

笔者的看法是:既然这一问题能够得到解决,就说明尽管从形式上看这一问题包含了 3 个未知数,但这事实上只是一个“假象”,或者说,我们可通过适当变化(变量代换)将未知数的个数由“3”压缩成“2”。

具体地说,由于最终所要求的是“甲、乙、丙三种货物各购 1 件共需多少钱”,因此,我们就可将 $x+y+z$(x、y、z 分别代表甲、乙、丙三种货物的单价)看成一个新的未知数,那么,另一个未知数又应是什么呢?

显然,一旦确定了方向,后一问题的解决就不是十分困难的了。因为,这时我们即可对原先的方程 $2x+4y+z=90$ 做出如下的“变形”:$(x+y+z)+x+3y=90$。由此可见,另一个未知数很可能就是 $x+3y$。由于也可将方程 $4x+10y+z=110$ 类似地变形为 $(x+y+z)+3(x+3y)=110$,上述想法就得到了证实。

这时,原来的问题显然就不难解决了,即有 $x+y+z=80$。当然,相对于单纯的问题解决而言,我们又应更加重视如何能由上述过程学到更多的东西。例如,借此我们可更好地体会到“适当提问”的重要性,即应当通过提出适当的问题更深入地进行思考。另外,由这一实例我们也可更好地体会坚持“说理课堂”的重要性,特别是,我们应由单纯的“就题论题”上升到“就题论法”和“就题论道”。

(2) 加强“题后分析”,做好“作业教学”。

数学教学为什么应当特别重视“作业教学”?笔者的看法是:这也可被看成充分发挥学生在学习过程中主体作用十分重要的一个途径。因为,要求学生主要依靠自己的努力解决那些非单纯练习题(non-routine)的问题,包括所谓的“探究性作业”,在一定程度上就是让学生处在了与数学家同样的位置,从而不仅可以有效防止“机械学习”,更有利于他们很好地领会隐藏在具体数学知识与技能背后的数学思想和数学思想方法,包括逐步提升自身的思维品质,以及养成相应的情感、态度与价值观。

例如,尽管所谓的“探究题”通常有较大难度,但在不少人看来这恰又是其优点所在,特别是,相关人士之所以喜欢数学,不是因为数学容易,而是因为它有一定难度,自己就是通过解决困难体会到了一种深层次的快乐,真切地感受到了“数学的力量和美”。(马立平语)

当然,作为问题的另一方面,我们也应清楚地看到:学生解决问题的能力不可能单纯依靠反复实践得到有效的提升。恰恰相反,教师也应在这方面发挥重要的引领作用,我们还应坚持教学的开放性,因为,后者即是充分尊重学生在学习过程中主体地位与个体特征的必然要求。简言之,我们既应明确肯定教学工作的规范性质，帮助学生很好地实现方法和思维等的必要优化，也应使之真正成为学生的自觉行为。

正因为此，我们就应坚决反对“题海战术”，即要求学生大量地做题，做各种各样的难题、偏题，但却完全没有认识到加强“题后分析”的重要性，甚至教师本人都没有实际地进行解题，而只是满足于直接提供来自各种渠道的解答，并让学生自行进行批改和订正。

再者，这也是我们应当注意纠正的又一倾向，即题型的“细化”和解题策略的“程序化”。具体地说，由于数学问题的多样性和复杂性，更由于解题活动具有非逻辑性的特征，必然地表现出一定的或然性和个体性，因此，尽管我们应当充分肯定“题型分析”的重要性，并应帮助学生很好地掌握相应的“解法”，也应高度重视解题策略和数学思想方法的学习，从而在遇到困难时就可获得一定启示，但是，单靠这些还不足以保证解题活动的成功。也正因此，我们应当更加重视如何能够通过“作业教学”提升学生的思维品质，包括对一般性思维策略的很好掌握，从而就能在这方面取得真正的进步，如通过类比联想发现可能的解题途径，包括通过将事物联系起加以考察从而获得更深入的认识，又如何能够通过适当的变化实现“化未知为已知，化繁为简，化复杂为简单”，并能逐步学会从不同的角度分析问题和解决问题，包括不同方面的必要互补与适当整合，等等。

简要地说，我们应由“就题论题”上升到“就题论法”和“就题论道”（王华语），从而使学生有更大的收获。当然，如“论”这一字眼所清楚表明的，这主要地又应被看成一个说理的过程，这并是“题后分析”应当努力实现的一个目标。

例如，例 27 显然就可被看成这方面的一个实例。与此相对照，这则可被看成例 28 给予我们的主要启示，即这一方面的教学不应停留于对于“多元化”的片面提倡，而应通过理性分析实现必要的优化，包括使之对学生而言真正成为“可以理解的、可以学到手和加以推广应用的”。

[例 28]　“多元化”的泛滥与审视。

这是南京市某区由多个学校统一组织的“七年级下学期期中考试”中的一个题目：

数学课上,老师展示了这样一段内容:

"问题:求式子 a^2+4a+6 的最小值。

解:原式 $=(a^2+4a+4)+2$

$=(a+2)^2+2$

$\because (a+2)^2\geqslant 0$

$\therefore (a+2)^2+2\geqslant 2$

即原式的最小值是 2。"

小丽和小明想,二次三项式都能用类似的方法求出最值(最小值或最大值)吗?

(1) 小丽写出了一些二次三项式:

① x^2-2x+1;② $2x^2+4x+7$;③ $-x^2+2x+3$;

④ x^2-2y+1;⑤ x^2-2y^2+1;⑥ $-y^2-y+5$。

经探索可知,有最值的是________(只填序号),任选其中一个求出其最值。

(2) 小明写出了如下 3 个二次三项式:

① $a^2-4b^2+4a-12b+2$;

② $a^2+9b^2-6ab+4a-12b+5$;

③ $a^2+4b^2+2c^2-2ab-3a-12b+c$。

请选择其中一个,探索它是否有最值,并说明理由。

这一考题应当说有点超纲、超标。因为,相关问题的求解不仅依赖于学生对"配方"的很好掌握,更应被归属于对"二次函数"的研究,从而就已超出了初一数学的范围。这或许也就是"命题者"何以在题目中专门加上"探索"这样的字眼,包括首先提供一个实例的主要原因。但是,如果学生事先并未通过各种渠道学习过相关内容,要想在时间受限、更存在考试压力的情况下顺利解决上述问题恐怕并不容易。但这并非笔者在此的主要关注,而是教师事后讲解时出现的以下情况:由于有学生在事后求解第 2 题小题③时采用了不同的方法,相关教师要求每个同学在课后都能用 3 种不同的方法去求解这一问题。

后者应当说是一个很高的要求,因为,尽管有学生已经发现了一种解法,却很可能怎么也想不出第二种解法,更不用说第三种了。这时教师应当如何进行处理?特别是,如何能使相应的思维过程对学生而言真正成为"可以理解的、可以学到手和加以推广应用的”？

具体地说，以下的“解法一”在很大程度上可以说是最容易想到的：

解法一：原式$=a^2-2ab+b^2+3b^2-3a+3b-3b+2c^2+c$

$=(a-b)^2-3(a-b)+\frac{9}{4}+3\left(b^2-b+\frac{1}{4}\right)+2\left(c^2+\frac{c}{2}+\frac{1}{16}\right)-\frac{9}{4}-\frac{3}{4}-\frac{1}{8}$

$=\left(a-b-\frac{3}{2}\right)^2+3\left(b-\frac{1}{2}\right)^2+2\left(c+\frac{1}{4}\right)^2-\frac{25}{8}$

∴ 原式的最小值是$-\frac{25}{8}$。

但是，我们又如何能够想到其他的解法呢？以下就是一个可能的提示：抽象地看，原式中与a和b有关的各项可以被看成处于“对等”的地位，鉴于前一方法是通过$4b^2$的变化（分解）解决问题的，因此，我们很可能就可通过a^2的变化去解决问题。

显然，按照这一思路，以下解法的发现就不很困难了：

解法二：原式$=\frac{1}{4}a^2-2ab+4b^2+\frac{3}{4}a^2-3a+2c^2+c$

$=\left(\frac{1}{2}a-2b\right)^2+3\left(\frac{1}{2}a-1\right)^2+2\left(c+\frac{1}{4}\right)^2-3-\frac{1}{8}$

$=\left(\frac{1}{2}a-2b\right)^2+3\left(\frac{1}{2}a-1\right)^2+2\left(c+\frac{1}{4}\right)^2-\frac{25}{8}$

∴ 原式的最小值是$-\frac{25}{8}$。

但是，我们又如何能够找出第三种解法呢？显然，在此我们仍然不应直接将解答告诉学生，而应坚持“就题论法”，即应当通过自己的分析使得相应的思维过程对学生而言真正成为十分自然和能够学到手的。

以下就是一个可能的提示：原式中共有3个二次项，即a^2、$4b^2$和$-2ab$；前两种方法分别对$4b^2$和a^2做了改变，即将它们分别拆成了b^2+3b^2和$\frac{1}{4}a^2+\frac{3}{4}a^2$，由此可见，我们或许就可通过对第3个二次项即$(-2ab)$的适当变化找出第三种解法。

在接受了这样的提示以后，这时学生所需要的或许就只是足够的时间，从而即可实际地进行尝试和探究：

解法三：原式 $=a^2-4ab+4b^2+2ab-3a+2c^2+c$

$=(a-2b)^2-(a^2-2ab)+\frac{1}{4}a^2+\frac{3}{4}a^2-3a+3+2\left(c+\frac{1}{4}\right)^2-3-\frac{1}{8}$

$=\left(a-2b+\frac{a}{2}\right)^2+3\left(\frac{a}{2}-1\right)^2+2\left(c+\frac{1}{4}\right)^2-\frac{25}{8}$

∴原式的最小值是 $-\frac{25}{8}$。

最后，应当强调的是，尽管这时学生已经完成了布置的任务，我们仍应引导他们围绕以下问题做出进一步的思考，这并意味着向“就题论道”的过渡：我们究竟为什么要寻找三种或更多种不同的解决方法？我们又是否可以认为能找出越多的解题方法就越好？

正如前面所已提及的，相对于知识与技能（以及经验）的简单积累，优化更应被看成数学学习的本质。也正因此，我们在“作业教学”中就不应简单地提倡解题方法的多元化，而应更加注重不同方法的比较和反思，从而帮助学生很好地实现必要的优化，包括又如何能够使之真正成为学生的自觉行为，而不是由于外部压力的被迫服从。例如，由具体的比较可以看出：上述的“解法二”与“解法一”相比应当说更加简单，“解法三”事实上则是与“解法二”相同的——显然，这时我们又应要求学生进一步去思考其中的“道理”。应当强调的是，这里所说的“比较分析”和“优化”都具有超出数学学习的普遍意义，即可以被看成一种真正的“治学之道”。与此相对照，如果我们在教学中完全忽视了这些方面，而只是单纯地强调解题方法的多元化，乃至在后一方面提出一些硬性“指标”（如必须找出三种不同的方法），这事实上就是将“开放”在不知不觉之中又重新变回了“封闭”。

当然，这又应被看成这方面工作更高的一个目标，即我们应当努力提升学生在这一方面的自觉性，特别是，能认真地做好“题后反思”，从而切实改变“做了却没有收获”或是“事倍功半”这样的常见现象。

应当强调的是,从后一角度我们也可清楚地认识对作业的“总量”与“难度”进行控制的重要性。因为,只有这样,学生才可能具有足够的时间和适当的心情从事更高层次的思考,包括“题后反思”。与此相对照,如果我们的学生一直在忙于“刷题”,特别是急于完成教师所布置的大量作业,甚至可能因此而无法保证足够的睡眠时间,他们又如何能够从事相关的思考?! 更严重的是,如果我们的学生始终处于这样的状态,就必然地会对他们的成长产生严重的消极影响!

当然,从更深入的角度看,我们又应帮助学生很好地纠正这样一些错误的认识,如认为学生需要的就是“老老实实地做题,认认真真地完成老师布置的作业”,乃至将“逐步做到一看就会,从而就根本不用动脑”看成解题练习的主要目标。

最后,应当指出的是,教师的示范与评论显然也直接涉及这样一个论题,即我们如何能够通过自己的教学帮助学生逐步地学会学习。对此我们并将在3.4节中做出进一步的分析论述。

3.4　走向“深度教学”

在对“数学深度教学”这一论题做出具体论述前,首先强调这样两点:(1)这方面的工作不应满足于将一般性教育理论直接应用到数学教育领域,我们更应反对这样一种空洞的论述,即看上去十分“高、大、上”,却没有实质性的内容,如“深度学习‘深’在哪里? 首先‘深’在人的心灵里,‘深’在人的精神境界上,还‘深’在系统结构中,‘深’在教学规律中”。(刘月霞、郭华,《深度学习:走向核心素养(理论普及读本)》,教育科学出版社,2018,第36～37页)(2)相对于一般所说的“(数学)深度学习”,我们又应更加重视“(数学)深度教学”,因为,如果教师未能做好深度教学,我们的学生显然不可能做好深度学习。

其次,所说的“数学深度教学”又可被看成是与“数学浅层教学”直接相对立的,从而我们也就可以借助后者对“数学深度教学”的涵义做出具体分析:(1)这可被看成“浅层教学”最基本的一个涵义,即将数学学习等同于机械记忆与简单模仿,也正因此,这就可被看成“数学深度教学”最基本的一个涵义,即我们应当帮助学生实现真正的理解。(2)从现今的角度看,我们也可将以下一些做法归属于"浅层教学",如将数学知识看成互不相干的一些"知识点",即局限于"碎片化教学",或是致力于各种解题方法的研究,包括数学问题的细化分类,也即希望通过这一途径就可借助现成的方法顺利解决各种问题,乃至实现解题活动的"机械化",或是对于"快"的片面强调,而未能认识到"总结、反思与再认识"对于数学学习特别是认识深化的特殊重要性,等等。由此可见,对于"数学深度教学"我们就应赋予更多的涵义,这在很大程度上并可被看成是与先前关于"数学教学的关键"的分析十分一致的。

最后,除去对照"浅层教学"进行分析以外,这又应被看成这方面工作更重要的一个原则,即应当很好地落实数学教育的主要目标,这也就是指,我们不仅应当帮助学生很好地掌握数学的基础知识和基本技能,也能超越这一层面有更大收获,特别是,能努力提高学生的思维品质,包括由理性思维逐步走向理性精神,并能逐步地学会学习。由此可见,我们所提倡的"数学深度教学"不仅包含更多的涵义,还应上升到一个更高的分析层面,特别是,我们应当超越具体知识和技能深入到思维的层面,由具体的数学方法和策略深入到一般性的思维策略与思维品质的提升,我们还应帮助学生由主要是在教师(或书本)指导下进行学习逐步转变为主动学习,包括善于通过同学间的合作与互动进行学习,从而真正成为学习的主人。这也是笔者在此所倡导的"数学深度教学"的主要涵义。

以下就对我们应当如何做好数学深度教学做出具体分析,这并为我们在当前应当如何改进教学指明了主要的努力方向。

1. 努力提升学生的思维品质

以下就是这方面工作在当前的重点:(1)"联系的观点"与思维的深刻性;(2)"变化的思想"与思维的灵活性;(3)"再认识"与思维的自觉性;(4)数学学习与思维的清晰性和严密性。

第一,"联系的观点"与思维的深刻性。

对于"联系"的重视可以被看成国际数学教育界的一项共识。例如,无论是美国数学教师全国理事会于 2000 年发表的《学校数学的原则和标准》,还是国际教育署与国际教育学会 2009 年联合推出的指导性手册《有效数学教学》,

都将“联系”列为数学教育最重要的“标准”之一。进而，正如以下论述所表明的，我们还应超出数学从更大范围认识强调“联系”的重要性：“找出各种事物之间的联系是教育家们竭尽全力思考的问题……当学生能够用相互联系的观点看待各种事物的时候，他们的学习生涯就开始了。我建议把发现事物之间的联系当作基础学校课程的首要目标。”（多琳语）

又如前面所提及的，我们并应清楚地看到在认识的“广度”与“深度”之间所存在的重要联系，特别是，只有适当地拓宽视野，我们才能达到更大的认识深度。显然，这也就从又一角度更清楚地表明了用“联系的观点”看待事物和现象的重要性。以下再联系具体的数学学习活动对此做出进一步的分析。

(1) 从解决问题的角度看，我们往往就可通过这一途径获得关于如何解决问题的重要启示，乃至通过“化未知为已知，化难为易，化复杂为简单”直接解决问题。

特殊地，这显然也可被看成波利亚何以将以下一些建议纳入“怎样解题表”的主要原因，即认为应当将此看成重要的“解题策略”：

你以前见过它吗？你是否见过相同的问题而形式稍有不同？

你是否知道与此有关的问题？你是否知道一个可能用得上的定理？

看着未知数！试想出一个具有相同未知数或相似未知数的熟悉的问题。

这里有个与你现在的问题有关，且早已解决的问题，你能不能利用它？你能利用它的结果吗？你能利用它的方法吗？……

(2) 用联系的观点看待事物和现象也有助于我们以已有的知识为背景提出新的猜想，包括通过更高层次的抽象获得更深刻的认识。

以下就是这方面的一个很好实例，尽管其具体内容已经超出了基础数学教育的范围。

[例 29]　“四维图形长什么样？”（施银燕，《小学数学教师》，2019 年第 7～8 期）。

[教学实录]

1. 情境与问题

师：同学们，有这样一句话：“点动成线，线动成面，面动成体。”能谈谈你的理解吗?

生1:比如这是一支铅笔,笔尖看成一个点,我在草稿本上划一下,就有一条线了。这就是点动成线!

生2(一边说,一边用手势比划):一条线平移,能形成长方形,旋转就形成一个圆。圆平移就能形成圆柱。长方形旋转也能形成圆柱。

师:大家能根据生活中的例子,结合学过的各种图形来谈自己的认识,真好!

师:你有没有想过,点动成线、线动成面、面动成体,那么——

生(自然地喊出):体动成什么?

师:这个问题可以有!(生笑,等待教师讲解)

师:我也没有答案!体动究竟成什么,自己想!

2. 探究与讨论

(1) 初步猜测:体动成什么?

生1:我觉得体动还是体!

生2:我也赞同他的观点。比如,一个长方体再移动的话,还是一个长方体!

生3:一个球原地旋转,还是一个球;要是绕着另外一根轴旋转的话,就形成了一个有点像游泳圈一样的图形,也是立体图形!

生4:我本来觉得体动会形成新的东西,现在我认为他们说的是对的,体动只能成体!

师(对生4):采访一下,你本来觉得的新东西是什么?

生4(犹犹豫豫):我也不知道,应该是我想错了!

师:特别佩服大家,不仅能自己提出问题,还能依靠举例、想象回答这个新问题,特别是在认真倾听交流后,还能不断调整自己的想法!(学生鼓掌)

(2) 选择:哪个答案更有意思?

师:目前有两个答案,一是体动还是体,换句话说,点、线、面就到头了,可以画上句号了;二是体动成一个新的东西,但是这个新东西究竟是什么,我们也不知道。对于答案一,大家能想象各种图形;答案二呢?在头脑里一闪而过,自己就觉得不对了。现在我换一个问法:你们觉得,哪个答案更有意思?

生(异口同声):第二个!

生:我听说过,是不是四维空间?

师:看来,大家都对体动形成的新东西特别有兴趣!

(3) 体验:从熟悉、简单的想起。

师:但是这个新东西,并不是刚刚大家说的那样,体动一动就能动出来的。这个新东西对我们来说完全陌生,也无法想象。这么多年学习数学的经验告诉你,面对一个完全陌生、不知从何下手的问题,该怎么办呢?

生1:可以试一试!

生2:可以画图,或者举个例子看看!

师:试一试,画一画,举个例子,都是把困难的问题变简单的好方法!学数学的人特别善于"见到复杂的先想简单的,见到陌生的先想熟悉的"。体动成什么不好想,不妨先回到我们熟悉的点、线、面、体中去。就以简单的长方体为例吧,从最初的一个点,怎么动,最后动成一个长方体?

生:一个点向一个方向平移,比如向右平移,就形成一条线段;线段向上或向下平移,形成一个长方形;长方形向前或向后平移,形成一个长方体。(动画演示)

(4) 反思与概括:三次运动的规律。

师:这三次运动,有什么相同的地方吗?

生:三次都是平移。

师:能从表面不同的现象找到背后相同的特点,好!说到平移,少不了方向。看了刚才动画里的三次平移,它们在方向上有什么规律呢?

生:第一次是点往右平移,第二次是线往上平移,第三次是面往后平移。

师:没错,这样平移能形成长方体,再想一想,只有这样一种平移方式吗?有没有其他方式也能使点最后形成长方体的?

生1:第一次,点可以往上下左右前后平移,无论往哪个方向,都能成线;如果第一次是往左或者往右平移,第二次线可以往上下平移或者前后平移成面;如果第一次是左右,第二次是上下,第三次面就只能往前后平移了。

生2:我来补充,第一次除了点往上下左右前后这些方向,左上、右上……随便怎样斜着平移,都没有关系;第二次线动成面,就不能随意平移了,那样就可能形成平行四边形了。

师:嗯,大家的讨论越来越深入,的确,第一次要想点动成线,往哪个方向平移都行;第二次,一条线段无论往哪个方向都能成面吗?都能成长方形吗?

生1:如果这条线段本身是左右方向的,再往左右平移的话,只能线动成线。

生2:我补充一下,线段是左右方向的话,要平移成长方形,可以上下,可以前后,也可以斜着往前或往后(手势比划),但不能左右斜着,那样就不是长方形了。

师(拿笔示意):第二次平移,还是有无数种方向可以选择,这无数种方向和第一次平移的方向之间有什么关系呢?

生(恍然大悟):要有直角,要和原来的线段垂直。

师:那么第三次呢?和第二次有什么相同的地方吗?

生1:大家看,有了一个长方形,拿一张纸水平放置,第三次只能往上或往下平移了。

生2:第三次如果往前后、左右,或者左前、左后平移,面动还是面,只有跳出这个面进行平移,才能动成体。要想面动成体,方向还得和原来长方形的长和宽垂直,所以只能往上或往下平移。

师:大家已经总结出平移出长方体的规律了!原来,从第二次平移开始,每次都要跳出原来的图形,沿着新方向平移,并且新方向与原来的平移方向是垂直的!

(5) 推广:长方体该怎么运动?

师:顺着这个思路,这个长方体下一步该怎么运动了?同桌两人小声说说。

生:下一步还得往新方向平移,这个新方向要和长、宽、高都垂直。

师:真会类比思考!没错,正像大家所说的,长方体沿着第四个现实中并不存在、你也无法想象的,并且和它的长、宽、高都垂直的新方向平移一段距离,就得到了一个新的图形。

(6) 新问题:超长方体长什么样?

师;这个图形有个名字,叫"超长方体"(板书:超长方体)。对这个答案,大家满意吗？

（学生愕然）

师：说真话，满意吗？

生（摇头）：不满意！

生1：光知道一个名字，我还是不知道它长什么样啊。

生2：我既想不出来，也画不出来。

生3：我们既不知道它有几个面、几条棱、几个顶点，也不能算它的体积、表面积。其实，我们什么也不知道！

(7) 探索超长方体点、线、面的数量，再次体验探索过程和方法。

师：是的，仅知道名字不算认识。大家说着不满意的理由，不知不觉又提出了很多好问题。超长方体有几个面、几条棱、几个顶点呢？该怎么研究？

生（若有所思）：还是要从简单的想起！

师：说得好！简单的在哪里？

生1：可以回到我们熟悉的点、线、面、体上。

生2：可以找规律！

师：我们想到一起去了！我们可以考察从点到长方体的运动变化过程中，点、线、面的数量分别是怎么变化的，有没有藏着什么规律。是自己研究，还是我们一起来？

生：自己研究！

师：有志气！（出示探究表格）

	点	线段	长方形	长方体
点的数量				
线的数量				
面的数量				

师：考考大家，我们所说的点，对线段来说，指的是什么？对长方形、长方体呢？

生1：对线段来说指的是它的端点，否则线段上有无数个点，就没法研究了。对长方形来说指的是它的顶点,对长方体也是同样的。

生2:我知道线,线段就是线,对长方形来说指的是边,对长方体来说指的是棱。

师:不错!那就开始研究吧!……

更一般地说,这也可被看成波利亚所说的"合情推理"最基本的一个涵义,包括我们为什么又应对"类比联想"这一方法予以特别的重视。例如,按照这样的认识,我们在教学中就应将三角形的"稳定性"与平行四边形的"可变性"有意识地联系起来,而不应将此看成互不相干的两项内容。(相关的教学实例可见张菁,《形变质通——灵动的数学》,天津教育出版社,2012,第80~82页)

再者,这显然也与一般意义上的抽象具有直接的联系。当然,我们在此所关注的已不只是"由此及彼",而是如何达到更大的认识深度:"数学教学需要'举三反一',甚至有时需要'举十反一',能够'举三反一',孺子可教也。"(赵宪初语)另外,正如前面所指出的,我们还应十分重视如何能由局部性认识上升到整体性认识,而这当然也可被看成从更大范围进行分析研究的直接结果。

最后,依据上述分析我们也可更好地理解笔者关于数学教学的以下建议:"数学基础知识的教学,不应求全,而应求联。"这就是指,我们在教学中应当很好地突出这样一个关键词:"联"!

第二,"变化的思想"与思维的灵活性。

首先,正如先前关于"作业教学"的分析所已指明的,我们应当善于通过适当变化分析问题和解决问题,特别是很好地实现"化难为易,化复杂为简单,化未知为已知"。例如,无论是面积计算中经常用到的"割补法",或是算术中所谓的"速算法",都可以被看成通过变化解决问题的典型例子。

以下则是数学中经常用到的一些变化方法:逆向思维、等值转换、数形互换、整体思维……就总体而言,它们又都涉及视角的转变,从而我们在教学中也应当在这一方面做出必要的引领与示范。这就正如马立平博士所指出的:"达到数学基础知识深刻理解的教师,欣赏一个概念的不同侧面和解决问题的不同途径,以及它们的优势和不足。另外,他们能从数学的角度解释这些侧面

和方法，教师能引导他们的学生灵活地理解该学科。”(《小学数学的掌握和教学》，同前，第116页)

[例30] 一个困难问题的“漂亮解法”。

问题：一列火车与一个苍蝇相距150公里，火车以每小时30公里的速度驶向苍蝇，后者则以每小时70公里的速度向火车飞去。在抵达火车以后，苍蝇又掉头重新飞向原来的起点，在到达后又重新掉头飞向火车直至抵达火车，这样一直持续下去直至火车最终到达苍蝇的起飞点，问苍蝇这时一共飞了多少距离？

显然，如果我们直接追踪苍蝇飞行的轨迹与路程，这一问题是较难解决的。但如果我们转而思考“苍蝇总共飞了多少时间”，这一问题就不难解决了，因为，这也是火车到达苍蝇起飞点要花费的时间，这是不难求得的。

就这方面的具体工作而言，我们还应特别重视“特殊化”与“一般化”，因为，这在很大程度上可被看成为我们应当如何通过变化解决问题指明了主要的方向。例如，1.3节中所引用的著名数学家希尔伯特的相关论述就为此提供了直接的论据。

更一般地说，我们显然也可从同一角度更好地理解波利亚在“怎样解题表”中所列出的以下内容：

如果你不能解决所提出的问题，可先解决一个与此有关的问题。你能不能想出一个更容易着手的有关问题？一个更普遍的问题？一个更特殊的问题？一个类比的问题？你能否解决这个问题的一部分？仅仅保持条件的一部分而舍去其余部分，这样对于未知数能确定到什么程度？它会怎样变化？你能不能从已知数据导出某些有用的东西？你能不能想出适合于未知数的其他数据？如果需要的话，你能不能改变未知数或数据，或者二者都改变，以使新未知数和新数据彼此更接近？

当然，正如2.1节中所提及的，我们也应清楚地看到“特殊化”与“一般化”在数学概念的生成与分析这一方面的重要作用，由此我们并可更清楚地认识到“变化的思想”对于数学的特殊重要性。

另外，从同一角度我们显然也可更好地理解“变式理论”对于我们改进数学教学的积极意义，特别是，我们不仅应通过“概念变式”与“非概念变式”、“标准变式”与“非标准变式”的比较帮助学生很好地掌握数学概念的本质，也应通过所谓的“问题变式”，即问题的适当变化帮助学生很好地掌握相关的方法，进而，能很好地做到“讲一题，通一类，得一法”。例如，以下就是后一方面的一个具体经验：“我提倡‘一题一课，一课多题’——一节数学课做一道题目，以一道题为例子讲解、变化、延伸、拓展，通过师生互动、探讨、尝试、修正，最后真正学到的是很多题的知识。”(李成良，“聊聊‘懒’课——谈谈高效课堂”，人民教育编辑部，《教学大道——写给小学数学教师》，高等教育出版社，2010，第 65 页。这方面的又一实例并可见鲍善军等，“‘一题一课’的教学价值、设计与策略”，《教学月刊》，2022 年第 7/8 期)

最后，应当强调的是，从更高的层面看，这也可被看成一个重要的思维策略，即我们既应善于“从变化中抓不变”，又应善于“从不变中抓变化”，从而促进认识的发展与深化。

[例 31] “在‘变与不变’的探究中促进学生主动思考”(张琦，《小学数学教师》，2019 年第 7～8 期)。

1. “在小学数学的四则运算中，存在着守恒不变的运算定律和运算性质，如乘法的交换律、结合律，除法的商不变性质等。在开始学习 20 以内加减法时，就可以渗透‘变与不变’的思想。”

具体地说，“学生首先借助直观图(图 3 - 13)进行运算，教师引导学生在运算中寻找规律：‘什么变了？什么没变？’从而发现：‘一部分多了 10，另一部分不变，整体也多了 10。’然后借助‘数轴上的加法’来加以验证。”

“有了这样的经验，在学完‘20 以内进位减法’和‘20 以内退位减法’之后，组织学生再次讨论以下这些算式中的规律。此时学生‘竖看’发现：一个加数增加 1，另一个加数不变，和也增加 1；‘横看’发现：一个加数不变，另一个加数减少 1，和也减少 1；‘斜看’发现：一个加数增加 1，另一个加数减少 1，和不变。从不同的角度，可以看到不同的‘变与不变’，从而发现不同的规律。”

作者并由此引出了这样一个结论：“‘变与不变’在学生的认知中多次出现

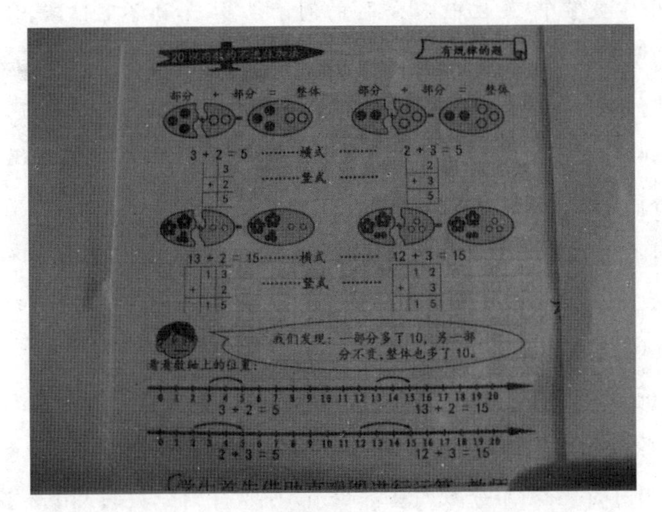

图 3－13

后，便能成为他的一种思考模式，见到有序排列的算式，便会自觉地从不同的视角（行、列、对角线）来观察其‘变与不变’。”

例如，“加法表”和“减法表”都可以被看成这样的实例。

2. “教学‘平行四边形’这一概念，通过操作与比较，学生可以发现，只要‘两组对边分别平行’不变，对边伸缩、夹角变化后仍然是平行四边形……在拉动平行四边形框架的变形过程中，周长和面积是否会发生改变呢？通过一系列的猜测、验证、比较，学生不仅能发现‘面积变了，周长不变’，还能更清晰地理解平行四边形的周长和面积是两个不同的概念，学会全面思考问题和辨析事物的方法。”

“在梯形面积的讨论中，又可以通过延长或缩短上底，将梯形转化成平行四边形、三角形等图形，在引导学生观察‘什么变了，什么不变’的过程中推导计算公式的变化，发现梯形与平行四边形、三角形面积公式之间的联系。……对于一个一般四边形，只要将它的边长或角度适当变化，就可以变成学生熟悉的特殊四边形；对于特殊四边形，使其部分特征不变、部分特征改变，又能让它变成另一个特殊四边形。这样的探索，不仅有助于学生对图形本质的进一步认识，而且能加强图形间的关联，从而开拓学生的创新思维。”

3. “小学数学中‘变化中抓不变’的例子很多,如商不变性质、分数的基本性质、比的基本性质,虽然形式变了,但其根本的实质却是不变的。”

“有些问题,不变量比较隐蔽,但有了变化中抓不变的思维习惯,也就不难识别。比如,学校有足球和篮球共180个,其中篮球占40%,后来又买了一些篮球,这时篮球占50%,学校又买了多少个篮球?在这个问题中,变化的是篮球的个数,不变的是足球的个数。解决问题时,教师引导学生紧扣不变量——足球的个数……只要在纷繁复杂的变化中把握数量关系,以不变的量为突破口,问题就能迎刃而解。”

“我们也要在‘不变中抓变化’。比如,被除数和除数同时乘或除以一个相同的数(0除外),它们的商不变,但仔细比较,便会发现余数会变,余数会跟着乘或除以相同的数;利用分数的基本性质,可以得到分数的大小不变,但进一步分析,我们又会发现分数单位变了。”

当然,这又是更重要的一个发展,即我们应以变化作为数学研究的直接对象。从历史的角度看,这直接促成了由“初等数学”到“变量数学”的过渡。由以下实例可以看出,尽管后者已超出了基础数学教育的范围,但即使就小学数学而言,我们也可通过适当的例子进行相关思想的渗透。

[例32] “谁的面积大?”

这是笔者曾参与的一次教学观摩,相关教学集中于这样一个问题:“用100分米长的铁丝围成一个长方形的菜地,如何围面积最大?”

就上述内容的教学而言,这是十分常见的一个做法,即集中于问题的具体求解,特别是,如何能够通过学生主动探究发现这样一个结论,即“在各种等周长的长方形中,正方形的面积最大”,尽管我们对此尚不能做出严格的证明。

上述做法有一定意义。但从思维教学的角度看,笔者以为,这也应成为这一教学活动的一个重点,即我们如何能够以此为例帮助学生初步地理解数学家是如何提出自己的研究问题的?

具体地说,按照后一立场,我们或许不应当从一开始就将学生的注意力直接引向如何求解上述的问题,而应通过更加细致的设计突出相应的思维过程。

例如，用固定长度的铁丝去围长方形显然有多种不同做法，而这又是数学思维的一个重要特点，即在面对多种不同的可能性时数学家们往往会倾向于它们的对照比较，包括在何种情况下相关的量值会达到“极值”——就当前的问题而言，这也就是指，在各种具有相等周长的长方形中何者具有最大的面积？

最后，还应强调的是，除去从认知的角度进行分析，“变化的思想”也直接涉及学生情感、态度与价值观的培养，特别是，我们如何能使学生真正喜欢数学、喜欢思维。例如，尽管以下两个实例并不复杂，特别是，一旦掌握了方程的方法，就可顺利地对此进行求解，但是，我们仍会由衷地欣赏其中使用的方法，乃至发自内心地赞叹！

[例 33]　“鸡兔同笼”和“和尚分馒头”。

这是波利亚关于“鸡兔同笼”问题的一个奇妙解法：可以想象这样一个奇特的情境，此刻每只鸡都用一只脚站在地上，兔子则抬起了前腿……这时，原先的问题显然就不难解决了。这也是大多数人在首次看到这一解法时都会产生的一个想法：这真可谓奇思妙想！

与此相类似，以下实例可能也会给你同样的印象（引自张菁，《形变质通——灵动的数学》，同前，第 62 页）：

问题：100 个和尚吃 100 个馒头，大和尚每人 3 个，小和尚每 3 人 1 个，大小和尚各有几人？

解法：可以将 1 个大和尚和 3 个小和尚看成一组，每组 4 个人正好吃 4 个馒头，100 个和尚、100 个馒头按每组 4 人、4 个馒头分正好可以分为 25 组，这时分别求取大、小和尚的人数就没有什么困难了。

再者，以下的例子源自马立平博士的名著《小学数学的掌握和教学》，她并由此谈到了对于中国小学数学教学的这样一个印象：“让我印象最深的是，他们能够运用看似非常简单的思想去解决非常复杂的问题，正是从他们那里我开始发现数学的美和力量。”（同前，第 130 页）

[例 34] **“数学的美和力量”。**

我们如何能够求得图 3－14 中所示图形的面积？

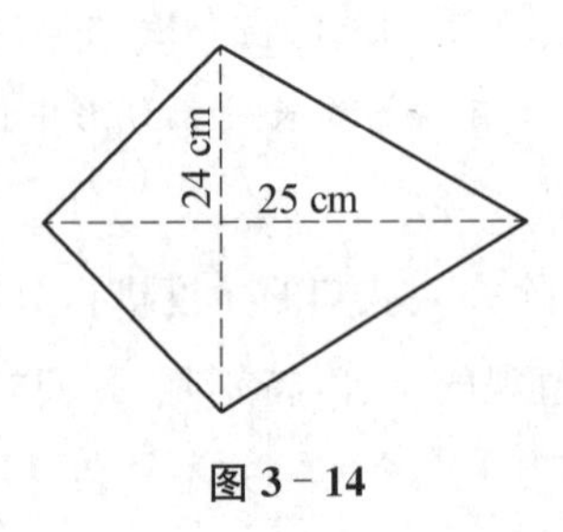

图 3－14

一个学生举手说他能解决这个问题：“我可以绕着这个图形画一个矩形(图 3－15)，长方形长为 25 cm，宽为 24 cm，它的面积是 25×24，矩形中间的原来的图形刚好是矩形的一半，所以只要用 2 去除 25×24，就可得到那个图形的面积。”

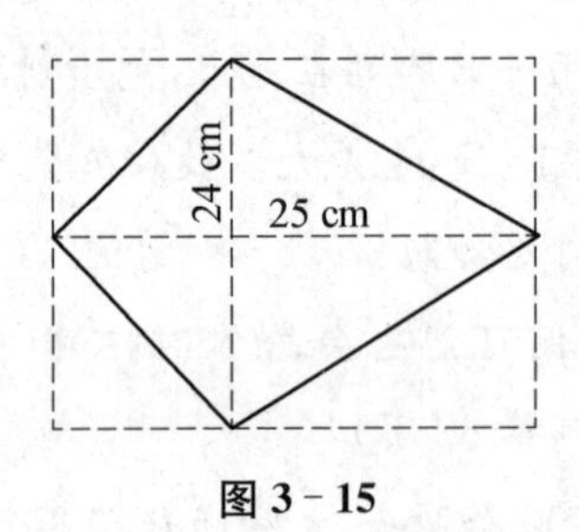

图 3－15

显然，从认知的角度看，这也清楚地表明：数学学习十分有益于提升学生思维的灵活性，或者更通俗地说，使学生变得更加聪明。进一步说，这也直接涉及我们应当如何认识数学教育的价值，或者说，应当在教学中提倡一种什么样的价值观：是突出强调数学的可应用性，还是更加强调数学对于人类智力发展的特殊作用？(1.4 节)

综上可见，我们在教学中应当很好地突出“变化的思想”，努力提升学生的思维灵活性。这并可被看成数学教学的又一关键词：“变”。另外，从同一角度我们显然也可更好地理解笔者的以下主张：“数学基本技能的教学，不应求全，而应求变。”

第三，“再认识”与思维的自觉性。

首先应当指出，在对相关思想做出论述时，笔者在先前往往将“总结”“反思”与“再认识”这样几个词语联系在一起。但是，由于前两者在现实中具有比较确定的涵义，后者与它们在数学教学中的应用不完全一致，因此，为了防止可能的误解，笔者就倾向于将它们统一归结为“再认识”。以下则是我们为什么应当对此予以特别重视的主要原因：人们的认识往往有一个不断发展、逐步深入的过程，我们并应努力提升学生在这一方面的自觉性，后者既是指善于从新的角度进行分析思考，也是指更高层面的概括总结，还包括我们如何能够通过自我审视及时做出必要的调整与改进等等。

其次，我们又应清楚地看到“再认识”与“长时间思考”之间的联系，特别是，“再认识”(包括“总结”“反思”以及所谓的“元认知”)为我们应当如何从事“长时间思考”指明了主要的方向，而且也清楚地表明了我们为什么应当特别重视培养学生“长时间思考”的习惯和能力。

具体地说，后一主张直接涉及“快(快思)”与“慢(慢想)”之间的关系，特别是，数学教学决不应简单地提倡“快”。因为，无论是“联系的观点”或是“变化的思想”，都与“长时间思考”密切相关，而且，即使它们在某些情况下可能表现为“灵机一动”，即是一种“顿悟”，但我们仍需通过事后的长时间思考才能对此做出准确的表述与必要的证明，包括细节的展开与必要的改进。

还应提及的是，尽管“快思”可以被看成在人类的思维活动中占据了主导的地位，更对人们的生活与工作具有十分重要的作用，但这又可被看成这方面的一个基本事实，即“快思”常常会导致错误的结果，甚至是系统性的错误，从而就需要通过“长时间思考(慢想)”予以纠正和改进。

再者，这也可被看成数学的一个明显特点，即任一真正的数学问题都不可能轻易得到解决，而需要当事者做出持续的努力。也正因此，数学就十分有益于人们学会“长时间思考”。例如，这就是我国著名数学家姜伯驹先生在接受采访时面对“什么是数学对您的最重要影响”这一问题做出的回答：“数学使我学会长时间的思考，而不是匆忙地做出解答。”(教育频道，2011 年 5 月 2 日)

当然，上述分析不是指我们对于“快思”应当持完全否定的态度。恰恰相反,“快思”与“慢想”应当说各有一定的优点与局限性,从而我们就应针对具体情况恰当地加以应用,并应努力做好两者的互补。这也就如菲尔茨奖得主、日本著名数学家广中平佑所指出的:“我认为思考问题的方式有两种:一种是短时间内完成思考的即刻思考方式;另一种是长时间内完成思考的长期思考方式。所谓的‘思考达人’,或许就是指那些能够根据思考的对象或问题,灵活运用这两种思考方式的人吧。”他又强调指出,我们在当前并应特别重视帮助学生学会“长时间思考”,因为,“现在的教育环境并不能让学生充分锻炼长期思考能力。学生在校训练的多半是即刻思考能力,毕竟他们要在入学考试中做到短时间内解决问题。这是一种不幸且不全面的教育方法。总之,未针对长期思考进行训练的人是无法进行深入思考的。因此,无论如何强化这种需要即刻思考能力的学习,都无法产生前文所说的智慧的‘深刻性’。”(《数学与创造:广中平佑自传》,人民邮电出版社,2022,第39页)

为了防止不必要的误解,在此又应特别强调这样一点:尽管“长时间思考”意味着我们在数学教学和学习中应当适当地“放慢节奏”,但是,真正的关键并不是“时间的长短”,而是我们如何能够通过这一途径更有效地促进认识的深化,包括我们又如何能在这方面实现更大的自觉性。

容易想到,后一问题事实上也直接涉及了数学学习的本质:这主要是一个不断优化的过程,我们更应使之成为学生的自觉行为。正因为此,我们在教学中就应特别重视“再认识”(包括总结和反思等)的工作,而不应依靠外部的硬性规定在形式上实现“优化”。

例如,为了切实提高学生在这一方面的自觉性,我们不仅应当在教学活动的结束阶段引导学生认真从事总结、反思与再认识,也应十分重视这一思想在全部学习过程中的渗透与应用。例如,这显然也就是我们为什么应将一般所谓的“元认知”包括在内的主要原因:正如2.2节中所提及的,为了有效地从事解题活动,我们应对当下正在从事的活动(包括实际操作与思维活动)保持清醒的自我意识,并能从更高层面及时做出自我评价和必要的调整,而这事实上也可被看成一种“即时反思”。再者,这也正是我们为什么要使用“再认识”这一词语的主要原因:我们不仅应从更高层面对自己的行为做出自觉反省,及时纠正可能的错误或片面性,也应通过进一步的思考,包括概括和总结获得更深刻的认识，特别是，能很好地实现“化多为少，化复杂为简单”。

例如，如果我们在学习的过程中发现新的认识与已建立的认识构成了直接的冲突，这就应当引起我们的高度重视，并应通过观念更新去消解矛盾。更一般地说，我们显然也应通过自己的教学及时消除学生头脑中存在的种种疑问或困惑，而这当然也可被看成一个“再认识”的过程。

例如，这就可被看成以下实例给予我们的一个重要启示：

［例 35］“真分数和假分数”的教学（“源于学生‘真问题’的深度学习”，《小学数学教师》，2019 年第 2 期）。

这是著名小学特级教师罗鸣亮老师的一堂课。基于不少学生在课前都已知晓了相关的规定，因此，他就为自己设定了这样一个教学目标：“本节课立足暴露学生的真实问题来激发学习的需求，让学生在自主探究的过程中引发对数学知识本质的思考，促进学生走向深度的数学学习。”

具体地说，这就是罗鸣亮老师在课上特别强调的一个问题：“假分数究竟假在哪里？”他通过以下的教学设计成功地使之成为了全体学生的共同关注：

1. 暴露已知，互学提升

师：今天我们学习真分数和假分数，知道什么是真分数和假分数的请举手。这么多人知道，你是怎么知道的？

……

师：看来，许多同学都知道了真分数、假分数。可是，还有几个同学不知道，怎么办？

生：我来告诉他们。真分数就是分母大于分子的分数，比如$\frac{3}{4}$。假分数就是分母等于分子或分母小于分子的分数，比如$\frac{3}{3}$和$\frac{4}{3}$。

……

2. 提出问题，自主探究

师：今天要来学习真分数和假分数，既然你们都知道，请大家收拾好东西准备下课！

（学生迟疑，摇头）

师：都知道了，为什么还不下课？

生：因为我们还没深入学习，我们只知道什么是真分数和假分数。

师：你们还想深入学习什么？还有什么困惑？

生：我想知道真分数和假分数各代表什么？

生：它们有什么关系？

生：真分数和假分数是怎么来的？

生：假分数是不是分数？如果是，为什么叫假分数？

生：它们有什么用？

生：假分数假在哪里？

……

就上述目标的实现而言，罗鸣亮老师的这一设计显然十分成功，因为，“假分数假在哪里”确可被看成学生的真问题。当然，相关教学又不应停留于清楚地说明“真假分数”的定义，或者说，满足于学生能够按照分子分母大小的比较对分数的“真假”做出准确的判断，而应更加重视如何能够促进学生认识的深化，包括深入思考这样一个问题：既然分子大于或等于分母的分数都不能被看成“真正的”分数，为什么不把它们直接清除出去？

在笔者看来，这或许也就是曹培英老师何以做出以下评论，包括直接引用张奠宙先生“假警察一定不是警察，假人民币一定不是人民币”这样一个论述的主要原因：“确实，假分数‘假在哪里’？教材、教参都没作解释……因此，也难怪绝大多数教师回避分数‘真假’的讨论，然而，我们又不得不承认，这一令教师为难，却又萦绕学生心头不能放下的问题，连同与之相关的‘假分数有什么用’，都是数学教学应该直面以对的问题。”（“‘假分数’的认知及其教学研究”，《小学数学教师》，2019年第2期）

当然，想用一堂课的时间解决所有这些问题并不现实，但在笔者看来，我们确又应当对此予以足够的重视，包括这样一个认识：我们不仅应当认真地思考什么是学生的“真问题”，并应更加重视那些能够促进学生认识深化的“深问题”！

具体地说，笔者以为，这正是解决上述问题的关键：假分数之所以被认为是“假”，是针对分数原先的定义而言的。然而，由于假分数具有重要的作用，因此，所需要的就不是将此从分数中清除出去，而应对分数的意义（和范围）做出必要的扩展（即应当由“分”和“部分与整体的关系”过渡到分数的“比的定义”），后者就是这里所说的“认识的不断优化”或“再认识”的主要涵义。

进而，从同一角度进行分析，我们显然也可更清楚地认识深入思考这样一个问题的重要性：教学中我们应在什么地方适当地放慢节奏，又应如何掌握相应的“度”？相信读者可由以下实例在这一方面获得直接的启示：

［例 36］ “课堂等待，让学生的思维更舒展”（陈晨，《小学数学教师》，2019 年第 3 期）。

这一文章的具体内容是“用字母表示数”。

［教学片断 1］

课件出示：

图 3－16

师：摆 1 个这样的三角形需要几根小棒？

生：3 根。

师：摆 2 个这样的三角形需要几根？用算式怎么表示？

生：6 根，算式是 2×3。

师：摆 3 个三角形呢？4 个呢？10 个、100 个呢？

生：3×3，4×3，10×3，100×3。

师：这样说下去能说完吗？

生：说不完。

师：既然说不完，那你能不能想个办法，用一种比较简明的方式把所有的情况都概括进去呢？将你的方法写在学习纸上。

（学生独立探究，教师**等待3分钟**）

师：陈老师搜集了5位同学的作品，一起来看一看吧。

……

对此教师并有如下的总结：

“在探究处等待，给学生创造的平台。”

“在上述片断中，教师给学生预留了较为充分的探究时空，学生创造出了多种表示三角形个数和小棒根数的方法。也许他们的想法千奇百怪，但每种创造都闪烁着思维的火花，也许这样的等待会耗费一些时间，但学生无时无刻不在思索、尝试、收获，这比做再多的练习都更有价值。”

[教学片断2]

课件出示：

三角形的个数	小棒的根数
a	$a\times 3$

师：同学们，这里的a可以表示哪些数呢？

生1：1，2，3，…

师：a能不能表示小数和分数？

生1：能。

生2：我觉得不可以。

（教师**等待25秒**）

生3：我认为是可以的，因为这里的a表示的是变化的数。

生4：我也认为它可以表示小数和分数。

生5：我不同意你们的观点。这里的a虽然表示变化的数，但如果它是小数或分数，那就不是完整的三角形了。

（全班学生自发地鼓起了掌）

教师的总结：

“在分歧处等待，给予学生争辩的时间。”

“表示三角形个数的字母a，它的取值对于初次接触代数知识的学生来说是有难度的。教学中，面对学生‘a能表示小数和分数’和‘a不能表示小数和分数'的对立观点，笔者没有以'仲裁者'的身份介入，而是采取了'课堂等待'，将学生的'相异构想'充分暴露，让他们自由争辩。学生在理性对话、辩证质疑中澄清了理解，形成了共识。"

［教学片断 3］

课件出示：

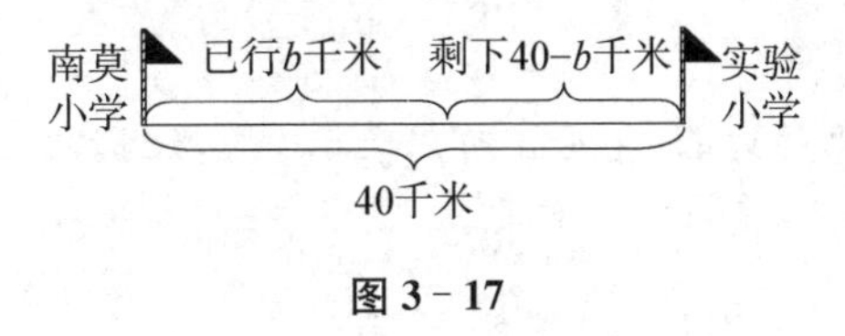

图 3－17

师：如果 $b=10$，你能口算出剩下的千米数吗？$b=26$ 呢？

生：30 千米，14 千米。

师：看来，字母的值确定了，字母式子的值也就确定了。

师：大家再看，已行的路程是变化的，剩下的千米数也是变化的，但……

（学生静静地思考，教师**等待 43 秒**，学生渐次举起了手）

生 1：已行路程和剩下路程的和是不变的。

生 2：我同意，也就是总路程不变。

生 3：其实就是已行路程和剩下路程之间和的关系是不变的。

生 4：我还发现，前面三角形的个数是变化的，小棒根数也是变化的，但它们之间 3 倍的关系永远不变。

……

教师的总结：

"在提问后等待，给学生思考的时间。"

"在上述教学片断中，教师提出'已行的路程是变化的，剩下的千米数也是变化的，但……'这个具有挑战性的问题，当个别成绩优秀的学生举起手后，教师没有立即去'点将'，而是静静等待，待多数学生有了想法，再组织集体交流。对于'沉默的大多数学生'而言，比起热闹的交流，他们更需要一个静默思考的环境。有了较为充足的思考时间，学生交流问题的质量也让教师刮目相看。"

[教学片断 4]

课件出示：

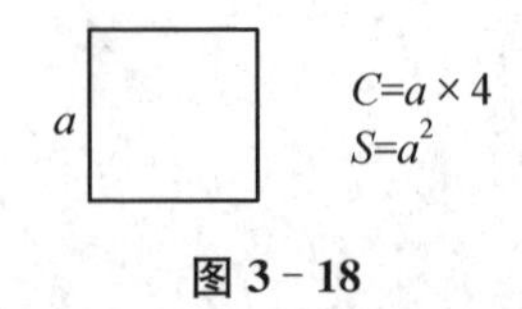

图 3-18

师：作为正方形的边长，字母 a 可以表示哪些数呢？

生：1，2，3，…

师：你认为 a 只可以表示自然数，是吗？

生：是的，这里的字母 a 只可以表示自然数。

（教师等待 20 秒，用期待的目光注视着这位学生）

生：我纠正一下刚刚的想法，作为正方形的边长，这里的 a 还可以表示小数和分数。

师：说说你的想法。

生：正方形的边长不同于三角形的个数，它可以是小数或分数。

（全班同学自发地鼓起了掌）

生：我还要提醒大家，在不同的情况下，字母所表示的范围可能是不一样的。

教师的总结：

“在错误处等待，给学生修正的机会。”

“在上述教学环节中，一位学生在回答‘作为正方形的边长，字母 a 可以表示哪些数’时，受惯性思维的影响出现了错误。面对学生的认知偏差，教师没有直接否定，而是用期待的目光注视着这位学生，给予他足够的探索思考和主动修正的时间，学生经历了一番安静、内心激烈的思考后，主动修正了原先的错误。这样的‘等待’，不论对于学生学习信心的建立还是数学素养的发展，都是有益的。”

[教学片断 5]

课件出示：

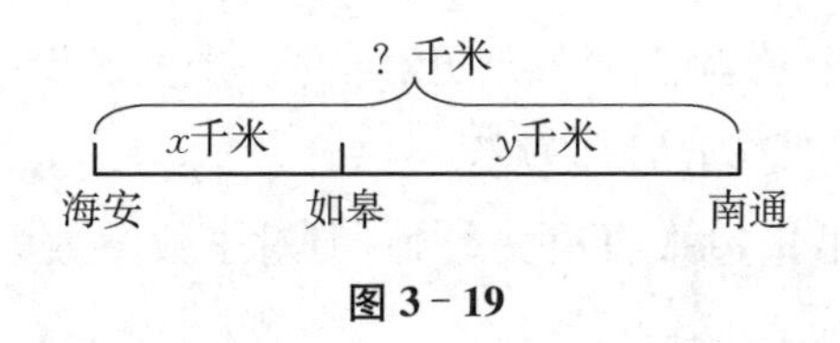

图 3 - 19

师:从海安到南通的路程是多少千米?

生:“$x+y$”千米。

师:“$x+y$”是运算过程呀!结果是多少呢?

(教师**等待 1 分钟**)

生 1:结果应该是“xy”千米。

生 2:我不同意他的想法,“$x+y$”不能简写,含有字母的乘法才可以简写。

生 3:我认为结果就是“$x+y$”千米。

生 4:我同意,“$x+y$”既表示运算过程,也表示运算结果。

生 5:我知道了,刚开始咱们用“$a\times 3$”表示小棒的根数,就是一个结果。

师:是呀!以前我们习惯于用一个确定的数表示最终的结果,从今天开始,我们会经常遇到用含有字母的式子表示最终结果的情况。

教师的总结:

“在关键处等待,给学生反思的过程。”

“在学生学习‘用字母表示数’之前,接触的都是算术运算,形成了‘只能用确定的数表示最终结果’的思维定势。因此,让学生理解‘含有字母的式子既可以看作一个过程,又可以看作一个结果’,是本课教学的一大难点。课堂上,学生虽然能说出海安到南通的路程是‘$x+y$’千米,但这并不意味着学生真正理解了‘$x+y$’是运动过程。‘结果是多少呢’这一追问颠覆了学生的原有认知,通过‘课堂等待’,营造宁静的‘思维场’,学生思维的闸门被打开,在质疑、辨析、反思中实现了认知建构。”

以下则是文章的结语:“课堂等待,促使教师真正做到了‘为学生的思维发展而教’。而最为关键的是,当课堂开始等待,课堂中也就有了‘人’的回归。”

显然,由上述例子我们也可更清楚地认识教学中适当放慢节奏的重要性,而不应一味地求“快”。当然，这又是更恰当的一个主张，即教学中我们应当很好地处理“快”与“慢”之间的辩证关系。

例如，尽管以下论述来自语文教师，但对于数学教学显然也是同样适用的：

“如果一节课的内容太多，承载的任务太重，学生上课时候很忙碌，思考力就很难得到提升，学习力会越来越弱。若课堂只聚焦几个核心问题，让学生深入思考，看上去学得少、学得慢，但思考的方式、方法丰富了，思考力便能提高，思考力就会越来越强。”（林莺，“‘学习共同体’创造课堂新景观”，《福建教育》，2016年第3期）

进而，就这方面的实际工作而言，显然还涉及更多的方面，如“安静”与“热闹”之间的关系：“传统教学强调激发学生兴趣、学习激情，培养学生参与学习的积极性与主动性，课堂往往呈现热闹氛围……而我们……倡导安静，是否会因静而冷，冷却了学生的学习兴趣，影响学生的注意力甚至学习成效呢？对此，我们在反思中从心理学角度帮助教师消解困惑，认识到人的思维专注进入心无旁骛的境界，便走向了潜心静思，而安静的氛围就会保证这种静思不受干扰。”（林莘，“在改变与反思中前行”，《福建教育》，2016年第3期）

最后，除去“即时反思”和“再认识”以外，我们在学习的结束阶段也应引导学生从整体的角度对全部学习内容和过程做出回顾、总结、反思和再认识，从而促进认识的进一步发展与优化。

总之，我们应将帮助学生逐步地学会“长时间思考”看成数学教学的又一重要目标，并在教学中很好地突出这样一个关键词：“再认识（优化、深化）”。

第四，数学学习与思维的清晰性和严密性。

除去已提及的思维的深刻性、灵活性与自觉性，思维品质当然还有更多的涵义。以下就针对思维的清晰性和严密性做出简要分析，建议读者也可联系教学实践在这方面做出自己的总结。

（1）清晰性显然也可被看成数学思维十分重要的一个特征。例如，数学中任何一个概念都应有明确的定义（包括显定义和隐定义），我们并应坚持概念的一义性，而不应随意地偷换概念，更不能有任何的内在矛盾。再者，我们显然也应高度重视思维的条理性，这并是这方面的一个基本事实，即数学特别是几何学习十分有益于人们学习逻辑思维。(当然,正如 2.5 节中所指出的,我们不应将"数学思维"简单等同于"逻辑思维")

由著名哲学家维特根斯坦的以下感受我们即可更清楚地认识数学对于思维清晰性的特殊重要性:作为 20 世纪最有影响的西方哲学家之一,维特根斯坦在谈及自己的学术生涯时曾明确谈到了数学对他的影响,特别是这样一点,"能说的就应说清楚,说不清楚的就应保持沉默"。

但就现实而言,我们在这方面显然又可看到很多不如人意的地方,从而就应引起我们的高度重视。例如,正如 2.2 节中所提及的,这就是所谓的"灾难研究"给予我们的一个直接启示:尽管有很多学生在考核中取得了较好成绩,但其对相关概念的认识仍有一定的模糊性和不一致性,从而不仅不能用自己的语言对此做出清楚的表述,而且,在涉及概念表征的不同方面或概念的具体应用时,又常常会表现出明显的不一致性,甚至是直接的矛盾。

进而,由以下实例可以看出,尽管概念的明确定义属于"高层次数学思维",但小学数学教学也可在这方面做出积极努力,关键仍然在于我们对此是否具有足够的自觉性:

[例 37]　"圆的认识"的教学(李培芳,"深刻体验,深入思考,深化认知——'圆的认识'教学思考与实践",《小学数学教师》,2017 年第 4 期)。

这是文章作者在课前做的一项调查:"笔者曾对六年级两个班 100 名学生(已学过圆的周长与面积的计算)做过一次后测,面对'圆最本质的特征是什么'这一问题,只有 3 人回答'所有的半径都相等',大部分学生则回答'圆是曲线图形''圆没有角'等。可见,学生在学习'圆的认识'时,对圆的特征没有深刻的数学体验。"

针对所说的情况,相关教师做了这样一个教学设计:

1. 唤醒经验,外化认知。

师:同学们,你们对圆陌生吗?(不陌生)……请看大屏幕(出示椭圆),这是一个圆吗?

生:不是,这是椭圆。

师:再看这个图形(图 3 - 20),是圆吗?

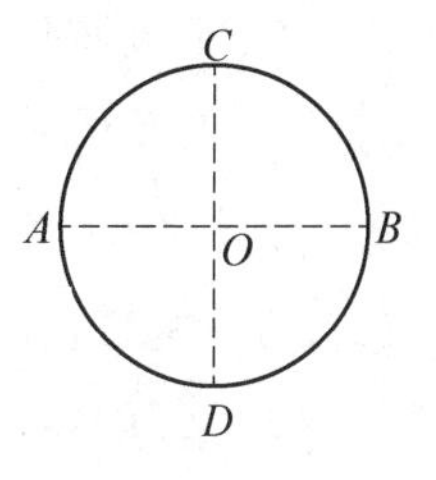

图 3 - 20

生(齐):是。

师:同学们,你们被骗了,这不是圆!(学生一脸惊讶)老师这里有一把尺子,谁能用数据证明“这不是圆”?一名学生上台分别量出图中 AB 和 CD 的长,并报出数据是 22 厘米和 23 厘米。

师:有什么想说的吗?

生:看上去像圆的图形未必是圆。

生:要测量才能判断。

师:是啊,有些时候不能只凭眼睛观察就作判断哦!

2. 比较想象,重建认知。

师:现在,李老师将一个标准的圆放在一堆图形里,你能将它找出来吗?(课件出示图 3-21)

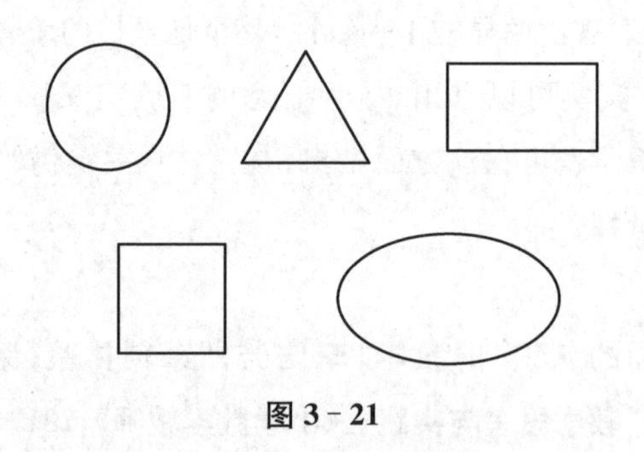

图 3-21

生:第一个图形是圆。

师:那么问题来了,圆和其他图形最大的不同是什么?

生:圆是弯的。

生:圆没有角。

生:圆有无数条对称轴。

师:关于圆的对称性咱们会在下一节课重点讨论。刚才有同学说“圆是弯的”,没有错,圆是曲线图形。不过,当圆对着其他图形说“我是弯的”,想一想,谁该有意见了?(椭圆)椭圆会怎么说?

生:我也是弯的啊!

师:同样的,当圆说“我没有角”时……

生：椭圆会说“我也没有角”。

师：咱们看似找出了圆的特征，不过分析比较发现，这些并不是圆最本质的特征。再想想。

（长时间的沉默）

师：同学们，这个问题想不出来不奇怪。人类早在4000多年前就能做出圆形的轮子，但是会做圆形的物品，不一定就懂得圆的特征。一直到2000多年前才由我国古代思想家墨子总结出圆的特征，这中间经历了2000年呢！所以，同学们继续想，老师愿意等！

又一段沉默之后……

生：（小声地）是不是圆边上到圆中心的距离是一样的？

师：请你再大声地说一遍！

生：圆边上到圆中心的距离是一样的！

师：这句话来自2000多年前啊！你愿意上来边比划边说吗？

学生上台比划，课件同步动态演示，如图3-22。

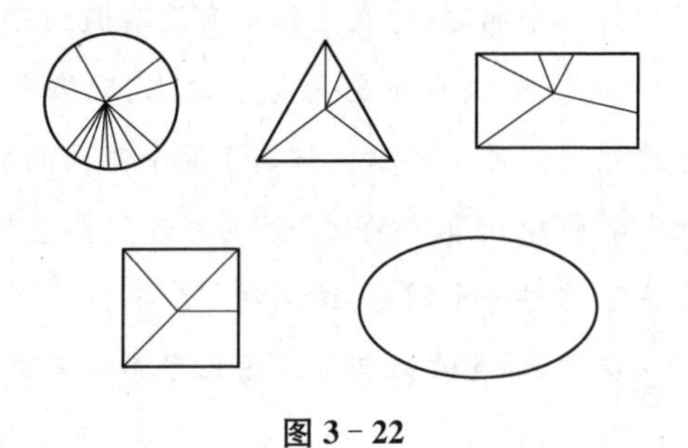

图3-22

师：墨子用一句话概括了圆的这个特征：“圆，一中同长也。”（板书）谁来说说对这句话的理解？

生：就是说圆有一个中心，从圆边上到中心点的线段都一样长。

师：没错，这是圆最本质的特点。人们将圆的这个中心点称为“圆心”，用字母O表示，这些等长的线段称为“半径”，用字母r表示。接下来，请同学们在老师给大家准备的圆上画出一些半径，量一量这些半径是不是都相等。

学生活动后，讨论得出：圆有无数条半径，所有的半径都相等。

3. 尝试推理,丰富认识。(略)

4. 应用知识,内化认知。(略)

当然,这也是小学数学教学应当特别重视的一个问题,即对于数学概念与日常生活中相应概念的明确区分,如数学中的“比”与生活中的“比”、数学中的“直线”与日常生活中所说的“直线”,等等。

[例 38] 关于“‘生活中的比’的教学”的两点思考。

这是 2015 年在杭州举行的“第 6 届中国小学数学教育峰会”上展示的一堂课。从现场的调查情况看,这一内容的教学应当说十分必要,因为,尽管学校尚未正式教过“比的认识”,全班除 3 个人外都已通过其他渠道学过了“比”这样一个概念,但其中的大多数人仍不知道这一内容在现实中有什么用,特别是,“数学中的比”与日常生活究竟有什么联系与不同?

相关的教学活动是这样的:在对“比”的概念作了简单回顾以后,任课教师首先向学生提出了这样一个问题:你在生活中有没有遇到过“比”,有哪些? 学生给出了各种各样的回答,如药水中药物与水的比、洗涤剂的浓度、足球比赛中的比等等。由于这些实例显然可以被归属于两个不同的类别(我们可将“药水中药物与水的比”与“足球比赛中的比”看成两者的典型代表),这时教师就将学生的注意力引向了这样一个问题:这两种“比”有什么不一样?

就课堂的实际情况看,学生在此又一次给出了多种不同的解答,如前者是不可变(固定)的,并可适当地简化;后者则是可变的,不可简化的……教师通过全班交流与必要引导最终得出了这样一个结论:前者就是“数学中的比”,它所反映的是两个量之间的固定(倍数)关系。

笔者在此并不企图对上述教学活动做出全面评价,而只是集中于这样一个问题:除去帮助学生对所说的两种不同类型作出明确区分以外,相关教学是否还能使学生在这方面有更大的收获?

具体地说,这正是人们在这方面的一项共识:数学概念源于现实,又高于现实。但是,我们又如何能够结合当前的实例帮助学生很好地认识到这样一点,包括“日常生活中的比”与“数学中的比”究竟有什么共同点和不同点,由前者向后者的过渡又在哪些方面可被看成真正的进步？

再者，“比”的概念的引入显然又可被看成“比较”这一思想的具体运用，后者则又可以被看成在小学数学中占据了特别重要的位置（3.3节），因此，我们在此也就应当认真地去思考：我们是否可以“比的认识”的教学为契机在这方面做出特别的努力，包括帮助学生很好地认识跳出各个具体内容并从整体上进行分析思考的重要性。

最后，正如前面已多次提到的，数学中对于“序”的强调显然也可被看成思维清晰性的重要表现。进而，从同一角度我们也可更好地理解为什么应对“概念图”和“流程图”予以特别的重视，包括在“算术应用题”的教学中又为什么一定要引入一定数量的“复杂应用题”。

（2）数学中关于证明的要求显然与“思维的严密性”密切相关。当然，正如2.5节中所已提及的，我们又应特别重视对“证明”的正确理解：这主要地不是指我们如何能够按照严格的逻辑顺序完整地写出所有步骤，而是指我们如何能够通过严格的审视与真正的理解做到“信服”：“数学家的工作就是整天用数学语言自己与自己辩论……一般精彩的辩论往往是抓住别人的小辫子，甚至挖一个陷阱等着别人跳，而数学语言辩论的特质是：让我们一起来剪去双方的小辫子。不能给数学家分配成正方或反方，而是随时准备坚持真理，随时准备修正错误。”（吴宗敏，“数学是一门艺术性的语言”，《科学》，2009年第9期）

第一章中的例12即可被看成这方面的一个反例，由此我们还可引出这样一个结论：这是思维严密性又一重要的涵义，即我们在数学研究和数学学习中应当完全排除主观因素的影响，也即应当采取“纯客观”的立场。

应当指出的是，后者并直接涉及数学思维的“文本性质”：在严格的数学研究中，我们只能按照相应定义和给定的法则进行推理，而不应求助其他方面，如对象的直观意义等。这也就是指，尽管数学对象是人类思维的产物，但是，一旦它们得到了建构，即使是创造者本人也只能按照其“本来面貌”去进行研究，而不能随意地加以改变。当然，就这方面的实际教学工作而言，我们又应充分考虑到学生的认知水平与接受能力。但应强调的是，无论是哪个阶段的数学教学,我们都应帮助学生牢固地树立这样一个认识,即对于任何事情我们都不应满足于知其然,还应很好地弄清所以然,也即应当成为一个“明理”的学生。

正如以下论述所表明的,后者事实上也应被看成各科教学特别是“深度教学”所应努力实现的一项目标:“一般课堂多用‘怎样的’‘有什么样的……’等普遍问句,关注的是‘事实’;而追问式课堂多用‘如何……’‘为什么’‘如果不这样还可以怎样’等具有思维深度的句式,关注的是‘内在机理’,两者思维含量和深度迥然不同,长此以往,形成的认知结构和思维品质也会大异其趣。”(转引自施久铭、余慧娟,“看青岛二中如何改革人才培养模式”,《人民教育》,2011 年第 7 期)

我们还应清楚地看到这方面工作对于学生健康成长的重要性:“多亏了数学,人们才能有些可以确信的东西”;“数学已经给人类带来了无可估量的心理上的满足,我们不再害怕疯狂的上帝与我们人类开冷酷无情的玩笑了”。(ICMI 研究丛书之一:《国际展望:九十年代的数学教育》,上海教育出版社,1990,第 79 页)“讨论这种人类理性的成就,在一定程度上能增强我们对文明的信心,这种文明在今天面临着毁灭的危险,燃眉之急可能是政治上和经济上的。在这些领域中,至今还没有充分的证据表明人类的力量能克服自身的困难,进而建设一个合理的世界。通过研究人类最伟大和最富于理性的艺术——数学,则使得我们坚信,人类的力量足以解决自身的问题,而且到现在为止人类所能利用的最成功的方法是能够找到的。”[克莱因,《西方文化中的数学》,九章出版社(中国台湾),1995,第 192 页]

最后,如果说上面的论述已清楚地表明了加强这一方面引导工作的重要性,那么,作为更高的追求,我们显然也应高度重视提升学生在这一方面的自觉性,即应当使相关的要求真正成为学生的自觉追求。更一般地说,这也直接涉及我们如何能够通过数学教学帮助学生逐步地学会学习。这并是下一节的直接论题。

2. 努力帮助学生学会学习

所说的“学会学习”主要是针对“教师指导下的学习”而言的,但教师仍应在这一方面发挥重要的指导作用。例如,正如 3.3 节中所提及的,从这一角度我们即可更好地认识努力提升学生提出问题能力的重要性，因为，一旦具备了这样的能力，学生就可由主要是在教师指导下进行学习逐步转变为通过提出适当问题实现学习上的自我引领。

以下再指明两项特别重要的工作：

第一，努力提升学生在这一方面的自觉性。

我们应当引导学生经常地思考这样两个问题：(1)为什么要学习数学，或者说，什么是学习数学的主要价值？(2)我们又如何才能学好数学，或者说，什么是学好数学的关键？之所以要“经常思考”，是因为这方面的认识也有一个逐步提升和不断深化的过程，更离不开学生的自我总结、反思与再认识，教师经常提及这样两个问题即可起到引领与促进的作用。

当然，这又应被看成这方面工作的一个重要前提，即教师本身对此应有清楚的认识，包括我们为什么应当引导学生经常地思考这样两个问题。由于这直接关系到了我们如何能够有效地纠正“应试教育”这一普遍性的倾向，以下就从这一角度做出进一步的分析论述。

(1) 只有经常围绕“为什么要学习数学”这一问题进行思考，我们才能更好地认识努力提升学生思维品质的重要性，包括帮助学生清楚地认识到这样一点，从而就不会满足于在各种考试中取得了较好成绩，并能认真地去思考如何能够通过数学学习有更大的收获，特别是，能在离开学校后还能留下一些对自己一生的工作和生活都能真正有用的东西。

进而，从上述立场我们也可帮助学生更清楚地认识以下做法的局限性，如在课后只是关注如何能够尽快地完成作业，而没有认识到还应认真地思考隐藏在各个具体问题背后的解题策略与数学思维方法，乃至一般性的思维策略与思维品质。简言之，就是未能由单纯的“就题思题”上升到“就题思法”和“就题思道”。

再者，经常地思考“数学教育的价值”还具有更普遍的意义，即直接关系到了学生价值观念的培养，而这事实上也是全部教育工作都应特别重视的一个问题：“教学是培养人的社会活动，要以人的成长为旨归。人的所有活动都内隐着‘价值与评价’，教学活动也不例外。深度教学将教学的‘价值与评价’自觉化、明朗化，自觉帮助学生形成正确的价值观，形成有助于学生自觉发展的核心素养，自觉引导学生能够有根据地评判所遭遇到的人、事与活动。”(郭华，“深度学习的五个特征”，《人民教育》，2019 年第 6 期)

当然，我们又应高度重视数学教育的特殊性，特别是，应通过数学教学努力培养学生的理性精神。正如第一章所提及的，对此我们并可通过与语文教育的对照做出更清楚的说明。首先，尽管以下论述主要是针对语文教育而言的，但这对于数学教育显然也是同样适用的：我们应从“纯粹的‘应世’‘谋生’‘实用’‘有用’以及‘工具论’等泥沼中抽离出来，脱身出来”。其次，如果说这是语文教育的适当定位，即“对言说‘人’的关注，立足于言语人格的修养、趣味的培养和言语主体的建构”(胡亨康，《对话：评课的艺术》，福建人民出版社，2020，第 143 页)，那么，相对于“语言人”这样一个定位，我们作为数学教育工作者就应更加重视如何能够帮助学生成为真正的“理性人”，即能由“理性思维”逐步走向“理性精神”。

最后，正如 1.4 节所指出的，以上论述不应被理解为我们在教学中可以完全无视数学的应用，而是指我们对数学教育的价值应有更全面、更清楚的认识，并能通过适当引导帮助学生在这一方面形成正确的认识。

(2) 也只有引导学生经常地思考“如何才能学好数学”，我们才能帮助他们更好地领会抓好这一方面各个关键的重要性，从而不至于因陷入枝节而故步自封。更一般地说，这也就是指，教师或学生都应努力做到“有所选择，有所取舍”——显然，这也应当被看成高度自觉性又一重要的涵义。

具体地说，尽管先前的分析主要集中于数学教学，但相关结论对于学生如何学好数学应当说也是同样有效的，如我们在学习中应当特别重视整体性观点的指导，并应努力通过“再认识”实现认识的不断发展与深化。进而，我们又应针对自身的情况很好地确定主要的努力方向，包括什么是最适合自己的学习方法，什么又是自身特别薄弱从而就需要特别加强的方面，等等。

从上述角度我们也可更清楚地认识切实纠正以下观念的重要性：作为学生我们只要老老实实地按照教师的要求去做就可以了。因为，即使教师的引导没有任何问题，我们也应看到学生中必然存在一定的个体差异，包括学习的路径、方法、速度，以及喜好、习惯等，因此，我们就必须根据自己的情况做出适当的选择。当然，这也是我们在当前应当注意防止与纠正的一些论点，即对于

“熟能生巧”“基本活动经验”“再创造”的片面强调。

在此笔者并愿特别强调这样一点:相对于这方面的各个具体主张,我们应当更加重视自己的独立思考,并致力于自身思维品质的提升,从而就不仅能够真正地做到乐于思考,也能逐步地做到善于思考。

正因为此,这就可被看成我们具体判断一堂数学课成功与否的一个重要标准,即如果我们的学生一直在忙,一直在动手,一直在算,但却没有时间认真地进行思考,这就不能被看成一堂真正的好课。进而,我们也可依据以下标准去判断自己是否已经很好地抓住了学好数学的关键:自己在学习的过程中是否一直积极地在思考,又是否在思维的深度和广度等方面有切实的收获,如觉察到了先前未曾注意的联系,找到了更有效的解题方法,能利用已有的知识和经验对新学习的概念或结论做出自己的解释与理解,等等。

最后,还应强调的是,除去依据先前关于“数学教学关键”的分析进行思考,我们还应针对数学学习的特殊性对“如何能够学好数学”做出进一步的分析。例如,这显然就可被看成这方面十分重要的一个结论,即我们应当帮助学生逐步养成这样一种品格:有较强的承受能力,既能经得起挫折与失败,也能经得起成功与胜利,即不会因此而骄傲自满;既能善于合作共处,也能耐得住寂寞,并有一定的独处能力,特别是,能够始终保持“积极的思维与谨慎的乐观”。不难想到,这事实上也就直接涉及“数学的文化价值”。(1.4 节)

进而,由“学生如何能够学好数学”的分析我们显然也可获得关于“如何做好数学教学”的直接启示。例如,这就是这方面特别重要的一个结论,即教学中我们应当十分重视保持学生对于数学学习的兴趣,包括必要的自信,而不要因为不适当的教学使学生走向反面,特别是,正如美国著名数学教育家戴维斯教授所指出的,我们绝不应使学生陷入如下的“恶性循环”,即因为兴趣的丧失使他们的数学学习成为了纯粹的失败记录,后者反过来又使他们对数学更加不感兴趣,乃至完全丧失了对于学好数学的自信……更严重的是,有不少学生就是因为未能学好数学,从中学甚至小学起就对自己丧失了信心,乃至放弃了全部的人生抱负并最终成为社会上的廉价劳动力。(2.2 节)

显然,由以上分析我们也可更清楚地认识努力增强学生在这一方面自觉性的重要性,或者说,我们应将此看成帮助学生学会学习最重要的一个方面。

第二，努力帮助学生学会合作，即能够通过交流与互动更有效地进行学习。

由于对此我们已在3.1节中做了专门分析，在此就仅限于强调这样几点：

(1) 只要应用恰当，合作学习与个人学习相比确可有更好的效果。

(2) 强调“合作学习”不应被理解成完全取消了教师在教学中的指导作用，而是从一个不同角度对此提出了新的要求，特别是，我们应切实防止与纠正这样一种错误的做法，即只是在“形式”上下功夫，却忽视了实质性的问题。恰恰相反，我们应当针对数学教学的特殊性在这方面做出更深入的分析研究。

(3) 做好“合作学习”的关键是：我们应当很好地处理“内”与“外”、“个体”与“群体”之间的关系。另外，我们也应高度重视“学科性素养”与“社会性素养”的相互渗透与互相促进，而不应将它们绝对地对立起来。

(4) 我们还应注意提升学生在这一方面的自觉性，即能清楚地认识学会合作的重要性，特别是，这正是未来社会合格公民必须具备的一个基本素养。

(5) 我们并应从同一角度更好地认识创建这样一种“数学课堂文化”的重要性：“思维的课堂，安静的课堂，互动的课堂，理性的课堂，开放的课堂。”当然，教师也应在这方面起到很好的示范作用。

第四章

数学课程新论

即使同样都可被归属于“数学教育共同体”，不同人士因为工作性质的不同对以下问题仍可能具有不同的看法：什么是“数学课程论”的主要内容，或者说，我们应当围绕哪些问题展开数学课程论的研究？具体地说，对于实际从事数学课程开发或数学教材编写的人士来说，数学课程标准采取的以下分析路径显然具有直接的指导意义，即逐一地对“课程性质”“课程理念”“课程目标”“课程内容”“课程实施”等做出论述。但就广大一线教师而言，以下做法可能更加符合他们的要求，即清楚地指明按照“新课标”开发的课程和教材与先前相比有什么不同，什么又是教学中应当特别注意的一些问题。后者也是我们在这一章中的主要关注。

首先，相对于“课程内容的选择与组织”等具体工作，我们将更加关注这一方面的深层次理念，特别是，什么是“课程”的适当定位，或者说，我们应如何从事相关的研究？这就是4.1节的主要内容。其次，我们又应如何理解与评价《义务教育数学课程标准(2022年版)》所提出的“课程内容结构化”这样一个思想，还包括这些年来一直强调的“数学核心概念”与“重要数学思想”？显然，这些对一线教师都有重要的指导意义。对此我们将在4.2节至4.4节分别做出具体的分析论述。

4.1 数学课程的合理定位

1. 论题的重要性

作为这方面最重要的一个理念，我们应当认真地思考如何从事数学课程的研究,特别是,什么又可被看成数学课程的合理定位?以下就首先对这一论题的重要性做出简要说明。

第一,这是这方面常见的一个做法,即就“课程”谈“课程”,也即认为我们主要就应围绕数学课程的开发特别是课程内容的选择与组织从事数学课程的研究,包括由此建构起“数学课程论”的系统理论。

例如,除去已提及的“数学课程标准”以外,这也是曹才翰先生等在《数学教育学概论》中论及“数学课程论”时所采取的分析路径,尽管他们所直接论及的只是“中学数学课程”。

首先,这方面的工作必须遵循这样一个基本原则:“在设置中学数学课程时,必须处理好以下四个关系:(1)课程与社会的关系。课程是不是反映社会的要求并符合社会发展的进程。(2)课程与知识的关系。课程是不是反映数学学科最基本的规律性的东西。(3)课程与学生的关系。课程是不是按照学生的心理发展水平,以及促进他们的智力和态度等的发展来呈现知识结构体系的。(4)课程与教师的关系。课程是不是适合教师的教学水平,有利于教师的教学。”(《数学教育学概论》,江苏教育出版社,1989,第135～136页)

其次,书中又提出了两条具体的工作原则,即关于数学课程内容的“选择原则”和“组织原则”。

前者主要包括这样四条:(1)基础性原则;(2)可接受性原则;(3)灵活性和统一性相结合的原则;(4)衔接性原则。就后者而言,作者认为应当围绕“数学知识结构”“心理结构”和“认识结构”做出更细致的分析。具体地说,从知识结构的角度看,主要有这样三条:(1)逻辑性原则;(2)统一性原则;(3)应用的广泛性原则。从心理结构看,则有以下四条:(1)动力性原则;(2)连续性和层次性原则;(3)整体性原则;(4)巩固性原则。从认识结构看,有这样两条:(1)整体-局部-整体性原则;(2)连续发展性原则。

最后,在相关人士看来,这又可被看成更高层次的一条原则,即“理论和实践相结合”。(第162～182页)

上述做法有一定的合理性,特别是,如果我们主要着眼于“数学课程论”的理论建设的话。但是,如果我们超出这一范围并从“数学教育学”的整体建设这一角度进行分析,对于上述做法我们或许就可做出一定的改进。

首先，考虑到“三论”之间存在的重要联系，特别是，由于我们在先前已对“数学学习论”和“数学教学论”进行了分析论述，因此，在此似乎就不应采取“另起炉灶重开张”这样一个做法，因为，尽管我们已将关注点转移到了“数学课程”，但是，前面所提及的一些主要观点对此应当说也是基本适用的，也就没有必要从头做起，从而避免不必要的重复。

例如，作为数学教育的重要组成部分，我们显然也应明确肯定数学课程的发展性质，特别是，应切实做好以下“三个适应”（“导言”）：(1)课程设置必须与社会的进步相适应，即不仅应当充分反映社会进步的要求，培养出社会需要的人才，也应充分利用现代社会提供的新的物质（技术）和文化条件，后者并应被看成实现前一目标的重要保证。(2)课程设置必须与数学的发展相适应，这不只是指数学教育内容的必要更新，特别是新的教学内容的引进，也是指用现代数学思想指导初等数学的教学，还包括数学观的转变。(3)课程设置必须与教育科学研究的深入相适应，即应当充分吸收教育科学研究的现代成果，符合基本的教育规律。不难看出，尽管上述分析与曹才翰先生等提出的“四个关系”（课程与社会、知识、学生、教师的关系）在表述上有所不同，但基本内容又可说是完全一致的，从而就没有必要做出专门的论述。

再例如，先前关于数学教育基本矛盾的分析显然也可被看成这方面的又一实例，这也就是指，无论就数学课程的开发或是数学教材的编写，都应很好地体现这样一个原则，即既应很好地体现数学的本质，同时也应符合教育的规律，特别是不应违背学生认知发展的规律。更一般地说，尽管从形式上看我们仍可就数学课程的开发与教材的编写总结出若干具体的准则，但就总体而言，我们也应更加强调这样一个基本原则，即辩证思维的指导和应用。特殊地，我们显然也可将上面提到的“理论与实际相结合”看成辩证思维的一个应用。

其次，我们还应注意分析上述做法所可能导致的消极后果。例如，正如3.3节中所指出的，局限于从课程的视角进行分析容易造成对其他一些方面特别是教学问题的忽视。更深入地说，这又直接涉及关于数学课程（包括一般课程）的这样一个定位，即我们是否应当特别强调课程对于教学与学习活动的规范作用，也即认为“课程论”在“三论”中占有一个特别重要的位置？

后者事实上也是曹才翰先生等在《数学教育学概论》一书中明确提到的一

个观点:“课程是实现教育目标的手段,课程编写的好坏,决定着教育质量的高低,决定着教育目标能否完满的实现。”“课程问题是学校教育的核心问题。”(同前,第132页)

但在笔者看来,这又是我们应当深入思考的又一问题:就“课程”与“教师”而言,究竟何者应当被看成学校教育的核心?进而,我们又是否应当特别强调课程的规范作用,即将此看成课程的基本定位?

应当强调的是,这可被看成为我们应当如何处理课程开发中必然会遇到的各种具体问题提供了重要的指导性原则,如数学课程的设置如何能够实现这样一个目标,即“既要减轻学生的负担,又要提高教学质量”?数学教材的编写又应如何突出数学的应用价值?等等。简言之,我们是否可以期望单纯通过课程的设置特别是突出强调课程的规范性质就可很好地解决上述各个问题,还是应当更加重视这样一点:在充分肯定课程规范作用的同时,也应很好地落实为一线教师教学服务这样一个基本立场,包括高度重视课程的开放性,从而为教师的创造性工作提供足够的空间。

在笔者看来,后者或许也可被看成人们在论及“课程开发”时为什么往往又会同时提及“课程实践”的主要原因,这也就是指,我们应当清楚地认识教师在课程实施中的重要作用。另外,这显然也可被看成以下主张的核心所在,即一线教师不应单纯地“教教材”,而应更加重视如何能够用好教材,也即很好地做到“用教材去教”。进而,这又可被看成这方面的一个更高要求,即我们应当努力提升广大一线教师在这一方面的自觉性,包括从理论和实践这样两个角度对课程的整体设计与教材编写工作做出自己的分析,而不是始终处于单纯的“执行者”这样一个被动的地位。

显然,就我们当前的论题而言,这也就更清楚地表明了对于“课程的合理定位”这一问题做出深入分析的重要性,或者说,应当将此看成这方面最重要的深层次理念。

为了清楚地说明问题,以下再通过课程理念历史发展的综合考察对此做出进一步的分析,希望有助于读者更清楚地认识深入思考上述问题的重要性,包括何者又可被看成我们做好课程设计与课程实践的关键。

2. 课程理念的历史演变

以下我们将以一般课程作为直接的分析对象，这可被看成这样一个立场的具体体现，即我们应当超出狭隘的专业视角，并从更广泛的角度从事数学教育的分析研究。当然，这不是指我们将逐一地去列举出历史上曾出现过的关于课程的各种流派或观点，而是集中于这一方面总体发展趋势的分析，从而以此为背景就可更好地认识这样一个问题，即我们究竟如何认识课程的合理定位，特别是，是否应当唯一地强调课程的规范性质？

应当提及的是，以一般课程理论的历史发展为背景进行分析事实上也是曹才翰先生等在《数学教育学概论》中所采用的一条路径：书中不仅包含“数学课程发展的历史透视”这样一项内容，还包括“我国中学数学教材发展历史回顾”。例如，按照相关作者的观点，就世界范围而言，我们应特别重视以下的事实：

(1)“在学科课程论确立了近代学校课程体系之后，大约在19世纪初，发生了形式教育和实质教育的学派之争。”这并是相关作者在这方面的总结性看法：“两派争论近一百年，他们的理论都有可取的一面和偏激的一面。……现代的课程论已把传授知识和发展智力统一起来了，作为设计课程的重要原则之一。”(2)20世纪初，与第二次科技革命相对应，“美国产生了以杜威为代表的‘进步教育’运动，相应地提出了‘进步教育’的课程论，即以儿童活动为中心的课程论”。以此为基础，后来还曾出现过“问题中心课程论”，后者并可被看成对前者的一种改良。(3)与20世纪50～70年代出现的第三次科技革命相对应，特别是，为了很好地解决“有限的学习时间与知识急速增长之间的矛盾”，此时又涌现了一些新的课程理念，特别是以布鲁纳为主要代表的“结构课程论”，后者的核心思想则是认为“任何一门学科都不能把该学科中所有知识都摆到教学大纲中去……最好的办法是让学生掌握每门学科的最基本的结构”。

鉴于我们的论题，以下将主要围绕“科学主义”在教育领域中的影响进行分析，因为，由此我们即可清楚地认识对于课程规范性质的突出强调何以在教育领域中占据了主导的地位，什么又是这一定位的主要局限性。

具体地说，由于17世纪以来科学取得了十分辉煌的成就，更在很大程度上改变了人们的生活与社会的整体性面貌，因此，人们很自然地产生了这样的想法，即认为我们应以科学为典范从事一切学科的研究，这也就是所谓的“科学化运动”。更有不少人因此而将科学推到了至高无上的地位，即认为科学结论具有绝对的真理性，并对科学理性持绝对肯定的态度，从而也就直接导致了所谓的“科学主义”。例如，这就正如美国著名课程学家多尔(W. Doll)所指出的：“科学是我们的主要迷恋之一。……它的方法已经主导自身以外的领域——哲学、心理学和教育理论领域。……起源于哥白尼、伽利略，达臻于爱因斯坦、玻尔以及海森堡的现代科学，做到了这一点。它如此出色而有效地实施控制的功能，以至科学在本世纪已从一种学科或程序扩展为一种教条，‘它的方法迅速地扩展成为一种形而上学’，从而创造了科学主义。”(《后现代课程观》，教育科学出版社，2000，第2页)

具体地说，由以博比特(F. Bobbit)和查特斯(W. Charters)为主要代表的“科学的课程编制”，我们就可清楚地看出科学主义在课程领域中的重要影响。我们更可将泰勒所倡导的“目标模式”看成“科学主义精神在课程编制领域的具体化”，特别是，正如图4-1所清楚地表明的，这一模式的主要特征就是对于控制、管理、效率的突出强调：“目标控制着课程，也因而控制着教育过程和学生。”(单丁，《课程流派研究》，山东教育出版社，1998，第12页)

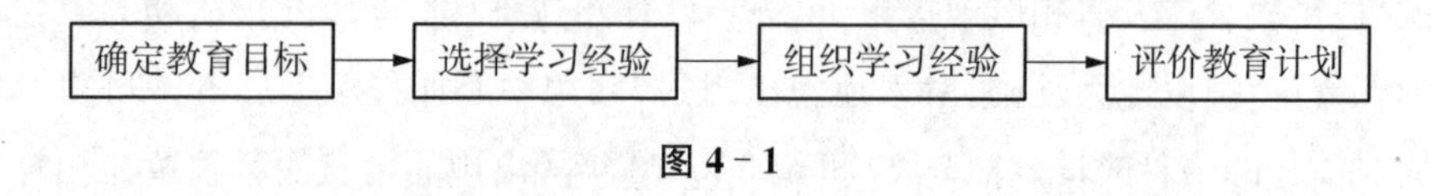

图4-1

再者，尽管有很多理论并不能被直接归属于“科学主义课程”，但就其主要的指导思想而言，我们仍可清楚地看到后者的影响。例如，按照一般的分析，“要素主义”主要是作为“实践运动而存在的”，但这仍然可以被看成这一运动最基本的一些理念，即认为“实在是由一些不变的、永恒的、先定的规律、过程、原则以及全真、全善、全美的原理所控制的”。进而，要素主义者所采取的又可说是“符合论”的真理观，即认为知识的真理性完全取决于与客观事实是否一致，知识的获得则是一个发现与接受而非创造的过程。再者，由于认为社会的进步主要依赖知识的积累和精致化，教育的最终目的则是促进社会的进步，因此,在要素主义者看来,“有组织的正规的教育的基本功能是将人类学会的最重要的知识编织到每一代人的生活经历中去”,我们并应特别强调个人对社会的遵从、责任和义务。(单丁,《课程流派研究》,同前,第86、90页)

总之,这即可被成“科学主义教育思想”的核心:这首先就是指对于知识真理性或者说客观规律的绝对信任;其次,按照这一立场,知识的学习主要应被看成一个传授(或者说,一个文化继承)的过程,教师应在这一过程中占据中心的地位,我们并应特别强调教育的规范性质和控制性质。

显然,就我们当前的论题而言,这也清楚地表明了这样一点:正是由于“科学主义”的影响,特别是对于客观规律的刻意追求,从而直接导致了对于课程规范性质的突出强调。但是,超越真理一步就会走向荒谬,后者即是指,尽管科学有很多积极的影响,但如果我们因此而走向了“科学主义”,就是一种错误的立场。但是,我们究竟又应如何克服所说的片面性呢? 由课程理念的历史发展我们也可在这方面获得直接的启示。

具体地说,由于“科学主义教育思想”具有明显的局限性,因此,即使是在“科学主义”十分盛行的年代,我们也可看到不少反方向上的努力,尽管后者未必是一种完全自觉的行为。例如,就“要素主义”在美国的实际发展轨迹而言,它的“每一次进步都意味着它在对人的个性自由的尊重上前进了一步”。(单丁,《课程流派研究》,同前,第107页)

更一般地说,我们又应特别提及所谓的“人本主义教育思想”,因为,这在很大程度上可被看成是与“科学主义教育思想”直接相对立的。

例如,按照一般认识,所谓的“融合课程”(confluent curriculum)就可被看成“人本主义课程”的一种典型形态,而“其实质就是把情意领域(情绪、态度、价值观)和认知领域(理智知识和能力)加以整合”。具体地说,我们即可将以下五个方面看成这一课程范式的基本因素和融合原理:(1)参与。这要求一致性、权力分享、协商以及共同参与者的联合责任。(2)整合。这需要思维、感情和行动的交互作用、相互渗透与整合。(3)关联。这需要教材在情感和理智两个方面与参与者的需要和生活紧密关联并具有重要性。(4)自我。自我是学习的合法对象。(5)目标。在人类社会发展完整的人。

当然,为了在这方面实现更大的自觉性,我们又应更加重视对于“科学主义教育思想"的深入批判。应当提及的是，在不少学者看来，这也正是前面所提及的"后现代思潮"对于教育工作的主要意义所在。

鉴于我们在先前已对教育领域中的建构主义进行了介绍分析，后者又可被看成为我们深入批判传统的教法设计理论提供了重要的思想武器，以下就围绕建构主义对"科学主义教育思想"做出进一步的分析批判，尽管相关论述所直接论及的只是"传统的教法设计理论"，而非严格意义上的"课程思想"。

具体地说，在不少学者看来，以下就可被看成"传统的教法设计理论"最基本的一些理论前提（详见 W. Winn, "A Constructivist Critique of the Assumptions of Instructional Design", *Designing Environments for Constructive Learning*, ed. by T. Duffy & J. Lowyck & D. Jonassen, Springer-Verlag, 1993）：

(1) 关于知识的客观主义(objectivism)观点，即认为教学就是纯客观的知识的传递；这种客观主义的知识观并构成了"目标分析"的直接基础，后者则可被看成教法设计的实际出发点。

(2) 关于知识的还原主义。这就是指，知识可以"还原"(归结)为一些简单的单项知识，我们并可以通过这些单项知识的简单组合获得较高层次的知识。应当指出的是，正是这种还原主义的立场为行为主义唯一强调"刺激-反应联结"的研究提供了重要的依据。

(3) 关于教学活动的决定论观点(determinism)。按照这一观点，教学可以被看成一种严格按照事先指定的步骤进行的固定程序，相应的教学结果也是完全可以预期的，即有很大的可重复性。

(4) 教法的控制性质(controllability)。这集中地体现于"教学主要是一个'强化'的过程"这样一个认识，即认为教学主要地就是通过"强化"帮助学生建立适当的"刺激-反应联结"。容易看出，这一认识不仅集中体现了传统教法设计理论的规范性质，也使学生在教学活动中处于完全被动的地位。

由于上述理论在某些较低的层次特别是对于技能的培养有一定作用，更由于工业社会的教育在很大程度上就是以培养大批具有健壮体格、灵巧双手和简单技能，从而就能胜任简单机械劳动的未来劳动力作为主要目标，因此，上述理论就曾在很长时期内在教育领域中占据主导的地位。但是，由于这一理论具有明显的弊病，因此，即使在当时也一直有学者从不同角度对此提出了直接的批评。例如，从知觉的整体性出发，格式塔心理学家们就对关于知识的还原主义立场提出了尖锐批评，即认为我们应当更加重视认识活动的整体性质。另外，由于关于教学的决定论观点完全抹杀了学生的个体差异（或者说，所说的个体差异被局限于学生在准备知识掌握程度上的不同），因此，这一观点在教育领域中也遭到了广泛的批评。再者，这显然也可被看成现代教育工作者的一项共识，即我们的教学不应使学生处于完全被动的地位，而应充分发挥他们的积极性和主动性。

所说的批评显然都有很大的合理性，但就整体而言，这种早期的批评所导致的又主要是一些修补性的工作，即如何能对传统的教法设计理论做出必要的修正或改进。与此相对照，建构主义则可被看成对于传统的教法设计理论的全面挑战和彻底否定：

(1) 建构主义关于"学习是学习者以已有知识和经验为基础的主动建构"这一认识显然是与传统教法设计的控制性质直接相对立的，因为，按照这一观念，学习活动在很大程度上取决于主体已有的知识和经验，从而就不应被看成是由"外部"完全决定的。

(2) 由于建构主义突出强调了学习者的个体差异，学习活动的建构性质更清楚地表明了学习活动的动态性质，因此，这对于传统教法设计理论的决定论观点也构成了直接的挑战。

(3) 按照建构主义的观点，理解主要应被看成学习者在特定环境下的"意义赋予"，即如何能在新的学习内容与主体已有的知识和经验之间建立适当的联系。显然，这不仅清楚地表明了知识的整体性质，也是对传统教法设计理论关于知识的客观主义观点的直接否定，这也就是指，知识应当被看成主体建构的产物。

综上可见，建构主义就可被看成是对传统的教法设计理论基础的直接否定，或者说，清楚地表明了对于教法设计理论进行"重新认识"(re-conceptualization)或是"彻底变革"的重要性。

显然，就我们当前的论题而言，这也更清楚地表明了对于课程的传统定位做出深入研究的重要性。但是，我们是否就应将"人本主义教育思想"看成新的努力方向?

事实上,除去与“科学主义教育思想”的直接对立,“人本主义教育思想”还有其他一些重要的涵义,其本身更有一个不断发展和逐步演变的过程,特别是,由单纯的批判转向了正面的建设。例如,主要地就是在这样的意义上,美国著名课程论专家麦克尼尔(J. McNeil)指出,“20世纪70年代可以看到两种流行的人本主义课程形式——融合课程与意识课程。进入80年代,人本主义者在指向于人的发展来规划课程的同时,开始对公众要求学科成长的压力做出反应。这些反应从害怕集中于学科可能导致非个性化,到运用人本主义的方式在学术领域中创造新的意义”。(单丁,《课程流派研究》,同前,第11页)

例如,由费尼克斯(P. Phenix)倡导的“超越课程”(a curriculum of transcendence)就突出地强调了我们应在学生中培养什么样的情感:“希望,创造性,觉悟(开发性),怀疑与信任(批判精神),惊奇、敬畏与尊重”。(单丁,《课程流派研究》,同前,第169～170页)这更可被看成“人本主义课程”的普遍倾向,即对于探究、整合、个人感受、对话与反思的强调。

但是,究竟何者又可被看成“人本主义课程”给予我们的主要启示,特别是,究竟何者可以被看成课程的合理定位?正是基于这样的思考,我们在此又应特别强调这样一点:尽管“科学主义教育思想”具有明显的弊病,但我们显然不应由一个极端走向另一极端,即对于科学在各方面的影响持完全否定的态度,包括因此而完全否定课程以及现代教育制度的规范性质,乃至由“科学主义教育思想”彻底转向“人本主义教育思想”。

应当指出的是,这事实上也是国际教育界在当前出现的一个重要发展迹象,即对于“两极对立”的必要超越。例如,作为“要素主义”的主要代表人物之一,巴格莱(W. Bagley)就曾明确指出:“可以通过将一些假想的对立配对而展示出来:努力与兴趣;纪律与自由;群体经验与个人经验;教师主动性与学生主动性;按逻辑组织与按心理组织;学科与活动;长期目标与近期目标;等等。这些简单的描述,这些假想的对立组合是误导性的,因为每一个对子中的一方面都代表了一种合理性,一种在教育过程中所需的因素。两种教育理论下的学校主要的不同在于重点放在了某一方面,而不是它的对立面。为此它们都试图找到一种解决办法或二者统一的途径。”(单丁,《课程流派研究》,同前,第

107 页)由此可见,改进教育的关键就不是由一个极端走向另一极端,而应努力做好对立面的适度平衡,包括“科学主义教育思想”与“人文主义教育思想”的相互渗透与必要整合。

在此我们还应特别强调这样一点:尽管上述思想从总体上讲十分正确,但是,仅仅强调“科学主义教育思想”与“人文主义教育思想”的对立统一显然还不足以解决课程的定位问题,这也就是指,我们在此应更深入地去思考这样一个问题,即我们究竟应当如何认识课程的规范性质,特别是,应如何处理课程与教师之间的关系?也正是在这样的意义上,笔者以为,我们就应对现实中所出现的“实践课程”予以更大的重视。

具体地说,我们在此可首先强调这样一点:从实践的角度我们即可更清楚地认识“科学主义教育思想”的局限性,因为,对于课程规范性质的突出强调显然是与教学活动的复杂性直接相冲突的。进而,又如“导言”中所已提及的,后者事实上也正是现实中何以出现“实践转向”的主要原因,特别是对于“实践性智慧”的突出强调。

进而,这也正是“实践课程”(practical curriculum)的基本立场,即认为我们应当彻底纠正像“主导的课程范式”那样片面强调课程控制性质的传统做法,这也就是指,课程不应成为对于学生学习和教师教学的双重控制,而应将两者都看成课程的“构成要素”。例如,按照“实践课程”主要倡导者施瓦布(J. Schwab)的观点,“课程”共有四个要素,即教师、学生、教材、环境,它们之间持续的相互作用则构成了“实践课程”的基本内涵,也正因此,“教材不仅不应是被强制执行的,而且还必须根据每一实践情境的特点进行修改和变更”,特别是,教师和学生的需要、兴趣和问题更应被看成“课程审议”的核心所在。(单丁,《课程流派研究》,同前,第 246 页)。

显然,按照上述思想,这就应被看成课程的合理定位,即我们既应明确肯定课程的规范性质,又应高度重视课程的开放性,也即应当为教师和学生的创造性活动留下足够的空间。特别是,应彻底改变“课程开发在先,教师的任务就是教好教材”这一传统的认识和工作模式,即应当明确肯定教师在这一方面的重要作用。总之,我们应将很好地处理课程的规范性与开放性之间的关系看成这一方面工作的关键。

当然,为了很好地实现这样一个目标,我们又应十分重视切实提高一线教师在这方面的自觉性。

例如,这就是这方面十分重要的一个论题,即我们如何能从这一角度对中国数学教育教学传统做出更深入的分析,包括如何对此做出必要的发展。显然,后者事实上也就直接关系到了新一轮数学课程改革的基本取向与评价的问题。

再者,这显然也可被看成从实践的角度进行分析的又一重要结论,即我们应当密切联系数学教育的现实情况,特别是围绕“数学课程标准”的相关论述做出分析研究。具体地说,这也正是我们在此为什么应当特别重视“课程内容结构化”“数学核心概念”与“重要数学思想”等论题的主要原因。

以下就首先从一般角度对“中国数学教育教学传统”与“新一轮数学课程改革的基本取向”这样两个论题做出简要的分析。

3. 聚焦数学课程改革

首先,应当如何看待“中国数学教育教学传统”(更一般地说,就是“中国教育传统”)与“科学主义教育思想”之间的关系,特别是,我们是否可以认为前者主要地也处于“科学主义”的直接影响之下?

笔者的看法是:尽管我们不应将中国教育传统看成完全处于“科学主义教育思想”的直接影响之下,但在两者之间确又可以看到很多共同点。例如,这或许就是“目标管理”这一思想何以获得中国教育工作者普遍认同的主要原因,还包括这样一些更基本的认识,即认为教育主要应被看成一种文化传承的行为,我们还应特别重视教育的这样一个社会责任,也即应将人类世代积累起来的知识传递给下一代人,从而保证社会的进步。

正因为此,以“科学主义教育思想”与“人本主义教育思想”的对立为背景进行分析就十分有助于我们在这方面认识的深化,特别是,我们应如何去从事教育改革,或者说,应如何把握教育改革的主要方向?

具体地说,由于我国原有的教育传统包括数学教育传统与“科学主义教育思想”是较为一致的,因此,作为改革,新一轮课程改革自然就表现出了向其对立面,即“人本主义教育思想”的转移。对此例如由新一轮数学课程改革的主要指导思想就可清楚地看出:“建立旨在促进人的健康发展的新数学课程体系，这是一项十分重要而紧迫的任务。数学教育要从以获取知识为首要目标转变为首先关注人的发展，创造一个有利于学生生动活泼、主动发展的教育环境，提供给学生充分发展的时间和空间。”（“国家数学课程标准研制工作研讨会纪要”，《中学数学月刊》，1999 年第 12 期）“情感态度价值观是所有目标中最为重要的、最为核心的。”“判断什么样的知识最有价值，其中的一个重要标志就是学生能不能通过这方面知识的学习形成正确的数学观，形成良好的、积极的情感因素。”（刘兼，“如何处理好数学课程改革中的几个重要问题”，《小学青年教师》，2002 年第 1 期）

上述主张显然有一定的合理性，但又正如前面已指出的，我们不应由一个极端走向另一极端，特别是盲目地去追随国外的时髦潮流，而应更加重视通过深入的理论分析提升自身在这一方面的自觉性，从而就能有效地防止与纠正各种可能的片面性认识。

更一般地说，这事实上也是我们面对“后现代主义”思潮所应采取的基本立场：我们既应明确肯定后现代主义对“科学至上”“主客体的绝对分离”等传统认识的批判的积极意义，特别是，应彻底放弃对于“绝对性”“最终性”的刻意追求，并应充分肯定“非理性”因素在认识活动中的作用，还应清楚地看到人们的认识并非主体对于外部事物和现象的被动反映，而是一个主动建构的过程，并主要是通过社会互动得到实现的，但同时又应十分重视防止反理性、反科学思潮在教育实践中的渗透和影响，更不应以人与人之间的互动完全取代人与客观实在之间的相互作用。

进而，从同一角度我们也可更清楚地认识明确提出以下一些主张的重要性，如在强调个人发展的同时，也应高度重视如何很好地处理社会需要与个人发展之间的关系，特别是，由于我们在过去主要强调了教育的“社会目标”，但在一定程度上忽视了“个体目标”，因此，现今对于学生发展的强调就具有重要的现实意义，但是，我们又不应只是强调学生的个体发展而完全忽视了教育的社会功能。事实上，现代社会中根本不可能有与社会、与社会群体完全脱离的个体发展。恰恰相反，个体成长就是主体依据外部环境不断调整自我，并逐渐成为相应社会共同体合格一员的过程。再者，即使所说的纯粹的个人发展有一定可能，对此我们也不应提倡，毋宁说，这即是从反面更清楚地表明了相关立场的错误性，包括其对于教育可能造成的严重后果。

总之，作为数学课程改革的基本理念，我们既应清楚地看到"数学教育要从以获取知识为首要目标转变为首先关注人的发展"，"转变为首先关注每一个学生的情感、态度、价值观和一般能力的发展"，也应切实防止各种绝对化与片面性的认识，特别是，不应将两者绝对地对立起来。

当然，作为数学教育工作者，我们又应特别重视由一般性教育理论向数学教育理论的过渡。例如，相对于"情感、态度与价值观"这一方面的一般性论述，我们就应通过深入分析很好地弄清数学教育在这方面所应承担的主要责任，如为了帮助学生很好地树立学习上的自信，我们就不应盲目地去提倡所谓的"愉快学习"，而应努力增强学生对于数学学习过程中艰苦困难的承受能力，并能通过刻苦学习真切地感受到更高层次的快乐。当然，这又是这方面更重要的一个目标，即我们应当通过数学教学培养学生的理性精神，包括清楚地认识数学思维对于促进人类社会发展的积极意义及其可能的消极作用。

再者，依据上述分析我们显然也可更清楚地认识坚持辩证立场的重要性，特别是，就课程的研究而言，应很好地处理课程的"规范性"与"开放性"之间的关系，课程的设置应给教师的创造性工作留下足够的空间并提供必要的帮助。

具体地说，尽管课程设置应对教师如何进行教学包括教学方法的改进等提供直接的指导，但这主要地又应是一种导向作用，而应将最终的决定权交给教师，即在教学中究竟应当如何应用各种可能的教学方法。再者，就当前而言，我们又应当特别重视这一方面认识的必要深化，特别是，与简单地肯定教学方法的多元性相比，我们又应引导广大教师进一步去思考何者是做好数学教学的关键，包括在后一方面提供必要的帮助。

总之，课程开发者与教材编写者都应特别重视如何能为教师的教学提供必要的支持和帮助。当然，从根本上说，所有这一切又都应当服务于学生的健康成长，或者说，应有助于我们很好地落实数学教育的主要目标，包括教育的整体性目标。

例如，从后一角度进行分析，这就是我们在实际从事教材编写工作时所应经常想到的一个问题，即我们的服务对象不只是一个个孤立的学生，而是"数学学习共同体"。具体地说，从同一立场我们即可更清楚地认识积极倡导"合作学习”的重要性,还包括这样一个重要的认识,即学生的发展主要应被看成一个社会化的过程,包括对已有传统的很好继承和必要发展。

以下再从同一立场对我们为什么应当特别重视“数学课程标准”,特别是《义务教育数学课程标准(2022年版)》所提出这样一些思想的分析研究做出简要说明,即“课程内容结构化”,以及对于“数学核心概念”与“重要数学思想”的特别强调。

第一,正如前面所已提及的,为了很好地落实数学教育的主要目标,我们应当特别重视如何能够通过具体数学知识内容的学习促进学生思维的发展,包括由“逐步学会数学地思维”走向“通过数学学会思维”。显然,从这一角度进行分析,这也就是我们在实际从事数学课程设计与课程实践时应当特别重视的一个问题:什么是相关内容蕴含的数学思想,从而就能有助于一线教师很好地做到以思想方法的分析带动具体知识内容的教学,尽管后者主要地又应被看成数学课程的“隐性成分”。对此我们并将在4.4节中围绕小学算术与几何内容的教学做出具体的分析。

第二,更一般地说,我们显然又不应将具体知识内容的教学与更高层次的目标绝对地对立起来,而应更加重视如何能在这两者之间建立联系的桥梁。应当强调的是,按照相关人士的看法,我们也应从这一角度去理解“数学核心概念”的作用,还包括这样一个更新的认识:后者事实上也可被看成为数学教育很好地落实努力提升学生的核心素养这一教育的总体性目标提供了主要的途径。正因为此,无论就数学课程的设计或是课程实践而言,我们都应对“核心概念”予以特别的重视。这并是4.3节的主要内容。

第三,这显然又可被看成学生思维的发展性与层次性的一个直接结论,即我们应当特别重视“课程内容的结构化”。但是,究竟何者可以被看成“结构化”的主要涵义,我们又应如何做好这一方面工作?显然,课程的设计者也应在这方面给一线教师必要的帮助,并注意防止一些简单化的认识与做法。这即是4.2节的主要内容。

在此还应特别强调这样一点:这并是广大一线教师面对上述问题应当采取的基本立场,即对于相关的理论思想我们不应采取盲从的态度,而应坚持自己的独立思考。在笔者看来,这事实上也应被看成课程“开放性质”十分重要的一个涵义，即与传统的“理论至上”这一立场相对立，我们应当积极鼓励广大一线教师能够通过积极的教学实践与深入的理论研究对相关的理论思想做出独立的分析，包括必要的批评与改进。笔者希望，以下几节的论述也能在这方面发挥积极的作用。

4.2 聚焦“课程内容结构化”

“课程内容结构化”可以被看成《义务教育数学课程标准(2022年版)》的一个亮点，并为我们应当如何从事数学课程的开发与教材的编写指明了一个重要的方向，包括一线教师又应如何用教材去教。正因为这是一个较新的主张，从而自然就有很多问题需要我们深入地进行分析研究，包括我们又如何能够通过积极的教学实践去发现问题和解决问题，从而不断取得新的进步。以下就从理论层面对这方面的一些指导性意见做出初步的剖析，并希望能够通过不足之处的分析促进这方面认识的发展与深化。正是基于同样的思考，我们在以下还将对近期内出现的另一相关的主张，即所谓的“学习路径研究”，做出简要的分析。

1. 从“结构化教学”谈起

对于“结构”的强调可以被看成第二章中所论及的数学学习活动的基本性质，特别是认识发展层次性质的一个直接结论。当然，为了做好这一方面的工作，我们又应很好地弄清“课程内容结构化”与“结构化教学”的准确涵义，另外，由于这方面的工作显然也与前面所提到的“整体性观念”与“联系的观点”具有直接的联系，因此，就有必要对它们之间的联系与区别做出分析说明。

以下就首先对“整体观念的指导”与“联系的观点”这两者之间的区别和联系做出简要的分析。笔者的看法是，这两者事实上体现了两种不同的视角：“联系的观点”所关注的主要是我们应当如何从事各个具体知识内容的教学和学习，包括所谓的“问题解决”或“作业教学”，即我们应当跳出具体的内容和问题，从更大的范围进行分析思考，如通过与先前已接触过的问题的比较去发现解决当前问题的可能思路与结论(“类比联想”)，或是如何能够通过“举三反一”，即适当的抽象获得更深刻的认识，还包括我们又如何能够通过当前的学习为学生将来的学习做好必要的准备（“瞻前顾后”）。与此相对照，“整体观念的指导”所强调的则是整体的视角，即我们应以单元或章节作为主要的分析对象，并应切实做好“分清主次，突出重点，以主带次”。这也就是指，我们不仅应以整体性观念指导各个具体内容的教学，也能通过各个具体内容的教学很好地实现整体性的目标，特别是，能跳出局部性认识上升到整体性、结构性的认识。

其次，对于认识发展层次性或阶段性的强调则可被看成“结构化教学”的核心所在，即教学中我们应当努力做好“分清层次，居高临下，走向深刻”。当然，这也对我们应当如何做好“整体观念的指导”提出了更高的要求。另外，我们显然也应将“善于用联系的观点进行分析思考”看成“结构化教学”的重要前提。

在此我们还可对“结构化教学”与“整体观念的指导”之间的关系做出进一步的分析。尽管就其基本涵义而言，这两者都可被看成是与“碎片化教学”直接相对立的，但是，“结构化教学”又应说具有另一更重要的涵义，即我们应当帮助学生很好地实现认识的发展与深化，包括切实做好“高层次思想”在具体内容教学中的渗透与指导。也正因此，“结构化教学”就可被看成与“浅层化教学”直接相对立的。另外，如果说“以发展代替重复，用深刻促成简约”可被看成“整体观念指导下的数学教学”十分重要的一个特征，那么，从“结构化教学”的角度看，我们就应特别重视“总结、反思与再认识”的工作，或者说，如何能够通过“再认识”促进认识的发展，获得更深刻的认识。

最后，正如 3.3 节中所提及的，这并是我们在积极倡导“结构化教学”时所应防止的一种错误认识，即将此简单地等同于“教结构，用结构”，乃至不加分析地去接受“结构课程论”的这样一个论点：“任何学科都能够用在智育上是诚实的方法，有效地教给任何发展阶段的任何儿童。”（布鲁纳语）

以下就依据上述分析对“课程内容结构化”这一主张做出具体的分析，特别是，希望能清楚地指明相应的指导性观点存在的问题或不足之处。

2. “课程内容结构化”之深思

这是《义务教育数学课程标准（2022 年版）》所提到的 5 个“课程理念”中的一个：“设计体现结构化特征的课程内容。”其具体内容为：

“数学课程内容是实现课程目标的重要载体。

“课程内容选择，保持相对稳定的学科体系，体现数学学科特征；关注数学学科发展前沿与数学文化，继承和弘扬中华优秀传统文化；与时俱进，反映现代科学技术与社会发展需要；符合学生的认知规律，有助于学生理解、掌握数学的基础知识和基本技能，形成数学基本思想，积累数学基本活动经验，发展核心素养。

“课程内容组织，重点是对内容进行结构化整合，探索发展学生核心素养的路径。重视数学结果的形成过程，处理好过程与结果的关系；重视数学内容的直观表述，处理好直观与抽象的关系；重视学生直接经验的形成，处理好直接经验与间接经验之间的关系。

“课程内容呈现，注重数学知识与方法的层次性和多样性，适当考虑跨学科主题学习；根据学生的年龄特征和认知规律，适当采取螺旋式的方式，适当体现选择性，逐渐拓展和加深课程内容，适应学生的发展需求。”（中华人民共和国教育部，《义务教育数学课程标准（2022 年版）》，北京师范大学出版社，2022，第 3 页）

由此可见，这一理念不仅直接涉及课程内容的“选择”“组织”和“呈现”，还包括这样一个总体定位：“数学课程内容是实现课程目标的重要载体。”

但是，就我们当前的论题而言，笔者以为，以上论述尚不能被看成对于我们应当如何理解“课程内容结构化”的具体涵义提供了明确解答。当然，笔者在此所关注的并不是我们应当如何理解课程内容的“组织”与“呈现”这两者之间的区别等这样一些较次要的问题。再者，相关论述中应当说还有不少内容，如“过程与结果”“直观与抽象”“直接经验与间接经验”之间的辩证关系，以及对于“跨学科主题学习”的特别提倡等，也应说都与“课程内容结构化”有较大的距离。与此相对照，与“课程内容结构化”这一论题真正相关的似乎只有以下两点：其一，“对内容进行结构化整合，探索发展学生核心素养的路径”；其二，“课程内容呈现，注重数学知识与方法的层次性和多样性……适当采取螺旋式的方式……逐渐拓展和加深课程内容”。总之，就总体而言，这应当被看成是与“课程内容的结构化是课程修订的重要理念”（马云鹏语）这一定位很不相符的。

也正因此,我们在以下就将联系这方面具有较大影响的若干解读性文章与论述做出分析论述。

具体地说,由“课标研制组”核心成员马云鹏教授所撰写的文章“聚焦核心概念,落实核心素养——《义务教育数学课程标准(2022年版)》内容结构化分析”(《课程·教材·教法》,2022年第6期)应当被看成具有特别的重要性,因为,其中不仅提供了“《标准》内容结构化的特征分析”,也对“课程内容结构化的现实意义”与“内容结构化带来的挑战与契机”进行了具体分析。

以下就是这一文章中所认定的“课程内容结构化”的三个主要特征:(1)内容结构化体现了学习内容的整体性;(2)内容结构化反映学科本质的一致性;(3)内容结构化表现学生学习的阶段性。

显然,上述的前两个特征是与“新课标”中的这样一个论述完全一致的:“课程内容组织,重点是对内容进行结构化整合。”这也就是指,我们应将“整合”看成“课程内容结构化”特别是“课程内容组织”的重点。具体地说,所说的“整合”清楚地表明了相关内容的整体性,所谓“学科本质的一致性”就清楚地表明了“整合”的依据,包括我们又应如何理解“整合”的具体涵义。这也就如文中所指出的:“内容结构化通过学习主题的重组实现,四个领域下的主题不仅体现了内容的整体性,还反映了主题内学科本质的一致性。”

当然,就这方面的具体工作而言,我们又应清楚地看到这样一点:对于所说的“整合”应从多个不同的角度和层面进行理解。例如,就“数与代数”这一主题而言,就不仅是指我们应将小学的相关主题“由原来的‘数的认识’‘数的运算’‘常见的量’‘探索规律’‘式与方程’‘正比例、反比例’六个整合为‘数与运算’和‘数量关系’两个”,也是指我们还应清楚地看到在后两者之间存在的重要联系,乃至对它们做出进一步的整合。

进而,这也是文中特别强调的一点:“学科本质一致性以主题的核心概念为统领,以一个或几个核心概念贯穿整个主题,在不同学段表现的水平不同,但本质特征具有一致性,指向的核心素养也具有一致性。”这也就是指,我们应当围绕“核心概念”去进一步理解“课程内容学科本质的一致性”,或者说,这可被看成集中体现了相关内容的学科本质。例如,“对于‘数与运算’主题,‘数的意义与表达’‘加的意义’‘相等’‘运算律’等是核心概念(大概念、大观念或关键概念)，其中最重要的概念是‘数的意义与表达’，整数、小数、分数的认识与运算都与相应数的意义与表达密切相关”。

当然，所谓的“核心概念……在不同学段表现的水平不同”并直接关系到了上面所提到的第三个特征，即“学生学习的阶段性”。以下就是这方面更加完整的一个论述：“根据学生发展年龄特征和学习循序渐进的需要，义务教育阶段课程内容各学习主题以螺旋式上升的方式被安排在四个学段，不同学段提出了相应的水平要求，表现了学生学习的阶段性特征。”

综上可见，“整体性、一致性和阶段性”就可被看成“课程内容结构化”的主要涵义，这也就如上述文章中所指出的：“义务教育数学课程的结构化特征，在内容设计上体现了整体性、一致性和阶段性。”

但是，我们又应如何认识“课程内容结构化”的意义呢？以下就是马云鹏教授提供的解答：(1)有助于更好地理解和掌握学科的基本原理。“课程内容的结构化，目的在于体现学习内容之间的关联，使学生更好地理解一个学科的基本原理。”(2)有助于实现知识与方法的迁移。“内容结构化使得零散的内容通过核心概念建立关联，核心概念可以把主题内容联系起来，促进知识与方法的迁移。”(3)有助于准确把握核心概念的进阶。“以核心概念为主线的结构化学习主题，有助于课程实施者从学习进阶的视角整体理解学生不同阶段的学习内容，明确每一个阶段完成的学习任务所达成相关核心概念的阶段性水平。随着学习进程的递进，学习内容不断扩展，相关核心概念的水平不断提升，从而使学生的核心素养逐步形成。结构化的内容会使学生的学习变得更轻松、更持久。”

显然，由此我们即可更清楚地认识相关人士所采取的这样一个分析路径，即围绕“数学核心概念”进行分析论述。进而，又如“新课标”中所明确指出的，这并可被看成为数学教育应当如何落实“努力提升学生的核心素养”这一整体性教育目标提供了具体途径：“课程内容组织，重点是对内容进行结构化整合，探索发展学生核心素养的路径。”

对于上述路径的合理性我们将在 4.3 节中做出具体的分析，在此则首先指明这样一点：由于相关分析所强调的主要是“联系的观点”，特别是，借此我们不仅可以达到更大的认识深度，即更好地认识相应的学科原理，而且也有助于知识与方法的迁移。因此,我们在此就应提出这样一个问题:作为“课程内容结构化”的具体理解,我们是否应当特别强调不同内容之间的一致性,包括适当的“整合”,还是应当更加重视学生认识的发展性与层次性?

借助以下一些问题读者即可更好地理解什么是笔者在此的主要关注:

(1) 我们究竟应当如何理解不同内容之间的一致性,特别是,这究竟是一种静止的、绝对的一致性,即我们所做的一切事实上都可被看成对于某种“固有认识”的不断重复,还是指我们应当通过认识的发展在更高层次上实现不同内容新的整合,包括揭示出某些在先前没有为人们所认识的重要联系?

显然,从认识的发展这一角度进行分析,相对于不同内容在形式上的“整合”,我们应更加重视如何能从更深的层次揭示不同内容之间的联系,以及我们又如何能够依据新的认识在更高层次上对此做出新的整合,而这当然不应被归结为某种“固有认识”的简单回归。

(2) 我们又应如何理解所说的“学科本质”,特别是,这是否就是指某种绝对的一致性和统一性?或者说,我们应当将何者看成数学研究和数学学习的主要追求,是某种绝对的一致性,还是应当更加强调“多样化”与“一体化”之间的辩证关系,包括将此看成数学发展的一个重要动力?

应当提及的是,在笔者看来,上面所提及的“螺旋式上升”这一课程的组织方式也已为上述问题提供了明确解答。因为,这里的重点显然在于“上升”,而这又应被看成后者的主要涵义,即认识在更高层次的重构,而不是简单的重复。

面对上述责疑也许有读者会提出这样的看法:上述分析是否离题太远了?为此笔者又愿特别提及这样两个事实,因为,这即可被看成十分清楚地表明了对于上述问题做出深入分析的重要性,特别是,如果我们主要从教学实践的角度进行分析的话:

其一,以下认识在当前应当说具有很大的普遍性,即认为尽管我们应将“结构化”理解成“整体性、一致性和阶段性”,现实中却又往往只是强调了不同内容的一致性与统一性,特别是所谓的“整合”,而未能对认识发展的阶段性或层次性予以足够的重视。

例如,这就是现实中经常可以听到的一个论点,即将“联系的观点”“整体性观念”与“结构性整合”都理解成对于“碎片化教学”的直接反对，却没有认识到这三者之间也存在重要的区别。特别是，这正是“结构化”最重要的一个涵义，即对于认识发展层次性或阶段性的突出强调。对此例如由相关人士在接受采访时所表达的以下观点就可清楚地看出：“课程内容的结构化最本质的就是注重知识之间的关联。这种关联是通过结构化的方法，把碎片化的东西联系起来。”应当提及的是，相关人士在接受采访时也突出地强调了“内容结构化”与“核心概念”之间的联系，从而就更清楚地表明了针对“数学核心概念”对此做出深入分析的必要性：“结构化要求学生不仅要学习单个内容，记住某个概念，还要掌握内容之间的关联，体会知识的本质，而建立这些关联的关键就是核心概念，也就是大概念、大观念”；“在知识概念的整体建构中，以核心概念统领，抓住本质，沟通知识之间的联系，这样结构化的教学才能促进学生理解性的学习”。（丁锐，“新课标中为什么强调课程内容的结构化——马云鹏教授、吴正宪老师访谈录（一）”，《小学教学》，2022 年第 9 期）

其二，相关认识已在一线教师中引发了不少的疑问和困惑，即我们究竟为什么要特别强调不同内容的一致性与统一性，这对于我们改进教学究竟又有哪些重要的启示，并是否可能造成一定的问题或困难？

例如，以下文章不仅清楚地表明了一线教师在这一方面的困惑，还依据自己的教学经验提出了改进的建议，从而就应引起我们的高度重视，尽管它的直接论题仅限于“运算的一致性”，其中所直接涉及的也是另一篇文章：巩子坤、史宁中、张丹，“义务教育数学课程标准修订的新视角：数的概念与运算的一致性”（《课程・教材・教法》，2022 年第 6 期）。当然，后一事实也更清楚地表明了这样一点，即对于一致性与统一性的强调确可被看成这一方面的主流观点。

［例 1］ “运算一致性的困境剖析和理性思考”（顾志能，《小学数学教师》，2023 年第 4 期）。

所谓的“一致性”，从运算的角度看，主要是指这样两个认识：

“加减法运算的一致性体现为：相同的计数单位上的数字相加减，计数单位不变。

“乘除法运算的一致性体现为：计数单位与计数单位相乘除，计数单位上的数字与计数单位上的数字相乘除。”

进而，文中所说的“运算一致性带来的困扰”，则主要是指上述关于乘除法一致性的理解在实际教学中造成的困难。

例如，“乘法运算中还有其他情况，如 20×4、0.3×5、$\frac{2}{7}\times3$ 等，这些类型的乘法若按此思路来表达，就会让人觉得非常‘怪异’。”即如“$20\times4=(2\times10)\times(4\times1)=(2\times4)\times(10\times1)=80$。“除法运算的算理情况复杂，如何体现一致性令人不知所措。”例如，“整数除法 $1\,500\div4$，算理为 15(百)$\div4=$3(百)……3(百)，30(十)$\div4=$7(十)……2(十)，20(个)$\div4=$5(个)，最后将所有的商 3(百)、7(十)与 5(个)合起来，得到结果 375。显然，这样的算理与前述的除法一致性的含义不吻合——计数单位并未相除”。

再者，尽管从理论的角度我们可以对为什么要提倡运算的一致性说出很多的理由，包括有助于纠正“部分教师只注重算法掌握而忽视算理理解”，但在相关作者看来，这又是这方面的一个基本事实：“小学计算教学中，教师们总体上是重视算理的，学生在理解上也并没有特别大的困难。……根据笔者及众多一线教师的教学经验……算理特别难的内容并不多。”

也正因此，作者认为，“是否还需要重构小学阶段计算教学的思路，大力强调运算的一致性，是值得再思考的”。相关作者并因此提出了这样一个建议，即应当“允许(教师)基于运算的实际意义来分析算理，淡化一致性的要求”，从而切实避免这样一个现象的再现：“进入 21 世纪后的三次数学课程标准制定，每次都有很多的新理念，但在付诸实践后，却很快发现有些理念或过于理想化，或不够合理，最后难以有效落地，甚至不了了之。”

最后，以下建议则突出强调了这样一点，即我们应当从学生的角度进行分析思考：(1)鼓励学生个性化地分析算理；(2)恰当把握教学逻辑的严谨性。这并是相关作者在这方面的一个总体看法：“事实上，只要对严谨性的要求弱化了，这种质疑以及前文所讲的各种困惑、教材编写和教学逻辑上的各种‘难处’，自然也就不复存在了。”

当然，除去实践的检验以外，我们也应十分重视从理论高度对所提及的各个问题做出进一步的分析，特别是，我们是否应将“一致性与统一性”看成数学发展包括数学教学的主要追求？我们究竟又应如何理解“课程内容结构化”的主要涵义，或者说，应当将何者看成这方面工作的重点？

这并是笔者在这方面的主要看法：数学的无限发展正是在多样化与一体化的辩证运动中得到实现的。具体地说，这正是数学发展的一个明显特点，即研究对象的极大扩展。例如，正如2.1节中所提及的，“几何的发展在所有这些方向上继续着，各种新而又新的‘空间’和它们的‘几何’……”(亚历山大洛夫语)与此相对照，我们在数学中也可清楚地看到“一体化”的现象。这也就如著名数学家希尔伯特所指出的：“今日的数学科学是何等丰富多彩，何等范围广阔！我们面临着这样的问题：数学会不会遭到其他有些学科那样的厄运，被分割成许多孤立的分支，它们的代表人物很难相互理解，它们的关系变得更松懈了？我不相信有这样的情况，也不希望有这样的情况。我认为，数学科学是一个不可分割的有机整体，它的生命力正是在于各个部分之间的联系。尽管数学知识千差万别，我们仍然清楚地认识到：在作为整体的数学中，使用着相同的逻辑工具，存在着概念的亲缘关系。同时，在它的不同部分之间，也有大量相似之处。我们还注意到，数学理论越是向前发展，它的结构就变得越加调和一致，并且，这门科学一向相互隔离的分支也会显露出原先意想不到的关系。因此，随着数学的发展，它的有机的特性不会丧失，只会更清楚地呈现出来。”(“数学问题”，中科院自然科学史研究所数学史组、数学研究所数学史组主编，《数学史译文集》，上海科学技术出版社，1981，第82页)由此可见，我们不应唯一强调数学的统一性和一致性。当然，作为问题的另一方面，我们也不应唯一地强调数学的多元性。

进而，从认识的角度进行分析，我们显然也应特别重视这样一个事实：如果说由单纯的“一”向“多”的过渡确可被看成数学发展的一个重要标志，那么，由“多”走向更高层次的“一”则就标志着人们的认识上升到了一个更高的层面。

例如，这就可被看成分数的引入所造成的一个重要变化，即“多”与“一”的矛盾的凸显。因为，不仅同一分数可能具有多种不同的表征，如 $\frac{1}{3}=\frac{2}{6}=$

$\frac{3}{9}=\cdots\cdots$ 分数的意义也有多种不同的解释，如除法的解释、整体与部分的解释、比的解释等等。现在的问题是：从教学的角度看，我们应当如何看待上述变化，是突出强调分数与自然数（包括小数）的统一性，特别是，它们都可被看成“计数单位的累加”，还是应当帮助学生清楚地认识并很好地适应所说的变化？再者，就数的整体认识而言，我们也应帮助学生很好地建立起这样一个认识：无论是自然数、小数或分数，都可被看成整体性数系的有机组成成分，而且，相对于如何能用某种定义实现这些数在形式上的统一，或者说，突出强调它们的“内在的一致性”，我们又应更加重视这样一个更高层次的认识，即无论就数系本身或是对于数系中各种数的认识而言，都有一个不断发展和深化的过程。例如，即使就自然数的认识而言，我们显然也不应始终停留于这样一个原始的认识，即将此看成单纯的量，因为，我们也可用自然数表示不同数之间的关系，如所谓的“倍数”。在笔者看来，后一事实就清楚地表明了这样一点：与数的认识直接相关的不只是数的运算。对此我们并将在以下联系“数与运算”和“数量关系”之间的关系做出进一步的分析。

再者，这也应被看成这方面又一重要的认识，标志着人们在这方面的总体性认识上升到了一个更高的水平，即数系的开放性，由此我们并可更清楚地认识这样一个观点的片面性，即我们应当特别重视如何能用某种方法实现各种数在形式上的统一。当然，这也是一种片面性的认识，即认为数系的发展就是在已有的数之外不断加上一些新“数”，后者并不会造成任何实质性的变化。恰恰相反，这方面的认识也有一个不断发展与深化的过程，我们应当用结构或层次的观点对此做出更深入的分析研究。

最后，应当提及的是，这也可被看成“多元表征理论”给予我们的一个重要启示，即我们不应片面强调多元表征中的任何一个方面，特别是概念的本质，或是唯一强调不同方面的整合。恰恰相反，我们应当更加重视从各个不同的角度进行分析理解，特别是，应善于根据情境和需要在不同方面之间做出灵活的转换。

相信读者由以下论述即可对“一”与“多”之间的辩证关系有更清楚的认识，包括我们究竟又应如何理解不同对象的“一致性和统一性”，以及我们为什么又应特别重视认识的发展性和层次性：如果说“变式理论”所强调的主要是变化中的不变因素，即我们如何能由简单的“多”深入到“一(本质)”，那么，这就是多元表征理论给予我们的主要启示，即我们既应明确肯定上述发展的重要性，也应清楚地看到这里所说的“一”并非某种绝对的“一”、僵化的(即割断了历史与发展的)“一”，而是一种包含丰富多样性的“一”，一种具有极大可变性与灵活性的“一”，一种处于不停流动或变化之中的“一”。

进而，教学中我们显然也应特别重视这样一个问题，即不应过分强调教学工作的规范性，而应充分尊重学生的个体特殊性。也正是这样的意义上，笔者以为，对于“一”的涵义我们又应做出如下的重要补充：数学教学追求的并非绝对的一致性，也不是强制的统一，而是开放的“一”，能够容纳一定差异的“一”。(对此并可见另文“多元表征理论与概念教学”，《中学数学教学参考》，2011年第5、6期；或《郑毓信数学教育文选》，华东师范大学出版社，2021，第3.7节)

在笔者看来，我们也可从同一角度去理解以下的论述：

[例2] “谨防误解‘分数单位’”(郜舒竹等，《教学月刊》，2023年第6期)。

其一，“《义务教育数学课程标准(2022年版)》新增了‘分数单位’的说法。通过分析发现，‘分数单位’具有界限不清的‘模糊性’及语义相离的‘歧义性’，极易引起一线教师的误解，将不确定的单位强制为确定，给实际教学带来是非难辨的困难”。

以下就是文中给出的一个实例：“《课程标准》附录1中的‘例9感悟分数单位’以‘比较$\frac{1}{2}$和$\frac{1}{3}$的大小’的实例来说明‘分数单位’的意义。”但在相关作者看来，“这段‘说明’并未说明诸多分数中，哪个或哪些是‘分数单位’。作为‘比较$\frac{1}{2}$和$\frac{1}{3}$的大小’的例题，‘帮助学生理解分数单位之间的关系’应当是‘感悟分数单位’的重要内容。由此看来，‘分数单位之间的关系’应当是指‘$\frac{1}{2}$和$\frac{1}{3}$的关系’，也就是将$\frac{1}{2}$和$\frac{1}{3}$这样分子是1的分数看成分数单位。”但是，依据“‘说明’中的另一句话：‘只有在相同单位下才能比较分数的大小。’……‘说明’中的‘相同单位’应当是把$\frac{1}{6}$视为分数单位。”由此可见，“按照这样的逻辑，《课程标准》例 9 的语境中出现的$\frac{1}{2}$和$\frac{1}{3}$是分数单位，人为构造出来的$\frac{1}{6}$也是分数单位。进一步设想，一个分数的等值是无限多的，比如：

$$\frac{1}{2}=\frac{3}{6}=\frac{6}{12}=\frac{9}{18}=\cdots\cdots$$

$$\frac{1}{3}=\frac{2}{6}=\frac{4}{12}=\frac{6}{18}=\cdots\cdots$$

其中，$\frac{1}{12}$、$\frac{1}{18}$等无限多分子为 1 的分数，都可以成为这一语境中的分数单位。因此，‘分数单位’一词在同一语境中明显具有所指界限不清的‘模糊性’，教学过程中自然会出现因人而异的差异性和多样性”。

相关作者并进一步指出，以面积为例进行分析可以发现“同样的量可以用不同的数表达，其原因在于单位的不同，就像同样的 6 根筷子，也可以称为 3 双筷子……每一个数的出现与存在，都对应并依赖着一个单位，这个单位与对应的数具有‘一对一’的关系，单位的确定使得数随之确定，单位的改变导致数的改变。像这样和数的出现与存在息息相关的单位，在分数的语境中通常叫做‘单位一’，其意义是‘分数所依赖的单位’。从字面意思来看，这样的‘单位一’也应当命名为‘分数单位’。由此得到‘分数单位’一词可能出现的两个截然不同的意义。……因此，‘分数单位’的说法就具有了语义相离的‘歧义性’。在同一语境中的‘分数单位’，同时具有所指界限不清的模糊性和语义相离的歧义性，使得这一词语失去了确定的意义，极易引起误解”。

其二，“就运算的一致性而言，并不是一定要学生以某种固定的方式来‘一致性地’计算，更重要的是引导每个学生学会‘一致性地’思考问题。也就是需要在以下两个方面一以贯之：一是运算要基于数的意义理解，即数的本质都是计数单位的累加；二是得到运算结果的方法，都是先确定单位再确定相应单位的个数。而确定单位并不只有唯一的方法……此外，计算中还可能灵活运用运算性质与策略……因此，对于运算的一致性，仍然需要引导并鼓励每个学生形成自己的理解，不同人的角度可以不同，但是每个人需要努力实现自身理解的逻辑一致性。教师需要在教学中帮助学生实现这种‘结构’，而不是将自己理解的‘结构’强加给学生”。

以下再针对“数的认识”与“数的运算”之间的关系，以及“数的认识与运算”与“数量关系”之间的关系做出进一步的分析，相关论述仍将集中于这样一个问题，即我们应当如何理解“课程内容结构化”的具体涵义，特别是，我们是否应当特别重视不同内容的一致性和统一性？

具体地说，前者主要涉及这样一个问题，即《义务教育数学课程标准（2022年版）》为什么将“数的认识”与“数的运算”合并成一个主题？

以下就是马云鹏和吴正宪老师提供的解答：“数与运算是相伴而生的，二者紧密相连”；“数是运算的基础，运算是数的运算……二者不可分割”；“对数与运算内容进行结构化整合，就是要重视对数概念和运算概念的整体理解，抓住共同的核心要素，沟通知识的内在关联，这是探索发展学生核心素养的重要路径”。

两位老师在接受访谈时还特别强调了这样一点，即我们应将“计数单位”看成这方面最重要的核心概念：“新课标将计数单位作为数的认识的核心概念，就将整数、小数、分数三者统一起来了，因为无论是分数、小数还是整数，都是用多少个计数单位来表达的”；“我们把所有的运算都统一到基于计数单位和计数单位个数的运算，就可以将整数、小数、分数的运算贯通起来，实现数与运算的一致性”。（丁锐，“新课标‘数与运算’主题的结构化及核心概念——马云鹏教授、吴正宪老师访谈录[三]”，《小学教学》，2022年第10期，第4页）

但是，我们又应如何看待这方面认识的发展性与阶段性呢？以下就是两位老师在接受采访时提供的解答：“计数单位”的学习可以分为三个不同的阶段：“第一学段，通过万以内数的学习‘理解数位的意义’；第二学段，通过大数和小数的学习，了解十进制计数法，通过分数的学习，初步感悟分数单位；第三学段，将整数、小数、分数贯通起来，明确提出计数单位。”（同上，第6页）但是，这方面的认识显然还有进一步深化的必要，特别是，我们究竟应将“数的认识”与“数的运算”看成两个不同的主题，还是将此看成两个不同的认识水平或阶段？

显然，前者大致地就可被看成"新课标"采取的立场，这也就是指，我们应将"数"看成具有明确意义的独立对象，然后再进一步去研究它们之间的关系，特别是运算关系。与此相对照，这可被看成现代数学观的具体体现，即认为除去相互之间的关系，"数"不具有任何独立的意义，这也就是指，数是什么(或者说，具有什么性质)完全决定于它们的相互关系。

正如2.1节中所指出的，借助公理系统的不同解读我们即可对这里所说的"现代数学观"有更好的理解：如果说这正是这一方面的传统认识，即认为我们应将公理系统看成关于某种特定对象的真理体系，也即是一个"对象-公理-定理"体系，那么，按照现代的数学观，后者主要地就应被看成一个"假设-演绎"体系，这也就是指，我们完全不用关心所论及的对象究竟是什么。恰恰相反，这应被看成是由相应的公理系统完全决定的。例如，后者事实上就可被看成希尔伯特以下名言的核心所在：我们完全可以用"桌子、椅子、啤酒杯"代替几何中的"点、线、面"。

面对上述分析相信也会有不少读者提出这样的异议：您说的可能是对的，但与基础数学教学实在相距太远，从而就不具有任何的指导意义。应当指出，这事实上也是笔者在3.3节中明确提到的一个观点，即我们不应将"课程内容结构化"包括相应的教学改革简单理解成"教结构，用结构"。但是，作为问题的另一方面，笔者以为，我们又应很好地发挥"结构化思想"的指导作用。

具体地说，从后一立场进行分析，将"计数单位"看成这方面最重要的"核心概念"就不很合适，因为，即使就小学数学教学而言，我们也应努力实现对于这样一种认识的必要超越，即"将数看成计数单位的简单积累"，并应更加重视数与数之间的关系。在笔者看来，这就是我们为什么应当从"比"的角度去理解分数的主要原因。进而，对于所说的"数的关系"我们也不应仅仅理解成"运算关系"，而应将"大小关系"等也考虑在内。用更加专业的语言来说，这也就是指，小学学习的"数"不仅具有"基数"这样一个涵义，也应被看成是一种"序数"。正因为此，相对于唯一强调"计数单位"的核心地位，我们就应更加重视俞正强老师的这样一个论述，即我们应将"比较"的概念看成这方面认识的核心。(3.3节)因为，这不仅清楚地表明了数与运算之间的同一性，还包括这一方面认识的发展性与层次性。

进而,从同一角度相信读者也可对以下问题做出自己的分析,即我们是否应将“运算律”看成关于“数与运算”这一主题又一重要的“核心概念”。因为,除去数的性质并不仅限于运算关系这样一点以外,我们也应清楚地看到这样一个事实:现代的数学研究已经超出一般意义上的算术结构(“标准算术”),而将“非标准算术”也包括在内,这并是后者的主要特征,即通常意义上的运算律(结合律、交换律等)在其中并不一定成立。再者,正如“非欧几何”在数学中地位的确立,各种“非标准算术”系统的建立对于数学的现代发展也有十分重要的意义,即标志着人们在这方面的认识上升到了一个更高的水平。

还应提及的是,从同一角度我们显然也可看出将“量感”列为小学数学的一个“核心概念”并不合适。因为,尽管小学特别是低段的数学教学确应十分重视数学与实际生活的联系,包括适当发展学生的“量感”,但后者主要地又应被归属于“日常认知”的范围,从而与“学校数学”相比就属于较低的层次。也正因此,随着学习的深入,我们就应将教学重点转向数量关系的认识,包括我们如何能够通过量性分析很好地解决相应的度量问题,特别是,由直接的度量转向算法的学习。(在笔者看来,这或许也就是“新课标”在这一部分为什么要特别强调“计数单位”而不是“度量单位”的主要原因)

再者,就“数的认识与运算”与“数量关系”之间的关系而言,我们不仅应当清楚地看到两者之间的重要联系,也应清楚地认识它们事实上代表了两个不同的认识水平或层次。也因为此,相对于唯一强调两者的内在一致性或统一性,我们就应更加重视这方面认识的发展性与层次性,而不应将“数的认识与运算”与“数量关系”看成两个并列的主题。

为了更清楚地说明问题,以下再针对“数量关系”做出进一步的分析。具体地说,正如前面所已提及的,我们确应将“数的运算”看成“数量关系”十分重要的一个涵义,尽管这又不应被看成后者的唯一涵义。更重要的是,如果说前者所反映的主要是“操作(程序)性观念”,即集中于如何能够通过具体计算求得需要的结果,那么,后者所体现的则就是“结构(关系)性观念”,也即将着眼点转移到了数量之间的关系,这并可被看成一种更高层次的具体认识,即我们应将“数”看成整体性数学结构的有机组成成分。当然,又如 2.4 节中所已指出的,后者正是“代数思维”的一个重要涵义,从而就总体而言这已超出了小学数学的范围，但是，我们显然仍应十分重视这一思想在小学数学中的渗透与指导意义。

由以下实例可以看出，后一目标并非高不可攀，关键仍然在于我们是否对此具有清楚的认识：

［例3］ 等式的理解(引自章勤琼等，“小学阶段‘早期代数思维’的内涵及教学——默尔本大学教授麦克斯·斯蒂芬斯访谈录”，《小学教学》，2016年第11期)。

“小学低年级的教学中需要特别强调对等式的理解……在小学一年级时经常会让学生口算，比如3＋4，这里值得注意的是我们要强调3＋4‘等于’7，而不要说‘得到’7。因为这里的等号有两个层面的意义：一是计算结果，就是我们经常说的‘得到’；二是表示‘相等关系’。我们在学生刚接触等号时就要帮助他们建立起对等号的这种相等关系的理解。因此，有时候让一年级的学生接触7＝3＋4这样的算式是有必要的，因为在这样的算式中，你就没法将等号说成‘得到’。当然，这里也要尝试让学生理解7同样也等于4＋3，3＋4＝4＋3……在这之后，可以让学生尝试看两边都不止一个数的等式，如17＋29＝16＋30……此外，还可以给学生利用相等关系判断正误的式子，比如，199＋59＝200＋58，148＋68＝149＋70－2，149＋68＋150＋70－3。”

进而，从同一角度我们也可看出，单纯从“方法”的角度特别围绕“模式”(应当提及，马、吴两位老师在访谈中使用的是“模型”而非“模式”这样一个词语。但是，由于“模型”应当被看成从属于特定对象，因此，后者就是更加恰当的一个词语)这一概念对“数量关系”的涵义做出具体解释，包括将此区分成“运算意义”“建立模型”“字母表示关系或规律”这样三个阶段，乃至唯一地强调“应用数学模型解决问题”这一做法并不合适。(详可见孙兴华，“如何理解与把握‘数量关系’主题的教学——马云鹏教授、吴正宪老师访谈录(四)”，《小学教学》，2022年第10期)因为，它们在总体上都未能超出“就题论法”这样一个层面，而这恰又应成为这方面教学工作更高的一个追求，即超出“就题论法”上升到“就题论道”，也即我们如何能够通过日常的数学教学特别是“解题教学”

帮助学生逐步地学会思维，努力提高他们的思维品质。(3.3 节)

总之，我们既不应超越学生的发展水平盲目地去追求所谓的“高水平发展”，同时又应很好地认识并充分发挥“结构化思维”的指导作用。特别是，无论就课程内容的组织或是相应的教学活动而言，我们都不应停留于相关内容的“结构化整合”，而也应当十分重视“高层次观点”的指导与渗透，切实做好“居高临下”，包括超越原有认识在更高的层面实现新的整合，即应当用动态的观点看待所说的一致性和统一性，并应将此奠基于认识的不断发展与深化。

最后，如果将分析对象扩展到几何学习，这显然也是我们应当深入思考的一些问题，即我们究竟应将“测量”与“图形的认识”看成并列的两项内容，还是看成认识发展的两个不同层次？再者，这一方面的工作又是否应当局限于以“实际操作”为基础的整合，还是应当通过认识的发展在更高层面实现新的整合，包括由单纯强调“测量”过渡到图形之间关系的分析？

容易想到，这事实上即可被看成冯·希尔夫妇关于几何思维发展不同水平的分析的一个直接结论，即我们应将“测量”与“图形的认识”看成两个不同的水平。进而，从同一立场我们显然也可对以下问题做出自己的分析，即我们应当如何认识“图形的位置”与“运动”，以及“图形的认识和测量”与“图形的位置与运动”之间的关系，特别是，我们究竟应当如何理解“结构化整合”这一思想在这方面的具体体现和实际应用？

还应提及的是，从同一角度我们也可更好地认识解析几何创建的意义，包括这样一点，即我们究竟应当特别强调“数”和“形”的整合或统一，还是应当更加重视两者的必要互补，特别是，我们如何能依据情境和需要在这两者之间做出灵活的转换？

综上可见，“课程内容结构化”确应被看成一个正确的方向。但我们又应高度重视对其涵义的正确理解，特别是，应防止与纠正这样一种片面性的理解，即仅仅强调了不同内容的一致性与整合性，却未能对认识的发展性与层次性予以足够的重视。

进而，这方面的教学又应很好地落实这样一个要求，即“居高临下，走向深刻”，我们并可将此看成“结构化教学”包括“课程内容结构化”的核心。

总之，这方面的工作还有很长的路要走，我们并应密切联系教学实践深入地开展研究，包括通过持续的努力达到新的理论高度！

3. “学习路径研究”之我见

以下再对近年来出现的“学习路径研究”这一新热点做出简要分析。具体地说，尽管这一论题从形式上看似乎与“结构化教学”特别是“课程内容结构化”有一定距离，但这事实上也是数学课程设置与课程实践应当避免的又一倾向，即教学目标与学习路径的过度细化以及对于教学程序的片面强调，因为，与对于“一致性与整体性”的片面强调相类似，这也可能对学生的思维发展造成消极的影响。

具体地说，如果说“基于学习路径分析的数学教学”是国内数学教育界在当前较流行的一种新的研究模式，那么，正是“学习路径研究”为此提供了必要的理论依据，尽管人们对于后者的具体涵义与主要作用不存在完全一致的认识。

例如，3.3 节中提到的由全美数学教师理事会组织编写的《数学教育研究手册》也用了专门一章对于“学习路径研究”做出介绍分析，即由洛巴托撰写的“学习轨迹与进程的分类系统”这样一篇文章。这并是相关作者在文中特别强调的一点，即人们对于“学习路径研究”的涵义具有多种不同的理解，现实中更存在多种不同的研究范式，它们并都可以说既有一定优点（“优势益处”），也有一定的不足之处（“权衡”）。例如，我们究竟应以个人还是群体作为路径研究的直接对象？我们又应以何者作为区分学习进程不同阶段的主要标志？更重要的是，相关研究主要应被看成一种规范性还是描述性的工作，抑或只是一种有待于检验与修正的假设？

那么，究竟何者又可被看成“学习路径研究”主要意义？

具体地说，正如 3.3 节中所提及的，这是过去这些年的课改实践为我们提供的一个重要启示或教训，即教学中我们不应唯一地强调“过程”，却完全不考虑“结果”，而应“过程与结果并重”。进而，相对于单纯地强调“目标为本”，这又应被看成更加重要的一个认识，即我们不仅应当清楚地认识目标，也应进一步去研究所说的目标如何才能得到实现，也即什么是实现目标的具体路径。显然，这也清楚地表明了“学习路径研究”的主要意义：所谓“学习路径”，无非就是指“学生为达到某个目标而进行学习所要经历的可能路径”。（西蒙语）也正因此，“学习路径研究”就十分有助于我们提升教学的有效性，即能够真正做到“心中有底”“行之有效”。

当然，又如上面所已提及的，在做出上述肯定的同时，我们也应清楚地认识到这样一点：多种不同观念或研究范式的存在清楚地表明了这一方面研究成果的假设性质。这也就是指，“先验学习轨迹总是假设性的……在儿童参与数学活动时，教师必须根据他们的互动创建儿童数学的新模型”；“在教学和分析之前，老师或者研究者已经计划了一个假定的学习轨迹，然而，实际学习轨迹就是在教学中共同产生的数学知识或者是研究人员回顾性分析的结果”。（洛巴托，“学习轨迹与进程的分类系统”，载蔡金法主编，江春莲等译，《数学教育研究手册》，人民教育出版社，2021，第 87 页）由此可见，相对于以下的工作建议，即“基于学习路径的数学教学，应当有以下几个步骤：理解学习目标、确定学习起点、分析学习路径、设计并实施教学任务”（章勤琼等，“基于学习路径分析的小学数学单元整体教学思考框架”，《小学教学》，2021 年第 3 期，第 13 页），我们就应做出如下的重要补充，即应当在上述模式中增加“回顾性分析”这样一个环节。因为，只有这样，我们才能实现认识的不断发展和深化，包括对学习路径的相关假设做出必要的改进，并最终达到改进教学的目的。

进而，正如对于课程规范性质的不恰当强调，我们显然也应明确反对因“学习路径研究”而导致对于教学工作的过度规范（当然，对此我们也可看成“课程的过度规范”的一个具体表现），特别是，我们应明确反对这样一些做法，即关于教育目标与学习路径的过细分析，以及教学工作的“程序化”。例如，主要地也就是在这样的意义上，以下可被看成这方面工作的一个“反例”：

［例 4］ 分数除法学习的路径分析（引自黄荣金等，“实施基于学习路径分析的小学数学教学，促进学生学习和教师成长”，《小学教学》，2021 年第 3 期，9—12；第 4 期，4—7）。

这是相关学者在对“基于学习路径的小学数学教学”做出说明时给出的一个实例，其直接论题是“分数除法教学”，即主要集中于这样一个问题：为了帮助学生较好地掌握分数除法，我们应当按照一条什么样的路径进行教学？

以下就是这一文章提供的解答：

(1) 与原有知识联系(整数除法,包括等分除和包含除)。例如,$10\div2$。任务1(略)。

(2) 分数除以整数(当分子是除数的整数倍时),例如,$\frac{4}{5}\div2$。任务2(略)。(注:我们希望学生通过理解等分除来理解这个任务)

(3) 分数单位除以整数,例如,$\frac{1}{3}\div2$。任务3(略)。(注:我们希望学生通过理解等分除来理解这个任务)

(4) 分数除以整数(当分子不是除数的整数倍时),例如,$\frac{3}{4}\div2$。任务4(略)。(注:我们希望学生通过理解等分除来理解这个任务)

(5) 1除以分数单位,例如,$1\div\frac{1}{3}$。任务5(略)。(注:这个问题用到了包含除……我们希望学生通过理解包含除[重复减]来解决这个问题)

(6) 整数除以分数单位,例如$2\div\frac{1}{3}$。任务6(略)。(注:我们希望学生将这个问题与任务5进行联系,并且认识到该任务的答案是任务5的2倍。因此,$2\div\frac{1}{3}=2\times(1\div\frac{1}{3})=2\times3=6$)

(7) 同分母分数相除,例如,$\frac{2}{3}\div\frac{1}{3}$。任务7(略)。(注:这个问题用到了包含除……我们希望学生通过理解包含除[重复减]来解决这个问题)

(8) 分数除以分数,例如,$\frac{1}{2}\div\frac{1}{3}$。任务8(略)。(注:这个问题用到了包含除……)

以下则是笔者希望读者深入思考的一个问题:上述的路径分析是否合理,特别是,我们是否应当将此看成相关教学必须遵循的硬性规定?

这并是笔者面对上述设计自然想到的一个问题:这与国内曾一度流行的“小步走”有什么不同?进而,笔者对这一教学设计的有效性也有很大疑问,而这事实上也是相关文章中直接提到的一个事实,即这一内容的教学在中国只需2个课时,在美国则要用5个课时去完成。再者,由于“最终的学习目标是让学生发现分数除法的算法”，因此，笔者以为，我们在此又应进一步去思考：上述的教学设计究竟给学生的主动探究(更恰当地说，应是学生的积极思考)留下了多少空间(和时间)？或者说，这究竟应当被看成真正的“启发式教学”，还只是“假探究，真灌输”的一个实例？建议读者可通过要求学生说出“算法”背后的“算理”对此做出自己的判断。

以下再联系“课程内容结构化”对这一论题做出进一步的分析。

具体地说，相对于不加区分地强调“学习路径分析”，我们也应清楚地认识到这样一点：这一方法主要适用于具有较长时间跨度的学习内容，而且，相对于突出强调所谓的“教学程序”，特别是关于“学习路径”的过细分析，我们又应更加重视关于认识不同层次或阶段的分析。因为，这正是这方面更重要的一个事实，即学生的数学学习必定有一个不断发展、逐步深化的过程，对此往往又可区分出一定的层次或阶段，后者并应被看成这方面认识深入发展最重要的标志。总之，这即可被看成“学习路径研究”的主要意义，即提供了“对学生在学习或探索一个长时间跨度的主题过程中逐渐形成复杂思维方式的描述”。(NRC)

应当提及的是，后者事实上也是上述综述性文章所默认的一个事实：“虽然通过概念重组构建新图式的纵向学习与路径或进程这一隐喻一致，但是横向学习涉及通过对图式的创新运用来创建与当前图式处于同级的新图式与路径或进程这一隐喻不一致。”(洛巴托，“学习轨迹与进程的分类系统”，同前，第97页)这也就是指，“基于学习路径分析的数学教学”主要适用于认识的纵向发展，而不是横向的扩展。

应当再次强调的是，这并是这方面工作应当切实避免的一个做法，即任务与路径分析的过度细化，特别是对于“教学程序”的不恰当强调。从更加宏观的角度看，我们又应将对课程规范性质的片面强调也包括在内。因为，相关做法不仅未能给教师的教学创新留下足够的空间，而且，由于未能充分考虑到学生中必然存在的个体差异，从而就很可能对部分学生的学习产生抑制的作用。例如，上面所提到的“分数除法教学”显然也可被看成后一方面的一个实例，这并是一般所谓的“小步走”最大的一个弊病。

进而，为了促进学生认识的发展，特别是如何能够上升到一个更高的层次，与单纯强调相应的“学习路径”或“教学程序”相比较，我们显然又应更加重视“总结、反思与再认识”的工作，并应使之真正成为学生的自觉行为。

容易想到，后者也是数学课程开发与数学教材编写应当特别重视的一个问题。

4.3 “数学核心概念”的审思

上面已经提到，就当前而言，无论是数学教育目标的界定，或是数学课程的开发，包括具体的教学活动，都离不开“数学核心概念”，从而我们自然就有必要从理论层面对此做出分析审视，特别是，我们究竟为什么要引入“数学核心概念”，后者又能否很好地承担起所赋予它的重要责任，还包括各个版本的“数学课程标准”所引入的各个“核心概念”的恰当性？

1. “核心概念”的作用

就国内而言，对“核心概念”的强调显然可以被看成从2001年起实施的新一轮数学课程改革，特别是三个版本的数学课程标准的共同特征。按照相关人士的看法，借此我们就可在数学教育目标与具体课程内容之间建立必要的联系，即为我们如何能够通过具体知识内容的教学很好地落实数学教育目标提供具体的途径。这也就如马云鹏教授所指出的，“核心概念提出的目标之一，就是在具体的课程内容与课程的总体目标之间建立起联系。通过把握这些核心概念，实现数学课程目标”。（“数学：‘四基’明确数学素养——《义务教育数学课程标准（2011年版）》热点问题访谈”，《人民教育》，2012年第6期，第43页）当然，所谓的“素养导向”又可被看成《义务教育数学课程标准（2022年版）》与先前版本的一个重要不同，这也就是指，对于数学教育目标我们不应单纯地从本学科的视角进行分析，而应跳出这一圈子过渡到教育的整体视角，即应当认真地思考我们如何能够通过数学教学很好地落实立德树人这一教育的根本任务，努力提升学生的核心素养。也正因此，这就可以被看成“新课标”所赋予“数学核心概念”的又一重要责任，包括我们为什么又应特别重视“课程内容结构化”：“课程内容的组织，重点是对内容进行结构化整合，探索发展学生核心素养的路径。”（中华人民共和国教育部，《义务教育数学课程标准（2022年版）》，同前，第3页）“课程内容结构整合为落实核心素养找到了抓手。”（丁锐，“新课标中为什么强调程内容的结构化——马云鹏教授、吴正宪老师访谈录[一]”，同前，第5页）由此可见，我们又应将“核心概念”与“结构化”紧密地联系在一起：“结构化要求学生不仅要学习单个内容，记住某个概念，还要掌握内容之间的关联，体会知识的本质，而建立这些关联的关键就是核心概念，也就是大概念、大观念。”（丁锐，“新课标‘数与运算’主题的结构化及核心概念——马云鹏教授、吴正宪老师访谈录（三）”，同前）

进而，由于先前两个版本的“课程标准”没有明确提及所谓的“核心素养”，因此，以下的论述从形式上看就有点脱节，但仍然可以被看成反映了相关人士在这一方面的自觉反思：“核心素养具体怎么落实，在前两次的课标中一直没有很好地解决。”进而，就我们当前的论题而言，这显然也就更清楚地表明了深入思考这样一个问题的重要性：我们是否可以将“核心概念”看成努力提升学生核心素养的有效途径？

具体地说，正如4.2节的分析论述所已表明的，如果我们仅仅着眼于“课程内容结构化”，并将“整体性、一致性和阶段性”看成后者的主要涵义，那么，所说的“核心概念”或许就能起到这样的作用，即我们或许可通过“核心概念”涵义的具体解释指明课程内容的整体性、一致性和阶段性。但是，上面的论题已经超出了“课程内容结构化”这样一个范围，即直接涉及数学教育的主要目标，因此，我们就应对此做出更深入的分析。例如，这就是我们在这方面应当认真思考的一个问题，即为了清楚地说明“核心概念”与“核心素养”之间的联系，我们是否应在这两者之间再加上“数学核心素养”这样一个概念？这并是这方面的一个明显事实：尽管“新课标”中没有明确引入后一概念，但这在各种解读性的文章与辅导报告中又可以说具有很高的出镜率。当然，从根本上说，这正是我们必须认真思考的一个问题，即我们为什么可以由“核心概念”直接跳到“核心素养”？

具体地说，这或许可被看成一个简单的处理方法，就是将“核心概念”与“核心素养”直接等同起来，如将“核心概念”直接定义为“核心素养在数学领域的主要表现”。但是，对于这一做法的合理性我们显然应当做出必要的说明与论证。另外,按照这一做法,我们似乎也就完全没有必要再去论及所谓的“素养导向”,而只需继续采取先前的分析路径,即主要围绕“核心概念”进行分析论述就可以了。当然,这也可被看成这一做法的一个直接推论,即“新课标”中围绕“课程目标”所做的种种分析,包括关于“核心素养内涵”(“核心素养的构成”+“在小学与初中阶段的主要表现”)、“总目标”与“学段目标”的分析,就都成了纯粹的词语游戏,或者说,为了体现“素养导向”而做的表面文章!

进而,这当然也是一种可能的选择,即将“核心概念”直接纳入数学课程目标,或者更准确地说,正如1.2节中所提及的,将此看成“关于数学教育目标的一个层层递进的完整体系”中的“中间目标或过渡目标”(孙晓天语)。但是,按照这样一个说法,在所说的“中间目标”与“顶层目标”之间就存在明显的间距,这也就是指,先前所提及的在“核心概念”与“核心素养”之间所存在的巨大间隔并没有真正的消除。(当然,又如前面所提及的,我们应对这样一个问题做出清楚地说明,即我们为什么可以将所谓的“三会”看成数学教育的“顶层目标”,或者说,我们为什么就可以此直接取代“努力提升学生的核心素养”这一整体性的教育目标,或是将此看成后者在数学教育领域中的集中体现?)

综上可见,这就是我们在这方面应当认真思考的一个问题:究竟什么是“核心概念”的主要作用,进而,现今所论及的“核心概念”又能否很好地承担起赋予它的重要责任?

以下则是笔者在这方面的具体看法:“核心概念”的主要作用是有助于人们跳出各个细节实现整体性的理解。进而,尽管对此我们可以区分出一定的层次,但这主要地又应被看成是从数学知识的掌握这一角度进行分析思考的,而且,即使我们将所谓的“三会”也考虑在内,这也未能真正超出数学的范围,即未能很好地实现向“努力提升学生的核心素养”这一教育整体性目标的必要过渡。对此我们并将在下一小节中做出进一步的分析。

也正因此,尽管“核心概念”的提出对于课程设计和课程实践都有一定的指导作用,特别是,有助于我们更好地认识不同内容之间的一致性与整合性,包括学生认识的发展性和层次性,但这距离我们如何能够很好地实现数学教育目标还有较大的距离,或者说,这应被看成这方面工作的真正难点,即我们如何能由所说的“核心概念”过渡到真正意义上的“核心素养”。

进而，又如我们反复强调的，这里的关键仍在于我们必须跳出狭隘的专业视角并从更广泛的角度进行分析思考，这并可被看成“素养导向”给予我们的主要启示或主要诉求。如果借用“深度教学”的论述，这也就是指，我们应当通过课程设计与课程实践帮助学生超越具体知识和技能深入到思维的层面，由具体的数学方法和策略深入到一般性的思维策略与思维品质的提升，并能由主要是在教师（或书本）指导下进行学习逐步转变为主动学习，包括善于通过同学间的合作与互动进行学习。从而真正成为学习的主人。(3.4 节)

最后，正如3.3节中所已指出的，即使我们仅仅着眼于知识的掌握，特别是，如何能够帮助学生超越各个细节建立起整体性的认识，仅仅强调“核心概念”也还不够，而应注意更多的方面：(1)理清发展线索，突出“核心问题”。(2)重要数学思想的梳理，即与学习内容密切相关的“概念上很强大的思想”与普遍性的数学思想方法的梳理。(3)“大道理”的剖析。从而，无论是课程的设计或是教材的编写就应对此予以足够的重视，特别是，应很好地凸显隐藏于各个具体数学知识背后的重要数学思想，从而不仅有助于一线教师将数学课真正“教活、教懂、教深”，同时也可为我们很好地实现由具体知识经由“数学地思维”向“通过数学学会思维”的过渡提供具体的途径。应当提及的是，这也正是我们为什么要对“小学算术与几何内容蕴涵的重要数学思想”做出专门分析的主要原因。这并是4.4节的具体内容。在此我们将首先对各个版本的“数学课程标准”所提及的各个“核心素养”的恰当性做出简要的分析。

2. 知识教学视角下的“核心概念”

以下是笔者多年前针对《义务教育数学课程标准(2011年版)》中所提到的10个“核心概念”(数感、符号意识、空间观念、几何直观、数据分析观念、运算能力、推理能力、模型思想、应用意识、创新意识)提出的两点疑问(详可见“《数学课程标准(2011)》的‘另类解读’”,《数学教育学报》,2013年第1期；或《郑毓信数学教育文集》,同前，第5.5节)：

(1) 这些概念明显地不属于同一层次。具体地说，其中的大多数概念，即“数感”“符号意识”“空间观念”“几何直观”“数据分析观念”“运算能力”“推理能力”“模型思想”等，显然都与具体知识内容的学习密切相关，尽管其中所提到的“运算能力”和“推理能力”等又应说涉及更多的方面。与此相对照，所谓的“应用意识”特别是“创新意识”则显然应当被看成属于更高的层次。由此可见，正如“数学课标研制组”前负责人所指出的，“这些核心概念的分类，还没有非常严格的严谨性在里面。……也许我们数学教育的研究基础还不足以做一个很好的分类”。(唐彩斌等，“数学课程改革这十年——教育部基础教育课程教材发展中心刘坚教授访谈录”，《小学教学》，2012 年第 7～8 期)

(2) 这 10 个概念也不能被看成已经覆盖了基础教育各个阶段数学教学的主要内容。

例如，与数学的“三个特征”相对照，除去“推理能力”和“模型思想”以外，我们是否也应将“抽象能力”看成“核心概念”又一重要的涵义？再者，由于“策略思想”对于数学显然也有特别的重要性，因此，我们是否又应在“核心概念”中再增加“策略思想”这样一项新的涵义？

在此还应强调这样一点：由于从《义务教育数学课程标准(2011 年版)》到《义务教育数学课程标准(2022 年版)》已有 10 多个年头过去了，因此，我们又应认真地去思考，在上述方面是否可以看到重要的进步？

上述问题的答案应当说十分明显，因为，只需将前面所提到的 10 个“核心概念”与《义务教育数学课程标准(2022 年版)》中小学阶段的 11 个“核心概念”(数感、量感、符号意识、运算能力、几何直观、空间观念、推理意识、数据意识、模型意识、应用意识、创新意识)和初中阶段的 9 个“核心概念”(抽象能力、运算能力、几何直观、空间观念、推理能力、数据观念、模型观念、应用意识、创新意识)加以对照比较，就可看出，除去前者增加了“量感”这样一个新的涵义，后者将“数感”“量感”与“符号意识”合并成了“抽象能力”，以及词语上的个别调整，“新课标”在这一方面应当说没有任何重要的变化，从而也就明显地表明了这方面研究工作的相对滞后。

由以下分析相信读者即可对上述结论有更清楚的认识：除去 4.2 节中已提及的是否应将“量感”纳入“核心概念”这样一个问题以外，我们还应认真地思考是否应将“创新意识”列入“(数学)核心概念”这一范围。因为，后者显然具有很大的普遍性，而非专门针对数学教育而言。进而，除去“创新意识”以外，应当说还有很多类似概念也具有同样的性质和重要性，如“问题意识”“目标意识”“精品意识”等,从而我们是否也应当将它们一并纳入到“核心概念”之中? 但是,后一做法显然会造成“核心概念”在数量上的极度扩展,从而也就直接违背了“核心概念应当少而精”这样一个共识。

笔者在这方面还有这样一个具体看法:从数学教育的角度看,与其泛泛地去谈论“创新意识”,我们应当更加强调“优化意识”,因为,后者显然具有更大的针对性,并为数学教育应当如何培养学生的创新意识指明了重要的途径。容易想到,我们事实上也应从同一角度对“问题意识”“目标意识”等做出进一步的分析研究。

其次,也正是从知识的整体掌握这一角度进行分析,笔者以为,中国旅美学者马立平博士的相关文章“美国小学数学内容结构之批评”(《数学教育学报》,2012 年第 4 期)也应引起我们的高度重视,因为,尽管后者的直接分析对象是美国的“数学课程标准”,但以此为背景仍然有助于我们更清楚地认识这方面已有工作的不足。

具体地说,无论是国内各个版本“数学课程标准”中关于“核心概念”的论述,或是国际上关于“课程标准”所普遍采用的论述方式,都应说与先前各类数学教学大纲中的相关论述有很大不同。具体地说,前者采取的都是“条目并列式”这样一种表述方法,即从总体上指明了数学课程设计应当很好地突出的各个“核心概念”或“标准”;后者采取的则是“学科核心式”的表述方式,即更加注重针对具体教学内容去指明相应的要求。

以下则是马立平博士在这方面的主要看法:由两者的比较我们即可清楚地认识“条目并列式”的不足,即这对于人们应当如何从事课程设计与课程实践,特别是各个具体内容的教学不具有很强的针对性。另外,这也是她在这方面的一个具体看法:美国在这一方面的工作明显地表现出了“不稳定、不连贯、不统一”这样一个特点,从而就必然地会对实际教学工作造成严重的消极影响。

当然,正如 4.2 节中所指出的,“条目并列式”或许即可被看成较好地体现了不同内容的整体性与一致性。另外,笔者以为,这或许也就是《义务教育数学课程标准(2022 年版)》在对“核心概念”做出论述时为什么要专门加上这样一个说明的主要原因,即希望借此可以很好地体现学生认识的发展性和层次性，包括我们为什么又要对小学阶段与初中阶段的“核心概念”做出一定的区分：“核心素养……在不同阶段具有不同表现。小学阶段侧重对经验的感悟，初中阶段侧重对概念的理解。”（中华人民共和国教育部，《义务教育数学课程标准（2022 年版）》，同前，第 7 页）但是，在做出上述肯定的同时，笔者以为，我们又应清楚地看到这样一点：这些改变尚不足以很好地解决“条目并列式”针对性不够这样一个主要弊端。

笔者在这方面还有这样一个具体看法：如果我们认为通过词语上的简单区分，如对于“感（悟）”“意识”“观念”“直观”“能力”等的明确区分，就可有效提升相关论述的针对性，包括很好地体现认识发展的阶段性，恐怕也过于乐观了。因为，我们在此首先就应对这些词语的意义，特别是相互之间的关系与区分做出清楚的说明，包括这与它们的日常用法又有什么不同。更重要的是，这充其量也只是提供了一个表面的解决，而不能代替更深层次的理论分析。对此例如读者就只需将这方面的相关论述与由 4.4 节中关于基本数学思想的分析加以对照比较就可有清楚的认识。

最后，笔者以为，《义务教育数学课程标准（2022 年版）》中的以下论述事实上也可被看成“条目列举式”的一种延续，尽管这从形式上看是与前面所提到的这样一个说法十分一致的，即“三会”与“核心概念”等可以被看成共同构成了“关于数学教育目标的一个层层递进的完整体系”：

“在义务教育阶段，数学眼光主要表现为：抽象能力（包括数感、量感、符号意识）、几何直观、空间观念与创新意识。……

在义务教育阶段，数学思维主要表现为：运算能力、推理意识或推理能力。……

在义务教育阶段，数学语言主要表现为：数据意识或数据观念、模型意识或模型观念、应用意识。”（中华人民共和国教育部，《义务教育数学课程标准（2022 年版）》，同前，第 5～6 页）

当然，上面的论述也可被看成进一步强化了这样一个错误的认识，即将“数学的眼光”“数学的思维”和“数学的语言”绝对地割裂开来了。更重要的是，我们显然也不应用这样一种观点去指导各个具体知识内容的教学，包括数学课程的设计与教材的编写。

3. “核心概念”的正确理解

以下再对《义务教育数学课程标准(2022 年版)》中所提到的若干“核心概念”的恰当性做出进一步的分析,这并集中体现了笔者的这样一个认识:我们既应明确反对这一方面工作的随意性,即随意地对“核心概念”做出调整和改变,从而自然也就会导致“不稳定、不连贯、不统一”这样的弊病,但又不应认为相关的论述一经提出就应始终保持不变,恰恰相反,我们应当通过积极的教学实践和深入的理论研究对所提出的各个“核心概念”的恰当性做出分析审视,包括必要的调整和修改。

以下就集中地对于与“数与代数”和“图形与几何”这两个主题密切相关的四个“核心概念”,即“数感”“符号意识”“空间观念”和“几何直观”,做出具体审视,希望能更好地发挥理论研究对于实际教学工作的指导与促进作用。当然,这两个主题应当说还涉及其他一些“核心概念”,如“运算能力”“推理意识”等,希望读者能联系自己的教学对此做出进一步的分析。

在此笔者将再次引用先前在这一方面已发表过的一些看法,尽管后者主要地是针对《义务教育数学课程标准(2011 年版)》而言的,但又正如前面所已指出的,由于《义务教育数学课程标准(2022 年版)》在这些方面并无任何重要变化,因此,相关分析在当前仍可说具有一定的启示意义,由此我们并可更清楚地认识到这样一点:为了将“数学课程标准”的修订工作做得更好,我们应当切实增强自身的问题意识,特别是,应对已有工作做出认真总结和深刻反思,包括必要的批评与审思。

第一,“数感”与学生“数感”的发展。

这是《义务教育数学课程标准(2011 年版)》中关于“数感”的论述:“数感主要是指关于数与数量、数量关系、运算结果估计等方面的感悟。建立数感有助于学生理解现实生活中数的意义,理解或表述具体情境中的数量关系。”(中华人民共和国教育部,《义务教育数学课程标准(2011 年版)》,北京师范大学出版社,2011,第 5 页)

以下则是笔者在这方面的主要看法:由于这直接涉及数与数量、数量关系与运算结果的估计等多个方面,因此,提出“数感”这样一个核心概念对于我们应当如何从事小学算术乃至中学代数的教学就有一定指导意义。但就这一目标的实现而言，我们又应清楚地认识到这样两点：

(1) “数感”的发展性质。

首先，对于这里所说的“数”我们应做广义的理解，即应当将自然数、小数与分数等同时包括之内。另外，就各种数的认识而言，又都涉及适当的心理表征的建构。例如，我们不仅应让学生通过数数认识各个具体的自然数，也应通过记数法的学习使学生“接触”到现实生活中很难直接遇到的各种“大数”，直至初步认识数的无限性，我们还应通过引入适当的直观表示(特别是“数轴”)帮助学生建立相应的视觉形象，从而形成更丰富的心理表征。再者，除去从“序数”的角度进行分析以外，运算的学习显然也可被看成从又一角度进一步丰富了我们对于自然数的认识。当然，我们也应帮助学生清楚认识“数量关系”的多样性，包括运算的多样性以及相等与大小比较等其他方面的研究。另外，就各种运算的具体实施而言，又都有一个不断优化的过程。例如，对于“单位数的加法”我们就可区分出三个不同的水平，这反映了主体对于数量关系认识的不断发展与深化。(详可见 4.4 节中的例 5)

总之，我们应当明确肯定“数感”的发展性质。这也就是指，这方面的认识必然有一个“从无到有，从粗糙到精确，由简单到复杂，由单一到多元”的发展过程。正因为此，相对于“建立数感”这一说法，“发展数感”就是更加恰当的一个表述。

当然，我们不应将发展学生的“数感”看成算术教学的唯一目标，因为，我们显然也应十分重视学生运算能力的培养与提升，还应高度重视“符号观念”与“代数思想”在算术教学中的渗透，或者说，应将此看成小学算术教学改革的一个主要方向。

最后，就教材编写与具体教学工作而言，笔者又愿特别强调这样一点：尽管我们应当十分重视数学与现实生活的联系，包括在课堂上努力创设相应的“情境”，但是，这方面的工作绝不应局限在此。

具体地说，通过与“语感”“乐感”“色彩感”等相关概念的比较我们即可清楚地认识“数感”在这方面的特殊性：由于相关对象并非物质世界中的真实存在，对此我们就不能简单归结为建立在感官之上的直接感知。

又如前面已多次提及的，这正是数学思维最重要的一个特征：即使就最简单的自然数而言，如1、2、3等，也都是抽象思维的产物，而且，在严格的数学研究中，无论所涉及的对象是否具有明显的现实意义，我们都只能依据相应定义和推理规则去进行推理，而不能求助于直观，即应当以抽象思维的产物作为直接的研究对象——正因为此，数学对象的性质就完全取决于它们的相互关系，或者说，我们必须依据相应的数学结构去把握各个具体的数学对象。由此可见，我们就应将关于"数量关系"的感悟纳入到"数感"之中。进而，就学生"数感"的培养而言，我们又不应局限于"情境和模型""问题与求解"等具有明显现实意义的活动，而应更加突出"'客体化'与'结构化'的思想"(详可见4.4节)，即应当更加突出数学思维的建构性质与数学结构的整体性质。

显然，依据上述分析我们又可引出这样一个结论：学生"数感"的发展事实上也就是学习数学思维的一个过程。

(2) 我们并应十分重视与"数感"直接相关的情感、态度与价值观的培养。

这是"数感"的一个基本涵义，即对于事物数量方面的敏感性，乐于计算，乐于数量分析，而不是对此感到恐惧，甚至更以"数盲"感到自豪。

我们并应十分重视由素朴情感向自觉认识的转变，特别是，应当超出单纯的工具观念，并从整体性文化的角度更深入地认识加强数量分析的意义。

正如1.4节中所提及的，这并可被看成中西方文化的一个重要差异：西方文化在很大程度上可被看成一种"数学文化"，对此例如由所谓的"毕达哥拉斯-柏拉图传统"就可清楚地看出，西方因此而形成了"由定量到定性"的研究传统，后者则就是导致现代意义上的自然科学在西方形成的重要原因。与此相对照，由于"儒家文化"的主导地位，我国的文化传统始终未能清楚地认识并充分发挥数学的文化价值。

由此可见，学生"数感"的培养也直接关系到了我们如何能够更好地承担起这样一个社会责任，即充分发挥数学的文化价值。

第二，"符号意识"与"代数思想"。

以下就是《义务教育数学课程标准(2011年版)》中关于"符号意识"的论述："符号意识主要是指能够理解并且运用符号表示数、数量关系和变化规律；知道使用符号可以进行运算和推理，得到的结论具有一般性。建立符号意识有助于学生理解符号的使用是数学表达和进行数学思考的重要形式。"(中华

人民共和国教育部,《义务教育数学课程标准(2011 年版)》,同前,第 6 页)

笔者在此则愿特别强调这样几点:

(1) 与"数感"一样,学生的"符号意识"也有一个后天的发展过程。又由于符号的认识和应用显然已经超出了单纯感悟的范围,即主要表现为一种自觉的认识,因此,《义务教育数学课程标准(2011 年版)》将原来的"符号感"改成"符号意识"就是比较合适的。进而,我们显然也可从同一角度去理解"代数思想"这一术语的使用,即表明主体的自觉程度有了进一步的提高。

从算术教学的角度看,笔者又愿特别强调这样一点:尽管小学数学已包含多种不同的符号,如数字符号、运算符号、关系符号等,但又只有联系"代数思想"进行分析,我们才能很好地理解"符号意识"的内涵与作用,这并应被看成小学算术教学改革的一个重要方向,即应在算术内容的教学中很好地渗透各种重要的数学思想,特别是"代数思想",从而不仅能够较好地做到居高临下,也能很好地体现教学的整体性。

具体地说,文字符号的引入显然即可被看成区分小学与中学数学学习的一个重要标志,而其一个主要的功能就是为数学抽象提供了必要的工具,后者并应被看成"代数思想"的一个重要内涵:"代数即概括。"(基兰语。详可见 2.4 节)

例如,从上述角度我们就可更好地理解这样一个建议:为了帮助学生更好地理解引入文字符号的必要性,我们在教学中应当很好地突出所谓的"表述问题",即如何进行表述才能避免不必要的重复,并做到更加有效?

当然,我们在教学中也应帮助学生清楚地认识到这样一点:文字符号的引入不只意味着语言的改进,即如何能够更精确、更简洁地进行表述和交流,也意味着数学研究对象的极大扩展。例如,只有从后一角度进行分析,我们才能很好地理解数学的这样一个特征:"数学谈论与数学对象常常相互滋生。"(mathematical discourse and mathematical objects create each other)这也就是指,数学中的语言活动常常与思维创造密切相关。当然,就当前的论题而言,我们又应特别重视帮助学生逐步地学会这样一种研究方式,即从纯形式的角度(即按照一定的法则)对符号表达式进行操作,这也就是指,我们在很多情况下应将符号表达式看成直接的研究对象,而不应始终集中于它们的表征意义。[显然,符号意义的上述变化也可被看成一个“客体化”的过程。进而,这又可被看成“符号意识”的进一步发展,即将字母看成变量——这样,“代数不仅仅成为关于方程和解方程的研究,也逐步发展成涵盖函数(及其表征形式)和变换的研究。”(基兰语。同前)]

总之,我们应将算法的应用看成数学符号的本质,这也就是指,不同于“缩写意义上的符号”,数学符号主要应被看成“操作意义上的符号”。值得指出的是,主要地也正是在这样的意义上,人们常常将韦达(F. Vieta, 1540—1603)说成“代数学”的创造者:尽管早在古希腊的时代人们就已开始用字母代表数,但是,正是韦达在历史上首次提出了这样一个思想,即我们可以用字母表示已知量和未知量,包括对此进行纯形式的操作。

当然,在明确肯定形式演算重要性的同时,我们又应看到,无论就代数的学习或是“代数思想”在小学算术教学中的渗透,我们都应切实做好“意义学习”——如果采取“符号化”的说法,这也就是指,数学中对于符号的应用应是有意义的,即不仅具有明确的目的,也应十分有效。进而,所说的“意义”既可能来自数学以外,也可能源自数学内部。

最后,由小学向中学数学的过渡当然也与方程的学习密切相关。但应强调的是,尽管用字母表示(未知)数确可被看成利用方程方法解决问题的必要前提,但着眼点的变化又应被看成由算术方法向方程方法过渡的关键,即我们应将着眼点由如何求取未知数,也即具体的运算过程转移到等量关系的分析。进而,这也正是人们提出如下断言的主要原因:“等价是代数中的一个核心观念。”(基兰语。同前)当然,由于我们在代数中已将方程的求解归结到了算法的应用,从而就不再需要任何特殊的技巧或方法,这样,解题的过程就被极大地简化了。

综上可见,只有联系代数思想进行分析,特别是很好地突出“概括的思想”“算法化的思想”与“等价的思想”,我们才能很好地理解“符号意识”的具体涵义。当然,我们在教学中又应很好地把握适当的“度”,既应做好居高临下,即努力做好高层次数学思想的渗透与指导,同时也能与学生的认知发展水平相适应。

在笔者看来,这事实上也可被看以下论述给予我们的主要启示:“低年级的代数思维涉及在活动中培养思维方式，……而且在根本不使用任何字母——符号的代数的情况下，学生可以参与到这些活动中，比如，分析数量之间的关系、注意结构、研究变化、归纳化、问题解决、模式化、判断、证明和预测。”（基兰，“关于代数的教和学研究”，载古铁雷斯、伯拉主编，《数学教育心理学研究手册：过去、现在与未来》，广西师范大学出版社，2009，第19页）“算术不（应）仅仅关注计算能力，它还应该通过数学知识活动，为学生提供机会，以便于他们奠定一个坚实的数学倾向的基础。……通过简单的例子，理解数学陈述与它们所模拟的情境（或者没有模拟）之间的关系，……学习猜想、论证（或多或少是非正规的）和证明（如在数字理论领域）的艺术，甚至从理想的角度来看，意识到作为‘数字’意义的激进的概念结构化的本质正在得到逐步的扩展。”（维斯切费尔等，“关于数字思维的研究”，载古铁雷斯、伯拉主编，《数学教育心理学研究手册：过去、现在与未来》，同上，第72页）

当然，我们在教学中又应特别重视帮助学生很好地理解这些活动的意义，即使之对他们而言成为真正有意义的。

(2) 对于“符号意识”我们也应联系“三维目标”做出进一步的分析理解。

具体地说，由于“符号意识”的形成主要是一个后天的过程，因此，从情感、态度与价值观的培养这一角度进行分析，我们在教学中就应努力促成这样一种变化，即应当帮助学生由对于符号的陌生、排斥逐步转变成为认同、亲切感，并乐于加以应用。

进而，这又可被看成一般的语言学习特别是外语学习给予我们的一个重要启示：学习一种新的语言就是进入了一种新的文化。当然，符号语言在这方面也有一定的特殊性，也正因此，就这一方面的教学工作而言，我们就应特别重视如何能够通过自己的教学帮助学生清楚认识超越直接经验的重要性，并能逐步养成这样一种习惯，即乐于与抽象的对象打交道，不断提高思维的精确性与简单性……

第三，“空间观念”之剖析。

首先，应当清楚地认识到这样一点：对于数学中所说的“空间”和“空间观念”我们不应等同于一般所说的“（现实）空间”与“空间观念”，如“空间是物质存在的广延性……是不依赖于人的意识而存在的客观实在”；“空间（和时间）

同运动着的物质是不可分割的……空间和时间又是相互联系的”;等等。

当然,这不是指我们不应帮助学生很好地认识在“数学空间”与“现实空间”之间存在的重要联系,后者事实上也是《义务教育数学课程标准(2011年版)》特别强调的一点,尽管相关论述所直接涉及的只是物体与几何图形之间的关系,而非真正的“数学空间”:“空间观念主要是指根据物体特征抽象出几何图形,根据几何图形想象出所描述的实际物体;想象出物体的方位和相互之间的位置关系;描述图形的运动和变化;依据语言的描述画出图形等。”(中华人民共和国教育部,《义务教育数学课程标准(2011年版)》,同前,第6页)

为了清楚地说明问题,建议读者在此还可具体地思考这样一个问题:上述的引言特别是其中的第一句和最后一句是否也可被看成“图画教学”,特别是培养学生绘画能力的具体标准,只不过后者使用的并非“数学语言”而是线条与色彩?再者,我们又是否可以将引言中的其余部分概括为“空间想象力”?

在笔者看来,这清楚地表明:尽管以“空间观念”的培养作为小学几何教学的一个重要目标没有什么不妥,但就这一方面的具体工作而言,又离不开抽象能力的培养,包括我们究竟应当如何理解数学中所说的“空间”。

具体地说,尽管正是客观事物为数学抽象提供了现实原型,但所有的数学概念又都是抽象思维的产物,更必定包含理想化、简单化与精确化的过程。例如,任何真实事物的形状都很难说是严格的圆(球)形,在现实世界中我们显然也不可能找到“没有大小的点”“没有宽度的线”等等。

以下则是这方面更重要的一些认识:

(1) 几何的研究对象并不局限于现实空间,也包括各种可能的空间。就小学几何的教学而言,这就是指,我们面对的不只是3维空间,也包括2维空间(平面)和1维空间(直线)。

这是数学思维的一个重要特征,即数学家往往会按照“由简单到复杂,由低(维)到高(维)”这样的顺序去从事研究,从而就与“日常的视角”表现出了明显的不同。

显然,按照上述分析我们就可对以下问题做出自己的解答,即就几何对象的引入而言,我们应当采取由“体”到“面”再到“线”这一与人们的日常认识活动较一致的认识顺序,也即将“面”定义为“体的表面”,将“线”定义为“面的边界”,还是应当采取如下的逻辑顺序:“点→线→面→体”?

但是,采用“逻辑(数学)的视角”究竟有什么优点?这是我们应当深入思考的一个问题。

事实上,只需稍作思考,我们就可发现上述的“日常处理方式”有一定缺点或内在的局限性。例如,按照这一顺序,我们在教学中是否也应首先引入立方体,再引入正方形和单位线段?同样地,我们又是否应当先讲体积,再讲面积,到最后再讲长度?

与此相对照,这则是按照逻辑顺序进行认识的主要优点,即可极大地提高学习和研究工作的效率。因为,通过“类比联想”等方法的自觉应用,我们就可以已获得的知识与经验作为基础更有效地从事新的认识活动。再者,将事物联系起来加以考察显然也有利于整体性知识结构的建立。

例如,从教学的角度看,“线段的度量”显然最为简单,而且,学生一旦获得了相关的知识和经验,就可为这一方面的进一步学习提供直接的基础。对此例如由“角的度量”与“线段的度量”的类比就可清楚地看出,后者即是指,在“角的度量”的教学中教师应当有意识地引导学生对已学过的“线段的度量”做出回忆,特别是,应当注意分析两者的共同点与不同之处,从而很好地发挥类比联想的作用。

具体地说,这正是两者的重要共同点:我们在此都应通过大小的比较认识度量(精确定量)的必要性;两者的具体实施又都以度量单位的确定和选用适当的度量工具作为直接的前提。两者的区别则在于:就“角的度量”而言,我们必须采用不同的度量单位、不同的度量工具和不同的度量方法,更重要的是,由“线段的度量”向“角的度量”的过渡并就意味着研究对象的重要扩展,即由1维过渡到了2维。

应当强调的是,研究对象由1维向2维的过渡极大地丰富了数学学习和研究的内容。对此例如由平面图形的研究就可清楚地看出:在此我们不仅涉及多种不同的平面图形,如三角形、四边形等,还因此而引入了诸多的新概念和新的研究问题。例如,如果说平面图形的“面积”可被看成是与线段的“长度”直接相对应的,那么,“周长及其度量”就是由于研究对象由1维过渡到2维所导致的新问题。当然,“角的度量”也可被看成后一方面的又一实例。

进而,按照逻辑顺序进行研究也十分有益于我们跳出相关的每一堂课,并从更大的范围进行分析思考,从而达到整体性的把握。例如,“平面图形的面积”的教学(详可见本章的例 8)就可被看成这方面的一个典型例子。

综上可见,除去《义务教育数学课程标准(2011 年版)》中已提到的各项内容以外,帮助学生清楚地认识“空间”概念的多样性,并能逐步学会按照逻辑的顺序进行认识,也应被看成以“空间观念”指导小学几何教学的又一重要涵义。①

第四,“几何直观”与“形象思维”。

以下就是《义务教育数学课程标准(2011 年版)》中对于“几何直观”的具体说明:“几何直观主要是指利用图形描述和分析问题。借助几何直观可以把复杂的数学问题变得简明、形象,有助于探索解决问题的思路,预测结果。几何直观可以帮助学生直观地理解数学,在整个数学学习过程中都发挥着重要作用。”(中华人民共和国教育部,《义务教育数学课程标准(2011 年版)》,同前,第 6 页)

其中,“利用图形描述和分析问题”显然可以被看成对于“几何直观”的具体界定。但在笔者看来,这一提法又具有明显的局限性。

首先,从功效的角度看,笔者以为,“形象思维”与“几何直观”相比显然具有更大的重要性。当然,我们在此也应先行对其具体涵义做出清楚的说明。

具体地说,数学中的“形象思维”主要可被看成是与“抽象思维”直接相对立。然而,由于抽象是数学最重要的特点,特别是,任一数学概念都是抽象思维的产物,因此,尽管数学中所说的“形象思维”确实具有“由抽象向具体的复归”这样一个涵义,但我们对此又不应简单地理解成由抽象的数学概念又重新回到了相应的现实原型。恰恰相反,这主要应被看成“抽象的具体”,即相应直观在抽象水平上的“重构”。

正因为此,对于数学中所说的“形象思维”我们就不应简单等同于一般意

① 从同一角度我们显然也可更好地理解“空间想象力”的具体涵义,特别是,这不仅是指“由几何图形想象出所描述的实际物体;想象出物体的方位和相互之间的位置关系……”,而且也是指我们如何能够通过类比联想“自由地”去建构“4 维空间”与其他更高维度的数学空间,包括其中的各种几何形体,如“超立方体”等。(详可见第三章的例 29)

义上的“形象思维”。具体地说，如果说“具体性”可被看成后者最重要的特征，那么，就数学中的“形象思维”而言，“具像性”(embodied)就是更加合适的一个表述，这也就是指，与一般所谓的“表象”相比，数学中的“形象思维”更明显地表现出了“想象”(或者说，“思维建构”)的特征。

例如，就平面图形的认识而言，无论是教师或学生都清楚地知道，我们的研究对象并非教师手中的那个木制三角尺，也不是教师在黑板或在纸上所画的具体三角形，而是更一般的三角形的概念。另外，尽管任一关于圆的图形和模型都不能被看成真正的圆，但这显然也不会妨碍我们以此为背景去研究圆的性质，包括在头脑中具体地建构出与“圆”的概念相对应的心理图像。

总之，数学中的“形象思维”应当说直接关系到了数学的这样一个特性：数学并非真实事物或现象的直接研究，而是以抽象思维的产物作为研究的对象。进而，对于数学研究我们又不应简单地理解成由概念定义出发的严格逻辑演绎，因为，这也直接涉及主体如何能在头脑中为此建构出适当的心理表征，包括适当的“心理图像”，后者并直接关系到了所说的“形象思维”。

再者，这又应被看成“形象思维”最重要的作用：借此我们可以更好地认识相关对象(这不仅是指数学概念和结论，也包括“问题”和“解题策略”等多种数学成分)的本质或特征，这也就是指，适当的“心理图像”的建构往往意味着主体的认识已由现象深入到了本质——显然，这也就更清楚地表明了在数学的“形象思维”与一般意义上的形象思维之间所存在的重要区别。

当然，这两者之间也有一定的共同点，特别是，所谓的“形象性”和“整体性”也可被看成数学中“形象思维”的重要特征。但是，由于后者主要应被看成“抽象的具体”，因此，与一般所谓的“直观性”相比，“直觉”就是更加合适的一个表述，这也就是指，数学中的“形象思维”并非建立在直接感官之上的感性认识，也不是逻辑推理的结果，而是反映了主体对于数学对象的直接洞察。

例如，这显然就可被看成以下论述给予我们的主要启示：“这些富有创造性的科学家与众不同的地方，在于他们对所研究的对象有一个活生生的构想和深刻的了解。这种构想和了解结合起来，就是所谓的‘直觉’，这里所指的意思与日常语言中惯用的意思没有共通之处，因为它适用的对象，一般说来，在我们感官世界中是看不见的。”“事实上，数学家的‘直觉’由于长期的习惯往往比感官直觉得出的概念内容要丰富，这就产生出一种奇怪的现象，即由感官直觉转移到完全抽象的对象上。……许多数学家似乎从其中发现了他们研究工作的精确指南。"（迪多内语）

总之，与"形象思维"相比，"几何直观"这一概念应当说过于狭窄了，这也就是指，我们应以"发展学生的形象思维"作为几何教学乃至全部数学教学的一个重要目标。

那么，我们究竟应当如何培养学生的形象思维——如果仍然使用"几何直观"这样一个术语，这也就是指，我们在教学中应当如何培养学生的形象思维与几何直观？

以下就是这方面的一些具体建议：

(1) 应当高度重视数学对象"心理图像"的建构。

事实上，恰当心理图像的建构对于任何一个数学概念乃至数学结论和证明的学习都具有特别的重要性，更是发展"形象思维"十分重要的一环。当然，正如前面的论述所已表明的，对于所说的"心理图像"我们又不应简单理解成直观的几何图形。

就这方面的具体工作而言，我们又应特别重视由"动手"向"动脑"的过渡，即应当注意引导学生由外部的实际操作（包括实物操作与计算等）转向内在的思维活动，从而很好地实现"活动的内化"，包括建构起适当的心理图像。

(2) 与单纯地强调"形象思维"特别是借助图形进行思维相比，我们又应更加重视"数形结合"，这也就是指，我们不仅应当帮助学生为各种数学概念和结论建立恰当的"心理图像"，而不要"得意忘'形'"，也应帮助他们很好地做到"胸中有数"，即应高度重视事物和对象的数量分析。

当然，就这方面的具体工作而言，我们又应高度重视认识活动的个体特殊性，而不应过分强调教学的规范性与认识的统一性。例如，尽管这是这方面的一个基本事实，即"只要有可能，数学家总是尽力把他们正在研究的问题从几何上视觉化"（柯尔莫戈洛夫语），但后者又不应被看成数学思维唯一可能的形式。例如，著名数学家、数学教育家波利亚就曾明确提及，"关键词"的应用是他思维的一个重要特征。

当然，在充分尊重学生的个体特殊性的同时，我们又应坚持促进学生的思维发展,特别是,与片面强调逻辑思维或形象思维("几何直观")相比,我们应更加重视两者的必要互补,从而为学生的进一步发展打下良好的基础。

正如前面已多次提及的,这显然也应被看成数学概念心理表征多元性的一个直接结论,即除去"数"和"形"以外,我们还应注意到更多的方面。而且,与唯一强调其中的某些方面相比较,我们又应更加重视不同方面之间的灵活转换与适当整合。

最后,还应强调的是,尽管上述分析主要集中于小学数学教学,我们仍可由此引出这样一个普遍性的结论,即与唯一强调"核心概念"的学习与落实相比,我们应当更加重视理论研究与教学实践的积极互动,特别是,应以实际教学活动为背景更深入地开展研究,包括对各种理论主张做出必要的检验与改进。

显然,这也是课程建设与课程实践应当特别重视的一项工作。

4.4　小学算术与几何内容蕴涵的重要数学思想

前面已经提到,这是数学课程开发与教材编写,以及实际教学工作都应努力实现的一个目标,即应当通过具体知识内容的教学帮助学生逐步学会数学地思维,并能进一步过渡到学会思维,努力提升思维的品质。显然,为了实现这一目标,我们首先就应做好这样一个奠基性的工作,即弄清什么是与各个具体内容直接相关的重要数学思想。以下就针对小学算术与几何内容的教学对此做出具体分析。

1. "数的认识"与数学思想

第一,自然数的学习与数学思想。

这是笔者在这方面的总体想法:就小学1、2年级的数学教学特别是自然数的认识而言,除去具体知识与技能的学习,我们又应高度重视帮助学生很好地实现由"日常数学"向"学校数学"的过渡,即能够初步地学会用数学的视角与方法看待事物与现象,分析和解决问题。正如前面所指出的,这并主要是一个"了解与适应"的过程。

具体地说,自然数的学习主要涉及这样三个重要的数学思想:

(1) 比较与“一一对应”的思想。这不仅与自然数的认识密切相关,还具有超出这一内容更普遍的意义:在不少学者看来,“比较”即可被看成一切认识活动包括学习活动最基本的形式。(详可见5.2节)当然,我们在数学中所关注的又只是事物的量性特征,特别是数量关系和空间形式。进而,借助“一一对应”我们则可以对不同对象(严格地说,应是“离散性对象”)在数量上的多少做出具体判断,包括两者在数量上是否相等,这也就是所谓的“等数性”。

应当强调的是,即使就这样一种最基本的认识活动而言,相关能力也有一个逐步提升的过程,即由实物间的对照比较过渡到实物与抽象物(“数”)以及抽象物与抽象物之间的对照比较。具体地说,只有能在实物与自然数之间建立一一对应,学生才能被看成真正具备了计数的能力。另外,“倍数关系”的引入则可被看成后一方面的一个实例:我们在此是将两个数中较小的一个看成了新的比较单位,即将原始意义上的“多”看成了“一”,这并可被看成“一一对应”的思想在更高层次的应用。

(2) “客体化”与“结构化”的思想。这不只关系到了学生抽象能力的培养,我们还应帮助他们很好地认识数学抽象的特殊性,后者即是指,这主要应当被看成一种建构的活动,我们并应对抽象思维的产物与其可能的现实原型或真实意义做出明确的区分。再者,我们又不应将各种数学对象看成互不相关的。恰恰相反,它们的性质完全取决于它们的相互关系,从而,数学抽象就是一种整体的建构,我们并由此获得了一个十分丰富又井然有序(或者说,具有明确结构)的“数学世界”。

借助一般所谓的“网络”我们即可对“数学结构”的丰富性有更清楚的认识:如果将各个自然数想象成一个一个的点,数与数之间的联系(对此应做广义的理解:这不只是指运算关系,还包括大小关系等)则用线段来表示,这时我们所面对的就是一个十分丰富的网络。

随着学习的深入,我们还应帮助学生很好地认识“数学网络”的发展性质。

(3) 优化的思想。前面已经提及,“优化”可以被看成数学学习的本质,这在自然数的学习过程中也有明显的表现。例如,就学生关于自然数加法的学习而言我们就可区分出若干不同的水平或阶段。

［例 5］ 自然数加法的不同水平(详可见 K. Fuson, "Research on Whole Number Addition and Subtraction", *Handbook of Research on Mathematics Teaching and Learning*, ed. by D. Grouw, Macmillan, 1992)。

首先,就"单位数的加法(或者说,20 以内数的加法)"而言,我们就可区分出这样三个不同的发展水平:(1)从头数起;(2)"简化的计数程序":从第一个加数"继续往后数";(3)已知事实的应用。如 $9+7=(9+1)+6=10+6=16$。

其次,如果说通过计数完成计算正是上面几个算法的共同特征,那么,竖式的引入就意味着计算方法的重要进步,特别是,只有依靠后者我们才能彻底解决"多位数加法"的问题。应当强调的是,计算方法的这一变化并直接关系到了学生观念的变化,对此我们可分别概括为"单一性概念结构"和"多单位概念结构",因为,这正是学生掌握竖式计算的一个必要条件,即清楚地认识到除去"个"以外我们在计算中还可用到多个不同的单位,也即"十""百""千"等。

再者,就所说的"多单位概念结构"而言,我们又可进一步区分出以下两个不同的发展水平:"组合式多重单位"与"序列式多重单位"。具体地说,在前一种情况,各个单位,如"十""百""千"等,都被看成是由最基本的单位("个")依次组合而成的,也正因此,与任一多位数包括多位数的加减运算相对应的就是一种"组合式"的心理图像;在后一种情况下,所说的"十""百""千"等则已成为了相对独立的认识单位(chunk),正因为此,在实际从事多位数的计算时,这时学生采取的就是一种"跳跃式"的计数方法,如"10,20,30,…"而不再是"10,11,12,…,20,21,…"显然,与前者相比较,后一认识更加先进,并意味着对于"实物操作"这一水平的重要超越。

另外,减法与乘法的引入显然也可被看成"优化"的典型例子,即除去加法以外我们为什么还要引入减法与乘法?就前者而言,我们还应提及这样一点:这可以被看成"逆向思维"的具体体现,这并是"学校数学"相对于"日常数学"的一个重要优点,即有益于学生逐步学会从相反的方向进行分析思考。

第二,"数"的扩展与数学思想。

以下再针对"数"的扩展,特别是小数与分数的学习对于相应的数学思想做出简要分析。具体地说,除去前面已提到的各种数学思想,这还涉及以下几个数学思想。

(1) 扩展与“多元化”的思想。这是我们从事“新数”的教学时应当特别重视的一个问题,即不仅应当帮助学生很好地认识“新数”与已学过的“数”之间的联系,也应看到这反映了“数系”的不断扩展,我们还应帮助学生很好地认识不同内容之间的一致性和层次性,特别是,由于“数”的扩展所造成的各种变化,包括观念的必要更新。

例如,这就是分数的引入造成的一个重要变化,即“多”与“一”的矛盾的凸显,后者并可被看成为我们应当如何通过具体知识内容的学习努力提升学生的思维品质,特别是思维的灵活性,提供了重要契机。

(2) 类比与化归的思想。正如人们普遍认识到了的,“类比联想”可以被看成人类认识最基本的一个方法,即我们应当以已有的认识,包括知识、经验与思想方法等,作为新的认识活动的直接基础。具体地说,我们应以自然数的相关知识与经验为基础,并通过类比联想从事小数、分数等“新数”的学习。当然,除去具体知识与技能的学习以外,我们也应通过这一过程帮助学生逐步学会用这样一种方法从事新的认识,包括用联系的观点看待事物和现象,即应当将思维方法的学习看成更高层次的一个目标。

例如,由于学生在先前已多次接触到了除法这样一种运算,因此,就“分数除法”的学习而言,就未必要刻意地去创设一个现实情境以引入这一主题,而也可以由学生已学过的“分数乘法”直接过渡到“分数除法”。再者,由于自然数的除法是通过转化为乘法(即用乘法口诀)得到解决的,因此,从类比的角度看,我们在此也可做出这样一个猜测:分数的除法或许也可通过转化为分数的乘法得到解决。

进而,正如1.3节中所提及的,这并可被看成成功应用类比联想的关键:求同存异。这也就是指,我们既应通过比较发现不同对象之间的共同点,包括由此引发一定的联想(这也就是所谓的“触类旁通”),同时也应注意如何能够依据两者的差异对此做出必要的调整。

进而,如果说类比联想主要是一种提出猜想的方法(正因为此,我们就必须对其真理性做出检验和证明),那么,这就是“化归法”的主要作用,即我们可以通过由未知到已知、由难到易、由繁到简的转化去解决问题,包括对已获得的猜想做出证明。

事实上，即使就自然数的运算而言，我们也可看到化归思想的直接应用。例如，自然数的加法在很大程度上就可被归结为“20以内数的加法”。另外，利用“乘法口诀进行自然数的除法”显然也可被看成利用化归法解决问题的又一实例。

应当提及的是，这并可被看成以自然数的相关知识为基础从事小数与分数学习的一个明显优点：在很多情况下我们都可通过向自然数的化归解决小数和分数的相关问题。例如，小数的乘法或除法显然都可以通过转化为自然数的运算得到解决。另外，“分子与分母分别相乘”这一分数乘法的法则无非也就是将分数的乘法转化成了自然数的乘法。

综上可见，相关内容的学习为学生学习数学思维提供了重要的契机，特别是，能很好地体会数学思维的这样一个特征：在解决问题时，数学家往往不是对问题进行直接的攻击，而是对此进行变形，使之转化，直到最终把它化归成了某个(或某些)已经解决的问题。(罗莎・彼得语)更一般地说，由此我们显然也可更清楚地认识用联系的观点看待事物和现象的重要性。

还应提及的是，上述分析显然也就意味着我们已由单纯的“了解和适应”过渡到了对于数学思维的“理解与欣赏”。正如2.3节中所指出的，这是小学生进入中段以后我们应当努力促成的一种变化或发展。

(3) 算法化的思想与“寓理于算”。所谓“算法”，笼统地说，就是指一个确定的程序，用之即可有效地解决一类相关的问题。例如，前面提到的分数乘法与除法的法则就可被看成“算法”的典型例子。由于把一类问题的求解归结为现成算法的“机械应用”可以极大地节省人们的时间与精力，从而也就可以更有效地从事新的创造性劳动，因此，“算法化”的思想就获得了数学家的普遍重视，这也就是指，我们应当努力创造各种能普遍地用于求解一类问题的有效算法。

但是，由于算法的应用就其直接形式而言是固定程序的机械应用，因此，如果缺乏足够的自觉性，就很可能导致“机械学习”，特别是，如果相关教学只是满足于直接给出各种算法，并要求学生牢固地记忆与模仿性地加以应用，更容易出现这样的情况。

由以下的分析我们即可清楚地认识学生为什么很难沿“机械学习”的道路走得很远:硬记的东西容易忘记,再需要时往往也不可能通过自身努力得到“重构”;再者,简单模仿显然也不足于保证所习得的“知识”或“方法”具有可迁移性,从而就不能被看成真正的知识。

以下则是更严重的一个后果:一旦习惯了机械的学习方法,往往就会不知不觉地形成一些错误的观念,如“学习数学的方法就是记忆和模仿,你不用去理解,也不可能真正搞懂”;“没有学过的东西自然不可能懂,学生的职责就是‘接受’,老师的职责则是‘给予’”;等等。从而就必然地会对学生的未来学习产生严重的消极影响。

由以下的实例可以看出,上述分析并非言过其实,夸大其词:尽管已经学过了如何求解“首位(百位)有余数”的问题,但在面对如何求解“中位(十位)有余数”的问题时,一个学生仍然不知道应当如何去做,还振振有词地说:“这个内容老师还没有教,当然不会做!”

由于随着学习的深入,“算法”在“数”的学习中可说占据了越来越重要的位置,因此,这一方面的教学就应特别重视这样一项工作,即如何能将计算法则与算理的学习很好地结合起来,真正做到“寓理于算”。用更通俗的话来说,这也就是指,我们不仅应当教会学生如何去算,还应帮助他们很好地弄清为什么可以这样去算,并能对此做出清楚的说明。当然,就这方面的具体工作而言,我们也应十分重视学生的接受能力。

[例6] 关于小学“算理教学”的若干想法(戚旭燕,“遵循思维特点,实施算理教学”,《教学月刊》,2013年第5期)。

文中指出:“感悟算理和掌握算法是计算教学的两大任务,算理是算法赖以成立的数学原理,是算法的理论基础,算法是解决问题的操作程序,是算理的提炼和概括,两者相辅相成。”

作者并对我们应当如何做好“算理教学”提出了以下一些具体的建议;

(1) 在实践操作中理解算理。“由于小学生的思维在很大程度上仍然靠感性经验的支持,因此在计算算理教学中,教师应有针对性地运用直观材料,重视动手操作,在遵循学生思维特点的基础上,使其充分理解算理,从而形成算法，掌握计算的技能。”

(2) 在数形结合中理解算理。“从儿童思维特点来看，小学生的思维是以具体形象思维为主。因此，在小学数学计算教学中，应充分遵循学生的心理发展规律，借助具体形象（包括借助多媒体动态演示），数形结合，促进对算理的深入理解。”

(3) 在语言表述中理解算理。“数学语言对小学生思维能力的培养和良好思维品质的形成起着重要作用，因此，在学生充分理解了算理之后，应及时引导学生用自己的语言说一说计算的过程和方法，并适时抽象概括，形成算法。”

应当强调的是，后者并可被看成学生是否实现了真正理解的一个重要标志，即能否用自己的语言对算理做出清楚的说明。以下就是这方面的一个具体实践：

[例7] 帮助学生学会“说理”的若干建议（潘可可、唐彩斌，“发展学生运算能力应当‘法理并重’”，《小学教学》，2016年第5期）。

(1) 创设一个安全的环境让学生自由表达。特别是，教师“千万不要在一个学生说不清楚的时候，就把他‘按’下去，我们要慢慢地启发每一个表达有困难的学生，当众指导一个人，其实受益的是一批人”。

(2) 发生错误时恰是驱动学生说理的最好时机。这也就是指，我们应当“抓住学生犯错的时机，及时让学生去辨析、去说理，充分展现学生的思维过程，帮助学生清理阻碍，形成正确的算理”。

(3) 改变评价方式，增加考核学生理解算理内容的权重。

当然，要让学生真正地“明理”，并能清楚地说明道理，教师本身就应是一个明理并能在教学中清楚地说明道理的人。更一般地说，这也就是指，只有教师本人十分重视数学思维的学习，并能以此带动具体数学知识内容的教学，我们才可能帮助学生逐步地学会数学思维。

最后，算术应用题的教学显然也可被看成为学生学习数学思维提供了一个重要途径，其中更涉及另外一些重要的数学思想，如“序的思想”等。当然，这又应被看成这方面教学工作更高的一个目标，即我们如何能够通过自己的教学帮助学生由各种具体的解题方法，特别是解题模式上升到普遍性的解题策略，并能努力提升他们的思维品质。

再者，正如前面已多次提及的，这也是小学算术教学应当特别重视的又一问题，即高层次数学思维特别是代数思维的渗透与指导。由于对此我们在前面已做了专门论述，在此就不再赘述。

2. 小学几何内容的教学与数学思想

这是人们在这方面的一项共识，即几何学习为人们学习逻辑思维提供了一条有效途径，尽管后者主要地又应被看成已超出了小学数学的范围。再者，由于小学几何与算术内容的学习具有不同的性质(第 2.4 节)，因此，我们就应注意研究几何学习对于人们思维的发展具有哪些特殊的作用，什么又是与此密切相关的各种数学思想？

由心理图像的比较读者即可更清楚地认识到这样一点，即几何与算术的学习确实具有不同的性质：

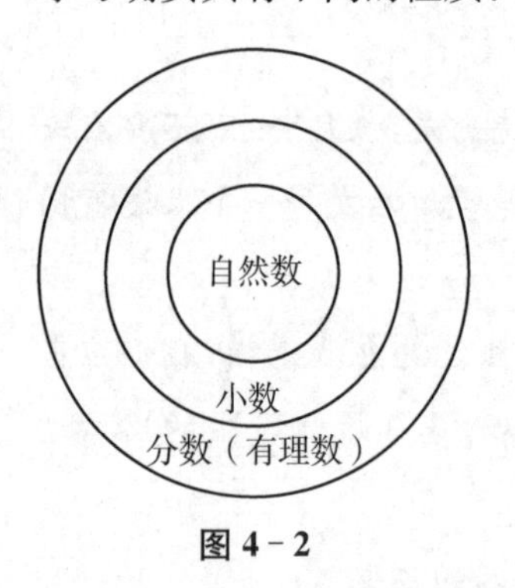

图 4-2

就数的认识而言，大多数人在头脑中形成的主要都是像图 4-2 那样的整体性形象。与此相对照，对于几何学习我们则很难总结出某种统一的心理图像，毋宁说，这正是几何学习给人留下的一个深刻印象，即对象的丰富性和多样性。而且，尽管我们应当十分重视各种图形之间的关系，但这与算术学习中各种不同的“数”之间表现出来的一致性显然又有很大的不同。

以下就是小学几何教学应当重视的一些数学思想。

第一，小学几何教学应当特别重视对于实际度量的超越，即应当由直接动手去“量”过渡到主要依靠“动脑去想、去算”。

具体地说，这即可被看成“数学化”的一个基本涵义，即我们应由单纯的大小比较，也即简单的“定性比较”过渡到精确的度量(到底有多大；怎么量)。进而，所说的由“动手”(实际度量)向“动脑”的过渡，即我们如何能够找出相应的计算方法从而用计算代替直接的度量，则可以被看成“数学化”更高层次的一个涵义。当然，我们还应由唯一关注“度量问题”转而更加重视图形特征性质的分析，包括各种图形之间的关系。

显然，按照范·希尔夫妇关于几何思维发展水平的分析，上述发展直接关系到了由“水平 1”向“水平 2”的过渡，即我们应当由“直观”过渡到“描述和分析”。进而，就图形之间关系的分析，则与由“水平 2”向“水平 3”乃至“水平 4”的过渡密切相关。就总体而言，这也就是指，我们应当帮助学生逐步地学会用联系的观点看待事物和现象，这也正是我们要强调的第二个数学思想。

第二，联系：几何研究的核心思想。

具体地说，我们不仅应十分重视各种图形之间关系的分析，还应高度重视如何能对相关结论做出适当组织，从而使之成为一个有机的整体。正如弗赖登特尔所指出的，后者并可被看成“数学化”的核心所在：“科学一旦跨出单纯收集材料的阶段，它便将从事于经验的组织。算术与几何所应组织的经验是哪些，这是不难指出的。用数学方法把实际材料组织起来，这在今天就叫做数学化。”（《作为教育任务的数学》，上海教育出版社，1995，第 45 页）当然，这也是弗赖登特尔特别强调的一点（4.3 节），即我们应对逻辑思维与日常认识做出清楚的区分，并应按照逻辑顺序去从事几何对象的研究与相关知识的组织。由于这正是新一轮数学课程改革采取的一个做法，即认为我们应当按照日常的认识方式从事几何内容的教学，也即由“体”逐步过渡到“面”“线”和“点”，因此，这也就十分清楚地表明了理论分析对于实际工作，包括课程设计与课程实践的重要指导意义。

除此以外，我们还应特别强调这样一点：几何教学对于学生很好地了解并初步掌握“特殊化”与“一般化”这样两种方法，包括清楚认识两者之间的辩证关系，也有特别重要的作用。容易想到，后者具有十分普遍的意义：在一些学者看来，这即可被看成数学思维的核心。再者，从宏观的角度看，数学的无限发展在很大程度上也可被看成是在一般与特殊的辩证运动中得到实现的。

以下就是这方面的一个典型例子；

［例 8］ 三角形与四边形之间关系的分析。

首先，我们即可对各种三角形之间的关系做出如图 4－3 所示的分析（其中仅仅标出了“特殊化”这样一个方向，如果从相反的方向进行分析，则直接涉及“一般化”）：

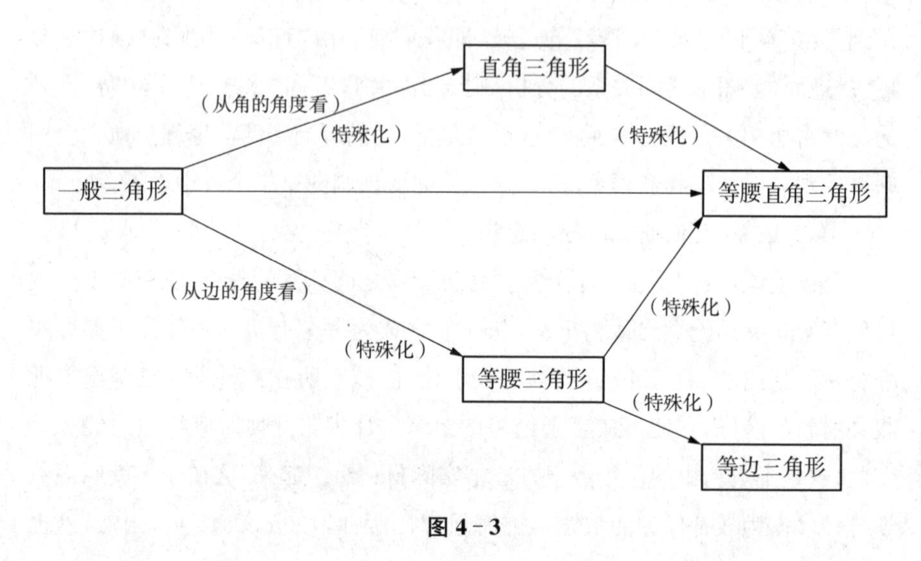

图 4－3

其次，我们显然也可按照同一思路对各种四边形之间的关系做出如图 4－4 所示的具体分析：

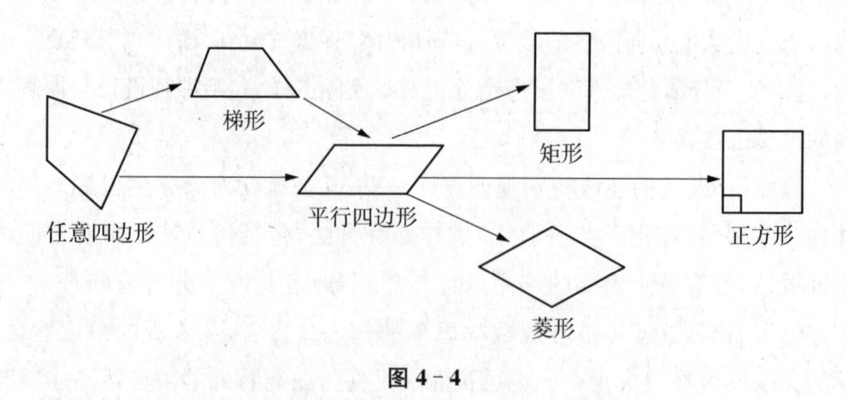

图 4－4

最后，我们还可以上述认识为基础进一步研究在三角形与四边形之间所存在的重要联系，从而进一步发展我们在这方面的认识（图 4－5）：

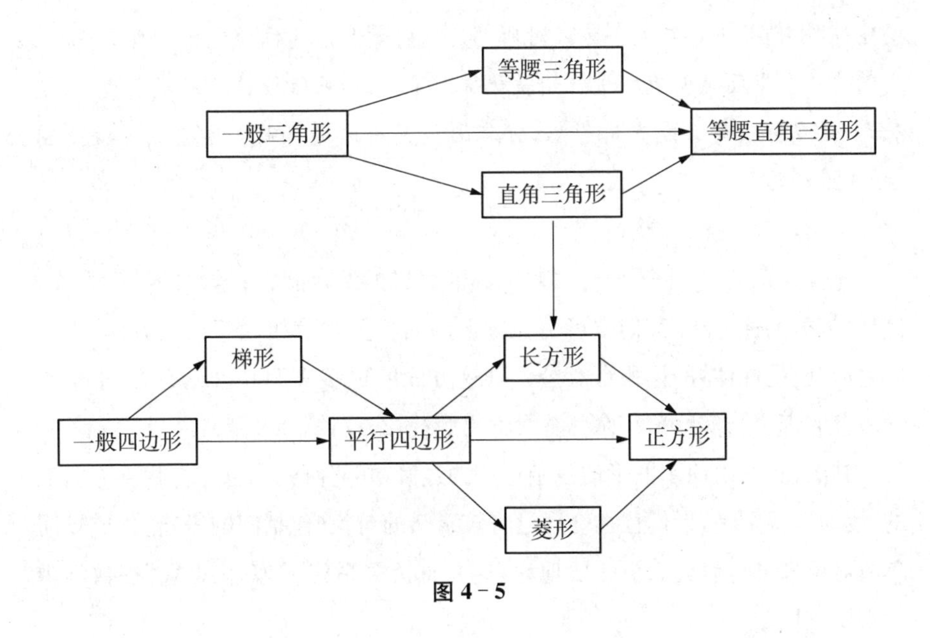

图 4-5

第三，运动和变化的思想。

之所以要提及“运动”这样一个思想，主要是因为不少图形特别是空间形体可被看成是由较简单的图形经过运动生成的，这并从又一角度揭示了在各种几何对象之间存在的重要联系。

例如，我们显然就可从这一角度很好地理解小学几何为什么要引入“平移”和“旋转”这样两个概念。另外，“全等形”的概念显然也与“刚体运动”有直接的联系，这并为我们具体界定各种几何对象之间的“等价关系”提供了必要的准则。

以下就是这方面的更多实例：

［例 9］　运动与几何形体的生成。

首先，长方形即可被看成是由一个线段经由垂直方向上的平移生成的；圆则可以被看成由一个线段绕其端点旋转生成的。

其次，作为上述“生成关系”的直接推广，如果我们将一个长方形（或正方形）沿与所在平面相垂直的方向作平移，就获得了长方体（包括正方体）。更一般地说,我们并可按照同一方式对所谓的"柱体"做出具体的定义。再者,如果我们将一个半圆绕其直径进行旋转就得到了球;如果所旋转的不是半圆,而是长方形、直角三角形或直角梯形,将其围绕直角边进行旋转所得到的就是圆柱、圆锥和圆台。

应当强调的是,上述分析并非纯粹的思维游戏,而具有重要的数学意义。例如,依据上述分析,我们就可由长方形的面积公式直接联想出长方体(更一般地说,就是柱体)的体积计算公式。(这方面的更多实例并可见另著《小学数学教育的理论与实践》,华东师范大学出版社,2017,第3.2节)

其次,除去由简单图形向复杂形体的过渡,几何研究中也存在相反方向上的"运动",特别是,人们往往会通过将较复杂的对象(包括问题等)转化成较简单的对象来进行研究。更一般地说,这并直接关系到了"变化思想"在数学中的重要作用。

例如,面积与体积计算中常用到的"分割与组合"显然就可被看成通过变化解决问题的典型例子。另外,如果以"问题"为对象进行分析,则直接涉及前面所提及的"化归方法",这也就是指,我们应当善于通过问题的适当变化,特别是由未知向已知、由复杂向简单、由难向易的转变解决问题。

当然,除去纯粹的"问题解决"以外,"问题提出"也应被看成数学活动十分重要的一个涵义,由此我们并可更清楚地认识"特殊化"与"一般化"对于数学学习和研究的特殊重要性。当然,这也可被看成"变化的思想"的具体应用。

再者,除去"问题的提出与解决"以外,"变化的思想"对"概念的生成、分析和组织"显然也有十分重要的作用,这并可被看成从又一角度揭示了在各种数学对象之间存在的重要联系。

例如,正如例8所已表明的,我们可以一般三角形和任意四边形为基础,并通过"特殊化"依次地引出各种特殊的三角形和四边形。另外,第三章中的例29则可以被看成借助"一般化"引出新概念的一个很好实例。

最后,正如3.4节中所指出的,"变化的思想"在数学中还有其他一些更重要的应用,如我们应当努力寻找"变化中的不变成分或因素",在具有明显变化的情况下则又应当在各种变化中找出最佳的选择。更重要的是,我们又应以变量作为数学研究的直接对象，并深入地去研究不同变量间存在的重要联系，而这事实上也就意味着我们已经超出“初等数学”进入了“变量数学”的范围。进而，正如以下两个实例所清楚表明的，即使在小学我们也可在上述方向做出积极的努力。

［例 10］ “体积的问题”的教学与“极值问题”（刘德武，载方运加主编，《品课·小学数学卷 001》，教育科学出版社，2013，第 43～63 页）。

任课教师首先对相关知识进行了回顾：“这儿有一个没有盖的长方体纸盒，如果让你求它的体积，怎么计算？”然后，通过将任务转化成“将长方形的纸剪成一个长方体，并计算后者的体积”，教师又提出了这样一个问题：就所说的情况，“你能不能大胆地提出一个与它的体积有关的问题？”

进而，通过条件的适当变化，如将“在四个角上分别剪去 4 厘米的正方形”改为“剪去 2 厘米的正方形”，并进一步去思考：“体积会怎样变化？会变大，还是变小，还是一样？”教师又将学生的注意力引向了这样一个问题：“谁愿意大胆猜猜看，怎样剪所得出的长方形体积最大？”

综上可见，尽管教师在这一教学活动中并没有明确提及所谓的“极值问题”，但上述的教学设计仍然很好地体现了这样一个数学思想。

以下就是相关教师对于上述活动的总结：最初的问题“是书本上一道普普通通的练习题……结果我们就在它的基础上，陆陆续续、一步一步地研究了很多很多、很深很深的问题。学数学就是这样一个自己向自己挑战、不断钻研的过程”。

［例 11］ “由正方形边长的变化所想到的……”（引自余颖，《走向对话》，教育科学出版社，2015，第 174～178 页）

这可以被看成这一课例的一个明显优点，即将点、线、面、体等不同对象直接联系在一起，并很好地体现了运动与图形生成之间的关系，包括变量之间的内在联系：

课始，老师与学生们在方格图上玩起了平移的游戏。从一个“点”平移成“线”，到一条“线”（线段）平移成“面”，到一个“面”平移成“体”。打通“点、线、面、体”的大视野，为引发学生的联想，铺就了厚实的“土壤”。

其次，聚焦于正方形在平面内的平移：“这个正方形要向右平移一格，平移过程中所覆盖的面就是一个长方形(图4-6)，这个长方形的宽与刚才的正方形的边长相比，有变化吗？长有变化吗？面积呢？”

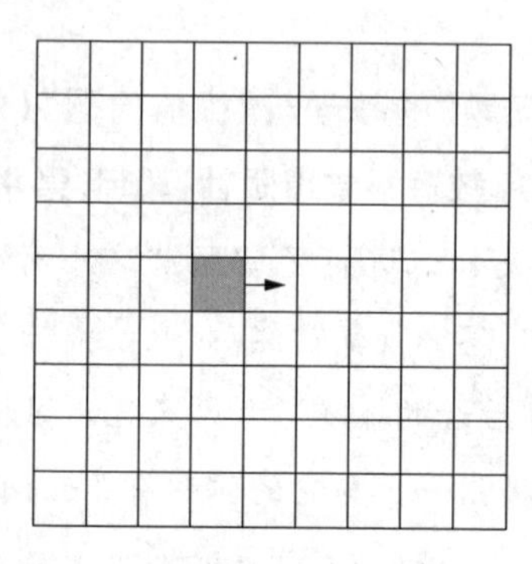

图4-6

随着学生们的轻松作答，老师再将正方形向上平移，让学生们完整陈述：“什么变了？什么没变？”

接着教师又提出了如下的新问题：“如果正方形两组对边的长度同时扩大2倍，面积也是扩大2倍吗？”如果边长不是同时扩大2倍，而是一条边长扩大2倍，另一条边长扩大3倍，那它的面积会怎样变化？”从而为学生们后续的独立联想提供了必要的支撑。

“这一想还真有趣，由正方形是这样，我们是不是又想到……”

“三角形会怎样？”

“梯形会怎样？”

“正方体会怎样？”

“长方形、圆形呢？”

……

“仅仅想到这些不同的图形就可以了吗？我们要讨论这些图形中的什么问题？”一句追问，让学生们的完整阐述应运而生：

“哦！边长与面积的变化。我想到，长方形的长扩大2倍，面积也会扩大2倍。”

“三角形的底扩大 2 倍，面积也扩大 2 倍。我们可以举个例子，把原来三角形的底和高都看成 1，$1\times1\div2=0.5$。底扩大 2 倍，就是 $2\times1\div2=1$，面积就是原来的 2 倍。”

“梯形的高扩大 4 倍，面积也会扩大 4 倍。”

“圆形的半径扩大 2 倍，面积扩大 4 倍。”

“三角形的底不变，高缩小到原来的$\frac{1}{3}$，面积也缩小到原来的$\frac{1}{3}$。也可以举个例子来说明。”

“如果三角形的底扩大 3 倍，高扩大 4 倍，面积就扩大了 12 倍。”

……

“我们讨论的这些结论，在‘体’中适用吗？猜一猜，如果正方体的一组棱长(不相交的 4 条)扩大 2 倍，体积发生什么变化？”

“扩大 2 倍。”

“如果正方体的 2 组棱长(8 条棱)扩大 2 倍，体积又会发生什么变化？”

“扩大 4 倍了。”

“如果正方体的 12 条棱长都扩大 2 倍，体积又会怎样？”

“扩大 8 倍。”

正方体的变化，让学生们的联想又有了新的丰富。

“我想到，如果长方体的长扩大 2 倍，它的体积也扩大 2 倍。”

“如果长和宽都扩大 2 倍，体积就扩大 4 倍；如果长、宽、高都扩大 2 倍，体积就扩大 8 倍；……”

“如果圆柱的底面半径扩大 2 倍，体积扩大 4 倍。”

“圆柱的高扩大 2 倍的话，体积就也跟着扩大 2 倍。”

“如果圆柱的高和底面半径都扩大 2 倍，体积就会扩大 8 倍。”

……

“我们还可以想到，如果圆柱的底面周长扩大 2 倍，高不变，那么，体积就扩大 4 倍。因为底面周长扩大 2 倍，底面半径就扩大 2 倍，底面积就扩大 4 倍，所以体积就扩大 4 倍。”

“如果把圆柱换成圆锥，这些结论也是成立的。因为，求圆锥体积只是比求圆柱的体积多乘了一个$\frac{1}{3}$,反正大家都要乘$\frac{1}{3}$的,所以,引起的变化跟圆柱就一样了。”

……

“我又想到了,在平面图形和立体图形中发生的这些变化,其实就是一个因数扩大或缩小了多少,积跟着扩大或缩小多少。因为,求面积和体积,都是算几个数的乘积。”

综上可见,“变化的思想”就是一种十分重要的数学思想。

第四,形象思维与“数形结合”的思想。

由于对于这一主题我们在先前已有过多次的论述,在此就仅仅强调这样两点:

(1) 如果说这即可被看成这方面教学工作的基本要求,即“能够根据物体的特征抽象出几何图形,根据几何图形想象出所描述的实际物体”,那么,这就是几何教学应当努力实现的一个更高目标,即这方面的认识不应停留于直观认知,而应过渡到“抽象的具体”,特别是,能很好地实现思想的外(显)化,包括通过这一途径帮助学生很好地建立起整体性的认识,以及对于“序”的很好把握。

正因为此,“只要有可能,数学家总是尽力把他们正在研究的问题从几何上视觉化”。(柯尔莫戈洛夫语)当然,我们在此又应清楚地认识到这样一点:这里所说的“可视性”,与其说是“用眼睛在看”,不如说是“用头脑在看”。因为,这里所说的“图形”本身就是思维活动的产物,即只有通过积极的思维活动我们才能建构出适当的图形。进而,也只有通过积极的思维我们才能很好地发挥图形对于思维活动的积极作用,包括真正地“读懂图形”。也正因此,正如前面已多次提及的,相对于一般所谓的直观图,数学中应当更加重视“概念图”与“流程图”的建构与应用。

由以下实例我们即可更清楚地认识直观图形对于思维活动的特殊重要性,这是笔者仿照波利亚在《数学的发现》(内蒙古人民出版社,1981,第七章)中的一个例子所构造的:

［例 12］ **“解题过程”的几何图示。**

面对如何计算图 4－7 中阴影部分的面积这样一个任务，可以具体分析如下：

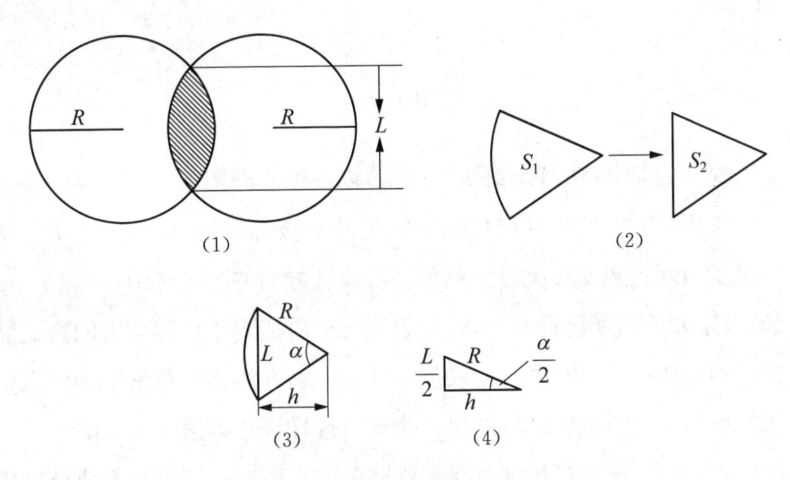

图 4－7

进而，为了用图形表示相应的解题过程，我们又可采用以下的做法：用“点”表示问题中的已知及未知成分，用“线段”表示它们的联系——显然，按照这一做法，整个解题过程就被表示成了由已知点到未知点，并由多条线段组成的一个几何图形（图 4－8）。

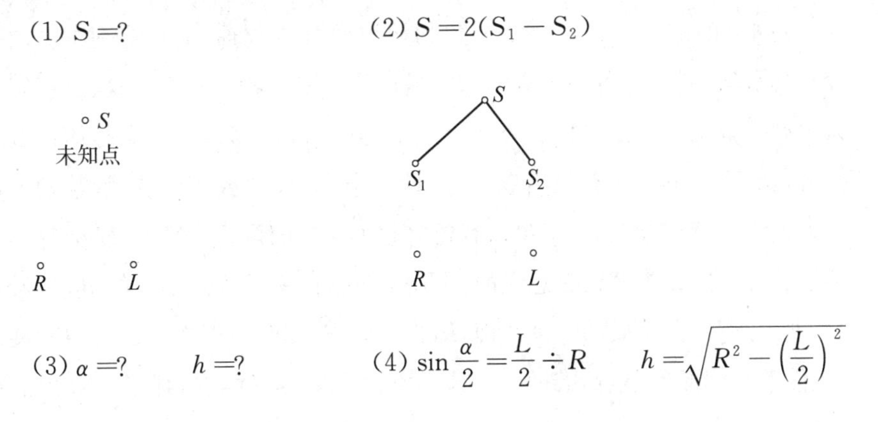

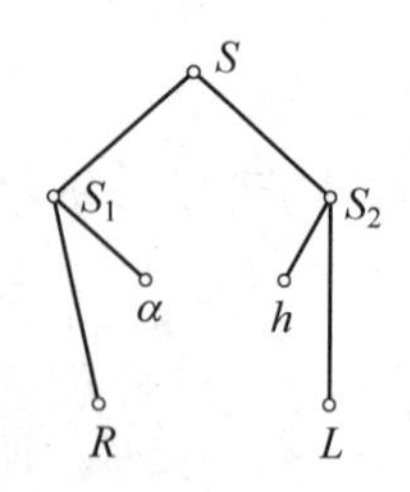

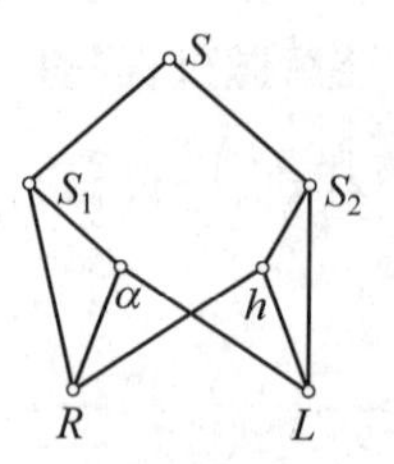

图 4-8

应当提及的是，除去外部的可视图形，内在的心理图像也可在这一方面发挥重要的作用，当然，这也同样依赖于主体的积极思维活动。例如，第二章中例 3 所提及的阿达玛的实例显然就可被看成这方面的一个实例。

最后，正如前面所已提及的，形象思维可被看成对于培养学生的直觉能力具有特别的重要性，这更直接涉及这样一个事实，即人们在数学中为什么要使用“直觉”而不是“直接感知”（或“感官直觉”）这样一个词语。（4.3 节）

（2）由于小学算术与几何内容的教学在很大程度上可以被看成分别集中于“数”和“形”，因此，我们就应特别重视这两者的必要互补，即应当切实地做好“数形结合”。

事实上，无论就算术或是几何的研究对象，应当说都具有“数”和“形”这样两个方面，这并是相关认识应当特别重视的一点，即两者的适当互补与必要整合。

例如，正如前面所提及的，就数的认识而言，“数轴”就是特别重要的一个直观形象，后者为各种抽象的“数”提供了必要的物质承载。这也就是指，无论这些数在最初是以什么方式得到引进的，最终都应被看成整体性数学结构（“数系”）的一个有机组成成分，即一个真正的“数”，或者说，数轴上的一个“点”。应当强调的是，也只有建立起了这样的认识，分数和负数等对于学生而言才能成为真正有意义的。再者，正如前面所提及的，这也应被看成“算理教学”十分重要的一个方面，即我们应当“充分遵循学生的心理发展规律，借助具体形象（包括借助多媒体动态演示），数形结合，促进对算理的深入理解”。

另外，就几何对象的认识而言，我们显然也应十分重视从量的方面对此做出精确的刻划。对此例如由“维度”这一概念的引入就可清楚地看出。具体地说，我们事实上应将后者看成几何形体最重要的一个属性，因为，如果我们在教学中未能对此予以足够的重视，学生在学习时就可能出现一定的困难：

［例 13］　学生混淆“周长”与“面积”的根源（引自刘善娜，“聚焦学习起点，凸显‘面’的二维特征”，《教学月刊》，2016 年第 3 期）。

通过大规模的调查，作者发现，这是造成学生混淆“周长”与“面积”最重要的一个原因：“有大部分学生认为周长属于表面的‘外面’一部分，面积属于表面的‘里面’，可见学生无法感知到两者之间 1 维、2 维的差异，并由此生成了周长和面积混淆的根源。……如何让学生自发地感悟两者的差异，顺利地由 1 维走到 2 维，就成了这一课教学需要解决的根本问题。”

具体地说，我们应当通过自己的教学“让学生认识到周长和面积都是度量的结果，它们之间有联系又有区别，要让学生对面的 2 维性形成深刻的知识，认识到面积是 2 维度量的结果，……引导学生从 1 维走向 2 维”。

当然，这又是这方面更重要的一个认识：我们在此事实上涉及 3 种不同的对象，即“线”“面”“体”，我们并应帮助学生很好地认识这三者之间所存在的重要联系。

以下就是相关教师在教学中采取的一些措施：

1. “面”不离体，初悟“面”的 2 维性。

(1) 摸各类面，感受“规则物体-不规则物体”的“面”的共性；

(2) 蒙眼摸面，感受“横向到边-纵向到底”的面的 2 维特征。

2. 贯通 3 维，体会“面”的 2 维性。

(1) 体上摸出面，体上摹出面——从 3 维到 2 维；

(2) 线围出面积，线没围出面积——从 1 维到 2 维。

3. 度量成积，理解“面”的 2 维性。

(1) 借格子图测量，利用大小的“块状测量”感受面的 2 维特征；

(2) 借钉子板拉伸，利用矩形的“2 维扩张”理解面的变化要素。

为了清楚地说明问题，在此还可联系苏教版小学数学教材中关于“周长”的处理方式做出进一步的分析。

具体地说，苏教版的教材是在3年级上册，以长方形与正方形作为直接对象引出了“周长”这样一个概念，其中并没有给出“周长”的明确定义，而是主要停留于学生由日常生活获得的各种素朴性认识，如“书签一周边线的长就是它的周长”，等等。此后，教材又立即将学生的注意力引向了周长的度量与计算，包括“计算长方形的周长，怎样算比较简便”等等。

现在的问题是：就上述内容的教学而言，我们是否应当帮助学生更好地掌握“周长”这一概念，而不是停留于相关的素朴认识？进而，我们又应如何进行教学才能帮助学生很好地掌握“周长”这样一个概念？

就笔者的了解而言，大多数教师对于第一个问题都持肯定的态度，这事实上也是其他一些版本的数学教材普遍采取的做法。例如，尽管人教版三年级的教材也将“周长”列为“长方形和正方形”学习的一个部分，但仍明确地列出了“周长”这样一个标题，包括如下的“定义”：“封闭图形一周的长度，是它的周长。”当然，为了帮助学生很好地掌握“周长”的概念，我们在教学中又应很好地处理这样两个关系：(1)特殊与一般。即我们必须超出长方形和正方形，并从更一般的角度引出“周长”的概念。(2)相关教学不应唯一强调周长的度量和计算，也应十分重视“周长”这一概念的理解。

特殊地，这显然也直接涉及“数”和“形”之间的关系：“研究‘周长’，就是研究一个图形的‘形’和‘数’的问题。周长是一个图形一周的长度，一周就是一个形，长度是一个量。”(刘富森，“‘认识周长’教学中的热点问题”，《小学数学教师》，2015年第1期)

另外，在笔者看来，这可能也正是人们在相关内容的教学中何以常常采取“学生动手实践”这一做法的主要原因，即要求学生实际地“指一指”“描一描”“补一补”“量一量”。(这方面的一个教学实例可见张洪青，“‘形’与‘数’的融合——‘认识周长’教学新探索”，《小学数学教师》，2015年第1期)当然，又如先前的实例所已表明的，我们在此又应清楚地认识到这样一点：“当学生明确了‘封闭图形一周边线的长度就是它的周长’时……学生对周长概念的理解还是浮于表面的，只有当学生认识到‘周长和图形的边线有关，和面无关’……

时，才抓住了周长概念的本质。”（贺晓梅，“‘概念教学’的热点问题”，《小学数学教师》，2015 年第 1 期）

就当前的论题而言，这可以被看成“数形结合”的思想在这一问题上更重要的表现，即我们应当帮助学生很好地认识到“周长”是 2 维（封闭）图形的一个属性，这并是 2 维（封闭）图形与 1 维对象（“线”）的一个重要不同，即其同时具有“长度”与“面积”这样两个属性。

更一般地说，上述实例显然也更清楚地表明了用“联系的观点”指导教学的重要性，后者则又不仅是指对于“周长”与“面积”的必要区分，也是指我们应从“维度”这一角度对相关对象做出综合分析，包括将讨论的对象由“线”和“面”进一步扩展到“体”。

容易想到，第四章中例 29 关于“超立方体”的研究也可被看成用数量分析帮助“形”的研究的典型例子。

当然，这也是这方面教学工作应当十分重视的一个问题，即我们不应过分强调教学工作的规范性和认识的统一性，而应充分尊重学生间必然存在的个体差异。当然，就总体而言，我们又应始终坚持这样一个目标，即通过教学努力促进学生的发展。

以上我们已联系小学算术与几何内容的教学指明了与此密切相关的一些重要数学思想。这一分析当然不能被看成已经穷尽了这方面的全部内容，从而就希望广大读者能够通过积极的教学实践与进一步的研究在这一方面做出自己的分析和总结，包括将分析的对象扩展到更高的层次和更多的内容，并能以此指导自己的教学工作。

进而，又只需通过对照比较我们即可更清楚地认识单纯强调“核心概念”，特别是采取“条目并列式”这样一种论述方式的局限性，从而，这也就应当被看成数学课程设计与教材编写工作应当很好地实现的一个重要目标，即应当更好地体现与具体内容密切相关的重要数学思想（包括更深层次的思维品质），从而帮助广大一线教师更好地做到这样一点，即能够通过日常的教学努力帮助学生逐步地学会数学地思维，并能通过数学学会思维，包括由理性思维逐步走向理性精神！

第五章

数学教师的专业成长

前面已经提到，无论是各种教育理论或教学思想，还是关于数学教育目标与教育改革的各种构想，都需通过教师的工作才能得到检验与落实。这并是笔者在这方面的一个深切体验：正是教师的良知与坚持为年青一代的健康成长提供了基本保证，这在一些极端的情况下更可说具有特别的重要性。进而，从同一角度我们也可更好地理解"不忘初心，牢记使命"的重要性，还包括这样一个认识：教育不只是学生的塑造，也是教师不断重塑自我的一个过程。这也就是指，我们不仅应将自己的理想很好地落实于日常工作，也应不断深化自身对于教师工作意义的认识，努力提高自己的专业素养，包括通过日常工作不断净化自己的灵魂，表现出更高的师德与追求。

以下就依据上述观点对"数学教师的专业成长"做出具体分析。首先，以新一轮课程改革为背景我们即可更好地认识"立足专业成长"的重要性，包括这样一个基本立场，即"常识"的坚持与超越。这就是5.1节的具体内容。其次，从专业的角度看，能力显然要比技能更加重要，从而我们也就应当很好地弄清什么是数学教师必须具备的基本能力。这即是5.2节的具体内容。再者，我们又应很好地处理理论与实际工作、教学与教学研究、个体与群体之间的关系，这并是教师专业成长的基本路径。对此我们将在5.3节中做出分析论述。最后，这又应成为教师专业成长的更高追求，即应由单纯强调专业发展走向更高层次的人生追求，成为一名优秀的教师，一个大写意义上的人，包括逐步养成相应的"学科气质"，我们还应坚持平凡中的成长，努力提高自己的哲学素养。这就是5.4节的主要内容。

5.1　数学课程改革与教师专业成长

这是笔者2010年前后为一线教师做的一个讲演:“立足专业成长,关注基本问题。”这一报告不仅在当时引发了较强反响,相关文章也曾由多个杂志全文转载,从而产生了更大的影响。尽管从那时起已有十多个年头过去了,但在笔者看来,在当前这仍有一定的启示作用。由于“关注基本问题”也是本书的基本立场,以下就将以课程改革为背景集中地对“立足专业成长”这一论题做出分析论述,希望有助于读者更好地认识切实做好专业成长的重要性,还包括什么又可被看成“专业化”的基本涵义。

1. “立足专业成长”

以下就直接转引笔者当年报告中的相关内容。

第一,“教师的专业成长”显然不能被看成一个全新论题,相信在座的很多老师都听过此类报告,也看过不少相关的文章或著作,这并是在座的各位老师何以参加今天会议的主要原因。总之,这即可被看成教师的普遍要求,但同时又应说有较大的难度,特别是,所说的“专业成长”似乎与一线教师的日常工作有较大的距离。

但这恰又是笔者在这方面的基本看法:专业成长一定不能离开日常工作。又由于当前的最大现实就是新一轮数学课程改革,因此,我们在今天就应联系课程改革来讲教师的专业成长。

课程改革在当前有一些新的动态,以下就是两个重要的信息:一是在南京召开的“基础教育课程改革经验交流会”,会上讲了句话叫“开弓没有回头箭”(教育部陈小娅副部长,2009年10月)。什么叫“开弓没有回头箭”?课程改革怎么会扯到“开弓没有回头箭”?二是《人民教育》紧随其后发表的一篇文章:“课程改革再出发”(2009年第22期)。什么叫“再出发”?难道我们休息了吗?难道课程改革回头了吗?笔者认为,看到这样两个信息我们就应好好地想一想:课程改革到今年已有10年了,对于过去10年的改革我们应当如何评价?现在讲“再出发”、讲“开弓没有回头箭”又给我们传递了什么信息?“再出发”的课程改革又如何能够取得真正的进展?

具体地说，课改10年，开始的2～3年可以说是高潮，然后好像逐步淡出了人们的视野，一些老师甚至都不再关心课程改革了。现在又讲"再出发"，那么这10年是不是应该回顾一下，是不是应该总结一下、反思一下？我想有些事情认真想一下会有好处。具体地说，既然讲"开弓没有回头箭"，既然讲"再出发"，就反映出新一轮数学课程改革并不顺利，因为，如果走得很顺，就谈不上什么"回头箭"，更谈不上什么"再出发"。应当承认课程改革的长期性和复杂性，甚至可能出现一定的反复与停滞。

其实，年龄稍大一点的老师都知道，这不是我们国家的第一次课程改革，当然以前可能叫"教育改革"。1958年有过，后来还有过好多次，有人统计过好像有7次或8次。为什么老是要改？而且好多问题都不是新问题，而是一些老问题。例如，1958年时我是中学生，校门口就有这样的大标语："教育为无产阶级政治服务，教育与生产劳动相结合。"当时就强调教育与实践相结合，强调应用。所以，"联系实际"不是新问题，而是一个老问题。那么，这些问题为什么反复出现，却始终没有得到彻底解决？在此我还想特别强调这样一点，即应当避免"钟摆现象"的出现：前10年改革，后10年回去了；再过10年再改革，再过10年又回去了……就世界范围看，数学领域确实存在这样的现象(详可见"导言")，因此，我们就应认真地思考如何才能避免所说的现象。当然，我们国家现在可以说已经认识到了这样一点，并正在努力防止"钟摆现象"的出现，所以才叫"再出发"，才叫"开弓没有回头箭"。

在座的老师大都身居教学一线，听了上面的总体发展趋势可能会有这样的感觉：你所说的与我关系不大，课改不课改是领导的事，我们一线老师就是你叫我怎么做我就怎么做。但我想有些问题一线老师还是应当认真地想一想，因为，如果你想得不是很清楚，缺乏自觉性的话，就会出现一些很不理想的情况。如一线教师往往会由积极参与课程改革不知不觉地变得比较消极、麻木。大家不妨简单地回忆一下：2001年课改刚刚开始时是什么样的情况？以下的话我也曾很受鼓舞："跨入21世纪，中国迎来教育大变革时代，百年难遇，能够亲历这么大的变革是我们的幸运，'人生能有几回搏？'愿我们能在改革的风浪中搏击，在改革的潮水中冲浪，20年以后，历史将会记得你在大变革中的英勇搏击。"(张奠宙，"在改革的潮头上"，《小学青年教师》，2002年第5期，"卷首语”)再例如,当年面临改革大潮,很多老师都急切地想知道以后怎么上课?因此,即使在很大的礼堂做培训,也座无虚席,有的老师甚至没有板凳,一站就是4个小时,非常认真地在听,在学习,因为,他们想要知道以后究竟怎样上课。

有些现象不知大家注意到了没有?课改开始时观摩课的桌椅都是以小组形式摆放的:围成4人小组、6人小组或8人小组。但你有没有注意到从什么时候开始桌椅的摆法又不知不觉地改回去了,即回到了“标准的”一排排?我想有很多事情由于身处其中可能没有感觉,但过了以后还是应当冷静地想一想:是否真有这样的变化,即由原来的激情时代,充满热情,充满信心,不知不觉地慢慢消沉下去了,变得麻木起来,甚至是“牢骚复牢骚,长叹复长叹”。

这难道就是一线教师的铁定命运?刚才讲到数学教育领域中的改革已不是第一次了,并经常是前10年改,后10年不改。难道我们一线教师就永远处于这样的“被运动”状态?眼睛一眨,课改已经10年了。我觉得大家真的应该好好地想一想:人的一辈子究竟有几个10年,在这种情况下我们又如何能够很好地实现自己的人生价值,并在教学中不断取得新的提高?这是我从2009年下半年起一直在思考的一个问题,我也很愿意与一线教师交流这样一个看法:改革不改革我们做不了主,课改的大方针我们也做不了主,但有的事情我们还是可以做主的,就是“不管你改与不改,作为教师我总得关注自己的专业成长,因为,这是我们的根本”。总之,想给一线老师讲这样一句话:“立足自身专业成长,这是最最重要的。”为什么?因为教学最终要靠老师去完成,从而,如果我们始终停留于很低的水平,教育就永远上不去;如果离开了教师的专业成长,课程改革也成功不了,因为,正如人们经常提到的,“课程改革成在教师、败也在教师”。所以,想来想去还是这样一句话:“立足专业成长!”

事实上,我在10年前还讲过另外一句话:“放眼世界,立足本土;注重理念,聚焦改革。”现在则愿意强调这样两句话。第一句就是“立足专业成长”。这是根本,课程改革能否成功也取决于此。例如,在谈到数学课程改革的实际情况时,你不用告诉我相关数据,特别是课改10年取得了多少多少成绩,因为,作为一线老师肯定心里会有一本账。我想这才是应当认真思考的,就是自己跟10年前相比,到底有没有成长?有哪些成长?有哪些提高?这才是真正重要的。

香港中文大学有一个研究报告，在对中国大陆、中国香港和中国台湾地区的数学课程改革进行比较后说了这样几句结论性的话："整个课程改革都声称教师要进行'范式转移'。……但现实恰恰相反，因为课程文件上愈来愈多条条框框，课程甚至写得过于详细，差不多是要指挥每位教师每日在课堂如何教学，这跟教师的专业发展背道而驰。"报告并强调指出："重要的是，……课程改革是否具备改变或强化教师队伍、促进教育专业化的诱因和条件。我们甚至可以把'能否提高教师的专业性(包括专业意识、专业自主和专业教学)'用作评定教育改革成败的判准。"(丁锐等，《两岸三地基础教育数学课程改革比较及对课程改革的启示》，香港中文大学香港教育研究所，2009)我很赞同这一观点，即我们应当更加重视教师的专业成长。

在此还可提这样一个问题供大家思考：一个永远走在"最前面"的教师能否被看成真正的好老师？这也就是指，课改前传统的教学他是优秀教师，课改初期他又是样板，而如果课改中止回到传统他还是最好的老师……这样的老师究竟是不是一个好老师？我想真的应该打个问号，因为他缺乏独立思考，而教师一定要有自己的独立思考，这也是"专业化"的必然要求，因为，教学不是简单的重复劳动。作为对照，愿意介绍著名教师魏书生在《人民教育》发表的一篇文章：标题就叫"不动摇、不懈怠、不折腾"。

再提一个问题：现在有很多教师培训活动，有的是一年期的，也有两年期的，还有三年期的……我问相关人士："这个 3 年期的培训到底有没有一个明确目标？参加培训的教师 3 年后会有什么变化?"我想我们应当关注的不是能培养出几个特级教师，能获得几个一等奖，而是教师在专业成长上究竟有哪些收获与提高？所以，今天讲的第一件事就是"立足专业成长"。

第二，讲到这里，我想有的教师会有这样的反映：我也想专业成长，但什么是专业成长的基本途径？很多老师还有这样的想法：加强理论学习，要多看些书。这也是我参加教师培训时经常遇到的一个请求："您能不能给我们推荐几本书!"从而反映出很多老师都有学习的愿望。

加强学习当然是对的；但还可以更深入地想一想：加强学习到底有什么用？有这么几条可以简单地重复一下：

(1) 通过学习可以吸取别人的经验和教训，防止重复别人已犯过的错误。我记得当年新一轮课程改革还没有启动时，曾在上海开过一个小型会议，在场的一位老同志，就是广东教育学院的苏式东教授，曾对新一轮数学课程改革的主要负责人当面讲了这样一段话："你们想的这些问题，我们(她原来是北京景山学校的——注)当年都想过，你们想做的事情当年我们也都做过。"这是什么意思？就是指要吸取别人的经验和教训。以下是另一相关的体会："最大的读书心得是什么？许多事情，过去有过；许多问题，前人想过；许多办法，曾经用过；许多错误，屡屡犯过。……懂得先前的事情，起码不至于轻信，不至于盲从。"(陈四益，《文艺报》，2005 年 9 月 17 日)

但是，有的老师可能会反驳道：上面的话泛泛地讲我也赞成，但数学课程改革是个新生事物，怎么可能有现成的经验？

我想请大家看一看美国的教训。这是我 1999 年写的一篇文章，当时我国的新一轮课程改革还没有开始，但美国是在 1989 年开始课程改革的，到 1999 年就已暴露出了很多问题，并有很多的经验和教训，所以在当时我就写了一篇文章谈美国数学课程改革的教训，共 6 条。请大家看一下：如果当时就有更多的人注意到了这样一些问题我们是不是就可少付些代价，少走些弯路？！(详可见 1.3 节)

再重复一遍：这是我 1999 年写的一篇文章。我觉得如果在课改中承担主要领导责任的人能多看一些书，一线老师也能多知道一些相关信息，错误或弯路就会少一些。所以，为什么要加强学习？第一条就是为了接受别人的经验和教训。

(2) 加强学习可以提高自己的理论素养，从而实现由"经验型教学"向"理论指导下的自觉实践"的重要转变，真正做到居高临下。我想这也是新一轮数学课程改革的一个重要指导思想，因此就可经常见到以下的做法："理念先行，专家引领。"但是，我想我们又应更深入地去思考一下：所说的运作模式，即"专家引领"和"由理论到实践"，是否也有一定的局限性或不足之处？

首先，这正是当前的一个明显事实，即专家泛滥，而且专家讲的话又常常不一样。更坏的是学术异化，因为，专家的看法不一样尚属正常，但有的时候专家是不是真的凭良心在讲话？！

这是我们中国的特有现象，我想这一点大家也一定深有感触。下面就是一位教研员的具体体会："教学中的现实，教师要上出一堂大家都认为好的课，真难！如果课上不注重情景设置、与生活联系、运用小组合作学习，评课者就会说上课的老师'教育观念没有进行转变'，'因循守旧'；如果课上注意了这些，评课者又很可能说'课上的有点浮'，'追求形式'，教师往往处于两难的境地。"（谢惠良，"把握实质，用心选择"，《小学数学教学》，2006 年第 5 期）

进一步说，这也不是中国特有的现象。可以看一下外国专家自己的话，这是一位在香港大学工作的瑞典人，也是世界上有点名气的教育家，他说："在香港我的这些同事是外国人，他们不懂广东话，当然也不懂普通话，但却去学校做教师的教育者。他们不理解教师讲的话，只是看看课堂，如果他们看到学生以小组的形式学习，他们就会说'这是好的教学'。到另一个班级，如果他们看到的是全班教学，他们就会说'这是差的教学'。"（"什么是好的教学——就中国教师关心的问题访马飞龙教授"，《人民教育》，2009 年第 8 期）这是外国专家自己讲的。所以我总结了一句话："千万不要迷信专家！"

其次，更基本的原因又在于教学活动的复杂性，从而不可能被完全纳入任一固定的模式，更不可能有一个人事先把理论想好了，把教学模式设计好了，我们一线老师就只要照着做就可以了。显然，根据同一道理，也不可能有这样一个"数学课程标准"，其中将所有的问题都想到了，你只要照着去做我们国家的数学教育改革就可顺利地实现。我想没有这样的东西，因为，教学活动是非常复杂的，它的对象、它的环境、它的内容不断在变。在这种情况下，是不是应该想到一种新的立场?!

具体地说，这正是国际上数学教育理论研究在整体上出现的一个重要变化："就研究工作而言，仅仅在一些年前还充塞着居高临下这样一种基调，但现在已经发生了根本性的变化，即已转变成了对于教师的平等性立场这样一种自觉的定位。"（A. Sfard, "What can be more practical than good research? — On the relations between Research and Practice of Mathematics Education", *Educational Studies in Mathematics*, 2005[3], p. 401）我想这的确很有道理。例如，我曾跟几个负责课改的朋友讲："你讲的头头是道，但你能不能上一堂课给大家看看?"他们通常不搭这个腔，因为，到一线去上一堂课，上一堂好课，一堂大家都认为好的课，真的很难。所以，强调“专家引领”、强调“理论指导下的实践”确有一定的局限性。

正因为此，我们就应更加提倡关于教学工作的这样一个定位：“反思性实践”。后者的直接涵义是：一线教师不要指望谁来告诉你应当怎样怎样去做，也不要指望有这样一本书，里面写得很清楚，一看这本书马上就专业成长了，恐怕没有这么容易。重要的应是通过自己的积极实践、认真总结和反思，一步一步地前进。

下面再解释一下“反思性实践”的具体涵义。

(1) 以前我们往往特别强调理论的指导作用，比如前几年的“建构主义理论”，往往被形容成最先进、最好的。现在回过头来看，恐怕应当更加强调实际工作的总结与反思。再来看一段相关的话：“当然我们可以抱怨，这些问题何以反复的出现……”“我们也可以反过来看，教育本身就是一种感染和潜移默化，如果明白这一点，也许我们走了半个世纪的温温数改路，一点也没有白费，业界就正要这种历练，一次又一次的反思、深化、在深层中成长……问题就是有否吸取历史教训，避免重蹈覆辙。”(邓国俊、黄毅英语，详可见“导言”)这段话显然十分到位。

在此还可举另一个例子供大家对照比较：如果10年前课改开始时做动员报告，10年以后再做报告，两个报告肯定有所不同，但我们仍应自觉地进行总结反思：10年前你讲的这些东西到底对不对？如果有些东西讲对了，就要坚持；如果有些东西讲错了，就不要怕讲出来，因为，能认识错误就说明你成长了，说明你有总结、有反思。这也就是指，过去10年到底有没有长进，一个很重要的东西就是看自己有没有意识到哪些地方做得不够恰当，哪些地方做得不太好，哪些地方做好了。

(2) 还要重复一句：“不要迷信专家”，而应依靠自己，依靠自己的独立思考。

这里再插一句话，不知大家注意到没有：课程改革开始那几年，你到任何一家教育书店去看看，满世界铺天盖地的都是课程改革的书，《走进新课程》……一套一套的，装潢也十分精致、漂亮。但是，请大家现在再去看一看：这些书还在不在？恐怕一本都没有了！都到哪里去了?！为什么书的生命这么短，这里是不是有些东西应当总结和反思?!

有位小学教师说得好:“新课程改革进行到现在，专家们众说纷纭，我们也莫衷一是。还好，真正每天在教室里和新课程打交道的，站在讲台上能够决定点什么的，和孩子们朝夕相处的，还是我们一线教师，而教育变革的最终力量可能还是我们这些‘草根’。”(潘小明，“‘数学生成教学’的思考与实践”，《小学青年教师》，2006 年第 10 期)我很欣赏这样一段话，一线教师应当有这样的气魄:“我说了算，管你什么专家，参考而已。”

顺便插句话，小学老师在这方面和中学老师相比“太可爱”了一点，也许跟小学生接触时间长了，被“(儿)童化”了。小孩子谁讲话都相信，我们小学老师有时候也这样，不管哪个专家讲的话你都信。其实不是，我讲的话你就不要全信，要有这种气概。

(3) 不要追求时髦。刚才讲了数学教育领域每 10 年就有一个新的口号，因此，如果你永远在追口号，“问题解决”时髦就讲“问题解决”，“建构主义”时髦就讲“建构主义”……这样，你就一直在追，永远没有自己的东西。所以我想强调另外一个主张:“与其永远追赶时髦，不如抓基本的东西。”

我很喜欢下面这句话，这是我在南京作讲演时一位老师用短信发的短评。她说郑老师的报告是“年年岁岁花相似，岁岁年年花不同”。我很喜欢这句话，这还可被看成教师教学工作的真实写照:我们的教师哪怕 6 年一转，6 年后又重新回来了，是不是“年年岁岁花相似”，但教育工作的创造性恰又在于“岁岁年年花不同”!

坦率地说，我一年做一个报告，基本上都不一样，当然也有一些重复的东西，但一定有新内容。所以，我想这两句话正是我们应当坚持的东西，不仅教学工作是这样，教学研究也应是这样。有些基本问题不管课改不课改都是基本问题，所以，与其赶时髦，追潮流，不如老老实实地抓基本问题，当然你要用新的发展作背景去重新思考这些问题。

所以我想这就是基本立场的必要转变:转向“反思性实践”，要积极实践，认真总结，深入反思，不断前进。这也是课程改革深入发展的关键。所以我的主题就是这两句话:“立足专业成长，关注基本问题。”(下略)

2.“常识”的坚持与超越

但是，究竟何者可以被看成“专业成长”的基本涵义？从改革的角度看，笔者以为，我们应当特别强调这样一点，即坚持独立思考，坚持从专业的立场特别是围绕教育的根本使命进行分析思考，而不要盲目地追赶潮流，且完全不用考虑后者究竟打的是一种什么样的旗号。

笔者以为，这并可被看成过去这些年的课改实践给予我们的一个重要教训，即不要违背常识。当然，这又应被看成专业发展的一个基本涵义，即对于“常识”的必要超越。

具体地说，正如3.3节中所提及的，就数学教学方法的改革，特别是课改初期对于“情境设置”“动手实践”“学生主动探究”“合作学习”等“新的”教学方法的特别提倡而言，这在很大程度上就可被看成一种纯形式的追求，以致在不知不觉之中形成了一种“新八股”。（详可见第三章的例11）但是，我们这些“局中人”对于“局外人”看来十分明显的事实反而没有任何感觉，即明明已经深陷形式主义的泥潭却浑然不知！笔者以为，由此我们就应引出这样一个教训，即在任何时候都不应因为追随潮流而违背常识，更不应因为外部的误导造成常识的迷失。这也就如一位普通的小学数学教师在改革初期所指出的：“随着课程改革的深入，有必要审视初期的一些做法：强调了对原有的数学课程的批判后，是否还要去继承；在强调了动手实践、自主探索、合作交流等学习方式后，是否还要充分发挥认真听讲、课堂练习、课后作业的作用……这些或许都是常识，但在所谓的‘新理念’的光芒下往往连常识都会迷失，迷失在被煽动起的浮躁之中。”（徐青松，“直接导入，充分想象，自然提升”，《教学月刊》，2006年第5期）

但是，对于常识在一定程度上的背离或颠覆，难道不应被看成“革命”的必然要求吗？这一问题的全面分析显然已经超出了当前讨论的范围，因此，笔者在此就仅限于强调这样一点：教育的文化性质直接决定了教育改革必然是一个渐进的、积累的过程，而不应期望一下子就能取得突破。（2.6节）也正因此，就教育的发展而言，我们就应防止对于常识的背离。

在笔者看来，这也可被看成教育领域在过去几年中出现的以下现象给予我们的重要启示，即诸多“草根典型”的涌现。具体地说，究竟是什么造成了这些“草根典型”？对此当然可以从多个不同角度进行分析。但在笔者看来，这又是促成这些实例获得成功十分重要的一个原因，即对于常识的坚持，这也就是指，与盲目地去追随各种时髦的口号或理论相比，我们应当更加相信来自“灵魂深处的声音”，更加相信经过长期教学实践得到反复验证的常识性认识，只要我们能够按照认准的方向踏踏实实地去做，长期坚持地去做，就一定可以做出较好的成绩。

当然，这又应被看成相关工作能否真正取得成功十分重要的一个条件，即“突出基本问题”，也即我们应当围绕基本问题去进行工作，而不要在枝节问题上花费大量的时间和精力。再者，从专业发展的角度看，我们又应特别强调这样一点，即对“常识”的必要超越。

例如，3.3节中所提到的以下一些认识就都可以被看成我们在任何时候都应很好地坚持的一些“常识”：

(1) 数学教学决不应只讲“情境设置”，却完全不提“去情境”。

(2) 数学教学决不应只讲“动手实践”，却完全不提“活动的内化”。

(3) 数学教学决不应只讲“合作学习”，却完全不提个人的独立思考，也不关心所说的“合作学习”究竟产生了怎样的效果。

(4) 数学教学决不应只讲“学生自主探究”，却完全不提“教师的必要指导”。

但是，相关的认识不应停留于此，特别是，作为专业的数学教育工作者，我们又应围绕以下问题更深入地去进行研究，包括通过积极的教学实践与认真的总结反思，实现对“常识”的必要超越：

(1) 我们究竟应当如何处理“情境设置”与“数学化(去情境)”之间的关系？什么是“情境设置”的主要作用，什么又是数学教学中“去情境”的有效手段？

(2) 应当如何认识“动手实践”与数学认识发展之间的关系？什么又可被看成“活动的内化”的具体涵义，或者说，我们在教学中应当如何促进学生积极地进行思考，特别是，能由“动手”转向积极地“动脑”？

(3) 什么是好的“合作学习”应当满足的基本要求，数学教学在这方面是否有一定的特殊性？我们又应如何通过自己的教学很好地实现这些要求？

(4) 除去积极鼓励学生的主动探究以外，教师又应如何发挥应有的指导作用，即很好地落实“双主体”这一重要的指导思想？

当然，除去围绕具体教学方法进行分析以外，我们还应从更高层面去思考一些问题，这并可被看成“超越常识”又一重要的涵义。例如，就总体而言，我们应首先肯定教学方法的多样性，包括将此看成集中地体现了教学工作的创造性质。但是，这一方面的认识又不应停留于此，而应进一步研究什么是我们做好数学教学的关键，即很好地实现“化多为少，化复杂为简单”。

再者，这显然也应被看成“超越常识”又一重要的涵义，即我们应当超出教学方法或教学模式，并进一步去研究什么是数学教师必须具备的基本能力，包括我们又应如何处理理论与实际教学工作之间的关系？这些就是 5.2 节和 5.3 节的直接主题，相关分析为我们正确理解“教师专业化”的具体涵义提供了进一步的解答。

5.2　数学教师的专业能力

前一节中关于“超越常识”的论述已从一个层面指明了“专业化”的具体涵义，包括什么可以被看成“内行”与“外行”的区别。与此相对照，本节的分析则可被看成从一个更高层面指明了“专业”(profession)与一般性“职业”(job)的不同：由于专业工作的创造性质，相对于技能或具体操作方法的掌握，我们应更加重视相关能力的提升。以下就首先通过方法模式与教学能力的简单比较对此做出具体说明。

正如前面所已提到的，就教学方法与模式的研究与改革而言，我们应当明确肯定教学方法与模式的多样性，因为，适用于一切教学内容、对象与情境的教学方法或模式并不存在，任何一种教学方法和模式也必定有其一定的局限性，因此，我们就应鼓励教师针对具体情况创造性地应用各种方法和模式。这事实上也可被看成历次数学教育改革运动给予我们的一个重要启示或教训。例如，除去国内的相关实践以外，这也可被看成自 1989 年开始的美国新一轮数学教育改革的一个明显弊病，即对于某些教学形式(如合作学习)的突出强调，却未能给予教师充分的自主权，从而就极大地限制了教师在教学中所应发挥的主导作用。也正因此，作为必要的修正，美国数学教师全国理事会在

2000年颁发的新的指导性文件《学校数学的原则和标准》中就明确提出了所谓的"教学的原则"(原则三),而其主要内容就是对于教学活动创造性质的明确肯定。这也就如美国数学教师全国理事会在其"政策声明"中所指出的:"教师应当根据数学内容和学生的需要,并借助各种教学方法在学习过程中发挥主导的作用,创造出适当的教学环境。"(详可见 NCTM, "An NCTM Statement of Beliefs", NCTM Website: www.nctm.org)

总之,作为教师,我们应当牢牢记住这样一点:各种教学方法和模式都是为我们的教学工作服务的,而不应成为束缚我们思想的桎梏。

例如,依据上述立场我们就应将各种教学方法或模式的学习与应用看成促进自身专业成长的良好契机,并应坚持自己的独立思考,而不应盲目地去追随潮流,从而使自己处在完全被动的地位,如只是无奈地充当了某一新的教学方法或模式的推广对象,所需要的又只是将相关的方法或模式一丝不苟地应用于自己的教学。恰恰相反,面对教育领域中不断涌现出来的各种教学理论和模式,我们应当更加重视针对具体的环境、教学内容和教学对象以及方法本身的特征恰当地加以应用。

进而,我们又应清楚地认识到这样一点:相对于各种具体方法与模式的学习和应用,我们又应更加重视自身教学能力的提高。当然,这不是指我们应当完全否定积极从事教学方法与模式的学习和研究的重要性,而是指我们不应将此看成教学工作必须遵循的硬性规范,而应看成提升自身教学能力的一个重要途径。

为了清楚地说明问题,以下再联系一度十分盛行的教学观摩做出简要分析,即希望读者能够认真地去思考这样一个问题:在参加了数十次乃至上百次的教学观摩以后(这一数字我想并无夸张的成分),自己究竟有哪些收获?在此还可借用这样一句老话:"外行看热闹,内行看窍门!"那么,究竟什么是你由教学观摩获得的"窍门",什么又是单纯的"热闹"?

容易想到,如果观课者始终集中于观摩教学中的某些细节,如某个教具的设计、某个"现实情境"的创设等等,那么,尽管这也是一种收获,却很难说是真正的"窍门"。进而,即使过渡到了教学方法和教学模式,也仍有很大的提升空间,因为,真正重要的应是自身教学能力的提高,从而能创造性地去应用各种教学方法或模式。

应当强调的是，这事实上也应被看成专业性工作的一个重要特征：在大多数情况下我们都不能通过直接套用某种现成的方法或模式顺利地解决问题。恰恰相反，在此真正需要的是我们如何能够针对所说的不确定情况做出及时的判断，并采取适当措施的能力。

例如，这显然也可被看成以下论述的核心所在："做出决定是最核心的教学能力。"（C. Brown & H. Barko, "Becoming a Mathematical Teacher", *Handbook of Research on Mathematics Teaching and Learning*, ed. by D. Grouws, Macmillan, 1992, p. 215）如我们如何能够针对实际情况对事先制定的教学计划做出必要调整，又如何能够对学生的反应特别是未曾预料的情况做出恰当反馈，又如何能对不遵守课堂纪律的学生做出恰当处置，对胆怯的学生做出必要鼓励……

进而，依据上述论述我们也可更好地理解这样一个论述：一定程度上的自主权正是"专业性工作"的一个重要标志。因为，只有具有一定的自主权，专业工作的创造性才能得到很好发挥。（对此并可见 N. Noddings, "Professionalization and Mathematics Teaching", *Handbook of Research on Mathematics Teaching and Learning*, ed. by D. Grouws, 同前）

以下就对"数学教师的基本能力"做出具体分析。在此可首先提及笔者2008年所提出的这样一个意见，即数学教师应当很好地掌握以下三项"基本功（基本能力）"：（1）善于举例；（2）善于提问；（3）善于比较与优化。（详可见另文"数学教师的三项'基本功'"，《人民教育》，2008年第18～20期）其次，就当前而言，我们又应对此做出必要的扩展，即应当将以下两项同样看成数学教师的基本能力：（4）善于用"联系的观点"分析问题和解决问题；（5）善于交流与互动。

1. "善于举例"

适当举例对于数学教学的重要性可以被看成是由数学的高度抽象性与学生思维的基本特征直接决定的。

具体地说，正如前面已多次指出的，即使就最简单的数学对象而言，也都是抽象思维的产物。然而，由于"具体性"与"直观形象性"正是学生思维的重要特点，从而不仅缺乏抽象的能力，往往也不具有作为抽象基础的直接经验，因此，教师在教学中就应通过适当举例帮助学生很好地理解抽象的数学概念和理论，包括为学生实现相关抽象提供必要的基础。

由以下事实我们即可更清楚地认识“善于举例”对于数学教学的特殊重要性：在大多数情况下，数学概念在人们头脑中的心理对应物都不是相应的形式定义，而是一个由多种成分组成的复合体，而所谓的“实例”则可被看成在其中占据了十分重要的地位，在很多情况下更起到了“认知基础”的作用。(2.2节)

再者，这事实上也可被看成所谓的“范例教学法”(paradigm teaching strategy)的核心所在。以下就是这方面的一个实例(详可见 R. Davis, *Learning Mathematics: The Cognitive science Approach to Mathematics Education*, Routledge, 1984)：

[例 1] “范例教学法”的一个实例。

为了帮助学生掌握负数的概念，特别是如何进行包含负数的运算(如 $4-10=?$)，教师准备了一个装有豆子的口袋，并在桌上再摆上一些豆子。教学中教师首先在口袋中装入 4 颗豆子，同时作为一种记载，在黑板上记下“4”这样一个数字。然后，教师又从口袋中拿出 10 颗豆子，这时黑板上就出现了“$4-10$”这样一个计算式。

教师接着提问道：

(1) 现在口袋里的豆子与开始相比是变多了还是变少了？

学生很快回答道：变少了。

(2) 少了多少？

回答：少了 6 颗。

教师这时就在黑板上写下这样的表达式：$4-10=-6$，并告诉学生这一表达式读作“四减十等于负六”，而所说的“负”就表示这时口袋中的豆子变少了。

显然，在这一实例中，装有豆子的口袋与相关动作(装入更多的豆子或从口袋中取出一些豆子)对于学生都是十分熟悉的，从而就起到了“认知基础”的作用，这并是好的“认知基础”应当具有的性质：它能“自动地”指明相关概念的基本性质或相关的运算法则，这也就是指，借助于所说的“认知基础”学生即可顺利地做出相应的发现。例如，在上述的实例中，学生显然就可借助所说的“认知基础”顺利完成诸如“4－10”“5－8”这样的运算，而无须依赖于对相应法则的机械记忆。[①]

进而，从同一角度我们显然也可更好地理解“变式理论”对我们改进教学的积极意义，特别是，这十分有利于学生较好地实现相应的抽象，并切实防止各种可能的错误。另外，以下的论述则清楚地表明我们在“问题解决”的教学中为什么也应为学生提供一定的实例：“当要求学习者……解决问题时，必须通过提供相关案例以支撑这些经验……相关案例通过向学习者提供他们不具备的经验的表征，来支持意义的形成。……通过在学习环境中展示相关案例，……向学习者提供了一系列的经验和他们可能已经建构的与这些经验有关的知识，以便与当前的问题进行对比。……相关案例同时也通过向学习者提供所探讨的问题的多种观点和方法，帮助他们表征学习环境中的复杂性。”（乔纳森，“重温活动理论：作为设计以学生为中心的学习环境的框架”，载乔纳森、兰德主编，《学习环境的理论基础》，华东师范大学出版社，2002，第 89 页）

当然，无论是教材或是教师在教学中对于例题的选用，又都应当具有一定的典型性或代表性，我们在教学中并应特别重视如何能够使之真正起到“范例”（或“认知基础”）的作用。

2. “善于提问”

正如 3.3 节中所指出的，“问题引领”应当被看成我们做好数学教学十分重要的一个环节，特别是，这直接关系到了在充分发挥教师引领作用的同时我们如何能很好地落实学生的主体地位。

也正因此，“问题引领”在现今的各种数学教材中得到普遍应用也就十分自然了。当然，从教学的角度看，应当说还有许多问题需要我们密切联系教学实践深入地进行研究，如教学中应当如何处理“大问题”与“问题串”、“师问”与“生问”之间的关系？我们又如何能够通过自己的教学努力提升学生提出问题

---

① 当然，这一范例也有一定的局限性。例如，我们很难利用这一实例对 10－(－4)＝14 此类算式的合理性做出具体说明。

的能力，从而能在学习活动中表现出更大的主动性？

在此笔者并愿再次强调这样一点：相对于各种“即兴性”的提问，我们在教学中应当更加突出相应的“重要问题”和“基本问题”。

具体地说，所谓的“重要问题”主要是从知识的角度进行分析的，即何者可以被看成相关知识内容的核心，或是所谓的“课眼”。“找准了‘大问题’，就意味着教者抓住了课堂的‘课眼’，纲举目必张。”（黄爱华等，“洗尽铅华，粉饰尽去——‘大问题’为导向的小学数学课堂教学实践与探索”，《小学数学教师》，2013年第1～2期）与此相对照，所谓的“基本问题”则主要体现了这样一个思想，即我们应当超出具体内容帮助学生较好地掌握隐藏于其背后的普遍性数学思想和数学思想方法。也正因此，这就是教学中应当反复强调的一些问题，更可被看成为我们很好地落实数学教育的“长期目标”提供了具体途径。

读者依据4.4节中关于“重要数学思想”分析即可对此有更清楚的认识。再者，为了提高学生的“元认知”能力，我们在教学中显然又应经常提及这样三个问题：“什么(what)?”“为什么(why)?”“如何(how)?”（2.2节）另外，在学生顺利解决了所面对的问题以后，我们又应通过以下问题引导学生积极进行新的思考：你能否对这一结论作出推广？你能否用别的方法导出这个结果？等等。

不难想到，上述关于“重要问题”和“基本问题”的区分事实上也直接涉及这样一个问题，即教学中我们应当如何很好地处理“大问题”与“问题串”之间的关系？

更一般地说，我们又应将“善于提问”看成数学教师十分重要的一种能力：“教师的工作(就)是通过向学生问他们应当自己问自己的问题来对学习和问题解决进行指导。这是参与性的，不是指示性的；其基础不是要寻找正确答案，而是针对专业的问题解决者当时会向自己提出的那些问题。”（巴拉布与达菲，“从实习场到实践共同体”，载乔纳森、兰德主编，《学习环境的理论基础》，同前，第31页）

3. “善于比较与优化”

相对于前两项“基本功”，“善于比较与优化”应当说更直接地涉及数学学习的本质：这主要是一个不断优化的过程，更离不开教师的直接指导。

由以下实例我们即可更清楚地认识“优化”对于数学学习的特殊重要性，特别是，这主要地不是指横向的扩展或是简单的改进，而是指如何能够达到更大的认识深度，包括我们又如何能够纠正各种不恰当或错误的观念，并对已有的认识和认知结构做出必要的调整与发展。

[例 2] “运算的不守恒性”。

这是国外的数学教育研究经常提到的一个概念，其主要涵义是：由于学生在学习数学的过程中最初接触的往往是自然数的运算，因此就很容易形成以下一些认识：“乘法总是使数变大”；“减法总是从较大的数减去较小的数”；等等。然而，随着分数与负数的引进这些结论显然不再成立，也正因此，如果我们在教学中未能及时帮助学生实现观念的必要转变，就会对新的学习活动产生严重的消极影响，特别是出现如下的“规律性错误”：尽管两个问题具有完全相同的数学结构，学生却采取了不同的运算去进行求解——这就是研究者何以将此类错误称为“运算的不守恒性”(nonconservation of operation)的主要原因。

例如，在一次实验中学生被要求回答应当用什么方法求解以下两个问题：

(1) 某种奶酪的售价为每公斤 28 元，问：5 公斤这样的奶酪售价是多少？

(2) 某种奶酪的售价为每公斤 27.50 元，问：0.923 公斤这样的奶酪售价是多少？

尽管实验者作了明显提示，但是，被提问的学生仍然经常这样回答：应当用乘法求解第一个问题，第二个问题则应用除法。

调查表明，导致上述错误的主要原因是：大多数学生正是通过先前的学习逐步形成了关于乘除法运算的一些观念，特别是，正是自然数的学习使学生形成了这样的观念：“乘法总是使数变大，除法则总是使数变小。”

显然，从后一角度去分析，上述错误的发生也就不足为奇了，因为，这在很大程度上就反映了这样的现实：学生依据直觉立即意识到第二个问题的答案应当小于问题中所给出的 27.5 元，因为，后者是每公斤奶酪的售价，问题中提到的 0.923 公斤则不足 1 公斤。进而，按照已建立的观念，乘法总是使数变大，只有除法才能使数变小，因此，他们最终就选择了除法。

以下就是帮助学生实现"优化"最重要的一些手段或方法：

(1) 对照比较。在一些学者看来，这并可被看成学习的本质。例如，按照瑞典学者马飞龙的观点，学习就是鉴别："以某种方式学习认识事物或现象就是从对象中区分出一些主要特征并将注意力聚焦于这些特征。"进而，有比较(差异)才能鉴别："鉴别意味并仅仅意味着主体依据自己先前的关于多多少少有所差异的对象的认知而从物质的、文化的或感觉的世界中辨认出、察觉到某个特征。"这也就是指，"鉴别依赖于对差异的认识。"(详可见另文"现象图式学与'熟能生巧'"，载郑毓信，《数学教育：从理论到实践》，上海教育出版社，2001)

应当指出，从同一角度我们也可更好地认识"适当举例"的重要性。具体地说，这正是认知心理学现代研究的一个具体成果：对于已有知识(包括理论、方法等)或观念错误性质或局限性的认识并不足以造成相应的变化，因为，如果没有适当的替代物，人们就很可能会对已得到揭示的错误或不足之处持容忍的态度。也正因此，我们就应将提供适当的"对照物"或"替代物"看成"适当举例"十分重要的一个涵义。

(2) 总结、反思与再认识。例如，这正是现实中经常可以看到的一个现象，即尽管教师邀请了众多学生在课堂上展示自己的不同做法，但实际的教学效果却不很理想，而且，似乎邀请的学生越多情况越不理想，而这不只是指学生注意力的分散，也是指大多数学生根本不关心其他人的做法，更谈不上以此为基础实现自身方法的必要优化。在笔者看来，这也更清楚地表明了这样一点：单纯的对照比较并不能代替主体的积极思考，或者说，真正重要的是主体是否具有足够的自觉性。也正因此，我们在教学中就应特别重视引导学生认真做好"总结、反思与再认识"，从而使优化成为学生的自觉行为，包括为此提供足够的时间与空间。

4. 善于用"联系的观点"分析问题和解决问题

前面已经多次提及，"善于用联系的观点分析问题和解决问题"对于我们做好数学教学具有特别的重要性，从而我们自然也就应当将此看成数学教师又一重要的基本功。

具体地说，只有用“联系的观点”看待问题与分析问题，我们才能达到更大的认识深度，包括在教学中真正做好“分清主次，突出重点，以主带次”，特别是，“以发展代替重复，用深刻促成简约”。

由以下实例可以看出，即使就小学低年级而言，我们也完全可以而且应当在这方面做出切实的努力，从而不仅帮助学生很好地掌握相关的内容，也能在思维方法的学习等方面有一定的收获。

[例 3]　“千米和吨”的教学。

这是苏教版三年级下册的一项内容。从当前的立场看，这一内容的教学显然应当很好地突出这样几个要点：

(1) 精确度量的必要性。例如，教师在此可以首先引入若干学生比较熟悉的事例，如长江的长、姚明的高、大象的重等。然后再提出以下的问题：长江到底有多长？姚明到底有多高？大象到底有多重？等等。进而，如果说日常生活中人们常常会采取比喻的方法对此做出说明，如“长江比长城还要长”，“姚明像树一样高”，“大象比老虎、狮子还要重”，等等，那么，这就是数学思维的一个重要特点，即我们应由定性的描述过渡到精确的定量。当然，为了实现这一目标，我们又必须引入一定的度量单位和度量工具。

(2) 与人类的各项活动相类似，人们在开始时往往也会以自己作为基准去从事度量活动。就长度与重量的度量而言，这就直接涉及我们为什么会将“米”和“公斤(千克)”看成最基本的度量单位。但这又是一个必然的发展：由于度量对象的不同我们还应引入更多的计量单位。例如，“厘米”与“克”的引入就是以相对于“人”而言更小的对象作为度量对象的必然结果。不难想到，多个不同度量单位的引入也必然会导致这样一个新的问题，即我们如何能在不同的单位之间做出换算。

(3) 依据上述分析，“千米(公里)”和“吨”的引入显然也就十分自然的了：这即可被看成将视角由较小对象转向较大对象的必然结果，如长城的长、大象的重等等。

总之，我们应将“千米和吨”的认识这一新的学习内容与学生已学过的内容直接联系起来，这并是这一做法的主要优点：这不仅使“千米”和“吨”的引入对学生而言显得十分自然，也清楚地表明了我们应当围绕哪些问题从事这一内容的学习。正因为此，在“引入”后，我们就可放手让学生进行自学或以小组学习的形式进行学习。另外，这一做法显然也十分有利于学生建立关于“度量问题”的整体性认识，包括较好地做到“以发展代替重复，用深刻促成简约”。

最后，依据上述分析相信读者也可对国际数学教育界的这样一个发展趋势有更好的认识，即对“联系”的普遍重视，还包括这样一点：对于所说的“联系”我们应做广义的理解，也即不仅是指不同数学概念、不同数学结论、不同数学理论之间的联系，还包括数学与“外部”的联系。

5. 善于交流与互动

由于任何一种教学活动和教学形式都离不开师生间的积极交流与有效互动，因此，我们就应将“善于交流与互动”看成数学教师（乃至各科教师）必需具备的又一基本能力，即应当有较强的表达能力，善于倾听与引导，包括与学生的较强亲和力，等等。

正如前面已提及的，我们应超出数学学习，从更广泛的角度更好地认识切实做好这一方面工作的重要性，包括教师应在这一方面起到很好的示范作用。

[例 4] “做好与学生的对接”（吴正宪，“怎样的一节课才是好课？”引自唐彩斌，“立足小学科，做好大教育”，《中国教育报》，2013 年 4 月 17 日）。

“首先得研究师生交流沟通问题。……教师跟学生的交流、对话应该是从心底涌出来的，是发自内心的真实对话。教师要允许孩子用自己的语言来阐述他们的想法，要读懂孩子的语言。另一方面，……教师还要帮助学生实现对接。实现对接的过程就是把生活经验、感性认识上升到理性层面。这个对接不可能在同一时间全部完成，教师要学会等待，让学生跟着自己的经验慢慢来。”

以下研究即可被看成为我们如何能在这一方面表现出更大的自觉性提供了重要启示：

［例 5］　数学课堂交流的四个水平（哈浮德-艾克斯等，引自黄荣金、李业平，《数学课堂教学研究》，上海教育出版社，2010，第 4 章）。

这是在美国一所小学进行的为期两年的一项研究，其主要成果就是关于数学课堂交流不同水平的区分，共涉及“提问”“解释数学思维的过程”“数学思想的来源”和“学习的责任”这样四个维度，对于这四者我们并都可以区分出 0 到 3 这样四个不同的水平。

以下就是所说的四个不同水平的主要特征：

水平 0：这是指传统的、完全由教师主导的课堂，学生的主要任务就是做出简要的回答。

水平 1：教师开始引发学生的数学思维，这时教师在课堂的数学对话中仍然起到了关键性的作用。

水平 2：教师帮助学生进入了新的角色：学生之间的对话不断增多，合作教学与合作学习开始产生，教师开始在教室里四处巡察。

水平 3：教师成为一个合格的教育者和学习者，调控课堂的活动，同时又充分参与。

以下则是研究者针对“解释数学思维的过程”这一维度所给出的关于四个水平的具体解释，对于其他三个维度我们也可做出类似的解读：

水平 0：教师几乎从不激发学生的思维，从不引导学生解释和形成解决问题的策略。教师只是关注问题的答案。学生缺乏思考和策略性解释的机会，只是给予解答。

水平 1：教师逐渐探究学生的思维。开始出现一到两个不同的方法，教师可能替代学生自己解释这些方法。学生通常是在教师的探究下谈及自己的数学思维（很少是积极主动的思考）。他们扼要地描述思维过程。

水平 2：教师更深入地探究学生的思维，鼓励学生详细地描述他们的思维过程。教师引导学生采用多种方法解决问题。在教师探究下学生常常描述他们积极主动的数学思维过程，而且他们描述的信息更加丰富，同时也开始维护自己的答案和方法。其他学生在听的过程中也发表自己的见解。

水平 3：教师紧跟着学生的思路，鼓励学生做出更有说服力的解释，提出探究性的问题，进一步完善自己的解释。教师激发学生更深入地思考自己的策略。学生更加完整地描述自己的策略。在几乎不需要教师提示的情况下维护和阐明自己的答案。学生认识到在回答问题后,同伴会问他们一些问题,因此他们更加仔细和充满动力。其他学生在听的过程中积极参与。

与此相对照,以下研究则可说具有更大的针对性,即清楚地表明什么是我们在当前应当注意纠正的一些做法,什么又是相应的改进策略,还包括教师应当如何起到"示范"的作用:

[例6] "数学课堂教学交流现状分析与策略探寻"(周孝连,《教育视野》,2015年第12期)。

文中指出,这是这方面工作在当前的主要问题:(1)师生交流就是师问生答;(2)小组交流成了自说自话;(3)全班交流"优秀生"独占课堂;(4)反馈评价成了老师的专有权利。

为了改变上述现象,作者提出,我们应当努力做好这样几项工作:(1)有效预习,提高学生的交流起点;(2)用心倾听,不要轻易打断;(3)鼓励质疑,让数学课堂"辩"起来;(4)静心反思,此时无声胜有声。

相关作者还突出地强调了这样一点:"从教师做起。"因为,"教师是课堂教学的主导者,交流要想达到一定的维度与深度,达到自然流淌的境界,离不开教师的引导"。我们并应努力做好这样几点:(1)独具魅力的语言;(2)恰当有效的问题;(3)灵活自如的现身。

当然,作为数学教师必需具备的基本能力,我们又不应满足于这方面的一般性分析,如"教师应当善于倾听(蹲下身来说话)""应当善于观察(谁没有参与?)""应当平等地交流"……而应将"促使学生积极进行思考,并能逐步地学会想得更清晰、更全面、更深入、更合理"看成数学地交流与互动的重点,并应努力提高学生在这一方面的自觉性和能力。

6. 综合分析

以下再从总体上对"数学教师的基本能力"做出简要分析。

首先,这是在笔者提出数学教师的"三项基本功"时已明确表达的一个意见，即我们不应认为这已经穷尽了“数学教师基本能力”的全部涵义，对于所说的“三项基本功”更应持综合的观点，即应当清楚地看到这三者之间的重要联系，而不应将它们看成完全独立、互不相干的。具体地说，“优化”即可被看成为教学中我们应当如何“举例”与“提问”指明了主要方向。反之，适当的“举例”与“提问”则为我们在教学中应当如何帮助学生实现“优化”指明了基本的途径。

显然，尽管我们现已将数学教师的基本能力扩展到了 5 项，但又仍然应当很好地坚持上述的立场。

以下就是笔者对于所提及的 5 个方面的综合分析，建议读者也可依据自己的教学实践做出自己的概括：

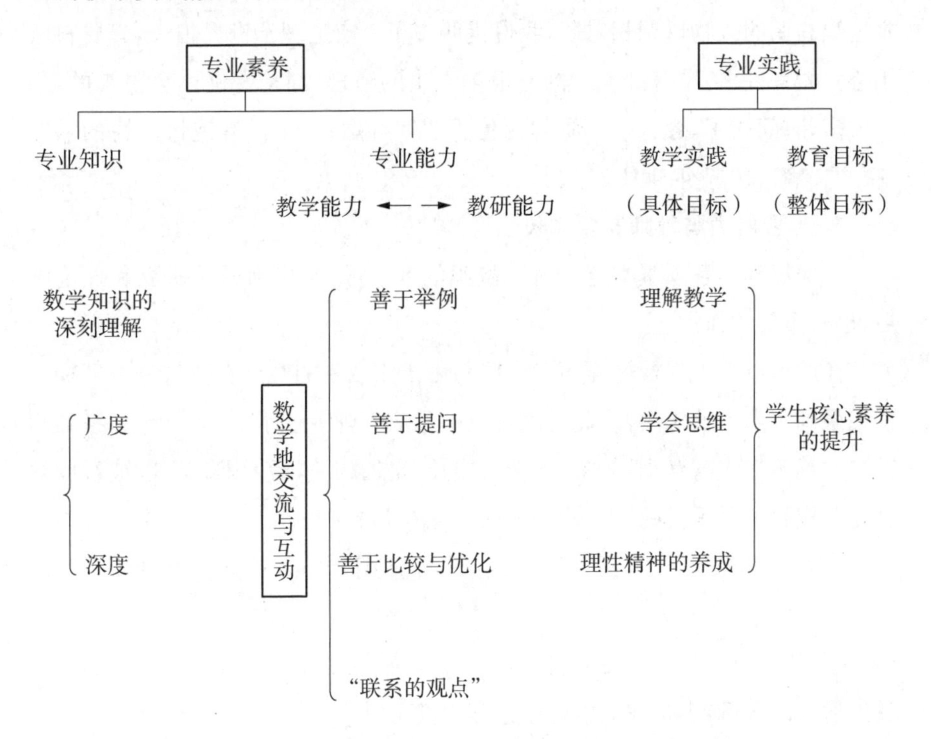

进而，应当再次强调的是，我们并应超出知识的学习，从更广泛的角度认识切实抓好上述各项工作的重要性。例如，正如第三章中所提及的，“善于用联系的观点分析和解决问题”就应被看成一种重要的思维品质，更直接关系到了认识的深度。再者，“善于交流与互动”显然就与我们如何能够帮助学生很好地学会合作密切相关,后者则应当被看成未来社会合格公民必需具备的一个基本素养。

最后,就所提到的各项能力,我们也不应片面地强调"全面掌握""无一遗漏"。恰恰相反,教师完全可以依据自己的个性特征与工作需要从中做出恰当的选择。进而,"教育贵在坚持",一旦认准了方向我们就应在日常的教学工作中坚持加以应用,包括细细的感悟和品味,认真的总结和改进,从而就能不断取得新的进步。

在此笔者并愿特别引用我国著名文艺理论家钱谷融先生的这样一段话,尽管他所直接论及的只是人生感悟,而非数学教学:

"慢慢走,慢慢看,看多了,自己也会有一点人生感悟,尤其是与周围那些永远唱高调的人物论调相对照,我慢慢明白了一点道理。世界很大,只要自己用心去做一件事,没有做不成的。很多人生的道理,都是慢慢体会出来的,积少成多,时间久了,会有一个质的变化。"("钱谷融:一生没有说过后悔的话",《报刊文摘》,2017 年 3 月 31 日)

7. 专业能力与教师专业成长

上面提到的各项基本能力对于教师的专业成长,包括教学研究和理论学习,也有重要的作用。

在此可以首先提及这样两点:其一,由于用联系的观点看待与分析事物直接关系到了认识的深度,因此也就可以被看成教师专业水平的一个重要标志。其二,"善于交流与互动"与"群体中的成长"密切相关,后者则又可以被看成教师专业成长十分重要的一个途径。(详可见 5.3 节)

以下再围绕"善于举例""善于提问"与"善于比较与优化"做出进一步的分析。

第一,由以下的实例可以看出,善于举例特别是能够结合自己的教学实践举出适当的实例,也是我们做好理论学习的关键。

[例 7] "关于数学教育若干重要问题的探讨"。

这是《人民教育》2008 年第 7 期发表的一篇文章,主要内容是一位小学数学教师的读书笔记。刊物上发表读书笔记应当说不很寻常,由相关编辑的评

论我们即可了解发表这一文章的主要原因,包括什么又可被看成这一事例为广大一线教师提供的主要启示:

"这些笔记(指其所摘录的一些语录——注)的确很精辟,但是我觉得您的解读更精彩,从某种角度讲,能用恰到好处的实例来解读理论的人,比只会给出抽象理论的人更伟大,因为这不但表明消化理论的能力,也代表了思考的透彻与思想的成熟。您使我们看到了浓缩的理论后面丰富的实践风景,同时也引发了新的思维风暴。"

正因为此,在聆听了专家报告或阅读了一本理论性的著作以后,我们就应认真地去思考:自己对于专家或书中提到的观点或理论是否真的弄懂了?他是借助什么例子进行说明的,后者又能否被看成相应观点或理论的恰当实例?当然,这又是这方面更高的一个标准,即我们能否联系自己的教学实践为相关理论或观点举出更多的实例,乃至一定的反例。

其次,除去理论学习以外,我们还可从更广泛的角度认识"善于举例"对于教师专业成长的特殊重要性:从社会学的角度看,专业成长主要是指个体真正成为了相应共同体的一员,而其主要标志就是对"共同体成员共有观念与信念"(这也就是所谓的"范式"或"传统")的学习和继承。进而,尽管所说的学习和继承主要是一个潜移默化的过程,但又只有借助于实例我们才能很好地掌握:"最基本的是,范式是指某些具体的科学成就事例,是指某些实际的问题解答,科学家认真学习这些解答,并仿照它们进行自己的工作。"(库恩,《必要的张力》,福建人民出版社,2004,第 346 页)

最后,正如前面所提及的,这是关于教师工作的一个新定位,即我们应当更加重视自身"实践性智慧"的提升,又由于后者主要是指"借助案例进行思考",从而就从又一角度更清楚地表明了案例的分析与研究对于教师专业成长的特殊重要性。当然,又如"导言"中所已指出的,我们也应清楚地认识"实践性智慧"的局限性,或者说,应更加重视很好地处理理论与实际活动之间的辩证关系。对此我们并将在 5.3 节中做出进一步的分析。

第二,这是理论学习中十分常见的一个现象,即人们常常感到没有多少真正的收获。造成这一现象的原因当然有很多,如理论与实际教学活动严重脱节等,但从教师的角度看,我们又应特别强调这样一点,即教师本身是否具有较强的“问题意识”,并能带着问题有针对地去进行学习。就我们当前的论题而言,这也就清楚地表明了在“善于提问”与教师专业成长之间的关系。

进而,正如前面已多次提及的,这也可被看成新一轮数学课程改革给予我们的一个重要启示或教训,即我们不应盲目地去追随各种时髦的潮流,而应更加重视自己的独立思考,特别是,面对任一新的口号或主张,我们都应认真地去思考:(1)这一主张的实质是什么?(2)它有什么新的启示和意义?(3)它又有什么局限性或不足之处?显然,这就从又一角度更清楚地表明了“善于提问”对于教师专业成长的特殊重要性,特别是,这十分有助于我们防止或纠正各种简单化的认识与片面性的做法。

例如,“有效的数学教学”正是现实中经常可以听到的一个主张,因此,为了防止盲目性,我们就应认真地思考这样几个问题:(1)当前提出这一主张的合理性与必要性?(2)我们又应如何理解“数学教学的有效性”?(3)大力提倡“有效的数学教学”是否也可能造成一定的消极后果,或者说,这一主张是否也有一定的局限性?

具体地说,当前对于“有效教学”的提倡显然可以被看成是对教育领域中一度盛行的形式主义倾向的明确反对和有效纠正。其次,这即可被看成我们具体判断数学教学有效性的一个重要标准,即相关教学是否有促进学生积极进行思考,包括教师是否在这一方面做了很好的引导?最后,这方面的教学又应切实防止这样一个现象,即我们不应因为强调教学的有效性而未能给学生的主动学习和积极创造(包括学生间的积极互动)提供足够的空间和时间,这也就是指,在强调“有效的数学教学”的同时我们也应特别注意“教学的开放性”。(对此并可见另文“数学教学的有效性和开放性”,《课程·教材·教法》,2007年第7期)

再者,强烈的“问题意识”显然也是我们在从事教学研究时应当特别重视的一个问题,即我们应当立足实际教学发现值得深入研究的问题,而不应热衷于撰写无事呻吟式的空头文章。

更一般地说,正如前面所指出的,这事实上也可被看成课程改革深入发展的关键,即我们不应满足于已取得的成绩,而应通过发现问题、正视问题和解决问题，不断取得新的进步。

第三，首先，“优化”显然也可被看成教师专业成长包括自身教学工作不断改进的基本形式，这也就是指，我们应当通过积极的教学实践与认真的总结反思不断取得新的进步，真正做到“年年岁岁花相似，岁岁年年花不同”。

例如，由于新一轮数学课程改革现正处于深入发展的阶段，因此，这就是教师教学研究的一个很好选题，即我们如何能够通过不同时期，特别是课改前、课改初期与当前关于同一内容不同教学设计的比较，深化自身在这一方面的认识，包括很好地实现教学方法的优化。

再者，正如2.6节中所提及的，这也是国际数学教育研究现代发展的一个重要特征，即对于比较研究特别是数学教育国际比较研究的高度重视，我们并应清楚地认识到这样一点：比较研究的主要目的不是在各种方法或传统之间区分出绝对的好坏，并由此找出普遍适用的最佳方法。恰恰相反，比较研究提供的主要是一面“镜子”，而不是“蓝本”。显然，就我们当前的论题而言，这也就更清楚地表明了这样一点：比较与反思正是我们做好“优化”的关键。

更一般地说，从同一角度我们显然也可更好地认识“放眼世界，立足本土”的重要性，特别是，课程改革不可能单纯依靠“外部输入”就能很好地得到实现，也不可能是一种直线式的发展，而必定会有一定的曲折甚至是反复，而关键就在于我们能否找出中国数学教育的“内在生长点”，并能通过及时的总结和反思实现不断的“优化”。

最后，在结束这一部分的论述时，笔者又愿特别强调这样一点：正如我们应将“帮助学生学会思维”看成数学教育的主要目标，我们也应将“乐于思考、勤于思考、善于思考”看成数学教师最重要的素养，或者说，应将此看成数学教师专业成长最重要的方向。因为，我们显然无法想象一个既不善于思考也不愿意思考的数学教师，如在教学中总是照本宣科，更会听任情感主导自己的行为，乃至十分任性地处事，却仍然能够通过自己的教学对学生的思维发展发挥积极的促进作用，即能帮助他们逐步地学会思维，并能由理性思维逐步走向理性精神。

对此我们并将在5.4节中做出进一步的分析论述。

作为“专业化”主要涵义的具体分析，笔者又愿强调这样一点：除去上面已提及的两点以外，专业性工作还有其他一些重要的涵义。为此还可特别提及美国《小学杂志》(*Elementary School Journal*)1998年第5期所发表的这样一篇文章，因为，“专业”与一般性“职业”的区别，也正是这一文章的直接主题。具体地说，按照相关作者的观点，以下就是专业性工作最重要的一些特征：

在需要时为其他人服务的责任感；

必要的理论(知识)背景，即对于相关理论的较好掌握；

特定领域中的实践能力，即在某一领域的实践中表现出了较高的技巧；

在不确定的情况下做出判断的能力；

需要通过实践，即理论与实践的相互作用不断进行学习；

相应的专业共同体在质量保证与知识的积累等方面发挥了重要作用。

由此可见，为了有效地实现专业成长，对于以下一些方面我们也应予以特别的重视，即我们如何能够很好地处理理论与实际教学工作，以及教学工作与教学研究、个体与群体之间的关系，我们还应具有较高的职业道德。对此我们将在以下两节做出具体的分析论述。

5.3 教师专业成长的基本路径

什么是数学教师专业成长的有效途径？为了对此做出具体解答，可以首先提及这样一个事实，即中国的基础数学教育特别是小学数学教育在世界上被公认为具有较高的水准，而这主要地当然又应被归因于中国数学教师具有较高的专业水准。正因为此，我们就可通过中国小学数学教师成长道路的具体分析对上述问题做出初步的解答。其次，在很好地继承优良传统的同时，我们当然也应注意发现存在的问题与不足之处，即什么是这一方面工作应当特别加强的方面。以下就对此做出具体的分析。

1. 数学教师专业成长的“中国路径”及其审思

前面已经提到，随着中国旅美学者马立平博士《小学数学的掌握与教学》一书在世界范围的广泛传播，这在很大程度上已经成为国际数学教育界的一项共识，即中国小学数学教师与外国同行特别是美国同行相比具有更高的专业素养，尽管他们的学历普遍偏低，在校期间学习过的数学课程与所花费的时间也较少。那么,中国的小学数学教师是如何实现专业成长的呢?相关工作又有什么需要改进或加强的方面?以下就是笔者在这方面的主要看法:

第一,就总体而言,中国的文化传统和整体性社会氛围对教师的专业成长都是较为有利的,特别是这样几点:

(1) 这是中国社会在这一方面的主流观点:"只要教师教得得法,学生又做了足够努力,绝大多数学生都能学好数学。"从而就不仅促使广大教师很好地承担起自己的职责,也为他们积极从事教学工作提供了必要的信心。另外,正如诸多国际比较研究所表明的(2.6 节),大多数中国家长也从各个方面对教师工作提供了重要支持,后者即是指,尽管儿童已进入了学校,大多数中国家庭仍然十分关注子女在学校中的学习情况,并认为应在各个方面给教师必要的支持。当然,应当承认的是,这一情况现已有了一定改变,特别是,社会上普遍存在的焦虑感以及"补课文化"的盛行,已对学校教学形成了很大的冲击和压力。

(2) 这并是中国小学数学教师在很长时期内的一个重要特点,即其中的大多数人都毕业于中等师范学校。具体地说,尽管在校期间并未做出明确的专业区分,但从进入中师起他们中的很多人就已牢固地树立起了成为一名优秀教师的明确志向,从而就为日后的专业成长奠定了良好的基础。当然,不分专业的学习经历对于他们后来的专业成长也有一定的消极影响。

与此相对照,中学数学教师的情况应当说有所不同,而且,即使就小学数学教师而言,上述情况现也有了很大变化,从而就清楚地表明了针对新的情况对于如何促进教师的专业成长做出更深入的研究的必要性。

(3) 这也是中国教育传统的一个重要特征,即有很强的规范性。就教师的培养而言,这既有积极的作用,也有不少消极的影响:

首先,对于教材的高度重视。例如,按照马立平博士的分析,能否做到"数学知识的深刻理解"即可被看成中美小学数学教师的一个重要差别:"中国教师花费大量的时间和精力钻研课本,在整个学年的教学中不断地全面研究课本。首先,他们要理解'教什么'。他们要研究课本是如何解释和说明教学大纲的思想的,作者为什么以这样的方式编排,各部分内容间的联系是什么,该课本的内容与前后知识点之间有什么联系,与旧版本相比有什么新亮点,以及为何要做这样的改变等。更为详细地讲,他们要研究课本的每个单元是如何组织的,作者是怎样呈现内容的,以及为何如此呈现。他们要研究每个单元有哪些例题,为什么作者会挑选这些例题,以及为什么例题以这样的次序呈现。他们要审核单元每一节的练习,每一部分练习的目的等等。他们确实对教材作了非常仔细和批判性的研究。"(《小学教学的掌握和教学》,华东师范大学出版社,2011,第125页)由此可见,教材的研读对于中国教师的教学工作有很大的帮助,特别是有助于他们很好地弄清不同内容之间的联系,准确把握相应的核心问题与基本问题,包括又如何能够超越细节建立全局性的认识。

当然,上述目标的实现又有这样一个先决条件,即教材的高质量与相对稳定。另外,从实践的角度看,以下做法对于教师也有很大的帮助:除教材以外,相关部门还提供了与之配套的各种"教学用书"。

其次,教研部门的支持,特别是,中国特有的"教研员"制度更可被看成在这方面发挥了重要的作用:"中国有专门的包含省、地(市)、县(区)等各级教研室的教研工作管理系统,这个系统中的教研员通过有计划的、形式多样的教研活动,组织不同层级的课例研究,从而为中国教师专业发展提供有效支持。"(章建跃等,"中学数学教研员的'专业知识''能力'及其'发展'",《数学教育学报》,2017年第4期)

再者,尽管这主要是一个单向的运动,但是,新一轮数学课程改革的实施,特别是课改中采取的"集中培训,专家引领"这样一个做法,也使广大教师有机会接触到各种现代的教育教学思想,这对于提升教师的理论水准当然也有一定的积极作用,尽管我们在此也可清楚地看到理论与教学实践之间存在有巨大的间隔。

第二,这是中国数学教师专业成长的主要路径:实践中学习,群体中成长。

对于"实践中学习"的强调事实上也可被看成国际上关于教师专业成长的普遍性共识。例如,由国际数学教育委员会组织的专题研究"数学教师的专业教育与发展"(ICMI Study 15,上海教育出版社,2015)就直接采用了这样一个标题:"在实践中和向实践学习"(Learning in and from Practice)。更一般地说,这事实上也应被看成专业性工作的一个重要涵义,即相关人士必定有一个不断学习、不断提升自身专业水平的过程,特别是,我们应当努力提升自己的

“实践性智慧”，而这显然也就更清楚地表明了“实践中学习”的重要性。

在此还可特别引用美国著名教育家舒尔曼的以下论述：“从事这项专业三十多年后，我总结道，课堂教学——特别是在中小学层次——也许是迄今人类发明的最为复杂、最具挑战性、要求最高、最敏感、最细微、最令人惧怕的活动。”“越复杂和高级的学习，它最多的依靠反思，回头反省和合作及与别人一起工作。”“最能解决问题的专家不是靠做来学的；他们不是根据简单的解决问题的实践来学习的。他们通过追忆那些他们已经解决了的问题（或者比较少的是那些没有解决的问题）来学习；通过反思来学习他们为解决那些问题做了些什么，不是通过做，而是通过想他们以前在做什么。”（《实践智慧——论教学、学习与学会教学》，华东师范大学出版社，2014，第 362～363 页、第 220 页）

那么，中国的数学教师在这方面又有什么不同的特点呢？这就直接涉及上面提及的第二点，即中国教师特别重视向同行学习，我们并可将“群体中成长”看成中国教师专业成长的基本形式。

就教学经验的积累而言，这并意味着由“直接经验”扩展到了“间接经验”，即我们应当善于将其他人的经验转化为自己的经验。

在笔者看来，这并为以下现象提供了具体解释，即中国的数学教师为什么特别重视“课例展示”和“教学观摩”。另外，这也是很多优秀数学教师在回忆自己的成长过程时经常会提到的一点，就是老教师的帮助，后者在很多情况下更采取了“师傅带徒弟”这样一个形式。

以下就是一位教师的亲身感悟：“一个人的成长要看他与谁同行，一个人有多优秀要看他有谁指点，一个人有多成功要看他有谁相伴……我是一名幸运的数学老师，一路有人同行，有人指点，有人相伴，而我注定会在小学数学教师的路上幸福地奔跑着……”（崔静，“磨课和读书促我成长”，《小学教学》，2019 年第 5 期）

但是，过分重视“向别人学习”是否会抹杀主体的个性特征乃至教学工作的创造性？对此笔者持有不同的看法。

具体地说，“向别人学习”不应被看成是与一般意义上的“反思”直接相抵触的。恰恰相反，这为我们积极从事反思指明了可能的方向与基本的途径，后者即是指，通过与别人对照比较我们可以更清楚地认识自己的不足与改进方向。再者，这也是中国教师普遍持有的一个观点，即我们不应机械地照搬别人的经验，也即在教学中简单模仿别人的做法，而应针对具体情况创造性地加以应用。

显然，由此我们也可更清楚地认识东西方在观念上的巨大差异，特别是，两者对于“教学创新”与“教师形象”等可以说具有完全不同的理解。(2.6 节)

应当提及的是，对于“合作”的高度重视现也已经逐渐成为了国际教育界的一项共识。这也就如舒尔曼所指出的：“教师的智慧是孤独而静默的，作为教师，我们事实上能够在我们的所作所为上变得更加聪明，但是由于我们在孤立的氛围中工作，使得我们难以清晰地表明我们知道的和从他者那里分享而来的智慧。由于我们的工作习惯和条件如此缺乏反思性，以至我们几乎遗忘了我们在实践过程中对成果和做法的一些深思。”(《实践智慧——论教学、学习与学会教学》，同前，第 224、364 页)。

再者，依据上述分析我们也可更好地认识以下一些做法的重要性：(1)各种书面材料的研读显然也可被看成“向别人学习”的一个重要形式，特别是，除去教材与各种“教学用书”以外，中国还有很多专门的教学刊物，它们的主要内容就是各种课例与点评，从而就为广大教师向别人学习提供了更多的资源。(2)“合作学习”也是相关部门组织教学活动的一个基本形式。例如，中国的年级备课组或学校教研组常常会举办这样的活动：“教学观摩-集体研讨-再实践-再研讨……”；在当前我们还可经常看到“同课异构”这样一种教研形式，即组织多位教师同时展现同一内容的教学，包括比较与评论，从而也就十分有益于人们通过集思广益取得更大的进步。(3)传统的“师徒制”现也已经借助“名师工作室”这一形式得到了新的发展：“‘名师工作室’一方面为名师自身发展提供了更为广阔的空间，另一方面也为团队教师成长提供了平台，成为教师专业发展的新途径。”(孙晓俊，“指向教师专业发展的数学名师工作室实践研究”，《数学教育学报》，2017 年第 4 期)

第三，尽管中国数学教师在专业成长上有不少成功的经验，但也有一些明显的缺点或不足之处。

具体地说，尽管对于自身工作的认真总结与反思，包括学习他人的经验对于教师改进教学有十分积极的作用，但如果相关工作始终停留于经验的简单

积累,就必然具有较大的局限性。对此例如由以下事实就可清楚地看出:

在经历了最初的"适应期"以后,大多数教师往往很快就会进入发展的"瓶颈"(或"高原期"),即很难超出"合格教师"这一层面成为真正的优秀教师,尽管总结与反思已经成为人们的固有习惯,同行间的积极交流与互助也可被看成学校中的常态,大多数教师更不能说已不再具有前进的动力和愿望。这也就如以下描述所指明的:"总能保持中等的状态,但再怎么努力也没有明显提高。"后者又不仅是指"工作内容和范围长期没有变化,自己也不知道还有什么事情可以做",也是指"自己从同伴那里再也不能学到更多的东西,觉得同伴懂的自己基本上也懂了"。(孙海忠,"一线教师需要什么样的专家",《人民教育》,2019 年第 17 期)

当然,此时我们仍可通过拓宽渠道取得一定突破,如积极参加各种教学观摩,争取有更多机会与同行进行交流,广泛阅读各种相关的刊物与著作,等等。但这显然又是这方面的一个基本事实:自新一轮课程改革实施以来有不少教师已参加过数十次乃至上百次的教学观摩,在各种相关刊物或著作中我们也可看到大量的课例,包括所谓的"经典",以及诸多名师的教学经验,但是,除去特定情境的创设、特殊教学工具的开发等方面的直接启示以外,广大教师似乎又很难通过上述渠道在专业成长上有很大收获,而是始终处于这样一种状态:"很难感觉到自己像前一个时期那样快速成长。"

总之,如果这一方面的工作始终停留于实践经验的简单积累,那么,即使我们很努力地向别人、向名师学习,也很难在专业成长上取得更大的进步,因为,经验的学习和应用具有很大的局限性,名师的经验似乎也很难用得上、用得好。由此可见,除去传统的继承,我们也应十分重视存在问题的分析与解决。

以下就分别围绕"向名师学习"和"实践性智慧的提升"这样两个论题对此做出进一步的分析,希望能有助于提升广大一线教师在这一方面的自觉性。

首先,无论是向校内同行前辈或是名师学习,显然都直接涉及"学什么"和"如何学"这样两个问题。在此笔者并愿特别强调这样一点:名师的工作与一般教师的日常教学相比应当说具有不同的重点,特别是,名师所关注的往往是如何能够不断创造出新的亮点。

例如,正如人们所公认的,这是著名特级教师华应龙老师的明显优点,就是能够不断地创造出一些新课、一些新的好课,如“半条被子”“国庆观礼”“十二生肖”……其构思之精巧,思路之开拓,教学技巧之纯熟,都令人赞叹不已……但就一般教师特别是年轻教师而言,我们是否也应将精力集中于创造出一二节公认的好课?这显然不合适,而如果我们更希望能够“一课成名”,就完全是一个错误的追求,因为,在此真正需要的应是立足日常工作做出切切实实的努力,一步一步踏踏实实地前进。

后一目标的实现还应说并不容易。具体地说,这正是年青学子刚刚走上教学岗位时必须很好地实现的一个转变,即应将自己在学校中学到的各种理论知识很好地应用于教学实践,特别是,能通过实际教学逐步建构起相应的“学科内容教学法知识”(舒尔曼语),这并可被看成教师专业成长的实际起点。

在此我们还应特别强调切实增强自身“问题意识”的重要性,即我们应当善于通过总结反思发现教学中存在的问题,从而就能有针对地做出改进。在笔者看来,这也是我们的名师在从事新课例的创造时应当特别重视的一个问题,即相对于纯粹的“神来之笔”或“灵光闪现”,我们应当更加重视如何能够针对现实中普遍存在的问题,特别是围绕数学教学的各个基本问题开展研究,并应通过新课例的创造说出相应的普遍性道理,而不只是局限于课例本身的欣赏。

为了清楚地说明问题,在此还可围绕“继承与创新”这一论题做出进一步的分析。

具体地说,这是著名小学数学特级教师张齐华老师的一句名言:“永不重复别人,更不重复自己。”作为一位名师,提出这一要求当然应当被看成积极进取、努力创新,而不是满足于既有成绩、停滞不前的表现。但对年轻教师而言,笔者以为,我们应更加重视传统的继承,或者更具体地说,应首先很好地弄清数学教育教学最基本的一些道理,切实地做好“以正合”,然后才有可能真正做到“以奇胜”,包括已有传统的必要发展。

显然,这事实上也对名师包括相关方面应当如何在这一方面发挥更大的作用提出了更高的要求。对此我们可联系所谓的“赛课”做出具体分析。

毋庸置疑,大多数名师都曾有过赛课的经历,有些不仅给相关人士留下了终身难忘的印象,也对其后来的专业成长乃至人生产生了十分重要的影响。但是,究竟何者又可被看成赛课的主要意义,特别是,对一般教师而言,我们是否都应很好地落实“一个好教师首先要打造一节代表课”这样一个建议?

具体地说,既然是赛课,参与者自然就应争取好名次,甚至是名列前茅。同样地,即使是单纯的教学观摩,或是教研文章的撰写,当然也希望能得到别人的好评。但应强调的是,上述追求往往会在不知不觉之中造成关注点的转移,即将创造“亮点”看成这方面工作的主要目标。

例如,所谓“磨课”,主要就是指在细节上狠下功夫,特别是,如何能够避免可能的“失分”,乃至将“平淡之处”转变成“亮点”,将“失分”转变成“加分”。但从日常教学的角度看,即使我们不去考虑“处理好每个细节”在现实中是否真的可行(相信读者由以下论述即可在这方面留下深刻的印象:“比如,在课堂各个环节中教师的行走路线,课堂语言中语音及重音的把握,课堂板书的时机、位置、颜色,学生活动时的教师活动,教具学具的摆放、拿取,等等”),这应当说也是更重要的一些问题,即教学中我们如何能够切实地做好“突出重点,突破难点”。再者,如果说这正是由主管部门组织的赛课包括观摩教学的一个重要作用,即很好地体现新的指导思想,从而也就可以被看成赛课中又一重要“加分点”,包括借此即可获得评委的好评。但就一线教师而言,我们显然又应更加提倡这样一种素朴的追求,即自己的教学如何能够很好地体现数学教学最基本的一些道理或规律,而不是对于“时髦口号”的简单追随。

显然,按照上述分析,相对于单纯的决出名次,这也应成为各种赛课活动更重要的一个目标,即能在上述方面给广大一线教师更大的帮助,包括带动他们一起积极从事教学研究,而不是始终处于单纯的欣赏和被动的学习这样一个位置。

也正是基于这样的思考,笔者就愿特别提及刘发建老师的相关工作,尽管他并非数学教师,而是一名语文教师。

具体地说,尽管笔者平时所关注的主要是数学教育,但对于刘发建老师的一些主张却早有所闻,更可说十分欣赏。因为,在笔者看来,这代表了教师专业成长的“正道”:“从某种角度讲,我的课堂有那么一点闪亮的思想,就是因为我远离了那些‘专业比赛’,剔除了一些权威思想的干扰和传统思维的束缚,长期扎根于日常实践的田野式生长，保持了最为可贵的独立性。”“孕育‘独立思考’的土壤，就是生活，就是日常教学，就是每天的课堂，就是和孩子们的每一句真实的对话。一个教师不一定要成名成家，但一定要学会独立思考，这是一个知识分子的全部尊严所在。”（“思想含量来自独立思考”，《人民教育》，2010年第8期）

既然是“正道”，只要持之以恒，就一定会有收获，尽管后者未必是指在某种比赛中取得优异成绩。这并是刘发建老师在这方面的具体想法：“通过赛课，把优秀老师选拔出来，培养成名师，这无可厚非。但是，我们在选拔优秀教师的过程中，那些一等奖、二等奖的优质课，总应该具有基本的示范性，总应该遵循最基本的教学规律。老师们看了这些获奖的优质课，大体上能够模仿着上课，这才是观摩优质课的目的。”“我越来越感觉，我们的公开课、示范课在追求形式创新和个人艺术展示上过了头，把最基本的课文教学规律遗忘了，听名师们的公开课，大家都感觉很好，但就是回去用不了。……我慢慢反思这种求新求异的心态。如果我们每一节课都讲究创新，每一节课的教学方法和教学形式都要变着花样，学生怎么适应得了呢？对这种以展示自己才华和创意为追求的课堂教学，我越来越警惕。……我的课堂教学的价值，不是体现在只有我一个人上得好，而是传播最朴素的方法，让每一位听课的教师回去都能上出好的语文课，让每一个孩子都能掌握学好语文的基本方法。……我们是教育工作者，我们要做的就是发现教育规律，遵循教育规律，传播最基本的教育理念和教学方法。”

刘发建老师不仅是这样想的，也是这样做的。以下就是他从事的一次培训活动“《跟着名家学语文》暑期公益论坛”：“上午8点半，我先上了一节示范课，内容是琦君的散文《妈妈银行》。随后，我用30分钟现场指导120多位老师备课。所谓的备课，就是要求全体老师把琦君的另一篇散文《妈妈罚我跪》一字不落地通读一遍，梳理文本结构。最紧张的环节，是随机抽签选择一位老师上课。中签的董霞老师即兴上课，非常忐忑，因为我们的活动全程直播。40分钟后，董霞老师按照‘听读—朗读—品读—抄读’的流程顺利上完了一节课。下课的时候，孩子们都意犹未尽，不愿意下课。董老师也很兴奋，因为从来没有体验过这样轻松有效的语文课……听课的老师同样反响强烈。从教二十余年的王辉庆老师在观课感中写道：'我觉得这正是一场内心期盼已久的学得来、用得上，理念和实操完美结合的培训。'"（刘发建，"五磨教学法诞生记"，《教育研究与评论》，2023 年第 11 期，14—19）

笔者之所以要用如此大的篇幅转引刘发建老师的论述，当然是因为这清楚地表明了什么是教师专业成长的"正道"，我们的名师又应如何在这方面发挥更积极的作用。以下就是刘发建老师关于"五磨教学法"的具体说明："五磨教学法的最大特点就是操作简单，'听读、朗读、品读、抄写和仿写'五个流程，每一节课教师都这样教，教法即学法，'教'与'学'完全融为一体，没有任何隔阂。"（同上）作为外行，笔者当然无法对此做出具体评论，但笔者又坚信这一做法的正确性，即相对于主要关注自己教学主张的独创性，刻意地追求课例的"新意"，我们应当更加重视清楚地揭示课堂教学的基本规律，相对于用漂亮的词语特别是时新口号对自己的主张做出包装，我们又应更加重视"传播最朴素的方法"，从而使广大一线教师都能学得会、用得上。

当然，上述分析也更清楚地表明了坚持独立思考，以及密切联系教学工作积极开展教学研究对于教师专业成长的特殊重要性，对此我们并将在以下围绕"作为研究者的教师"这样一个论题做出进一步的分析论述。

进而，相关讨论显然也直接涉及"群体中成长"这样一个主题，特别是，这一方面的认识也有发展和深化的必要。例如，对于"群体"的具体涵义我们在今天就应做出更加广义的理解，即不应局限于学校中的同行与各级教研员，而应将理论研究者、教材编写者、考核设计人员等都包括在内，尽管我们与后者的接触往往所采取的是比较间接的形式。再者，作为一线教师我们也应在共同体中发挥积极的作用。例如，正如教育专家富伦（M. Fullan）所指出的，这应被看成成功实施课程改革的一个重要条件，即能否使得改革成为教师间相互讨论的主题，因为，只有通过彼此间的沟通和交流，教师才能更好地掌握改革的方向和内容，也只有通过相互间的合作和支持，一线教师才能获得必要的力量和信心。

以下再针对"努力提升自身的实践性智慧"这一主张做出分析论述。

具体地说，这一主张显然主要涉及理论与实际活动之间的关系，更代表了这一方面普遍性认识的重要变化，即对于"理论至上"这一传统认识的自觉反思与深入批判。前面所提到的后现代思潮，特别是对于“科学主义”的批判即可被看成为此提供了重要的理论背景与推动力量，这并直接导致了关于实践性工作的这样一个新定位，即“反思性实践者”，这也就是指，相关人士应当更加重视提升自身的“实践性智慧”，而不应片面强调理论的学习与指导。

但是，我们究竟又应如何理解这里所说的“实践性智慧”（practical wisdom）呢？以下就是一个简要的回答：“从本质上来说，就是行动中的认知，它建立在经验、对经验的反思和理论知识基础之上。”“这种知识建立在第一手的经验基础之上……在实践中，这种知识作为规则、实践原则和意象起作用。”（庞特、查布曼，“关于数学教师的知识和实践的研究”，载古铁雷斯、伯拉，《数学教育心理学研究手册：过去、现在与未来》，广西师范大学出版社，2009，第530、521页）

由以下的对照比较我们即可对“实践性智慧”的性质有更清楚的认识：

(1) 实践性智慧的“行动指向”（action-oriented），这并可被看成是与一般所谓的“结果指向”直接相对立的。这也就是指，“实践性智慧”的主要功能就是有助于人们具体地决定应当如何行动，这并集中地体现了这样一种价值观：我们所关注的不是决定的“对与错”（right or wrong），而是其相对于特定目标的有效性，即“好与不好”（good or bad）这样一个问题。

(2)“实践性智慧”还可被看成是与一般所谓的“普遍性真理”直接相对立的。在不少教育家看来，这并就是造成以下现象的主要原因，即在教育理论与教学实践之间始终存在较大的隔阂：人们总认为我们应以自然科学为范例去从事教育研究，从而使后者也能成为真正的科学，但是，由于两者具有不同的研究对象，更由于教学活动的复杂性和不确定性，因此，所说的目标“不仅不够明确，更不可能实现”。(D. William, “The Impact of Educational Research on Mathematics Education”, *Second International Handbook of Mathematics Education*, ed. by A. Bishop, Kluwer, 2003, 471 - 490, p. 479)

事实上，这即可被看成教学工作十分明显的一个特征：“在教育的现场，永远是你一个人在作‘向左走、向右走’的决定”，而不可能通过套用任一现成的理论就能顺利地解决问题。进而，“实践性智慧”又主要反映了主体的已有经验，以及对于经验的反思。后者并就是人们何以将相应定位称为“反思性实践者"的主要原因："反思是一种途径，通过这个途径，教师能够继续从事教学学习和作为教师的自我学习，……这个过程……是教师学习的中心。""这个概念挑战了这个假设，即知识与实践相互脱离，并且知识要比实践更加优越。"(黎纳雷斯、克雷纳，"关于作为学习者的数学教师和教师教育者的研究"，载古铁雷斯、伯拉，《数学教育心理学研究手册：过去、现在与未来》，同前，第 500 页)

这并是这方面的一个主导观点，即认为对于"实践性智慧"我们主要地就可理解成"借助案例进行思考"，正因为此，我们就应将案例研究看成实际工作者发展"实践性智慧"的主要途径。

具体地说，正如前面所指出的，对于所说的"案例"我们不应理解成普遍性真理，而应看成一个范例，这也就是指，如果说理论的应用主要地可以被看成"由一般向特殊"的过渡，那么，"借助案例进行思考"就主要是一个类比的过程，即可以形容为"由特殊到特殊"，而其主要作用就是借鉴和启示，也即通过与范例的对照比较我们就可获得关于如何从事新的实践活动的有益启示。

显然，从上述角度我们也可更好地理解一线教师为什么会对教学观摩普遍表现出了极大的热情，因为，"他们所需要的正是各种关于如何去行动的生动实例，这是由他们所认同的教师提供的，由这些例子他们不仅可以获得改进自身工作的信心，并可看到究竟什么是更好的教学"。(D. William, "The Impact of Educational Research on Mathematics Education", 同前, p. 484)进而，这显然也就是人们何以将好的案例称为"范例"的主要原因。

综上可见，对于"实践性智慧"的强调确实有助于我们有效地纠正"理论至上"这一传统的认识。值得指出的是，从同一角度我们也可更好地欣赏以下的一些论述，尽管它们主要地都是从一般角度进行分析的，其所针对的又主要是那些装腔作势的"空洞理论家"：

"看了某些专家们的论文专著后，不禁会哑然失笑，原来专家的许多理论、观点、话语体系完全是处在大学校园内的自说自话，与基层教师的教学实践毫无关系。

"要抛弃讨好式的奴才思维与官大学问大的决策方式，抛弃'成绩是主要的，问题是次要的'的冠冕堂皇的却几无所用的套话，应该正视课程改革所引发的教育教学问题。

“课程改革到现在，需要‘草根模式’。‘草根模式’需要专家抛掉学术理论的自傲，去尊重教师的实践知识。……如果基层教师一味仰赖缺少基层教学实践的所谓专家的指引，课程改革就难以有成功的希望。”（方裴卿，“课程改革批评：来自基础教师的另类思考”，《新课程研究》，2013年第3期）

“其实，教育的真理就那么点儿，而且，‘那么点儿’几乎早被从孔夫子以来的中外教育家们说得差不多了。……所以，当我听谁说自己‘率先提出’了什么理论，‘创立’了什么‘模式’，或者是什么‘学派’的‘领军人物’时，我就想，你也不怕孔夫子在天上笑话你！再过若干年，也许还要不了‘若干年’，你这些‘文字游戏’就会烟消云散，连回声都不会留下一些。

“关于理论，和许多人一样，我也特别欣赏恩格斯的话：‘一个民族想要站在科学的最高峰，就一刻也不能没有理论思维。’同样地，教育的真正发达也不能没有深刻的理论指导。……（但）现在的情况是，理论过度、思想膨胀、观念泛滥、模式横行，同时常识缺位、情感凋零、智慧苍白、意趣荒芜、诗意匮乏。当人们追逐‘深刻的思想’时，朴素的教育常识遗忘了，真诚的教育情感冻结了，丰富的教育智慧丢失了，优雅的教育意趣沉默了，美丽的教育诗意死亡了。

“现在我们缺乏的恰恰是把深刻的思想转化到具体的行动之中，缺乏把平凡琐碎的事耐心地慢慢做好，我们甚至不耐烦地去面对这些既不深刻，也不华丽，既不出彩，也不动人的平常之事。不愿意去耐心地解决这些剪不断理还乱的教育琐事。

“有人喜欢‘深刻’，只喜欢‘思想’，那就让他去‘高瞻远瞩’，去‘石破天惊’，去‘洞察’，去‘烛照’吧！我也愿意继续学习教育思想，思考教育理论，探索教育真理，但我希望从教育中收获的不仅仅是‘深刻的思想’，更有美妙的情怀。”（李镇西，“‘深刻’不是教育的唯一尺度”，《新课程研究》，2013年第2期）

再者，从同一立场相信读者也可更好地理解笔者为什么会将刘发建教师的相关论述看成教师专业成长的“正道”。

但是，正如“导言”中所指出的，在充分肯定“实践转向”积极意义的同时，我们也应清楚地看到“实践性智慧”的局限性。当然，我们在此又不应由一个极端走向另一极端，即完全否定理论对实践工作的指导或促进作用，而应认真地思考如何更好地处理这两者之间的关系。

具体地说,这也正是笔者为什么要特别强调“理论的实践性解读”与“教学实践的理论性反思(总结)”的主要原因。在笔者看来,这不仅是对单纯强调“实践性智慧”的必要纠正,而且也清楚地指明了我们在当前应当如何更有效地去实现专业成长。对此我们并将在下一节中做出专门的论述。

最后,应当强调的是,上述分析显然也可被看成对于理论工作者提出了更高的要求,特别是,我们应当切实改变“居高临下”这一传统的姿态,更不应热衷于创建各种“大而空”的理论,而应切实立足实际工作去开展研究,并将自己定位于与教师的平等地位。例如,在笔者看来,我们显然也就应当从上述角度去理解一线教师的以下诉求,包括对此做出应有的反应:“(我们)开始关心教学理论,但没有哪一种理论能完全说服自己。”(孙海忠,“一线教师需要什么样的专家”,同前)

2. “教学实践的理论性反思”与“理论的实践性解读”

应当强调的是,尽管我们在以下将分别对“教学实践的理论性反思”“理论的实践性解读”做出分析论述,但这在总体上又都可以被看成这样一个思想的具体体现,即我们应当很好地处理理论与实际教学工作之间的关系,这更可被看成为广大一线教师实现专业成长指明了最重要的一条路径。

第一,这是“教学实践的理论性反思(总结)”最基本的一个涵义,即我们既应十分重视发展自己的“实践性智慧”,但又不应停留于经验的简单积累,而应上升到普遍性的认识,也即应当从更一般的角度做出总结、反思与再认识,特别是,应以此为背景提出具有更大普遍性的问题或结论。

由于所说的工作显然带有研究的性质,因此,以下分析也就与我们应当如何从事教学研究密切相关。

在此我们还可特别提及这样两个常见现象,因为,这可被看成更清楚地表明了超越“实践性智慧”的重要性:无论是学生解题能力或是教师教学能力的提高,都不可能单纯依靠经验的积累很好地得到实现,后者甚至可能导致一些严重的后果,如因为对于经验的不恰当强调而走向了“狭隘经验主义”!

通过与“一课研究”的比较读者即可对此有更清楚的认识:

［例8］ **“一课研究”之简析。**

以下论述看上去有一定道理：“数学教师主要通过一节课一节课的教学体现出自己的专业水平，学生主要通过一节一节数学课的学习成长。可见，对一节节课进行研究的重要性怎么强调都不会过分。”但是，一节课就是一节课，而不应被等同于“一节课一节课”，而要真正实现由“一节课”向“一节一节课”的过渡，我们就应努力做到“小中见大”，即应当很好地突破“一节课”的局限性，特别是，能通过深入的理论分析很好地揭示各个课例所具有的普遍意义。

正因为此，我们在教学研究中所选择的“一节课”（或各个具体课例）就应有较大的代表性或典型意义。而且，相关研究又不应集中于如何能够“出彩”，却忽视了如何能够通过这一案例的分析给人以更大的启示，即很好地起到“以点带面”“举一反三”的作用，特别是，能促进人们积极地进行思考。

进而，从同一角度我们显然也可清楚地认识“教学实践的理论性反思”与一般所谓的“教学反思”的不同，即我们应当将“用具体的例子说出普遍性的道理”（“小中见大”）看成这一方面工作的主要目标。

应当提及的是，这事实上也可被看成一些学者何以提出以下论点的主要原因，即对于教师的教学研究应当区分出两种不同的类型：单纯的“教学（课堂）研究”与一般意义上的“课例研究”，前者的焦点是课本身，目的是完善教学；后一种研究则是将特定的课作为一般教学问题的一个实例，目的是识别和分析更一般的问题。（详可见达庞特等，“支持数学教师在实践中和向实践学习的工具和情境”，载埃文、鲍尔主编，《数学教师的专业教育与发展》，上海教育出版社，2015，第189～218页）后者即是指，正如数学教学应当特别重视“理解教学”，教学研究也不应满足于知道如何去教，还应很好地弄清为什么应当这样去教，这意味着由单纯的经验上升到了普遍性的理论。

进而，由上述分析我们显然也可立即引出这样一个结论：尽管我们应当充分肯定“实践性智慧”的重要性，包括“借助于案例进行思考”这样一种思维方式，但是，我们又应更加重视如何能够使得相关的“个案”（无论这是以何种形式呈现的，包括视频与教学叙事等）成为真正的“案例”，即应当用具体的例子说出普遍性的道理。当然，由此我们也可清楚地认识加强“案例分析”的重要性，而不应将此等同于“个案”的简单积累。

正如“导言”中所提及的，由美国著名教育家舒尔曼的相关论述我们即可在这方面获得直接的启示，特别是，“二十年的经验”很可能只是“二十遍一年的经验”，“从教学经验中学习不仅只是练习一个可以转为自觉行为的技巧，而是将技巧上升到思考，为行为找到理由，为目标找到价值所在”。这并直接涉及理论与实践之间的关系：“从经验中学习既需要具有学术特征的系统的、以原型为中心的理论知识，也需要具有实践特征的流动性、反应性的审慎推理。……专业人员需要将行动的结果融入自己日益增长的知识基础里。”“这种理论原理和实践叙事、普遍性和偶然性的联系就形成了专业知识。”(《实践智慧——论教学、学习与学会教学》，同前，第364、228、385、385页)

舒尔曼还曾针对“案例研究”进行了专门分析：“一个被恰当理解的案例，绝非仅仅是对事实或一个偶发事件的报道。把某种东西称作案例是提出了一个理论主张——认为那是一个‘某事的案例’”；“尽管案例本身是对某些事件或一系列事件的报道，然而是它们所表征的知识使它们成为案例。案例可以是实践的具体实例——对一个教学事件发生进行的细致描述，并伴随着特定的情境、思想和感受。另一方面，它们可以是原理的范例，例证一个较为抽象的命题或理论的主张”。(《实践智慧——论教学、学习与学会教学》，同前，第141、142页)

在舒尔曼看来，这并就是我们为什么应当特别重视案例分析的主要原因：“案例最吸引人的地方莫过于它存在于理论与实践、想法与经验、标准的理想与可实现的现实之间的情境。”“案例的组织与运用要深刻地、自觉地带有理论色彩。”“没有理论理解，就没有真正的案例知识。”(《实践智慧——论教学、学习与学会教学》，同前，第407、391、144页)显然，就我们当前的论题而言，这也就更清楚地表明了这样一点，强调“教学实践的理论性反思”，包括以下所论及的“理论的实践性解读”，它们的共同核心都是很好地处理理论与实际教学工作之间的关系，我们并应明确反对这样两种片面性的认识，即所谓的“理论至上”以及对于“实践性智慧”的片面强调。

进而，依据上述分析我们显然也可更好地认识加强理论学习的重要性，因为，正是后者为“教学实践的理论性反思”提供了必要的概念工具。当然，作为问题的另一方面，我们也应十分重视理论本身的理解，特别是，应立足教学实践很好地弄清它的具体涵义、主要启示与局限性，包括通过教学实践对此做出必要的检验或新的补充或发展。这也正是“理论的实践性解读”的主要涵义。对此我们将在以下做出具体的分析论述。

以下再以数学教学“关键词”的提炼为例对于从更高层面做好总结反思的重要性做出进一步的说明。

具体地说，相信大多数教师都会通过自己的日常工作积累起一定的经验和教训，但是，你能否通过进一步的分析研究提炼出相应的“关键词”？显然，这即可被看成我们密切联系教学实践积极地开展教学研究的一个很好课题。

在一些人士看来，这并是“名师”的一个重要标志，即“把自己的教育思想、教学实践凝练成关键词”。当然，真正重要的不是我们能否成为所谓的“名师”，而是应当不断深化自身在这一方面的认识，特别是，能由单纯的经验积累上升到一定的理论高度，包括切实做好“化多为少，化复杂为简单”。再者，尽管第三章中关于“数学教学关键”的分析即可被看成为这方面的具体工作提供了直接的背景，但笔者又希望读者能在这方面做出自己的分析思考，包括很好地坚持这样一个原则：相对于刻意地去追求结论的“原创性”或“独创性”，或是理论的“完备性”和“系统性”，我们应当更加重视其对于实际教学工作的指导意义与促进作用。更一般地说，这也是“教学实践的理论性反思”，包括教学研究应当特别重视的一个问题。

也正是基于同样的思考，笔者在此就将首先提及一些相关的工作，希望能有助于读者的独立思考，特别是，不应受囿于这方面任何一个“定见”，而应依据自己的教学实践做出分析和判断，包括适当的概括和总结：

(1) 这是老一辈数学教育专家周玉仁先生在这方面的具体建议，即认为数学教师应当很好地突出这样三个关键词：“实、活、新”。(详可见唐彩斌，《怎样教好数学——小学数学名家访谈录》，教育科学出版社，2013，第 231～241 页)

(2) 作为长期身处教学一线的著名特级教师，徐斌老师在这方面也有自己的心得体会：“我心中的理想课堂有四个关键词：真实、有效、互动、生成。”(“教师专业成长五要素”，载朱凌燕，《成长之道——20 位名师的生命叙事》，

江苏凤凰教育出版社,2023,第56页)

以下则是笔者认定的4个关键词:“引”“深”“放”“活”。对此我们应当理解成一个“大口袋”,即从总体上指明了努力的方向,至于就如何落实而言则应说还有很大的空间——就我们当前的论题而言,这显然也更清楚地表明了坚持独立思考的重要性,包括我们如何能够通过自己的研究对所说的“4个关键词”做出必要的补充和调整。

(1) 由于数学主要应被看成“思维的科学”,又由于学生数学水平的提升主要依赖后天的系统学习,更离不开教师的引领,因此,我们就应将“引”看成数学教学最重要的一个关键词。

显然,如果说上面的论述主要涉及我们为什么应当特别重视教师的引领作用,那么,这就是这方面应当进一步思考的一个问题,即教师应当如何进行引领,特别是,在充分发挥引领作用的同时也能很好地调动学生的学习积极性,落实其在学习活动中的主体地位?

容易想到,这正是教学中我们为什么应当特别重视“问题引领”的主要原因。当然,为了做好这一方面的工作,又有很多问题需要我们密切联系教学实践深入地开展研究,如我们如何能将“问题引领”这一思想很好贯穿、落实于全部的教学过程,即使我们的课堂成为真正的“问题情境”(对此不应简单地理解成“情境+问题”),从而就不仅可以让学生发挥更大的作用,也能在各方面有更大的收获,包括努力提升他们提出问题的能力。

当然,“问题引领”不是教师发挥引领作用的唯一途径。恰恰相反,正如3.3节中所指出的,恰当的建议在这方面也有重要的作用。在笔者看来,这并就是波利亚在对“数学启发法”做出论述时为什么会同时提及“一些定型的问题和建议”的主要原因。当然,从同一角度我们也可更清楚地认识教师示范与评论的重要性。

(2) 承接上述的分析思路,除去“如何进行引导”以外,我们显然也应认真地思考这样一个问题:“往何处引?”

前几章的论述显然也已从总体上为此提供了具体解答,特别是,我们应通过自己的教学帮助学生逐步地学会思维。正因为此,我们又应特别强调“深”这样一个关键词,这也就是指,我们应当通过自己的教学引导学生深入地进行思考,努力提高他们的思维品质。

当然,为了很好地实现上述目标,我们又应进一步去研究教学中应当如何加以落实。例如,教学中我们应很好地突出一个“联”字,即应当善于用联系的观点看待事物和现象。再者,从同一角度我们显然也可更好地理解充分发挥“整体性观念”指导作用的重要性。

进而,这显然也直接涉及这样一个问题,即我们应当如何处理具体知识与思维方法的学习之间的关系,特别是,我们应当用数学思维的分析带动具体知识或技能的学习,从而将数学课真正“教活”“教懂”“教深”。

(3) 由于上面提到的两个关键词都集中于教师的引领作用,而这又是现实中十分常见的一个现象,即未能很好地落实学生的主体地位,因此,在此就有必要提出第三个关键词“放”,这也就是指,教学中我们应让学生发挥更大的作用,包括很好地发挥合作学习的积极作用。

应当强调的是,我们之所以选择“放”这样一个关键词,而不是“让”,主要反映了以下的认识:学习本来就是学生自己的事,从而也就根本不存在“让与不让”的问题,而是教师应当放手,不要包办代替。当然,由于学生数学水平的提升主要依靠后天的系统学习,并主要是一个不断优化的过程,因此,我们在教学中又应特别重视这样一项工作,即如何能使相关发展成为学生的自觉行为,而不是对外部规定的无奈服从。

除此以外,由于无论由局部性认识向整体性、结构性认识的过渡,或是一般意义上的“优化”,都离不开总结、反思与再认识,因此,我们在教学中又应适当地放慢节奏,从而让学生有足够的时间(和适当的心情)从事更高层面的思考。更准确地说,我们应当在“快思”和“慢想”这样两个方面都做出切实的努力,包括很好地处理两者之间的辩证关系。正如3.4节中所已提及的,这并是我们如何能够帮助学生逐步地学会学习的关键,即我们应当帮助学生清楚地认识做好“总结、反思与再认识”的重要性。

(4) 这是笔者倡导的第四个关键词:“活”。显然,这与笔者先前所提出的以下建议具有直接的联系:“数学基本技能的教学,不应求全,而应求变。”还应指出的是,笔者之所以选择“活”而不是“变”这样一个关键词,则是因为后者容易导致“为变而变”,乃至纯粹的标新立异,从而也就很可能“因变生乱”,尽管我们确应将“(求)变”看成“(求)活”十分重要的一个途径。

例如，从后一角度我们即可更好地认识“变式理论”对我们搞好数学教学的特殊重要性，包括我们为什么应将“一般化”与“特殊化”看成数学思维的核心，以及这样一个重要的思想，即我们应当善于“从变化中发现不变的因素，在不变中抓变化”。显然，依据上述分析我们也可更好地理解“活”的具体涵义，特别是，教学中我们绝不应盲目地求“活”，而应切实增强自己的“目标意识”。

例如，从后一角度我们即可更好地理解为什么应当高度重视“问题串”的设计和应用，特别是，相对于单纯地“求变”，我们又应更加重视这样一个指导思想，即应当通过适当的提问、追问引导学生更深入地进行思考，从而获得更深刻的认识，特别是，能超越知识的学习在思维方法等方面也有一定的收获。

另外，从类比的角度看，我们显然也应引出这样一个结论：我们的教学不应拘泥于任何一个固定的方法或模式，而应根据具体情况灵活地应用各种不同的方法与模式。也正是在这样的意义上，我们又可提出“简”这样一个关键词，这就是指，教学中我们不应力求面面俱到、无一遗漏，更不要搞花架子，而应更加重视教学的有效性。

最后，在结束关于数学教学“关键词”的讨论时，笔者又愿再次强调这样一点：相对于简单地接受任一现成的理论或主张，我们应当更加重视自己的分析思考。为此我们还可特别引用这样一句“老话”：“教学有法，教无定法。”

具体地说，决定教师教学成功与否的因素显然有很多，决定学生学习成绩好坏的因素则更多。只要我们用心去做，下功夫捉摸、研究，就会有自己的感受和体会，并能通过发挥自身特长取得较好的教学效果，乃至形成一定的教学特色。

当然，除去天才以外，人总有一个成长的过程，教师的教学能力也必定有一个逐步提升的过程，这也正是我们强调“教学有法”的主要原因，特别是，为了提高自己的教学能力，我们不仅应当善于向同行前辈学习，还应特别重视总结和反思，包括必要的理论学习，努力提高自己的理论水准。

当然，又如我们反复强调的，任何已有的工作和认识都有一定的局限性，因此，我们在教学中就应始终坚持这样一条原则，即应当依据具体的教学内容、对象与情境，以及自身的个性特征灵活地应用各种方法或策略，而这显然也可被看成“教无定法”的主旨所在，还包括这样一个重要的思想：“以正合，以奇胜！”

特殊地，这显然也是我们面对 5.2 节中关于数学教师基本能力的分析所应采取的基本立场。

第二，这是“理论的实践性解读”的首要涵义：我们在任何情况下都应坚持自己的独立思考，而不应迷信专家权威，乃至盲目地去追随各种时髦的潮流与口号。恰恰相反，面对任一新的理论思想或主张，我们都应联系教学工作很好地去弄清它的具体涵义、启示意义与局限性，从而就能在工作中表现出更大的自觉性。

先前关于“有效的数学教学”的分析显然即可被看成这方面的一个实例。除此以外，我们还可特别提及第四章中关于“课程内容结构化”的分析（特别是例 1），因为，这对于我们在当前应当如何做好数学教学也有重要的指导意义。

为了清楚地说明问题，以下再以 2011 年与 2022 年版义务教育数学课程标准中关于“基本活动经验”和“情境设置”的突出强调为例对此做出简要的分析。

具体地说，这正是《义务教育数学课程标准（2011 年版）》提出的一个新思想，即我们应当将传统意义上的“双基”扩展成“四基”，也即应当将“基本数学思想”和“基本活动经验”同时看成数学教育的主要目标。

在此要强调的是，对于上述主张我们不应持盲目肯定的态度，而应从实践的角度做出深入分析。具体地说，正如 1.2 节中所提及的，尽管存在一些肯定性的评价，但我们不应因此而忽视这样一个事实：“相对于原来的‘双基’而言，基本活动经验显得更为‘虚幻’，无论是理论内涵还是实际的培养策略都不易把握。”具体地说，以下就是我们应当认真思考的一些问题：

(1) 这里所说的“活动”究竟是指具体的操作性活动，还是应将思维活动也包括在内，乃至主要集中于思维活动？

应当强调的是，在这方面我们还可看到一些不同的“声音”：“数学活动经验，专指对具体、形象的事物进行具体操作所获得的经验，以区别于广义的数学思维所获得的经验。”（史宁中、马云鹏主编，《基础教育数学课程改革的设计、实施与展望》，广西教育出版社，2009，第 171 页）与此相对照，“基本活动经验……其核心是如何思考的经验，最终帮助学生建立自己的数学现实和数学学习的现实，学会运用数学的思维方式进行思考”。(张丹、白永潇，“新课标的课程目标及其变化”，《小学教学》，2012 年第 5 期)

显然，按照后一种解读，我们又可提出这样一个问题：数学教育是否真有必要专门引入“帮助学生获得基本活动经验”这样一个目标，还是可以将此直接归属于“帮助学生学会数学地思维”？

(2) 对于数学教育中所说的“活动”我们是否应与真正的数学(研究)活动做出明确区分？

以下的论述或许即可被看成为此提供了具体解答：“‘数学活动’……是数学教学的有机组成部分。教师的课堂讲授、学生的课堂学习，是最主要的‘数学活动’。”(顾沛，“数学基础教育中的‘双基’如何发展为‘四基’”，《数学教育学报》，2012 年第 1 期)但是，按照这一解读，所谓的“活动经验”与一般意义上的“学习经验”就没有任何区别，那么，我们在现时为什么又要专门引入“数学活动经验”这样一个目标？

更一般地说，我们究竟应当如何理解数学教育中所说的“数学活动”的基本涵义与主要特征？

(3) 我们是否应当特别强调对于活动的直接参与，还是应当将“间接参与”也包括在内？如果突出“经验”这样一个字眼，这也就是指，我们在此所指的究竟是“直接经验”，还是应当将“间接经验”也包括在内？

显然，按照当前的主流观点，我们应当将“间接参与”也包括在内。但是，按照这样的理解，“过程性目标”的实现无疑就将大打折扣，或者说，这将成为这方面教学工作所面临的一个重大挑战，即我们如何能够帮助学生通过“间接参与”获得以“感受”“经历”和“体验”等为主要特征的“活动经验”？

(4) 由于(感性)经验具有明显的局限性，我们显然又应认真地去思考：在强调帮助学生获得“基本活动经验”的同时，教学中我们是否也应清楚地指明经验的局限性，从而帮助学生很好地认识超越经验的必要性？当然，如果将思维活动也考虑在内，我们就应进一步去思考“数学思维活动经验”是否也有一定的局限性？

“经验的局限性”事实上已经成为一种常识：“我想，我们是否应更多地思考如何'对经验的改造',将经验改造为科学,而不是成为孩子们创新思维的绊脚石。"因此,在笔者看来,这也就是我们在当前应当注意防止的又一倾向,即不要因为盲目追随时髦而造成"常识的迷失"。

(5) 我们又是否应当特别强调关于"基本活动经验"与"一般活动经验"的区分?特别是,这究竟是一种绝对的区分,还是只具有相对的意义?什么又是两者的具体涵义?

由以下的"平民解读"我们或许即可在这方面获得直接的启示:"简单地说,'基本'是相对的,如我们上楼梯,当你上到第二层时,第一层是基本的;你上到第二层,想上第三层时,这第二层便变成基本的了。"(任景业,"研究课标的建议——换个角度看课标[3]",《小学教学》,2012年第7~8期)

(6) 更重要的是,数学教育为什么应当特别重视帮助学生获得基本活动经验,乃至将此看成数学教育的主要目标之一?

作为上述问题的具体解答,还可特别提及这样一个观点:"教学不仅要教给学生知识,更要帮助学生形成智慧。知识的主要载体是书本,智慧则形成于经验的过程中,形成于经历的活动中。"也正因此,我们就应特别重视过程,特别重视学生对于活动的直接参与。(史宁中、马云鹏主编,《基础教育数学课程改革的设计、实施与展望》,同前,"序言")但在笔者看来,我们在此又应更深入地思考这样一个问题:数学教学中所希望学生形成的究竟是一种什么样的智慧,是简单的经验积累,还是别的什么智慧?

由于对此我们已在1.3节中做了专门分析,在此就不再赘述。

综上可见,对于所谓的"基本活动经验"我们就应持十分慎重的态度。相信读者由以下实例即可对此有更清楚的认识,特别是,我们究竟应当将何者看成这一方面工作的重点:

[例9] "关于获得数学活动经验的三点认识"(贲友林,《江苏教育》,2011年第12期)。

这是这一文章的主要论点:为了帮助学生很好地获得数学活动经验,我们应当特别重视这样三个事实:(1)经验在经历中获得。(2)经历了≠获得了。(3)经验,并非总是亲历所得。

在笔者看来，对此我们还应做出如下的进一步分析：

(1) 教学中不仅应当让学生有所收获，还应注意分析学生获得的究竟是什么。因为，这也是这方面不容忽视的一个事实：人们经由数学活动获得的未必是数学的活动经验，也可能与数学完全无关。

例如，以下就是国际上相关研究的一个明确结论：儿童完全可能"通过操作对概念进行运算，但却不知道自己在做什么"。这也就是指，尽管"旁观者确实可以将它解释为数学，因为他熟悉数学，也了解实验过程中儿童的活动是什么意思，可是儿童并不知道"。（弗赖登特尔，《作为教育任务的数学》，上海教育出版社，1995，第 117 页）

以下则是更一般的结论：我们不应唯一强调学生对于数学活动的参与，而应更加重视对这些活动教育教学涵义的分析，即应当从数学和数学学习等角度对此做出更深入的分析研究，并应通过自己的教学使之对学生而言也能成为十分清楚和明白的，从而切实提升他们在这一方面的自觉性。

(2) 教学中我们还应十分重视如何能够促进学生由"经历"向"获得"的转变。

更一般地说，这也直接涉及这样一个问题，即教学中我们不应"为动手而动手"，而应更加重视对操作层面的必要超越，很好地实现"活动的内化"。

但是，究竟什么又是这里所说的"活动的内化"的具体涵义？

以下就是瑞士著名心理学家、哲学家皮亚杰对自己所提出的这一概念的具体解释：这主要是指这样一种思维活动，即我们如何能够辨识出"动作的可以予以一般化的特征"。由此可见，"活动的内化"事实上就是一种建构的活动，即我们如何能由具体活动抽象出相应的模式（图式化）。

显然，就我们当前的论题而言，这也更清楚地表明了这样一点，即我们不应片面强调活动经验的简单积累，而应更加重视如何能够帮助学生实现相应的思维发展，因为，后者并不能通过经验的简单积累（或是所谓的"熟能生巧"）自然而然地得到实现，而是主要依赖主体的自觉反思，即应当以已有的东西（活动或运演）为对象积极地去从事新的建构，从而由较低层次上升到更高的认识层次。

就我们当前的论题而言，这显然也就更清楚地表明了这样一点："智慧的教育”不应被等同于经验的简单积累，恰恰相反，我们应当明确肯定“数学智慧”的反思性质。

以下再针对《义务教育数学课程标准(2022 年版)》中所提出的这样一个主张做出简要的分析：“强化情境设计与问题提出。”

当然，对于“情境设置”的突出强调事实上也可被看成各个版本的“数学课程标准”的一个重要共同点，因此，从实践的角度看，我们在此就应很好地弄清什么是这一方面的已有实践所给予我们的启示与教训，从而有效地防止一再地重复过去的错误。再者，我们当然也应注意分析新的论述与先前相比又有哪些不同点，包括对此做出必要的分析审视。

具体地说，这应被看成前一方面十分重要的一个结论，即数学教学决不应单纯地强调“情境设置”，却完全不提“去情境”。(第 3.3 节)另外，就对于情境“真实性”的突出强调而言，相信读者即可由著名特级教师张兴华老师的以下论述获得直接的启示，即我们在这一方面的认识不应脱离数学教学目标的分析，或者说，我们应依据不同的教学目标有针对性地去创设多种不同的情境，如“直觉情境”“求异情境”“超越情境”“探索情境”“元认知情境”“形象情境”“需要情境”“民主情境”等等。(详可见“创设多种情境，培养创新意识”，《教育视界》，2023 年第 10 期)显然，这也就十分清楚地表明了单纯强调“真实情境”的局限性。

再者，正如 3.1 节中所提及的，这并应被看成这方面更重要的一个事实，即学生在学校中的学习本身就构成了一个特殊的情境，这对学生的学习具有十分重要的影响。特别是，从这一角度我们即可很好地理解这样一个事实，即真实情境在课堂上的引入往往不会取得很好的效果：“主要问题是它们发生在学校里……这就导致学习情境脉络从社会生活隔离出来。”这也就是指，学生必然地会将它们看成因教学需要而引入的“假情境”。

更一般地说，我们应明确肯定“认知活动的情境相关性”。当然，这又不应被理解成我们应当刻意地去倡导“走出课堂，走出校门”，因为，后者显然不可能成为教学的常态，而且，这方面任何一种简单化的做法又必然地会对教育事业造成严重的损失。

还应提及的是，这事实上也直接关系到了我们对教育目标的认识，后者即是指，如果我们的目标主要是要帮助学生很好地掌握某种特殊的技能，那么，现场学习包括采取传统的“师徒制”这样一种培养方式就很可能取得较好的效果。与此相对照，如果我们认定“教育的本质是培养思维”，那么，正如顾明远先生所指出的，“培养思维的最好场所是课堂”。

也正因此，相对于唯一强调“情境设置”特别是情境的真实性而言，我们就应更加重视如何能为学生创设一个好的学习情境，特别是，如何能够通过自己的教学为学生创设这样一种“现场”：“在这里，知识不断得到运用，思维不断得到拓展，情感不断获得升华。”另外，从同一角度我们显然也可更清楚地认识数学学习为什么必须“去情境”，因为，这正是“把肤浅的思考变深刻”必须经历的一个过程。（曹勇军语。详可见第三章的例 2 和例 3）

就当前而言，笔者并愿特别提及这样三点：

（1）现实中人们常常会将现今对于“真实情境”的强调与荷兰著名数学家、数学教育家弗赖登特尔所倡导的“现实数学教育”（RME）联系在一起，即认为两者具有相同的涵义。但是，由曾长期在荷兰弗赖登特尔教育研究所从事学习和研究的赵晓燕博士的相关论述我们就可看出这只是对弗赖登特尔的一种误读，包括我们究竟又应如何理解“现实数学教育”的具体涵义：“回到 RME 命名的源头，我们知道该理论强调的是给学生提供可以想象的、对学生而言有意义的情境。情境本身既可以源于实际生活，又可以源于童话世界，也可以源于数学世界。”（赵晓燕等，“新课标下小学数学的真实情境探讨”，《教育视界》，2023 年第 10 期，第 12 页）

由此可见，为了帮助学生认识人民币，我们就未必要在教室里真实地布置一个“小超市”，并让学生分别扮演顾客和营业员；为了帮助学生很好地理解“平均数”的概念，也未必要在教室中真实地组织学生进行跳绳比赛……恰恰相反，相关情境应是学生较熟悉的，从而也就是“可以想象的”。

（2）这可以被看成“对学生而言有意义”的主要涵义，即相关情境对学生而言不仅是可以想象的，也会引发一定的问题，对此学生并愿积极地进行探索研究。

这事实上也正是著名小学特级教师顾志能老师在相关讨论中特别强调的

一点:“创设真实情境的一个主要目的是要让学生发现问题、提出问题……无论是真实情境还是实际情境,其创用的目的是更重要的——发现和提出有意义的数学问题。”(赵晓燕等,“新课标下小学数学的真实情境探讨”,同上,第16页)当然,对此我们又应做出如下的必要补充:这些问题应是学生真正感兴趣的,从而就愿做出切实努力去解决问题。

(3) 更重要的是,我们又应确保学生通过相关的探索研究有一定收获。用更通俗的话来说,这也就是指,数学不仅应当“好玩”,我们还应引导学生“玩好”,即能够通过“玩数学”有真正的收获。

显然,后者也就十分清楚地表明了这样一点,即相关活动不能脱离教师的引领,这直接关系到了数学学习的本质:学生数学能力的提升主要依赖于后天的系统学习,更离不开教师的直接指导。

以下再针对“新课标”中将“情境设置”与“问题提出”联系在一起这一做法做出简要的分析。

首先,由于“问题引领”对于数学教学和数学学习具有特别的重要性,因此,从这一角度进行分析,上述做法相对于单纯强调“情境设置”而言就可说是更加合理的。但是,我们在此仍应深入地去思考这样一个问题,即我们究竟为什么要将这两者直接联系在一起,而不是直接地倡导很好地发挥“问题”的引领作用?

在笔者看来,以下的认识或许就可被看成对上述问题提供了具体解答:“没有情境就没有问题。”但在笔者看来,这也是一种错误的认识,因为,不仅学生在课堂中的学习本身就构成了一个特殊的情境,只要具有足够的自觉性,数学课堂也充满了问题。

(1) 正如人们普遍了解的,“问题”构成了数学研究乃至一切研究工作的直接出发点。也正因此,面对各个特定学习内容,我们就应很好地弄清这是围绕什么问题展开的?相关问题从何而来?(应当强调,现实需要只是数学问题的一个可能渊源,而非唯一的渊源)又为什么值得我们深入进行研究?显然,从“问题引领的数学教学”这一角度进行分析,这也就是指,我们应当十分重视“知识的问题化”,即“核心问题”的提炼(和加工)。(3.3节)

(2) 如果我们所关注的不只是知识与技能的掌握,而是通过数学学习促进学生思维的发展，包括逐步养成相应的情感态度与价值观，那么，我们在教学中显然又应十分重视如何能够通过适当的提问和追问引导学生更深入地进行思考。不难想到，从“问题引领的数学教学”的角度看，这也正是我们为什么应将“问题串的设计和应用”看成做好数学教学又一重要环节的主要原因。

当然，从教学的角度看，我们也应注意分析学生在学习过程中可能出现的问题与错误，并应采取适当措施很好地予以解决，包括帮助学生对此具有清醒的认识。就我们的论题而言，这显然也可被看成教学中的“问题”的又一重要来源。

综上可见，数学课堂就应说充满了问题，这更应被看成“真实的教学情境”十分重要的一个涵义。当然，为了做好这一方面的工作，教师就应十分重视“教学内容”与“学情”的分析，即应当很好地“了解数学，了解学生，了解教学”。这并是从实践的角度进行分析思考所必然会得出的又一重要结论。

最后，笔者以为，将“情境设置”与“问题提出”简单地“捆绑”在一起还可能造成这样一个消极的后果，即将“问题”的引领作用局限于课程的引入部分，乃至当成了纯粹为内容教学服务的“敲门砖”，却忽视了我们事实上应将“问题引领”这一思想很好地贯彻、落实于全部的教学过程。

例如，我们不仅应在课程的开始部分很好地突出相应的“核心问题”，也应在教学的过程中不断地予以强化，包括在结束部分对全部过程做出回顾，从而帮助学生更好地认识“核心问题”的重要作用，以及切实做好“问题引领”的重要性。再者，正如前面所提及的，这也应被看成“问题引领的数学教学”又一重要的环节，即“问题串”的设计与应用。特别是，我们应针对实际情况做出适当的追问和责疑，从而不仅能帮助学生顺利解决遇到的各种困难，也能促进他们更深入地进行思考，包括在解决了所面临的问题以后又能提出一些新的问题做出进一步的探究，从而促进认识的不断发展与深化。

进而，也正是基于数学教育目标的分析，我们又应明确提出这样一个要求，即我们应当通过自己的教学努力培养学生的问题意识，也即能够清楚地认识“问题引领”对于我们做好任何工作包括积极创新的特殊重要性，并能努力提升自己在这一方面的能力。再者，又只需将以上论述与“新课标”中关于“情境设置”的强调做出对照比较我们即可更清楚地认识后一做法，包括将此与

"问题引领"简单地"捆绑"在一起的局限性。

以下再依据教学活动的实践性与综合性对我们应当如何做好"理论的实践性解读"提出一个具体的建议:面对任一关于数学教学方法的具体主张,我们都应将其置于教学的整体框架之中(图 5-1)进行分析审视,即应当联系教学情境很好地弄清如何对此加以应用,什么又是其可能的局限性或不足之处:

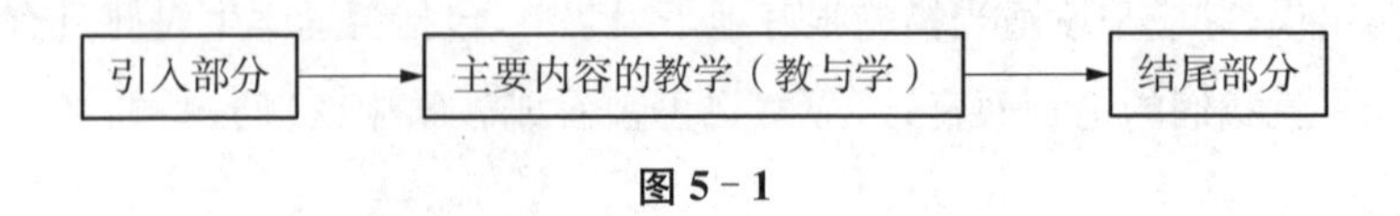

图 5-1

例如,对于新一轮数学课程改革在开始阶段所特别强调的一些教学方法,即"情境设置""动手实践""主动探究"和"合作学习",我们显然即可分别归属于"引入"与"教与学"这样两个环节(图 5-2),由此我们即可清楚地认识单纯强调这四种方法的局限性:

	引入	教与学	结尾
学生		动手实践,主动探究,合作学习	
教师	情境设置		

图 5-2

(1) 对于"结尾部分"的忽视,特别是,未能清楚地指明教师在这一环节所应从事的主要工作,这并可能导致这样一个后果,即相关教学只是突出了"过程",却未能很好实现相应的目标。

(2) 即便我们暂时不去考虑"动手实践""主动探究""合作学习"的可行性与局限性,由于这三者都集中于学生的学习,而教学则同时涉及"学"和"教"这样两个方面,特别是,我们显然不可能仅仅依靠学生学习方式的改变就能实现相应的教育目标,因此,这也就十分清楚地表明了相关主张对于教师的"教"重视不够这样一个弊病。

(3) 正如 3.3 节中所指出的,我们不仅不应将"情境设置"看成"引入"的唯一手段,教学中我们还应特别重视如何很好地处理"情境设置"与"去情境"

之间的关系。

进而，借助同一方法我们也可对《义务教育数学课程标准(2022年版)》中所提倡的各种教学方式做出具体分析，特别是，即可通过这一途径更清楚地认识它们的局限性，或者说，我们在教学中应当如何更好地对此加以应用。(图5-3)

	引入	教与学	结尾
问题引领	“核心问题”的提炼与加工；必要的聚焦	“核心问题”的引领与必要强化； “问题串”的设计与应用	关于“核心问题”引领作用的回顾，以及关于“问题引领”重要性的再认识
整体性观念的指导	联系的观点(类比联想)	分清主次，突出重点，以主带次	总结、反思与再认识，分清层次，居高临下，走向深刻

图5-3

还应提及的是，从同一角度我们也可对教师应当如何做好“示范与评论”有更清楚的认识。具体地说，按照上述分析，除去“教和学”这样一个环节以外，我们在课程的“引入部分”和“结束部分”也应对此予以足够的重视，包括什么又应被看成相关工作的主要内容，教师更应在所有方面很好地起到言传身教的作用，从而使学生更真切地感受到相关做法的合理性。

最后，还应强调的是，这也应被看成“理论的实践性解读”又一重要的涵义，即我们应当针对具体的教学情况和自身的个性特征很好地确定主要的努力方向，包括密切联系教学积极地去从事教学研究，从而不仅能将自己的教学工作做得更好，也能更有效地促进自身的专业成长。

以下就针对一线教师应当如何开展教学研究做出更加完整的分析。

3. “作为研究者的教师”

由教师工作的专业性质可以立即推出这样一个结论：教师也应是一个研究者。因为，所谓工作的“专业性”，就是指这并非简单的重复性劳动，而主要应被看成一种创造性的工作。

应当强调的是，积极从事教学研究并可为教师提供重要的动力：“如果你想使教育工作给教师带来欢乐，使天天上课不至于变成单调乏味的苦差，那就请你把每个教师引上进行研究的幸福之路吧。……在这里，有收获和发现，也有快乐和苦恼。谁能感到自己是在进行研究，谁就会更快地成为教育工作的能手。"（苏霍姆林斯基语）当然，这也正是任一专业性工作的共同特点。

以下就对一线教师应当如何做好教学研究提出一些具体建议。

首先，这方面工作应坚持这样一个基本立场，即很好地处理教学研究与实际教学工作之间的关系，特别是，应将实际教学看成教学研究的直接出发点和主要服务对象，包括明确反对这样两种极端化的做法，即或是只重视教学却完全不重视教学研究，或是只重视教学研究却与自己的教学没有任何关系，乃至在教学中马马虎虎、敷衍了事。

进而，先前的分析显然也已为我们应当如何做好教学研究指明了主要的方向：我们既应立足实际教学工作积极地开展研究，又应努力做到"小中见大"，即应当超越特定内容的教学使之具有更普遍的意义。

当然，相对于一般的研究工作而言，教学研究又有一些不同的要求。以下就对此做出具体分析。

第一，教学研究与"问题引领"。

事实上，"问题"即可被看成一切研究工作的直接出发点。也正因此，作为一线教师，我们就应切实增强自己的问题意识，即应当立足实际教学发现值得深入研究的问题，更应切实防止这样一个现象，也即将教学研究当成了纯粹的"应景之作"，或是纯粹的"无事呻吟"。

对于所说的"问题"我们应做广义的理解：这不仅是指已有教学工作的不足，包括由此而引发的各种疑惑，也是指各种值得深入思考的普遍性问题或现象，如我们应当如何从事数学概念与"数学问题解决"的教学，两者又有什么共同点和不同之处，等等，还包括这样一些更加宏观的问题，如什么是几何教学或证明教学应当特别重视的一些问题，等等。

与此相对照，"问题意识"的缺乏显然也可被看成这方面已有工作的普遍弊病。例如，不少相关著作都满足于将众多"优秀课例"汇编成册，却没有认识到还应以此为基础做出进一步的分析研究，特别是指明值得深入研究的普遍性问题，从而带动广大教师一起进行研究。再例如，这显然也是各类观摩教学中经常可以看到的一个现象：上课者只是注意了所谓的“教学创新”，即如何能够做出与他人不同的教学设计，却没有认识到我们更应通过自己的工作推动广大一线教师一起积极地从事教学研究，也即应当清楚地揭示我们应当围绕哪些问题去从事相关的教学设计。

再者，尽管有的研究也表现出了一定的问题意识，但所关注的问题又过于细小琐碎，特别是集中于具体教学活动的简单总结与反思，如相关的教学有哪些优点与不足，学生在学习中又为什么会出现这样或那样的错误，等等，却未能从更一般的角度总结出值得人们深入思考的普遍性问题和结论。

以下就以“圆的认识”的教学为例做出具体的分析。为了取得更好的阅读效果，希望读者能先行对于以下一些问题做出自己的思考，因为，通过对照比较我们就可有更深刻的认识：(1)如果要求你就这一内容做一次公开教学或观摩教学，你会如何去做？之所以要提出这样一个假设，是因为在所说的情况下你必定会围绕这一任务做出一定的研究，从而就直接进入了“教学研究”这样一个范围。(2)在大多数情况下，你肯定会收集一些相关的课例，特别是所谓的“经典课例”。但是，你所希望的究竟是通过这一途径获得如何从事相关教学的直接启示，还是通过这些课例的综合分析引出教学设计中应当特别重视的一些问题，并能围绕这些问题去从事自己的教学设计？

以下则是另外两个密切相关的问题：(1)何者可以被看成“经典课例”，所说的“经典”是否真的存在？(2)什么又可被看成“观摩教学”的主要目的，包括什么又应被看成我们具体判断相关教学是否成功的主要标准：是教学设计的“与众不同”，还是有益于人们更深入地进行思考，包括提供若干有益的启示？

在此笔者并愿再次强调这样一点：“教学研究”不应被等同于简单的“教学反思”，我们并应依据理论与教学实践之间的辩证关系更深入地认识积极从事教学研究的重要性。应当强调的是，这事实上也正是人们在当前何以提出这样一个主张的主要原因，即我们应将“作为研究者的教师”看成教师工作的一个重要定位，或者说，应将积极开展教学研究看成教师专业成长又一重要的途径。

具体地说，由于“圆的认识”在小学数学中占有十分重要的地位，因此，我们在这方面就可看到大量的课例。也正因此，相对于单纯的“创新”乃至更多

“经典课例”的创造,我们就应更加重视从整体上揭示相关教学应当特别重视的基本问题,这也就是指,我们究竟应当围绕哪些问题去从事教学才可被看成真正抓住了“圆的认识”教学的关键?应当强调的是,所说的综合分析还具有这样一个重要作用,即有助于促进广大教师积极地从事教学研究,而不是始终处于被动学习的地位。另外,这显然也为我们应当如何从事课例评论提供了可能的标准,从而就不至于始终停留于纯粹的“即兴发挥”,或是一再地重复一些常见的空话、套话,如“各有千秋”,等等。

按照笔者的看法,以下就是“圆的认识”的教学应当特别重视的一些问题:

(1) 教学中应当如何处理“动手”与“动脑”之间的关系?具体地说,这一内容的教学显然不应停留于“画圆”这样的实际操作,而应以此促进学生积极地进行思考。

更一般地说,我们在教学中又应如何帮助学生很好地实现由“操作性认识”向“结构性认识”,以及由“生活经验”向“数学知识”的过渡,并能很好地认识各个相关概念与知识之间的联系,从而促进认识的不断发展与深化?

(2) 这一内容的教学又应如何处理“内”与“外”的关系,特别是,我们在此是否应当明确地提倡“由外向内的华丽转身”(张齐华语)?

(3) 相关教学或许还应努力实现这样一个目标,即有较大的开放性,从而为学生特别是学有余力的学生的主动探究提供更大的空间和更多的时间。

更一般地说,这也就是指,这一内容的教学应当如何很好地处理教师的必要指导与学生主动探究之间的关系?

最后,与刻意地去寻求在上述各个方面都能有所突破相比,笔者以为,我们又应更加重视针对具体情况从中做出适当的选择。当然,这又是相关教学应当满足的一个基本要求,即不应在上述三个方面出现明显的错误。

希望读者能按照上面的论述对以下课例做出自己的分析:

[例 10] “圆的认识”的五个教学设计。

这是优秀教师张齐华老师的一个具体经历,即在过去 18 年中做过关于“圆的认识”教学的五个不同设计。以下就是他对这一过程的简要回顾:“18 年的教学历程,难以胜数的课堂画面瞬间在头脑中一一闪过。而期间,‘圆的认识’一课的几次不同演绎与重建，尤为历历在目——从历史人文视野下的丰沛厚重，到洗练纯粹只剩下线条文字的干净素朴，从‘大问题’整合下课堂的开放，到‘先学后教’背景下对学生主体学习的彻底回归……由外而内、由物及人、由师转生的一次次否定与超越，恰恰见证着我对数学课堂‘另一种可能’的不断探寻与发现。”

这并是张齐华教师关于“圆的认识”第5个教学设计的主要特点：“圆的学习，还可以如何学习？还可以承载怎样的新目标、新价值？并展现其截然不同的崭新可能？……对，就上一堂直指数学核心素养的数学课。”（“核心素养：让课堂绽放新活力”，《小学教学》，2016年第1期）

在此笔者并愿再次提及张齐华老师的这样一句“名言”：“永不重复别人，更不重复自己。”但在笔者看来，为了防止“为创新而创新”，我们又应更加重视他的这样一个看法：“寻找另一种可能，必然建立在对已有可能的准确判断和深刻反省上，否则，一切的寻找只能自然算是盲人摸象，无所指归。”（同上）另外，就我们当前的论题而言，张齐华老师的上述经历显然也可被看成十分清楚地表明了这样一点：由于教学活动的复杂性和不确定性，从而就有无限的探索空间，或者说，我们可从多个不同角度对此做出研究，而不用担心为任一现成的理论或“经典课例”所束缚。

最后，应当再次强调的是，只有始终保持对于基本问题的特别关注，我们才能保证工作的连续性与相对稳定性，而不会因为片面强调“创新”而陷入虚无主义，即似乎永远处于不停的“创新”或摸索之中，却看不到真正的进步，更没有任何的积累。当然，在此事实上也不存在任何终极的“解答”（正因为此，所谓的“经典课例”就应说并不存在），但是，相关探索确又意味着这方面认识的不断深化，更体现了教师在专业上的不断进步。

也正是从同一角度进行分析，笔者又愿提出这样一个建议：在对自己的研究成果进行介绍时，希望相关人士不要只是强调其优点与收获，也应当清楚地指明实践中所遇到的各种困难与问题，自己又是如何克服和解决的，包括还有哪些有待于进一步研究和解决的问题，从而就可使学习者对相关工作有更全面的了解，并可切实避免因缺乏思想准备而在现实中一遇到困难就出现打退堂鼓这样的常见现象,更重要的是,还可带动广大教师一起参与研究,而不是始终处于纯粹学习的地位。

特殊地,这也正是笔者当年面对清华大学附属小学所从事的"学科整合"这样一个实验给出的建议,在笔者看来,相对于简单的肯定与应景式的吹捧,这并更加有益于相关研究的深入。再者,以下则是笔者近期面对"生问课堂"这一新的研究取向所提出的三个问题,希望也能有助于这方面研究工作的深入:(1)"生问课堂"与一般的数学课堂相比究竟有什么不同?(2)学生的问题从何而来,什么又是教师在这方面应当发挥的作用?(3)面对学生所提出的各种问题,教师应当做些什么,或者说,哪些工作应被看成具有特别的重要性? 再者,从更广泛的角度进行分析,这应当说也是一个值得深入思考的问题,即如果我们主要着眼于学生"问题意识"的培养,且不论这是专门意义上的"生问课堂",还是一般意义上的数学课堂,那么,什么又是数学教学应当特别重视的一些方面? 例如,按照第三章中的相关分析,这就是这方面特别重要的三项工作:(1)教师应为学生自由提问提供足够的空间与时间。(2)教师并应对学生所提的问题做出及时、适当的反应,特别是,绝不应因为不恰当的处置挫伤学生的提问积极性,而应"为他们营造一个良好的提问氛围……对提问有安全感,有成功感"。(顾志能语)(3)我们并应通过适当的指导努力提升学生提出问题的能力。希望读者也能在这一方面做出进一步的研究。

最后,笔者在此又愿特别强调"慎重选择"的重要性。具体地说,现实中显然有很多问题值得我们深入地进行研究,而且,只要我们做出切实努力也都可以做出一定的成绩。但是,如果我们在事先就能做出慎重的思考与选择,则可在工作中表现出更大的自觉性,特别是有效地防止与纠正各种可能的片面性或简单化的认识。

具体地说,现今我们在数学教育领域中显然可以不断看到一些新的热点,如所谓的"创意课堂"等,还包括"数学史在数学教学的渗透""数学文化的教育"等持续热点。除此以外,我们当然也应十分重视"数学课程标准"等指导性文件中所强调的一些内容,如《义务教育数学课程标准(2022 年版)》中所论及的"跨学科主题学习"和"信息技术与数学教学的融合"等。但这又是笔者在这方面的一个具体建议,即面对所说的各种热点,包括各种新的理论,我们都应认真地去思考相关工作的意义，特别是，除去代表了一个新的工作方向以外，相关论题是否具有更普遍的意义？因为，从专业成长的角度看，后者显然具有更大的重要性。

正如“前言”中所提及的，这事实上也可被看成国际数学教育委员会时任秘书长尼斯的以下论述给予我们的主要启示：在过去 30 年中，数学教育研究的发展主要表现为领域的扩张，……但今天我们则应更加注意适当的聚焦，即对于“复杂性的合理归约”。另外，这显然也可被看成过去这些年的教育改革给予我们的一个重要教训：只有始终保持对于基本问题的关注，我们才能取得真正的进步，并切实防止以下现象的重现，即尽管做出了很大努力，却未能取得真正的进步，乃至不断重复过去的错误。

例如，相对于所提到的“跨学科学习”与“信息技术的应用”等论题，笔者以为，我们就应更加重视“新课标”中所提到的“整体观念的指导”和“问题引领的数学教学”这样两个论题，因为，它们对于我们改进教学具有更加普遍的意义。当然，笔者在此所采用的表述与“新课标”中的相关主张并不完全一致，这并就反映了笔者在这方面的独立思考。

当然，上述建议又只是反映了笔者的个人看法，从而，对于所说的不同研究取向读者就应做出自己的思考和选择。但这确又是笔者在这一方面的基本想法，即我们一定不要盲目地去追随潮流，而应首先想清楚相关主张是否真有道理、是否真的适合自己，什么又是做好教学教育工作最基本的道理，然后再动手去做。因为，不然的话，就很可能导致这样的后果，即忙了一辈子，最终却不知道自己究竟忙了些什么！

最后，相信读者由以下的对照比较即可更清楚地认识“慎重选择”的重要性：如果一个教师认为自己所教的各个内容都很重要，什么都应予以足够的重视，而不应被忽视，他显然还只能说是一个新手。同样地，如果一名教师不加选择地要求学生做各种各样的题目，包括各种难题、怪题，他显然也不能被看成一个真正的好老师。

第二，这是“作为研究者的教师”的又一重要涵义，即我们应将“研究的精神”很好地渗透于自己的全部工作。

以下就是两个更直接的建议：

(1) 除去"课后反思",我们也应十分重视"课前慎思",并应将两者很好地结合起来。具体地说,我们在课前就应很好地确定自己的研究问题,并应将此作为教学实践的一个重要目标。进而,我们又应围绕所拟定的问题做好"课后反思",从而实现教学实践与教学研究的相互促进。

当然,对于已确定的研究问题也有一个再认识的过程,包括必要的调整。也正因此,我们在现实中就可经常看到教学实践与教学研究之间的"反复"或"循环"(图 5-4):

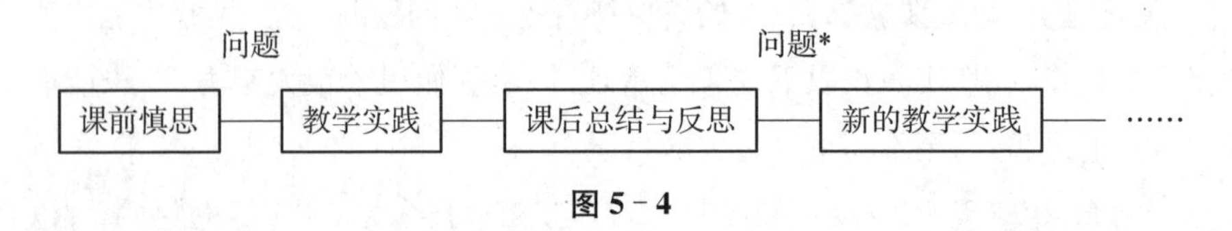

图 5-4

(2) 我们不应期望单纯凭借课中或课后的"即时体会"或"瞬时感悟"就能获得具有重要意义的普遍性结论,毋宁说,后一目标的实现必定有一个较长的过程,更依赖于整体的安排与计划,包括很好地处理理论研究与教学实践之间的关系。

在此我们还应特别强调"强烈的探究欲望",因为,这即可被看成各种科学研究包括数学研究与数学学习最重要的动力,包括由此带来的快乐与苦恼。当然,这又应被看成教学研究的主要目标:通过这一途径我们即可更好地认识教育的基本规律,或是说,在这一方面达到更深刻的理解,从而将自己的教学工作做得更好。

在此笔者并愿特别强调研究工作的"应有状态",特别是,对此我们不应理解成一些特别的条件,如一定要抽出大块时间而不能有任何的干扰,相关人士又必须正襟危坐、一本正经地从事思考和写作……恰恰相反,这主要是指思维的高度集中,即能把自己的"问题"时时刻刻放在心上,并能不分时间、地点、场合积极地进行分析思考……容易想到,这也正是我们为什么要特别强调"研究精神的渗透"的主要原因,还包括这样一点:我们在此也应特别重视"长时间的思考",尽管这也可被看成这方面的一个基本事实,即研究的进展往往是在不经意中取得的,甚至还可能由一些偶然事件而引发——在笔者看来,这事实上也就十分清楚地表明了在“顿悟”与“渐悟”、“有意识思维活动”与“无意识思维活动”之间所存在的辩证关系。

例如，以下就可被看成这方面的一个很好例子，因为，相关教师曾花费两年多时间潜心研究：“什么样态的学习小组才是学生最需要的？”“什么样态的学习团队有利于学生综合能力的发展？”以下就是相关作者在这一方面的自我总结：“在教学教研上我也和大家一样，会遇到许多问题。不同的是，别人在遇到这些问题时常常会因为事情太多，脑子里想想就过了，而我常常会揣在心里，放不下。揣在心里，让我学会工作要用心；放不下，让我学会了要把日常的工作做细做实！”“三十年的教学历程，让我深深感受到教师较高的教育教学水平不是随着教龄的增加就能显现出来的，而是要通过教师个人自觉追求，不断学习，不断思考，持续探究出来的。……虽然我们普通、平凡，但是，当我们把‘思、研、教’养成一种习惯，把知行统一养成一种习惯，把持续探究养成一种习惯时，我们就可以自豪地说：‘我是一名教师’。”（杨薪意，“做知行统一的探究型教师”，《小学教学》，2019 年第 9 期）

［例 11］ 应当如何组织“小组学习”？（杨薪意，“做知行统一的探究型教师”，《小学教学》，2019 年第 9 期）

文中提到：“为了培养学生既能静下来独立思考，又能动起来与人友好合作的学习品质，整整两年的时间，我不断地思考和探寻‘什么样态的学习小组才是学生最需要的’‘什么样态的学习团队有利于学生综合能力的发展’。”

相关作者首先在中低段做了一个“你喜欢小组合作吗”的小调研，希望通过诊断不喜欢的理由，找到‘有效合作’的突破口。

以下就是一些相关的做法：“以什么标准建立小组才能使合作最优化呢？于是，‘亲密关系’‘兴趣爱好’‘综合能力’‘学习成绩’‘性别’甚至‘家庭住址’都成了我分组的方式。然而，两年下来，实施效果并没有达到我心目中‘成就学堂’所期待的状态。”

“花了那么多精力，却没有达到理想的状态，这一度让我心灰意冷想放弃。可是最终，帮助学生改变现有的学习方式，让学生体会学习成就的想法战胜了放弃的念头，我选择了坚持。”

“念念不忘，必有回响。有一天，我突然意识到‘小组合作’首要的目的是要让学生‘学会与人相处’。反思我之前的分组，因为总想着把提高学业成绩放在首位，无一例外地都是在以我（老师）的‘眼光’把学生逐一量化、等级化，甚至标签化了。这样的小组构成表面上看是满足了‘组内异质，组际同质’的要求，但实际上它不是自然生成的。”

“‘细思恐极’，如果在校内，学生学习小组由老师安排决定，那么，将来学生在工作、生活中的分组又将由什么人来安排呢？他们将会遇见什么能力、什么层次、什么性情的‘同事’？他们将会与谁为伍？与谁构成‘工作小组’呢？”

“于是，我明白了，我要构建的成就学堂的学习小组就是要能帮助学生适应未来社会需求的一个学习共同体。在经历了种种尝试之后，我最终选择了回归，回到最朴实的做法。结合我校大多数班级座位每周向右后方退一排的轮换方法，构建了一种与其相适应自然而成的‘流动制学习共同体’。”

除去所说的“流动制”以外，作者还采取了以下两个做法：

(1)“老师根据不同的年段、班级人数以及课程内容的需要机动划分人数。”在不同学段更有不同的要求或重点：“低段合作学习时，教师侧重对学生数学学习习惯的养成训练；中段合作学习时，老师侧重对学生数学方法的引导；高段合作学习时，教师侧重对学生应用能力的拓展。”

(2)“‘流动制学习共同体’中‘主持人’的角色依据学习日和座位编号确定，避免了‘优生的掌控权、话语权’，确保每个学生享受公平的锻炼机会。”

以下就是文章作者对于上述过程的自我总结：

“在边思考、边实践、边完善的过程中，‘流动制学习共同体’让我重新认清了‘小组合作’的本质，修正了我对‘组内异质、组际共质’的肤浅认识。它将学生眼前的学习，与其整个学习生涯、职业发展的需要关联起来，全面地获取学生在日常学习中的复杂表现，反映学生在不同学习阶段综合学习力的发展与提升。”

在此笔者并愿特别提及著名学者王国维先生关于“做学问”的三个不同境界的论述，希望有助于读者更好地理解什么是研究工作者应当具备的素养，这究竟又能给人带来些什么：(1)“昨夜西风凋碧树。独上高楼，望尽天涯路。”

(2)“衣带渐宽终不悔,为伊消得人憔悴。”(3)“众里寻他千百度,蓦然回首,那人却在,灯火阑珊处。”

总之,具有强烈的研究意识,并能持之以恒,坚持去做,特别是,能积极思考,积极实践,积极探究,就一定可以取得实实在在的进步,更好地实现自己的专业成长。相信读者由以下实例即可对此有更深切的体会,尽管其中所直接论及的只是“研究性阅读”,但在笔者看来,这事实上也可被看成“理论的实践性解读”这一方面的具体实践:

[例 12]　“‘研究性阅读’的内涵、意义与方法”(冯震宇等,《中学数学教学参考》,2019 年第 8 期)。

这是文章作者在这方面的基本主张:“无论是中小学数学教师,还是数学教育研究者,都应该重视‘研读’数学教育研究文献。”因为,这对“加快建设观念新、能力强、素质高的数学教师队伍与数学教育科研团队具有重要的推动作用”。

以下就是他在这方面的具体建议:

(1) 带着明确的目的进行“研读”。“基于明确目的进行‘研读’的过程,实际上是阅读者向自己布置阅读任务,向文献提出阅读问题,并在‘研读’文献的过程中寻找问题答案的过程。”

(2)“研读”既应保持客观,忠于原文,同时也应结合阅读者自己的数学教育经验,对其进行适当理解和适当解读。因为,“研读”的过程,事实上就是“阅读者与文献作者进行沟通、交流的过程。”

(3) 要勤于做“研读”笔记,多次反复进行“研读”,包括“分解式研读”“整合性研读”“扩展式研读”“批判性研读”和“创造性研读”等。

最后,依据上述分析我们显然也可更清楚地认识加强研究工作计划性的重要性,并应对研究工作的长期性和艰巨性有充分的思想准备。后者事实上也是任何真正的研究工作必须满足的一个要求,因为,我们显然不应简单重复别人的已有结论,而应通过深入研究发现对其他人有一定启示的新见解、新认识,实现认识的不断深化。

也正因此，如果我们所拟定的研究问题通过查阅相关资料，包括上网查询就可立即找到令人满意的解答，对此就没有研究的必要，除非我们仍有一定的困惑或问题。更一般地说，我们就应以已有工作作为自身研究的重要背景，并致力于通过新的研究实现认识的发展或深化，包括在以下一些方面得出明确的结论：先前所提出的各个结论是否真有道理？相关建议在实践中是否真的可行？实践中又有哪些容易被忽视的问题或不足之处，我们应如何对此做出纠正和改进？等等。

第三，就教学研究工作的实际开展而言，笔者又愿特别强调这样几点：

(1) 由于现实中人们往往特别重视研究方法的规范性质，包括对于实证方法的突出强调，因此，在此就有必要清楚地指明这样一点：就一线教师的教学研究而言，我们应当更加重视相关研究对于我们改进教学是否具有一定的启示意义。

这事实上也是舒尔曼特别强调的一点："尽管人们可以将关注点集中在研究方法上，但是任何方法的分析都难以脱离方法所要解决的问题、研究者的学科视角、研究进行的环境和研究的目的。"这也就是指，"我们必须首先了解我们的问题，决定有哪些方面需要我们提出疑问，然后再根据这些问题选择适合的规范化探究模式。如果这个合适的方法是量化的、客观的，那么很好。如果它们是主观性的、质性的，我们依然可以很好地使用它们"。总之，"好的研究并不是发现最好的方法，而是先仔细地提出对于研究者和研究领域而言最重要的问题，然后再确认一种规范地探究该问题的方式"；"我们必须要避免自己成为盲从于某种研究方法的教育研究者"。(《实践智慧——论教学、学习与学会教学》，同前，第207、186、190、207页)

(2) 我们绝不应因为追求形式上的"严密性"与表面上的"深刻性"而丢掉一线工作"有血有肉、原汁原味"的特点，乃至完全忽视研究工作的"启示意义"和"可理解性"。这也就如著名数学教育家毕晓普(A. Bishop)所指出的："教学法有关的研究叙述不宜精简或压缩，它的威力在于它的丰富，而不在于任何简洁的理论框架……这些教育家的智慧表现在高度理论化的和精巧的创新做法上面，表现在对教育情境的带有感情色彩的详尽描述和对经验的有见识的分析之中。"

当然，我们也应十分重视研究结论的可靠性，包括通过数据分析做出必要的检验和论证。但在笔者看来，我们又应更加重视相关研究对实际教学工作的促进作用和启示意义。当然，这也意味着我们应当通过进一步的教学实践和分析研究对此做出必要的发展。

由以下实例中提及的“内容的故事化”，特别是将此与一般所谓的“情境设置”加以对照比较，我们即可看出：尽管诸多源自一线教师的研究工作从形式上看似乎不够“高、大、上”，但由于密切联系教学实践，因此不仅具有“学得会、用得上”的优点，与相关的“空洞理论”相比也可说达到了更高的高度：

［例 13］　“教学内容的故事化”（引自薛春波，“儿童数学思维是‘有故事’的”，《教育视界》，2023 年第 12 期）。

这是作者在这方面的主要观点：“儿童的数学思维是故事性的。”“‘有故事’的数学思维是一种情境化的思维，是具体故事情境下对问题的思考。……‘有故事’的问题会让学生在故事中思维，自觉将自己带入情境，调取相关经验，即使这个故事不是那么吸引人。”“‘有故事’的数学思维是执着于过程的思维。……让情境有情节至关重要。……有情节的情境意味着‘起因经过结果’的连续性，有助于学生展开联想、推理……有情节的情境可以是贯穿一切课始终的。”

以下就是文中提到的两个实例：

其一，面对以下图景（图 5－5），成人往往会这样填：

图 5－5

一共有 5 个，5－1＝4，5－3＝2，5－5＝0。

然而，儿童是将四幅图看成“连环画”来理解的。他们会绘声绘色地边讲故事边写算式：

小猴一共有5个桃子。它饿了就先吃了一个，这时还剩下4个，$5-1=4$。没吃饱，所以又吃了2个，所以是$4-2=2$。剩下2个全吃，所以是$2-2=0$。

其二，要求学生看图列式子(图5-6)。成人会理所当然地认为是$1+3+5=9$，但是很多学生不这么认为，这些学生的数学思维也是有故事的，他们认为三幅画是连环画，其中的蘑菇个数一幅比一幅多2，所以就是$1+2+2=5$。

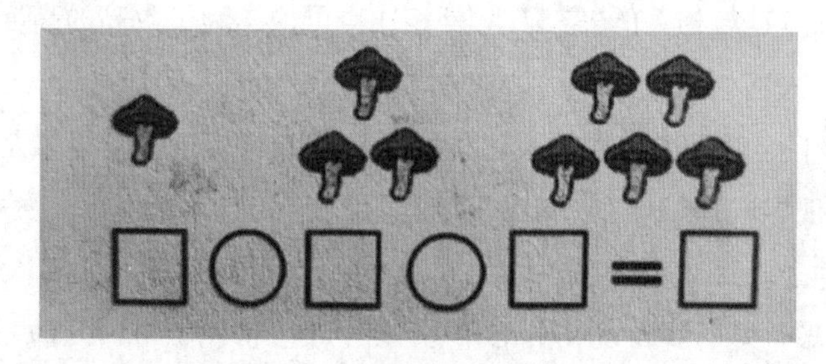

图5-6

以下则是相关教师在这方面的具体体验："如果将数学与有情节的故事合理而巧妙地结合起来，无趣也会变得有趣。小学教师都有一个共识：儿童特别喜欢听故事，无论年级高低，即使成人觉得无聊的问题，只要能耐住性子给学生编成故事，并且喜形于色地将情节娓娓道来，他们就会像看动画片一样专注地看着你。……尽管老师觉得自己每天的故事都差不多，学生却从来不会对习以为常的情节表示无趣。"

当然，学生的数学思维也有提高的必要，这也是相关作者何以使用"'有故事'的数学思维"，而不是"故事思维"这样一个词语的主要原因。

最后，笔者以为，只要围绕"内生"与"外插"、"情境"与"情节"、"(单纯的)引入"与"过程"等概念进行分析，相信读者就可很好地理解这样一点：这里所说的"内容的故事化"确要比诸多关于"情境设置"的空洞论述要高明得多！

(3) 很好地发挥集体的力量。

以上关于"基本问题"重要性的分析显然也可被看成为各个层面的教研活

动，包括教师培训和教学观摩提供了直接的启示，这就是指，与“课例”的简单展示相比，我们应当更加重视以此为背景开展进一步的研究。特别是，应通过相关实例的综合分析引出值得深入研究的普遍性问题，从而推动更多教师积极投身于教学研究，而不是始终停留于纯粹的受训者或观摩者这样一个被动的地位。

当然，为了实现这一目标，广大教师也应努力增强自身的参与意识与主体意识。也正是在这样的意义上，舒尔曼提出，我们应当将“参与”和“行动”看成教师专业成长的第一要素。我们并可由此而引出关于教师专业成长包括教学研究更普遍的一个模式(图 5-7)：

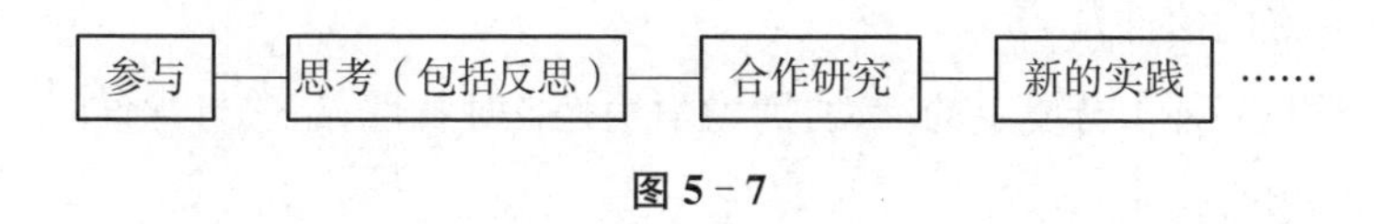

图 5-7

正如前面已提及的，这事实上也可被看成“数学教师专业成长的‘中国路径’”十分重要的一个特征。

综上所述，这就应被看成教师专业成长的基本途径，即我们应当很好地处理理论与实际教学工作、教学实践与教学研究以及个体与群体之间的关系。

5.4　教师专业成长的更高追求

这是专业性工作又一重要的涵义，即除去专业知识和专业能力的提高，我们还应十分重视提升自身的“专业精神”或“职业道德”。而且，相对于一般性专业而言，教师工作又应说在后一方面有更高的要求(对此似乎就只有医生、警察等少数职业才能与之相比)，尽管在大多数情况下人们未必能够清楚地说明后者的具体涵义，而只是停留于“师德”这样的笼统提法。

正因为此，以下的建议就有一定道理，即作为教师培养工作的重要一环，除去各种常规性的课程，师范院校包括各类教师的入门教育还应开设“另类”(other)这样一门课程，帮助未来的教师很好地树立起这样一些认识：

教师对学生的整个生涯都有十分重要和深远的影响；

在对学校生活进行回忆时,学生更多回忆起的是他们的教师,而不是所学过的课程;

教师应像家长一样爱自己的学生,但却是为了不同的理由,并采取了不同的方式;

选择成为教师,就是选择了一个在情感方面有很高要求的职业;

教师既应注意自己的行为,也应注意自己的情感;

很少有人会高度评价教师为教学工作所付出的大量时间和精力;

教师既应成为学生的典范,同时又应努力改变学生的行为;

教学并不像诱发一个化学反应,而更像创作一幅绘画,布置一个花圃,或写一封友好的信件;

教学是一种十分复杂的活动,因为学生是各种特性、品质与背景的一种不可预测的组合;

人类文明大多数最重要的进步都应归功于教师的工作;

教师的工作是一种基于关于明天的信仰从事的活动。

当然,相对于外部的"灌输",这些又应成为教师的固有信仰,并能很好地落实于日常工作。显然,在这样的意义上,我们也可更清楚地认识"不忘初心,牢记使命"的重要性。

进而,这也是笔者为什么又要专门谈及这样一个论题的主要原因:"什么是教育应有的样子,什么又是教育不应有的样子?"因为,由此我们即可更清楚地认识"师德"对于教师的特殊重要性,特别是,我们决不应因为外部的压力或个人利益的诱惑出现师德的"扭曲"。

1. 教育应有的样子

首先,作为有组织的社会行为,现代教育有很强的规范性质。但由于教育的对象是人,教育的根本目标也可定义为促进人(与社会)的健康发展,因此,教育又应具有这样一种品质,即随着学生年龄的增长,我们应当更加尊重他们自己的意愿,给他们更大的自主权。

正是在这样的意义上,笔者以为,对于第一章的例 4 中所给出的两个实例我们就应持肯定的态度,尽管在有些人看来这是一种出格的行为。

当然,好的教育又只有通过好的教师、好的教学才能得到落实,教师的专业素养又可说具有更大的重要性。因为，只有这样，学生才能通过日常的学习以及与教师的接触有更大的收获，包括直接的感染与深层次的启发。以下就是这方面的两个范例：

[例14]　学生对于一位语文老师的回忆（引自董月玲，“师说”，《中国青年报》，2008年7月16日）。

这是北京四中语文老师李家声的课堂，不是公开课：

他讲《离骚》，“好像被屈原附体一样，散发出一种人性的光芒，（让我们）心里有说不出的感动”。他朗读《离骚》，时而激扬，时而悲愤，学生不得不“被屈原那种灵魂的美、精神的美，所深深吸引”。“虽然《离骚》只上了两节课，一个从前不喜欢语文的理科学生，课后，不知花了多少时间来读《离骚》，375句差不多都能背下来了。……

“他讲《满江红》，不是讲，而是吟唱，每次唱，都会哭。”一个考上北大的女生回忆道：“开始时，我望着他，他微蹙着眉头，凝视着前方，几根发丝微微颤动。但很快，我低下头，不敢再抬起来，因为我知道，自己的双颊已经红得发烫，眼中的泪水，已经涨到收不回的程度。”唱到“待从头收拾旧山河，朝天阙”时，先生已满眼是泪，学生也满眼是泪。歌罢，教室里，立刻响起雷鸣般的掌声。“我们把手拍红了，却都不愿意停下来。就这样，掌声一浪接一浪地响了不知多长时间。”

一茬茬的学生，成了他忘年的知音：“先生给予了我空灵、明净和透亮的灵魂，教我们怎样做一个知识分子，做一个铁骨铮铮、处世独立、横而不流的知识分子。”

[例15]　一位特别受学生欢迎的历史老师：李晓风（引自余慧娟，《大象之舞——中国课改：一个教育记者的思想笔记》，同前，2014）。

一位学生回忆道：“在高三的单调生活中，历史课成为我们全班同学的享受，李老师十分注重逻辑，带领我们建立起知识的整体结构，这无论对考试或是我们今后的常识记忆都是大有裨益的。”

“在这个流行‘刷题’‘刷夜’的年代，高三的历史依然是50分钟的传统（三周两次)，没有作业题，不用参考书，课堂，便是一切，课后要温习的，也是课上的历史细节和思考。在做够了数学题，背吐了政治书之后，一切与历史有关的复习和思考都成了一种享受。这种学习，无关乎高考，甚至无关乎前途，或许只是对某个人物的命运、某段王朝兴衰的慨叹，对某个哲学家思想的思悟，又或，对某个现实事件折射出的历史进程的思考——那不是明确的课堂内容，却是每个人在课上课下不由自主会想的问题。常常有那么一瞬，为自己是在进行'人文思考'而不是'文科学习'而感到幸福，这种幸福感，源自风哥的历史课。"

以下则是这位老师对自身教学工作的反思："学生们喜欢我的课，我觉得思考是个很重要的原因。""这是我的历史课的一个目标。我想让他知道更多的历史事件，我想让他学会思考，我想让他建立一种价值观与正义感。这是成为一个知识分子必要的条件。独立思考，不屈服权威。咱们老强调创新精神和思维，其实创新精神不是说学点什么技巧就行，如果在人格上、在思想深处没那东西就不行。"

由此可见，如果我们在成长的过程中能遇到一位好老师，真是莫大的幸运。当然，从教育的角度看，我们又应更加重视教育整体品质的塑造，认真思考什么是教育应有的样子？在笔者看来，这事实上也可被看成教育的国际比较，包括第一章的例 5 和例 6，所给予我们的主要启示。

进而，这也直接涉及我们应当创建一种什么样的"学校生态"或"校园环境"？相信读者由以下的对照比较即可在这方面获得直接的启示：

［例 16］ 什么是校园应有的样子？

其一，"在我的心里，一直有个固执的想法。总觉得，最好的校园是应该可以令人发呆的。……校园环境有你发呆的空间和机会……可以让人自由地对着一丛花或者一片叶子深入思考，可以在树底下捧起一本书忘我阅读，也可以什么都不想，什么都不做，就坐在那里或者站在那里静静地发呆，不必在乎别人怎么看你，也不用担心有人打扰你。总之，最好的校园一定可以让师生特别是孩子自觉地放慢脚步，从容思想，自由'发呆'。"(厉佳旭，"最好的校园令人

发呆”,《人民教育》,2020 年第 1 期,49—52)

其二,学生排队买饭时都在看书,走路时都是一种小跑,为的就是争分夺秒地学习……“师生步履匆匆,除了食堂、寝室、教室和办公室,其他许许多多的角落和空间,对他们而言仿佛形同虚设,他们只是这里的匆匆过客……这样的校园没有情趣,没有内涵;紧张有余,从容不足;‘现代’有余,底蕴不足”。

最后,由于自觉的总结与反思是教师专业成长特别重要的一个环节,因此,从个体的角度看,这也应被看成好的教育应有的一种样子,即教师在这方面具有足够的自觉性。例如,第三章的例 6 显然就可被看成这方面的一个范例。

应当提及的是,上面的讨论显然也已直接涉及这样一个论题:什么是教育不应有的样子?希望以下分析也能引起读者的自觉反思,特别是,作为一线教师,自己在日常工作中是否也有类似的表现?

[例 17]　“是什么导致孩子有了厌学倾向”(穆尘,《中国青年报》,2020 年 11 月 9 日)。

尽管以下来信只是反映了一位家长的个人境遇,但在笔者看来,他所说的现象又有较大的普遍性:

“女儿自从上了中学之后,晚上睡觉的时间就从 9 点半移到了 10 点半,而进入初三之后,每天的睡觉时间几乎都超过了深夜 12 点,最晚的一次熬到了凌晨 1 点半。”学生在忙些什么?“女儿上个周末的作业包括语文 6 套卷子、物理 4 套卷子、数学 2 套卷子、政治全本书的知识点复习、英语除了 8 套卷子之外,还有背单词和练听说……”

谁应对上述的现象负责?显然,如果将板子直接打到教师身上并不妥当,因为,这正是造成所说现象的一个重要原因:初中毕业生现在实行“分流”,从而就将原先是高中毕业生才面临的考试压力前移到了初中生身上,但又正如 3.1 节所指出的,现行的体制并不能让家长包括初中生本人对毕业后的不同去向都能有足够的信心,从而也就必然地会因为“分流”而陷入巨大的困惑与不安。还应强调的是,初中生因为年龄的特点尚不能承受过大的压力,其中的大多数人也还不具有这样的能力,即能够针对环境的变化与不同的要求对自己的行为做出必要调整,包括采取适合自己的方法与节奏进行学习和应付考试,乃至对于人生做出认真的思考,等等。

那么,在所说的情况下,他们又如何能够得到必要的帮助呢?人们首先想到的当然还是学校中的老师。但是,与大多数小学教师不同,这是很多初中教师在工作中表现出来的一种常态,即有很强的责任心,但对后者的理解又有很大的局限性,也即只是集中于如何能够帮助学生在“中考”中取得较好成绩,却未能认识到教师工作还有很多更重要的涵义。简言之,正如以下众多实例所表明的,我们的教师所缺少的不是教学能力或专业知识,而是对于学生的爱心:

[例 18]　缺乏爱心的教学。

其一,数学课上老师将大量时间花在了“压轴题”之上,包括各种各样的难题、怪题,甚至一堂课只讲一个题目,但还是有不少学生听不懂,或是因为想不通为什么要在这方面花费如此多的时间精力而不愿意做出真正的努力。为了清楚地说明问题,建议读者还可与第一章的例 4 做一比较:“不要追求 100 分……不如省下时间自由学习。长此以往,孩子在知识面和自学能力上都会有更多收获。”

其二,物理老师的讲课大多数学生都听不懂,相关教师居然还对学生的正常反应做出了反呛:“听不懂不要来问我,因为,我的课是专门讲给那些聪明小孩听的!”再者,尽管她接手后全班的物理成绩出现了明显下降,但班主任仍在家长会上为此做出了直接的辩护:“这个老师的教学没有任何问题,要怪就怪学生自己!”

其三,面对不到 1000 字的一篇短文,语文老师居然要求学生写 10 段“感想”,而完全没有顾及这是否是学生的真正感受,还是纯粹的套话、空话;更重要的是,这一做法又是否完全违背了语文教育应当承担的这样一个责任,即学生情感的陶冶或培养。同样地,做数学题要求学生写三种甚至更多种不同的解法……但是,“多”显然不应被等同于“好”。更严重的是,如果我们不分场合一味地坚持所说的要求,就只会使学生没有时间深入地进行思考,但这恰又应被看成数学教育的主要目标,即帮助学生逐步地学会更清晰、更全面、更合理、更深入地进行思考!

其四,学生每天被大量的来自各门学科的作业压得喘不过气,甚至无法保证应有的睡眠时间,尽管后者已被压缩到了 7 个小时。班主任老师居然还对学生的抱怨做出了直接的批评:“别人能在晚 11 点前完成,你为什么不行!”但这难道不是每个教育工作者都应牢记的一个事实,即个体间必定有一定差异。更重要的是,教师难道不应当“放下身段”很好地了解每个学生的具体情况,从而采取适当措施进行引导或给予必要的帮助?!

总之,如果我们的教师所想的仅仅是帮助学生在考试中取得高分,所采取的方法也不很恰当,更忘却了教师最重要的责任应是促进学生的健康成长,就只能说是一种失败的教育!

当然,所说的现象并非仅仅出现于初中,恰恰相反,这在高中具有更明显的表现,对此例如由以下实例就可有清楚的认识:

[例 19] “高中数学发散性思维教学的思考与实践”(梁永年,《中学数学月刊》,2021 年第 11 期,12—15)。

“目前学生作业太多,严重遏制学生的兴趣,需要减量。还有一个问题,即作业形式过于单一,都是千篇一律的指向性问题,学生要么会做,要么不会做,不是做对就是做错……因此对于作业问题,首先要减量,把学生从繁重的作业任务中解放做来,让他们做自己愿意做的作业,让他们深入钻研有意义的问题;其次要增加开放题,与教学一样,降低起点问题的难度,让学生愿意做,然后设计开放问题,逐步引导学生深入钻研,答案不一定非对即错,允许学生谈自己的思路和想法,谈自己的发现等等,目的是打开他们的发散性思维。答案有深入与肤浅之分,但教师不给等级之分,只对答案进行点评,让学生都有成就感。”

“我们的数学教学节奏之快,令人瞠目结舌。本来高中三年,两年半的新授课,半年高考复习,变成高三一年复习……如此教学,我们真正的新授课教学还剩多少时间，能真正落实知识生成教学吗？……知识生成教学是一个探究发现的学习过程，是在教师适度的引导下，学生打开思路去自主发现的过程……但需要教师给出足够时间，短时间的知识生成教学，无疑是教师过度引导所致，问题过多、过碎，指向性强，是强迫学生的假发现。学生的想象力得不到提升。”

当然，我们又应超越教师的个人行为，并更加关注教育的整体生态，特别是，应切实防止与纠正“应试教育”的盛行，因为，这是教育绝对不应有的一种样子！

［例20］ “应试教育”的具体表现。

以下即可被看成“应试教育”最常见的一些表现：我们的教师所想的只是如何能让学生在各类考试中取得较好成绩，并将此当成了全部工作的重心，却完全忘却了“立德树人”这一教育的根本目标。例如，与中考无关的科目被随意占用，甚至将此当成了对学生的一种惩罚。所有与中考有关的科目则无一例外地予以强化，生怕漏掉任何一个细节而在考试中造成掉分，这并是大多数教师反复宣扬的一个思想：“考试中差一分在排名中就会落后几百名。”……所有学科又无一例外地采取了“大运动量”这样一个做法，即不加控制地要求学生做各种各样的题目，各种各样的难题、怪题，唯一的理由就是考试中可能出现这样的题目，从而有助于学生取得更好的考试成绩。但却没有人认真地去研究这一做法是否真的有效，我们又是否应当更加重视“减负增效”，切实做好“分清主次，突出重点，以主带次”?！再者，作业在总量上的失控又会对学生造成什么样的后果，特别是，这不仅会使学生根本没有时间自主地进行学习，深入地进行思考，也会使学生由于始终处于被动应付的状态而对他们的身心健康造成极大的消极影响。

应当大声疾呼的是：所有已发生并正在不断重演的以下事实应当引起我们的高度重视，即各级学校中都有一些学生因无法承受学业压力而被迫休学，乃至出现了严重的精神问题……

在此笔者并愿重申这样一点：如果将教育领域中出现的各种问题都归咎于一线教师包括基层学校的领导，这是不公平的。但笔者仍然希望广大一线教育工作者能对自己的工作做出认真的总结和反思，特别是，不要忘记自己的初心，即我为什么要成为一名教师，什么又是教师工作的主要意义？还应强调的是，教育不只是对学生的塑造，也是教师的自我塑造，或者更恰当地说，自我的不断重塑，从而创造出更加美好、更加有意义的人生。

为此笔者并愿特别推荐这样一篇文章：

［例21］ “当教师，需要想好几个问题”（陈大伟，《教育研究与评论》，2021年第10期）。

其一，“‘你为什么要当教师？’才当教师的时候，我可能只是想以此谋生。随着时间的推移，现在的我愿意这样回答：‘我当老师，是想让一些人有所改变。’”

其二，“‘你准备当什么样的教师？’这是为自己的教育人生确立方向和目标。我的回答是：准备成为当下学生不那么讨厌，若干年后学生还乐于谈论的教师。……我能想到的‘最浪漫的事’，就是在教师生活中有一些超越和创造，一路上收藏点点滴滴的创造，退休以后坐在摇椅上跟自己的子孙们慢慢聊。千万不要在别人问起自己的教师生活时，什么也说不出来。”

在笔者看来，这并是教师职业的最大优点：由于我们不断会接触到新的班级、新的学生，教师的生活可说始终处于新的起点：“太阳每天都是新的！”这并为我们不断改善自我提供了现实的可能性，这更是教师工作的最大意义：“作为一名教师，通过我的学生，我每天都在创造未来。”（这是美国女教师S. McAuliffe的一句名言，她为航天和教育事业贡献了自己的宝贵生命）

当然，面对现实，要想做出任何一点改变都不容易。但在笔者看来，这恰又关系到我们应当如何理解对学生的爱，又应如何加以落实：“优质的教育从来不肯迎合儿童当下的兴趣；优质的教育从来都是从适宜的高度引导学生——带领学生围绕伟大的事物起舞、成长；优质的教育要求教师的心中首先装着伟大的事物，然后才是学生。否则，爱学生就是一句空话；否则，我们拿什么去爱他们,帮助他们。""自由从来不是自上而下赐予的,它是凭借信念和意志争取到的,自由的程度从来都取决于我们坚守正道、向善向美的信念和信心!"(薛瑞萍,"做一个朗读者",《人民教育》,2010年第1期)

以上论述显然也就意味着我们又回到了"什么是教育应有的样子"这样一个论题。在笔者看来,这并是十分自然的一个发展,因为,归根结底地说,人总要向前看,向前迈进!

2. "好人・好教师・好数学教师"

相对于前面的论述,本节的讨论可以被看成对教师的专业成长提出了更高的要求,即我们应由单纯的教学走向教育,走向更高层次的人生审视。在笔者看来,这也为我们如何能够走出发展的"瓶颈"提供了现实的可能性。

具体地说,这正是现实中经常会出现的一个现象,即人们在论及教师的专业成长时常常会由主要关注"什么是好课"逐步转移到"什么是好老师",包括后者又应具备哪些基本能力和素养。将"好课"与"好老师"联系起来应当说十分合理,因为,没有好老师就不会有好课,特别是,如果一个教师上课时漫不经心,完全不负责任,自然就不可能上出真正的好课。

进而,从上述角度我们也可很好地理解笔者的以下看法:"优秀教师的特色不应局限于教学方法或模式,而应体现其对于教学内容的深刻理解,反映他对于学习和教学活动本质的深入思考,以及对于理想课堂与教师自身价值的深切理解与执着追求。"

再者,尽管以下文章的直接标题是"好课的五个'关键词'"(马臻,《教育研究与评论》,2022年第7期),但显然也可被看成为我们应当如何理解教师的基本素养提供了有益的启示:"真实""质朴""开放""芜杂"和"生气(机)"。当然,由于我们所关注的主要是数学教师的专业成长,因此就应进一步去研究什么是数学教师应当具备的基本素养,包括专业素养与一般素养。

作为上述问题的具体分析,我们将采取"由一般到特殊"这样一个分析路径,即首先指明数学教师应当具备的一般性品格或素养,也即"做人的基本道理",然后再转向教师的应有素养,也即一般所谓的"师德",最后集中到数学教师的应有素养。这并是笔者由20世纪最伟大的大提琴家卡萨尔斯(Pablo Casals, 1876—1973)的以下论述获得的启示:面对"如何才能获得成功"这样一个提问，卡萨尔斯回答道："先成为一个优秀的、大写的人，然后成为一名优秀的、大写的音乐人，再然后就成为一名优秀的大提琴家。"

作为对照，建议读者还可先行阅读以下的论述，并以此为背景对上述问题做出自己的思考，尽管相关作者所使用的只是"精神长相"而非"基本素养"这样一个词语：

［例 22］"优秀的数学教师该有怎样的精神长相"（马小为，《中学数学教学参考》，2018 年第 9 期）。

"优秀数学教师的精神长相至少包含如下的要素：(1)优秀的数学教师，一定是有爱的。(2)优秀的数学教师，一定是积极向上的。(3)优秀的数学教师，一定是常为新的。(4)优秀的数学教师，一定是包容的。(5)优秀的数学教师，一定是尚研的。(6)优秀的数学教师，一定是善读的。(7)优秀的数学教师，一定是乐写的。(8)优秀的数学教师，一定是重视思维启迪的。(9)优秀的数学教师，一定是突出数学本质的。(10)优秀的数学教师，一定是将课堂与生活相融合的。(11)优秀的数学教师，一定是个性独特的。(12)优秀的数学教师，一定是追求艺术至臻境界的……"

以下就是笔者在这方面的主要观点：

第一，做一个真实的人、单纯的人。

要对"做人的基本道理"做出清楚说明，当然不是一件容易的事，包括何者又可被看成"大写的人"？以下就主要围绕教学工作做出简要分析。

在此可首先提及这样一个问题：人们常说"字如其人""文如其人"，我们是否也可认为"课如其人"？笔者对此持肯定的态度，因为，教师的教学确可被看成其内在品格的流露或外现。

在此还应特别强调这样一点：人的品性并非一成不变，教学工作更可被看成教师对于自身品行的不断重塑，尽管大多数人未必对此具有清醒的认识。具体地说，"人前人后"的表现往往有所不同，特别是，大多数人在公众场合都会更加注意自己的言行举止，表现出较强的自控力。也正因此，这可被看成教师工作的又一优点：由于教师一直是几十双明亮眼睛的聚集点，因此，即使这并非一种完全自觉的行为，大多数教师在课常上与平时相比也会对自己有更高的要求，如此长期地延续下去，自然就会对教师人品的陶冶起到潜移默化但又十分重要的作用。

例如，我们或许就可从上述角度对 5.1 节中所提到的小学教师的"童化"现象做出新的认识。具体地说，笔者在此所关注的主要是这样一个事实：我们的教师特别是小学教师，由于长期与儿童相处从而就在一定程度上被"童化"了。但是，如果说笔者在先前强调的主要是"轻信、缺乏独立思考"这样一种负面的影响，那么，笔者在现时就愿意更加强调这样一点：长期与儿童相处也可使我们变得更加真实(真实不假)，更加单纯(朴实)，这并是笔者要特别强调的人品或素养。

例如，这可被看成所说的"单纯"的一个重要涵义，即对于世俗的超越，而不会盲目地去追赶潮流，乃至对名利的刻意追求。与此相对照，我们在教师身上所看到的应是对于教育教学工作全身心的投入。

另外，从"重塑"的角度进行分析，笔者又十分赞同美国总统林肯的这样一个论述："四十岁以后，人要对自己的长相负责。"在笔者看来，这并为"做真实的人"提供了很好的注解，因为，对于自己的人品我们是无法完全掩饰的，而且，随着年龄的增大我们应当变得更加从容、更加大气，特别是，能很好地做到"拿得起，放得下"。例如，这或许就是优秀教师应当特别重视的一个问题，即如何能够变得更加淡定，而不是刻意地去表现什么(正因为此，优秀教师不会随意地"拖堂")，也不拘泥于任何一种特定的教学设计或教学智慧，但却事事处处尽显功夫，喜怒哀乐皆成文章，一言一行无不"合规而无逾矩"，使人深切地感受到其人格的魅力，包括无形的文化熏陶！

由以下关于插花艺术或流派的分析，读者或许可在这方面获得一定的启示：

其一，所谓的"欧美流派"，他们的插花往往会使你受到强烈的感官冲击，更可被形容为"金碧辉煌，美不胜收"，但却很容易让人陷入审美疲劳，其中并常常混杂有一些"沽名钓誉者"，即"金玉其外，败絮其中"(这也是各类诗词大会上经常可以看到的一个现象：有的人似乎出口成章，琴棋书画无一不能，事实上只是装腔作势，徒有其表)。

其二,类似于"茶道"和"剑道",插花的"日本流派"也特别注重形式,即有一整套的礼仪,包括严格的程序,从而就会使人不知不觉地"陷"入其中,一方面变得中规中矩,但同时又常常会感到压抑、拘谨。

其三,真正的大师已进入到了这样一种境界:自然、舒服,尽管相关作品似乎并未使人感到震撼,似乎也未能完全吸引住你。但是,一旦有所接触,就会受到真正的感染,感到一种内在的"光"!

第二,做心中有"大爱"的教师。

这应当被看成"师德"最重要的一个涵义,更集中体现了教师职业的特殊性:不同于一般意义上的"专业精神",即"在需要时为其他人服务的责任",而是一种发自内心的对学生的爱,对所有学生的关心。这并是笔者在这方面的基本看法:如果你不具有这样的情感,就不配当教师。

但这恰又是现实中应当切实防止与纠正的一个现象,即因为"应试"造成了人性的扭曲。由于对此我们已在前面做了专门论述,在此就不再赘述。

当然,教师对学生的爱又应是一种大爱,而不是溺爱,或是无原则的迁就,乃至完全放弃了教师的责任,而应努力促成学生的积极变化。正因为此,这就应成为我们判断"好课"最重要的一个标准,即其对学生的发展是否具有实实在在的促进作用,对此我们并应超出单纯的知识学习从更广泛的角度进行分析,也即应当将"学知识、增能力、长见识、学做人"等多个方面都考虑在内。

例如,依据上述分析我们显然就应对自己的教学提出这样一个要求,即适当地"留白",也即能给学生的积极思考提供充分的空间和时间,从而不仅能够更好地发挥主动性,也能有足够的时间(和适当的心情)深入进行思考。当然,这也直接关系到了我们的下一个主题,即什么是数学教师最重要的专业素养。

特殊地,正如前面所提及的,我们显然也应对"观摩课"提出类似的要求:这不应成为任课教师的"个人秀",而应更加重视如何能使所有的参与者都能有较大的收获,后者既是指听课的学生,也包括所有的听课教师。

最后,作为教师的应有人品,笔者又愿特别转引这样一个论述:"教师往讲台一站,该是什么样的气场呢?是书生之气、儒雅之气、宽厚之气,还是浅薄之气、专制之气、粗俗之气、浮躁之气?精神气质是我们身上最重要的'教育资本’。教育原本就是文化濡染。为自己的精神气质负责,这是我们一生都要去面对的命题。”(余慧娟,《大象之舞——中国课改:一个教育记者的思想笔记》,同前,第195页)再者,尽管以下论述是针对一般人而言的,但在笔者看来,我们由此仍可更好地理解什么是教师应有的“精神气质”:“这个社会最缺的是什么?是从容和有情,因此我们就很难看见步履雍雅、情趣盎然的人,就很难看见慈眉善目、处处洋溢着善心的人。”(林清玄,《情的菩提》,河北教育出版社,2007,第40页)

当然,这也更清楚地表明了这样一点:“四十岁以后,人要对自己的长相负责!”

第三,做善于思考、坚持理性的数学教师。

如果认定数学教育的主要目标应是帮助学生逐步地学会思维,努力提高他们的思维品质,并能由理性思维逐步走向理性精神,那么,我们就应将“善于思考,坚持理性”看成数学教师最重要的素养。

具体地说,作为数学教师,我们应特别重视理性分析,努力做好“数学史的方法论重建”,即用思想方法的分析带动具体知识内容的教学,从而使得相应的思维活动对于学生真正成为“可以理解的、可以学到手和加以推广应用的”,并能通过这一途径真切地感受到由发现带来的快乐,因坚持带来的快乐,源于智力满足的快乐。(3.3节)

显然,从同一角度我们也可更好地理解这样一个论述:“一个数学教师,如果从来不懂得什么叫严谨之美,从来没有抵达过数学思想的密林,没有过对数学理性的深刻体验,那么,他的数学课自然是乏味的,甚至是令人生厌的。”(余慧娟语)我们应使自己的课堂真正成为“说理的课堂”,让学生成为“说理的主人”,努力创建这样一种“课堂文化”:“思维的课堂,安静的课堂,互动的课堂,理性的课堂,开放的课堂。”(3.4节)

显然,上述要求不仅涉及数学教师的专业能力,而且也是指这样一种更高层次的素养,即能将对学生的“大爱”很好地落实于自己的日常工作。

最后,正如优秀青年教师宋煜阳所指出的,对于所说的“善于思考,坚持理性”我们又应做出广义的理解:“一切创新,思考先行。‘行之于对外来信息的独立判断,行之于对实际问题的追溯改进,行之于对自我意志的百般锤炼’。”(引自林良福,“走在教学研究的幸福之路上”,《小学教学》,2015 年第 10 期)由此可见,所说的基本素养对教师的专业成长也具有特别的重要性。

例如,相对于盲目地追随潮流,我们就应更加重视自己的独立思考,包括很好地弄清各种理论的具体涵义、主要启示与实践中应当注意的问题。另外,相对于简单的移植,我们也应认真思考别人的经验对于自身改进教学究竟有哪些启示和教益,包括通过对照比较对自己的工作做出认真的总结反思,从而更好地弄清前进的方向,并能通过持续努力不断取得新的进步。

[例 23] “做一个讲道理的数学教师”(罗鸣亮,《做一个讲道理的数学教师》,华东师范大学出版社,2017)。

这是罗鸣亮老师撰写的一部著作的标题,集中反映了他在这一方面的具体体会,即我们如何能够真正地做到“善于思考,坚持理性”。

例如,即使在获奖以后,他也会“让自己在最短的时间内静下心来,进行反思总结……我开始沉下心读书、思考……每次上完课,不再去关注别人的感受,而是追问自己的心:我上出真实的自己了吗?我真情演绎自己了吗?跟孩子们交流对话的是真实的我自己吗?我还能有更大的突破吗?”

再者,为了避免“只从纯理论的高度出发,让老师们心悦诚服的同时却仍不知所措”,或是“仅止于神来之笔式的灵感,让教师们拍案叫绝之余却无从借鉴”,罗鸣亮老师又特别重视带领年轻教师一起进行思考:“为了什么、该怎么办、为什么这么办,有没有更优方案。”再加上这方面的直接尝试,从而就“让老师们听得明白、说得清楚、上得流畅”。

显然,上述分析对其他学科的教师也是基本成立的。但在笔者看来,这又是数学教师的一个明显优点,即专业素养与工作目标的一致性,从而十分有益于我们真正做到“言传身教”,特别是,能通过具体知识的教学促进学生思维的发展,包括帮助他们逐步地养成善于思考、坚持理性这样一种品性。

由上述分析还可引出以下两个进一步的结论:

(1) 如果说上面所引用的大提琴家卡萨尔斯的相关论述容易给人留下时间上的严格顺序这样一个印象,那么,这充其量只是就人们最初的成长过程而言的。与此相对照，就教师的专业成长而言，我们应更加强调这样一点："一个教师的真正成长，一定是其思想精神的自觉、自主与自得的成长。这种成长又总是从职业起步，逐步走向教育视域里的学生，走向哲学意义上的人生。"(袁炳生，"一个值得解读的专业成长范例"，《小学教学》，2015 年第 2 期)更广义地说，我们在此并可看到一种螺旋式的上升，这并清楚地表明了"大道归一"这样一个道理。

(2) 教师的专业成长还有这样一个重要的特征，即与学生的成长密不可分，我们甚至还可做出这样一个断言：离开了学生的成长，教师本身就不可能有真正的成长。显然，这也可被看成现实中有不少教师因陷于"应试教育"而出现人性扭曲这一事实给予我们的重要教训。由于数学正是"应试教育"的重灾区，从而也就应当引起我们的特别重视。

在此笔者并愿再次重申已多次表达过的一个观点(3.1 节)，即对数学教师可以区分出以下三个不同的层次或"境界"：如果你的教学仅仅停留于知识和技能的传授，就只能说是一个"教师匠"；如果你的教学能够很好地体现数学的思维，就可说是一个"智者"，因为，你能给人一定的智慧；如果你的教学能给学生无形的文化熏陶，特别是很好地领悟到人格的魅力与理性的力量，那么，即使你只是一个普通的中小学教师，并身处偏僻的山区或边远地区，你也是一个真正的大师，你的人生也将因此散发出真正的光芒！

3. "名师"的成长之道

以下再对教师的成长道路做出进一步的分析，之所以采用"'名师'的成长之道"这样一个标题，则是因为这主要反映了笔者由阅读《成长之道——20 位名师的生命叙事》(朱凌燕主编，江苏凤凰教育出版社，2023)得到的收获。又由于"问题引领"是一种十分重要的教学方式，特别是有益于人们的积极思考，因此，笔者在此也将采取围绕问题进行分析这样一个论述方式，希望读者也能围绕以下问题做出自己的思考，从而就可对自己应当如何实现专业成长有更清楚的认识，特别是，自己现在何处？应当往哪里走？什么又是值得自己付出终身努力的主要着力点？

为了清楚地说明问题，在此还可提供一个简单的对照：若干年前自己曾针对我们应当如何为新教师的入门考试出考题提过这样一个建议：由于无论是大学毕业生，还是硕士或博士，他们所具有的主要都是理论性知识，因此，相关考试就应着重考察他们的实践能力，即能否将理论知识很好地应用于教学实践。简言之，考题设计应当“具体化”。

例如，以下就是笔者建议的一个考题：有学生坚持认为分数的加法应是“分子加分子，分母加分母”，他还借助以下图形对自己的结论进行了论证：其中的第一幅是放在一起的3个苹果，其中有一个是坏的，他在图形下面标出了“$\frac{1}{3}$”这样一个数字，第二幅是放在一起的5个苹果，其中有2个坏了，下方自然就标出了“$\frac{2}{5}$”；然后，他在这两幅图上画了一个大圈，以示将它们合并起来，并强调指出：“将它们加到一起显然就有$\frac{1}{3}+\frac{2}{5}=\frac{3}{8}$”。他的这一理解当然是错的。现在的问题是：作为教师，你应当如何对此进行纠正，特别是帮助学生很好地认识自己的错误？

与此相对照，如果现在的任务是为在职教师特别是“职称提升”出考题，那么，我们又应如何出考题？显然，由于对象的不同，特别是，我们在此所关注的主要是相关教师是否已由“合格”走向了“优秀”，因此，考题的设计与先前相比就应反其道而行之，即应当更加注重“实践经验的理论性反思（总结）”。具体地说，笔者以为，由相关教师对于以下四个问题的回答我们就可对他在专业成长上达到了什么水准做出大致的判断，因为，尽管相关问题都采取了以一个具体问题作为开端这样一个形式，事实上都有一定的理论内涵，更存在一种递进的关系——借用传统的说法，对此并可大致地比拟为“进门”“登堂”“入室”“得道”。由以下分析读者即可了解它们的具体涵义。

第一，你如何看待这样一句“老话”：“‘教什么’永远比‘如何教’更加重要”？为什么？

以下就是张齐华老师在这方面的具体看法：“原来‘教什么’比‘怎么教’更重要！‘怎么教’是工艺，是技术，是技巧，而‘教什么’则是回到学科的深处。”（“唯一不变的是改变”，朱凌燕，《成长之道——20位名师的生命叙事》，同前，第116页）

这一说法有一定道理，我们甚至可将此看成教师走向专业化的实际开端。

具体地说，决定教师教学成效特别是学生学习成绩的因素显然有很多。例如，如果教师有很强的表现力，或与学生有很强的亲和力，甚至是较好的外表仪态，或是一定的运动技能，都可能对学生的数学学习产生积极的影响。后者事实上也是张齐华老师在自己的文章中为我们提供的一个信息："这就是一种非常强的工艺水平。我的眼神、手势，包括我的表情、动作，都是刻意练习的。比如，人要微微前倾，方能低下身子；眼神要能说话，要出戏份……"（同上，第115～116页）但是，这些显然不能代替从学科视角做出更深入的分析。

从教学方法的角度看，我们还可对于上述变化做出如下的概括：如果你原来所具有的只是一般性的教学法知识，那么，现在所需要的就是将此应用于具体学科内容的教学，即我们应当努力发展自己的"学科内容教学法知识"。（5.2节）当然，这也直接涉及由理论向教学实践的过渡，或者说，后者主要地应被看成是一种"实践性智慧"。

最后，应当提及的是，如果从更高层面进行分析，对于"教什么"我们又应做出新的解读。这也就如孙四周老师所指出的："我的'教什么'有三次转变、四种形态，即教知识、教能力、教思想、教素养。"（"教育向善"，朱凌燕，《成长之道——20位名师的生命叙事》，同前，第272页）显然，这也意味着相关教师已达到了更高的层次，对此我们并可形容为一种"螺旋式"的上升。

第二，你是如何备课的？你认为上好数学课是否有一定的诀窍，什么又可被看成做好数学教学的关键，对此可归结为哪几个"关键词"？

以下就是贲友林老师在这方面的具体看法："备课和上课，哪个更重要？我的看法是，备课比上课更重要，老师在备课上花再多的时间和精力都是值得的。备课是个脑力活。教师最重要的基本功是什么？我觉得不是'三字一话'，而是独立备课的功夫。"（"你可以永远相信坚持的力量"，朱凌燕，《成长之道——20位名师的生命叙事》，同前，第242页）再者，又如谢嗣极老师所指出的，这不仅是"新手"向合格教师转变必须经历的一个过程，更意味着相关人士已在专业成长的道路上取得了重要进步，即由"进门"过渡到了"登堂"，由"盲从"过渡到了具有自己的独立见解："对文本的理解，我不再依赖别人的解读，也不再唯教参是从。我用最笨的办法，一遍遍反复读，直到自以为读懂。在这个基础上，再看别人的解读，以求在不同解读的碰撞、互补中加深对文本的理

解。"("反复研磨的,唯有'教书'两字",同上,第227页)

由于对"数学教学的关键"与"关键词"我们都已有所论及,在此就不再赘述,而仅仅引用谢嗣极老师的以下看法,希望能够引起读者的更大重视:与"大道至简"直接相对立,"现在的课堂似乎越来越崇尚烦琐",甚至使很多教师"深感自己不会教书了"。(同上,第230~231页)

第三,你如何看待"走出校门,走出课堂"这样一个主张?更一般地说,作为一线教师,我们又应在哪些方面做出一定努力以克服现行教育教学体制的局限性与不足之处?

毋庸讳言,现行的教育教学体制特别是相关活动主要囿于学校与课堂这一做法有很多弊病。但是,正如前面已指出的,对于"走出校门,走出课堂"这一建议我们应持十分慎重的态度。例如,在笔者看来,我们事实上也可从同一角度去理解张齐华老师的以下论述,尽管他所直接论及的并非同样的问题:"对这种素养,千万不要寄希望于利用课外的一些活动、社会的一些拓展性活动就可以获得,更重要的是我们的课堂。"("唯一不变的是改变",朱凌燕,《成长之道——20位名师的生命叙事》,同前,第122页)

在此笔者并愿特别强调这样一点:作为一线教师,我们能否做出切实努力克服现行体制的局限性,就表明相关人士已能从更高、更广泛的视角从事专业的思考,而不是始终局限于日常的教学活动特别是教学方法的研究,包括我们如何能够针对存在的问题深入地开展教学研究。

当然,这又是这方面工作应当特别重视的一个问题,即我们不应盲目地去追随潮流,或者仅仅是为了出文章或提升职称此类现实需要而从事教学研究,相关工作往往表现为"蹭热度"或是纯粹的"空洞文章",而应坚持自己的独立思考,特别是,能够针对实际工作的需要和存在的问题深入、持久地开展研究。这也就如徐斌老师所指出的:"研究就意味着执着,意味着深入,意味着思考,意味着思想,意味着精神,意味着信念。"("教师专业成长五要素",朱凌燕,《成长之道——20位名师的生命叙事》,同前,第63页)显然,我们关于"数学教学的关键"或"关键词"的分析也具有同样的性质。

进而,又如蔡宏圣老师所指出的:"要跨越专业发展的高原,步入一个新的境地,必须更勤于思考……意味着能从不同的角度,对那些习以为常、熟视无睹的现象作出新的解释，对那些天经地义、理所当然的事情进行新的审视，对那些似是而非、盲目偏激的做法给予自觉的反思。如此，你就可感受到原有的认知在剥离脱落，新的认知在暗暗滋长。而滋长起来的新的认知，能够助推你站到某个视角的前沿。”再者，“以一种思考者的眼光看待教育教学，把理论的思考与实践的问题结合起来”。（“我和思考的美丽约会”，朱凌燕，《成长之道——20位名师的生命叙事》，同前，第332、328页）

再者，从同一角度我们也可更好地理解诸多名师的相关工作。例如，蔡宏圣老师为什么会特别重视“数学史在数学教学中的渗透”，因为，通过这一途径我们即可有效纠正现行教学“只讲结果、不管过程”这样一个弊病。再者，贲友林老师所提倡的“学为中心”则可被看成很好地落实学生在学习过程中主体地位的一个有效措施，从而也就是对于现实中常见弊病的自觉纠正。再例如，对于“数学文化”的强调就体现了这样一种自觉性，即我们应当超越知识的学习更好地承担起数学教育的文化责任。另外，我们显然也可从同一角度去理解张齐华老师在“社会化学习”这一方面做出的持续努力，即希望创建出“一种全新的学习场境，一个更长时间的共同体学习”。

当然，相关工作又应很好地坚持这样几条原则：(1)正如管建刚老师所指出的：“一路过来，我满脑子想的都是学生、学生、学生，问题、问题、问题。”（“教书三十年”，朱凌燕，《成长之道——20位名师的生命叙事》，同前，第295页）这也就是指，我们应当围绕教学中存在的问题与实际需要去开展研究，特别是，如何能更加有益于学生的健康成长。(2)注意防止各种简单化的认识，如将“数学文化”简单等同于“数学＋文化”，“数学史的渗透”等同于“具体内容＋数学史小故事”，“问题情境”等同于“情境＋问题”，等等。(3)持之以恒，一旦认准了方向，就应坚持去做，并应切实加强总结与分析，包括必要的理论学习。例如，贲友林老师这些年来就一直坚持在“学为中心”这一方向上进行工作，这是他在这方面的具体认识：“坚持一定是从行动开始的。坚持行动，用行动坚持。当你在行动中坚持的时候，你可能就给自己创造了成长的机会。”（“你可以永远相信坚持的力量”，同前，第240页）另外，我们显然也可从同一角度更好地理解蔡宏圣老师的这样一个论述：“一个教师要从优秀走向卓越，就需要不断追问自我，明白自己一辈子能做什么，一辈子踏踏实实地做好一件事，足矣！”

(“我和思考的美丽约会”,同前,第 336 页)

第四,你如何看待“没有教不好的学生”这样一个论断?更加具体地说,我们能否让所有学生都学好数学,特别是,能在各类考试中取得很好的成绩?进而,我们究竟又应如何认识教师工作的意义?

在此笔者并愿首先引用冯渊老师的这样一段论述:“如果没有足够的教育智慧,没有无悔的勇气,没有菩萨心肠,请不要轻易说‘没有教不好的学生’。”“我是吹过树林的狂风,我是掠过旷野的暴雨。风过了,雨停了,总有一些树被摧折,一些草偃伏,还有一些树、一些草毫无知觉。我已经倾尽我的全力,试图影响学生,但学生资质不同、兴趣不同,教师不必强求每个人都跟着自己的步伐迈进。甚至对价值观不一样的学生,也不必勉强说教。这绝不意味着教师放弃责任,而是提醒自己:教师本身也在成长,不能以自己未必正确的标准去审视学生丰富的世界;不能妄图一揽子解决所有学生的所有问题。”(“不断逃离”,朱凌燕,《成长之道——20 位名师的生命叙事》,同前,第 209、203 页)

再者,正如前面所已提及的,这是“得道”的一个重要表现,即“平常心”的回归。就当前的论题而言,这也就是指,不同于“人人都能得高分”这样一个追求,我们应当更加重视以下的思考:“‘你为什么要当教师?’……现在的我愿意这样回答:‘我当老师,是想让一些人有所改变。’”(陈大伟语)应当强调的是,这并与上面提及的“文化”具有直接的联系:“从过程看,文化的实质就是找到美好的、值得追求的东西,然后用这样的东西去影响人,改变人,使人变得美好。”(陈大卫,“观课议课的‘以人为本’”,《教育研究与评论(课堂观察版)》,2021 年第 11 期)

进而,也正是基于上述的认识,笔者就十分赞同孙四周老师的“教育向善”这样一个论述:“对于教育者而言,善是最低原则,也是最高道德。”当然,这又是我们在当前应当切实纠正的一个现象,即以“善”的名义行“恶”。另外,依据上述分析我们显然也可更清楚地认识将“三会”看成数学教育的主要目标的局限性。

再者,正如前面所指出的,这又可被看成教师专业成长的必然途径,即“从职业起步,逐步走向教育视域里的学生,走向哲学意义上的人生”。进而,也正是在这样的意义上,我们即可更清楚地认识到这样一点:教育不只是对学生的塑造，也是教师不断重塑自我的过程。这也就如王开东老师所指出的，“教师的生命河流和学生的生命河流互相交织，成就彼此的波澜和壮阔”。（“只问攀登不问高”，朱凌燕，《成长之道——20 位名师的生命叙事》，同前，第 353 页）

还应再次强调的是，这又应被看成“得道”最重要的一个表现，即“平常心”的回归，从而就能心平气和地做好每一件事，而不要强求，整个人也能变得更加淡定、更加从容、更加有情！特别是，相对于单纯地强调专业发展，我们应当更加重视向“教育性善”这一本质的回归。

最后，应当提及的是，尽管这里所说的教师专业成长的“四个层次”与前面所提到的数学教师的“三个层次”在形式上有所不同，但这主要体现了视角的不同，其实质内容则应说是十分一致的，或者说，我们在此只是对原先所说的“层次二”和“层次三”做了进一步的细分。

4. 从“学科素养”到“学科气质”

除去一般所谓的“专业素养”或“学科素养”，这也是现实中人们经常会提及的一个字眼，即“专业气质”或“学科气质”，以下就对此做出简要分析。

具体地说，从学科教学的角度看，这显然就可被看成教师“学科素养”最重要的两项涵义，即学科知识的很好掌握，并具有较强的教学能力和教研能力。与此相对照，对于“学科气质”的强调则主要体现了这样一种观念：学科教学并非知识和技能的简单传授，而主要是一个文化濡染的过程，这也就是指，对“学科气质”的强调正是从文化的视角进行分析的一个直接结论。再者，除去一般所谓的“以文化人”这样一个涵义以外，这也很好地体现了这样一个认识：教学不只是对学生的塑造，也是教师不断重塑自我的一个过程，特别是，随着自身“学科素养”的不断提升，个人的气质也会发生一定的改变——当然，在大多数的情况下这又是一种自然发生的改变，而非刻意做作的结果。

更一般地说，这显然也直接涉及前面已多次提及的这样一个说法：“40 岁以后，人应对自己的长相负责。”当然，与单纯的外貌改变相比，我们在此所关注的又主要是教师内在气质的改变，这并直接涉及前面所提到的又一看法，即“课如其人”。再者，应当再次提及的是，我们之所以特别强调教师“学科气质”的养成，又主要是基于这样一种认识：教育归根结底地说是一种文化濡染的过程，这不只涉及具体知识与技能的学习，也直接关系到了我们如何能够很好地落实教育的育人功能，包括我们如何能通过与学生的日常接触对他们产生潜移默化而又十分重要的影响。

正如以下论述所清楚地表明的，对于所说的影响我们绝不能小看："教师本身就是教育的化身，我们不知不觉在影响着学生……每一位教师站在讲台上的时候，应该有一句话永远要对自己说，那就是'你的优点可能会被放大50倍；同时，你的缺点也可能会被放大50倍，你的言行对一些学生带来一生的影响'。"（张思明，"给学生能照亮心灵的教育"，《人民教育》，2019年第11期）进而，我们显然也可从同一角度去理解以下的论述：决定课堂生命力的不是教学方式或别的什么东西，而是教师的"学科气质"，也正因此，我们就应将"精神气质"看成教师身上最重要的"教育资本"。（余慧娟语）

综上可见，即使我们只是一名身居教学一线的普通教师，也应十分重视自身"学科气质"的养成。当然，我们又应很好地去弄清这样一个问题：什么是数学教师应有的"学科气质"？

作为对于后一问题的具体解答，我们又可再次提及这样一个论述，尽管其主要地只是就一般教师而言的："教师往讲台一站，该是什么样的气场呢？是书生之气、儒雅之气、宽厚之气，还是浅薄之气、专制之气、粗俗之气、浮躁之气？"（余慧娟语）当然，我们的分析不应停留于此，而应进一步去思考什么是数学学科特有的"精神气质"？

这并是笔者在这方面的一个基本观点：除去"新入行者"，数学教师身上必定有一定的"数学味"，尽管我们对此未必有清醒的认识。当然，正如1.4节所指出的，我们又可通过不同学科的对照比较在这一方面获得清楚的认识。进而，我们之所以要深入思考这样一个问题，则是希望能在这一方面表现出更大的自觉性，而不是满足于纯粹的"潜移默化式"的改变。

再者，前面的讨论在一定程度上显然也可被看成已为我们应当如何理解数学教师的"学科气质"提供了具体解答，特别是这样一点：如果我们认定数学教育的主要目标应是帮助学生逐步地学会思维，努力提高他们的思维品质，并能由理性思维逐步走向理性精神，那么，我们就应将"善于思考，坚持理性"看成数学教师最重要的素养，包括通过积极的教学实践与认真的总结、反思与再认识逐步实现由"学科素养"向"学科气质"的转变。

正如前面所提及的，我们在此又应特别重视这样一种气质的养成："从容，淡定"。而这又不只是指我们应当注意纠正自己身上可能存在的"自我表现欲"，更是指这样一种心态的养成，即能够静心地等待学生的成长。当然，作为教师，我们既"要静心学习那份等待时机成熟的情绪，也要保有这份等待之外的努力和坚持"。在笔者看来，这并清楚地表明了"学会宽容"的重要性，乃至我们应将此看成"课堂生活的起点"。当然，"仅有宽容(也)是不够的"，恰恰相反，我们应通过持续的努力帮助学生纠正缺点与不足，并能不断取得新的进步。

进而，作为数学教师，相对于"一瞬相处激发出来的火花"，我们则又应当特别重视"激动狂喜之后深沉下来的结晶"。容易想到，这事实上也正是我们在教学中为什么应当特别重视"总结、反思与再认识"的主要原因，还包括这样一个建议，即我们在教学中应当适当地"放慢节奏"。

显然，由上述分析我们也可更清楚地看到在不同学科之间所存在的重要区别。例如，如果说优秀的语文教师身上自然流溢的"是由内而外、厚积薄发的人性之美、激情之美"(余慧娟，《大象之舞——中国课改：一个教育记者的思想笔记》，同前，第149、206页)，那么，优秀数学教师身上所散发的就应是"理性之光、智慧之光"。

最后，就"学科知识"与"学科气质"之间的联系而言，笔者又愿特别推荐这样一个具体解读：对于"学科气质"我们可以理解为"知识的生命气息。这种气息，打着深深的个人烙印"。(同上，第257页)这也就是指，尽管我们可以对"数学气质"做出一定的分析概括，但又应当更加重视个人在这方面的具体感受与体会。

进而，从同一角度我们显然也可更好地理解关于我们应当如何养成相应的"学科气质"的这样一个建议，即应当切实地做好这样一项工作："教学之审美改造有一个先决条件——你被学科融化，你就是它，它就是你。"在笔者看来，相对于不知不觉的"被融化"，我们又应更加重视主动的"融入"，即对自己学科全身心的投入，乃至是一种"痴迷"："教师独特的气质与魅力何在？是学科兴趣与职业的完美结合，是对专业心无旁骛的痴迷与忘我的投入。"这也就是指，教师的"优秀之路，不是反复地去磨公开课，不是着急慌忙地去切磋教学技术、技巧，也不是‘被迫’去接受什么枯燥的理论培训，而在于对自己的学科多一分‘油然而生’的‘痴迷’，多一分‘纯粹忘我’的投入，多一份‘理想主义’的‘疯狂’，多一份内心的沉静与高贵气质的沉淀”。“做教师，如果从来不曾痴迷其中，就不会激生出大爱与大智，也就不可能有伟大的教育作品。”（余慧娟，《大象之舞——中国课改：一个教育记者的思想笔记》，同前，第154、205、207、253页）

在笔者看来，我们并应清楚地看到在所说的“痴迷”或“忘我的投入”与“学科美感”之间所存在的重要联系，因为，美的感受显然具有很强的个人色彩，并与主体的投入程度具有密切的联系。这显然也可被看成以下论述的核心所在：“美的课堂，不在于教学方式如何，而在于学科素养，在于教师气质，更在于教学视野。”进而，只有达到了“审美”的境界，我们才能彻底摆脱纯粹的功利主义观点的影响，还包括这样一个美好的预言：“怀着因大美而产生的兴趣的种子，我们的人生才可以走得更远。”（同上，第153、154页。对此并可参见1.4节中的相关论述。）

当然，对于所说的“学科气质”我们又不应理解成某种虚无飘渺的东西，而应很好地落实于自己的教学工作。例如，作为数学教师，面对任一具体的学习内容，我们都应当认真地去思考这是围绕什么问题展开的，所说的问题从何而来，又为什么值得研究？我们应当如何解决问题，什么又是我们所面临的主要困难？我们应当如何认识已有工作的合理性，又应如何对此做出必要的改进？我们还应如何以此为基础提出新的问题，从而促进认识的不断发展与深化？等等。总之，只有通过长期的教学实践，我们所希望发生的内在变化才能真正地发生。

进而，从教育的角度看，这显然也就更清楚地表明了教师“言传身教”的重要性，还包括这样一个相关的认识：决定课堂生命力的不是教学方式或别的什么东西，而是教师的“学科气质”。

最后，上述分析显然也更加清楚地表明了这样一点：教学是师生共同成长的过程，这更可被看成教师职业的最大优点，特别是，除去由学生成长带来的快乐，这也是教师工作又一重要的幸福之源！

5. 平凡中的成长

就教师的专业成长而言，还应特别强调这样一点：与“光环下的成长”相比，应当更加重视“平凡中的成长”。

具体地说，正如5.3节中所提及的，就年轻教师的成长而言，我们不应一味地去追求“一课成名”，从而也就不必因为没有这样的机会而深感苦恼，乃至因此丧失前进的动力。恰恰相反，我们应当立足日常工作做出实实在在的努力，从而踏踏实实地一步一步地前进。总之，我们应将此看成“平凡中的成长”最基本的一个涵义，即甘于平凡、淡泊名利，并应将努力做好本职工作看成自己的首要职责！

当然，对于后者我们不应理解成不求上进，得过且过。也正是在这样的意义上，前面提到的刘发建老师的实例就可被看成为我们提供了一个很好的范例，特别是他的这样一个认识：“从某种角度讲，我的课堂有那么一点闪亮的思想，就是因为我远离了那些‘专业比赛’，剔除了一些权威思想的干扰和传统思维的束缚，长期扎根于日常实践的田野式生长，保持了最为可贵的独立性。”

还应强调的是，教师的专业成长不可能一帆风顺，而且，即使有机遇的成分也离不开自身的长期努力，否则就不可能走稳、走远。这并是笔者由阅读著名特级教师华应龙老师主编的《做一个优秀小学数学教师——16位著名特级教师的专业成长案例》获得的重要启示。具体地说，尽管书中提到的16位名师的成长道路并不相同，其中也有少数幸运儿从走上工作岗位起就进入了一个较好的学校，并得到了某个(些)优秀教师的悉心指导，但大多数人的成长并不顺利，特别是，有不少人刚刚走上工作岗位时就被分到了偏僻的农村小学，而这在当时就意味着他们在专业的发展上很难得到有力的支持和机会，甚至缺乏正常工作应有的条件。但这又是他们的共同特点：正是相关经历给他们留下了不可磨灭的记忆，特别是永远的前进动力。

当然，上述分析主要又反映了这一代教师特有的时代痕迹。例如，他们几乎都毕业于中等师范学校，从而即使我们不能因此而断言他们在专业上未能有很好的准备，至少也需在提升学历上花费更多的时间和精力。与此相对照，现在的年轻教师因为具有更高的学历从而就在这方面占据了明显的优势，另外，社会的进步显然也在其他方面为年轻教师提供了更好的成长条件。例如，即使你今天仍然身处比较贫穷和偏僻的地区，互联网特别是各种教育网站就为你与外部的交流提供了现实的可能性：你不仅可以随时方便地去访问，去查看，也可自由地去问、去说，包括找到学术上的挚友，加入适合的群体，从而彻底改变“与世隔绝”这样一种令人窒息的状态。

当然，任何事情都有两个不同的方面。例如，正如前面已提及的，这是当年的中师十分可贵的一个传统，即大多数学生从进校起就已牢固地树立了“成为一个优秀教师”这样一个志向。而且，与严格的专业区分不同，由于他们在各方面都打下了一定基础，这对他们后来的教师生涯也有一定的积极作用。再者，尽管现代社会提供了更好的工作与生活条件，但社会转型也在一定程度上造成了人心浮躁、价值取向畸形等现象，从而对于广大教师也有一定的消极影响：你能不能耐得住寂寞与清贫，你又能否学会淡泊与放弃，包括自觉抵制外部的各种诱惑，并能平心静气、认认真真地过好自己的每一天，积极专注于自己的专业成长！

综上可见，这就是教师专业成长最重要的一个条件，就是对于教育事业、对于教师工作的热爱与执着，从而也就能够由日常工作获得真正的快乐：“只有老师能收到孩子们对他们那份纯真的爱。我们的日常生活之所以有味道，是因为我们觉得它有味道。在别人看来，不就是那些事吗？我们把它品着品着，可能味道就出来了。”（徐宏丽语）这对于教师的专业成长具有特别的重要性，因为，如果借用“二次成长”这样一个说法，一旦教师出现职业倦怠，往往就很难再有发展，而这又是这方面的一个基本事实：“第二次成长更加依靠……自动自发内动力。”

应当再次强调的是，“平凡中的成长”不是指安于现状，不求上进。恰恰相反，我们应当始终保持前进的动力，努力提高自己的专业水准。

在此并应特别强调“内在动力”的发掘。例如，作为一线教师，特别是，如果我自己认为也被大家认为是一个合格的教师，又不是特别关注职称提升等现实问题，是否仍有必要十分重视自身的专业成长？因为，专业成长的真正动力不可能来自单纯的外部压力或驱动，后者事实上也只能导致被动的应付或暂时的努力。恰恰相反，持久的动力只能源自对学生的爱，源自这样一个素朴的理念：作为一名教师，我们应当通过自己的不懈努力将工作做得更好，从而对学生的健康成长起到更大、更积极的作用，特别是，教学生 3(6)年就要想到他们的 30 年。

相信读者由以下实例也可在这方面获得直接的启示：

［例 24］ “教师专业成长的民间道路”（余慧娟，《人民教育》，2000 年第 20 期）。

文章介绍了福建省仙游县一个偏僻山村小学中由教师自发组成的一个读书会。

这是读书会成立前的心态：“教育教学生涯不知不觉的走过了 10 多年，突然发现生命布满了厌倦、疲累与无奈。看着日渐麻木与僵硬的自己，我们变得惊慌失措——难道就这样拖着硬壳如甲虫般的一直生活下去？”

一个似乎纯粹的偶然促成了读书会的建立：“那天晚上，坐在我家的龙眼树下，几位同事针对教育教学生活聊了很久，长叹复长叹，沉重复沉重……”后来有个朋友近乎忏悔地叹道：“好久没认真地读一本书了！”“是呀！”幽幽的，如回音一般几个人一起应和着，随后又陷入了沉寂……突然，一个美妙的构思在心里绽放：“干脆我们组织一个读书研究会吧！”不成熟的提议竟获得了大家的一致鼓掌通过。他们就这样坚持下来了。

以下就是读书带来的变化：“自从走进这支自发成立的教育阅读研究团队，不知阅读的我从此迷上了阅读，并以书籍为心灵导师。我与大家一起阅读、思考交流，渐渐地，我从书中发现并找回了自身的价值，一种让心灵回归平静的安慰……”

由此可见，读书（更一般地说，就是学习）不仅对教师的专业成长有很大帮助，更有益于基本意义上的人生修养：超越庸常，唤醒心灵，即对于人生价值与生命意义更深刻的认识。

当然，由这一实例我们也可更清楚地认识“群体”对于教师专业成长的重要性。

在此还应特别强调这样一点：专业成长永无止境。例如，我们应从这一角度更好地去理解这样一个论述：教师应当努力做到“对专业心无旁骛的痴迷与忘我的投入”，从而形成“独特的学科气质”，即真正做到“学科兴趣与教师职业的完美结合”。当然，我们并不应因为后一目标过于高大而放弃追求。因为，只要我们调整视角就可发现一线教师中确有很多优秀的实例,尽管他们中的大多数人又可说默默无闻:“毫不夸张地说,现实之中,教师的选择、建构能力远远超出专家的理论想象。他们会听从内心的召唤,对各种新理念、新思想做出自己的判断和选择……这是强大的惯性之外,最不可小觑的一种自我建设、自我修正的力量。”(余慧娟,“十年课改的深思与隐忧”,《人民教育》,2012 年第 2 期)

总之,相对于好高骛远地去奢谈专业上的远大抱负,我们应当更加重视“大处着眼,小处着手”,即应当认认真真地上好自己的每一堂课,做好自己的每一项工作,教好自己的每一个学生,包括密切联系自己的教学积极地进行学习和开展教学研究,从而就能在专业成长的道路上一步一个脚印地取得持续的进步。

当然,这里的关键又在于对教育工作的热爱,从而就能耐得住寂寞,坐得住冷板凳,并能始终具有专业成长的强大动力!

6. 努力成为有一定哲学素养的数学教师

对于广大一线教师而言,哲学素养是否是一个过高的要求?作为解答,笔者愿意首先指明这样一点:相对于其他学科而言哲学也应说明显地表现出了这样一个特征,即主要地应被看成一种思维方式。这更是哲学家努力追求的一个目标,即不应由自己告诉人们应当如何如何去做,也即直接给出所面对的各种问题的答案,而是应当努力促使人们更深入地进行思考,并能通过自己的努力,特别是批判性思考(包括自我批判)找出需要的解答。

由于这也正是笔者在这一著作中所希望体现的基本立场,即能够促进读者的积极思考,包括切实增强自身的批判意识,而不是不加思考地去接受任一现成的结论,因此,这里所说的“哲学素养”事实上也就可以被看成本书基本立场的一种“显化”,十分希望这也能成为读者的自觉追求。

当然,后者不是指我们应当积极地从事专门的哲学学习,如下决心去“啃”一本入门性的哲学著作,乃至后一方面的某部名著。恰恰相反,作为一种思维方式,我们应当更加重视哲学的应用,包括在实际应用中进行学习。具体地说,这也正是笔者为什么又要特别推荐“数学教育哲学”的主要原因。进而,相对于“闭门苦读”,我们又应更加重视密切联系自己的工作用哲学思维进行分析思考，特别是，我们决不应将辩证法看成空洞的教条，包括满足于相应的“套话”“空话”，而应努力提高自身在这一方面的自觉性，即能够针对具体情况很好地发挥辩证思维的指导作用。

正如“导言”中所指出的，这也是本书最基本的一个立场，相信读者由先前的阅读也已清楚地认识到了坚持辩证思维指导的重要性。

具体地说，这更应被看成“突出基本问题”的一个必然要求，特别是，我们如何能够通过积极的教学实践与深入的总结、反思和研究促进认识的发展和深化，包括有效地防止与纠正各种片面性与绝对化的认识，并能通过对立面的适当平衡与辩证整合不断取得新的进步。

另外，这显然也可被看成这些年的课改实践给予我们的又一重要启示。这也就如著名语文教师于漪老师所指出的：“多一点哲学思考，多一点文化判断力，就能经得起这个风那个风的劲吹，牢牢抓住教文育人不放松，一步一个脚印往前迈。”（“教海泛舟，学做人师”，《人民教育》，2010 年第 17 期）

再者，正如前面所指出的，这也可被看成中国数学教育传统的主要特征，即特别倾向于对立面之间的适当平衡。当然，作为必要的发展，我们又应努力实现这样一个目标，即对于“两极化思维方式”的自觉纠正，特别是，不应由一个极端走向另一极端，却始终看不到真正的进步。

最后，就数学教师的专业成长而言，这显然也直接涉及多个对立环节之间的辩证关系，如教育与数学、教学方法和模式与教学能力、专业知识与基本素养和学科气质、理论与教学实践、教学研究与教学实践等等，从而也就更清楚努力增强自身在这一方面自觉性的重要性，这也就是指，只有努力提高自己的哲学素养，特别是，更好地发挥辩证思维的指导作用，我们才能在专业成长的道路上取得更快、更大的进步。

愿大家都能在上述方面做出切实的努力，从而将自身的工作做得更好，真正地活出精彩！正如前面所指出的，这并可被看成中国数学教育工作者对于数学教育这一人类共同事业的重要贡献。

愿大家共同努力！

附录

成功实施教育改革的关键

新一轮课程改革从2001年起至今已超过22个年头，如果将各个版本课程标准的研制和实施看成是一个回合，那么，2022年版义务教育课程标准的颁布就标志着课程改革已进入到了第三个"回合"。在笔者看来，这并为我们传递了一个重要信息，即课改的"常态化"。但是，究竟什么可以被看成后者的主要涵义？

首先，不同于当年的激进式改革，当前我们所强调的已不是彻底的"破"或"改"，而是稳定的进步。当然，这不是指经过这些年的探索我们已经找到了某种理想的教学方式或模式，乃至各方面的最终真理，从而大家都只要照着去做就可以了。恰恰相反，我们应当更加重视通过持续的努力实现高质量发展，特别是，能通过细小变革的积累创造出高水平的教育！

正因为此，我们在当前就不仅应当注意2022年版的"新课标"与先前相比有哪些不同，特别是提出了哪些新的理论主张或要求，而还应当从总体上对如何促进中国教育事业的健康发展做出更深入的分析，包括总体性的回顾、总结与反思。就后一方面的工作而言，笔者以为，以下一些文章即可被看成为我们提供了很好的范例，尽管它们所涉及的都只是课改的第一个"回合"：余慧娟，"十年课改的深思与隐忧""把'人'写进教育核心——课改十年述评"(《人民教育》，2012年第2、19期)；朱慕菊，"十年基础教育课程改革的思考"(《人民教育》，2011年第18期)；等等。另外，这也是笔者在以下为什么又要特别提及"新基础教育"和"新教育实验"等其他一些改革的主要原因，因为，由对照比较我们可以更清楚地认识存在的问题与不足。

当然，由于20多年的时间代表了整整一个时代，因此，当前的总结和分析相对于前十年而言就有更大的重要性，特别是，我们不应一味地强调成绩，却看不到存在的问题，或是认为对课改的成败可以留待后人评说，乃至将一些明显的不足之处看成“前进中的问题”根本不予理睬。恰恰相反，在经历了多次的“再出发”包括一定反复与调整以后，我们应当认真思考课改的目标究竟在多大程度上得到了实现，我们又是否已经抓住了促进教育事业深入发展的关键，我们在当前应在哪些方面做出特别的努力？这也是我们在此的主要关注。

以下则是笔者在新一轮课改启动阶段提出的一个建议，即认为数学教育的深入发展需要切实地做好这样六件事（“数学教育深入发展的六件要事”，《数学教学通讯》，2001 年第 4 期，82—91）：(1)政府行为与学术研究导向作用的必要互补；(2)数学教育的专业化；(3)建立课程改革持续发展的良好机制；(4)认真做好教师的培养工作；(5)办好数学教育的各级刊物；(6)健康的学术氛围与合作传统的养成。其后，由课改实际情况的分析笔者又做了如下的补充（“关于数学课程改革的若干深层次思考”，《中学数学教学参考》，2006 年第 8、9 期）：(7)应当高度重视由国际上的相关实践吸取有益的启示和教训，特别是，应当切实避免重复别人所犯过的错误；(8)注意纠正两极化思维方法，切实避免做法上的极端化与片面性；(9)确认教师在教学中的主导地位与课程改革中的主体地位。显然，这些建议在当前也是仍然有效的，正因为此，以下分析就将集中于经由过去 20 多年课改实践的总结与反思得出的主要教训，即我们在当前应当特别加强的一些方面。

一、教师在改革中的主体地位有待进一步落实

何者可以被看成课改的主要目标？显然，这也直接涉及这样一个问题，即我们应当如何理解新一轮课程改革的必要性？笔者以为，只要联系大多数教育工作者特别是一线教师在课改初期的普遍感受我们就可对此有很好的了解。因为，这正是大多数人在当时的真实感受，即因改革的呼声受到很大的震动，甚至有一种觉醒的感觉，即清楚地认识到了教育存在的问题和进行改革的必要性，尽管后者对他们而言也意味着提出了更高的要求，或者说，因为习惯的一切被打破而必然会感受到的巨大压力。

以下就是一位中学教师在当时的真实感受：“如果不曾经历新课改，他不会改变自己那张冷冷的面孔，那是一进课堂的条件反射。他想起了自己做学

生时内心的那种对自由的渴望。他变得能够理解学生那些自卑或自大、爱面子的心理感受。他尝试着用学科内在的美和平等对话来吸引他的学生，来搅动课堂，让思维自己发声，让心灵体会意义。他仍然在应试的体系下教书、生活，甚至仍每天站讲台上'一言堂'，但是内心却已涌出一股应对旋涡的力量，变成课堂上那不为成人所注意的细节，温润着许多年轻的心灵。”（引自余慧娟，《大象之舞——中国课改：一个教育记者的思想笔记》，教育科学出版社，2015，第9页）

由此可见，所谓的“破冰效应”就可被看成新一轮课程改革的一个重要贡献。但是，究竟又是什么对人们特别是一线教师的心灵构成了如此巨大的冲击？

相对于课改中所提出的各种几乎无所不包的宏大理论，包括课程内容的重组、教学方式的改革、学习方式的改变、教育目标的重新设定等，笔者以为，真正打动人心的只是一个十分简单的思想，即教育应当突出对人的关怀，对年青学子真正的爱：“这种种努力，不就是要将那些在应试文化中被漠视、被忽略、被僵化的东西，加以启蒙，予以放大，让人性丰满于教育，让教育赋予人以尊严，赋予人生以价值，让生命和谐、健康地成长？”（同上，第9页）这更可被看成代表了社会上大多数人士的共同心声，尽管他们未必能够对此做出清楚、完整的表述。

那么，在经过了20多年的改革以后我们在上述方面究竟取得了多大成绩？对此相信读者只要认真思考以下的问题就可找出自己的解答，即“应试教育（文化）”已在多大程度上得到了纠正，或是否可以被看成在一定范围内有加重的迹象？例如，以下显然就是我们应当十分重视的一个现象：在一些学校，即使在课间，校园中也是一片寂静，完全听不到学生的笑闹声！应当提及，这事实上也正是“新基础教育”主要倡导者叶澜教授在20世纪90年代的具体感受：“学校里是'大活人'最多的地方，为什么这一生命聚集之地，在直接面对活生生的人开展教学的课堂中，却会如此的沉闷而无生机？”“只有在下课的十分钟，我能感受到他们是孩子，他们有活力。”（引自余慧娟，“叶澜：我是一个喜欢迎风走路的人”和“把'人'写进教育核心——课改十年述评”，载《大象之舞——中国课改：一个教育记者的思想笔记》，同前，第223、37页）但是，如果

“沉闷而无生机”已经成为学校在激烈升学竞争中的常态，那么，这些年的改革是否还可被认为取得了很好的成绩?!

笔者在此并愿特别引用“推动课改关键人物”朱慕菊女士的一段论述：“要高度关注学生在激烈的升学竞争中的生存状态，改革的使命就是把学生健康成长的需求放在首位，要坚守素质教育的信念，坚持按规律办教育。”因为，按照这一论述，我们无疑就应更深入地思考这样一个问题：既然“对问题的判断正确了，方向是正确的”(“十年基础教育课程改革的思考”，载余慧娟，《大象之舞——中国课改：一个教育记者的思想笔记》，同前，第17、21页)，更已投入了如此大的人力和物力，包括多次的调整与“再出发”，历时20多年的改革究竟为什么未能取得所希望的成果，或者说，未能在所希望的方向上取得明显进展?

进而，这显然又可被看成上述问题的一个合理解答：“教育的力量是有限的。”特别是，“越是到改革的深处，教育作为上层建筑的属性就越加凸显出来。如果没有一个更广阔的视野，如果不能变换社会改革的思路，教育内部的改革不过是笼子里的挣扎，徒背应试的骂名而难以有实质性的改观。”(余慧娟，《大象之舞——中国课改：一个教育记者的思想笔记》，同前，第100页)但是，按照这一逻辑，教育内部的改革是否还有任何的意义，或者说，除去等待高层做出整体设计并在更大范围做出改变以外，我们作为教育工作者究竟还能做些什么？显然，这正是我们在坚持课程改革，包括实际从事课程标准的修订时应当首先思考的一个问题，从而才有可能取得真正的突破!

当然，之所以要提出这样一个问题，包括全面的回顾、总结和反思，不只是为了表达个人的感受，也非单纯的批评和指责，而是希望通过这一途径能有助于人们更好地弄清前进的方向，包括什么可以被看成教育事业健康发展的关键，从而就可通过更加自觉的努力取得切切实实的进步，尽管后者仍与社会的整体进步具有不可分割的联系。

以下就是笔者在这方面的主要想法：我们应当更好地落实教师在教育改革中的主体地位，并应努力促进教师的专业发展，唤醒他们内在的心声或“初心”，从而就能将自己的工作做得更好，包括积极、主动地实施各种有意义的变化。

在此笔者并愿特别强调这样一点：正如众多优秀教师的实例所已清楚表明的，即使在考试的高压下，教师仍然可以给自己的学生、自己的课堂带来积极的变化，特别是，尽管从宏观的视角看他们所做的一切似乎都是一些细节末事，但只要我们能够持之以恒，并能切实地做好"小中见大"，小事的积累就可能促成巨大的变化："这些都是小事，在这些小事上我们的思考、我们的做法，就是我们对于'基础教育的价值在于为学生一生的发展和幸福奠定基础'的理解和诠释。""所谓眼中有人，就是把每一件小事做出教育的味道，用科学、理性的观念思考我们的工作，让教师的发展真正体现在能智慧地为学生服务的过程中，让学生的发展真正体现为在教师的悉心关注与指导下慢慢长大，把学生潜在的发展变成真实的发展。"（余慧娟，"中华路小学：十年课改全记录"，载《大象之舞——中国课改：一个教育记者的思想笔记》，同前，第 54、61 页）

我们还应清楚地看到广大教师身上蕴涵的巨大能量："毫不夸张地说，现实之中，教师的选择、建构能力远远超出专家的理论想象。他们会听从内心的召唤，对各种新理念、新思想做出自己的判断和选择，最终积淀成自己的教学风格。这是强大的惯性之外，最不可小觑的一种自我建设、自我修正的力量。"（余慧娟，"十年课改的深思与隐忧"，《大象之舞——中国课改：一个教育记者的思想笔记》，同前，第 27 页）进而，也只有将视角转向这一方面，我们才不会丧失对于中国教育的信心："换一个视角观察教育，我在这个怨声载道的领域发现了一批兢兢业业的老师、校长和局长，他们凭借着智慧和努力，做着力所能及的改变。这些人的存在使我对中国教育有了一点信心。"当然，我们又不应忘记这样一点："他们常常处于一种孤立无助的状态，是一种强烈的责任感和使命感让他们承担起了本不应该承担的责任。"（李斌，《把学校交出来——一个青年记者笔下的中国教育》，教育科学出版社，2013，第 292～293 页、第 136 页）显然，就我们当前的论题而言，这也更清楚地表明了从更高层面对应当如何实施教育改革做出深入分析的必要性。

总之，这应被看成新一轮课程改革的一个重要弊病，即未能很好地发挥广大教师的能动作用，而是将他们置于了纯粹的"受教育者"这样一个被动的位置。对此例如由课改实施过程中所采取的这样一种做法就可清楚地看出，即所谓的"专家引领，理念先行"，还包括课改初期经常可以听到的这样一个批评声音,即动辄就认定相关教师“缺乏改革意识”。

正如5.1节中所提及的,由香港中文大学的相关研究我们即可对上述现象有更清楚的认识:“整个课程改革都声称教师要进行‘范式转移’。……但现实恰恰相反,因为课程文件上愈来愈多条条框框,课程甚至写得过于详细,差不多是要指挥每位教师每日在课堂如何教学,这跟教师的专业发展背道而驰。”“我们甚至可以把‘能否提高教师的专业性(包括专业意识、专业自主和专业教学)’用作评定教育改革成败的判准。”(丁锐等,《两岸三地基础教育数学课程改革比较及对课程改革的启示》,香港中文大学香港教育研究所,2009)

为了更清楚地说明问题,在此还可对新一轮课程改革与“新基础教育”做一简单比较。以教育领域中长期存在的“科学主义”与“人本主义”教育思想的对立(4.1节)为背景进行分析,这显然即可被看成这两者最重要的共同点,即都明显地表现出了“人本主义”的影响,特别是对于人的发展与能动性的突出强调。但是,“新基础教育”与新一轮课程改革相比,又可说在这方面表现出了更大的彻底性,因为,它不仅突出强调了学生的发展与能动性,也明确地肯定了教师的“生命活力”——显然,从“人”的立场进行分析,这一立场应当被看成是更加合理的。

相信读者并可由以下论述对“新基础教育”的上述立场有更深切的认识:“当学生精神不振时,你能否使他们振作?当学生过度兴奋时,你能否让他们归于平静?当学生茫无头绪时,你能否给予启迪?当学生没有信心时,你能否唤起他的力量?你能否从学生的眼睛里读出愿望?你能否听出学生回答中的创造?你能否觉察出学生细微的进步和变化?你能否让学生自己明白错误?你能否用不同的语言方式让学生感受关注?你能否使学生觉得你的精神脉搏与他们一起欢跳?你能否让学生的争论擦出思维的火花?你能否使学生在课堂上学会合作,感受和谐的欢愉、发现的惊喜?……”(引自余慧娟,“叶澜:我是一个喜欢迎风走路的人”,载《大象之舞——中国课改:一个教育记者的思想笔记》,同前,第221页)

另外,这事实上也可被看成“新教育实验”最重要的一个特征:“新教育实验最重要的逻辑起点就是教师的专业成长。”(朱永新语。引自李斌,《把学校交出来——一个青年记者笔下的中国教育》,同前,第16页)更一般地说,我们又应始终牢记这样一点："尽管有诸多规定性，而实际上，在教育现场，掌控教育并做出决策和行动的，永远只是教师一人。只有作为思想者的教师才能跳出形而下的束缚，在复杂的教育情境中做出符合教育规律的判断。"（余慧娟，"十年课改的深思与隐忧"，载《大象之舞——中国课改：一个教育记者的思想笔记》，同前，第44页）也正因此，对于教师能动作用的忽视确实就应被看成一个严重的错误。

当然，上面的论述不是指我们不应重视教师观念的必要更新，包括加强理论学习的重要性，而是指我们不应期望单纯通过外部"灌输"就能帮助教师很好地掌握各种先进的教育教学理念。恰恰相反，我们应当更加重视促进教师的积极思考，从而在工作中表现出更大的自觉性，特别是，既能有广阔的视野，又能脚踏实地进行工作，并能很好地做到"以大驭小""小中见大"，包括积极、主动地做出改变，哪怕这只是一些细小的变化。

也正是从这一角度进行分析，我们并可很好地理解以下的论述："一个好的教师，并不在于他掌握了多少结论性的知识，更根本的在于他认识事物的方式：不只是微观地研究教材，宏观的资料也要看；不只是听别人讲，也要自己静心思考；不只看书上的，也要依据自己的教学实践来做判断。"（余慧娟，《大象之舞——中国课改：一个教育记者的思想笔记》，同前，第6页）与此相对照，如果我们未能在上述方面做出积极引导，而只是唯一强调"由上至下"这样一个运作模式，就必然会造成严重的后果，特别是，尽管对问题的判断是正确的，方向是正确的，广大教师也有积极改革的愿望，但就总体而言却始终未能取得所希望的结果，现实中我们还可经常看到这样的现象，即因盲目性而造成形式主义的泛滥，乃至不断重复过去的错误。

具体地说，如果课改的指导思想有较大的片面性，乃至明显的错误，如对于教学方法改革的简单化认识，对于我国教育教学传统的全盘否定，即认为我们应以西方为范例进行改革等，那么，改革的力度愈大，对教育造成的损失也就愈大。在笔者看来，这并是初期的数学课程改革为什么会遭受广泛批评的主要原因。也正因此，我们就不应将此简单归结为"改革的阻力"，或是单纯期望通过人员的简单调整就可有效地解决问题。

进而，这也应被看成造成上述现象的一个重要原因，即"专家"名不符实，部分人士更表现出了好大喜功的弊病,却缺乏应有的责任心与反思能力,特别是,面对全国性的教育改革这一历史重任未能保持敬畏的心态。对此例如由以下现象就可清楚地看出:面对改革中出现的各种问题,部分"专家"居然将板子打到了一线教师身上,即认为"经是好的,只是小和尚嘴歪念错了经"。再者,作为数学课程改革的主要负责人,居然从来不看数学教育的各种著作和文章,而是采取了高高在上的姿态:"懂数学自然就懂数学教育……"

还应提及的是,这事实上也正是笔者在这些年中针对课改提出的各种批评意见的主要所指,即各种简单化与片面性的认识,包括"理论至上"这一错误定位,并缺乏必要的总结与反思。正如5.1节中所提及的,这也是与国际上的普遍发展趋势直接相对立的,从而就应引起我们的高度重视:"就研究工作而言,仅仅在一些年前还充塞着居高临下这样一种基调,但现在已经发生了根本性的变化,即已转变成了对于教师的平等性立场这样一种自觉的定位。"(A. Sfard, "What can be more practical than good research? — On the relations between Research and Practice of Mathematics Education", *Educational Studies in Mathematics*, 2005[3], p.401)。

综上可见,我们确实应将"能否提高教师的专业性"看成判定教育改革成败的重要标准。进而,又只需将关于学生发展的论述稍加改变,如将"学生"换成"教师",将"学习"换成"教学"等,我们就可清楚地看出什么是我们在这一方面所应促成的变化,因为,归根结底地说,教育不只是对学生的塑造,也是教师不断重塑自我的一个过程:"课程改革的聚集点,就在于学生怎么学会学习,如何在学习的过程中建立起正确的人生观、价值观和积极的人生态度,学会怎么做人。"(朱慕菊,"十年基础教育课程改革的思考",余慧娟,《大象之舞——中国课改:一个教育记者的思想笔记》,同前,第16~17页)

进而,本书的论述显然也可被看成清楚地表明了这方面工作应当特别重视的一些方面。以下就以此为背景做出概述。

二、成功实施教育改革的几件要事

1. 很好处理"规范性"与"开放性"之间的关系

这是"由上而下"的改革常常具有的一个特征,即很强的规范性。就新一轮课程改革而言,正如前面所提及的,这并集中地体现于"课程改革"与"课程标准”这样两个词语的选择，这也就是指，相对于一般所谓的“教育改革”与“教学大纲”，“课程”可以说具有更强的规范性。当然，相对于单纯的词语选择而言，这又是更重要的一个事实，即由于采取了课程的视角，也即逐一地围绕“课程性质”“课程理念”“课程目标”“课程内容”“课程实施”等论题进行分析论述，事实上就将其他论题置于了较次要或附属的地位。

当然，作为改革的指导性文件确应具有较强的规范性。但在做出这一断言的同时，我们又应清楚地认识到这样一个点：由于教学活动的实践性与复杂性，这一方面的指导性工作也应保持较大的开放性或自由度，这可被看成很好地落实一线教师在改革中主体地位的必然要求。

我们还应清楚地看到过强的规范性可能造成的后果。例如，面对“四基”“四能”“三会”等诸多口号，如果我们不仅将此当成了一线教师在制订教学目标时必须遵循的严格规范，甚至更认定在词语的选用上也必须遵守一定的法则，就只会导致一种“新八股”，并对教师的自由创造起到严重的束缚作用。(1.2 节)再例如，这显然也是我们在当前应当特别重视的又一问题，即应当如何看待“学习、教学与评价的一体化”，因为，这也是这方面的一个基本事实，即学生的发展在很多方面都无法做出即时评价，特别是量化判断，更重要的是，教育的历史也已清楚地表明：对于评价的不恰当强调往往会起到误导的作用，特别是，使得我们的教师(和学生)在不知不觉中成为了分数或等级的奴隶，从而，对于这一做法我们就应持十分慎重的态度。坦率地说，这并是笔者何以对课改的前景感到一定忧虑的重要原因。

显然，就我们当前的论题而言，这也更清楚地表明了这样一点，即我们应将促进教师的专业发展看成教育改革的主要着力点，并应切实防止“由上而下”这一运作模式所容易导致的“过强的规范性”，特别是，与唯一强调“新课标”的学习与落实相比，我们应当更加提倡一线教师的独立思考，包括通过积极的教学实践与深入研究对此做出必要的检验和发展。

应当再次强调的是，上面的论述不是完全否定了加强理论学习包括努力促进教师观念更新的重要性，而是指所说的改变不能单纯依靠“外部”的强行规定与教师的被动服从就能得到实现。恰恰相反，我们应当更加提倡教师的独立思考，包括认真的总结与反思。在笔者看来，我们并可由数学学习与哲学

思维在这一方面获得直接的启示:

具体地说,教师观念的更新与学生的数学学习在很大程度上可被看成具有相同的性质,即主要都是一个不断优化的过程,而且,又只有通过主体的自觉反思,包括必要的“内在冲突”与适当的“观念整合”,所说的“优化”才能真正得到实现。与此相对照,如果我们未能很好地做到这样一点,那么,正如学生对于数学概念的学习(2.2节),这时往往就会出现新的学习内容与主体原有的观念同时存在的局面,而且,随着时间的推移,新的观念又很可能被已有观念所“同化”,或是彻底地被排斥。这也就是所谓的“认识的顽固性”。

再者,正如“导言”中所提及的,这也可被看成笔者1995年和2015年分别出版的《数学教育哲学》与《新数学教育哲学》的主要区别:如果说较强的规范性正是前者的重要特征,即对于“由较为陈旧、落后的观念向更先进、正确的观念的转变”的突出强调,那么,后一著作采取的就是更加开放的立场,这也就是指,与各种简单化的断言相对照,书中更加倾向于清楚地指明问题的复杂性与观念的多样化,并希望以此为背景能促进读者的独立思考,而不是为此提供直接的解答。

总之,这是顺利实施教育改革的又一关键,即我们应当很好地处理“规范性”与“开放性”之间的关系,真正落实广大教师在改革中的主体地位。

2.“立足教学,抓好课堂”

为了促进教师的专业成长,笔者以为,相对于唯一强调观念的更新,我们应更加重视帮助一线教师拓宽视野,努力提高自己的理论水平,从而就不仅能从更高层面对改革的各个指导思想做出分析和理解,也能将自己的日常工作做得更好,特别是,能较好地做到“以大驭小”“小中见大”,包括逐步达到更高的人生境界。

正如5.1节中所提及的,这是笔者2010年前后针对“课程改革再出发”这一形势对一线教师所提出的一个建议:“坚持专业成长,突出基本问题。”以下再从另一角度对此做出进一步的分析,即从日常工作的角度看我们应将何者看成教师工作的主要着力点。

为了清楚地说明问题,在此还可首先提及“新基础教育”作为“实践追求”所提出的四个口号,因为,与泛泛地谈论“改革”包括课程标准的学习与落实相比，这即可被看成更清楚地表明了一线教师应当如何发挥自己的能动作用，以及什么又可被看成相关方面所应采取的基本立场："把课堂还给学生，让课堂充满生命活力；把班级还给学生，让班级充满生长气息；把创造还给教师，让教育充满智慧挑战；把精神生命发展的主动权还给师生，让学校充满蓬勃生机。"（引自余慧娟，"叶澜：我是一个喜欢迎风走路的人"，《大象之舞——中国课改：一个教育记者的思想笔记》，同前，第 225 页）

具体地说，笔者以为，我们应将以下两件事看成教育改革"开放性"最重要的涵义：(1)"把课堂交出来"；"凡是学校自己能做好的事，我们都不要干预"。（李斌，《把学校交出来——一个青年记者笔下的中国教育》，同前，第 63 页）(2)"把课堂还给学生"，或者更恰当地说，应鼓励师生通过共同努力创造出好的"课堂生态"。

也正因此，我们就应将对学校与课堂现实情况的很好了解看成制定各项改革政策的重要背景，并应将"立足教学，抓好课堂"与"办好学校"看成我们如何能够真正做好教育工作，包括成功实施教育改革特别重要的两个环节。在笔者看来，我们事实上也就应当从这一角度去理解以下的论述："只有当教育家是从课堂里面走出来的时候，这个时代的教育才是成熟的教育，这个国家的教育才可能充满智慧。""只有当一所学校的大批优秀教师，以教育家的情怀、教育家的境界、教育家的心态和教育家的教育艺术，来推动学校发展，影响学生成长的时候，这所学校才实现了'教育家办学'。"（李希贵语。引自李斌，《把学校交出来——一个青年记者笔下的中国教育》，同前，第 13、16 页）

当然，从教师的角度看，我们又应特别强调"立足教学，抓好课堂"。以下就对此做出具体论述。

为什么又应特别重视"立足教学，抓好课堂"？因为，课堂是学生成长的主要场所，也是教师发挥主导作用的"主战场"。正如前面所指明的，这是这一方面工作应当特别重视的一个问题，即与片面地强调"情境设置"特别是情境的真实性相比，我们应当更加重视为学生创设一个好的学习情境，也即应当努力创设这样一种"现场"："在这里，知识不断得到运用，思维不断得到拓展，情感不断获得升华。"（曹勇军语）

进而，从同一角度我们显然也可更好地认识"教师示范与评论"的重要性，更一般地说，我们为什么又应特别重视"立足教学"。值得指出的是，我们并应从这一角度对教师的基本能力和应有素养做出进一步的分析。如"教师必须提升一种过去不被强调的教学能力——不断捕捉、判断、重组教学中从学生那里涌现出来的各种各类信息，并推进教学在具体情境中的动态生成的能力"。(引自余慧娟，"叶澜：我是一个喜欢迎风走路的人"，载《大象之舞——中国课改：一个教育记者的思想笔记》，第229页）这也就是指，我们应将"交流互动的能力"和"判断评价的能力"看成数学教师必需具备的基本能力。

依据正文中的相关论述我们并可对这方面工作应当特别重视的一些方面做出进一步的分析，由此我们也可更清楚地认识加强理论学习的重要性：

(1) 这即可被看成从文化的视角进行分析的一个重要结论，就是我们不仅应当清楚地看到整体性文化传统对于学生成长包括学习活动的重要影响，也应看到课堂这一小环境特别是教师的言行举止在这方面的重要影响，尽管后者主要是以一种潜移默化的方式发挥作用的。

(2) 相对于一般性的论述，我们又应更加重视深入学科领域做出进一步的分析。例如，以下论述就可被看成较好地体现了数学教学的特殊性："一个数学教师，如果从来不懂得什么叫严谨之美，从来没有抵达过数学思想的密林，没有过对数学理性的深刻体验，那么，他的数学课自然是乏味的，甚至是令人生厌的。"(余慧娟，《大象之舞——中国课改：一个教育记者的思想笔记》，同前，第207页）进而，除去切实抓好"数学教学的关键"，我们还应努力创设这样一种"数学课堂文化"："思维的课堂，安静的课堂，互动的课堂，理性的课堂，开放的课堂。"(3.4节)

与此相对照，如果我们未能深入学科领域进行分析研究，则很容易陷入某些固有的认识框架，如对数学知识的应用以及学生主动探究的片面强调，包括对"结构"的不恰当强调，从而就很难取得真正的突破，因为，这些主张在很大程度上即可被看成是与数学和数学学习的本质直接相抵触的。

(3) 以下则可被看成从社会的视角进行分析的直接结论：除去认知方面的考虑，我们还应积极提倡"社会化学习"，因为，除去"合作学习"相对于个人学习可以有更好的效果，这也直接关系到了我们如何能够通过学习帮助学生"学会做人"，这也就是指，"学生在学校的社会生活，决定了他们将具有怎样的社会观念，将成为怎样的社会之人”。(引自余慧娟，“叶澜：我是一个喜欢迎风走路的人”，《大象之舞——中国课改：一个教育记者的思想笔记》，同前，第231页)

(4) 考虑到学生在学习过程中的主体地位，相对于单纯强调“为学生创造一个好的学习情境”，这显然是更加合适的一个主张，即我们应当通过师生的共同努力创造一个好的“课堂生态”。

在笔者看来，我们应当从上述角度对前面所提到的“新基础教育”的四个口号做出进一步的解读，特别是，我们究竟应当如何理解“把课堂还给学生”“把班级还给学生”这样两个主张。

3. “办好学校”

由于校园是学生成长最重要的“大环境”，因此，除去“立足教学，抓好课堂”，我们也应将“办好学校”看成成功实施教育改革十分重要的一个方面。与此相对照，如果我们未能很好地做到这样一点，那么，即使教师做出了很大努力，也只能取得事倍功半的效果。

正如第一章中所提及的，对此我们并可围绕“什么是校园应有的样子”“教育的不同样态”等论题做出具体分析。当然，这又是我们应当特别重视的一个现象，即如果我们的学校完全陷入了“应试教育”的泥潭，我们的教育就应被看成是一种完全失败的教育。而且，正如以下例子所清楚地表明的，所说的负面影响并不局限于所谓的“差生”，而是在“优秀学生”身上也有明显的表现：

其一，“我发现凡精神爽朗、生活充实、实干能力强、人际关系好的农村青年，大多数是低学历的。”“如果你在这里看见面色苍白、人瘦毛长、目光呆滞、怪癖不群的青年，你就大致可以猜出他们的身份：大多数是中专、大专、本科毕业的乡村知识分子。他们耗费了家人大量钱财，包括金榜题名时热热闹闹大摆宴席，但毕业后没有找到工作，正承担着巨大的社会舆论压力和自我心理压力，过着受刑一般的日子。”(韩少功语。引自李斌，《把学校交出来——一个青年记者笔下的中国教育》，同前，第151页)

其二，这是一个经由初赛、次赛、复赛等层层筛选并最终成功参加“2004年全国高中数学联赛决赛(湖北赛区)”的考生写在试卷上的一段话(引自胡典顺，“从数学知识教育到数学文化教育”，《中学数学教学参考》，2008年第6期)：

“数学，你是个坏蛋，你害我脑细胞不知死了多少。我美好的青春年华就毁在你的手上，你总是打破别人的梦，你为什么要做个人见人恨，人做人更恨的家伙呢？如果没有你，我将笑得多灿烂呀！如果你离开我，我绝不责怪你无情。”

其三，南京某名校的两位“杰出校友”公开发帖控诉自己十几年前在母校度过的“黑暗人生”：“我从不掩饰对这所小学的厌恶，甚至于——恨”；“从小学开始的压迫式、功利式、羞辱式的教育，是在耗竭一个独立儿童活泼的精力，让孩子每天在苟延残喘的状态下生活，它会摧残一个学生自主学习和计划生活的能力”。(引自李斌，《把学校交出来——一个青年记者笔下的中国教育》，同前，第242页)

更一般地说，这显然也十分清楚地表明了这样一点：“从学生表现判断学校的生态，是教育家应有的眼光和情怀。”(李希贵语。引自李斌，《把学校交出来——一个青年记者笔下的中国教育》，同前，第13页)特别是，对此我们不应归结为各种数据，特别是“升学率”，而应更加重视学生的精神面貌与真切感受。

当然，将出现的各种问题都归咎于学校并不恰当，恰恰相反，我们应当清楚地看到社会对学校所施加的巨大压力。但也正是在这样的意义上，我们即可更清楚地认识办好学校的重要性，因为，“课程教学的专业自主权在学校……这也正是为什么古今中外课改的成功范例往往在学校，而不是别的更大的单位。在中国，同样的高考体制下，仍可以涌现出那么多成功的学校课程教学改革‘典型’。”(余慧娟，《大象之舞——中国课改：一个教育记者的思想笔记》，同前，第30页)

当然，为了实现这一目标，不是只要简单地去落实各种改革措施就可以了，而应更加重视很好地发挥自身的主观能动性，特别是，能针对学校的具体情况采取恰当的措施。在笔者看来，这也正是过去这些年中为什么会涌现出众多“草根典型”的主要原因，特别是，之所以称它们为“草根典型”，就是因为这些都是从民间自发地成长起来的，即是充分发挥基层主观能动性努力解决问题的直接结果。

就这方面的具体工作而言，还应特别强调这样两点：

(1) 主管部门的适当放权。因为,“当改革改到一定程度,顶层不配套,是很难坚持下去的。上面不变,下面会左右摇摆”。(刘伟语。引自李斌,《把学校交出来——一个青年记者笔下的中国教育》,同前,第 66 页)

(2) 学校不仅应当很好地坚持促进学生的健康成长这一基本立场,而且应当将促进教师的专业成长看成学校工作特别是校长工作最重要的一个方面,因为,只有通过这样一个途径,所说的目标才可能真正得到实现。

具体地说,学校应当特别重视如何能将教师从分数的压力下真正解放出来:“最成功的管理就是不给人找麻烦。学校甚至也不检查教师们的考勤、备课、课堂教学及批改作业的情况。……学校认为,教师肩负着塑造学生精神生命的神圣职责,从事着世间最复杂的高级劳动。这样的职业怎能靠几张试卷、几个数字去判断优劣呢?”“学校以各种方式让所有老师把注意力集中在学生身上,不要陷入斤斤计较之中。”因为,“只有当教师不是紧盯着升学率去追求的时候,他们才有可能去关注其他的”。(引自李斌,《把学校交出来——一个青年记者笔下的中国教育》,同前,第 3～4 页、第 89 页)

学校并应“致力于培养教师们在学校的‘幸福感’”,包括从更高层面做出引导。例如,“校长只有每天都在听课,才能把注意力放在课堂上”。学校还应鼓励教师积极读书,因为,“一个不重视读书的学校是呆板沉滞、令人窒息的学校”。(同上,第 17、106、102 页)

显然,上述主张对于各个层面的教育主管部门包括教研部门也是同样适用的。

综上可见,只有更加重视教师的专业成长,特别是,帮助他们切实地做好“立足教学,抓好课堂”,并从各个方面支持校长们办好学校,教育改革才可能获得成功,这并直接关系到了我们国家的未来!